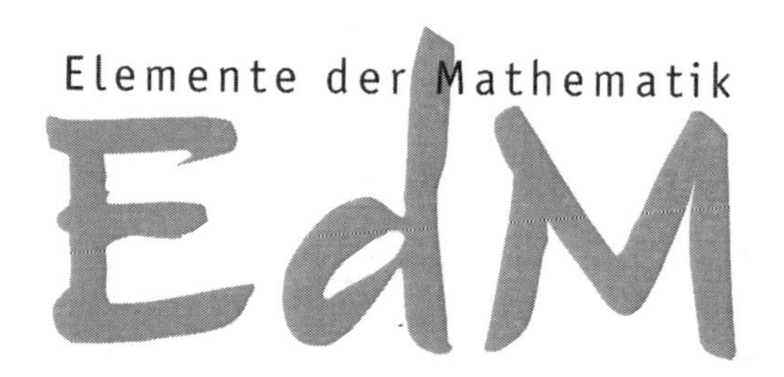

Lineare Algebra / Analytische Geometrie
Stochastik
Grund- und Leistungskurs

Herausgegeben von

Heinz Griesel, Andreas Gundlach, Helmut Postel, Friedrich Suhr

Schroedel

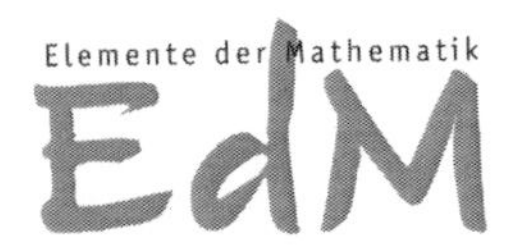

Analytische Geometrie / Lineare Algebra
Stochastik
Grund- und Leistungskurs

Herausgegeben von
Prof. Dr. Heinz Griesel, Dr. Andreas Gundlach, Prof. Helmut Postel, Friedrich Suhr

Bearbeitet von
Gabriele Dybowski, Dr. Andreas Gundlach, Dr. Arnold Hermans, Matthias Lösche, Wolfgang Mathea, Hanns Jürgen Morath, Prof. Dr. Lothar Profke, Sandra Schmitz, Heinz Klaus Strick, Friedrich Suhr

Druck A [4] / Jahr 2014
Alle Drucke der Serie A sind im Unterricht parallel verwendbar.

Redaktion: Dr. Petra Brinkmeier
Herstellung: Reinhard Hörner
Grafiken: Michael Wojczak
Umschlaggestaltung: sens design, Roland Sens
Satz: Christina Gundlach
Druck und Bindung: westermann druck GmbH, Braunschweig

ISBN 978-3-507-**87957**-7

Inhaltsverzeichnis

1 Lineare Gleichungssysteme – Vektoren und Geraden

2 Analytische Geometrie

3 Matrizen

4 Wahrscheinlichkeitsrechnung

5 Wahrscheinlichkeitsverteilungen

6 Beurteilende Statistik

7 Vorbereitung auf das Abitur

1 LINEARE GLEICHUNGSSYSTEME – VEKTOREN UND GERADEN

Lernfeld

8

1. a) (1) Gleichsetzungsverfahren: Setze die Gleichungen gleich und löse $3x + 3 = 4x - 7$. Das ergibt $x = 10$. Setze dann $x = 10$ in eine der beiden Gleichungen ein und berechne y. Das ergibt $y = 33$. Die Lösung ist also $L = \{(10 \mid 33)\}$.

(2) Einsetzungsverfahren: Ersetze in der zweiten Gleichung y durch den Ausdruck $3x + 5$ und löse $3x + 4(3x + 5) = 7$. Das ergibt $x = -\frac{13}{15}$. Setze dann $x = -\frac{13}{15}$ in die erste Gleichung ein und berechne y. Das ergibt $y = \frac{12}{5}$. Die Lösung ist also $L = \left\{\left(-\frac{13}{15} \middle| \frac{12}{5}\right)\right\}$.

(3) Additionsverfahren: Addiere beide Gleichungen und löse $7y = 2$. Das ergibt $y = \frac{2}{7}$. Setze dann $y = \frac{2}{7}$ in eine der beiden Gleichungen ein und berechne x. Das ergibt $x = \frac{38}{7}$.

Die Lösung ist also $L = \left\{\left(\frac{38}{7} \middle| \frac{2}{7}\right)\right\}$.

b) Löse alle Gleichungen nach y auf und zeichne die Geraden im GTR. Die Lösungen sind die gemeinsamen Punkte aller Geraden.

c) Lösung durch Rückwärtseinsetzen (Einsetzen von unten nach oben). Die vierte Gleichung liefert $d = -2$; Einsetzen von d in die dritte Gleichung ergibt $c = 6$; Einsetzen von c und d in die zweite Gleichung ergibt $b = 6$; Einsetzen von b, c und d in die erste Gleichung ergibt $a = 81$.

2. • C liegt 210 cm hoch und B liegt 80 cm tiefer, also in einer Höhe von 130 cm. Die Arbeitsplatte ist 85 cm hoch (siehe x_3-Koordinate von P). Abstand der Arbeitsplatte vom Hängeschrank: 130 cm – 85 cm = 45 cm

8

2. Fortsetzung

- A hat dieselben x_2- und x_3-Koordinaten wie P. Die x_1-Koordinate von P kann man durch Messen im Grundriss näherungsweise ermitteln. (Hinweis: Der Grundriss ist recht klein. Durch Messen und Vergleichen der angegebenen Maße erhält man hier nur ungefähr den Faktor $\frac{285}{3{,}2} \approx 89$ oder auch $\frac{425}{4{,}78} \approx 89$. Multipliziert man also den im Grundriss gemessenen Wert in Zentimeter mit dem Faktor 89, so erhält man nur ungefähr den realen Wert in Zentimeter.)
Insgesamt erhält man so $A(\approx 94 \mid 60 \mid 85)$.
Die x_3-Koordinate von B haben wir schon oben bestimmt. Die beiden anderen Koordinaten kann man wieder näherungsweise durch Messen im Grundriss ermitteln: $B(\approx 31 \mid 134 \mid 130)$.
Die x_1-Koordinate von C ist gleich der x_2-Koordinate von P (gleiche Schranktiefe; kann durch Nachmessen im Grundriss bestätigt werden).
Die x_2-Koordinate von C erhält man näherungsweise durch Messen im Grundriss, die x_3-Koordinate ist bekannt.
Somit ergibt sich $C(60 \mid \approx 223 \mid 210)$.

- Abstand $|\overline{A'B'}|$ im Grundriss ≈ 98 cm. Man kann $|\overline{A'B'}|$ auch als Länge der Hypothenuse in einem rechtwinkligen Dreieck $O'A'B'$ mithilfe des Satzes des Pythagoras berechnen.
Dabei ist $|\overline{O'A'}| = 94\text{ cm} - 31\text{ cm} = 63\text{ cm}$ und
$|\overline{O'B'}| = 134\text{ cm} - 60\text{ cm} = 74\text{ cm}$, also
$|\overline{A'B'}| = \sqrt{(63\text{ cm})^2 + (74\text{ cm})^2} \approx 97\text{ cm}$.
Höhenunterschied: 45 cm
$|\overline{AB}| = \sqrt{(98\text{ cm})^2 + (45\text{ cm})^2} \approx 108\text{ cm}$

9

3. • A(4 | 0 | 0); B(4 | 4 | 0); C(0 | 4 | 0); D(0 | 0 | 0); S(2 | 2 | 6)
• A'(2 | 2 | 3); C'(−2 | 6 | 3); D'(−2 | 2 | 3); S'(0 | 4 | 9)
•

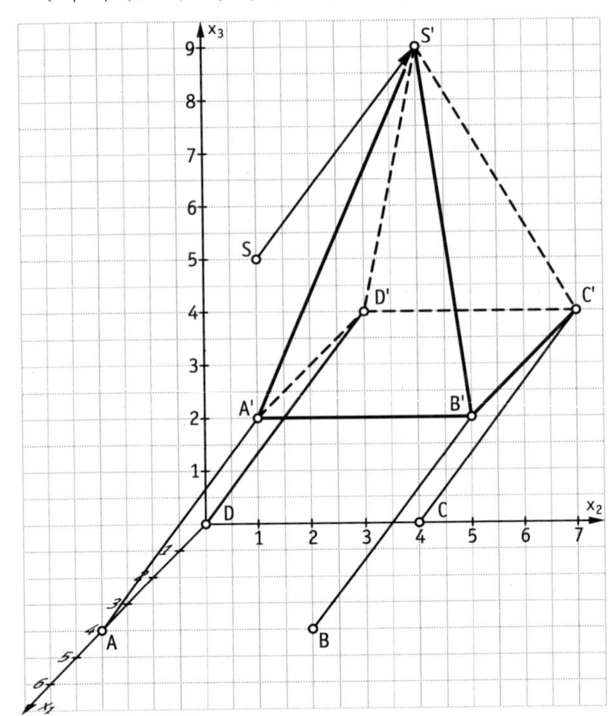

• $x_1' = x_1 - 2;\ \ x_2' = x_2 + 2;\ \ x_3' = x_3 + 3$

4. • Durch die weitere Raumdimension ist es möglich, dass Geraden „aneinander vorbeilaufen". D. h. sie schneiden sich nicht, obwohl sie nicht parallel sind. Dies ist in der Ebene nicht möglich. Solche Geraden nennt man *windschief zueinander*.
• In der Aufgabe 2 wurde bereits ein räumliches Koordinatensystem und die Beschreibung einer Verschiebung im Raum erarbeitet.
Mit diesen Ideen könnte man z. B. den Punkt B als Bildpunkt einer Verschiebung des Punktes A deuten: $A(3 \mid 5 \mid 3) \to B(3-2 \mid 5+2 \mid 3-2)$.
Alle Punkte X_{AB} der Strecke $\overline{AB}$ kann man beschreiben durch
$X_{AB}(3-k \mid 5+k \mid 3-k)$ mit $k \in [0;\, 2]$ für $k \in \mathbb{R}$ wird die Gerade durch die Punkte A und B beschrieben.

1.1 Lösen linearer Gleichungssysteme – Gauss-Algorithmus

13

2. Wenn man das System auf Dreiecksgestalt bringen will, fallen die unteren beiden Gleichungen weg. Man führt dann in $2x_1+6x_2-3x_3=-6$ zwei Parameter ein, indem man $x_3=t$ und $x_2=s$ setzt, mit $s, t\in\mathbb{R}$. Man erhält so die Lösung $L=\left\{\left(-3-3s+\frac{3}{2}t \mid s \mid t\right) \mid s,\ t\in\mathbb{R}\right\}$.

3. (1) Das System besitzt die eindeutige Lösung x = 1; y = 2.
(2) Das System besitzt keine Lösung.
(3) Das System besitzt unendlich viele Lösungen:
$x = 3 - t$, $y = -1 + 2t$; $z = t$ mit $t \in \mathbb{R}$.

4. a)
$$\begin{bmatrix} 2 & 1 & 2 & 0 & 5 \\ 3 & 2 & 3 & 0 & 8 \\ 4 & 3 & 4 & -1 & 1 \end{bmatrix} \begin{matrix} \cdot\left(-\frac{3}{2}\right) \\ \cdot(-2) \\ \end{matrix}$$

$$\begin{bmatrix} 2 & 1 & 2 & 0 & 5 \\ 0 & \frac{1}{2} & 0 & 0 & \frac{1}{2} \\ 0 & 1 & 0 & -1 & -9 \end{bmatrix} \begin{matrix} \\ \cdot(-2) \\ \end{matrix}$$

$$\begin{bmatrix} 2 & 0 & 2 & 0 & 4 \\ 0 & \frac{1}{2} & 0 & 0 & \frac{1}{2} \\ 0 & 0 & 0 & -1 & -10 \end{bmatrix} \begin{matrix} :2 \\ \cdot 2 \\ \cdot(-1) \end{matrix}$$

$$\begin{bmatrix} 1 & 0 & 1 & 0 & 2 \\ 0 & 1 & 0 & 0 & 1 \\ 0 & 0 & 0 & 1 & 10 \end{bmatrix}$$

b) Die dritte Zeile entspricht der Gleichung $1 \cdot t = 10$. Damit gilt $x_1+x_3=2$ und $x_2=1$.
Man erhält die Lösung $L = \{(2 - s \mid 1 \mid s) \mid s \in \mathbb{R}\}$.

c) $L = \{\ \}$

14

5.
$$\left|\begin{aligned} x + y + 3z &= -5 \\ 4y + 2z &= -4 \\ 8y - 4z &= 6 \end{aligned}\right| \quad \text{Zeile 2} \cdot(-2) \oplus \text{Zeile 3}$$

$$\left|\begin{aligned} x + y + 3z &= -5 \\ 4y + 2z &= -4 \\ -8z &= 14 \end{aligned}\right|$$

Rückwärtseinsetzen ergibt die Lösung $L=\left\{\left(\frac{3}{8} \mid -\frac{1}{8} \mid -\frac{7}{4}\right)\right\}$.

14

6. **a)** L = {(−1 | 2)} **b)** L = {(5 | −2 | 1)} **c)** L = {(1 | −1 | 2)}
d) L = {(0 | 0 | 0)} **e)** L = {(−6 | 5 | 5)} **f)** $L = \left\{\left(\frac{7}{40}\middle|\frac{7}{8}\middle|\frac{67}{40}\right)\right\}$
g) L = {(1 | 2 | −3)} **h)** L = {(2 | −1 | 2)} **i)** L = {(1 | −2 | 3 | −4)}

7. **a)**

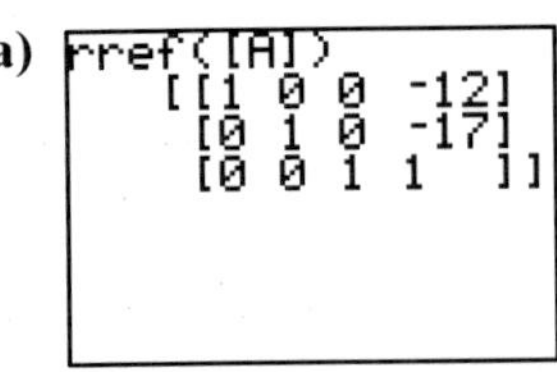

L = {(−12 | −17 | 1)}

b)

```
rref([A]
 [[1 0 0 0 1 ]
  [0 1 0 0 -1]
  [0 0 1 0 2 ]
  [0 0 0 1 3 ]]
```

L = {(1 | −1 | 2 | 3)}

c)

```
rref([A]
 [[1 0 0 1 ]
  [0 1 0 -2]
  [0 0 1 3 ]]
```

L = {(1 | −2 | 3)}

d)

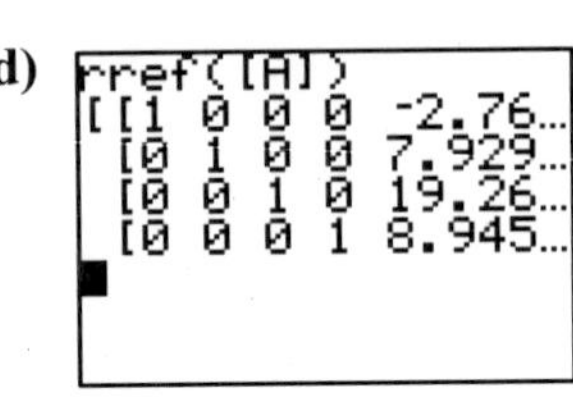

L = {(−2,766 | 7,930 | 19,266 | 8,945)}

e)

```
Ans▸Frac
[[1 0 0 7/23   ]
 [0 1 0 55/23  ]
 [0 0 1 -20/23]]
```

$L = \left\{\left(\frac{7}{23}\middle|\frac{55}{23}\middle|-\frac{20}{23}\right)\right\}$

f)

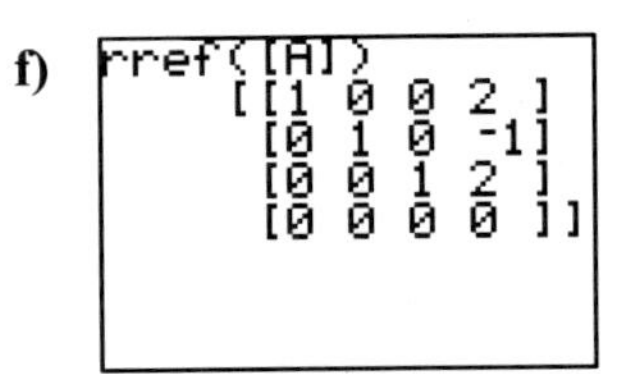

L = {(2 | −1 | 2)}

8. Mögliche Beispiele:

a) $\left|\begin{array}{r} 4a-b+2c=8 \\ a+2b-2c=9 \\ 2a+b-c=9 \end{array}\right|$ hat die Lösung (3 | 2 | −1).

b) $\left|\begin{array}{r} 2a-3b+c+d=-4 \\ a+3b-c+2d=13 \\ 5a+b+2c-2d=-11 \\ a+b+c-2d=-7 \end{array}\right|$ hat die Lösung (−1 | 2 | 0 | 4).

c) -

9. Ja.

15

10. a) Für s = 0,1 erhalten wir das System $\left|\begin{array}{l} x+0,9y=1 \\ x+1,1y=0 \end{array}\right|$, also die Geraden

g: $y=-\frac{10}{9}x+\frac{10}{9}$ und h: $y=-\frac{10}{11}x$.

Der Schnittpunkt liegt bei S(5,5 | −5).
GTR liefert die gleiche Lösung.

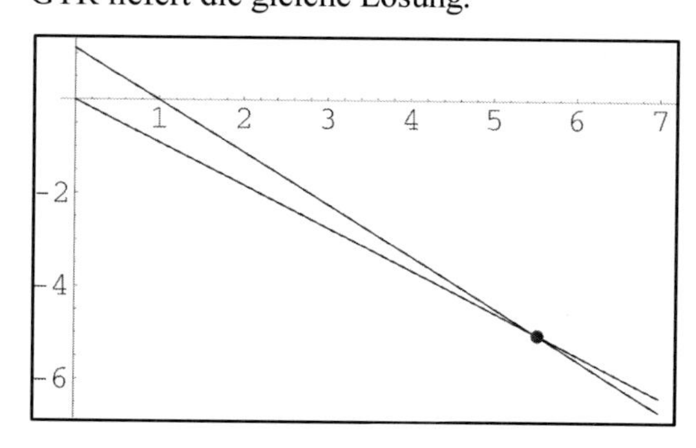

b) $s=10^{-6}$: x = 500 000,5; y = −500 000;

$s=10^{-7}$: x = 5 000 000,5; y = −5 000 000;

$s=10^{-8}$: x = 50 000 000,5; y = −50 000 000

Je kleiner s, desto „paralleler" die Geraden. Der Schnittpunkt wird immer weiter nach rechts unten verschoben.

c) $\left|\begin{array}{l} x+(1-s)y=1 \\ x+(1+s)y=0 \end{array}\right|$ ergibt $\left|\begin{array}{r} x+(1-s)y=1 \\ 2sy=-1 \end{array}\right|$

Rückwärtseinsetzen liefert: $L=\left\{\left(-\frac{s+1}{2s} \,\middle|\, -\frac{1}{2s}\right)\right\}$ für s > 0.

11. a) $\left|\begin{array}{rcrcr} 3x_1+2x_2 & - & 4x_3 & = & -5 \\ 4x_1-3x_2 & + & x_3 & = & 11 \\ -x_1+5x_2 & - & 5x_3 & = & 8 \end{array}\right|$ $\cdot\left(-\frac{4}{3}\right)$ ⊕ (zur 2. Gleichung); $\cdot\frac{1}{3}$ ⊕ (zur 3. Gleichung)

$\left|\begin{array}{rcrcr} 3x_1+2x_2 & - & 4x_3 & = & -5 \\ -\frac{17}{3}x_2 & + & \frac{19}{3}x_3 & = & \frac{53}{3} \\ \frac{17}{3}x_2 & - & \frac{19}{3}x_3 & = & \frac{19}{3} \end{array}\right|$ ⊕ (2. Gleichung zur 3. Gleichung)

$\left|\begin{array}{rcrcr} 3x_1+2x_2 & - & 4x_3 & = & -5 \\ -\frac{17}{3}x_2 & + & \frac{19}{3}x_3 & = & \frac{53}{3} \\ & & 0 & = & 24 \end{array}\right|$ ⟶ keine Lösung

15

11. b)

$$\left|\begin{array}{l} 4x_1 - 3x_2 - 3x_3 = 3 \\ 2x_1 - 5x_2 - x_3 = 1 \\ x_1 + x_2 - x_3 = 2 \end{array}\right| \quad \text{Zeile 1} \cdot \left(-\tfrac{1}{2}\right) \oplus \text{Zeile 2}; \quad \text{Zeile 1} \cdot \left(-\tfrac{1}{4}\right) \oplus \text{Zeile 3}$$

$$\left|\begin{array}{l} 4x_1 - 3x_2 - 3x_3 = 3 \\ -\frac{7}{2}x_2 + \frac{1}{2}x_3 = -\frac{1}{2} \\ \frac{7}{4}x_2 - \frac{1}{4}x_3 = \frac{5}{4} \end{array}\right| \quad \text{Zeile 2} \cdot \tfrac{1}{2} \oplus \text{Zeile 3}$$

$$\left|\begin{array}{l} 4x_1 - 3x_2 - 3x_3 = 3 \\ -\frac{7}{2}x_2 + \frac{1}{2}x_3 = -\frac{1}{2} \\ 0 = 1 \end{array}\right|$$

$0 = 1 \longrightarrow$ keine Lösung

c)

$$\left|\begin{array}{l} 3x_1 - 2x_2 + 5x_3 = 12 \\ 2x_1 - 3x_2 + 4x_3 = 7 \\ x_1 - 4x_2 + 3x_3 = 5 \end{array}\right| \quad \text{Zeile 1} \cdot \left(-\tfrac{2}{3}\right) \oplus \text{Zeile 2}; \quad \text{Zeile 1} \cdot \left(-\tfrac{1}{3}\right) \oplus \text{Zeile 3}$$

$$\left|\begin{array}{l} 3x_1 - 2x_2 + 5x_3 = 12 \\ -\frac{5}{3}x_2 + \frac{2}{3}x_3 = -1 \\ -\frac{10}{3}x_2 + \frac{4}{3}x_3 = 1 \end{array}\right| \quad \text{Zeile 2} \cdot (-2) \oplus \text{Zeile 3}$$

$$\left|\begin{array}{l} 3x_1 - 2x_2 + 5x_3 = 12 \\ -\frac{5}{3}x_2 + \frac{2}{3}x_3 = -1 \\ 0 = 3 \end{array}\right|$$

$0 = 3 \longrightarrow$ keine Lösung

12. a)

```
rref([A])
      [[1 0 1  1 ]
       [0 1 1 -2]]
```

Setze $x_3 = t,\ t \in \mathbb{R}$, dann folgt $L = \{(1 - t \mid -2 - t \mid t) \mid t \in \mathbb{R}\}$.

15

12. b)

```
rref([A])
  [[1 0 -.5 .5]
   [0 1 -.5 .5]]
```

Setze $x_3 = t,\ t \in \mathbb{R}$, dann folgt $L = \left\{\left(\frac{1}{2} + \frac{1}{2}t \,\middle|\, \frac{1}{2} + \frac{1}{2}t \,|\, t\right) \middle|\, t \in \mathbb{R}\right\}$.

c)

```
rref([A])
[[1 0 0 .142857…
 [0 1 0 -.85714…
 [0 0 1 -.71428…
```

Setze $x_4 = t,\ t \in \mathbb{R}$, dann folgt

$L = \left\{\left(\frac{11}{7} - \frac{1}{7}t \,\middle|\, -\frac{10}{7} + \frac{6}{7}t \,\middle|\, \frac{1}{7} + \frac{5}{7}t \,|\, t\right) \middle|\, t \in \mathbb{R}\right\}$.

d)

```
rref([A])
[[1 0 0 -.5625 …
 [0 1 0 -1.0625…
 [0 0 1 -.3125 …
```

Setze $x_4 = t,\ t \in \mathbb{R}$, dann folgt

$L = \left\{\left(\frac{1}{4} + \frac{9}{16}t \,\middle|\, \frac{9}{4} + \frac{17}{16}t \,\middle|\, \frac{1}{4} + \frac{5}{16}t \,|\, t\right) \middle|\, t \in \mathbb{R}\right\}$.

e)

```
rref([A]
 [[1 0 -.2 1.4]
  [0 1 -.8 .6 ]
  [0 0 0   0  ]]
```

Setze $c = t,\ t \in \mathbb{R}$, dann folgt

$L = \left\{\left(\frac{7}{5} + \frac{1}{5}t \,\middle|\, \frac{3}{5} + \frac{4}{5}t \,|\, t\right) \middle|\, t \in \mathbb{R}\right\}$.

f)

```
Ans▸Frac
[[1 0 0 1 -1/3]
 [0 1 0 0 -2/3]
 [0 0 1 0 0   ]]
```

Setze $s = t,\ t \in \mathbb{R}$, dann folgt

$L = \left\{\left(-\frac{1}{2} - t \,\middle|\, -\frac{2}{3} \,|\, 0 \,|\, t\right) \middle|\, t \in \mathbb{R}\right\}$.

15

13. **a)** $L=\left\{\left(\frac{19}{5}\middle|\ 0\ \middle|\ \frac{1}{5}\right)\right\}$

b) $L=\{(4\mid 0\mid 1\mid 3)\}$

c) Fehler in der 1. Auflage: Die letzte Zeile muss $c-d=4$ lauten.
$L=\{(2-t\mid -1+t\mid 4+t\mid t)\mid t\in\mathbb{R}\}$.
Konkrete Lösungen:
$t=0$: $(2\mid -1\mid 4\mid 0)$; $t=1$: $(1\mid 0\mid 5\mid 1)$; $t=2$: $(0\mid 1\mid 6\mid 2)$

d) $L=\left\{\left(\frac{11}{3}+\frac{2}{3}t\ \middle|\ -\frac{1}{3}+\frac{5}{3}t\ \middle|\ t\right)\middle|\ t\in\mathbb{R}\right\}$

Konkrete Lösungen:
$t=0$: $\left(\frac{11}{3}\middle|\ -\frac{1}{3}\middle|\ 0\right)$; $t=1$: $\left(\frac{13}{3}\middle|\ \frac{4}{3}\middle|\ 1\right)$; $t=-1$: $(3\mid -2\mid -1)$

e) $L=\{(0\mid 0\mid 1)\}$

f) $L=\{\ \}$

14. **a)** $L=\{\ \}$ **b)** $L=\{(t\mid t\mid t)\mid t\in\mathbb{R}\}$ **c)** $L=\{(3+t\mid t\mid t)\mid t\in\mathbb{R}\}$

15. $L=\{6-2t\mid 2+3t\mid -5+4t\mid t)\ t\in\mathbb{R}\}$
Beide haben Recht. Die angegebenen Lösungen ergeben sich für $t=4$ bzw. $t=3$.

16

16. **a)** $t=1$: $L=\{\ \}$; $t\in\mathbb{R}\setminus\{1\}$: $L=\left\{\left(-\frac{2}{t-1}\middle|\ \frac{3t-1}{t-1}\right)\right\}$

b) $L=\{(-7\mid 0\mid 5)\}$

c) $t=-\frac{11}{3}$: $L=\left\{\left(-\frac{2}{5}\middle|\ -\frac{3}{5}\right)\right\}$; $t\in\mathbb{R}\setminus\left\{-\frac{11}{3}\right\}$: $L=\{\ \}$

17. **a)** $L=\{\ \}$

b) $L=\left\{\left(4\ \middle|\ -\frac{8}{5}\middle|\ 1\ \middle|\ -\frac{24}{5}\right)\right\}$

c) $L=\{\ \}$

d) $L=\{\ \}$

e) $L=\{(2\mid 0\mid 2)\}$

f) Fehler. Aufgabe d) muss f) heißen. $L=\{(1\mid 2\mid 3\mid 4)\}$

18. (1) Falsch. Das System $\left|\begin{array}{r} x+y=0 \\ 2x+2y=0 \end{array}\right|$ hat genauso viele Gleichungen wie Variablen, besitzt aber unendlich viele Lösungen.

(2) Falsch. Siehe (1).

(3) Falsch. Das System $\left|\begin{array}{l} x+y=1 \\ x-y=1 \end{array}\right|$ besitzt die Lösung $(1\mid 0)$.

Das System $\left|\begin{array}{r} x+y=1 \\ 2x=2 \end{array}\right|$ besitzt die Lösung $(1\mid 0)$.

(4) Wahr.

16

19. a) $z = a \cdot 100 + b \cdot 10 + c$

Es ergibt sich: $\left| \begin{array}{l} a + b + c = 15 \\ 3a + 3c = 2b \\ 10b + c = 50a + 5b \end{array} \right|$

$a = 1;\ b = 9;\ c = 5 \Rightarrow z = 195$

b) $z = a \cdot 1\,000 + b \cdot 100 + c \cdot 10 + d$

Es ergibt sich: $\left| \begin{array}{c} a + b + c + d = 24 \\ a = 3b \\ a + b = c + d \\ a - d = c - b \end{array} \right|$

Setze d = t, dann ist $z = 9 \cdot 1\,000 + 3 \cdot 100 + (12 - t)\,10 + t$ für t = 3; 4; …; 9.
Es gibt also mehrere mögliche Zahlen, nämlich:
9339; 9348; 9357; 9366; 9375; 9384; 9393

20. $z = a \cdot 1\,000 + b \cdot 100 + c \cdot 10 + d$

Löse: $\left| \begin{array}{r} a \cdot 1000 + b \cdot 100 + c \cdot 10 + d - a - b - c - d = 1224 \\ b \cdot 100 + c \cdot 10 + d - b - c - d = 225 \\ c \cdot 10 + d - c - d = 27 \end{array} \right|$

a = 1; b = 2; c = 3. Die letzte Ziffer d ist beliebig wählbar.
Damit sind alle Zahlen {1230; 1231; …; 1239} Lösungen.

17

21. Mit a: Anzahl Sortiment 1
b: Anzahl Sortiment 2
c: Anzahl Sortiment 3

ergibt sich das Gleichungssystem: $\left| \begin{array}{r} 2a + 3b + 4c = 1890 \\ 2a + 6b + 2c = 2400 \\ 4a + b + c = 1690 \end{array} \right|$

$\Rightarrow a = 330;\ b = 250;\ c = 120.$
Das Lager kann also geräumt werden mit 330-mal Sortiment 1, 250-mal Sortiment 2 und 120-mal Sortiment 3.

22. a: Preis gute Ernte; b: Preis mittelmäßige Ernte; c: Preis schlechte Ernte

führt auf $\left| \begin{array}{l} 3a + 2b + c = 39 \\ 2a + 3b + c = 34 \\ a + 2b + 3c = 26 \end{array} \right|$ mit Lösung $a = \frac{37}{4};\ b = \frac{17}{4};\ c = \frac{11}{4}$.

Gute Ernte: $\frac{37}{4}$; mittelmäßige Ernte: $\frac{17}{4}$; schlechte Ernte: $\frac{11}{4}$

23. a) Die erste Gleichung ergibt sich aus den Preisen der Sorten, die entsprechend der Anteile gewichtet den Gesamtpreis ergeben. Die zweite Gleichung gilt, da die Summe der Anteile 1 = 100 % ergeben muss.
Lösung $L = \{(0{,}5 + t \mid 0{,}5 - 2t \mid t) \mid t \in \mathbb{R}\}$
Da alle Anteile $\in [0;\ 1]$ sein müssen, sind nur Lösungen für $t \in [0;\ 0{,}25]$ sinnvoll. Damit ist der Anteil von A mindestens 0,5.

17

23. b) Es ergibt sich das Gleichungssystem:

$$\left|\begin{array}{r} 6a + 7{,}5b + 11{,}25d = 9 \\ a + b + d = 1 \end{array}\right|$$

$L = \{(-1 + 2{,}5t \mid 2 - 3{,}5t \mid t) \mid t \in \mathbb{R}\}$

Da alle Anteile $\in [0; 1]$ sein müssen, folgt $t \in \left[\frac{2}{5}, \frac{4}{7}\right]$. Daher kann es keine Mischung mit $d = 0{,}1$ geben.

24. Es sind noch 400 kg Weizen, 350 kg Cornflakes, 150 kg Rosinen, 100 kg Nüsse vorhanden.
Seien a, b, c, d die Zugaben und e die neue Mischungsmenge. Es ergibt sich:

$$\left|\begin{array}{l} 400 + a = 0{,}5e \\ 350 + b = 0{,}2e \\ 150 + c = 0{,}24e \\ 100 + d = 0{,}06e \end{array}\right|$$

$\Rightarrow a = -400 + 0{,}5t,\ b = -350 + 0{,}2t,\ c = -150 + 0{,}24t,\ d = -100 + 0{,}06t$
Es müssen 475 kg Weizenflocken, 270 kg Rosinen und 5 kg Nüsse hinzugefügt werden.

18

25. a) Mit den Bezeichnungen a: Apfelsaft; b: Ananassaft; c: Multivitaminsaft und d: Orangensaft (in 100 ml) ergibt sich das folgende System:

$$\left|\begin{array}{r} 7{,}4a + 12{,}5b + 55c + 35d = 100 \\ a + b + c + d = 2 \end{array}\right|$$

Es besitzt die Lösungsmenge

$$L = \left\{\left(-\tfrac{250}{17} + \tfrac{25}{3}s + \tfrac{75}{17}t \,\middle|\, \tfrac{284}{17} - \tfrac{28}{3}s - \tfrac{92}{17}t \,\middle|\, s \,\middle|\, t\right) \middle|\ s, t \in \mathbb{R}\right\}.$$

Prüfe, ob es Lösungen gibt, die die Nebenbedingung $0 \le a, b, c, d \le 2$ erfüllen. Dazu löse die Ungleichungen

$$0 \le -\tfrac{250}{17} + \tfrac{25}{3}s + \tfrac{75}{17}t \le 2 \text{ und } 0 \le -\tfrac{284}{17} + \tfrac{28}{3}s + \tfrac{92}{17}t \le 2.$$

Damit ergibt sich der Parameterbereich

$$\left\{(s \mid t) \in \mathbb{R}^2 \,\middle|\, \tfrac{10}{3} - \tfrac{17}{9}s \le t \le \tfrac{71}{3} - \tfrac{119}{69}s;\ 1{,}5 \le s \le \tfrac{213}{119}\right\}$$

b)
$$\left|\begin{array}{r} 12{,}5b + 55c + 35d = 100 \\ 243b + 197c + 163d = 397 \\ b + c + d = 2 \end{array}\right|$$

besitzt die Lösungsmenge $L = \{(0{,}169133 \mid 1{,}69027 \mid 0{,}140592)\}$.
Die gewünschte Menge besteht aus 16,9 ml Ananassaft,
169 ml Multivitaminsaft und 14,1 ml Orangensaft.

18

26. a) Mit den Bezeichnungen v_1: Vario 1; v_2: Vario 2; v_3: Vario 3 ergibt sich das System:

$$\left| \begin{aligned} 2v_1 + 3v_2 + 4v_3 &= 620 \\ 5v_1 + 10v_2 + 15v_3 &= 1850 \\ v_1 + 2v_2 + 2v_3 &= 350 \end{aligned} \right|$$

Es besitzt die Lösungsmenge $L = \{(150 \mid 80 \mid 20)\}$.
Damit können 140 Regale vom Typ Vario 1, 80 Regale vom Typ Vario 2 und 20 Regale vom Typ Vario 3 gebaut werden.

b)
$$\left| \begin{aligned} 2v_1 + 3v_2 + 4v_3 + 5v_4 &= 620 \\ 5v_1 + 10v_2 + 15v_3 + 20v_4 &= 1850 \\ v_1 + 2v_2 + 2v_3 + 4v_4 &= 350 \end{aligned} \right|$$

besitzt die Lösungsmenge $L = \{(150 + 2t \mid 80 - 3t \mid 20 \mid t)\; t \in \mathbb{R})\}$.
Gültige Lösungsmengen ergeben sich für $t \in \mathbb{N}$ mit $0 \le t \le 26$.

27. a) Es bezeichne x: Milch mit 3 %; y: Milch mit 4 % und z: Milch mit 6 % Fettgehalt in ℓ.

$$\left| \begin{aligned} 3x + 4y + 6z &= 50 \\ x + y + z &= 10 \end{aligned} \right|$$

besitzt die Lösungsmenge $L = \{(-10 + 2t \mid 20 - 3t \mid t)\; t \in \mathbb{R})\}$.
Nebenbedingung: $0 \le x, y, z \le 10$.
Löse also die Ungleichungen $0 \le -10 + 2t \le 10$ und $0 \le 20 - 3t \le 10$.
Damit: Mischungsmöglichkeiten für $5 \le t \le \frac{20}{3}$.

b) Mischungsmöglichkeiten für $t \in \{5; 5{,}5; 6; 6{,}5\}$.

c) Preis der Mischung in Abhängigkeit von t:
$p(t) = (-10 + 2t) \cdot 0{,}5 + (20 - 3t) \cdot 0{,}8 + t = 11 - 0{,}4t$

minimaler Preis: $p\left(\frac{20}{3}\right) = 11 - 0{,}4 \cdot \frac{20}{3} = 8{,}33$ €

maximaler Preis: $p(5) = 11 - 0{,}4 \cdot 5 = 9$ €

19

28. a)

555	591	528	546	537	816
555	159	852	654	753	357
555	915	285	465	375	492

und zusätzlich alle Spiegelungen an den Symmetrieachsen dieser Quadrate.

b) 816
357
492
und zusätzlich alle Spiegelungen dieses Quadrats an seinen Symmetrieachsen.

29. a) A: $140 + x_4 = 120 + x_1$

B: $x_1 + 90 = 100 + x_2$

C: $70 + x_2 = x_3 + 50$

D: $80 + x_3 = 110 + x_4$

Lösung: $L = \{20 + \lambda \mid 10 + \lambda \mid 30 + \lambda \mid \lambda) \mid \lambda \in \mathbb{R}\}$

19

29. b) Brauchbar sind Werte von $\lambda \in \mathbb{N}$

$x_4 = 0$: (20 | 10 | 30 | 0)

$x_4 = 10$: (30 | 20 | 40 | 10)

$x_4 = 100$: (120 | 110 | 130 | 100)

$x_4 = 500$: (520 | 510 | 530 | 500)

c) Man müsste noch eine weitere Zählung (z. B. für x_4) durchführen, um dann aussagen zu können, wie viele Fahrzeuge von der Kreuzung überhaupt „verkraftet“ werden.

30. a) Im Gleichungssystem wird für jedes einzelne Atom die Bedingung dargestellt, dass es links und rechts gleich viele sein müssen.
Als Lösung ergibt sich:

$$\begin{vmatrix} a = \frac{1}{4}d \\ b = \frac{1}{4}d \\ c = \frac{1}{4}d \end{vmatrix}$$

Hier erkennt man, dass man ohne Einschränkung unendlich viele Zahlen für d einsetzen kann und immer eine Lösung erhält.
Möglichst kleine natürliche Zahlen sind:

$$\begin{vmatrix} a = 1 \\ b = 1 \\ c = 1 \\ d = 4 \end{vmatrix}$$

b) (1) Es ergibt sich als Gleichungssystem

$$\begin{vmatrix} 3a = 1c \\ 8a = 2d \\ 2b = 2c + d \end{vmatrix}$$

Als Lösung ergibt sich:

$$\begin{vmatrix} a = \frac{1}{4}d \\ b = \frac{5}{4}d \\ c = \frac{3}{4}d \end{vmatrix}$$

oder mit natürlichen Zahlen $a = 1;\ b = 5;\ c = 3;\ d = 4$

19

30. b) (2) Als Gleichungssystem ergibt sich:

$$\left| \begin{array}{l} 3a = 1b \\ 5a = 2c \\ 3a = 2d \\ 9a = 2e \end{array} \right|$$

Als Lösung ergibt sich:

$$\left| \begin{array}{l} a = \frac{2}{3}e \\ b = \frac{2}{3}e \\ c = \frac{5}{9}e \\ d = \frac{1}{3}e \end{array} \right|$$

oder mit möglichst kleinen natürlichen Zahlen:
$a = 2;\; b = 6;\; c = 5;\; d = 3;\; e = 9$

(3) Als Gleichungssystem ergibt sich:

$$\left| \begin{array}{r} 2a = e \\ 4a = d \\ 7a + c = 3d \\ b + 2c = 3d \\ b = e \end{array} \right|$$

Als Lösung ergibt sich:

$$\left| \begin{array}{l} a = \frac{1}{2}e \\ b = e \\ c = \frac{5}{2}e \\ d = 2e \end{array} \right|$$

oder mit möglichst kleinen natürlichen Zahlen:
$a = 1;\; b = 2;\; c = 5;\; d = 4;\; e = 2$

Blickpunkt – Computertomografie

20

1. Jede Gleichung gibt die Summe der erfahrenen Dämpfungen an.
$a = 5,\; b = 2,\; c = 9,\; d = 3,\; e = 7$

20

2. (1)
$$\left|\begin{array}{c} a+b=9 \\ a+d=8 \\ a+c=4 \\ c+d=5 \end{array}\right|$$

$a=\frac{7}{2},\ b=\frac{11}{2}$

$c=\frac{1}{2},\ d=\frac{9}{2}$

(2)
$$\left|\begin{array}{c} a+b=5 \\ a+c=4 \\ a+d=9 \\ b+d=8 \\ c+d+e=14 \end{array}\right|$$

$a=3,\ b=2,\ c=1,$

$d=6,\ e=7$

(3)
$$\left|\begin{array}{r} a+c=5 \\ a+d+f=21 \\ b+c=8 \\ b+d+g=12 \\ c+d+e=10 \\ c+g=3 \\ e+g=4 \end{array}\right|$$

$a=3,\ b=6,\ c=2,$
$d=5,\ e=3,\ f=13,$
$g=1$

1.2 Punkte und Vektoren im Raum

1.2.1 Punkte im räumlichen Koordinatensystem

24

2. a) $P'(2 \mid 3 \mid 0)$

b) x_1x_3-Ebene: $(2 \mid 0 \mid 4)$ x_2x_3-Ebene: $(0 \mid 3 \mid 4)$

c) Spiegelung an x_1x_2-Ebene: $(2 \mid 3 \mid -4)$
Spiegelung an x_1x_3-Ebene: $(2 \mid -3 \mid 4)$
Spiegelung an x_2x_3-Ebene: $(-2 \mid 3 \mid 4)$

3. Es muss immer einen definierten Anfangspunkt geben von dem aus Richtung und Entfernung angegeben werden.
Wählt man als Richtungen die Richtung der Wände und die Vertikale, erhält man ein Standard-Rechtssystem.
Durch geschickte Wahl des Anfangspunkts lassen sich bestimmte Punkte einfacher beschreiben als andere.

4.

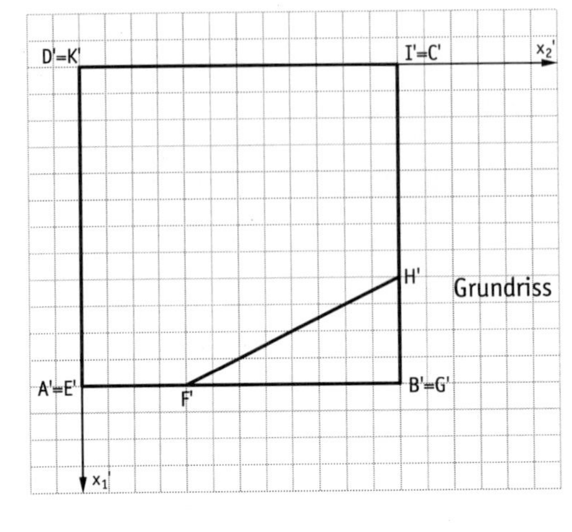

$$g: \vec{x} = \begin{pmatrix} 1 \\ -2 \\ 1 \end{pmatrix} + r \begin{pmatrix} 2 \\ -1 \\ -1 \end{pmatrix}$$

$$E: x_1 + x_2 - x_3 = 1$$

$$\begin{pmatrix} 1 \\ 1 \\ -1 \end{pmatrix} \cdot \begin{pmatrix} 1 \\ -2 \\ 1 \end{pmatrix} = 1 - 2 - 1 = -2 \neq 0 \Rightarrow SP$$

$$1 + 2r - 2 - r - (1 - r) = 1$$

~~1+2r-2-r-1+r~~ $= 1$

$$-2 + 2r = 1 \qquad 1+2$$

$$2r = 3$$

$$r = \frac{3}{2}$$

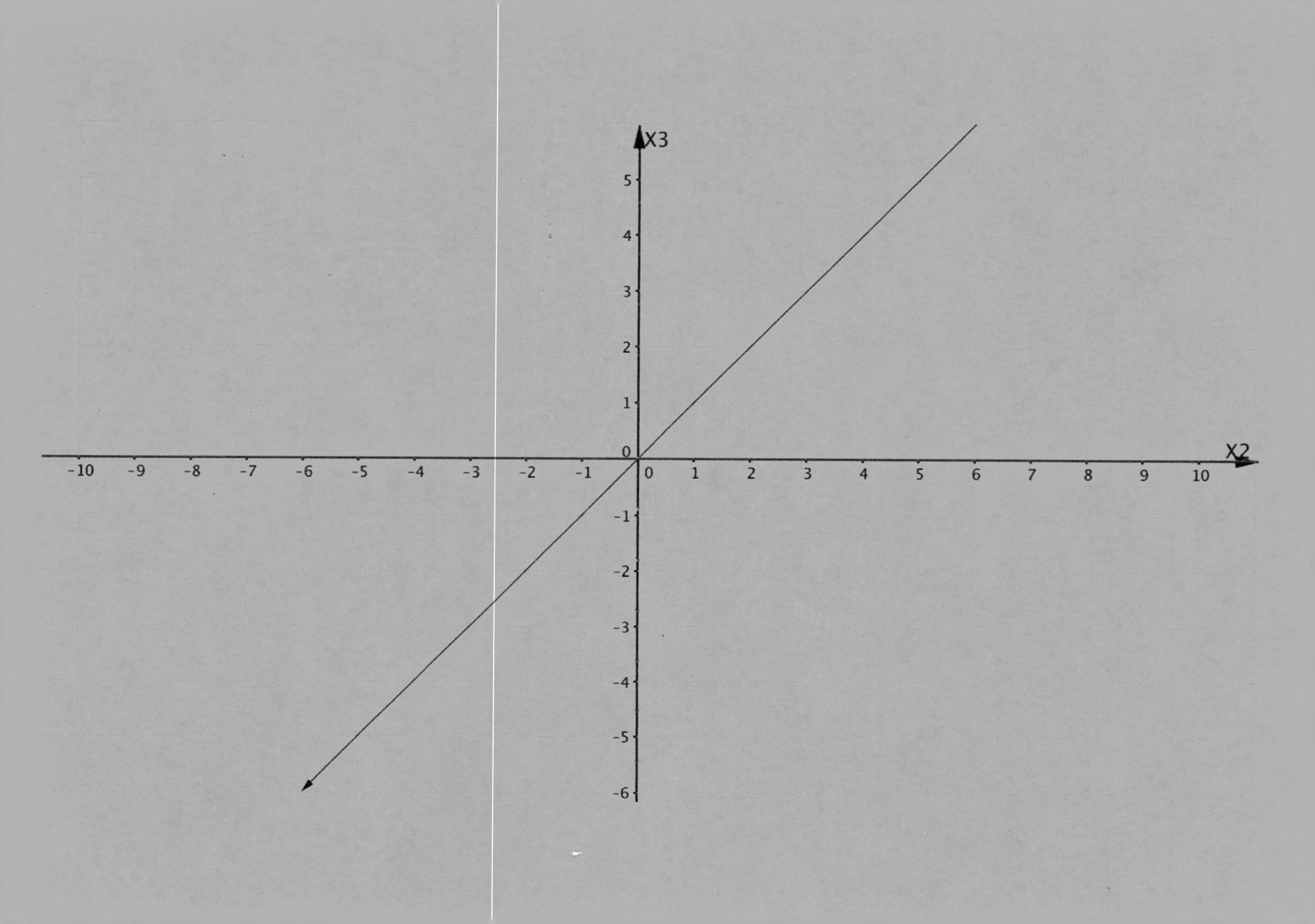
X3
X2

24

4. Fortsetzung
A′(6 | 0 | 0); B′(6 | 6 | 0); C′(0 | 6 | 0); D′(0 | 0 | 0); E′(6 | 0 | 0);
F′(6 | 2 | 0); G′(6 | 6 | 0); H′(4 | 6 | 0); I′(0 | 6 | 0); K′(0 | 0 | 0)

5. a)

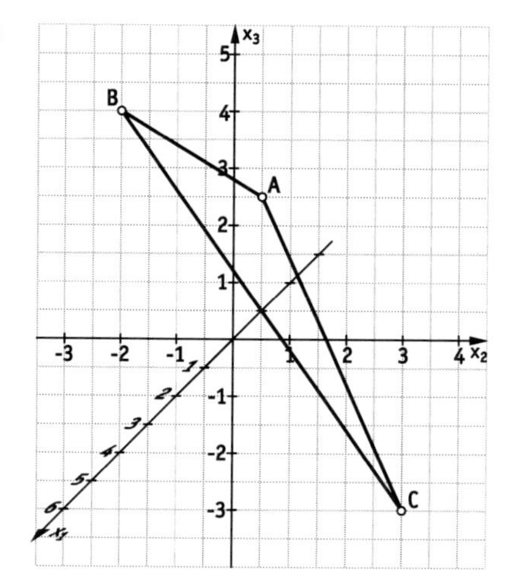

b)

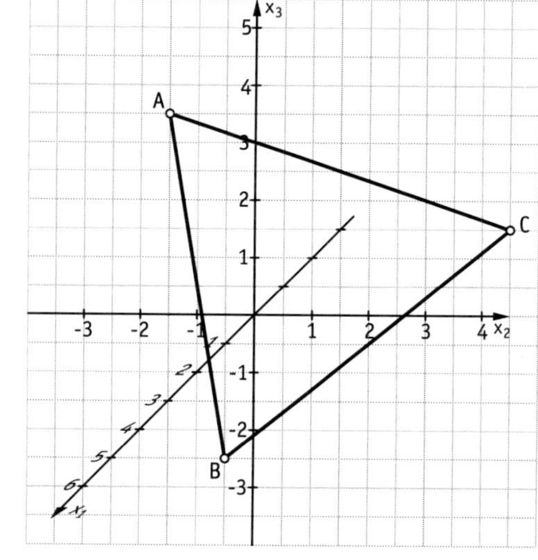

6. Lina hat das perspektivische Zeichnen der x_1-Achse beim Abtrag der x_2- und x_3-Koordinaten missachtet und dementsprechend zu lang gezeichnet.

24

7. a) x_1-Koordinate: Null: x_2x_3-Ebene,
[x_2-Koordinate: Null: x_1x_3-Ebene,
x_3-Koordinate: Null: x_1x_2-Ebene]

b) Auf der x_3-Achse .

c) Auf einer Ebene parallel zur x_1x_2-Ebene mit der x_3-Koordinate 3.

d) Auf einer Geraden parallel zur x_3-Achse durch den Punkt P(2 | 3 | 0).

8. *Beispiel*

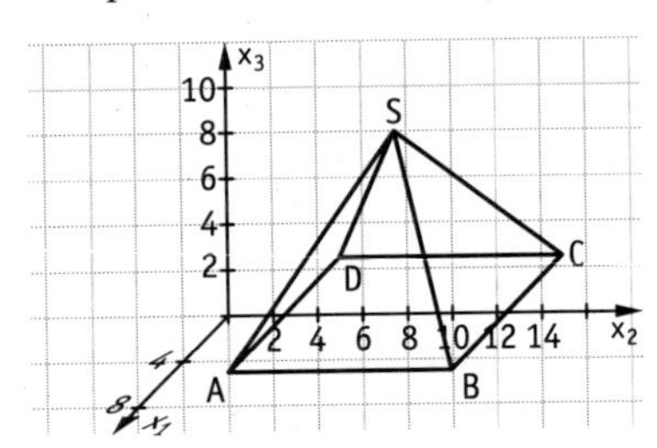

Eckpunkte:
A(5 | 2,5 | 0); B(5 | 12,5 | 0); C(−5 | 2,5 | 0); D(−5 | 12,5 | 0); S(0 | 7,5 | 8)

25

9. a) Schrägbild siehe Schülerbuch; Wahl der Achsen wie auf S. 15
A(4 | 0 | 0); B(4 | 4 | 0); C(0 | 4 | 0); D(0 | 0 | 0); E(4 | 0 | 6); F(4 | 4 | 6);
G(0 | 4 | 6); H(0 | 0 | 6); S(2 | 2 | 9)

b) A(2 | −2 | 0); B(2 | 2 | 0); C(−2 | 2 | 0); D(−2 | −2 | 0); E(2 | −2 | 6);
F(2 | 2 | 6); G(−2 | 2 | 6); H(−2 | −2 | 6); S(0 | 0 | 9)

c) Die x_3-Koordinaten sind gleich. Jeweils die x_1- und x_2-Koordinate ist bei a) um 2 Einheiten größer als bei b).
Dies entspricht gerade der Verschiebung von D zu M.

10. a) A = (17 | −15 | 0) B = (17 | −15 | 8) C = (17 | 0 | 8)
D = (0 | 0 | 8) E = (0 | 22 | 8) F = (−12 | 22 | 8)
G = (−12 | 22 | 0) H = (0 | 22 | 0) I = (0 | 0 | 0)
J = (17 | 0 | 0)

b) x_1-x_2-Ebene: A, G, H, I, J
x_2-x_3-Ebene: D, E, H, I
x_1-x_3-Ebene: C, D, I, J

c) A = (−17 | 37 | 0) B = (−17 | 37 | 8) C = (−17 | 22 | 8)
D = (0 | 22 | 8) E = (0 | 0 | 8) F = (12 | 0 | 8)
G = (12 | 0 | 0) H = (0 | 0 | 0) I = (0 | 22 | 0)
J = (−17 | 22 | 0)
x_1-x_2-Ebene: A, G, H, I, J
x_2-x_3-Ebene: D, E, H, I
x_1-x_3-Ebene: E, F, G, H

25

11. Aus der Darstellung eines 3-dimensionalen Koordinatensystems auf einer 2-dimensionalen Zeichenfläche kann man nicht eindeutig die Koordinaten von Punkten ablesen, z. B. könnten die Punkte auch durch:
$P(-2 \mid 2 \mid 1)$ und $Q(1 \mid -2 \mid -1)$ beschrieben werden.
Erst durch weitere Informationen bzw. Lagebeziehungen kann Eindeutigkeit erreicht werden.

12. (1) $(-3 \mid -3{,}5 \mid -2)$ (2) $(-2 \mid -3 \mid -1{,}5)$ (3) $(0 \mid -2 \mid -0{,}5)$
Da jeweils eine Koordinate gegeben ist, ist eine Ebene festgelegt und aus der 2D-Darstellung sind die anderen Werte eindeutig ablesbar.

13. **a)** $P'(-4 \mid 0 \mid 0)$; $Q'(0 \mid 3 \mid 0)$; $R'(3 \mid -2 \mid -4)$; $S'(-8 \mid 5 \mid 3)$
b) $P''(-4 \mid 0 \mid 0)$; $Q''(0 \mid -3 \mid 0)$; $R''(3 \mid 2 \mid 4)$; $S''(-8 \mid -5 \mid -3)$
c) $P'''(4 \mid 0 \mid 0)$; $Q'''(0 \mid 3 \mid 0)$; $R'''(-3 \mid -2 \mid 4)$; $S'''(8 \mid 5 \mid -3)$
d) $P''''(4 \mid 0 \mid 0)$; $Q''''(0 \mid -3 \mid 0)$; $R''''(-3 \mid 2 \mid -4)$; $S''''(8 \mid -5 \mid 3)$

1.2.2 Vektoren

27

2. Man kann jeden Vektor im Raum durch einen Quader mit den Seitenlängen aus den Verschiebungskoordinaten darstellen.
Der Quader hat rechte Winkel, sodass die Länge des Vektors durch zweimalige Anwendung des Satzes des Pythagoras ausrechenbar ist:

$$d^2 = 5^2 + 7^2 = 74$$

$$|\vec{v}|^2 = d^2 + (1{,}5)^2 = 76{,}25$$

$$|\overline{AA'}| = |\vec{v}| = \sqrt{76{,}25} \approx 8{,}7$$

28

3. **a)** Richtung x_1-Achse: 5 Einheiten
Richtung x_2-Achse: 7 Einheiten
Richtung x_3-Achse: 1,5 Einheiten
Die Verschiebung auf G angewandt, ergibt $G'(-12 \mid 30{,}5 \mid 4)$.

b) Die Länge des Verschiebungspfeils von A nach A' ist gleich der Länge $|\overline{AA'}|$ der Raumdiagonalen im Koordinatenquader der Verschiebung von A nach A'.
Nach Pythagoras gilt

$$d^2 = 5^2 + 7^2 = 74$$

$$|\overline{AA'}|^2 = d^2 + 1{,}5^2 = 76{,}25$$

$$\Rightarrow |\overline{AA'}| = \sqrt{76{,}25} \approx 8{,}7$$

Die Länge des Pfeils ist ca. 8,7 m.

28

4. a) Z. B.

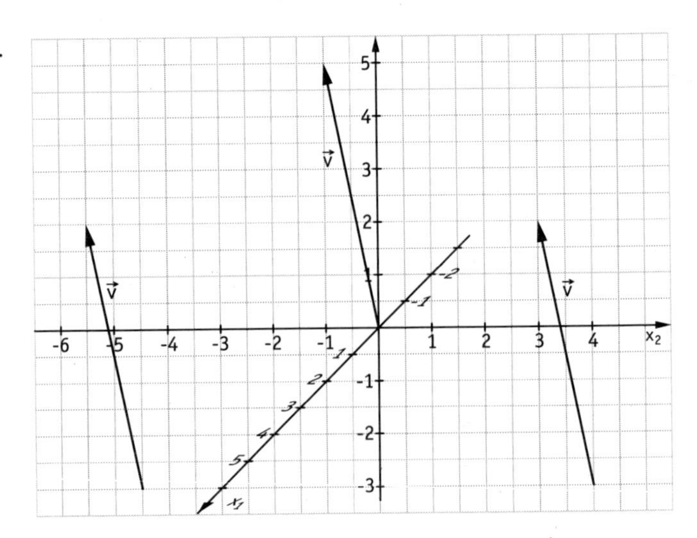

b) A′(–1 | 2 | 5)

c) B(–4 | 20 | –26)

d) Q um $\vec{v}$ verschoben gibt Q′(8 | 11 | 4) ≠ P(8 | 11 | –4)

P ist kein Bildpunkt von Q unter $\vec{v}$.

5. a) Q(9 | –6 | 24)

b) P(–3 | 13 | 18)

c) Q(–4 | –1 | –8)

d) P(q + 3 | q – 7 | 3q + 3)

6. a) $\overrightarrow{DA} = \begin{pmatrix} 4 \\ 0 \\ 0 \end{pmatrix}$ $\overrightarrow{DC} = \begin{pmatrix} 0 \\ 6 \\ 0 \end{pmatrix}$ $\overrightarrow{AB} = \begin{pmatrix} 0 \\ 6 \\ 0 \end{pmatrix}$ $\overrightarrow{BC} = \begin{pmatrix} -4 \\ 0 \\ 0 \end{pmatrix}$

$\overrightarrow{CG} = \begin{pmatrix} 0 \\ 0 \\ 4 \end{pmatrix}$ $\overrightarrow{HF} = \begin{pmatrix} 4 \\ 6 \\ 0 \end{pmatrix}$ $\overrightarrow{DB} = \begin{pmatrix} 4 \\ 6 \\ 0 \end{pmatrix}$ $\overrightarrow{EF} = \begin{pmatrix} 0 \\ 6 \\ 0 \end{pmatrix}$

b) $\overrightarrow{DC}$; $\overrightarrow{AB}$ und $\overrightarrow{EF}$ bzw. $\overrightarrow{HF}$ und $\overrightarrow{DB}$

c) $\left|\overrightarrow{DE}\right| = \sqrt{\left|\overrightarrow{DA}\right|^2 + \left|\overrightarrow{AE}\right|^2} = \sqrt{4^2 + 4^2} = \sqrt{32} \approx 5{,}66$

$\left|\overrightarrow{DB}\right| = \sqrt{\left|\overrightarrow{DA}\right|^2 + \left|\overrightarrow{AB}\right|^2} = \sqrt{4^2 + 6^2} = \sqrt{52} \approx 7{,}21$

$\left|\overrightarrow{DF}\right| = \sqrt{\left|\overrightarrow{DB}\right|^2 + \left|\overrightarrow{BF}\right|^2} = \sqrt{\sqrt{52}^2 + 4^2} = \sqrt{68} \approx 8{,}24$

29

7. a) Es gibt 5 verschiedene Vektoren.

$\overrightarrow{AB} = \overrightarrow{DE}$; $\overrightarrow{AC}$; $\overrightarrow{BC} = \overrightarrow{EF}$; $\overrightarrow{AD} = \overrightarrow{CF} = \overrightarrow{BE}$; $\overrightarrow{FD}$

b) $\overrightarrow{AC} = \overrightarrow{JL}$ $\left[\overrightarrow{AB} = \overrightarrow{LI},\ \overrightarrow{BC} = \overrightarrow{ED} = \overrightarrow{GH} = \overrightarrow{JI},\ \overrightarrow{IJ} = \overrightarrow{HG} = \overrightarrow{DE} = \overrightarrow{CB},\right.$

$\left.\overrightarrow{CG} = \overrightarrow{DJ}\right]$

29

8. **a)** A′(11 | 5 | 3) **c)** A′(6 | 4 | −3)
b) A′(10,6 | 5,4 | −10,9) **d)** A′(0 | 0 | 0)

9. **a)** $\vec{v} = \begin{pmatrix} 7 \\ -6 \\ -4 \end{pmatrix}$; $|\vec{v}| = \sqrt{101} \approx 10{,}05$ **c)** $\vec{v} = \begin{pmatrix} 19 \\ -9 \\ 11 \end{pmatrix}$; $|\vec{v}| = \sqrt{563} \approx 23{,}73$

b) $\vec{v} = \begin{pmatrix} 3 \\ -4 \\ 3 \end{pmatrix}$; $|\vec{v}| = \sqrt{34} \approx 5{,}83$ **d)** $\vec{v} = \begin{pmatrix} 8 \\ -8 \\ 8 \end{pmatrix}$; $|\vec{v}| = \sqrt{192} \approx 13{,}86$

10. **a)** $b_3 = 7$ oder $b_3 = 3$ **c)** $b_1 = 6 + \sqrt{6}$; $b_1 = 6 - \sqrt{6}$
b) $a_2 = 0$ oder $a_2 = 6$ **d)** $b_2 = 23$ oder $b_2 = 19$

11. Max hat die Koordinaten nicht quadriert.
Laura hat zwar die Beträge richtig quadriert aber übersehen, dass Quadrate immer positiv sind, explizit $(-2)^2 = (-2)(-2) = 4$.

12. **a)** beliebig viele
b) Man könnte für A und C beliebige Koordinaten wählen, die folgende Bedingung erfüllen:

$$\overrightarrow{AB} = \begin{pmatrix} 2 - a_1 \\ 4 - a_2 \\ 0 - a_3 \end{pmatrix} \stackrel{!}{=} \overrightarrow{OC} = \begin{pmatrix} c_1 - 0 \\ c_2 - 0 \\ c_3 - 0 \end{pmatrix} = \begin{pmatrix} c_1 \\ c_2 \\ c_3 \end{pmatrix}$$

1.2.3 Addition und Subtraktion von Vektoren

33

2. (1) $\begin{pmatrix} 1 \\ 1 \\ 1 \end{pmatrix} + \begin{pmatrix} 2 \\ 2 \\ 2 \end{pmatrix} = \begin{pmatrix} 1+2 \\ 1+2 \\ 1+2 \end{pmatrix} = \begin{pmatrix} 2+1 \\ 2+1 \\ 2+1 \end{pmatrix} = \begin{pmatrix} 2 \\ 2 \\ 2 \end{pmatrix} + \begin{pmatrix} 1 \\ 1 \\ 1 \end{pmatrix}$;

genauso zu zeigen für den allgemeinen Fall:

$$\begin{pmatrix} a_1 \\ a_2 \\ a_3 \end{pmatrix} + \begin{pmatrix} b_1 \\ b_2 \\ b_3 \end{pmatrix} = \begin{pmatrix} a_1 + b_1 \\ a_2 + b_2 \\ a_3 + b_3 \end{pmatrix} = \begin{pmatrix} b_1 + a_1 \\ b_2 + a_2 \\ b_3 + a_3 \end{pmatrix} = \begin{pmatrix} b_1 \\ b_2 \\ b_3 \end{pmatrix} + \begin{pmatrix} a_1 \\ a_2 \\ a_3 \end{pmatrix}$$

(2) $\begin{pmatrix} 1 \\ 1 \\ 1 \end{pmatrix} + \left(\begin{pmatrix} 2 \\ 2 \\ 2 \end{pmatrix} + \begin{pmatrix} 3 \\ 3 \\ 3 \end{pmatrix}\right) = \begin{pmatrix} 1+(2+3) \\ 1+(2+3) \\ 1+(2+3) \end{pmatrix} = \begin{pmatrix} (1+2)+3 \\ (1+2)+3 \\ (1+2)+3 \end{pmatrix} = \left(\begin{pmatrix} 1 \\ 1 \\ 1 \end{pmatrix} + \begin{pmatrix} 2 \\ 2 \\ 2 \end{pmatrix}\right) + \begin{pmatrix} 3 \\ 3 \\ 3 \end{pmatrix}$;

genauso zu zeigen für den allgemeinen Fall

33

3. a) Verschiebung $\vec{v} = \begin{pmatrix} 5 \\ -1 \\ 4,5 \end{pmatrix} = \overrightarrow{AA'}$; B′(7 | 3 | 6,5); C′(7 | 2 | 4,5)

b) 2. Verschiebung $\vec{w} = \begin{pmatrix} -2 \\ -4,5 \\ -6 \end{pmatrix} = \overrightarrow{A'A''}$

c) gesamte Verschiebung $\vec{u} = \vec{v} + \vec{w} = \begin{pmatrix} 3 \\ -5,5 \\ -1,5 \end{pmatrix} = \overrightarrow{AA''}$

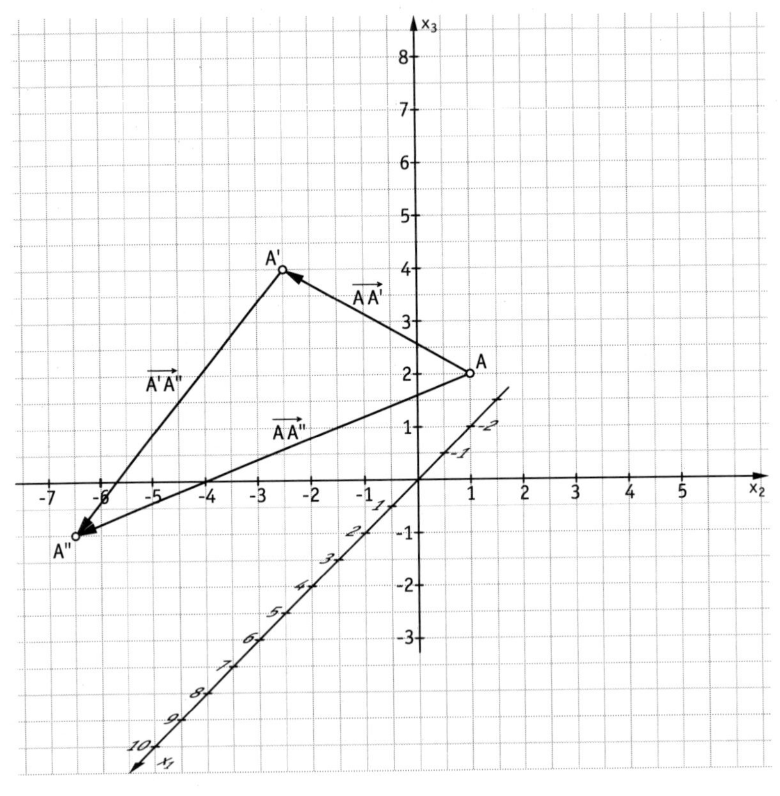

34

4. a) C(0 | 2 | 7); D(3 | −1 | 2)

b) Seiten als Vektoren darstellbar:

$$\overrightarrow{AB} = \begin{pmatrix} -5 \\ 4 \\ 5 \end{pmatrix} \qquad \left|\overrightarrow{AB}\right| = \sqrt{66} \approx 8{,}12$$

$$\overrightarrow{BC} = \begin{pmatrix} 2 \\ -3 \\ 4 \end{pmatrix} \qquad \left|\overrightarrow{BC}\right| = \sqrt{29} \approx 5{,}38$$

$$\overrightarrow{CD} = \begin{pmatrix} 3 \\ -3 \\ -5 \end{pmatrix} \qquad \left|\overrightarrow{CD}\right| = \sqrt{43} \approx 6{,}56$$

$$\overrightarrow{DA} = \begin{pmatrix} 0 \\ 2 \\ -4 \end{pmatrix} \qquad \left|\overrightarrow{DA}\right| = \sqrt{20} \approx 4{,}47$$

5. a) A(5 | −6 | 0); B(5 | 6 | 0); C(−5 | 6 | 0); D(−5 | −6 | 0); E(5 | −6 | 4); F(5 | 6 | 4); G(−5 | 6 | 4); H(−5 | −6 | 4); M(0 | −4 | 9); N(0 | 4 | 9)

b) $\overrightarrow{AE} = \begin{pmatrix} 0 \\ 0 \\ 4 \end{pmatrix}$; $\overrightarrow{FN} = \begin{pmatrix} -5 \\ -2 \\ 5 \end{pmatrix}$; $\overrightarrow{MH} = \begin{pmatrix} -5 \\ -2 \\ -5 \end{pmatrix}$; $\overrightarrow{FM} = \begin{pmatrix} -5 \\ -10 \\ 5 \end{pmatrix}$; $\overrightarrow{AN} = \begin{pmatrix} -5 \\ 10 \\ 9 \end{pmatrix}$

6. a) $\begin{pmatrix} 2 \\ 3 \\ 5 \end{pmatrix} + \begin{pmatrix} 1 \\ 4 \\ -4 \end{pmatrix} = \begin{pmatrix} 3 \\ 7 \\ 1 \end{pmatrix}$

b) $\begin{pmatrix} 6 \\ 9 \\ 3 \end{pmatrix} + \begin{pmatrix} -9 \\ -5 \\ 4 \end{pmatrix} = \begin{pmatrix} -3 \\ 4 \\ 7 \end{pmatrix}$

c) $\begin{pmatrix} 8 \\ -5 \\ 3 \end{pmatrix} + \begin{pmatrix} -6 \\ -1 \\ -3 \end{pmatrix} = \begin{pmatrix} 2 \\ -6 \\ 0 \end{pmatrix}$

d) $\begin{pmatrix} -3 \\ 2 \\ -4 \end{pmatrix} + \begin{pmatrix} -1 \\ -4 \\ 6 \end{pmatrix} + \begin{pmatrix} 2 \\ 5 \\ -3 \end{pmatrix} = \begin{pmatrix} -2 \\ 3 \\ -1 \end{pmatrix}$

e) $\begin{pmatrix} 1 \\ 2 \\ 4 \end{pmatrix} - \begin{pmatrix} 3 \\ -1 \\ -1 \end{pmatrix} = \begin{pmatrix} -2 \\ 3 \\ 5 \end{pmatrix}$

f) $\begin{pmatrix} -3 \\ 2 \\ 1 \end{pmatrix} - \begin{pmatrix} 6 \\ -8 \\ -9 \end{pmatrix} = \begin{pmatrix} -9 \\ 10 \\ 10 \end{pmatrix}$

g) $\begin{pmatrix} 1 \\ -2 \\ 3 \end{pmatrix} - \begin{pmatrix} 5 \\ 4 \\ -2 \end{pmatrix} = \begin{pmatrix} -4 \\ -6 \\ 5 \end{pmatrix}$

h) $\begin{pmatrix} -3 \\ 5 \\ -2 \end{pmatrix} - \begin{pmatrix} -7 \\ -1 \\ 3 \end{pmatrix} - \begin{pmatrix} 3 \\ -2 \\ -4 \end{pmatrix} = \begin{pmatrix} 1 \\ 8 \\ -1 \end{pmatrix}$

34

7. a)

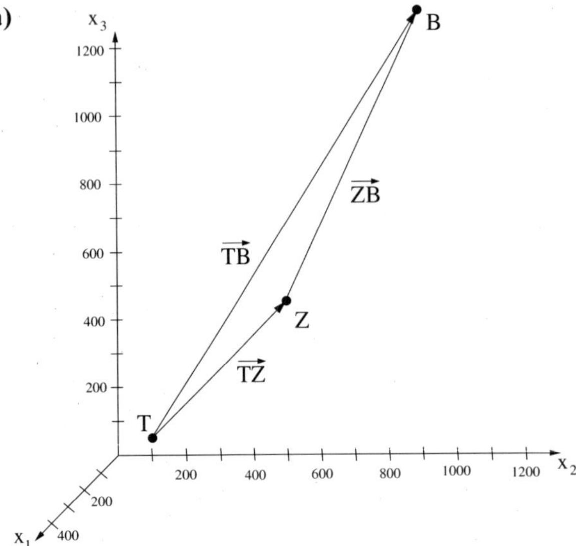

$$\overrightarrow{TB} = \begin{pmatrix} 1725 \\ 1649 \\ 2116 \end{pmatrix}$$

b) $\overrightarrow{Z_{neu}B} = \begin{pmatrix} 1237 \\ 1115 \\ 1471 \end{pmatrix}$

8. a) $\vec{a} + \vec{b} = \overrightarrow{AC} = \overrightarrow{EG}$

b) $\vec{a} - \vec{b} = \overrightarrow{DB} = \overrightarrow{HF}$

c) $\vec{b} - \vec{a} = \overrightarrow{BD} = \overrightarrow{FH}$

d) $\vec{a} - \vec{c} = \overrightarrow{EB} = \overrightarrow{HC}$

e) $\vec{b} + \vec{c} = \overrightarrow{AH} = \overrightarrow{BG}$

f) $\vec{b} - \vec{c} = \overrightarrow{ED} = \overrightarrow{FC}$

g) $\vec{a} + \vec{b} + \vec{c} = \overrightarrow{AG}$

h) $\vec{a} - (\vec{b} + \vec{c}) = \overrightarrow{HG} + \overrightarrow{GB} = \overrightarrow{HB}$

9. $\overrightarrow{AC} = -\vec{u}$, $\overrightarrow{AD} = -\vec{u} + \vec{s}$, $\overrightarrow{AE} = \vec{r} + \vec{t}$, $\overrightarrow{BA} = -\vec{r}$, $\overrightarrow{BC} = -\vec{r} - \vec{u}$,
$\overrightarrow{BD} = -\vec{r} - \vec{u} + \vec{s}$, $\overrightarrow{CB} = \vec{u} + \vec{r}$, $\overrightarrow{CE} = \vec{u} + \vec{r} + \vec{t}$, $\overrightarrow{DA} = -\vec{s} + \vec{u}$,
$\overrightarrow{DB} = -\vec{s} + \vec{u} + \vec{r}$, $\overrightarrow{DE} = -\vec{s} + \vec{u} + \vec{r} + \vec{t}$

35

10. Die Überlegung ist falsch. Nach der Dreiecksregel kann man nur einen inneren gemeinsamen Punkt streichen.

35

11. Gesucht ist b, sodass $|\overrightarrow{AB}| = |\overrightarrow{AC}|$

$$|\overrightarrow{AC}| = \left|\begin{pmatrix} -1 \\ -4 \\ -2 \end{pmatrix}\right| = \sqrt{21}$$

$$|\overrightarrow{AB}| = \left|\begin{pmatrix} -4 \\ b-7 \\ -1 \end{pmatrix}\right| = \sqrt{17 + (b-7)^2}$$

$$|\overrightarrow{AC}| = |\overrightarrow{AB}| \Leftrightarrow \sqrt{21} = \sqrt{17 + (b-7)^2} \Leftrightarrow b = 5 \text{ oder } b = 9$$

12. A(0 | –5 | 0); B(0 | 0 | 0); C(–4 | 0 | 0); D(–4 | –5 | 0); E(0 | –5 | 3); F(0 | 0 | 3); G(–4 | 0 | 3); H(–4 | –5 | 3)

$$\overrightarrow{EG} = \begin{pmatrix} -4 \\ 5 \\ 0 \end{pmatrix};\quad \overrightarrow{CA} = \begin{pmatrix} 4 \\ -5 \\ 0 \end{pmatrix};\quad \overrightarrow{HB} = \begin{pmatrix} 4 \\ 5 \\ -3 \end{pmatrix}$$

13. a) $\overrightarrow{AB} = \begin{pmatrix} 4 \\ -6 \\ -4 \end{pmatrix};\quad \overrightarrow{DC} = \begin{pmatrix} 4 \\ -6 \\ -4 \end{pmatrix}$

Die Seiten $\overline{AB}$ und $\overline{CD}$ sind parallel und gleich lang.
ABCD ist ein Parallelogramm.

b) $\overrightarrow{AB} = \begin{pmatrix} -4 \\ 5 \\ 2 \end{pmatrix};\quad \overrightarrow{CD} = \begin{pmatrix} -12 \\ 11 \\ 6 \end{pmatrix} \Rightarrow \overline{AB} \nparallel \overline{CD};$

$\overrightarrow{AC} = \begin{pmatrix} 4 \\ -3 \\ -2 \end{pmatrix};\quad \overrightarrow{BD} = \begin{pmatrix} -4 \\ 3 \\ 2 \end{pmatrix}$

Die Seiten $\overline{AC}$ und $\overline{BD}$ sind parallel und gleich lang.
ACBD ist ein Parallelogramm.

35

14.

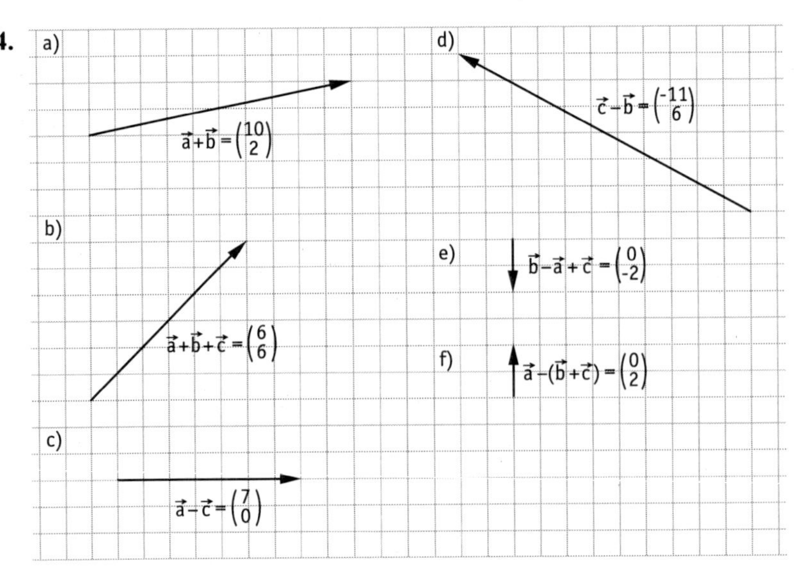

15. a) D (−2 | 3 | 2)

b) Kein Parallelogramm möglich, da $\overrightarrow{AB} = \overrightarrow{BC}$.

c) Kein Parallelogramm möglich, da $\overrightarrow{AC} = \overrightarrow{CB}$.

d) Kein Parallelogramm möglich, da $\overrightarrow{BC} = \overrightarrow{CA}$.

16. Da die Basis des gleichschenkligen Dreiecks nicht vorgegeben ist, gibt es mehrere Lösungsmöglichkeiten:

a) Basis $\overline{AB} \Rightarrow |\overrightarrow{AC}| = |\overrightarrow{BC}| \Rightarrow t = \frac{13}{4}$

Basis $\overline{BC} \Rightarrow |\overrightarrow{AB}| = |\overrightarrow{AC}| \Rightarrow t = -3$ oder $t = -1$

Basis $\overline{AC} \Rightarrow |\overrightarrow{AB}| = |\overrightarrow{BC}|$ keine Lösung

b) Basis $\overline{AB} \Rightarrow |\overrightarrow{AC}| = |\overrightarrow{BC}|$ keine Lösung

Basis $\overline{BC} \Rightarrow |\overrightarrow{AB}| = |\overrightarrow{AC}|$ keine Lösung

Basis $\overline{AC} \Rightarrow |\overrightarrow{AB}| = |\overrightarrow{BC}| \Rightarrow t = 8$ oder $t = 6$

17. a) $|\overrightarrow{AB}| = \left|\begin{pmatrix}2\\0\\-2\end{pmatrix}\right| = \sqrt{8}$; $|\overrightarrow{AC}| = \left|\begin{pmatrix}0\\2\\-2\end{pmatrix}\right| = \sqrt{8}$; $|\overrightarrow{AD}| = \left|\begin{pmatrix}-\frac{2}{3}\\-\frac{2}{3}\\-\frac{8}{3}\end{pmatrix}\right| = \sqrt{8}$

$|\overrightarrow{BC}| = \left|\begin{pmatrix}-2\\2\\0\end{pmatrix}\right| = \sqrt{8}$; $|\overrightarrow{BD}| = \left|\begin{pmatrix}-\frac{8}{3}\\-\frac{2}{3}\\-\frac{2}{3}\end{pmatrix}\right| = \sqrt{8}$; $|\overrightarrow{CD}| = \left|\begin{pmatrix}-\frac{2}{3}\\-\frac{8}{3}\\-\frac{2}{3}\end{pmatrix}\right| = \sqrt{8}$

Alle Kanten haben die Länge $\sqrt{8} \approx 2{,}83$.

35

17. b) Oberfläche des Tetraeders: $\sqrt{3}\cdot(\sqrt{8})^2 = 8\sqrt{3} \approx 13{,}86$

18. a) $\overrightarrow{PR} = \overrightarrow{PQ} + \overrightarrow{QR} = \overrightarrow{RS} + \overrightarrow{QR} = \overrightarrow{QR} + \overrightarrow{RS} = \overrightarrow{QS}$

b) Gilt $\overrightarrow{PQ} = \overrightarrow{RS}$, dann ist das Viereck PQSR ein Parallelogramm.

19. a) $\overrightarrow{AB} = \begin{pmatrix} -2 \\ 6 \\ 3 \end{pmatrix}$; $\overrightarrow{CD} = \begin{pmatrix} 2 \\ -6 \\ -3 \end{pmatrix}$

$\overline{AB}$ ist parallel zu $\overline{CD}$ und gleich lang.
ABCD bildet ein Parallelogramm.
Seitenlängen:

$|\overrightarrow{AB}| = |\overrightarrow{CD}| = \sqrt{49} = 7$

$|\overrightarrow{BC}| = \left|\begin{pmatrix} -6 \\ -3 \\ 2 \end{pmatrix}\right| = \sqrt{49} = 7 = |\overrightarrow{AD}|$

Alle Seiten sind 7 Einheiten lang.

b) Z. B.: Über den Satz des Pythagoras: Wenn $|\overrightarrow{AB}|^2 + |\overrightarrow{BC}|^2 = |\overrightarrow{AC}|^2$ gilt, dann steht die Seite $\overline{AB}$ senkrecht auf $\overline{BC}$ und demnach sind alle Winkel im Parallelogramm rechte Winkel.

Hier: $|\overrightarrow{AC}| = \left|\begin{pmatrix} -8 \\ 3 \\ 5 \end{pmatrix}\right| = \sqrt{98}$ $\quad |\overrightarrow{AC}|^2 = 98$

$|\overrightarrow{AB}|^2 + |\overrightarrow{BC}|^2 = 98$ $\quad$ Es ist ein Rechteck.

1.2.4 Vervielfachen von Vektoren

38

Information (5)

Aus der Skizze klar: $\overrightarrow{OM} = \overrightarrow{OA} + \frac{1}{2}\overrightarrow{AB}$

$\Leftrightarrow \overrightarrow{OM} = \frac{1}{2}(\overrightarrow{OA}\cdot 2 + \overrightarrow{AB})$

$\Leftrightarrow \overrightarrow{OM} = \frac{1}{2}(\overrightarrow{OA} + \overrightarrow{OA} + \overrightarrow{AB})$

und da $\overrightarrow{OA} + \overrightarrow{AB} = \overrightarrow{OB}$: $\Leftrightarrow \overrightarrow{OM} = \frac{1}{2}(\overrightarrow{OA} + \overrightarrow{OB})$

38

1. a) Nach 1 Stunde: $\begin{pmatrix} -1 \\ 2 \\ 0,5 \end{pmatrix}$

Nach 2 Stunden: $2 \cdot \begin{pmatrix} -1 \\ 2 \\ 0,5 \end{pmatrix} = \begin{pmatrix} -2 \\ 4 \\ 1 \end{pmatrix}$

2 m tief, 4 m nördlich, 1 m westlich.

Nach 3 Stunden: $3 \cdot \begin{pmatrix} -1 \\ 2 \\ 0,5 \end{pmatrix} = \begin{pmatrix} -3 \\ 6 \\ 1,5 \end{pmatrix}$

3 m tief, 6 m nördlich, 1,5 m westlich.

Nach 5 Stunden: $5 \cdot \begin{pmatrix} -1 \\ 2 \\ 0,5 \end{pmatrix} = \begin{pmatrix} -5 \\ 10 \\ 2,5 \end{pmatrix}$

5 m tief, 10 m nördlich, 2,5 m westlich.

b)

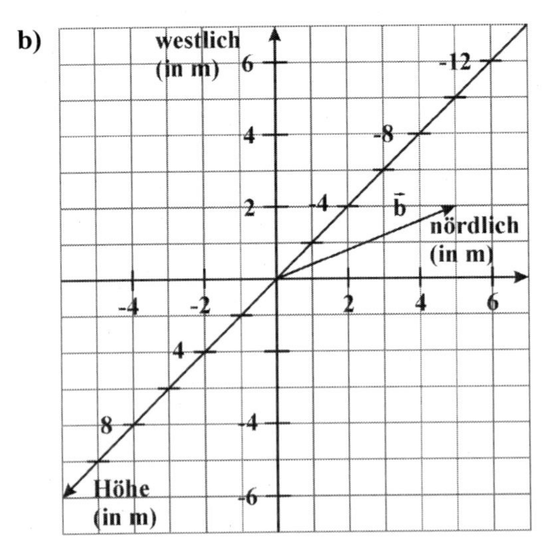

2. a) $\begin{pmatrix} -2 \\ 10 \\ 14 \end{pmatrix}$ **b)** $\begin{pmatrix} 3 \\ -6 \\ 4,5 \end{pmatrix}$ **c)** $\begin{pmatrix} -2 \\ 0 \\ -2,5 \end{pmatrix}$ **d)** $\begin{pmatrix} -6 \\ -3 \\ 15 \end{pmatrix}$ **e)** $\begin{pmatrix} 5 \\ -7,5 \\ 6,25 \end{pmatrix}$

3. (1) Wegen der ersten Koordinate müsste der Faktor (–1) sein.
Dies passt nicht zur dritten Koordinate.

(2) Wegen der ersten Koordinate müsste der Faktor $\frac{1}{2}$ sein.
Dies passt weder zur zweiten noch zur dritten Koordinate.

(3) Wegen der ersten Koordinate müsste der Faktor $\frac{1}{2}$ sein.
Dies passt nicht zur dritten Koordinate.

38

3. (4) Da $\vec{a}$ und $\vec{b}$ die gleiche x_3-Koordinate haben aber unterschiedliche x_1- und x_2-Koordinaten kann $\vec{b}$ kein Vielfaches von $\vec{a}$ sein.

4. Mehrere Lösungen immer möglich; einfache Beispiele:

a) $\vec{a} = \frac{1}{6} \cdot \begin{pmatrix} 4 \\ -6 \\ 3 \end{pmatrix}$ **c)** $\vec{a} = 6 \cdot \begin{pmatrix} 3 \\ -2 \\ 4 \end{pmatrix}$

b) $\vec{a} = \frac{1}{12} \cdot \begin{pmatrix} -48 \\ -9 \\ 4 \end{pmatrix}$ **d)** $\vec{a} = \frac{1}{6} \cdot \begin{pmatrix} -3 \\ 120 \\ 4 \end{pmatrix}$

5. (1) $\frac{1}{2}\vec{a} + \frac{1}{2}\vec{b}$ (2) $-\vec{a} + \vec{b}$ (3) $\vec{a}$ (4) $\frac{1}{2}\vec{b}$

6. $\overrightarrow{AB} = \begin{pmatrix} -6 \\ 4 \\ 2 \end{pmatrix}$; $\overrightarrow{AC} = \begin{pmatrix} 4 \\ -6 \\ -2 \end{pmatrix}$; $\overrightarrow{BC} = \begin{pmatrix} 10 \\ -10 \\ -4 \end{pmatrix}$

$$\overrightarrow{M_aM_b} = \frac{1}{2}\left(-\overrightarrow{AC} + \overrightarrow{BC}\right) = \begin{pmatrix} 3 \\ -2 \\ -1 \end{pmatrix} = -\frac{1}{2}\left(\overrightarrow{AB}\right)$$

$$\overrightarrow{M_aM_c} = \frac{1}{2}\left(-\overrightarrow{BC} - \overrightarrow{AB}\right) = \begin{pmatrix} -2 \\ 3 \\ 1 \end{pmatrix} = -\frac{1}{2}\left(\overrightarrow{AC}\right)$$

$$\overrightarrow{M_bM_c} = \frac{1}{2}\left(-\overrightarrow{AC} + \overrightarrow{AB}\right) = \begin{pmatrix} -5 \\ 5 \\ 2 \end{pmatrix} = -\frac{1}{2}\left(\overrightarrow{BC}\right)$$

Die Dreiecke ABC und $M_aM_bM_c$ sind gleichschenklig und zudem ähnlich.

39

7.

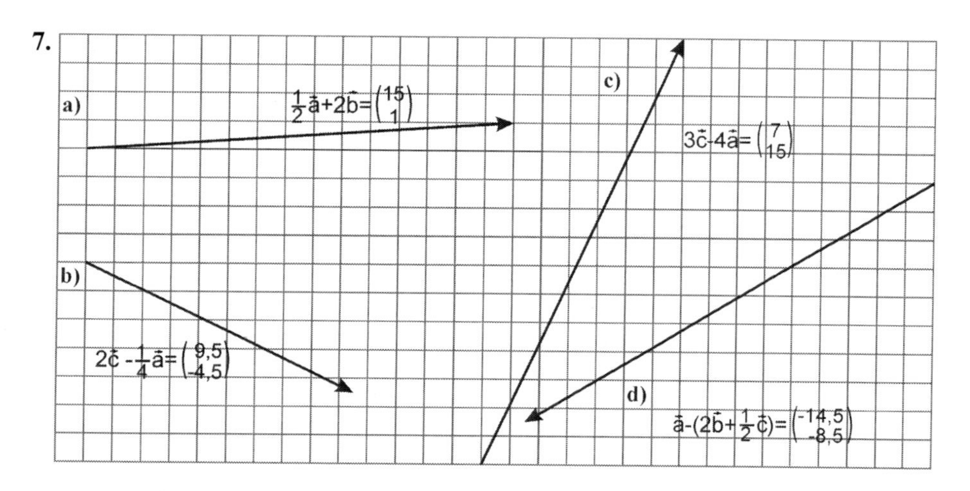

39

8. M(2 | –3 | 5) ist nicht der Mittelpunkt von $\overline{AB}$, sondern die Hälfte des Vektors $\overrightarrow{AB}$. Der Mittelpunkt ist $\vec{m} = \overrightarrow{OA} + \frac{1}{2}\overrightarrow{AB} = \begin{pmatrix} 2 \\ 8 \\ -4 \end{pmatrix} + \begin{pmatrix} 2 \\ -3 \\ 5 \end{pmatrix} = \begin{pmatrix} 4 \\ 5 \\ 1 \end{pmatrix}$

$\Rightarrow$ M(4 | 5 | 1).

9. a)/b) $\vec{m} = \overrightarrow{OA} + \overrightarrow{AM} = \overrightarrow{OA} + \frac{1}{2}\overrightarrow{AB} = \vec{a} + \vec{p}$

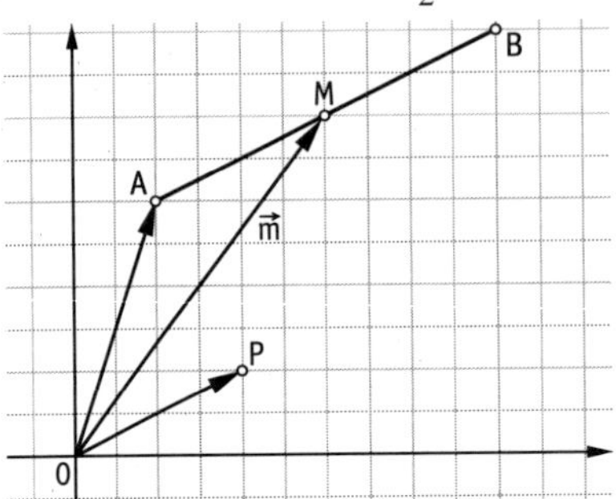

10. $\overrightarrow{AM_1} = \vec{a} + \frac{1}{2}\vec{b} + \frac{1}{2}\vec{c}$ $\qquad$ $\overrightarrow{M_1M_2} = \frac{1}{2}\vec{b} - \frac{1}{2}\vec{a}$

$\overrightarrow{HM_3} = \frac{1}{2}\vec{a} - \vec{b} - \frac{1}{2}\vec{c}$ $\qquad$ $\overrightarrow{M_2A} = -\frac{1}{2}\vec{c} - \frac{1}{2}\vec{a} - \vec{b}$

11. $\overrightarrow{MS} = -\frac{1}{2}(\vec{a} + \vec{b}) + \vec{c}$ $\qquad$ $\overrightarrow{CS} = -(\vec{a} + \vec{b}) + \vec{c}$ $\qquad$ $\overrightarrow{SB} = \vec{a} - \vec{c}$

12. a) $\vec{a} = \begin{pmatrix} \frac{2}{3} \\ -\frac{1}{3} \\ \frac{2}{3} \end{pmatrix}$ **b)** $\vec{a} = \frac{1}{5\sqrt{2}}\begin{pmatrix} 5 \\ 3 \\ -4 \end{pmatrix}$ **c)** $\vec{a} = \frac{1}{\sqrt{106}}\begin{pmatrix} 9 \\ 0 \\ 5 \end{pmatrix}$ **d)** $\vec{a} = \frac{1}{\sqrt{2}}\begin{pmatrix} 1 \\ 0 \\ 1 \end{pmatrix}$

13. $\overrightarrow{PQ} = \frac{1}{2}\vec{b} + \frac{1}{2}\vec{a} - \vec{c} = \frac{1}{2}(\vec{a} + \vec{b}) - \vec{c}$

1.2.5 Lineare Abhängigkeit und Unabhängigkeit von Vektoren

41

2. Voraussetzung: $r\vec{a} + s\vec{b} + t\vec{c} = \vec{0}$ nur für r = s = t = 0
Beweis durch Widerspruch:
Annahme: $\vec{a}$, $\vec{b}$, $\vec{c}$ linear abhängig
$\Rightarrow$ Z. B. $\vec{a} = s\vec{b} + t\vec{c}$ für mindestens einen Parameter ungleich 0.
$\Rightarrow \vec{0} = -1 \cdot \vec{a} + s\vec{b} + t\vec{c}$ für mindestens einen Parameter s, t ungleich 0
Widerspruch zur Voraussetzung
$\Rightarrow$ $\vec{a}$, $\vec{b}$, $\vec{c}$ linear unabhängig

41

3. **a)** linear unabhängig
b) linear unabhängig
c) linear unabhängig
d) linear unabhängig
e) linear abhängig

4. **a)** Für $t = 8$ linear abhängig.
b) Für $t = 0$ oder $t = 3$ linear abhängig.
c) Für alle $t \in \mathbb{R}$ linear abhängig.

5. **a)** $(3r + s)\vec{u} + (3r - s + 2t)\vec{v} + (2s - t)\vec{w} = \vec{0}$
Lineares Gleichungssystem:

$$\left|\begin{array}{r} 3r + s = 0 \\ 3r - s + 2t = 0 \\ 2s - t = 0 \end{array}\right| \qquad \text{nur } r = s = t = 0 \text{ Lösung}$$

$\Rightarrow$ Die Vektoren sind linear unabhängig.

b) $(2r + 4s)\vec{u} + (7r + 3t)\vec{v} + (-5s + 6t)\vec{w} = \vec{0}$
Lineares Gleichungssystem:

$$\left|\begin{array}{r} 2r + 4s = 0 \\ 7r + 3t = 0 \\ -5s + 6t = 0 \end{array}\right| \qquad \text{nur } r = s = t = 0 \text{ Lösung}$$

$\Rightarrow$ Die Vektoren sind linear unabhängig.

Blickpunkt: Bewegung auf dem Wasser

42

1. **a)**

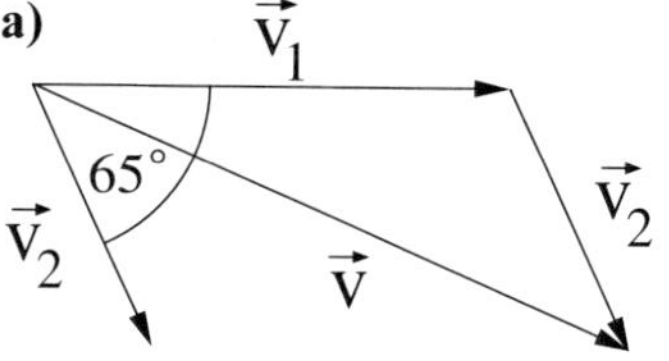

$\alpha = 65°$: $|\vec{v}| \approx 6{,}9\ \frac{m}{s}$ $\qquad$ $\alpha = 127°$: $|\vec{v}| = 4\ \frac{m}{s}$

Kontrollrechnung mit Kosinussatz:

$$|\vec{v}|^2 = \left|\overrightarrow{v_1}\right|^2 + \left|\overrightarrow{v_2}\right|^2 - 2\left|\overrightarrow{v_1}\right|\left|\overrightarrow{v_2}\right|\cos(180° - \alpha)$$

$$\Rightarrow \alpha = 65° \Rightarrow |\vec{v}| = 6{,}83\ \frac{m}{s}$$

$$\alpha = 127° \Rightarrow |\vec{v}| = 3{,}9932\ \frac{m}{s}$$

b) $\vec{v} = \overrightarrow{v_1} + \overrightarrow{v_2} = \begin{pmatrix} 2 \\ 4 \end{pmatrix}$

$|\vec{v}| = \sqrt{20}\ \frac{m}{s} \approx 4{,}47\ \frac{m}{s}$

2. Nach Kosinussatz: 35 405,8 N

43

3. a) Sei α der Winkel, den die Vektoren $\vec{F}_{\text{Schlepper}}$ und $\vec{v}$, also die Kraft des Schleppers und Bewegungsrichtung, bilden.
Dann gilt für die wirksame Kraft entlang $\vec{v}$:

$$\left|\vec{F}_{\text{wirksam}}\right| = \left|\vec{F}_{\text{Schlepper}}\right| \cdot \cos\alpha$$

Im Bild ist $\alpha = 45° \Rightarrow \left|\vec{F}_{\text{wirksam}}\right| \approx 24\,748{,}7\ \text{N}$

b) zeichnerisch:
$F_\perp \approx 49\,218{,}8\ \text{N}$
$F_{\text{hinab}} \approx 8\,593{,}8\ \text{N}$
rechnerisch:
$F_\perp = 50\,000\ \text{N} \cdot \cos(9°) = 49\,384{,}4\ \text{N}$
$F_{\text{hinab}} = 50\,000\ \text{N} \cdot \sin(9°) \approx 7\,821{,}7\ \text{N}$
allgemein:
$F_\perp = 50\,000\ \text{N} \cdot \cos(\alpha)$
$F_{\text{hinab}} = 50\,000\ \text{N} \cdot \sin(\alpha)$

Extremfälle für $\alpha = 0 \Rightarrow \begin{cases} F_{\text{hinab}} = 0\ \text{N} \\ F_\perp = 50\,000\ \text{N} \end{cases}$

$\alpha = 90° \Rightarrow \begin{cases} F_{\text{hinab}} = 50\,000\ \text{N} \\ F_\perp = 0\ \text{N} \end{cases}$

Bis $\alpha = 45°$ gilt $F_\perp > F_{\text{hinab}}$ danach $F_\perp < F_{\text{hinab}}$.

4.

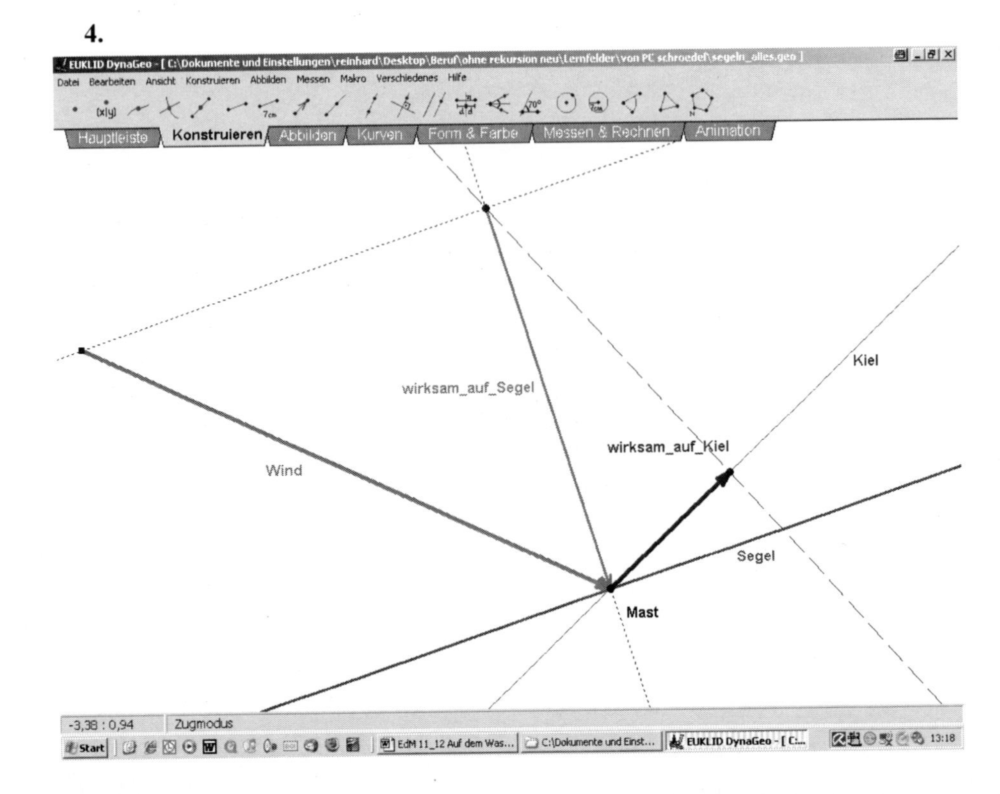

1.3 Geraden im Raum

1.3.1 Parameterdarstellung einer Geraden

46

2. a) Z. B.: $g: \overrightarrow{OX} = \begin{pmatrix} 3 \\ 1 \\ -2 \end{pmatrix} + t \begin{pmatrix} -5 \\ 3 \\ -5 \end{pmatrix};\ t \in \mathbb{R}$, $g: \overrightarrow{OX} = \begin{pmatrix} -2 \\ 4 \\ -7 \end{pmatrix} + t \begin{pmatrix} 5 \\ -3 \\ 5 \end{pmatrix};\ t \in \mathbb{R}$

b) Weitere Darstellungen erhält man entweder durch das Ändern des Stützvektors zu einem Ortsvektor eines anderen Punktes auf der Geraden oder durch Vervielfachen des Richtungsvektors oder beides gleichzeitig:

Beispiel: $g: \overrightarrow{OX} = \begin{pmatrix} 8 \\ -2 \\ 3 \end{pmatrix} + t \begin{pmatrix} 10 \\ -6 \\ 10 \end{pmatrix};\ t \in \mathbb{R}$

$g: \vec{x} = \begin{pmatrix} 3 \\ 1 \\ -2 \end{pmatrix} + t \begin{pmatrix} 5 \\ -3 \\ 5 \end{pmatrix};\ t \in \mathbb{R}$

$g: \vec{x} = \begin{pmatrix} -2 \\ 4 \\ -7 \end{pmatrix} + t \begin{pmatrix} -2{,}5 \\ 1{,}5 \\ -2{,}5 \end{pmatrix};\ t \in \mathbb{R}$

$g: \vec{x} = \begin{pmatrix} -7 \\ 7 \\ -12 \end{pmatrix} + t \begin{pmatrix} -20 \\ 12 \\ -20 \end{pmatrix};\ t \in \mathbb{R}$

3. Zunächst wird der Punkt A aus dem Stützvektor $\overrightarrow{OA} = \begin{pmatrix} 4 \\ 3 \\ 3 \end{pmatrix}$ eingezeichnet.

Von Punkt A ausgehend wird der Richtungsvektor $\begin{pmatrix} -2 \\ 1 \\ -3 \end{pmatrix}$ eingezeichnet und dieser in beide Richtungen zu einer Geraden verlängert.

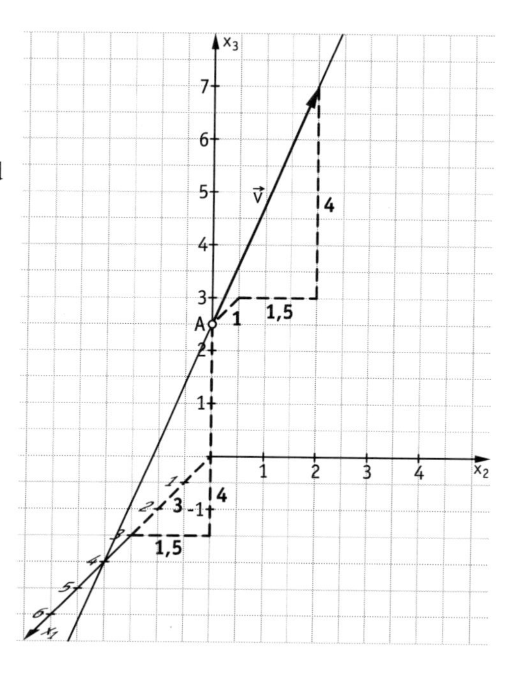

46

4. a) $S_{12}\,(3 \mid 4 \mid 0)$; $S_{13}\,(1 \mid 0 \mid 2)$; $S_{23}\,(0 \mid -2 \mid 3)$
Zeichnung: siehe Aufgabenstellung.
Die Gerade verläuft vor der x_3-Achse bis sie den Spurpunkt S_{23} erreicht.

b) $S_{12}\,(-6 \mid 2 \mid 0)$; $S_{13}\,(-2 \mid 0 \mid 6)$; $S_{23}\,(0 \mid -1 \mid 9)$

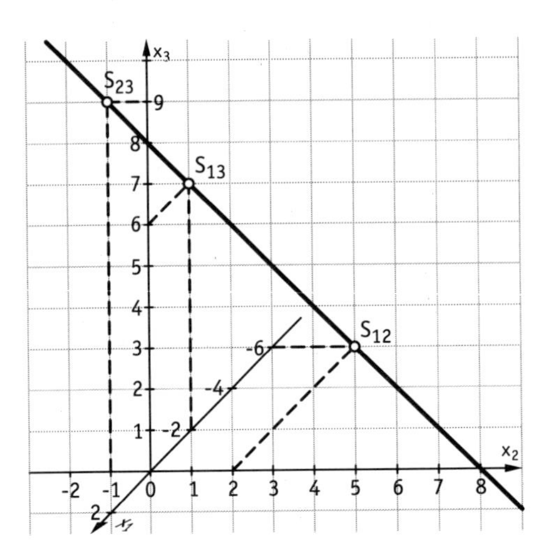

Die Gerade verläuft hinter der x_3-Achse im Großteil der Zeichnung, erst bei S_{23} kommt sie nach vorne.

47

5. a) Nach 1 Minute: $A_1\,(5308 \mid 870 \mid -38)$
Nach 3 Minuten: $A_3\,(5456 \mid 1000 \mid -46)$
Nach 5 Minuten: $A_5\,(5604 \mid 1130 \mid -54)$
Die Punkte liegen auf einer Geraden.

b) $\overrightarrow{OX} = \begin{pmatrix} 5234 \\ 805 \\ -34 \end{pmatrix} + t \begin{pmatrix} 74 \\ 65 \\ -4 \end{pmatrix}$ mit $t \in \mathbb{R}$, t gemessen in Minuten.

Der Ortsvektor ist gegeben durch den Ortsvektor des Startpunktes und ein Vielfaches des Vektors der Bewegungsrichtung.

c) Nach 13 Minuten erreicht das Tauchboot den Punkt Q.

47

6. Es gibt unendlich viele Lösungen. Beispiele:

$$g\colon\ \vec{x} = \begin{pmatrix} 0 \\ 0 \\ 0 \end{pmatrix} + s\begin{pmatrix} 3 \\ -2 \\ 4 \end{pmatrix} = s\begin{pmatrix} 3 \\ -2 \\ 4 \end{pmatrix};\ s \in \mathbb{R}$$

$$g\colon\ \vec{x} = \begin{pmatrix} 3 \\ -2 \\ 4 \end{pmatrix} + r\begin{pmatrix} 3 \\ -2 \\ 4 \end{pmatrix};\ r \in \mathbb{R}$$

$$g\colon\ \vec{x} = \begin{pmatrix} -3 \\ 2 \\ -4 \end{pmatrix} + t\begin{pmatrix} 6 \\ -4 \\ 8 \end{pmatrix};\ t \in \mathbb{R}$$

7. a) Z. B.: $g\colon\ \vec{x} = \begin{pmatrix} -2 \\ 5 \\ 3 \end{pmatrix} + t\begin{pmatrix} 4 \\ -8 \\ -2 \end{pmatrix};\ t \in \mathbb{R}$

oder $g\colon\ \vec{x} = \begin{pmatrix} 2 \\ -3 \\ 1 \end{pmatrix} + s\begin{pmatrix} -4 \\ 8 \\ 2 \end{pmatrix};\ s \in \mathbb{R}$

P liegt auf g (im Beispiel: $t = -3$, $s = 4$)

b) Z. B.: $g\colon\ \vec{x} = \begin{pmatrix} 5 \\ -3 \\ -1 \end{pmatrix} + t\begin{pmatrix} -3 \\ 2 \\ 3 \end{pmatrix};\ t \in \mathbb{R}$

oder $g\colon\ \vec{x} = \begin{pmatrix} 2 \\ -1 \\ 2 \end{pmatrix} + s\begin{pmatrix} -6 \\ 4 \\ 6 \end{pmatrix};\ s \in \mathbb{R}$

P liegt nicht auf g.

47

8. a) (1) g: $\vec{x} = \begin{pmatrix} 4 \\ 2 \\ 3 \end{pmatrix} + r \begin{pmatrix} -2 \\ 3 \\ -4 \end{pmatrix}$; $r \in \mathbb{R}$

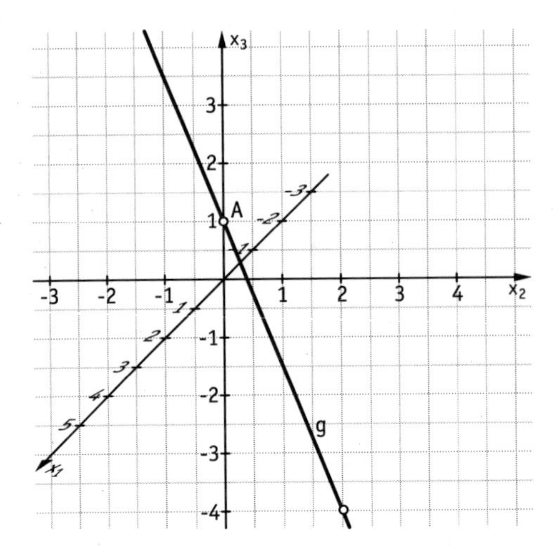

(2) g: $\vec{x} = \begin{pmatrix} 2 \\ 1 \\ -2 \end{pmatrix} + r \begin{pmatrix} -4 \\ 2 \\ 4 \end{pmatrix}$; $r \in \mathbb{R}$

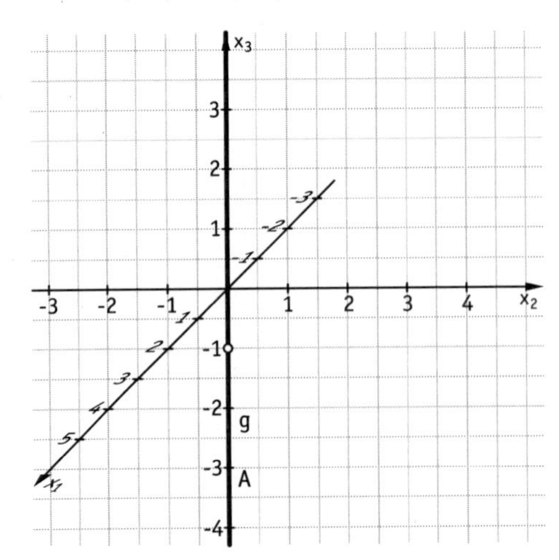

47

8. a) (3) g: $\vec{x} = \begin{pmatrix} -3 \\ -3 \\ 1 \end{pmatrix} + r \begin{pmatrix} 3 \\ 2 \\ -1 \end{pmatrix}$; $r \in \mathbb{R}$

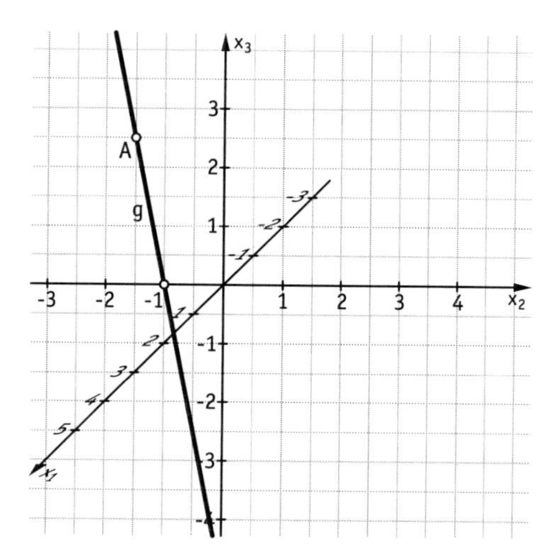

b) (1) $\left(2{,}5 \mid \frac{17}{4} \mid 0\right)$ (2) $(0 \mid 1 \mid 0)$ (3) $(0 \mid -1 \mid 0)$

Dies sind jeweils die Schnittpunkte der Geraden g mit der x_1x_2-Ebene.

9. a) Ursprungsgerade in x_1x_2-Ebene z. B.: g: $\vec{x} = \begin{pmatrix} 1 \\ 1 \\ 0 \end{pmatrix} + t \begin{pmatrix} 1 \\ 1 \\ 0 \end{pmatrix}$; $t \in \mathbb{R}$

b) x_2-Achse z. B.: $\vec{x} = \begin{pmatrix} 0 \\ 1 \\ 0 \end{pmatrix} + t \begin{pmatrix} 0 \\ 1 \\ 0 \end{pmatrix}$; $t \in \mathbb{R}$

c) Ursprungsgerade in x_2x_3-Ebene z. B.: g: $\vec{x} = \begin{pmatrix} 0 \\ 1 \\ -1 \end{pmatrix} + t \begin{pmatrix} 0 \\ 1 \\ -1 \end{pmatrix}$; $t \in \mathbb{R}$

d) Gerade verläuft in x_2x_3-Ebene z. B.: g: $\vec{x} = \begin{pmatrix} 2 \\ 0 \\ 3 \end{pmatrix} + t \begin{pmatrix} 1 \\ 0 \\ 1 \end{pmatrix}$; $t \in \mathbb{R}$

47

10. a) Z. B: g: $\vec{x} = \begin{pmatrix} -5 \\ 3 \\ 1 \end{pmatrix} + t \begin{pmatrix} 4 \\ 2 \\ -8 \end{pmatrix}$

b) Die Richtungsvektoren sind Vielfache voneinander:

$-5 \cdot \begin{pmatrix} 2 \\ 1 \\ -4 \end{pmatrix} = \begin{pmatrix} -10 \\ -5 \\ 20 \end{pmatrix}.$

Der Stützvektor $\begin{pmatrix} 29 \\ 20 \\ -67 \end{pmatrix}$ liegt auf g (für k = 17). Es ist die selbe Gerade.

11. a) Alle Punkte der Strecke $\overline{AB}$ mit A(−4 | −6 | 3) und B(1 | 9 | 3) inklusive der Punkte A und B.

b) Alle inneren Punkte der Strecke $\overline{CD}$ mit C(4 | 0 | −4) und D(20 | −8 | 0) (d. h. exklusive der Punkte C und D).

12. a) (1) (0 | 11 | −1) (2) (8 | 3 | −5) **b)** (1) (0 | 15 | 0) (2) (−18 | 3 | 12)

48

13. a) A liegt auf g für k = −2.
B liegt nicht auf g.
C liegt auf g für k = 5.

b) A liegt auf g für t = −3.
B liegt nicht auf g.
C liegt nicht auf g.

14. a) $\overrightarrow{PQ} = \begin{pmatrix} -2 \\ -4 \\ 4 \end{pmatrix}, \quad \overrightarrow{PR} = \begin{pmatrix} 3 \\ 6 \\ -6 \end{pmatrix}$

Da $\overrightarrow{PR} = -\frac{3}{2} \cdot \overrightarrow{PQ}$ liegen P, Q, R auf einer Geraden und da der Vorfaktor negativ ist, liegt P zwischen Q und R.

b) $\overrightarrow{PQ} = \begin{pmatrix} 24 \\ -32 \\ 16 \end{pmatrix}, \quad \overrightarrow{PR} = \begin{pmatrix} 15 \\ -20 \\ 10 \end{pmatrix}, \quad \overrightarrow{PR} = \frac{5}{8}\overrightarrow{PQ}$

P, Q, R liegen auf einer Geraden. Da $\frac{5}{8} < 1$ liegt Q näher an P als R. Q liegt in der Mitte.

15. Beim Stützvektor kommt es auf die Länge an. Nur beim Richtungsvektor ist die Länge irrelevant. Zu einem bekannten Stützvektor dürfen Vielfache eines Richtungsvektors addiert werden. Kristins alternative Darstellung der Geraden ist daher falsch.

48

16. a) P(−4634 | 2035 | −500)

b) $\overrightarrow{PW} = \begin{pmatrix} 69 \\ 80 \\ -8 \end{pmatrix}$

Entfernung Tauchboot zum Wrack ist die Länge des Vektors $\overrightarrow{PW}$:
$|\overrightarrow{PW}| = \sqrt{11\,225} \approx 105{,}95 > 100$
Die Crew sieht das Wrack nicht.

17. a) Z. B. g: $\vec{x} = \begin{pmatrix} 11 \\ 1 \\ 6 \end{pmatrix} + k \begin{pmatrix} -6 \\ -2 \\ -4 \end{pmatrix}$; $k \in \mathbb{R}$

Für $0 < k < 1$ liegen alle Punkte der Geraden zwischen A und B,
z. B. $k = \frac{1}{2} \rightarrow (8 \mid 0 \mid 4)$ oder $k = \frac{1}{4} \rightarrow (9{,}5 \mid 0{,}5 \mid 5)$

b) Für $k = \frac{5}{2}$ ergibt sich der Ortsvektor vom Punkt (−4 | −4 | −4).

18. a) Z. B.: g′: $\vec{x} = \begin{pmatrix} 4 \\ -3 \\ 2 \end{pmatrix} + k \begin{pmatrix} 1 \\ 1 \\ -2 \end{pmatrix}$; $k \in \mathbb{R}$

b) Z. B.: g′: $\vec{x} = \begin{pmatrix} -5 \\ -2 \\ -2 \end{pmatrix} + r \begin{pmatrix} 0 \\ -1 \\ -1 \end{pmatrix}$; $r \in \mathbb{R}$

c) Z. B.: g′: $\vec{x} = \begin{pmatrix} 2 \\ -2 \\ 1 \end{pmatrix} + k \begin{pmatrix} -2 \\ 0 \\ 3 \end{pmatrix}$; $k \in \mathbb{R}$

19. Es gibt unendlich viele äquivalente Lösungen. Als Beispiel wird der Ursprung des Koordinatensystems immer in die untere, hintere, linke Ecke des Körpers gelegt und das Standard-Rechtssystem verwendet. Alle Einheiten sind cm.

a) g: $\vec{x} = \begin{pmatrix} 4 \\ 0 \\ 0 \end{pmatrix} + k \cdot \begin{pmatrix} -4 \\ 6 \\ 3 \end{pmatrix}$; $k \in \mathbb{R}$ h: $\vec{x} = \begin{pmatrix} 2 \\ 0 \\ 3 \end{pmatrix} + r \cdot \begin{pmatrix} 0 \\ 6 \\ -3 \end{pmatrix}$; $r \in \mathbb{R}$

i: $\vec{x} = \begin{pmatrix} 0 \\ 3 \\ 3 \end{pmatrix} + t \cdot \begin{pmatrix} 2 \\ 3 \\ -3 \end{pmatrix}$; $t \in \mathbb{R}$ k: $\vec{x} = \begin{pmatrix} 0 \\ 3 \\ 3 \end{pmatrix} + s \cdot \begin{pmatrix} 4 \\ 3 \\ -3 \end{pmatrix}$; $s \in \mathbb{R}$

48

19. **b)** g: $\vec{x} = \begin{pmatrix} 4 \\ 6 \\ 0 \end{pmatrix} + k \cdot \begin{pmatrix} -4 \\ -3 \\ 3 \end{pmatrix}$; $k \in \mathbb{R}$ h: $\vec{x} = \begin{pmatrix} 0 \\ 3 \\ 3 \end{pmatrix} + r \cdot \begin{pmatrix} 2 \\ 3 \\ -3 \end{pmatrix}$; $r \in \mathbb{R}$

i: $\vec{x} = \begin{pmatrix} 2 \\ 6 \\ 0 \end{pmatrix} + t \cdot \begin{pmatrix} -2 \\ -6 \\ 3 \end{pmatrix}$; $t \in \mathbb{R}$ k: $\vec{x} = \begin{pmatrix} 2 \\ 0 \\ 0 \end{pmatrix} + s \cdot \begin{pmatrix} -2 \\ 6 \\ 3 \end{pmatrix}$; $s \in \mathbb{R}$

c) g: $\vec{x} = \begin{pmatrix} 0 \\ 0 \\ 0 \end{pmatrix} + t \cdot \begin{pmatrix} 3 \\ 3 \\ 2,5 \end{pmatrix}$; $t \in \mathbb{R}$ i: $\vec{x} = \begin{pmatrix} 4 \\ 0 \\ 0 \end{pmatrix} + s \cdot \begin{pmatrix} -2 \\ 4 \\ 0 \end{pmatrix}$; $s \in \mathbb{R}$

k: $\vec{x} = \begin{pmatrix} 2 \\ 4 \\ 0 \end{pmatrix} + r \cdot \begin{pmatrix} 2 \\ 2 \\ 5 \end{pmatrix}$; $r \in \mathbb{R}$

49

20. $\overrightarrow{OX} = \begin{pmatrix} 1 \\ 0 \\ 3 \end{pmatrix} + t \cdot \begin{pmatrix} 2 \\ -1 \\ 4 \end{pmatrix}$

21. **a)** $\overrightarrow{OP_t} = \begin{pmatrix} 3+2t \\ 5t \\ -2-4t \end{pmatrix} = \begin{pmatrix} 3 \\ 0 \\ -2 \end{pmatrix} + t \begin{pmatrix} 2 \\ 5 \\ -4 \end{pmatrix}$; $t \in \mathbb{R}$

Dies ist die Parameterdarstellung einer Geraden.
Alle Punkte P_t liegen auf dieser Geraden.

b) $\overrightarrow{A_1A_2} = \begin{pmatrix} 2 \\ -2 \\ 3 \end{pmatrix}$, $\overrightarrow{A_1A_3} = \begin{pmatrix} 4 \\ -4 \\ 8 \end{pmatrix}$

$\Rightarrow \overrightarrow{A_1A_2}$ ist kein Vielfaches von $\overrightarrow{A_1A_3}$, somit liegen A_1, A_2, A_3 nicht auf einer Geraden. Daher liegen nicht alle A_t auf einer Geraden.

22. **a)** $\left|\overrightarrow{k_0k_1}\right| = \left|\begin{pmatrix} -2080 \\ 720 \\ -320 \end{pmatrix}\right| = \sqrt{4\,947\,200} \approx 2224{,}23\text{ m}$

Die Zeit zwischen k_0 und k_1 beträgt 32 s.

Geschwindigkeit: $v = \frac{\left|\overrightarrow{k_0k_1}\right|}{32\text{ s}} = 69{,}51\ \frac{\text{m}}{\text{s}}$.

49

22. b) Flugbahn als Gerade:

g: $\vec{x} = \overrightarrow{OK_0} + r \cdot \overrightarrow{K_0K_1}$; $r \in \mathbb{R}$

Für r = 3,1875 wird $x_3 = 0$ (Landung).

Dies erfolgt im Punkt (1415 | 40 | 0).

Eine Kurskorrektur ist notwendig.

Neue Gerade der Flugbewegung:

h: $\vec{x} = \overrightarrow{OK_1} + t \cdot \overrightarrow{K_1L}$; $t \in \mathbb{R}$, d. h. der neue Kurs ab K_1 ist

$$\overrightarrow{K_1L} = \begin{pmatrix} -4465 \\ 1585 \\ -700 \end{pmatrix}.$$

23. a) $S_{12}(2 \mid -1 \mid 0)$

$S_{13}\left(\frac{4}{3} \mid 0 \mid 1\right)$

$S_{23}(0 \mid 2 \mid 3)$

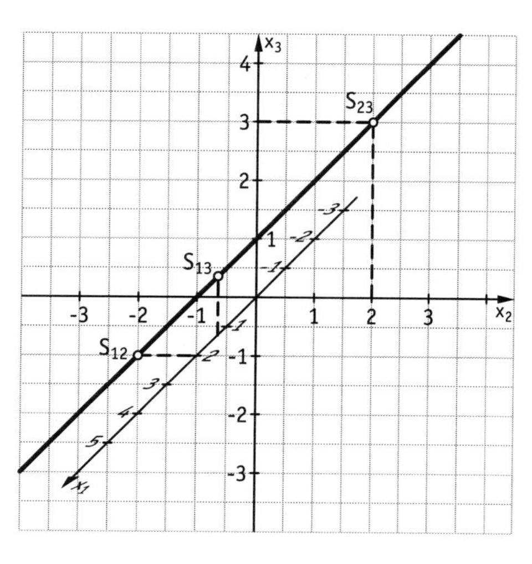

Von links unten kommend, schneidet die Gerade im Punkt S_{12} die x_1x_2-Ebene und verläuft vor der x_2-Achse bis zum Schnittpunkt S_{13} mit der x_1x_3-Ebene. Weiter verläuft sie vor der x_3-Achse bis zum Schnittpunkt S_{23} mit

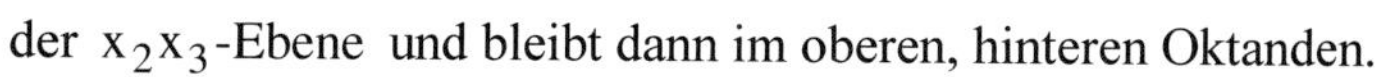

der x_2x_3-Ebene und bleibt dann im oberen, hinteren Oktanden.

b) $S_{12}(10 \mid 2 \mid 0)$

$S_{13}(10 \mid 0 \mid 3)$

S_{23} existiert nicht

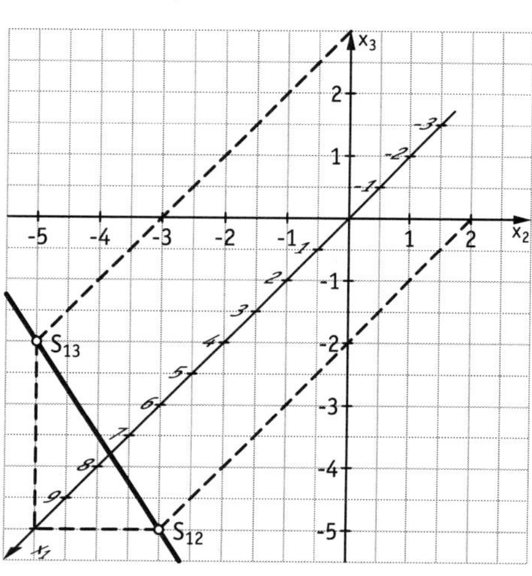

Die Gerade verläuft parallel zur x_2x_3-Ebene. Von oben links kommend, passiert sie S_{13} und verläuft vor der x_1-Achse bis S_{12}.

Nach S_{12} bleibt sie im vorderen, unteren, rechten Oktanden.

49

23. c) S_{12} existiert nicht
S_{13} existiert nicht
$S_{23}(0 \mid -2 \mid 4)$
Die Gerade ist parallel zur x_1-Achse. Von unten links kommend, verläuft sie im oberen, vorderen, linken Oktanden, bis sie bei S_{23} die x_2x_3-Ebene durchstößt und hinter der x_3-Achse im hinteren, oberen, linken Oktanden bleibt.

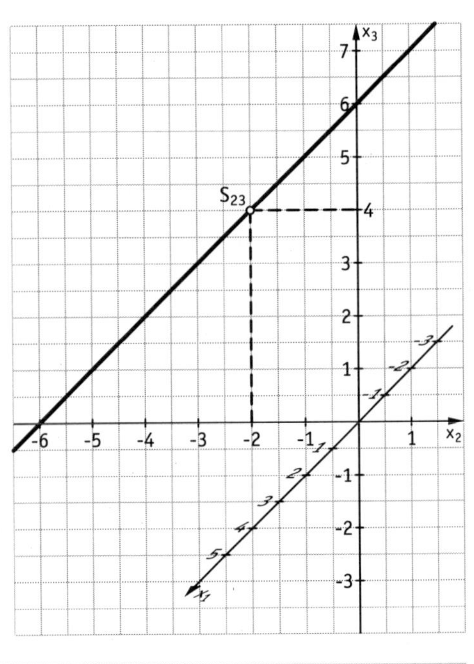

24. a) $S_{12}(6 \mid 0 \mid 0)$
$S_{13}(6 \mid 0 \mid 0)$
$S_{23}(0 \mid 2 \mid 5)$
Die Gerade schneidet die x_1-Achse im Punkt $S_{12} = S_{13}$.

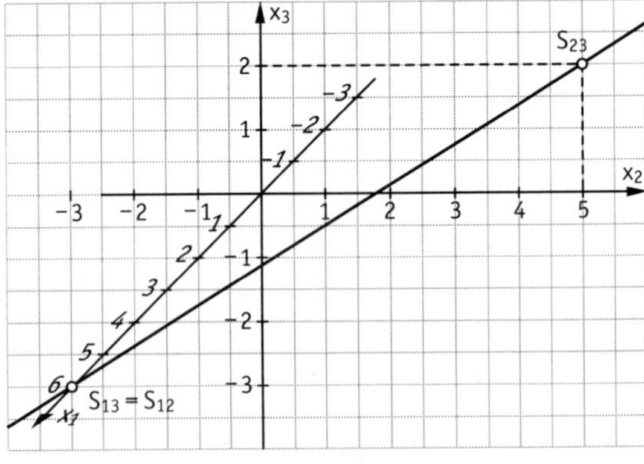

b) $S_{12}(0 \mid 0 \mid 0)$
$S_{13}(0 \mid 0 \mid 0)$
$S_{23}(0 \mid 0 \mid 0)$
Es ist eine Ursprungsgerade, alle 3 Spurpunkte fallen im Ursprung zusammen.

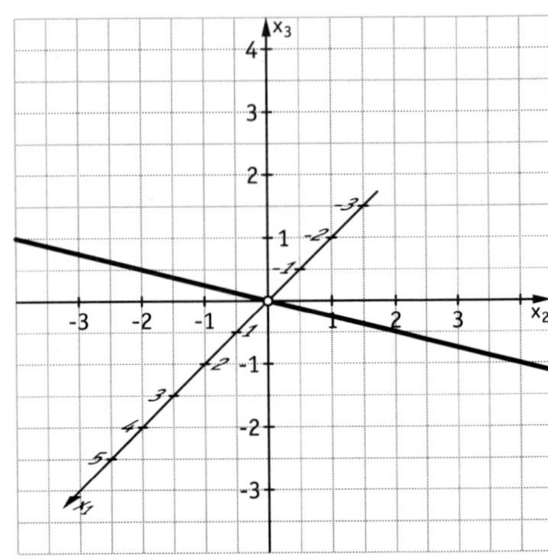

49 **24. c)** $S_{12}(0 \mid 8 \mid 0)$

$S_{13}(-16 \mid 0 \mid -24)$

$S_{23}(0 \mid 8 \mid 0)$

Die Gerade schneidet die x_2-Achse im Punkt $S_{12} = S_{23}$.

Sie hat nur 2 Spurpunkte.

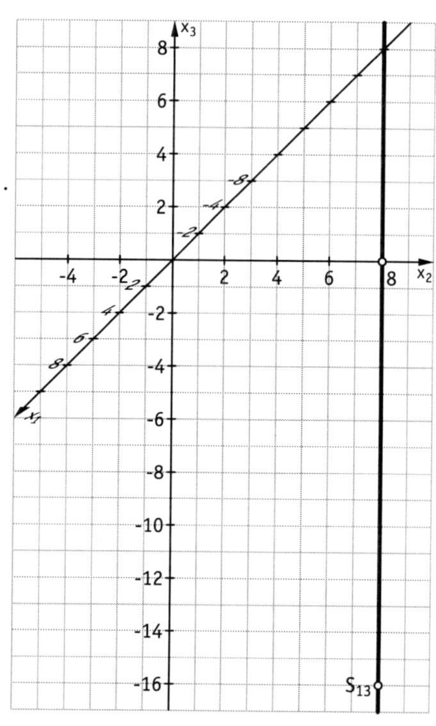

50 **25. a)** Die Gerade ist parallel zu der x_1x_3-Ebene.

Z. B. g: $\vec{x} = \begin{pmatrix}1\\2\\3\end{pmatrix} + s\begin{pmatrix}1\\0\\1\end{pmatrix}$; $s \in \mathbb{R}$

b) Bei Ursprungsgeraden. Z. B. g: $\vec{x} = \begin{pmatrix}0\\0\\0\end{pmatrix} + s\begin{pmatrix}1\\1\\1\end{pmatrix}$; $s \in \mathbb{R}$

c) (1) z. B. g: $\vec{x} = \begin{pmatrix}1\\2\\3\end{pmatrix} + t\begin{pmatrix}1\\2\\0\end{pmatrix}$; $t \in \mathbb{R}$

(2) z. B. g: $\vec{x} = \begin{pmatrix}1\\2\\3\end{pmatrix} + t\begin{pmatrix}1\\0\\0\end{pmatrix}$; $t \in \mathbb{R}$

50

25. (3) z. B. g: $\vec{x} = \begin{pmatrix} 1 \\ 0 \\ 0 \end{pmatrix} + t \begin{pmatrix} 1 \\ 2 \\ 3 \end{pmatrix}$; $t \in \mathbb{R}$; oder

z. B. g: $\vec{x} = \begin{pmatrix} 0 \\ 1 \\ 0 \end{pmatrix} + t \begin{pmatrix} 4 \\ 2 \\ 1 \end{pmatrix}$; $t \in \mathbb{R}$

26. $S_{12}(4 \mid 3 \mid 0)$
$S_{13}(-8 \mid 0 \mid 6)$
$S_{23}(0 \mid 2 \mid 2)$

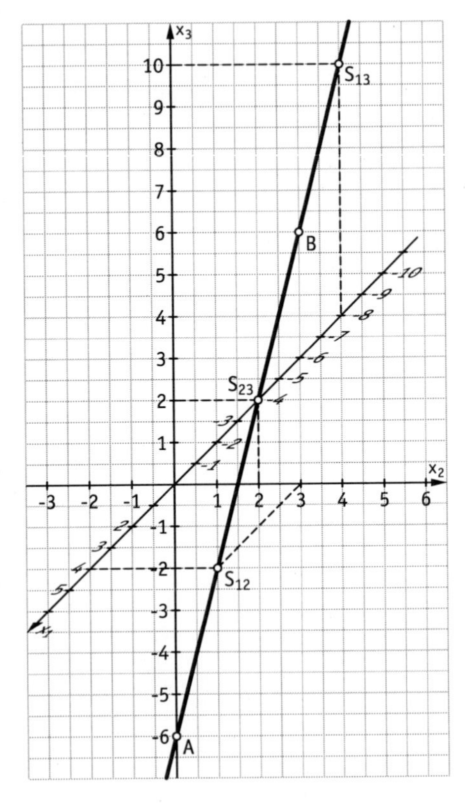

27. **a)** $S_{13}(4 \mid 0 \mid 3)$; $S_{23}(0 \mid 2 \mid 3)$; z. B. g: $\vec{x} = \begin{pmatrix} 1 \\ \frac{3}{2} \\ 3 \end{pmatrix} + s \begin{pmatrix} -4 \\ 2 \\ 0 \end{pmatrix}$; $s \in \mathbb{R}$

b) $S_{13}(2 \mid 0 \mid 3)$; z. B. g: $\vec{x} = \begin{pmatrix} 2 \\ 4 \\ 3 \end{pmatrix} + t \begin{pmatrix} 0 \\ 1 \\ 0 \end{pmatrix}$; $t \in \mathbb{R}$

50

28. g_1: parallel zur x_3-Achse und in der x_2x_3-Ebene
g_2: in der x_1x_3-Ebene
g_3: Ursprungsgerade in der x_1x_3-Ebene
g_4: keine besondere Lage

29.

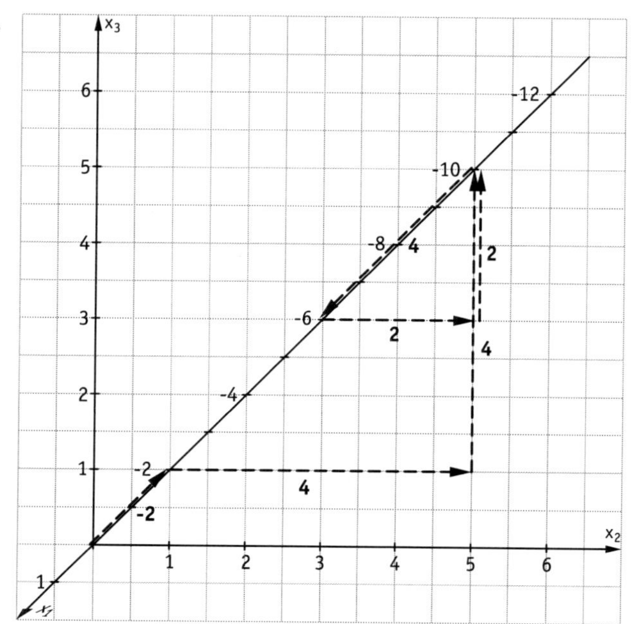

Nach dem Verfahren von Aufgabe 3 landet man bei der Konstruktion des Stützvektors und des Richtungsvektors auf derselben Stelle in der Zeichnung, die Punkte sind aber unterschiedlich. Der Richtungsvektor kommt dem Betrachter entgegen, sodass man ihn in dieser Zeichnung „nicht sieht".
Weitere Beispiele:

$$g\colon\ \vec{x} = \begin{pmatrix} 5 \\ 0 \\ 0 \end{pmatrix} + t \begin{pmatrix} 2 \\ 1 \\ 1 \end{pmatrix};\ t \in \mathbb{R}$$

und alle Geraden mit Richtungsvektoren, die Vielfache von $\begin{pmatrix} 2 \\ 1 \\ 1 \end{pmatrix}$ sind.

50

30. a) Z. B. g_1: $\vec{x} = \begin{pmatrix} 0 \\ 0 \\ 4 \end{pmatrix} + k \begin{pmatrix} 0 \\ 1 \\ 0 \end{pmatrix}$; $k \in \mathbb{R}$

Allgemein: Für den Stützvektor $\vec{v}$ muss gelten:

$\vec{v} = a \cdot \begin{pmatrix} 1 \\ 0 \\ 0 \end{pmatrix} + b \begin{pmatrix} 0 \\ 0 \\ 1 \end{pmatrix}$ mit $|\vec{v}| = 4$ und $a, b \in \mathbb{R}$.

Der Richtungsvektor muss ein Vielfaches von $\begin{pmatrix} 0 \\ 1 \\ 0 \end{pmatrix}$ sein.

b) Z. B. g: $\vec{x} = \begin{pmatrix} 0 \\ 0 \\ 2 \end{pmatrix} + k \begin{pmatrix} 1 \\ 1 \\ 0 \end{pmatrix}$; $k \in \mathbb{R}$

Allgemein: g: $\vec{x} = \vec{v} + k \cdot \vec{w}$; $k \in \mathbb{R}$

mit $\vec{v} = a \cdot \begin{pmatrix} 0 \\ 0 \\ 1 \end{pmatrix} + b \begin{pmatrix} -1 \\ 1 \\ 0 \end{pmatrix}$ und $|\vec{v}| = 2$ und $a, b \in \mathbb{R}$

und $\vec{w} = c \cdot \begin{pmatrix} 1 \\ 1 \\ 0 \end{pmatrix}$ mit $c \in \mathbb{R} \setminus \{0\}$.

c) Mögliches Vorgehen:

- Richtungsvektor $\vec{w}$ parallel zur x_1-Achse $\Rightarrow \vec{w}$ Vielfaches von $\begin{pmatrix} 1 \\ 0 \\ 0 \end{pmatrix}$

- Stützvektor $\vec{v} = \begin{pmatrix} v_1 \\ v_2 \\ v_3 \end{pmatrix}$ muss in x_1x_3-Ebene liegen $\Rightarrow v_2 = 0$

Der Abstand von der x_1-Achse muss 3 betragen $\Rightarrow v_3 = 3$

v_1 bleibt beliebig.

$\Rightarrow$ g: $\vec{x} = \begin{pmatrix} v_1 \\ 0 \\ 3 \end{pmatrix} + t \cdot \begin{pmatrix} 1 \\ 0 \\ 0 \end{pmatrix}$; $t \in \mathbb{R}$, $v_1 \in \mathbb{R}$ beliebig aber fest.

31. $\overrightarrow{OX} = \begin{pmatrix} 1 \\ -2 \\ 1 \end{pmatrix} + t \cdot \begin{pmatrix} -1 \\ 1 \\ 3 \end{pmatrix}$; $R(2 \mid r_2 \mid r_3)$

Punktprobe für R bringt für die 1. Koordinate x_1:

$2 = 1 - t$; $t = -1$ also $R(2 \mid -3 \mid -2)$

1.3.2 Schatten mithilfe von Spurpunkten berechnen

52

2. Eckpunkte des Daches:
A(5,0 | –2,4 | 2,4); B(5,0 | 0 | 2,4); C(0 | –2,4 | 2,4); D(0 | 0 | 2,4)

Schattenpunkte durch $\vec{v}$: z. B. $\overrightarrow{OA}' = \overrightarrow{OA} + \frac{6}{5}\vec{v}$

A′(7,4 | 1,2 | 0); B′(7,4 | 3,6 | 0); C′(2,4 | 1,2 | 0); D′(2,4 | 3,6 | 0)

Schattenpunkte durch $\vec{u}$:

A″(5,8 | –0,8 | 0); B″(5,8 | 1,6 | 0); C″(0,8 | –0,8 | 0); D″(0,8 | 1,6 | 0)

Grundstücksgrenze:

$$g\colon\ \vec{x} = r \cdot \begin{pmatrix} 1 \\ 0 \\ 0 \end{pmatrix};\ r \in \mathbb{R}$$

- Bei $\vec{v}$ liegt der Schatten ganz im Nachbargarten
  $A = 2{,}4\ \text{m} \cdot 5\ \text{m} = 12\ \text{m}^2$.
- Bei $\vec{u}$ liegt der Schatten auf beiden Grundstücken. Er ist begrenzt durch B″, D″, E(5,8 | 0 | 0); F(0,8 | 0 | 0).
  $A = 1{,}6\ \text{m} \cdot 5\ \text{m} = 8\ \text{m}^2$

3. a) Koordinaten der Spitze: E (3 | 3 | 5)

Lichtstrahl durch E: $g\colon\ \vec{x} = \begin{pmatrix} 3 \\ 3 \\ 5 \end{pmatrix} + \lambda \cdot \begin{pmatrix} 2 \\ 3 \\ -2 \end{pmatrix}$

In der x_1-x_2-Ebene gilt $x_3 = 0$

$\rightarrow \lambda = 2{,}5 \ \rightarrow\ $ E'(8 | 10,5 | 0).

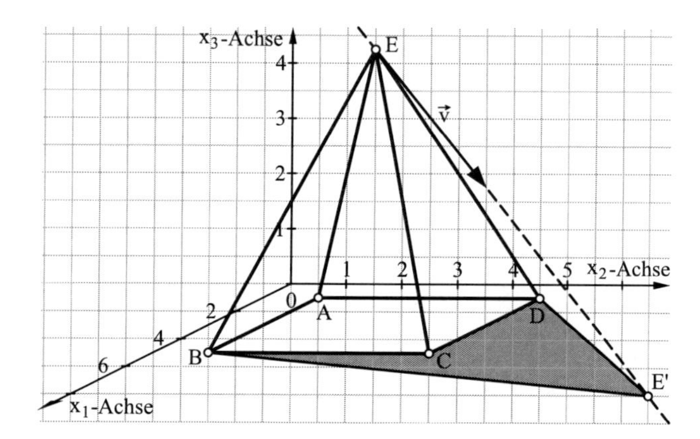

52

3. b) Schatten an der Wand (x_1-x_3-Ebene)

Berechnung von E' in der x_1-x_2-Ebene :

$$g:\ \vec{x} = \begin{pmatrix} 3 \\ 3 \\ 5 \end{pmatrix} + \lambda \begin{pmatrix} 0,5 \\ -2 \\ -1 \end{pmatrix},\ x_3 = 0 \rightarrow \lambda = 5$$

E' (5,5 | −7 | 0)

E' liegt „hinter" der x_1-x_3-Ebene . Die „Knickstelle" des Schattens erhält man durch Schnitt der Geraden E'B mit der x_1-Achse .

$$\begin{pmatrix} 5 \\ 1 \\ 1 \end{pmatrix} + \lambda \cdot \begin{pmatrix} -0,5 \\ 8 \\ 0 \end{pmatrix} = r \cdot \begin{pmatrix} 1 \\ 0 \\ 0 \end{pmatrix} \rightarrow x_1 = 5,0625$$

Schattenpunkt am Boden: (5,5 | −7 | 0)
Schattenpunkt an der Wand: (3,75 | 0 | 3,5)
Knickstellen: (1,5625 | 0 | 0); (5,0625 | 0 | 0)

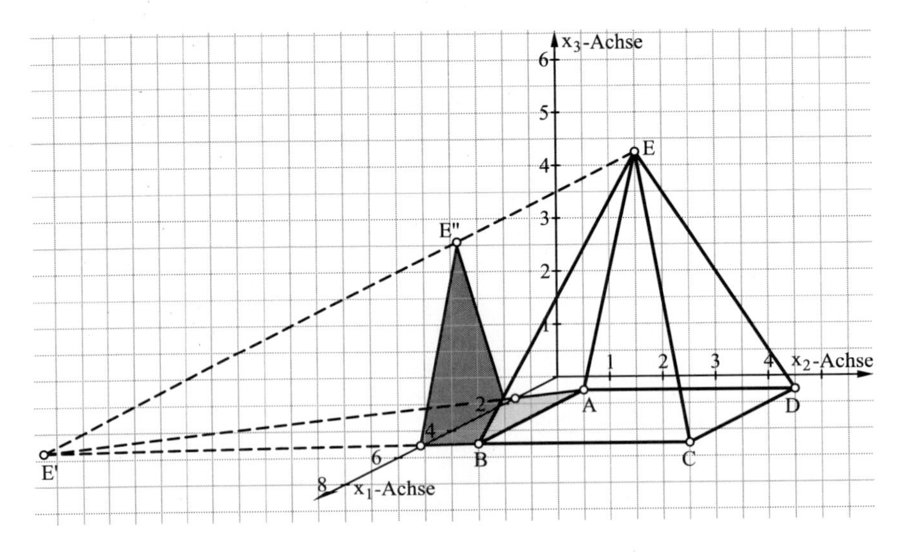

52 **3. c)** Schattenpunkt am Boden: (6 | 4 | 0)

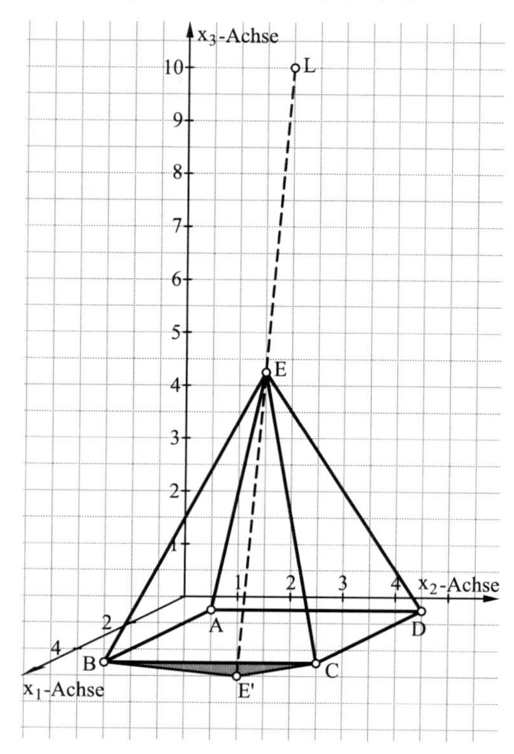

4. a) A (6 | 4 | 0); B (6 | 6 | 0); C (4 | 6 | 0); D (4 | 4 | 0); E (6 | 4 | 3);
F (6 | 6 | 3); G (4 | 6 | 3); H (4 | 4 | 3); S (5 | 5 | 6)

b)

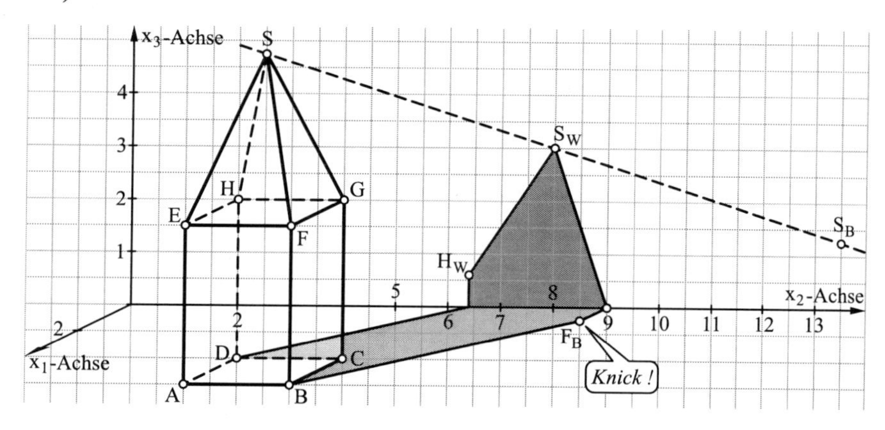

52

4. b) Fortsetzung

S: Schattenpunkt am Boden: (–5 | 11 | 0)
Schattenpunkt an der x_2-x_3-Ebene: (0 | 8 | 3)

E: Schattenpunkt am Boden: (1 | 7 | 0)
Schattenpunkt an der Wand (0 | 7,6 | –0,6)
(er wirft also keinen „direkten“ Schatten)

F: Schattenpunkt am Boden: (1 | 9 | 0)
„Schattenpunkt“ an der Wand (0 | 9,6 | –0,6)
(existiert aber eigentlich nicht)

G: Schattenpunkt am Boden: (–1 | 9 | 0)
Schattenpunkt an der Wand: (0 | 8,4 | 0,6)

H: Schattenpunkt am Boden: (–1 | 7 | 0)
Schattenpunkt an der Wand: (0 | 6,4 | 0,6)

Knickstellen: (0 | 7 | 0) und (0 | 9 | 0)

Der Schatten wird also durch die Punkte (1 | 7 | 0); (0 | 7 | 0); (0 | 6,4 | 0,6); (0 | 8 | 3); (0 | 8,4 | 0,6); (0 | 9 | 0) und (1 | 9 | 0) beschrieben.

c)

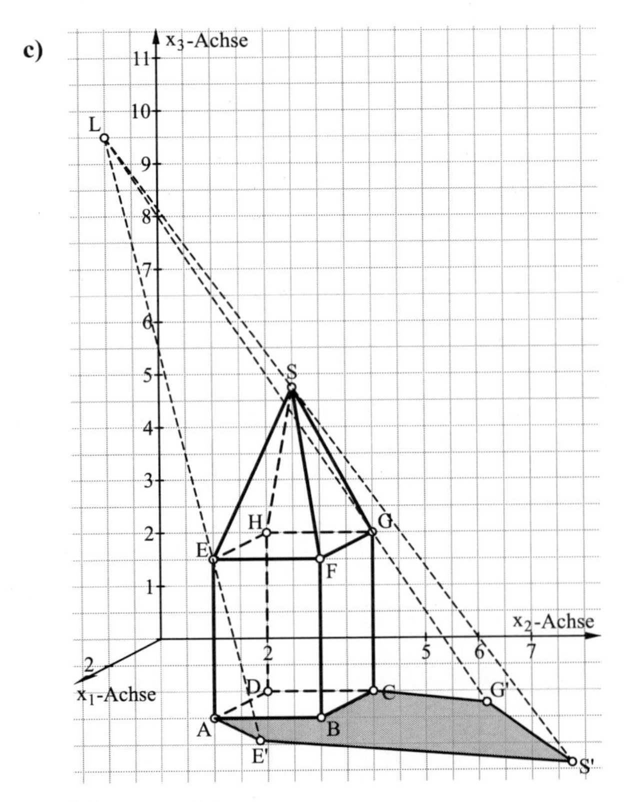

Schattenpunkte:
E′(7,7 | 5,7 | 0); F′(7,7 | 8,6 | 0); G′(4,9 | 8,6 | 0);
H′(4,9 | 5,7 | 0); S′(9,5 | 12,5 | 0)

52 5.

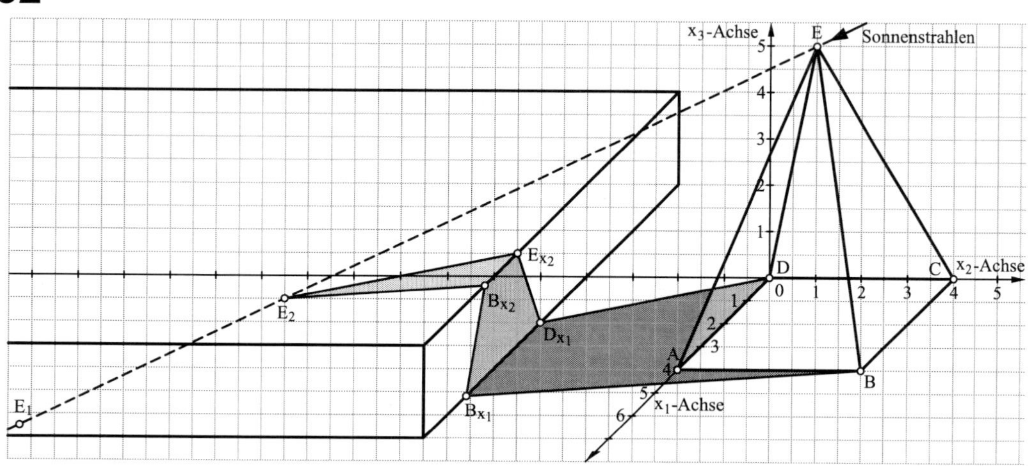

Schattenpunkte

E_1 in x_1-x_2-Ebene:	$E_1\ (6{,}5 \mid -13 \mid 0)$
E_2 auf der Stufe:	$E_2\ (5 \mid -8 \mid 2)$
B_{x_1} in x_1-x_2-Ebene:	$B_{x_1}\ (5{,}18 \mid -4 \mid 0)$
B_{x_2} auf der Stufe:	$B_{x_2}\ (4{,}4 \mid -4 \mid 2)$
D_{x_1} in x_1-x_2-Ebene:	$D_{x_1}\ (2 \mid -4 \mid 0)$
D_{x_2} auf der Stufe:	$D_{x_2}\ (3 \mid -4 \mid 2)$

1.3.3 Lagebeziehungen zwischen Geraden

55 **3.** (1) Die Richtungsvektoren sind keine Vielfachen voneinander.

Das lineare Gleichungssystem $\left| \begin{array}{c} 3r - 2t = -1 \\ -r + t = 1 \\ 4r - t = 2 \end{array} \right|$

hat keine Lösung, d. h. g und h sind zueinander windschief.

(2) Die Richtungsvektoren sind Vielfache voneinander, da

$2 \cdot \begin{pmatrix} 1{,}5 \\ -0{,}5 \\ 2 \end{pmatrix} = \begin{pmatrix} 3 \\ -1 \\ 4 \end{pmatrix}$. Da aber $(5 \mid 7 \mid 5)$ nicht auf g liegt, sind die

Geraden g und k parallel.

(3) Die Richtungsvektoren sind keine Vielfachen voneinander.

Das lineare Gleichungssystem $\left| \begin{array}{c} 3r - 2t = 3 \\ -r - t = -1 \\ 4r + 8t = -1 \end{array} \right|$

hat keine Lösung, d. h. g und l sind zueinander windschief.

55

4. **a)** g und h schneiden sich im Punkt S(−5 | 1 | 4).
b) g und h sind zueinander parallel.
c) g und h sind identisch.
d) g und h sind windschief.

5. $g \nparallel h$, die Richtungsvektoren sind nicht kollinear zueinander.

$$\begin{pmatrix}2\\0\\3\end{pmatrix}+r\begin{pmatrix}-1\\2\\2\end{pmatrix}=\begin{pmatrix}4\\4\\0\end{pmatrix}+s\begin{pmatrix}3\\2\\-5\end{pmatrix}$$

$$\begin{vmatrix}-r-3s=6\\2r-2s=4\\2r+5s=0\end{vmatrix}$$; 3. Gleichung von 2. Gleichung subtrahieren ergibt:

$$\begin{vmatrix}-r-3s=6\\2r-2s=4\\-7s=4\end{vmatrix};\ \begin{vmatrix}r=-3s-6\\r=s+2\\s=-\frac{4}{7}\end{vmatrix};\ \begin{vmatrix}r=-\frac{30}{7}\\r=\frac{10}{7}\\s=-\frac{4}{7}\end{vmatrix}$$

Es entsteht ein Widerspruch; g und h sind zueinander windschief.

$g \nparallel k$, die Richtungsvektoren sind nicht kollinear zueinander.

$$\begin{pmatrix}2\\0\\3\end{pmatrix}+r\begin{pmatrix}-1\\2\\2\end{pmatrix}=\begin{pmatrix}2,5\\4\\0\end{pmatrix}+t\begin{pmatrix}-3\\-2\\5\end{pmatrix}$$

$$\begin{vmatrix}-r+3t=0,5\\2r+2t=4\\2r-5t=-3\end{vmatrix}$$; 3. Gleichung von 2. Gleichung subtrahieren ergibt:

$$\begin{vmatrix}-r+3t=0,5\\2r+2t=4\\7t=7\end{vmatrix}\ \begin{vmatrix}r=3t-0,5\\r=-t+2\\t=1\end{vmatrix};\ \begin{vmatrix}r=2,5\\r=1\\t=1\end{vmatrix}$$; Widerspruch

Die Geraden g und k sind zueinander windschief.

$h \parallel k$, die Richtungsvektoren sind kollinear zueinander.
Punktprobe für (2,5 | 4 | 0) bei h:

$$\begin{vmatrix}2,5=2-r\\4=0+2r\\0=3+2r\end{vmatrix};\ \begin{vmatrix}r=-\frac{1}{2}\\r=2\\r=-\frac{3}{2}\end{vmatrix}$$; h und k sind zueinander parallel, aber verschieden.

55

6. a) Die Richtungsvektoren sind nicht kollinear zueinander.

$$\left|\begin{array}{c} 5+t=-1+4s \\ 0+2t=-2-2s \\ 3-t=6-s \end{array}\right|; \left|\begin{array}{c} t-4s=-6 \\ 2t+2s=-2 \\ -t+s=3 \end{array}\right|$$ 1. und 3. Gleichung addieren ergibt:

$$\left|\begin{array}{c} -3s=-3 \\ 2t+2s=-2 \\ -t+s=3 \end{array}\right|; \left|\begin{array}{l} s=1 \\ t=-s-1 \\ t=s-3 \end{array}\right|; \left|\begin{array}{l} s=1 \\ t=-2 \\ t=-2 \end{array}\right|$$

Gemeinsamer Punkt S(3 | –4 | 5)

b) Die Richtungsvektoren sind nicht kollinear zueinander.

$$\left|\begin{array}{c} 0+6t=-6+6s \\ -4+7t=-11+7s \\ 5-5t=10+5s \end{array}\right|; \left|\begin{array}{c} 6t-6s=-6 \\ 7t-7s=-7 \\ -5t-5s=s \end{array}\right|; \left|\begin{array}{l} t-s=-1 \\ t-s=-1 \\ t+s=-1 \end{array}\right|; \left|\begin{array}{r} -1+0=-1 \\ t=-1 \\ s=0 \end{array}\right|$$

Gemeinsamer Punkt S(–6 | –11 | 10)

c) Die Richtungsvektoren sind nicht kollinear zueinander.

$$\left|\begin{array}{l} 1+t=3+4s \\ 0-t=-2+6s \\ 2+t=4 \end{array}\right|; \left|\begin{array}{l} s=-\frac{1}{4}t-\frac{1}{2} \\ s=-\frac{1}{6}t+\frac{1}{3} \\ t=2 \end{array}\right|; \left|\begin{array}{l} s=0 \\ s=0 \\ t=2 \end{array}\right|$$

Gemeinsamer Punkt S(3 | –2 | 4)

56

7. a) Z. B.: h: $\vec{x} = \begin{pmatrix} 15 \\ 26 \\ 31 \end{pmatrix} + r \cdot \begin{pmatrix} -2 \\ -3 \\ 5 \end{pmatrix}$; $r \in \mathbb{R}$

b) Z. B.: h: $\vec{x} = \begin{pmatrix} 8 \\ 16 \\ 5 \end{pmatrix} + s \cdot \begin{pmatrix} 1 \\ -4 \\ 0 \end{pmatrix}$; $s \in \mathbb{R}$

8. a) $$\left|\begin{array}{c} 3+2t=1+2s \\ 6+4t=0+3s \\ 4+t=3-s \end{array}\right|; \left|\begin{array}{r} 2t-2s=-2 \\ 4t-3s=-6 \\ t+s=-1 \end{array}\right|$$

Das Doppelte der 3. Gleichung von der 1. Gleichung subtrahieren ergibt:

$$\left|\begin{array}{c} -4s=-4 \\ 4t-3s=-6 \\ t+s=-1 \end{array}\right|; \left|\begin{array}{l} s=1 \\ t=\frac{3}{4}s-\frac{3}{2} \\ t=-s-1 \end{array}\right|; \left|\begin{array}{l} s=1 \\ t=-\frac{3}{4} \\ t=-2 \end{array}\right|$$

Keine gemeinsamen Punkte, Richtungsvektoren nicht kollinear zueinander.
Die Geraden g, h und k bilden ein Dreieck mit den Eckpunkten A(3 | –1 | –2), B(5 | 3 | 8), C(–1 | 2 | 0).

56

8. b) $\left|\begin{array}{l} 0+t=1+2s \\ 1=0+s \\ 1+t=0+s \end{array}\right|;\ \left|\begin{array}{l} t-2s=1 \\ -s=-1 \\ t-s=-1 \end{array}\right|;\ \left|\begin{array}{l} t=2s+1 \\ s=1 \\ t=s-1 \end{array}\right|;\ \left|\begin{array}{l} t=3 \\ s=1 \\ t=0 \end{array}\right|$

Keine gemeinsamen Punkte, Richtungsvektoren nicht kollinear zueinander.

c) $\left|\begin{array}{l} 5+t=2+3s \\ 5+2t=-1+s \\ 1=0 \end{array}\right|$; Widerspruch

Keine gemeinsamen Punkte, Richtungsvektoren nicht kollinear zueinander.

9. a) $\vec{x}=\begin{pmatrix}0\\0\\0\end{pmatrix}+t\cdot\begin{pmatrix}4\\2\\3\end{pmatrix}$ **b)** $\vec{x}=\begin{pmatrix}1\\1\\1\end{pmatrix}+t\cdot\begin{pmatrix}4\\2\\1\end{pmatrix}$ **c)** $\vec{x}=\begin{pmatrix}1\\1\\0\end{pmatrix}+t\cdot\begin{pmatrix}4\\2\\3\end{pmatrix}$

10. $g \nparallel h$: Richtungsvektoren nicht kollinear zueinander.

$\left|\begin{array}{l} -p+2t=2+2s \\ 1-8t=6-2s \\ -2-4t=4p-4s \end{array}\right|;\ \left|\begin{array}{l} 2t-2s=p+2 \\ -8t+2s=5 \\ -4t+4s=4p+2 \end{array}\right|$

1. und 2. Gleichung addieren:

$\left|\begin{array}{l} -6t=p+7 \\ -8t+2s=5 \\ -4t+4s=4p+2 \end{array}\right|$

Das Doppelte der 2. Gleichung von der 3. Gleichung subtrahieren:

$\left|\begin{array}{l} -6t=p+7 \\ -8t+2s=5 \\ 12t=4p-8 \end{array}\right|$

Das Doppelte der 1. Gleichung zur 3. Gleichung addieren:

$\left|\begin{array}{l} -6t=p+7 \\ -8t+2s=5 \\ 0=6p+6 \end{array}\right|;\ \left|\begin{array}{l} -6t=p+7 \\ -8t+2s=5 \\ p=-1 \end{array}\right|;\ \left|\begin{array}{l} t=-\frac{1}{6}p-\frac{7}{6} \\ s=4t+2,5 \\ p=-1 \end{array}\right|;\ \left|\begin{array}{l} t=-1 \\ s=-1,5 \\ p=-1 \end{array}\right|$

Für $p=-1$ schneiden sich die Geraden g und h im Punkt $S(-1\mid 9\mid 2)$.

11. a) Die Geraden a und b liegen windschief zueinander und bilden kein Dreieck.

b) $A(-8\mid -12\mid 10)$; $B(6\mid 9\mid 24)$; $C(-4\mid -4\mid -2)$

$|\overline{AB}|=\sqrt{833}\approx 28,86$; $|\overline{AC}|=\sqrt{244}\approx 14,97$; $|\overline{BC}|=\sqrt{945}\approx 30,74$

56

12. In der Aufgabenstellung benutzen beide Parameterdarstellungen den Parameter k. Fabian hat nicht beachtet, dass er einen der beiden Parameter umbenennen muss, wenn er den Schwerpunkt bestimmen möchte.

$$\begin{array}{ll} (1) & \left| \begin{array}{l} -2 + 3k = 7 + s \\ 6 - 2k = 4 - 2s \\ -3 + 2k = -4 + 3s \end{array} \right| \\ (2) & \\ (3) & \end{array}$$

Aus (2) folgt $k = 1 + s$
eingesetzt in (1): $s = 3$
eingesetzt in (3): $s = 3$
Die Graphen g und h schneiden sich im Punkt $S(10 \mid -2 \mid 5)$.

13. a) 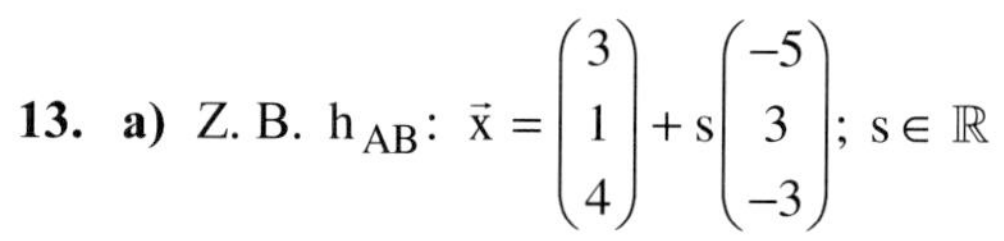

Z. B. $h_{AB}\colon \vec{x} = \begin{pmatrix} 3 \\ 1 \\ 4 \end{pmatrix} + s \begin{pmatrix} -5 \\ 3 \\ -3 \end{pmatrix}$; $s \in \mathbb{R}$

g und h_{AB} liegen windschief zueinander.

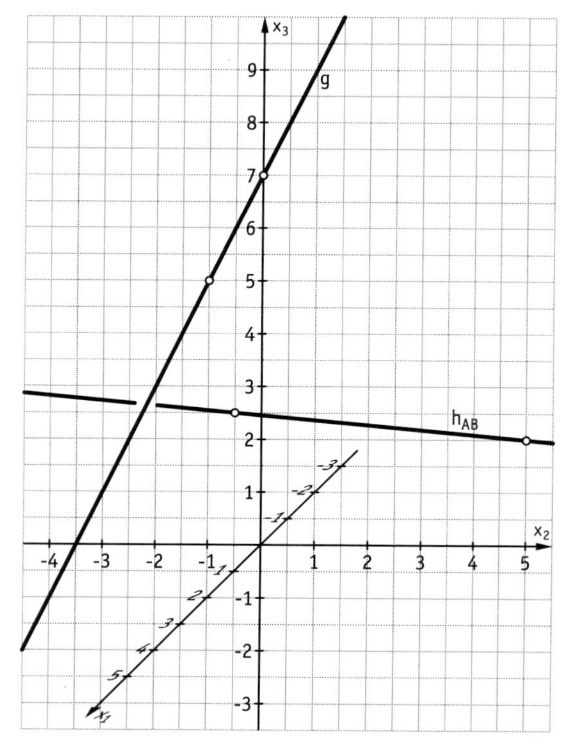

b) Da $\overrightarrow{AB} = \begin{pmatrix} -5 \\ 3 \\ -3 \end{pmatrix} = \overrightarrow{DC}$ und $\overrightarrow{AD} = \begin{pmatrix} 0 \\ -3 \\ 2 \end{pmatrix} = \overrightarrow{BC}$ liegt ein Parallelogramm vor.
Schnittpunkt der Diagonalen: $(0{,}5 \mid 1 \mid 3{,}5)$.

56

14. a) D(−1 | −1 | 2)

b) Z. B. $g_{M_1C}\colon \vec{x} = \begin{pmatrix} 1 \\ -5 \\ 8 \end{pmatrix} + s\begin{pmatrix} -3 \\ -4 \\ 7 \end{pmatrix};\ s \in \mathbb{R}$

z. B. $h_{M_2D}\colon \vec{x} = \begin{pmatrix} -1 \\ -1 \\ 2 \end{pmatrix} + r\begin{pmatrix} -4 \\ 3 \\ -4 \end{pmatrix};\ r \in \mathbb{R}$

Schnittpunkt (2,2 | −3,4 | 5,2)

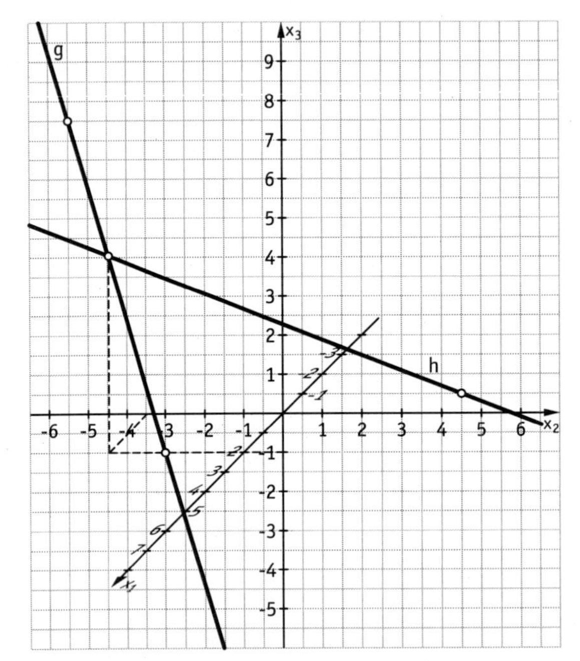

57

15. a) Aufpunkte stimmen überein, Richtungsvektoren nicht kollinear zueinander. g und h schneiden sich im Punkt P(2 | 1 | −3).

b) Gemeinsamer Aufpunkt O(0 | 0 | 0), Richtungsvektoren nicht kollinear zueinander. g und h schneiden sich in O(0 | 0 | 0).

16.

x_3

x_2 nördliche Landebahn

HEAVY

MEDIUM

südliche Landebahn

L&P / 5192

x_1

57

16. Fortsetzung
nördliche Einflugschneise:

$$g\colon \vec{x} = \begin{pmatrix} 0 \\ 0 \\ 0 \end{pmatrix} + r \cdot \begin{pmatrix} 0 \\ 1500 \\ 80 \end{pmatrix}$$

südliche Einflugschneise:

$$h\colon \vec{x} = \begin{pmatrix} 518 \\ -1500 \\ 0 \end{pmatrix} + s \cdot \begin{pmatrix} 0 \\ 1500 \\ 80 \end{pmatrix}$$

Die beiden Geraden liegen parallel zueinander, die beiden Richtungsvektoren sind gleich.

17. **a)** C(5 | 5 | 0); F(6 | 5 | 1); G(6 | 6 | 0); H(4 | 6 | 1)
b) Die Diagonalen AG und EC schneiden sich im Punkt (4,5 | 5 | 1).

18. **a)** G(2 | 4 | 5); H(2 | 2 | 5) Zeichnung siehe Schülerband.
b) Gerade AQ liegt zur Geraden BH windschief.
Gerade AQ schneidet Gerade EP im Punkt (3,75 | 3 | 3,75).
Gerade BH schneidet Gerade EP im Punkt (3,6 | 3,6 | 3).
c) S(3 | 3 | 7,5)

58

19. Das Flugzeug überfliegt das Windrad mit einer Flughöhe von 384 m, d. h. der vertikale Abstand vom höchsten Punkt des Windrades beträgt 214 m.

20. $h\colon \vec{x} = \begin{pmatrix} 8 \\ 4 \\ 0 \end{pmatrix} + t \begin{pmatrix} -2 \\ -2 \\ 8 \end{pmatrix};\ t \in \mathbb{R}$

Da die Richtungsvektoren Vielfache voneinander sind: $\begin{pmatrix} -2 \\ -2 \\ 8 \end{pmatrix} = -2 \begin{pmatrix} 1 \\ 1 \\ -4 \end{pmatrix}$,

sind die Geraden parallel. Für $t = -\frac{1}{2}$ ergibt sich aus h der Punkt A.

21. **a)** $b = -\frac{2}{3},\ c = \frac{4}{3}$ **b)** $b = -\frac{3}{7},\ c = \frac{9}{7}$

22. $h\colon \vec{x} = \begin{pmatrix} 1 \\ 5 \\ -10 \end{pmatrix} + t \begin{pmatrix} 0 \\ 2 \\ -4 \end{pmatrix};\ t \in \mathbb{R}$

Die Geraden g und h sind parallel aber nicht identisch.

23. **a)** S(160 | 90 | 0) **b)** $\left|\overrightarrow{FS}\right| = \left|\begin{pmatrix} 120 \\ 120 \\ 0 \end{pmatrix}\right| = 120 \cdot \sqrt{2} \approx 169{,}71\ \text{m}$

58

24. a) Die Geraden sind parallel zueinander.
b) A liegt auf g_5.
2 Möglichkeiten für Punkt B: B(−18 | −11 | 60) oder B(−2 | −19 | 76).

59

25. a) Das durch das Gleichsetzen von g und h_t entstehende Gleichungssystem besitzt für jedes t genau eine Lösung. Der Schnittpunkt in Abhängigkeit von t ist $S_t(2-t \mid 1+2t \mid -1+t)$.
b) $t = 15$

26. Kristin hat r und s aus (1) und (2) richtig bestimmt aber nicht in Gleichung (3) kontrolliert. In (3) ergibt sich für r = −4 und s = 4:
−6 = 9 Widerspruch!
Die Geraden sind windschief.

27. a) Nein, es kann zu keine Kollision kommen.
b) Geschwindigkeiten
1. Flugzeug 763,89 $\frac{km}{h}$ 2. Flugzeug 402,51 $\frac{km}{h}$

28. Ein Stollen verläuft entlang einer Geraden s

$$\vec{x} = \begin{pmatrix} 120 \\ 315 \\ -80 \end{pmatrix} + \lambda \begin{pmatrix} -25 \\ -36 \\ -12 \end{pmatrix}$$

Der Stollen trifft das Wasser im Punkt P.

$$z = -90 \Rightarrow \quad -90 = -80 + \lambda \cdot (-12)$$

$$\lambda = \frac{10}{12} = \frac{5}{6}$$

$$x = 120 - \frac{25 \cdot 5}{6} = \frac{595}{6}; \quad y = 315 - \frac{36 \cdot 5}{6} = 285$$

$$P\begin{pmatrix} \frac{595}{6} \\ 285 \\ -90 \end{pmatrix}$$

Die Bohrungen für den Stollen auf der Erdoberfläche befinden sich zwischen den Punkten $\begin{pmatrix} 120 \\ 315 \\ 0 \end{pmatrix}$ und $\begin{pmatrix} \frac{595}{6} \\ 235 \\ 0 \end{pmatrix}$.

Der Bereich auf der Erdoberfläche ist

$$\vec{x} = \begin{pmatrix} 120 \\ 315 \\ 0 \end{pmatrix} + \mu \begin{pmatrix} -25 \\ -36 \\ 0 \end{pmatrix} \quad \text{für } 0 \le \mu \le \frac{5}{6}.$$

1.4 Winkel im Raum

1.4.1 Orthogonalität zweier Vektoren – Skalarprodukt

62

2. $\vec{u} * \vec{u} = u_1 \cdot u_1 + u_2 \cdot u_2 + u_3 \cdot u_3 = u_1^2 + u_2^2 + u_3^2$

Nach Seite 27 (Schülerband) Satz 1 ist $|\vec{u}| = \sqrt{u_1^2 + u_2^2 + u_3^2}$.

Einsetzen der ersten Gleichung liefert $\vec{u} = \sqrt{\vec{u} * \vec{u}}$.

63

3. (1) $\vec{u} * \vec{v} = 0$ und $\vec{v} * \vec{u} = 0$

(2) $3 \cdot (\vec{u} * \vec{v}) = 0$;

$(3 \cdot \vec{u}) * \vec{v} = 0$;

$\vec{u} * (3 \cdot \vec{v}) = 0$

(3) $\vec{u} * (\vec{v} + \vec{w}) = -1$;

$\vec{u} * \vec{v} + \vec{u} * \vec{w} = -1$

Alle Ausdrücke sind jeweils gleich.
Die Eigenschaften sind:
(1) kommutativ
(2) assoziativ bzgl. Multiplikation mit Skalar
(3) distributiv bzgl. Vektoraddition

4. (1) Die Funktion „dotP" berechnet direkt das Skalarprodukt zweier Vektoren, die als Listen ({ ...}) oder Vektoren angegeben sind.
Ergebnis: –7,26

(2) Die Vektoren werden als Listen gespeichert.
Die Multiplikation arbeitet elementweise und danach werden die Ergebnisse aufsummiert.
Ergebnis: –5125,2906

(3) Wie in (2), jedoch ohne das vorherige Speichern der einzelnen Vektoren als Listen.
Ergebnis: –262,4536

5. a) Verwende die Umkehrung des Satzes des Pythagoras:

$$a = |\overrightarrow{CB}| = \left|\begin{pmatrix} -0,5 \\ 2 \\ 24 \end{pmatrix} - \begin{pmatrix} 0 \\ 0 \\ 0 \end{pmatrix}\right| = \left|\begin{pmatrix} -0,5 \\ 2 \\ 24 \end{pmatrix}\right| = \sqrt{0,25 + 4 + 576} = \sqrt{580,25}$$

$$b = |\overrightarrow{CA}| = \left|\begin{pmatrix} 10 \\ 2,5 \\ 0 \end{pmatrix} - \begin{pmatrix} 0 \\ 0 \\ 0 \end{pmatrix}\right| = \left|\begin{pmatrix} 10 \\ 2,5 \\ 0 \end{pmatrix}\right| = \sqrt{100 + 6,25 + 0} = \sqrt{106,25}$$

63

5. a) Fortsetzung

$$c = |\overrightarrow{AB}| = \left|\begin{pmatrix}-0,5\\2\\24\end{pmatrix} - \begin{pmatrix}10\\2,5\\0\end{pmatrix}\right| = \left|\begin{pmatrix}-10,5\\-0,5\\24\end{pmatrix}\right| = \sqrt{110,25+0,25+576}$$

$$= \sqrt{686,5}$$

$$\Rightarrow a^2 + b^2 = 686,5 = c^2$$

Der Satz des Pythagoras ist erfüllt. Damit ist das Dreieck rechtwinklig.

b) Pythagoras $|\vec{a} - \vec{b}| = |\vec{a}|^2 + |\vec{b}|^2$ gilt bei Orthogonalität

$$\Leftrightarrow (a_1 - b_1)^2 + (a_2 - b_2)^2 + (a_3 - b_3)^2$$

$$= a_1^2 + a_2^2 + a_3^3 + b_1^2 + b_2^2 + b_3^3$$

$$\Leftrightarrow a_1b_1 + a_2b_2 + a_3b_3 = 0$$

$$\Leftrightarrow \vec{a} * \vec{b} = 0$$

Bedingung für Orthogonalität zweier Vektoren:
Das Skalarprodukt der Vektoren muss verschwinden.

6. a) $\vec{u} * \vec{v} = 0 + 0 + 0 = 0$ $\Rightarrow$ orthogonal

b) $\vec{u} * \vec{v} = 2 + 1 - 3 = 0$ $\Rightarrow$ orthogonal

c) $\vec{u} * \vec{v} = 2 - 4 + 15 = 13$ $\Rightarrow$ nicht orthogonal

d) $\vec{u} * \vec{v} = 6 + 0 - 6 = 0$ $\Rightarrow$ orthogonal

7. a) Es wurden lediglich die Komponenten multipliziert aber die Ergebnisse nicht addiert. Das Skalarprodukt ergibt eine Zahl.

b) Hier wurde falsch addiert.

8. a) $\overrightarrow{u_1} = \begin{pmatrix}-2\\1\\0\end{pmatrix}$; $\overrightarrow{u_2} = \begin{pmatrix}0\\0\\1\end{pmatrix}$; $\overrightarrow{u_3} = \begin{pmatrix}2\\-1\\1\end{pmatrix}$

b) $\overrightarrow{u_1} = \begin{pmatrix}3\\1\\0\end{pmatrix}$; $\overrightarrow{u_2} = \begin{pmatrix}1\\0\\1\end{pmatrix}$; $\overrightarrow{u_3} = \begin{pmatrix}0\\-1\\3\end{pmatrix}$

c) $\overrightarrow{u_1} = \begin{pmatrix}-b\\0\\a\end{pmatrix}$; $\overrightarrow{u_2} = \begin{pmatrix}0\\b\\-1\end{pmatrix}$; $\overrightarrow{u_3} = \begin{pmatrix}-1\\a\\0\end{pmatrix}$

64

9. $\overrightarrow{AC} = \begin{pmatrix}4\\2\\-6\end{pmatrix}$; $\overrightarrow{BD} = \begin{pmatrix}3\\3\\3\end{pmatrix}$

$\overrightarrow{AC} * \overrightarrow{BD} = 12 + 6 - 18 = 0$

Die Diagonalen sind orthogonal zueinander.
Das Viereck ist ein Drachenviereck.

64

10. **a)** $t = 3$ **b)** $t = 1$ oder $t = \frac{1}{2}$ **c)** $t = 0$ oder $t = 6$

11. $$\vec{u} \cdot \vec{v} = \left[r \begin{pmatrix} 1 \\ 0 \\ -a \end{pmatrix} + s \begin{pmatrix} 0 \\ 1 \\ -b \end{pmatrix} \right] \cdot \begin{pmatrix} a \\ b \\ 1 \end{pmatrix}$$
$$= r \cdot \begin{pmatrix} 1 \\ 0 \\ -a \end{pmatrix} \cdot \begin{pmatrix} a \\ b \\ 1 \end{pmatrix} + s \cdot \begin{pmatrix} 0 \\ 1 \\ -b \end{pmatrix} \cdot \begin{pmatrix} a \\ b \\ 1 \end{pmatrix}$$
$$= r \cdot (a - a) + s \cdot (b - b) = r \cdot 0 + s \cdot 0 = 0$$
Also gilt $\vec{u} \perp \vec{v}$ mit $r, s \in \mathbb{R}$

12. **a)** (1) z. B. $\begin{pmatrix} 0 \\ 1 \\ 2 \end{pmatrix}; \begin{pmatrix} 2 \\ -1 \\ 0 \end{pmatrix}; \begin{pmatrix} -1 \\ 0 \\ 1 \end{pmatrix}; \begin{pmatrix} 3 \\ 1 \\ 5 \end{pmatrix}$

(2) z. B. $\begin{pmatrix} 0 \\ 1 \\ 0 \end{pmatrix}; \begin{pmatrix} -4 \\ 0 \\ 3 \end{pmatrix}; \begin{pmatrix} 4 \\ 2 \\ -3 \end{pmatrix}; \begin{pmatrix} -8 \\ 7 \\ 6 \end{pmatrix}$

(3) z. B. $\begin{pmatrix} 1 \\ 0 \\ 0 \end{pmatrix}; \begin{pmatrix} 0 \\ 0 \\ 1 \end{pmatrix}; \begin{pmatrix} 2 \\ 0 \\ 0 \end{pmatrix}; \begin{pmatrix} 3 \\ 0 \\ 4 \end{pmatrix}$

(4) z. B. $\begin{pmatrix} -1 \\ 1 \\ 0 \end{pmatrix}; \begin{pmatrix} 0 \\ -1 \\ 1 \end{pmatrix}; \begin{pmatrix} 1 \\ 1 \\ -2 \end{pmatrix}; \begin{pmatrix} -2 \\ 1 \\ 1 \end{pmatrix}$

b) Im Raum und in der Ebene sind alle Vielfachen eines Vektors, der orthogonal zum gegebenen ist, ebenfalls orthogonal.
Im Raum steht zudem jeder Vektor, der in einer bestimmten orthogonalen Ebene liegt, orthogonal zu dem gegebenen Vektor.

13. **a)** Skalarprodukt der Richtungsvektoren:
$$\begin{pmatrix} -1 \\ 3 \\ 5 \end{pmatrix} * \begin{pmatrix} 7 \\ -1 \\ 2 \end{pmatrix} = 0 \quad \Rightarrow \text{ Geraden orthogonal}$$
Gleichsetzen der Parameterdarstellungen liefert für $r = -1$ bzw. $s = 1$ den Schnittpunkt $S(2 \mid 1 \mid 1)$.

b) Skalarprodukt der Richtungsvektoren:
$$\begin{pmatrix} 4 \\ 2 \\ -1 \end{pmatrix} * \begin{pmatrix} 5 \\ -7 \\ 5 \end{pmatrix} = 1 \quad \Rightarrow \text{ nicht orthogonal}$$
Gleichsetzen der Parameterdarstellungen ergibt keine Lösung für r, s
$\Rightarrow$ kein Schnittpunkt

64

13. c) Skalarprodukt der Richtungsvektoren:

$$\begin{pmatrix}1\\-1\\2\end{pmatrix} * \begin{pmatrix}2\\2\\0\end{pmatrix} = 0 \Rightarrow \text{Geraden orthogonal}$$

Gleichsetzen der Parameterdarstellungen ergibt keine Lösung für r, s
$\Rightarrow$ kein Schnittpunkt

14. $\vec{a} = \overrightarrow{CB} = \begin{pmatrix}4\\3\\1-c_3\end{pmatrix}$ $\quad \vec{b} = \overrightarrow{CA} = \begin{pmatrix}8\\0\\-c_3\end{pmatrix}$ $\quad \vec{c} = \overrightarrow{AB} = \begin{pmatrix}-4\\3\\1\end{pmatrix}$

Rechter Winkel bei C $\Rightarrow \vec{a} * \vec{b} = 0 \Leftrightarrow c_3^2 - c_3 + 32 = 0$; keine Lösung

Rechter Winkel bei B $\Rightarrow \vec{a} * \vec{c} = 0 \Leftrightarrow c_3 = -6$

Rechter Winkel bei A $\Rightarrow \vec{b} * \vec{c} = 0 \Leftrightarrow c_3 = -32$

15. a) (1) $\vec{a} = \overrightarrow{CB} = \begin{pmatrix}0\\-2\\2\end{pmatrix}$; $\vec{b} = \overrightarrow{CA} = \begin{pmatrix}2\\0\\-2\end{pmatrix}$; $\vec{c} = \overrightarrow{AB} = \begin{pmatrix}-2\\2\\0\end{pmatrix}$

$|\vec{a}| = |\vec{b}| = |\vec{c}| = \sqrt{8} \Rightarrow$ gleichseitig

(2) $\vec{a} = \overrightarrow{CB} = \begin{pmatrix}-5\\1\\-3\end{pmatrix}$; $\vec{b} = \overrightarrow{CA} = \begin{pmatrix}-1\\4\\-6\end{pmatrix}$; $\vec{c} = \overrightarrow{AB} = \begin{pmatrix}-4\\-3\\3\end{pmatrix}$

alle Skalarprodukte ungleich 0 und

$|\vec{a}| = \sqrt{35}$; $|\vec{b}| = \sqrt{53}$; $|\vec{c}| = \sqrt{34}$; keine Besonderheiten

(3) $\vec{a} = \overrightarrow{CB} = \begin{pmatrix}0\\-3\\0\end{pmatrix}$; $\vec{b} = \overrightarrow{CA} = \begin{pmatrix}0\\0\\3\end{pmatrix}$; $\vec{c} = \overrightarrow{AB} = \begin{pmatrix}0\\-3\\-3\end{pmatrix}$

$\vec{a} * \vec{b} = 0 \Rightarrow$ rechter Winkel bei C;

$|\vec{a}| = |\vec{b}| = 3$; $|\vec{c}| = 3\sqrt{2} \Rightarrow$ gleichschenklig

b) (1) Eines der Skalarprodukte $\overrightarrow{AB} * \overrightarrow{BC}$; $\overrightarrow{AB} * \overrightarrow{CA}$ oder $\overrightarrow{BC} * \overrightarrow{CA}$ muss null ergeben, dann ist das Dreieck rechtwinklig.

(2) Das Dreieck ist gleichschenklig, falls von $|\overrightarrow{AB}| = |\overrightarrow{BC}|$ oder $|\overrightarrow{AB}| = |\overrightarrow{CA}|$ oder $|\overrightarrow{BC}| = |\overrightarrow{CA}|$ genau eine Gleichung erfüllt ist.

(3) Das Dreieck ist gleichseitig, falls $|\overrightarrow{AB}| = |\overrightarrow{BC}| = |\overrightarrow{CA}|$ gilt.

64

16. $\overrightarrow{AB} = \begin{pmatrix} 4 \\ -3 \\ -1,5 \end{pmatrix}$ $\overrightarrow{AC} = \begin{pmatrix} 4 \\ 3 \\ -1,5 \end{pmatrix}$

$\overrightarrow{AB} * \overrightarrow{AC} = 16 - 9 + 2,25 = 9,25 \neq 0$

Die Vektoren sind nicht orthogonal zueinander, es wird kein rechter Winkel eingeschlossen.

65

17. a) Gesucht $\vec{x}$ mit $\vec{x} * \vec{v} = 0$ und $\vec{x} * \vec{u} = 0$

$\Rightarrow$ LGS $\left| \begin{array}{r} x_2 + x_3 = 0 \\ x_1 + x_2 - x_3 = 0 \end{array} \right|$

Lösungsmenge $L = \{(2t \mid -t \mid t) \mid t \in \mathbb{R}\}$

$\Rightarrow$ alle Vektoren $\vec{x} = \begin{pmatrix} 2t \\ -t \\ t \end{pmatrix}$; $t \in \mathbb{R}$ sind Lösungen.

b) Es gibt unendlich viele Lösungen, die alle in einer Ebene liegen. Verfahren: Wähle 2 Komponenten von $\vec{u}$ beliebig und bestimme die 3., sodass $\vec{u} * \vec{v} = 0$.

Beispiel $\vec{u} = \begin{pmatrix} 1 \\ 2 \\ 0 \end{pmatrix}$

Berechne $\vec{w}$ analog zu a)

Beispiel: $w_1 + 2w_2 = 0$ und $2w_1 - w_2 + 2w_3 = 0$

Wähle $w_1 = 2$, dann ist $w_2 = -1$; $w_3 = -2,5$

$\vec{w} = \begin{pmatrix} 2 \\ -1 \\ -2,5 \end{pmatrix}$

18. $\vec{v} * \vec{u} = 0 \Rightarrow 2a - b = 0 \Rightarrow L = \left\{\left(\frac{t}{2} \middle| t\right) \mid t \in \mathbb{R}\right\}$

$\Rightarrow a = \frac{t}{2}$, $b = t$ mit $t \in \mathbb{R}$.

Beispiele: $a = 1$; $b = 2$ oder $a = 2$; $b = 4$ oder $a = 0$; $b = 0$

19. Nach dem gemischten Assoziativgesetz (Satz 2) ist

$(r\vec{a}) * (s\vec{b}) = r(\vec{a} * (s\vec{b})) = r(s \cdot \vec{a} * \vec{b}) = rs \cdot \underbrace{\vec{a} * \vec{b}}_{=0} = 0$

65

20. Vektor Balken 1: $\vec{a} = \begin{pmatrix} 0,2 \\ 6 \\ -5 \end{pmatrix} - \begin{pmatrix} 0 \\ 0 \\ -2 \end{pmatrix} = \begin{pmatrix} 0,2 \\ 6 \\ -3 \end{pmatrix}$

Vektor Balken 2: $\vec{b} = \begin{pmatrix} -0,1 \\ -3 \\ -6 \end{pmatrix} - \begin{pmatrix} 0 \\ 0 \\ -2 \end{pmatrix} = \begin{pmatrix} -0,1 \\ -3 \\ -4 \end{pmatrix}$

$\vec{a} * \vec{b} = -0,02 - 18 + 12 = -6,02 \neq 0$

Die Balken sind nicht orthogonal.

21. Darstellungen der Vektoren

$\overrightarrow{v_1} = \begin{pmatrix} 0 \\ -3 \\ -4 \end{pmatrix}$; $\overrightarrow{v_2} = \begin{pmatrix} -4 \\ 0 \\ 3 \end{pmatrix}$; $\overrightarrow{v_3} = \begin{pmatrix} 3 \\ 0 \\ 4 \end{pmatrix}$; $\overrightarrow{v_4} = \begin{pmatrix} 0 \\ -3 \\ 0 \end{pmatrix}$

$\overrightarrow{v_1} * \overrightarrow{v_2} = -12$ nicht orthogonal

$\overrightarrow{v_1} * \overrightarrow{v_3} = -16$ nicht orthogonal

$\overrightarrow{v_1} * \overrightarrow{v_4} = 9$ nicht orthogonal

$\overrightarrow{v_2} * \overrightarrow{v_3} = 0$ orthogonal

$\overrightarrow{v_2} * \overrightarrow{v_4} = 0$ orthogonal

$\overrightarrow{v_3} * \overrightarrow{v_4} = 0$ orthogonal

22. Bei der Verwendung des $*$ als Skalarproduktzeichen hat Jenny Recht. (Bei der auch üblichen Verwendung eines „normalen" Malpunktes für das Skalarprodukt wäre Tims Aussage korrekt und Jennys Argumentation falsch.)

23. Wähle D so, dass alle 4 Skalarprodukte null sind.

$\overrightarrow{AB} = \begin{pmatrix} 0 \\ 5 \\ 0 \end{pmatrix}$; $\overrightarrow{CB} = \begin{pmatrix} -3 \\ 0 \\ -4 \end{pmatrix}$; $\overrightarrow{CA} = \begin{pmatrix} -3 \\ -5 \\ -4 \end{pmatrix}$

Rechter Winkel bei B, da $\overrightarrow{AB} \cdot \overrightarrow{CB} = 0$.

Sei $D(d_1 \mid d_2 \mid d_3) \Rightarrow \overrightarrow{AD} = \begin{pmatrix} d_1 - 1 \\ d_2 - 1 \\ d_3 - 2 \end{pmatrix}$; $\overrightarrow{CD} = \begin{pmatrix} 4 - d_1 \\ 6 - d_2 \\ 6 - d_3 \end{pmatrix}$

$\overrightarrow{AD} * \overrightarrow{CD} = 0$; $\overrightarrow{AD} * \overrightarrow{AB} = 0$ und $\overrightarrow{CD} * \overrightarrow{CB} = 0$.

Bestimmung der Koordinaten über Parallelverschiebung von A entlang $\overrightarrow{BC}$

$D = \begin{pmatrix} 1 \\ 1 \\ 2 \end{pmatrix} + \begin{pmatrix} 3 \\ 0 \\ 4 \end{pmatrix} = \begin{pmatrix} 4 \\ 1 \\ 6 \end{pmatrix}$

Alle Seitenlängen sind wegen $|\overrightarrow{AB}| = |\overrightarrow{CB}| = |\overrightarrow{AD}| = |\overrightarrow{CD}| = 5$ gleich lang.
Also ist ABCD ein Quadrat.

65

24. $\overrightarrow{CB} = \begin{pmatrix} -1,85 \\ 1,4 \\ -0,19 \end{pmatrix}$; $\overrightarrow{CA} = \begin{pmatrix} -1,3 \\ -1,75 \\ -0,32 \end{pmatrix}$; $\overrightarrow{AB} = \begin{pmatrix} -0,55 \\ 3,15 \\ 0,13 \end{pmatrix}$

$\overrightarrow{AB} * \overrightarrow{CB} = 5,4028 \quad \overrightarrow{CB} * \overrightarrow{CA} = 0,0158 \quad \overrightarrow{CA} * \overrightarrow{AB} = -4,84$

Bei Punkt C liegt „annähernd“ ein rechter Winkel vor.

25. $C(6 - 2r \mid 4 + r \mid 5 + 2r)$

Rechter Winkel bei C $\Leftrightarrow \overrightarrow{AC} * \overrightarrow{BC} = 0$

$\overrightarrow{AC} = \begin{pmatrix} 3-2r \\ 2+r \\ 6+2r \end{pmatrix}$; $\overrightarrow{BC} = \begin{pmatrix} -1-2r \\ 8+r \\ -1-2r \end{pmatrix}$

$\overrightarrow{AC} * \overrightarrow{BC} = 9r^2 + 16r + 7 = 0 \Leftrightarrow r_1 = -1$ oder $r_2 = -\frac{7}{9}$

$\Rightarrow C_1(8 \mid 3 \mid 3)$ oder $C_2\left(\frac{68}{9} \middle| \frac{29}{9} \middle| \frac{31}{9}\right)$

1.4.2 Winkel zwischen zwei Vektoren

67

2. $\cos\varphi_1 = \dfrac{\begin{pmatrix} 8 \\ -8 \\ -4 \end{pmatrix} * \begin{pmatrix} 2 \\ 10 \\ 11 \end{pmatrix}}{\left|\begin{pmatrix} 8 \\ -8 \\ -4 \end{pmatrix}\right| \cdot \left|\begin{pmatrix} 2 \\ 10 \\ 11 \end{pmatrix}\right|} = \dfrac{-20}{12 \cdot 15} = -\dfrac{1}{9}$

$\Rightarrow \varphi_1 = 96{,}38°$ stumpfer Winkel

$\Rightarrow \varphi_2 = 180° - \varphi_1 = 83{,}62°$ spitzer Winkel

68

3. Berechne den Winkel zwischen den Vektoren $\vec{u} = \overrightarrow{AB}$ und $\vec{v} = \overrightarrow{AC}$

mit $\vec{u} = \begin{pmatrix} 8 \\ -8 \\ -4 \end{pmatrix}$; $\vec{v} = \begin{pmatrix} 2 \\ 10 \\ 11 \end{pmatrix}$.

$|\vec{u}| = \sqrt{\vec{u} * \vec{u}} = \sqrt{144} = 12$; $|\vec{v}| = \sqrt{\vec{v} * \vec{v}} = \sqrt{225} = 15$

$\vec{u} * \vec{v} = -108$

Winkel berechnen: $\cos\varphi = \frac{-108}{12 \cdot 15} = -0{,}6 \Rightarrow \varphi = 126{,}9°$

4. $\alpha = \cos^{-1}\left(\frac{\vec{u} * \vec{v}}{|\vec{u}| \cdot |\vec{v}|}\right)$

a) $\alpha = 82{,}388°$ **b)** $\alpha = 107{,}024°$ **c)** $\alpha = 149{,}163°$

68

5. a) $|\vec{u}| = 3$ und $|\vec{v}| = 3$

$\Rightarrow$ Alle Seiten des Vierecks sind gleich lang $\Rightarrow$ Raute.

b) A(1 | 1 | 2)

$$\overrightarrow{OB} = \overrightarrow{OA} + \vec{u} = \begin{pmatrix} 3 \\ 0 \\ 4 \end{pmatrix} \Rightarrow B(3 \mid 0 \mid 4)$$

$$\overrightarrow{OC} = \overrightarrow{OA} + \vec{v} = \begin{pmatrix} 2 \\ 3 \\ 0 \end{pmatrix} \Rightarrow C(2 \mid 3 \mid 0)$$

$$\overrightarrow{OD} = \overrightarrow{OA} + \vec{u} + \vec{v} = \begin{pmatrix} 4 \\ 2 \\ 2 \end{pmatrix} \Rightarrow D(4 \mid 2 \mid 2)$$

$$\cos\varphi = \frac{\overrightarrow{AD} * \overrightarrow{BC}}{|\overrightarrow{AD}| \cdot |\overrightarrow{BC}|} = \frac{\begin{pmatrix} 3 \\ 1 \\ 0 \end{pmatrix} * \begin{pmatrix} -1 \\ 3 \\ -4 \end{pmatrix}}{\sqrt{10} \cdot \sqrt{26}} = 0$$

$\Rightarrow \varphi = 90°$

6. a) S(5 | 4 | −5); $\alpha = 63{,}069°$

b) S(−4 | −3 | −1); $\alpha = 46{,}077°$

c) S(−8 | 7 | −5); $\alpha = 83{,}845°$

d) S(−15 | 9 | 9); $\alpha = 68{,}301°$

7. Der Winkel berechnet sich aus $\cos\alpha = \frac{\vec{u} * \vec{v}}{|\vec{u}| \cdot |\vec{v}|}$.

Das Vorzeichen von cos x hängt nur vom Skalarprodukt ab.

Da $\cos\alpha > 0$ für $0° \leq \alpha < 90°$ und $\cos\alpha < 0$ für $90° < \alpha \leq 180°$ ist, ist die Aussage korrekt.

8. a) $\overrightarrow{AB} = \begin{pmatrix} -3 \\ 4 \\ 0 \end{pmatrix}$; $\overrightarrow{AC} = \begin{pmatrix} -3 \\ 0 \\ 5 \end{pmatrix}$; $\overrightarrow{BC} = \begin{pmatrix} 0 \\ -4 \\ 5 \end{pmatrix}$

Längen: $|\overrightarrow{AB}| = \sqrt{25} = 5$; $|\overrightarrow{AC}| = \sqrt{34} \approx 5{,}831$; $|\overrightarrow{BC}| = \sqrt{41} = 6{,}403$

Winkel bei A: $\alpha = 72{,}02°$

Winkel bei B: $\beta = 60{,}02°$

Winkel bei C: $\gamma = 47{,}96°$

b) $\overrightarrow{AB} = \begin{pmatrix} 1 \\ -2 \\ 4 \end{pmatrix}$; $\overrightarrow{AC} = \begin{pmatrix} 3 \\ 4 \\ 9 \end{pmatrix}$; $\overrightarrow{BC} = \begin{pmatrix} 2 \\ 6 \\ 5 \end{pmatrix}$

Längen:

$|\overrightarrow{AB}| = \sqrt{21} \approx 4{,}583$; $|\overrightarrow{AC}| = \sqrt{106} \approx 10{,}296$; $|\overrightarrow{BC}| = \sqrt{65} \approx 8{,}062$

Winkel bei A: $\alpha = 48{,}925°$;

Winkel bei B: $\beta = 105{,}704°$

Winkel bei C: $\gamma = 25{,}371°$

68

8. c) $\overrightarrow{AB} = \begin{pmatrix} 1 \\ 1 \\ 0 \end{pmatrix}$; $\overrightarrow{AC} = \begin{pmatrix} -3 \\ 3 \\ -2 \end{pmatrix}$; $\overrightarrow{BC} = \begin{pmatrix} -4 \\ 2 \\ -2 \end{pmatrix}$

Längen:

$|\overrightarrow{AB}| = \sqrt{2} \approx 1{,}414$; $|\overrightarrow{AC}| = \sqrt{22} \approx 4{,}690$; $|\overrightarrow{BC}| = \sqrt{24} \approx 4{,}90$

Winkel bei A: $\alpha = 90°$

Winkel bei B: $\beta = 73{,}22°$

Winkel bei C: $\gamma = 16{,}78°$

9. -

69

10. Koordinatenursprung z. B. links unten hinten, Achsen x_1 nach vorn, x_2 nach rechts, x_3 nach oben.

Dann: P(12 | 2 | 12); Q(12 | 12 | 4); R(10 | 12 | 12)

$\overrightarrow{PQ} = \begin{pmatrix} 0 \\ 10 \\ -8 \end{pmatrix}$; $\overrightarrow{PR} = \begin{pmatrix} -2 \\ 10 \\ 0 \end{pmatrix}$; $\overrightarrow{QR} = \begin{pmatrix} -2 \\ 0 \\ 8 \end{pmatrix}$

Innenwinkel:

Bei P: $\alpha = 40{,}03°$; bei Q: $\beta = 52{,}70°$; bei R: $\gamma = 87{,}27°$

11. Gleichsetzen der Geraden führt auf folgendes Gleichungssystem in Matrixschreibweise:

$$\left(\begin{array}{cc|c} 2 & -1 & -2 \\ -1 & -3 & 8 \\ 3 & -a & 4 \end{array}\right) \Rightarrow \left(\begin{array}{cc|c} 1 & 0 & -2 \\ 0 & 1 & -2 \\ 0 & 0 & a-5 \end{array}\right)$$

Das System besitzt für a = 5 die Lösung r = –2, s = –2.

⇒ S(2 | –8 | –9)

Schnittwinkel aus Richtungsvektoren $\vec{u} = \begin{pmatrix} 2 \\ -1 \\ 3 \end{pmatrix}$ und $\vec{v} = \begin{pmatrix} 1 \\ 3 \\ 5 \end{pmatrix}$; $\alpha = 50{,}77°$

12. Ein Würfel hat 4 Raumdiagonalen, z. B. dargestellt durch

$\vec{a} = \begin{pmatrix} 8 \\ 8 \\ 8 \end{pmatrix}$; $\vec{b} = \begin{pmatrix} 8 \\ -8 \\ 8 \end{pmatrix}$; $\vec{c} = \begin{pmatrix} -8 \\ -8 \\ 8 \end{pmatrix}$; $\vec{d} = \begin{pmatrix} -8 \\ 8 \\ 8 \end{pmatrix}$.

Da der Würfel symmetrisch ist, reicht es einen Schnittwinkel zu berechnen, z. B. $\alpha = \cos^{-1}\left(\frac{\vec{a} * \vec{b}}{|\vec{a}| \cdot |\vec{b}|}\right) = 70{,}53°$.

69

13. $C_k = \begin{pmatrix} k-2 \\ -2 \\ 7 \end{pmatrix} \Rightarrow \overrightarrow{AB} = \begin{pmatrix} 5 \\ -1 \\ -2 \end{pmatrix}; \overrightarrow{AC} = \begin{pmatrix} k+3 \\ -1 \\ 0 \end{pmatrix}; \overrightarrow{BC} = \begin{pmatrix} k-2 \\ 0 \\ 2 \end{pmatrix}$

rechter Winkel bei A: $\overrightarrow{AB} * \overrightarrow{AC} = 0 \Leftrightarrow 16 + 5k = 0 \Leftrightarrow k_1 = -\frac{16}{5}$

rechter Winkel bei B: $\overrightarrow{AB} * \overrightarrow{BC} = 0 \Leftrightarrow -14 + 5k = 0 \Leftrightarrow k_2 = \frac{14}{5}$

rechter Winkel bei C:
$\overrightarrow{AC} * \overrightarrow{BC} = 0 \Leftrightarrow (k+3)(k-2) = 0 \Leftrightarrow k_3 = 2,\ k_4 = -3$

14. $\vec{u}$ und $\vec{v}$ parallel $\Rightarrow \vec{u} = r \cdot \vec{v};\ r \in \mathbb{R} \setminus \{0\}$

Satz 6: $\cos\alpha = \frac{r\,\vec{u} * \vec{u}}{|\vec{u}| \cdot |r\vec{u}|} = \frac{r\,|\vec{u}|^2}{|r| \cdot |\vec{u}|^2} = \frac{r}{|r|}$

Für $r > 0$ ist $\cos\alpha = 1 \Rightarrow \alpha = 0°$.
Für $r < 0$ ist $\cos\alpha = -1 \Rightarrow \alpha = 180°$.
$\Rightarrow$ Satz 6 liefert korrekte Ergebnisse.

15. Kraft in Wegrichtung $\overrightarrow{F_s} = \vec{F} \cdot \cos\alpha$

$\left|\overrightarrow{F_s}\right| = 120\text{ N} \cos 35° = 98{,}3\text{ N}$

physikalische Arbeit: $W = \vec{F} * \vec{s} = \left|\overrightarrow{F_s}\right| \cdot |\vec{s}|$

$W = 98{,}3\text{ N} \cdot 300\text{ m} = 29\,489{,}5\text{ Nm}$

16. $\cos\varphi_1 = \frac{\begin{pmatrix} 1 \\ 0 \\ 0 \end{pmatrix} * \vec{v}}{1 \cdot |\vec{v}|};\quad \cos\varphi_2 = \frac{\begin{pmatrix} 0 \\ 1 \\ 0 \end{pmatrix} * \vec{v}}{1 \cdot |\vec{v}|};\quad \cos\varphi_3 = \frac{\begin{pmatrix} 0 \\ 0 \\ 1 \end{pmatrix} * \vec{v}}{1 \cdot |\vec{v}|}$

a) $\vec{v} = \begin{pmatrix} 2 \\ 1 \\ 4 \end{pmatrix}$: $\varphi_1 = 64{,}12°;\ \varphi_2 = 77{,}40°;\ \varphi_3 = 29{,}21°$

$\vec{v} = \begin{pmatrix} -2 \\ 3 \\ 5 \end{pmatrix}$: $\varphi_1 = 71{,}07°;\ \varphi_2 = 60{,}88°;\ \varphi_3 = 35{,}80°$

$\vec{v} = \begin{pmatrix} -2 \\ 1 \\ -4 \end{pmatrix}$: $\varphi_1 = 64{,}12°;\ \varphi_2 = 77{,}40°;\ \varphi_3 = 29{,}21°$

$\vec{v} = \begin{pmatrix} -2 \\ -3 \\ -5 \end{pmatrix}$: $\varphi_1 = 71{,}07°;\ \varphi_2 = 60{,}88°;\ \varphi_3 = 35{,}80°$

69

16. a) Fortsetzung

$$\vec{v} = \begin{pmatrix} v_1 \\ v_2 \\ v_3 \end{pmatrix}: \ \varphi_1 = \arccos\frac{v_1}{\sqrt{v_1^2+v_2^2+v_2^2}}; \ \varphi_2 = \arccos\frac{v_2}{\sqrt{v_1^2+v_2^2+v_2^2}};$$

$$\varphi_3 = \arccos\frac{v_3}{\sqrt{v_1^2+v_2^2+v_2^2}};$$

b) Mit $\vec{v} = \begin{pmatrix} v_1 \\ v_2 \\ v_3 \end{pmatrix}$ ist $\cos^2(\varphi_1) = \left(\frac{v_1}{\sqrt{v_1^2+v_2^2+v_3^2}}\right)^2 = \frac{v_1^2}{v_1^2+v_2^2+v_3^2}$ und

ebenso $\cos^2(\varphi_2) = \frac{v_2^2}{v_1^2+v_2^2+v_3^2}$ und $\cos^2(\varphi_3) = \frac{v_3^2}{v_1^2+v_2^2+v_3^2}$.

Aufsummieren ergibt:

$$\cos^2(\varphi_1) + \cos^2(\varphi_2) + \cos^2(\varphi_3) = \frac{v_1^2+v_2^2+v_3^2}{v_1^2+v_2^2+v_3^2} = 1$$

17. a) Innenwinkel gleich groß: $\alpha = 60° \Rightarrow \cos 60° = \frac{1}{2} = \frac{-\overrightarrow{v_1} \cdot \overrightarrow{v_2}}{|\overrightarrow{v_1}| \cdot |\overrightarrow{v_2}|}$

Da $|\overrightarrow{v_1}| = 1$ sind alle $|\overrightarrow{v_i}| = 1$; sei $\overrightarrow{v_i} = \begin{pmatrix} x_i \\ y_i \end{pmatrix}$

$\Rightarrow -\overrightarrow{v_1} \cdot \overrightarrow{v_2} = \frac{1}{2}$ und $|\overrightarrow{v_2}| = 2$

$\Leftrightarrow x_2 = -\frac{1}{2}$ und $y_2 = \sqrt{1 - x_2^2} = \frac{\sqrt{3}}{2} \approx 0{,}866$

$\Rightarrow \overrightarrow{v_2} = \begin{pmatrix} -\frac{1}{2} \\ \frac{\sqrt{3}}{2} \end{pmatrix}; \ \overrightarrow{v_3} = \begin{pmatrix} -\frac{1}{2} \\ -\frac{\sqrt{3}}{2} \end{pmatrix}$

b) Innenwinkel: $\alpha = \frac{n-2}{n} \cdot 180°$

Formeln zur Berechnung von $\overrightarrow{v_{i+1}} = \begin{pmatrix} x_{i+1} \\ y_{i+1} \end{pmatrix}$ mit bekanntem $\overrightarrow{v_i} = \begin{pmatrix} x_i \\ y_i \end{pmatrix}$

- $\cos\alpha = -\overrightarrow{v_i} \cdot \overrightarrow{v_{i+1}} = -(x_i x_{i+1} + y_i y_{i+1})$
- $|\overrightarrow{v_{i+1}}| = 1 \Rightarrow x_{i+1}^2 + y_{i+1}^2 = 1$

n = 5: $\overrightarrow{v_2} = \begin{pmatrix} 0{,}309 \\ 0{,}951 \end{pmatrix}; \ \overrightarrow{v_3} = \begin{pmatrix} -0{,}809 \\ 0{,}588 \end{pmatrix}; \ \overrightarrow{v_4} = \begin{pmatrix} -0{,}809 \\ -0{,}588 \end{pmatrix};$

$\overrightarrow{v_5} = \begin{pmatrix} 0{,}309 \\ -0{,}951 \end{pmatrix}$

n = 6: $\overrightarrow{v_2} = \begin{pmatrix} 0{,}5 \\ 0{,}866 \end{pmatrix}; \ \overrightarrow{v_3} = \begin{pmatrix} -0{,}5 \\ 0{,}866 \end{pmatrix}; \ \overrightarrow{v_4} = \begin{pmatrix} -1 \\ 0 \end{pmatrix};$

$\overrightarrow{v_5} = \begin{pmatrix} -0{,}5 \\ -0{,}866 \end{pmatrix}; \ \overrightarrow{v_6} = \begin{pmatrix} 0{,}5 \\ -0{,}866 \end{pmatrix}$

69

17. b) Fortsetzung

n = 7: $\overrightarrow{v_2} = \begin{pmatrix} 0,623 \\ 0,782 \end{pmatrix}$; $\overrightarrow{v_3} = \begin{pmatrix} -0,222 \\ 0,975 \end{pmatrix}$; $\overrightarrow{v_4} = \begin{pmatrix} -0,901 \\ 0,434 \end{pmatrix}$;

$\overrightarrow{v_5} = \begin{pmatrix} -0,901 \\ -0,434 \end{pmatrix}$; $\overrightarrow{v_6} = \begin{pmatrix} -0,222 \\ -0,975 \end{pmatrix}$; $\overrightarrow{v_7} = \begin{pmatrix} 0,623 \\ -0,782 \end{pmatrix}$

n = 8: $\overrightarrow{v_2} = \begin{pmatrix} 0,707 \\ 0,707 \end{pmatrix}$; $\overrightarrow{v_3} = \begin{pmatrix} 0 \\ 1 \end{pmatrix}$; $\overrightarrow{v_4} = \begin{pmatrix} -0,707 \\ 0,707 \end{pmatrix}$; $\overrightarrow{v_5} = \begin{pmatrix} 1 \\ 0 \end{pmatrix}$;

$\overrightarrow{v_6} = \begin{pmatrix} -0,707 \\ -0,707 \end{pmatrix}$; $\overrightarrow{v_7} = \begin{pmatrix} 0 \\ -1 \end{pmatrix}$; $\overrightarrow{v_8} = \begin{pmatrix} 0,707 \\ -0,707 \end{pmatrix}$

n = 10: $\overrightarrow{v_2} = \begin{pmatrix} 0,809 \\ 0,588 \end{pmatrix}$; $\overrightarrow{v_3} = \begin{pmatrix} 0,309 \\ 0,951 \end{pmatrix}$; $\overrightarrow{v_4} = \begin{pmatrix} -0,309 \\ 0,951 \end{pmatrix}$;

$\overrightarrow{v_5} = \begin{pmatrix} -0,809 \\ 0,588 \end{pmatrix}$; $\overrightarrow{v_6} = \begin{pmatrix} -1 \\ 0 \end{pmatrix}$; $\overrightarrow{v_7} = \begin{pmatrix} -0,809 \\ -0,588 \end{pmatrix}$;

$\overrightarrow{v_8} = \begin{pmatrix} -0,309 \\ -0,951 \end{pmatrix}$; $\overrightarrow{v_9} = \begin{pmatrix} 0,309 \\ -0951 \end{pmatrix}$; $\overrightarrow{v_{10}} = \begin{pmatrix} 0,809 \\ -0,588 \end{pmatrix}$

1.4.3 Vektorprodukt

72

2. (1) $\vec{a}$ und $\vec{b}$ Vielfache voneinander:

$\vec{b} = r \cdot \vec{a}$; $r \in \mathbb{R} \setminus \{0\}$

$$\vec{a} \times \vec{b} = \vec{a} \times r\vec{a} = \begin{pmatrix} a_2ra_3 - a_3ra_2 \\ a_3ra_1 - a_1ra_3 \\ a_1ra_2 - a_2ra_1 \end{pmatrix} = \vec{0}$$

(2) $$\vec{b} \times \vec{a} = \begin{pmatrix} b_2a_3 - b_3a_2 \\ b_3a_1 - b_1a_3 \\ b_1a_2 - b_2a_1 \end{pmatrix} = \begin{pmatrix} -a_2b_3 + a_3b_2 \\ -a_3b_1 + a_1b_3 \\ -a_1b_2 + a_2b_1 \end{pmatrix}$$

$$= -\begin{pmatrix} a_2b_3 - a_3b_2 \\ a_3b_1 - a_1b_3 \\ a_1b_2 - a_2b_1 \end{pmatrix} = -\vec{a} \times \vec{b}$$

(3) $$\vec{a} \times (\vec{b} + \vec{c}) = \begin{pmatrix} a_2(b_3 + c_3) - a_3(b_2 + c_2) \\ a_3(b_1 + c_1) - a_1(b_3 + c_3) \\ a_1(b_2 + c_2) - a_2(b_1 + c_1) \end{pmatrix}$$

$$= \begin{pmatrix} a_2b_3 - a_3b_2 + a_2c_3 - a_3c_2 \\ a_3b_1 - a_1b_3 + a_3c_1 - a_1c_3 \\ a_1b_2 - a_2b_1 + a_1c_2 - a_2c_1 \end{pmatrix}$$

$$= \begin{pmatrix} a_2b_3 - a_3b_2 \\ a_3b_1 - a_1b_3 \\ a_1b_2 - a_2b_1 \end{pmatrix} + \begin{pmatrix} a_2c_3 - a_3c_2 \\ a_3c_1 - a_1c_3 \\ a_1c_2 - a_2c_1 \end{pmatrix} = \vec{a} \times \vec{b} + \vec{a} \times \vec{c}$$

72

2. (4) $\vec{a} \times (r \cdot \vec{b}) = \begin{pmatrix} a_2 r b_3 - a_3 r b_2 \\ a_3 r b_1 - a_1 r b_3 \\ a_1 r b_2 - a_2 r b_1 \end{pmatrix} = \begin{pmatrix} r(a_2 b_3 - a_3 b_2) \\ r(a_3 b_1 - a_1 b_3) \\ r(a_1 b_2 - a_2 b_1) \end{pmatrix} = r(\vec{a} \times \vec{b})$

3. Nach Satz 8 ist der Flächeninhalt eines Parallelogramms, das von $\overrightarrow{AB}$ und $\overrightarrow{AC}$ aufgespannt wird, $A_P = |\overrightarrow{AB} \times \overrightarrow{AC}|$. Für den Flächeninhalt gilt $A_P = 2A$ und somit $A = \frac{1}{2}|\overrightarrow{AB} \times \overrightarrow{AC}|$.

73

4. Das Volumen des Spats berechnet sich nach Grundseite mal Höhe: $V = G \cdot h$.
Hierbei ist die Grundseite ein Parallelogramm, für das $G = |\vec{a} \times \vec{b}|$ gilt.
Für die Höhe h gilt $h = |\vec{c}| \cdot \cos\alpha$, wobei α der Winkel zwischen $\vec{c}$ und einem auf $\vec{a}$ und $\vec{b}$ senkrecht stehenden Vektor ist.
$\Rightarrow V = |\vec{a} \times \vec{b}| \cdot |\vec{c}| \cdot \cos\alpha$
Nach Satz 5 (S. 66) ist dies $V = |(\vec{a} \times \vec{b}) * \vec{c}|$.

5. Das Volumen einer Pyramide berechnet sich nach Grundseite mal Höhe geteilt durch 3: $V = \frac{1}{3} G \cdot h$.
Die Grundseite ist die Hälfte eines Parallelogramms: $G = \frac{1}{2}(\vec{a} \times \vec{b})$.
Für die Höhe gilt $h = \vec{c} \cdot \cos\alpha$, wobei α der Winkel zwischen $\vec{c}$ und einem auf $\vec{a}$ und $\vec{b}$ senkrecht stehenden Vektor ist.
$\Rightarrow V = \frac{1}{3} \cdot \frac{1}{2}|\vec{a} \times \vec{b}| \cdot |\vec{c}| \cdot \cos\alpha$
Nach Satz 5 (S. 66) ist dies $V = \frac{1}{6}|(\vec{a} \times \vec{b}) * \vec{c}|$.

6. Zu $\vec{u}$ und $\vec{v}$ orthogonale Vektoren sind Vielfache von $\vec{u} \times \vec{v} = \begin{pmatrix} 13 \\ -9 \\ -3 \end{pmatrix}$.

7. **a)** $\vec{a} \times \vec{b} = \begin{pmatrix} -1 \\ 17 \\ 10 \end{pmatrix}$ **b)** $\vec{a} \times \vec{b} = \begin{pmatrix} 16 \\ 6 \\ 15 \end{pmatrix}$ **c)** $\vec{a} \times \vec{b} = \begin{pmatrix} -4 \\ -7 \\ 1 \end{pmatrix}$

8. **a)** $A = \frac{1}{2}|\overrightarrow{PQ} \times \overrightarrow{PR}| = \frac{1}{2}\left|\begin{pmatrix} 5 \\ -6 \\ 4 \end{pmatrix} \times \begin{pmatrix} 9 \\ 7 \\ -9 \end{pmatrix}\right| = \frac{1}{2}\left|\begin{pmatrix} 26 \\ 81 \\ 89 \end{pmatrix}\right| = \frac{1}{2}\sqrt{15\,158} \approx 61{,}56$

b) $A = \frac{1}{2}|\overrightarrow{PQ} \times \overrightarrow{PR}| = \frac{1}{2}\left|\begin{pmatrix} 4 \\ 7 \\ -7 \end{pmatrix} \times \begin{pmatrix} 3 \\ 12 \\ 9 \end{pmatrix}\right| = \frac{1}{2}\left|\begin{pmatrix} 147 \\ -57 \\ 27 \end{pmatrix}\right| = \frac{1}{2} 3\sqrt{2\,843} \approx 80{,}00$

73

9. Berechne das Volumen der Pyramide.
Die Punkte bilden eine Pyramide $\Leftrightarrow V > 0$.
Volumen (mit Aufgabe 5):

$$V = \frac{1}{6} \cdot \left|\left(\overrightarrow{AB} \times \overrightarrow{AC}\right) * \overrightarrow{AD}\right| = \frac{217}{6} \approx 36{,}167$$

Oberflächeninhalt = Summe über 4 Dreiecke, z. B.

$$A_1 = \frac{1}{2}\left|\overrightarrow{AB} \times \overrightarrow{AC}\right| = \frac{1}{2}\left|\begin{pmatrix} -6 \\ 9 \\ -10 \end{pmatrix}\right| = \frac{1}{2}\sqrt{217} \approx 7{,}365$$

$$A_2 = \frac{1}{2}\left|\overrightarrow{AB} \times \overrightarrow{AD}\right| = \frac{1}{2}\left|\begin{pmatrix} 14 \\ -21 \\ -49 \end{pmatrix}\right| = \frac{7}{2}\sqrt{62} \approx 27{,}559$$

$$A_3 = \frac{1}{2}\left|\overrightarrow{AC} \times \overrightarrow{AD}\right| = \frac{1}{2}\left|\begin{pmatrix} -27 \\ -68 \\ -45 \end{pmatrix}\right| = \frac{1}{2}\sqrt{7378} \approx 42{,}948$$

$$A_4 = \frac{1}{2}\left|\overrightarrow{BC} \times \overrightarrow{BD}\right| = \frac{1}{2}\left|\begin{pmatrix} 2 \\ -2 \\ -3 \end{pmatrix} \text{x} \begin{pmatrix} 8 \\ -11 \\ 7 \end{pmatrix}\right| = \frac{1}{2}\left|\begin{pmatrix} -47 \\ -38 \\ -6 \end{pmatrix}\right| = \frac{1}{2}\sqrt{3689} \approx 30{,}369$$

$$\Rightarrow A = A_1 + A_2 + A_3 + A_4 = 108{,}241$$

10. **a)** Da $\overrightarrow{AB} = \overrightarrow{DC} = \begin{pmatrix} 4 \\ 3 \\ -1 \end{pmatrix}$ und $\overrightarrow{AD} = \overrightarrow{BC} = \begin{pmatrix} -1 \\ 2 \\ 2 \end{pmatrix}$ und $\overrightarrow{AB} \cdot \overrightarrow{AD} = 0$ ist,

ist die Grundfläche ein Rechteck.

b) Es gibt 3 Flächen:

$$A_{ABCD} = \left|\overrightarrow{AB} \times \overrightarrow{AD}\right| = \left|\begin{pmatrix} 8 \\ -7 \\ 11 \end{pmatrix}\right| = 3\sqrt{26} \approx 15{,}3$$

$$A_{BCFG} = \left|\overrightarrow{BC} \times \overrightarrow{BF}\right| = \left|\begin{pmatrix} -1 \\ 2 \\ 2 \end{pmatrix} \times \begin{pmatrix} -2 \\ 2 \\ 6 \end{pmatrix}\right| = \left|\begin{pmatrix} 8 \\ 2 \\ 2 \end{pmatrix}\right| = 6\sqrt{2} \approx 8{,}5$$

$$A_{ABEF} = \left|\overrightarrow{BA} \times \overrightarrow{BF}\right| = \left|\begin{pmatrix} -20 \\ 22 \\ -14 \end{pmatrix}\right| = 6\sqrt{30} \approx 32{,}9$$

$\Rightarrow$ Die Seiten ABEF und DCGH haben den größten Flächeninhalt.

c) $V = \left|\left(\overrightarrow{BA} \times \overrightarrow{BC}\right) * \overrightarrow{BF}\right| = \left|\begin{pmatrix} -8 \\ 7 \\ -11 \end{pmatrix} \cdot \begin{pmatrix} -2 \\ 2 \\ 6 \end{pmatrix}\right| = 36$

73

11. a) R(2 | 10 | 10)

b) Zerlege das Viereck in zwei Dreiecke PSQ und RSQ

$$A = A_{PSQ} + A_{RSQ}$$
$$= \tfrac{1}{2}\left|\overrightarrow{PS} \times \overrightarrow{PQ}\right| + \tfrac{1}{2}\left|\overrightarrow{RS} \times \overrightarrow{RQ}\right|$$
$$= \tfrac{1}{2}\left|\begin{pmatrix}-5\\0\\5\end{pmatrix} \times \begin{pmatrix}0\\10\\-3\end{pmatrix}\right| + \tfrac{1}{2}\left|\begin{pmatrix}3\\-10\\0\end{pmatrix} \times \begin{pmatrix}8\\0\\-8\end{pmatrix}\right|$$
$$= \tfrac{1}{2}\left|\begin{pmatrix}-50\\-15\\-50\end{pmatrix}\right| + \tfrac{1}{2}\left|\begin{pmatrix}80\\24\\80\end{pmatrix}\right| = \tfrac{13}{2}\sqrt{209} = 93{,}97$$

c) Bei P: $\alpha_P = 101{,}723°$ Bei S: $\alpha_S = 101{,}723°$
Bei R: $\alpha_R = 78{,}277°$ Bei Q: $\alpha_Q = 78{,}277°$

12. a) Es gilt $E_t\colon \vec{x} = \begin{pmatrix}-1\\1\\-1\end{pmatrix} + r\begin{pmatrix}0\\1\\2t+2\end{pmatrix} + s\begin{pmatrix}6\\3t\\0\end{pmatrix}$

und $g_t\colon \vec{x} = \begin{pmatrix}7\\-11\\4\end{pmatrix} + r\begin{pmatrix}-3t(2+2t)\\6(2+2t)\\-6\end{pmatrix}$

g_t kann wegen der x_3-Koordinate -6 nur parallel zur x_3-Achse laufen. $2 + 2t = 0 \Leftrightarrow t = -1$.

b) $A = \tfrac{1}{2}\left|\overrightarrow{AB_{-1}} \times \overrightarrow{AC_{-1}}\right| = \tfrac{1}{2}\left|\begin{pmatrix}0\\0\\-6\end{pmatrix}\right| = 3$

1.5 Beweisen mithilfe von Vektoren

1.5.1 Beweisen mithilfe von Linearkombinationen

75

2. Es gilt $\overrightarrow{SM_b} = \left(-\overrightarrow{AB} + \tfrac{1}{2}\overrightarrow{AC}\right) \cdot k$ für ein $k \in \mathbb{R}$

und $\overrightarrow{M_bA} = -\tfrac{1}{2}\overrightarrow{AC}$

und $\overrightarrow{AS} = \left(\overrightarrow{AB} + \tfrac{1}{2}\overrightarrow{BC}\right) \cdot \ell$

$$= \left(\overrightarrow{AB} + \tfrac{1}{2}\left(-\overrightarrow{AB} + \overrightarrow{AC}\right)\right) \cdot \ell$$
$$= \tfrac{1}{2}\left(\overrightarrow{AB} + \overrightarrow{AC}\right) \cdot \ell;\ \text{für ein } \ell \in \mathbb{R}$$

75

2. Fortsetzung
Einsetzen in geschlossenen Vektorzug ergibt
$$\vec{O} = \ell \cdot \tfrac{1}{2}\left(\overrightarrow{AB} + \overrightarrow{AC}\right) + k \cdot \left(-\overrightarrow{AB} + \tfrac{1}{2}\overrightarrow{AC}\right) - \tfrac{1}{2}\overrightarrow{AC}$$
$$= \left(\tfrac{1}{2}\ell - k\right)\overrightarrow{AB} + \left(\tfrac{1}{2}\ell + \tfrac{1}{2}k - \tfrac{1}{2}\right)\overrightarrow{AC}.$$
Da $\overrightarrow{AB}$ kein Vielfaches von $\overrightarrow{AC}$ ist, müssen die Faktoren verschwinden.
$\Rightarrow \ell = 2k \Rightarrow k = \tfrac{1}{3};\ \ell = \tfrac{2}{3}$
Aus $\ell = \tfrac{2}{3}$ folgt, dass S die Strecke $\overline{AM_a}$ im Verhältnis 2 : 1 teilt.

3. $\overrightarrow{OS} = \overrightarrow{OA} + \overrightarrow{AS} = \overrightarrow{OA} + \tfrac{2}{3}\overrightarrow{AM_{BC}} = \overrightarrow{OA} + \tfrac{2}{3}\left(\tfrac{1}{2}\left(\overrightarrow{OB} + \overrightarrow{OC}\right) - \overrightarrow{OA}\right)$
$= \tfrac{1}{3}\left(\overrightarrow{OA} + \overrightarrow{OB} + \overrightarrow{OC}\right)$

76

4. Ist das Viereck ein Parallelogramm, dann spannen die Vektoren $\vec{a}$ und $\vec{b}$ das Viereck auf. Für den Schnittpunkt der Diagonalen gilt:
$r \cdot \left(\vec{a} + \vec{b}\right) = s \cdot \left(\vec{b} - \vec{a}\right) + \vec{a}$, also $r = s = \tfrac{1}{2}$.
Die Diagonalen halbieren sich.
Halbieren sich die Diagonalen so gilt für den Schnittpunkt:
$\tfrac{1}{2}\left(\vec{a} + \vec{b}\right) = \tfrac{1}{2}\left(\vec{d} + \vec{c}\right)$ und außerdem $\vec{a} + \tfrac{1}{2}\left(\vec{b} - \vec{a}\right) = \vec{a} + \tfrac{1}{2}\left(\vec{d} - \vec{c}\right)$ und somit
$\vec{a} = \vec{c}$ und $\vec{b} = \vec{d}$.

5. a) Sei $\overrightarrow{AB} = \vec{a}$, $\overrightarrow{BC} = \vec{b}$, $\overrightarrow{AC} = \vec{d}$, $\overrightarrow{VW} = \vec{m}$.
Im Viereck AVWC: $\tfrac{1}{2}\vec{a} + \vec{m} + \tfrac{1}{2}\vec{b} = \vec{d}$
Im Dreieck VBW: $\tfrac{1}{2}\vec{a} + \tfrac{1}{2}\vec{b} = \vec{m}$
$\Rightarrow \vec{m} + \vec{m} = \vec{d} \Rightarrow 2\vec{m} = \vec{d} \Rightarrow \vec{m} \parallel \vec{d}$ oder $\overrightarrow{VW} \parallel \overrightarrow{AC}$
Analog ist $\overrightarrow{UX} \parallel \overrightarrow{AC}$ und $\overrightarrow{UV} \parallel \overrightarrow{BD}$ und $\overrightarrow{WX} \parallel \overrightarrow{BD}$.
Daraus folgt $\overrightarrow{VW} \parallel \overrightarrow{UX}$ und $\overrightarrow{VU} \parallel \overrightarrow{WX}$
$\Rightarrow$ UVWX bilden ein Parallelogramm.

b) $S \in VX \cap UW$, also $\overrightarrow{OS} = \overrightarrow{OV} + r \cdot \left(\overrightarrow{OX} - \overrightarrow{OV}\right)$
und $\overrightarrow{OS} = \overrightarrow{OU} + s \cdot \left(\overrightarrow{OW} - \overrightarrow{OU}\right)$,
$\overrightarrow{OS} = \tfrac{1}{2}\left(\overrightarrow{OA} + \overrightarrow{OB}\right) + r \cdot \left(\tfrac{1}{2}\left(\overrightarrow{OC} + \overrightarrow{OD}\right) - \tfrac{1}{2}\left(\overrightarrow{OA} + \overrightarrow{OB}\right)\right)$
$\overrightarrow{OS} = \tfrac{1}{2}\left(\overrightarrow{OA} + \overrightarrow{OD}\right) + s \cdot \left(\tfrac{1}{2}\left(\overrightarrow{OB} + \overrightarrow{OC}\right) - \tfrac{1}{2}\left(\overrightarrow{OA} + \overrightarrow{OD}\right)\right)$
Koeffizientenvergleich ergibt: $r = s$ und $\tfrac{1}{2} - \tfrac{r}{2} = \tfrac{s}{2}$, also $r = s = \tfrac{1}{2}$.

76

6. Der Schwerpunkt teilt die Seitenhalbierenden im Verhältnis 2 : 1.

$\overrightarrow{SA} = -\frac{2}{3}\left(\overrightarrow{AB} + \frac{1}{2}\overrightarrow{BC}\right)$; $\overrightarrow{SB} = -\frac{2}{3}\left(\overrightarrow{BC} + \frac{1}{2}\overrightarrow{CA}\right)$; $\overrightarrow{SC} = -\frac{2}{3}\left(\overrightarrow{CA} + \frac{1}{2}\overrightarrow{AB}\right)$

Addieren ergibt

$\overrightarrow{SA} + \overrightarrow{SB} + \overrightarrow{SC} = -\overrightarrow{AB} - \overrightarrow{BC} - \overrightarrow{CA} = -\left(\overrightarrow{AB} + \overrightarrow{BC}\right) - \overrightarrow{CA} = -\overrightarrow{AC} - \overrightarrow{CA} = \vec{0}$.

7. a) Dann gilt: $\overrightarrow{AE} = \vec{a} + \frac{1}{2}\vec{d}$, $\overrightarrow{AF} = \vec{d} + \frac{1}{2}\vec{a}$, also

$\vec{o} = \overrightarrow{AS_1} + \overrightarrow{S_1B} + \overrightarrow{BA} = r \cdot \left(\vec{a} + \frac{1}{2}\vec{d}\right) + s \cdot \left(\vec{d} + \frac{1}{2}\vec{a}\right) - \vec{a}$.

Man erhält die Gleichungen: $\frac{r}{2} - s = 0$ und

$r + s - 1 = 0$. Damit gilt $r = \frac{2}{3}$, $s = \frac{1}{3}$.

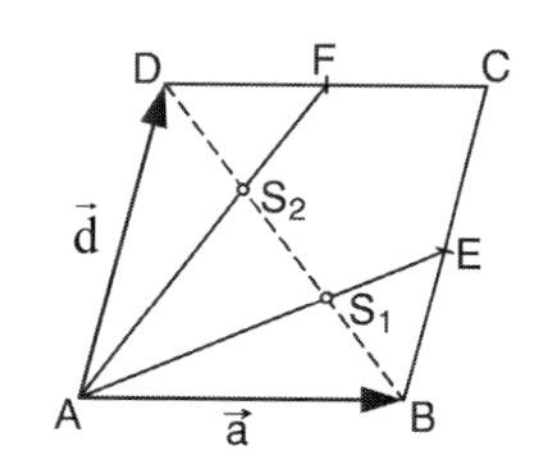

b) Elementargeometrische Beweisführung:

Das Dreieck ADS_1 ist ähnlich zum Dreieck BS_1E (gleiche Winkel).

Da die Strecke $\overline{BE}$ halb so lang ist wie $\overline{AD}$, ist auch $\overline{BS_1}$ halb so lang wie $\overline{DS_1}$ (Strahlensatz). Demnach teilt S_1 die Diagonale $\overline{BD}$ im Verhältnis 2 : 1.

Analoge Überlegung für die Dreiecke ADS_2 und ABS_2 führt darauf, dass S_2 die Diagonale auch im Verhältnis 2 : 1 teilt.

D. h. die Strecken $\overline{DS_2} = \overline{S_2S_1} = \overline{S_1B}$ sind gleich.

Der vektorielle Beweis ist strukturierter und auch kürzer.

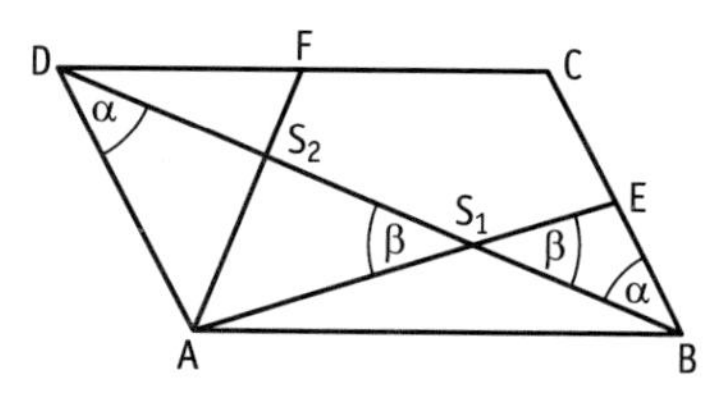

8. a) Wähle ein Koordinatensystem mit Ursprung in einer Ecke.

Erste Diagonale: d_1: $\vec{x} = \left(\vec{a} + \vec{b} + \vec{c}\right) \cdot s$

Zweite Diagonale: d_2: $\vec{x} = \left(-\vec{b} + \vec{a} + \vec{c}\right) \cdot t + \vec{b}$

Gleichsetzen liefert: $(s - t)\vec{a} + (s + t - 1)\vec{b} + (s - t)\vec{c} = 0$

$\Rightarrow s = t$ und $s = \frac{1}{2}$

Die Diagonalen schneiden sich, da kein Widerspruch auftritt.

76

8. b) Ebene: $\vec{x} = \frac{\vec{a}}{2} + s\left(\frac{\vec{b}}{2} - \frac{\vec{a}}{2}\right) + t\left(\frac{\vec{c}}{2} - \frac{\vec{a}}{2}\right)$

Schnitt mit d_1 aus a) liefert

$\vec{a}\left(\frac{1}{2} - \frac{s}{2} - \frac{t}{2} - r\right) + \vec{b}\left(\frac{s}{2} - r\right) + \vec{c}\left(\frac{t}{2} - r\right) = 0$

$\Rightarrow s = 2r$ und $t = 2r$ und $r = \frac{1}{6}$

Der Schnittpunkt liegt bei $\frac{1}{6}(\vec{a} + \vec{b} + \vec{c})$, d. h. die Ebene teilt die Strecke im Verhältnis 5 : 1.

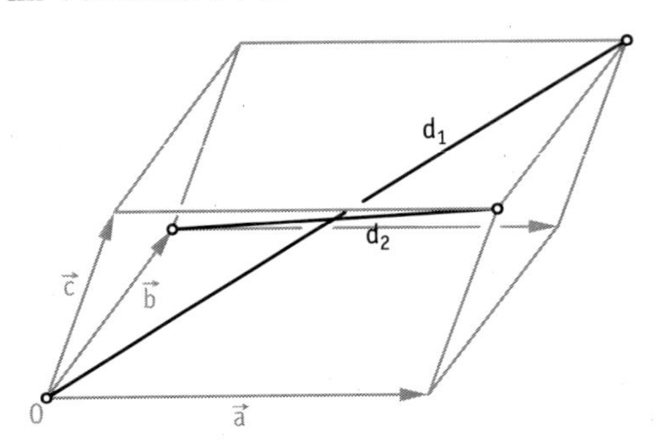

9. Sei M der Mittelpunkt der Strecke $\overline{DA}$, dann ist das Dreieck MBC ein gleichseitiges, da das Sechseck regelmäßig ist. D. h. $\overrightarrow{AD} = 2\overrightarrow{BC}$.
Es gilt $\overrightarrow{DS} = k \cdot \overrightarrow{DB}$ und $\overrightarrow{SA} = \ell \cdot \overrightarrow{CA}$.
Weiterhin:
$\overrightarrow{DS} + \overrightarrow{SA} + \overrightarrow{AD} = 0 \Rightarrow k\overrightarrow{DB} + \ell\overrightarrow{CA} + \overrightarrow{AD} = 0$
$\Rightarrow k(\overrightarrow{DC} + \overrightarrow{CB}) + \ell(\overrightarrow{CD} + \overrightarrow{DA}) + \overrightarrow{AD} = 0$
$\Rightarrow k(-\overrightarrow{CD} - \overrightarrow{BC}) + \ell(\overrightarrow{CD} - 2\overrightarrow{BC}) + 2\overrightarrow{BC} = 0$
$\Rightarrow (-k + \ell)\overrightarrow{CD} + (-k - 2\ell + 2)\overrightarrow{BC} = 0$
$\Rightarrow k = \ell$ und $3k = 2$, d. h. $\overrightarrow{DS} = \frac{2}{3}\overrightarrow{DB}$; $\overrightarrow{SA} = \frac{2}{3}\overrightarrow{CA}$
S teilt die Strecken im Verhältnis 2 : 1.

10. Die Geraden EG bzw. FH sind die Diagonalen im entstandenen Viereck. Sie schneiden sich in M. Da der Abstand von M zu je zwei gegenüberliegenden Seiten gleich groß ist, halbiert M die Diagonalen. Nach Aufgabe 3 Seite 332 ist das Viereck dann ein Parallelogramm.

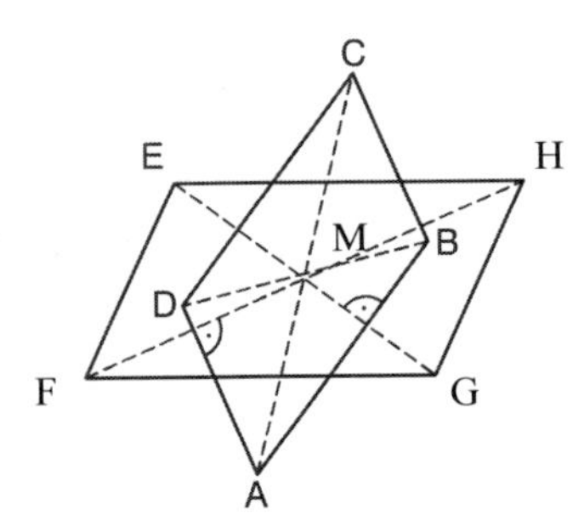

77

11. Setzt man A = 0 und $\overrightarrow{AB} = \vec{c}$, $\overrightarrow{AC} = \vec{b}$, so gilt: $\overrightarrow{OP_1} = \vec{c} + n \cdot \left(\vec{b} - \vec{c}\right)$, also

$\overrightarrow{OP_2} = n \cdot \vec{c} = \left(\vec{c} + n \cdot \left(\vec{b} - \vec{c}\right)\right) - 0 \cdot \vec{b}$.

Koeffizientenvergleich ergibt: n = 0, m = 1 – n.

$\overrightarrow{OP_3} = p \cdot \vec{b} = \left(m \cdot \vec{c}\right) + q \cdot \left(\vec{b} - \vec{c}\right)$, also p = q und q = m = 1 – n

$\overrightarrow{OP_4} = \vec{c} + r\left(\vec{b} - \vec{c}\right) = (1-n) \cdot \vec{b} + s \cdot \vec{c}$ also r = 1 – n, s = n

$\overrightarrow{OP_5} = t \cdot c = \left((1-n)\vec{b} + n \cdot \vec{c}\right) - u \cdot \vec{b}$, also t = n, u = 1 – n

$\overrightarrow{OP_6} = v \cdot \vec{b} = n \cdot \vec{c} + w \cdot \left(\vec{b} - \vec{c}\right)$, also w = n, v = n

Ist P_7 der Schnittpunkt der Parallelen durch P_6 zu AB so gilt:

$\overrightarrow{OP_7} = n \cdot \vec{b} + x \cdot \vec{c} = \vec{c} + y\left(\vec{b} - \vec{c}\right)$, also y = n und damit $P_7 = P_1$.

12. a) Liegt X auf MC, so gilt: $\overrightarrow{OX} = \vec{c} + r \cdot \left(\frac{1}{2}\left(\vec{a} + \vec{b}\right) - \vec{c}\right)$;

liegt X auf ES, so gilt: $\overrightarrow{OX} = \frac{1}{2} \cdot \vec{b} + s \cdot \left(\frac{1}{3}\left(2\vec{a} + \vec{b} + \vec{c}\right) - \frac{1}{2}\vec{b}\right)$.

Durch Koeffizientenvergleich erhält man das Gleichungssystem:

$1 - \frac{r}{2} = \frac{s}{3}$

$\frac{r}{2} = \frac{1}{2} - \frac{s}{6}$

$\frac{r}{2} = \frac{2}{3}s$

mit der Lösung $r = \frac{4}{5}$, $s = \frac{3}{5}$.

Die Geraden schneiden sich also.

b) $\overrightarrow{ET} = \frac{3}{5}\overrightarrow{ES} = \frac{3}{5}\left(\overrightarrow{ET} + \overrightarrow{TS}\right)$, also $\left(1 - \frac{3}{5}\right) \cdot \overrightarrow{ET} = \frac{3}{5} \cdot \overrightarrow{TS}$ und damit $u = \frac{3}{2}$

$\overrightarrow{CT} = \frac{4}{5}\overrightarrow{CM} = \frac{4}{5}\left(\overrightarrow{CT} + \overrightarrow{TM}\right)$, also $\frac{1}{5}\overrightarrow{CT} = \frac{4}{5} \cdot \overrightarrow{TM}$, $\overrightarrow{CT} = 4\overrightarrow{TM}$, $v = \frac{1}{4}$

13. a) Es gilt $S \in Q_1S_1 \cap Q_2S_2$

$S \in Q_1S_1$: $\overrightarrow{OS} = \overrightarrow{OQ_1} + r\left(\frac{1}{3}\left(\overrightarrow{OQ_2} + \overrightarrow{OQ_3} + \overrightarrow{OQ_4}\right) - \overrightarrow{OQ_1}\right)$

$S \in Q_2S_2$: $\overrightarrow{OS} = \overrightarrow{OQ_2} + s\left(\frac{1}{3}\left(\overrightarrow{OQ_1} + \overrightarrow{OQ_3} + \overrightarrow{OQ_4}\right) - \overrightarrow{OQ_2}\right)$

Koeffizientenvergleich ergibt $1 - r = \frac{s}{3}$ und $\frac{r}{3} = \frac{s}{3}$, also s = r, $1 - r = \frac{s}{3}$

und somit $r = s = \frac{3}{4}$.

Aus Symmetriegründen gilt dies auch für Q_3S_3 und Q_4S_4 mit Q_1S_1.

Die Geraden schneiden sich in einem Punkt.

b) $\overrightarrow{Q_1S} = \frac{3}{4}\overrightarrow{Q_1S_1}$, also ist $\overrightarrow{SS_1} = \frac{1}{4}\overrightarrow{Q_1S_1}$

Aus Symmetriegründen ist $r_1 = r_2 = r_3 = r_4 = \frac{1}{4}$.

77 **13. c)** $r = \frac{3}{4}$ in a) einsetzen gibt

$$\overrightarrow{OS} = \overrightarrow{OQ_1} + \frac{3}{4}\left(\frac{1}{3}\left(\overrightarrow{OQ_2} + \overrightarrow{OQ_3} + \overrightarrow{OQ_4}\right) - \overrightarrow{OQ_1}\right)$$
$$= \frac{1}{4}\left(\overrightarrow{OQ_1} + \overrightarrow{OQ_2} + \overrightarrow{OQ_3} + \overrightarrow{OQ_4}\right)$$

14. Nach Voraussetzung gilt: $\overrightarrow{AC'} = \frac{x}{x+1}\overrightarrow{AB}$, $\overrightarrow{C'B} = \frac{1}{x+1}\overrightarrow{AB}$, $\overrightarrow{BA'} = \frac{y}{y+1}\overrightarrow{BC}$,

$\overrightarrow{A'C} = \frac{1}{y+1}\overrightarrow{BC}$ und $\overrightarrow{CB'} = \frac{z}{z+1}\overrightarrow{CA}$, $\overrightarrow{B'A} = \frac{1}{z+1}\overrightarrow{CA}$.

Wegen $\overrightarrow{AC'} = \overrightarrow{AB'} + s \cdot \left(\overrightarrow{A'C} + \overrightarrow{CB'}\right)$ gilt:

$\frac{x}{x+1}\overrightarrow{AB} = -\frac{1}{z+1}\overrightarrow{CA} + s \cdot \left(\frac{1}{y+1}\overrightarrow{BC} + \frac{z}{z+1}\overrightarrow{CA}\right)$, also

$\overrightarrow{AB} = 1 \cdot \overrightarrow{AC} - 1 \cdot \overrightarrow{BC} = \frac{x+1}{x} \cdot \left[-\frac{1}{z+1}\overrightarrow{CA} + s\left(\frac{1}{y+1}\overrightarrow{BC} + \frac{z}{z+1}\overrightarrow{CA}\right)\right]$.

Koeffizientenvergleich ergibt die Gleichungen:

$-1 = \frac{x+1}{x} \cdot s \cdot \frac{1}{y+1}$, also $s = \frac{-x(y+1)}{x+1}$

$1 = \frac{x+1}{x} \cdot \left(\frac{1}{z+1} + \frac{x(y+1)}{x+1} \cdot \frac{z}{z+1}\right)$.

Hieraus folgt: $xyz = -1$.

15. I $\quad x \cdot \overrightarrow{AZ} = \overrightarrow{AB} + \overrightarrow{BU} \Rightarrow \overrightarrow{AZ} = \frac{1}{x(1+u)}\overrightarrow{AB} + \frac{u}{x(1+u)}\overrightarrow{AC}$

II $\quad \overrightarrow{AZ} - \overrightarrow{AB} \parallel \overrightarrow{AV} - \overrightarrow{AB} = \frac{1}{1+v}\overrightarrow{AC} - \overrightarrow{AB}$

III $\quad \overrightarrow{AZ} - \overrightarrow{AC} \parallel \overrightarrow{AW} - \overrightarrow{AC} = \frac{w}{1+w}\overrightarrow{AB} - \overrightarrow{AC}$

Koeffizientenvergleich ergibt die Behauptung analog zu Aufgabe 14.

1.5.2 Beweisen mithilfe des Skalarproduktes

78 **2.** Zu zeigen ist $\vec{e} \cdot \vec{f} = 0$, also $(\vec{b} + \vec{a}) \cdot (\vec{c} - \vec{b}) = 0$

Voraussetzungen: $|\overrightarrow{AD}| = |\vec{c}|$ und $|\vec{a}| = |\vec{b}|$

$\overrightarrow{AD} = \vec{a} + \vec{b} - \vec{c}$

$\Rightarrow \vec{c} \cdot \vec{c} = (\vec{a} + \vec{b} - \vec{c})(\vec{a} + \vec{b} - \vec{c})$

$\Rightarrow \vec{c} \cdot \vec{c} = \vec{a}\vec{a} + \vec{a}\vec{b} - \vec{a}\vec{c} + \vec{b}\vec{a} + \vec{b}\vec{b} - \vec{b}\vec{c} - \vec{c}\vec{a} - \vec{c}\vec{b} + \vec{c}\vec{c}$

$\Rightarrow 0 = 2\vec{b}\vec{b} + 2\vec{a}\vec{a} - 2\vec{a}\vec{c} - 2\vec{b}\vec{c}$

$\Rightarrow 0 = -(\vec{b} + \vec{a})(\vec{c} - \vec{b})$

79

4. Es gilt: $A_{ABC} = A_{ABP} + A_{BCP} + A_{CAP}$

$$\tfrac{1}{2}\left|\overrightarrow{AB}\right| \cdot \left|\overrightarrow{AC}\right| \cdot \sin(\alpha) = \tfrac{1}{2}\left(\left|\overrightarrow{AB}\right| \cdot \text{Abst}(c,P) + \left|\overrightarrow{BC}\right| \cdot \text{Abst}(a,P) + \left|\overrightarrow{AC}\right| \cdot \text{Abst}(b,P)\right)$$

ABC gleichseitig $\Rightarrow A_{ABC} = \tfrac{1}{2}\left|\overrightarrow{AB}\right|^2 \cdot \sin(60°) = \tfrac{1}{2}\left|\overrightarrow{AB}\right|(\text{Abst}(a;P)$
$+\text{Abst}(b;P) + \text{Abst}(c;P)$,

also $\tfrac{1}{2}\sqrt{3} \cdot \left|\overrightarrow{AB}\right| = \text{Abst}(a;P) + \text{Abst}(b;P) + \text{Abst}(c;P)$.

5. geometrisch
Ist das Parallelogramm ein Rechteck, dann sind die Dreiecke ABC und BAD kongruent (Kongruenzsatz SWS), und somit die Diagonalen gleich lang.
Sind die Diagonalen gleich lang, dann sind die Dreiecke ABC und BAD kongruent (Kongruenzsatz SSS) und somit die Winkel $\sphericalangle$ ABC und $\sphericalangle$ BAD gleich groß, d.h. $\alpha + \beta = \gamma$.
Da im Dreieck ABC $\alpha + \beta + \gamma = 180°$ gilt, folgt $\gamma = 90°$ und $\alpha + \beta = 90°$.
mit Vektoren:

$$\left|\overrightarrow{AC}\right| = \left|\overrightarrow{BD}\right| \Leftrightarrow \overrightarrow{AC}^2 = \overrightarrow{BD}^2 \Leftrightarrow \left(\vec{a} + \vec{b}\right)^2 = \left(-\vec{a} + \vec{b}\right)^2$$

$$\Leftrightarrow \vec{a}^2 + 2\vec{a} * \vec{b} + \vec{b}^2 = \vec{a}^2 - 2\vec{a} * \vec{b} + \vec{b}^2 \Leftrightarrow 4\vec{a} + \vec{b} = 0 \Leftrightarrow \vec{a} \perp \vec{b}$$

6. $\left|\overrightarrow{AC}\right|^2 + \left|\overrightarrow{BD}\right|^2 = \left(\vec{a} + \vec{b}\right)^2 + \left(-\vec{a} + \vec{b}\right)^2$

$= \vec{a}^2 + 2\vec{a} * \vec{b} + \vec{b}^2 + \vec{a}^2 - 2\vec{a} * \vec{b} + \vec{b}^2$

$= 2\left|\vec{a}\right|^2 + 2\left|\vec{b}\right|^2 = \left|\overrightarrow{AB}\right|^2 + \left|\overrightarrow{BC}\right|^2 + \left|\overrightarrow{CD}\right|^2 + \left|\overrightarrow{DA}\right|^2$

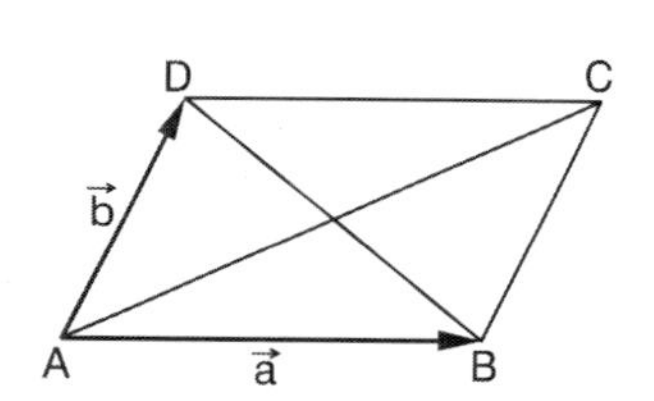

7. $\left|\overrightarrow{AG}\right|^2 + \left|\overrightarrow{BH}\right|^2 + \left|\overrightarrow{DF}\right|^2 + \left|\overrightarrow{EC}\right|^2$

$= \left(\vec{a} + \vec{b} + \vec{c}\right)^2 + \left(-\vec{a} + \vec{b} + \vec{c}\right)^2 + \left(\vec{a} - \vec{b} + \vec{c}\right)^2 + \left(\vec{a} + \vec{b} - \vec{c}\right)^2$

$= \vec{a}^2 + \vec{b}^2 + \vec{c}^2 + 2\vec{a} * \vec{b} + 2\vec{a} * \vec{c} + 2\vec{b} * \vec{c}$

$+\vec{a}^2 + \vec{b}^2 + \vec{c}^2 - 2\vec{a} * \vec{b} - 2\vec{a} * \vec{c} + 2\vec{b} * \vec{c}$

$+\vec{a}^2 + \vec{b}^2 + \vec{c}^2 - 2\vec{a} * \vec{b} + 2\vec{a} * \vec{c} - 2\vec{b} * \vec{c}$

... $\vec{a}^2 + \vec{b}^2 + \vec{c}^2 + 2\vec{a} * \vec{b} - 2\vec{a} * \vec{c} - 2\vec{b} * \vec{c}$

$= 4\left|\vec{a}\right|^2 + 4\left|\vec{b}\right|^2 + 4\left|\vec{c}\right|^2$

$= \left|\overrightarrow{AB}\right|^2 + \left|\overrightarrow{DC}\right|^2 + \left|\overrightarrow{EF}\right|^2 + \left|\overrightarrow{HG}\right|^2 + \left|\overrightarrow{AD}\right|^2 +$

$\left|\overrightarrow{BC}\right|^2 + \left|\overrightarrow{EH}\right|^2 + \left|\overrightarrow{FG}\right|^2 + \left|\overrightarrow{AE}\right|^2 + \left|\overrightarrow{BF}\right|^2 + \left|\overrightarrow{CG}\right|^2 + \left|\overrightarrow{DH}\right|^2$

79

8. Da in der Rechnung zu 7. jeweils nur das Quadrat der Vektoren auftritt, kann man dieses Quadrat durch das Quadrat der Seitenlängen ersetzen. Es gehen also nur die Seitenlängen, nicht aber die Winkel ein.

9. $\vec{0} = \vec{a} * \vec{b} = (\vec{h} + \vec{p}) * (\vec{h} - \vec{q})$

$= \vec{h}^2 + \vec{p} * \vec{h} - \vec{h} * \vec{q} - \vec{p} * \vec{q}$

$= |\vec{h}|^2 - \vec{p} * \vec{q} = |\vec{h}|^2 - |\vec{p}| \cdot |\vec{q}|$

Es folgt: $|\vec{h}|^2 = |\vec{p}| \cdot |\vec{a}|$

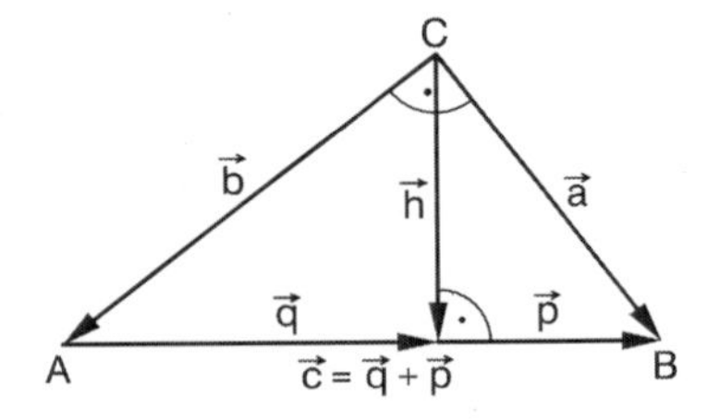

10. M sei der Mittelpunkt der Strecke $\overline{AB}$.

$\vec{a} * \vec{b} = (\vec{s} + \vec{v}) * (\vec{s} - \vec{v})$

$= \vec{s}^2 - \vec{v}^2 = |\vec{s}|^2 - |\vec{v}|^2$

$\vec{a} * \vec{b} = 0 \Leftrightarrow |\vec{s}|^2 - |\vec{v}|^2 = 0 \Leftrightarrow |\vec{s}| = |\vec{v}|$

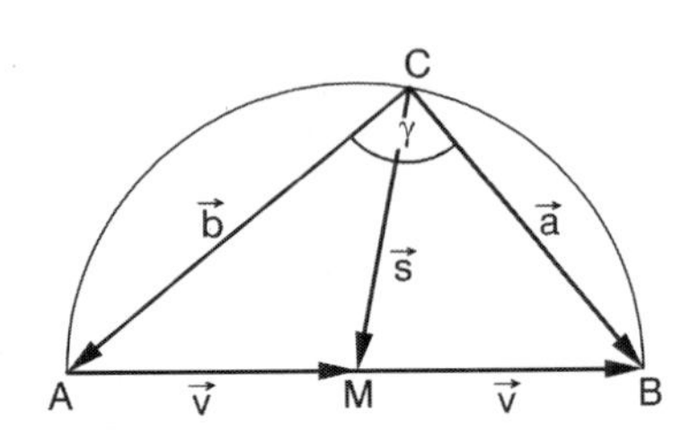

80

11. a) Die Höhen von A auf BC und von B auf AC schneiden sich im Punkt M. Zu zeigen bleibt $\vec{w} * \vec{c} = 0$.

$\vec{w} * \vec{c} = \vec{w} * (\vec{u} - \vec{v}) = \vec{w} * \vec{u} - \vec{w} * \vec{v}$

$= (\vec{a} + \vec{v}) * \vec{u} - (\vec{b} + \vec{u}) * \vec{v}$

$= \vec{a} * \vec{u} + \vec{v} * \vec{u} - \vec{b} * \vec{v} - \vec{u} * \vec{v}$

$= \vec{v} * \vec{u} - \vec{u} * \vec{v} = 0$

b) Die Mittelsenkrechten der Seiten $\overline{AC}$ und $\overline{BC}$ schneiden sich im Punkt M.

Zu zeigen bleibt $\vec{w} * \vec{c} = 0$.

$\vec{w} * \vec{c} = \left(\frac{1}{2}\vec{c} - \frac{1}{2}\vec{a} + \vec{u}\right) * \vec{c}$

$= \left(-\frac{1}{2}(\vec{a} - \vec{c}) + \vec{u}\right) * \vec{c}$

$= \left(-\frac{1}{2}\vec{b} + \vec{u}\right) * \left(-\vec{b} + \vec{a}\right)$

$= \frac{1}{2}\vec{b}^2 - \frac{1}{2}\vec{a} * \vec{b} - \vec{u} * \vec{b}$

$= -\left(-\frac{1}{2}\vec{b} + \frac{1}{2}\vec{a} + \vec{u}\right) * \vec{b} = -\vec{v} * \vec{b} = 0$

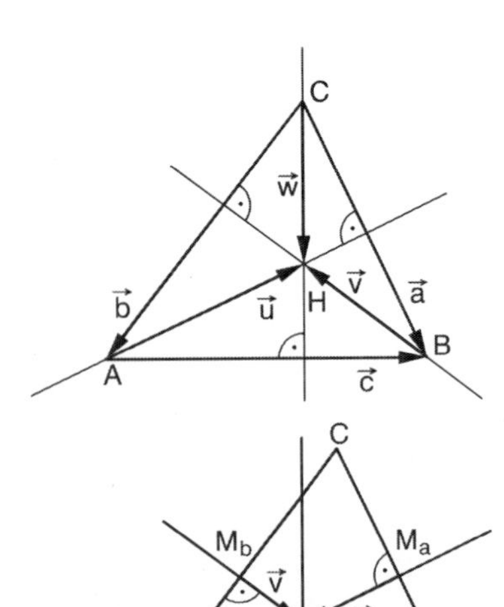

80

12. $\overline{AB}$ sei die Seite, von der der Abstand des Schnittpunktes M der Mittelsenkrechten betrachtet wird.

$\vec{v} = \frac{\overrightarrow{M_bM}}{|\overrightarrow{M_bM}|} = \frac{\overrightarrow{F_bH}}{|\overrightarrow{F_bH}|}$ und $\vec{w} = \frac{\overrightarrow{M_cM}}{|\overrightarrow{M_cM}|} = \frac{\overrightarrow{F_cH}}{|\overrightarrow{F_cH}|}$

sind die zu den Seiten $\overline{AC}$ bzw. $\overline{AB}$ orthogonalen Vektoren mit Betrag 1.

Ferner seien $\overrightarrow{M_cM} = \lambda \cdot \vec{w}$, $\overrightarrow{M_bM} = \mu \cdot \vec{v}$,

$\overrightarrow{CH} = \nu \cdot \vec{w}$ und $\overrightarrow{BH} = \varphi \cdot \vec{v}$.

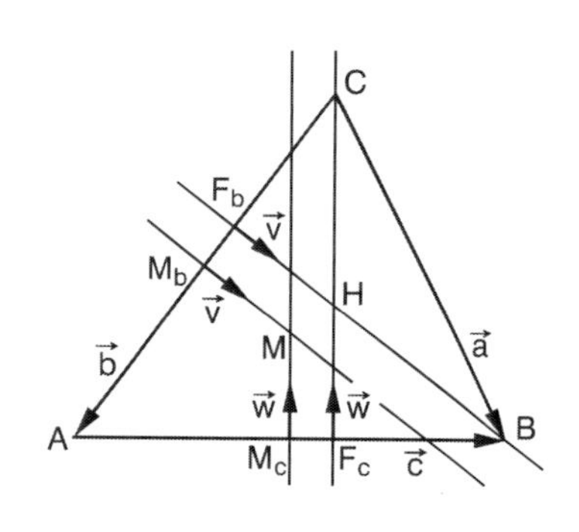

$$\overrightarrow{AM} = \overrightarrow{AM_c} + \overrightarrow{M_cM} = \overrightarrow{AM_b} + \overrightarrow{M_bM}$$

$$\tfrac{1}{2}\vec{c} + \lambda \cdot \vec{w} = -\tfrac{1}{2}\vec{b} + \mu \cdot \vec{v}$$

$$\left(\tfrac{1}{2}\vec{c} + \lambda \cdot \vec{w}\right) * \vec{b} = \left(-\tfrac{1}{2}\vec{b} + \mu \cdot \vec{v}\right) * \vec{b}$$

$$\tfrac{1}{2}\vec{c} * \vec{b} + \lambda \cdot \vec{w} * \vec{b} = -\tfrac{1}{2}\vec{b}^2 \quad \Rightarrow \lambda = -\frac{1}{2}\frac{\vec{b}^2 + \vec{c} * \vec{b}}{\vec{w} * \vec{b}} = -\frac{1}{2}\frac{\vec{a} * \vec{b}}{\vec{w} + \vec{b}}$$

$$\overrightarrow{AH} = \overrightarrow{AC} + \overrightarrow{CH} = \overrightarrow{AB} + \overrightarrow{BH}$$

$$-\vec{b} + \nu \cdot \vec{w} = \vec{c} + \varphi \cdot \vec{v}$$

$$\left(-\vec{b} + \nu \cdot \vec{w}\right) * \vec{b} = \left(\vec{c} + \varphi \cdot \vec{v}\right) * \vec{b}$$

$$-\vec{b}^2 + \nu \cdot \vec{w} * \vec{b} = \vec{c} * \vec{b} \quad \Rightarrow \nu = \frac{\vec{b}^2 + \vec{c} * \vec{b}}{\vec{w} * \vec{b}} = \frac{\vec{a} * \vec{b}}{\vec{w} * \vec{b}}$$

$$\left|\overrightarrow{M_cM}\right| = \left|\lambda \cdot \vec{w}\right| = |\lambda| = \tfrac{1}{2}\left|\nu \cdot \vec{w}\right| = \tfrac{1}{2}\left|\overrightarrow{CH}\right|$$

13. D sei Schnittpunkt der Transversale durch A mit der Seite $\overline{BC}$, E und F seien die Fußpunkte der Lote von B und C auf die Transversale.

Wegen $0 = \overrightarrow{AD} * \overrightarrow{CF} = \left(-\overrightarrow{CA} + \overrightarrow{CD}\right) * \overrightarrow{CF}$

gilt: $\overrightarrow{CA} * \overrightarrow{CF} = \overrightarrow{CD} * \overrightarrow{CF}$

$$\left|\overrightarrow{CA}\right|\left|\overrightarrow{CF}\right|\cos(\gamma_1) = \left|\overrightarrow{CD}\right|\left|\overrightarrow{CF}\right|\cos(\gamma_2)$$

$$\left|\overrightarrow{CA}\right|\sin(90° - \gamma_1) = \left|\overrightarrow{CD}\right|\sin(90° - \gamma_2) \qquad \left|\overrightarrow{CA}\right|\sin(\alpha_1) = \left|\overrightarrow{CD}\right|\sin(\delta)$$

Wegen $0 = \overrightarrow{AD} * \overrightarrow{BE} = \left(-\overrightarrow{BA} + \overrightarrow{BD}\right) * \overrightarrow{BE}$ gilt: $\overrightarrow{BA} * \overrightarrow{BE} = \overrightarrow{BD} * \overrightarrow{BE}$

$$\left|\overrightarrow{BA}\right|\left|\overrightarrow{BE}\right|\cos(\beta_2) = \left|\overrightarrow{BD}\right|\left|\overrightarrow{BE}\right|\cos(\beta_1)$$

$$\left|\overrightarrow{BA}\right|\sin(90° - \beta_2) = \left|\overrightarrow{BD}\right|\sin(90° - \beta_1)$$

$$\left|\overrightarrow{BA}\right|\sin(\alpha_2) = \left|\overrightarrow{BD}\right|\sin(\delta)$$

Es folgt: $\frac{|\overrightarrow{CA}|}{|\overrightarrow{BA}|}\frac{\sin(\alpha_1)}{\sin(\alpha_2)} = \frac{|\overrightarrow{CD}|}{|\overrightarrow{BD}|}$ $\qquad \alpha_1 = \alpha_2 \Leftrightarrow \sin(\alpha_1) = \sin(\alpha_2) \Leftrightarrow \frac{|\overrightarrow{CA}|}{|\overrightarrow{BA}|} = \frac{|\overrightarrow{CD}|}{|\overrightarrow{BD}|}$

80

14. Die Vektoren $\vec{d}$, $\vec{e}$ werden so gewählt, dass $|\vec{d}| = |\vec{a}|$; $\vec{d} \perp \vec{a}$ sowie $|\vec{c}| = |\vec{e}|$, $\vec{e} \perp \vec{c}$.

a) EFM_b ist rechtwinklig, denn

$$\overrightarrow{EM_b} * \overrightarrow{FM_b} = \left(\tfrac{1}{2}(\vec{a}+\vec{c}) - \tfrac{1}{2}(\vec{c}+\vec{e})\right) * \left(\tfrac{1}{2}(\vec{a}+\vec{c}) - \tfrac{1}{2}(\vec{a}+\vec{d})\right)$$
$$= \tfrac{1}{4}\left((\vec{a}-\vec{e}) * (\vec{c}-\vec{d})\right) = \tfrac{1}{4}\left(\vec{a} * \vec{c} - \vec{e} * \vec{c} - \vec{a} * \vec{d} + \vec{e} * \vec{d}\right)$$
$$= \tfrac{1}{4}\left(\vec{a} * \vec{c} + \vec{e} * \vec{d}\right).$$

$\vec{a} * \vec{c} = |\vec{a}| \cdot |\vec{c}| \cdot \cos(\beta)$, $\vec{e} * \vec{d} = |\vec{e}| \cdot |\vec{d}| \cos(180° - \beta) = -|\vec{a}| \cdot |\vec{c}| \cos(\beta)$

Also gilt: $\overrightarrow{FM_b} * \overrightarrow{EM_b} = \vec{a} * \vec{c} - \vec{a} * \vec{c} = 0$.

b) $\overrightarrow{EM_b}^2 = \frac{1}{4}(\vec{a}-\vec{e})^2 = \vec{a}^2 - 2\vec{a} * \vec{e} + \vec{e}^2$

$\overrightarrow{FM_b} = \frac{1}{4}(\vec{c}-\vec{d})^2 = \vec{c}^2 - 2\vec{c} * \vec{d} + \vec{d}^2$

Da $\sphericalangle(\vec{c}, \vec{d}) = \sphericalangle(\vec{a}, \vec{e}) = 90° + \beta$, gilt $\vec{a} * \vec{e} = \vec{c} * \vec{d}$.

Die Aussage gilt für beliebige Dreiecke ABC.

15. Wir betrachten ein beliebiges Dreieck ABC in der x_1-x_2-Ebene. Wir legen ein Koordinatensystem so, dass eine Dreiecksseite auf der x_1-Achse liegt und die Höhe zu dieser Seite auf der x_2-Achse. Damit erhält man z. B. folgende einfachen Koordinaten A (a | 0), B (b | 0) und C (0 | c) für ein beliebiges Dreieck.

(1) Wir bestimmen den Umkreismittelpunkt als Schnittpunkt der Mittelsenkrechten.

- *Mittelsenkrechte zu AC:*

$$\overrightarrow{AC} * \begin{pmatrix} x \\ y \end{pmatrix} = 0 \Rightarrow -a \cdot x + c \cdot y = 0 \Rightarrow \text{z. B.} \begin{pmatrix} x \\ y \end{pmatrix} = \begin{pmatrix} c \\ a \end{pmatrix}$$

Gleichung der Mittelsenkrechten zu AC:

$$\begin{pmatrix} \frac{a}{2} \\ \frac{c}{2} \end{pmatrix} + s \cdot \begin{pmatrix} c \\ a \end{pmatrix}$$

- *Mittelsenkrechte zu BC:*

$$\overrightarrow{BC} * \begin{pmatrix} x \\ y \end{pmatrix} = 0 \Rightarrow -b \cdot x + c \cdot y = 0 \Rightarrow \text{z. B.} \begin{pmatrix} x \\ y \end{pmatrix} = \begin{pmatrix} c \\ b \end{pmatrix}$$

Gleichung der Mittelsenkrechten zu BC:

$$\begin{pmatrix} \frac{b}{2} \\ \frac{c}{2} \end{pmatrix} + t \cdot \begin{pmatrix} c \\ b \end{pmatrix}$$

- *Schnittpunkt S der beiden Mittelsenkrechten*

$$\left| \begin{array}{l} \frac{a}{2} + s \cdot c = \frac{b}{2} + t \cdot c \\ \frac{c}{2} + s \cdot a = \frac{c}{2} + t \cdot b \end{array} \right| \Rightarrow \begin{array}{l} s = \frac{b}{2c} \\ t = \frac{a}{2c} \end{array} \Rightarrow S\left(\frac{a+b}{2} \middle| \frac{c^2+ab}{2}\right)$$

80

15. (2) Wir bestimmen den Höhenschnittpunkt H.

- *Gleichung der Höhengerade durch C*

$$s \cdot \begin{pmatrix} 0 \\ 1 \end{pmatrix}$$

- *Gleichung der Höhengerade durch B*

$$\begin{pmatrix} b \\ 0 \end{pmatrix} + t \cdot \begin{pmatrix} c \\ a \end{pmatrix}$$

- *Höhenschnittpunkt H*

$$\left| \begin{array}{r} b + t \cdot c = 0 \\ t \cdot a = s \end{array} \right| \Rightarrow \begin{array}{l} t = -\frac{b}{c} \\ s = -\frac{ab}{c} \end{array} \Rightarrow H\left(0 \middle| -\frac{ab}{c}\right)$$

(3) Wir spiegeln den Höhenschnittpunkt H an $\overline{AB}$ und erhalten H'.

$$H'\left(0 \middle| \frac{ab}{c}\right)$$

(4) Wir berechnen den Umkreisradius und vergleichen ihn mit der Länge von $\overline{SH'}$.

- *Radius*

$$\left|\overline{SC}\right| = \sqrt{\left(\frac{a+b}{2}\right)^2 + \left(\frac{ab-c^2}{2c}\right)^2} = r$$

- *Länge von $\overline{SH'}$*

$$\overline{SH'} = \sqrt{\left(\frac{a+b}{2}\right)^2 + \left(\frac{c^2-ab}{2c}\right)^2} = r$$

Beide Abstände sind gleich, also liegt H' auf dem Umkreis des Dreiecks.
Da wir jede beliebige Dreiecksseite auf die x_1-Achse legen können, genügt hier eine Spiegelung.

16.
$$\begin{aligned} V_{ABCD} &= V_{ABCP} + V_{ABDP} + V_{ACDP} + V_{BCDP} \\ &= \tfrac{1}{3} A_{ABC} \text{Abst}(P;\ E_{ABC}) + \tfrac{1}{3} A_{ABD} \text{Abst}(P;\ E_{ABD}) \\ &\quad + \tfrac{1}{3} A_{ACD} \text{Abst}(P;\ E_{ACD}) + \tfrac{1}{3} A_{BCD} \text{Abst}(P;\ E_{BCD}) \\ &= \tfrac{1}{3} \cdot A \cdot \big(\text{Abst}(P;\ E_{ABC}) + \text{Abst}(P;\ E_{ABD}) \\ &\quad + \text{Abst}(P;\ E_{ACD}) + \text{Abst}(P;\ E_{BCD})\big), \end{aligned}$$

wobei A das gemeinsame Maß der Flächeninhalte der Seitenflächen ist.

80

17. a) Ist $\vec{n}$ der normente Normalenvektor der Ebenen E_1, E_2, dann gilt:
$\overrightarrow{PP'} = 2a \cdot \vec{n}$, P' Spiegelpunkt von P bei Spiegelung an E_1,
$|a| = \text{Abst}(P;\ E_1)$, und $\overrightarrow{P'P''} = 2b \cdot \vec{n}$, P'' Spiegelpunkt von P' an E_2,
$|b| = \text{Abst}(P';\ E_2)$.
Fallunterscheidung:
$a \cdot b > 0$, dann liegt P' zwischen E_1, E_2 und es gilt
$\text{Abst}(E_1,\ E_2) = |a + b|$.
$\text{Abst}(P;\ P'') = 2|a + b|$
$a \cdot b < 0$: dann gilt:
$|a| = \text{Abst}(E_1,\ E_2) + |b|$ bzw. $|b| = \text{Abst}(E_1,\ E_2) + |a|$
also $\text{Abst}(P;\ P'') = 2\big||a| - |b|\big| = 2 \cdot \text{Abst}(E_1;\ E_2)$

b) Die Punkte P, P', P'' liegen in einer Ebene H, die orthogonal zur Schnittgeraden g der Ebenen E_1, E_2 ist.
$\{S\} = g \cap H$. Dann gilt: $\sphericalangle(P, S, P'') = 2 \cdot \sphericalangle(E_1,\ E_2)$.

18. $\vec{a}, \vec{b}, \vec{c}$ paarweise orthogonal
$\vec{d} = \vec{a} + \vec{b} + \vec{c}$.
Die Ebene E_{BDE} wird durch die Richtungsvektoren
$\vec{e}_1 = \vec{a} - \vec{b}$ und $\vec{e}_2 = \vec{b} - \vec{c}$
aufgespannt.

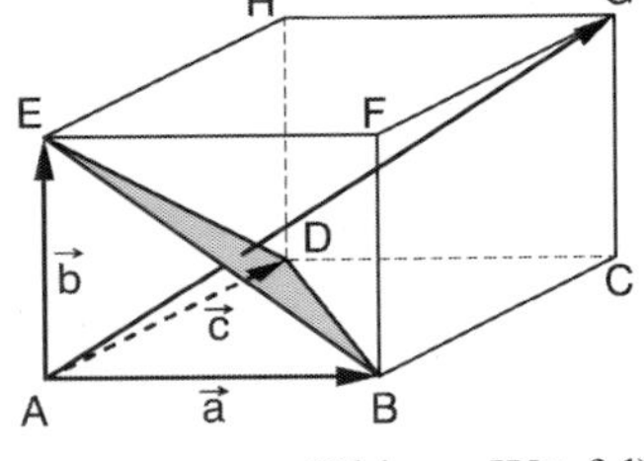

(Skizze: Würfel)

Dann: $\vec{d} * \vec{e}_1 = 0$ und $\vec{d} * \vec{e}_2 = 0$, falls

(1) $(\vec{a} + \vec{b} + \vec{c}) * (\vec{a} - \vec{b}) = \vec{a}^2 - \vec{a} * \vec{b} + \vec{a} * \vec{b} - \vec{b}^2 + \vec{c} * \vec{a} - \vec{c} * \vec{b} = 0$

(2) $(\vec{a} + \vec{b} + \vec{c}) * (\vec{b} - \vec{c}) = \vec{a} * \vec{b} - \vec{a} * \vec{c} - \vec{b} * \vec{c} + \vec{b} * \vec{c} + \vec{b}^2 - \vec{c}^2 = 0$

Da $\vec{a}, \vec{b}, \vec{c}$ paarweise orthogonal gilt (1) und (2) genau dann, wenn
$\vec{a}^2 = \vec{b}^2$ und $\vec{b}^2 = \vec{c}^2$, also $|\vec{a}| = |\vec{b}| = |\vec{c}|$.

19. $(\vec{a} + \vec{b} + \vec{c}) * (\vec{a} + \vec{b} - \vec{c}) = 0$ falls $(\vec{a} + \vec{b})^2 = \vec{c}^2$.

Da $\vec{a}$ orthogonal zu $\vec{b}$, gilt $(\vec{a} + \vec{b})^2 = \vec{a}^2 + \vec{b}^2$, also die Raumdiagonalen schneiden sich rechtwinklig, falls $|\vec{a}|^2 + |\vec{b}|^2 = |\vec{c}|^2$.

80

20. Die Vektoren $\vec{a}$, $\vec{b}$, $\vec{c}$ erzeugen eine Pyramide. Nach Voraussetzung soll gelten:

(1) $\vec{a}$ orthogonal zu $(\vec{b}-\vec{c})$ und (2) $\vec{b}$ orthogonal zu $(\vec{a}-\vec{c})$.

Aus (1) folgt $\vec{a}*\vec{b}=\vec{a}*\vec{c}$ und aus (2) $\vec{a}*\vec{b}=\vec{b}*\vec{c}$, also $\vec{c}*\vec{b}=\vec{c}*\vec{a}$ bzw. $\vec{c}*(\vec{b}-\vec{a})=0$.

21. (1) Es gilt: $h_{ABC} \cap h_{ACS} \cap h_{ABS} = \{H\}$, wobei

h_{ABS}: $\vec{x}=\overrightarrow{OC}+r\cdot\overrightarrow{h_1}$, $\overrightarrow{h_1}\perp\vec{a}, \vec{c}$

h_{ACS}: $\vec{x}=\overrightarrow{OB}+r\cdot\overrightarrow{h_2}$, $\overrightarrow{h_2}\perp\vec{b}, \vec{c}$

h_{ABC}: $\vec{x}=\overrightarrow{OS}+r\cdot\overrightarrow{h_3}$, $\overrightarrow{h_3}\perp\vec{a}, \vec{b}$

Dann gilt: $\overrightarrow{OH}=\overrightarrow{OC}+r\cdot\overrightarrow{h_1}=\overrightarrow{OB}+s\cdot\overrightarrow{h_2}$, also $\vec{a}-\vec{b}=r\cdot\overrightarrow{h_1}-s\cdot\overrightarrow{h_2}$.

Da $\overrightarrow{h_1}$ und $\overrightarrow{h_2}$ orthogonal zu $\vec{c}$, gilt $(r\cdot\overrightarrow{h_1}-s\cdot\overrightarrow{h_2})*\vec{c}=0$, also

$(\vec{a}-\vec{b})*\vec{c}=0$, $\vec{c}\perp\vec{a}-\vec{b}$. Ebenso zeigt man die Orthogonalität der übrigen Kanten.

(2) Der Tetraeder ABCS ist ein Orthotetraeder.
Für die Schnittpunkte je zweier Höhen gilt:

$h_{ABC}\cap h_{ABS}$: $\overrightarrow{OS}+r\cdot\vec{h}_{ABC}=\overrightarrow{OC}+s\cdot\vec{h}_{ABS}$.

Daraus folgt $\vec{c}-\vec{b}=s\cdot\vec{h}_{ABS}-r\cdot\vec{h}_{ABC}$. Skalarprodukt mit $\vec{b}$ bzw. $\vec{c}$ ergibt: $(\vec{c}-\vec{b})*\vec{b}=s\cdot\vec{h}_{ABS}*\vec{b}$ und $(\vec{c}-\vec{b})*\vec{c}=-r\cdot\vec{h}_{ABC}*\vec{c}$.

Betrachtet man nun den Schnittpunkt von h_{ABC} und h_{ACS}, so gilt:

$\overrightarrow{OS}+\tilde{r}\cdot\vec{h}_{ABC}=\overrightarrow{OB}+t\cdot\vec{h}_{ACS}$, oder $(\vec{c}-\vec{a})=t\cdot\vec{h}_{ACS}-\tilde{r}\cdot\vec{h}_{ABC}$.

Man erhält: $(\vec{c}-\vec{a})*\vec{c}=-\tilde{r}\cdot\vec{h}_{ABC}*\vec{c}$. Nach Voraussetzung

$\vec{c}*(\vec{a}-\vec{b})=0$, also $(\vec{c}-\vec{b})*\vec{c}=(\vec{c}-\vec{a})*\vec{c}$ und damit $r=\tilde{r}$, d. h.

die Höhen h_{ABS} und h_{ACS} schneiden die Höhe h_{ABC} in einem gemeinsamen Punkt.

22. **a)** Seien die Eckpunkte A, B, C, D. Alle Punkte, die von A und B gleich weit entfernt sind, liegen in einer Ebene E orthogonal zu $\overrightarrow{AB}$ durch den Mittelpunkt der Strecke $\overline{AB}$. Alle Punkte, die gleich weit entfernt von A, B, C sind, liegen auf einer Geraden durch den Schnittpunkt der Mittelsenkrechten des Dreiecks ABC orthogonal zur Dreiecksebene. Diese Gerade liegt in E genauso wie die entsprechende Gerade zu den Punkten A, B, D. Da die Geraden in derselben Ebene liegen und nicht parallel sind, schneiden sie sich. Dies ist der gesuchte Punkt (der nicht unbedingt im Tetraeder liegt).

b) Verbindet man alle Flächenmittelpunkte, ergibt sich erneut ein Tetraeder und das Ergebnis von a) kann angewandt werden.

1.6 Höherdimensionale Vektoren – Vektorräume

1.6.1 Rechnen mit Listen – n-dimensionale Vektoren

82

2. a) Hotel $\vec{H}=\begin{pmatrix}9\\8\\12\\15\\20\\18\end{pmatrix}$ $\vec{A}=\begin{pmatrix}1\\3\\2\\5\\3\\7\end{pmatrix}$ $\vec{B}=\begin{pmatrix}2\\1\\1\\4\\10\\10\end{pmatrix}$ $\vec{C}=\begin{pmatrix}5\\2\\4\\3\\1\\1\end{pmatrix}$

b) $\vec{A}+\vec{B}+\vec{C}=\begin{pmatrix}8\\6\\7\\12\\14\\18\end{pmatrix}$ $\vec{H}-\left(\vec{A}+\vec{B}+\vec{C}\right)=\begin{pmatrix}1\\2\\5\\3\\6\\0\end{pmatrix}$

c) $2\cdot\vec{A}+4\cdot\vec{B}+\vec{C}=\begin{pmatrix}15\\12\\12\\29\\47\\55\end{pmatrix}$

83

3. a) Auslieferung: $\begin{pmatrix}600\\150\\200\\150\\70\end{pmatrix}+\begin{pmatrix}4200\\400\\800\\1000\\400\end{pmatrix}+\begin{pmatrix}1800\\0\\500\\500\\250\end{pmatrix}+\begin{pmatrix}400\\80\\100\\70\\20\end{pmatrix}=\begin{pmatrix}7000\\630\\1600\\1720\\740\end{pmatrix}$

b) $\begin{pmatrix}4200\\400\\800\\1000\\400\end{pmatrix}-\begin{pmatrix}328\\21\\16\\103\\19\end{pmatrix}=\begin{pmatrix}3872\\379\\784\\897\\381\end{pmatrix}$ verkaufte Ware in GVM

c) $1,2\cdot\begin{pmatrix}600\\150\\200\\150\\70\end{pmatrix}+1,4\cdot\begin{pmatrix}4200\\400\\800\\1000\\400\end{pmatrix}+1,35\cdot\begin{pmatrix}1800\\0\\500\\500\\250\end{pmatrix}+1,15\cdot\begin{pmatrix}400\\80\\100\\70\\20\end{pmatrix}=\begin{pmatrix}9490\\832\\2150\\2392\\1004,5\end{pmatrix}$

83

4. (1) $(\vec{a}+\vec{b})-(\vec{c}+\vec{d})=\begin{pmatrix}-2\\1\\0\\2\end{pmatrix}-\begin{pmatrix}7\\1\\3\\3\end{pmatrix}=\begin{pmatrix}-9\\0\\-3\\-1\end{pmatrix}$

(2) $(\vec{a}-\vec{b})+(\vec{c}-\vec{d})=\begin{pmatrix}-6\\1\\2\\-4\end{pmatrix}+\begin{pmatrix}1\\-3\\1\\3\end{pmatrix}=\begin{pmatrix}-5\\-2\\3\\-1\end{pmatrix}$

(3) $(\vec{a}+\vec{b})-(\vec{c}-\vec{d})=\begin{pmatrix}-2\\1\\0\\2\end{pmatrix}-\begin{pmatrix}1\\-3\\1\\3\end{pmatrix}=\begin{pmatrix}-3\\4\\-1\\-1\end{pmatrix}$

(4) $3\vec{a}-2\vec{b}+\vec{c}-\vec{d}=\begin{pmatrix}-16\\3\\5\\-9\end{pmatrix}+\begin{pmatrix}1\\-3\\1\\3\end{pmatrix}=\begin{pmatrix}-15\\0\\6\\-6\end{pmatrix}$

(5) $2\vec{a}+3\vec{b}-\vec{c}=\begin{pmatrix}-6\\3\\-3\\4\end{pmatrix}$

(6) $\vec{a}-\vec{b}+2\vec{c}-\vec{d}=\begin{pmatrix}-6\\1\\2\\-4\end{pmatrix}+\begin{pmatrix}5\\-4\\3\\6\end{pmatrix}=\begin{pmatrix}-1\\-3\\5\\2\end{pmatrix}$

5.
- Anzahl der Artikel im Geschäft: $\vec{g}$
- Anzahl der Artikel im Lager: $\vec{l}$
- Preise der Artikel: $\vec{p}$
- Einkaufspreise der Artikel: $\vec{e}$
- Anzahl der nicht verkäuflichen Artikel: $\vec{n}$
- Anzahl der verkauften Artikel: $\vec{v}$
- Anzahl der vorbestellten Artikel: $\vec{b}$

Sinnvolle Additionen:

- Für die Anzahl der insgesamt vorhandenen Artikel: $\vec{g}+\vec{l}$
- Prüfen ob genügend Artikel vorhanden sind: $\vec{g}+\vec{l}+(-\vec{b})$

Sinnvoll wäre außerdem:

$\vec{v}\cdot\vec{p}-\vec{v}\cdot\vec{e}$ (für den Gewinn)

Das Vervielfachen macht keinen Sinn, da es verschiedene Artikel sind.

83

6.

Wand	Dach (Überstand 20 cm)	Dach (Überstand 200 cm)	Fenster	Holz-boden	Terrasse
740	75	110	205	155	50

1.6.2 Vektorräume

85

2. a) $(x \mid y)$ Lösung falls $x = \frac{6}{5}r$ und $y = r$, also $(x \mid y) = \left(\frac{6}{5}r \mid r\right)$, $r \in \mathbb{R}$

$\left(\frac{6}{5}r \mid r\right)$ kann man auch schreiben als $r \cdot \begin{pmatrix} \frac{6}{5} \\ 1 \end{pmatrix}$.

Die Lösungen liegen auf einer Ursprungsgeraden, bilden also einen Vektorraum.

b) $(x \mid y)$ Lösung, dann $(x \mid y) = \left(\frac{c}{5} + \frac{6}{5}r \mid r\right)$, $r \in \mathbb{R}$.

Für alle r gilt: $(x \mid y) \neq (0 \mid 0)$, also kein Vektorraum.

3. Da die Vektoraddition und Skalarmultiplikation koordinatenweise geschieht, gelten die Eigenschaften der Definition auf S. 84, da sie komponentenweise gelten.

4. $\mathbb{R}$ bildet bzgl. der üblichen Addition und Multiplikation einen Vektorraum, weil man eine reelle Zahl als einen 1-dimensionalen Vektor auffassen kann. In Aufgabe 1 (3) wurde gezeigt, dass die Menge aller n-Tupel reeller Zahlen bzgl. der koordinatenweisen Addition und Vervielfachung mit reellen Zahlen einen Vektorraum bildet, somit auch die 1-Tupel.
$\mathbb{Z}$ bildet keinen Vektorraum, da die Multiplikation mit einer reellen Zahl i.A. keine ganze Zahl ergibt.

5. Es sei $\vec{a} = \begin{pmatrix} a_1 \\ a_2 \\ \vdots \\ a_n \end{pmatrix}$, dann gilt: $r \cdot \vec{a} = \begin{pmatrix} r \cdot a_1 \\ r \cdot a_2 \\ \vdots \\ r \cdot a_n \end{pmatrix}$.

Wenn $r \cdot \vec{a} = \vec{o}$, so gilt: $r \cdot a_1 = 0$, $r \cdot a_2 = 0$, ..., $r \cdot a_n = 0$

Jede dieser Gleichungen $r \cdot a_i = 0$ ist genau dann erfüllt, wenn $r = 0$ oder $a_i = 0$. Im Fall, dass $r \neq 0$ und $a_i \neq 0$ sind, sind diese Gleichungen nicht erfüllt und es gilt $r \cdot \vec{a} \neq 0$.

85

6. Sei Q ein 4×4 magisches Quadrat, seien $\overrightarrow{S_i}$ (i = 1, ..., 4) die Spalten und $\overrightarrow{Z_i}$ (i = 1, ..., 4) die Zeilen und seien die a_{ij} (i, j = 1, ..., 4) die reellen Zahlen in den Feldern:

Es gilt: $\overrightarrow{S_1} + ... + \overrightarrow{S_4} = \overrightarrow{Z_1} + ... + \overrightarrow{Z_4} = \begin{pmatrix} m \\ m \\ m \\ m \end{pmatrix} = m \cdot \begin{pmatrix} 1 \\ 1 \\ 1 \\ 1 \end{pmatrix}$

Hauptdiagonale: $a_{11} + a_{22} + a_{33} + a_{44} = m$

Nebendiagonale: $a_{14} + a_{23} + a_{32} + a_{41} = m$

- „Addition" von 2 magischen Quadraten:

  Seien $\overrightarrow{S_{1i}}$ bzw. $\overrightarrow{S_{2i}}$ die Spalten des 1. bzw. 2. Quadrats

  $$\left(\overrightarrow{S_{11}} + \overrightarrow{S_{21}}\right) + ... + \left(\overrightarrow{S_{14}} + \overrightarrow{S_{24}}\right) = \left(\overrightarrow{S_{11}} + \overrightarrow{S_{14}}\right) + \left(\overrightarrow{S_{21}} + \overrightarrow{S_{24}}\right)$$

  $$= m \begin{pmatrix} 1 \\ 1 \\ 1 \\ 1 \end{pmatrix} + n \cdot \begin{pmatrix} 1 \\ 1 \\ 1 \\ 1 \end{pmatrix}$$

  $$= (m + n) \begin{pmatrix} 1 \\ 1 \\ 1 \\ 1 \end{pmatrix}$$

  Ebenso rechnet man für die Zeilen nach!

  Hauptdiagonale:

  $(a_{11} + b_{11}) + (a_{22} + b_{22}) + (a_{33} + b_{33}) + (a_{44} + b_{44})$

  $= (a_{11} + a_{22} + a_{33} + a_{44}) + (b_{11} + b_{22} + b_{33} + b_{44})$

  $= m + n$

  Ebenso rechnet man für die Nebendiagonale nach!

- „Vielfaches" eines magischen Quadrates:

  $$r\overrightarrow{S_1} + ... + r\overrightarrow{S_4} = r\left(\overrightarrow{S_1} + ... + \overrightarrow{S_4}\right) = r \cdot \left(m \cdot \begin{pmatrix} 1 \\ 1 \\ 1 \\ 1 \end{pmatrix} \right)$$

  Ebenso rechnet man für die Zeilen nach!

  $ra_{11} + ra_{22} + ra_{33} + ra_{44} = r \cdot (a_{11} + a_{22} + a_{33} + a_{44}) = r \cdot m$

  Ebenso rechnet man für die Nebendiagonale nach!

- Zusammengefasst:

  Addition und Vervielfachung von magischen Quadraten führt wieder zu einem magischen Quadrat.

85

7. Ist (a_n) eine Folge mit $a_{n+1} = a_n + d$, dann gilt: $a_{n+1} = a_1 + (n+1) \cdot d$, also

$(a_1 \mid a_2 \mid a_3 \mid \ldots) = a_1 \cdot (1 \mid 1 \mid 1 \mid \ldots) + d(0 \mid 1 \mid 2 \mid \ldots)$.

Sind (a_n) und (b_n) zwei Folgen mit $a_{n+1} = a_n + d$ und $b_{n+1} = b_n + d$,

dann $a_{n+1} = a_1 + (n+1) \cdot d$ und $b_{n+1} = b_1 + (n+1) \cdot e$, also

$a_{n+1} + b_{n+1} = a_1 + b_1 + (n+1) \cdot (d+e)$.

Außerdem: $r \cdot a_n = r(a_1 + (n+1) \cdot d) = r \cdot a_1 + (n+1) \cdot (rd)$

Es lässt sich also eine Addition und eine Skalarmultiplikation erklären.
Da die Vektoren (1 | 1 | 1 | ...) und (0 | 1 | 2 | ...) linear unabhängig sind, ist die Dimension 2.

1.6.3 Basis und Dimension von Vektorräumen

86

2. Die 5 Zauberdreiecke aus 1 a) bilden einen Vektorraum bzgl. der in 1 b) beschriebenen Addition und Vervielfachung

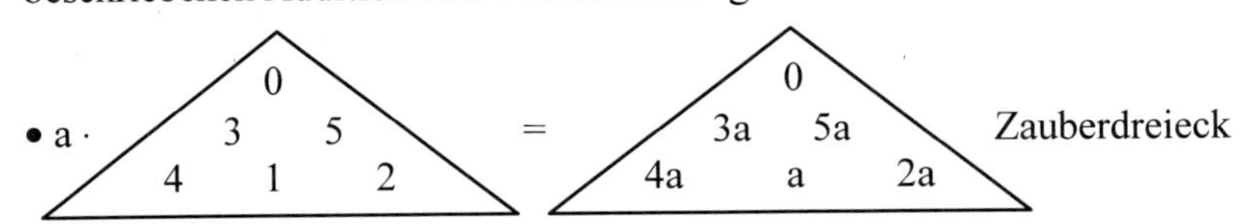

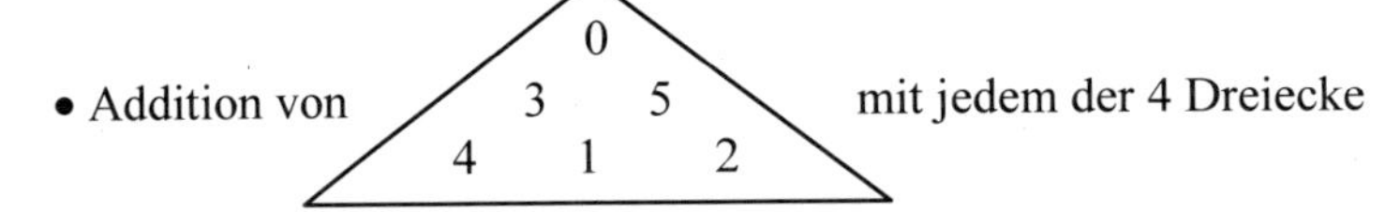

führt wieder zu einem Zauberdreieck.

• neutrales Element

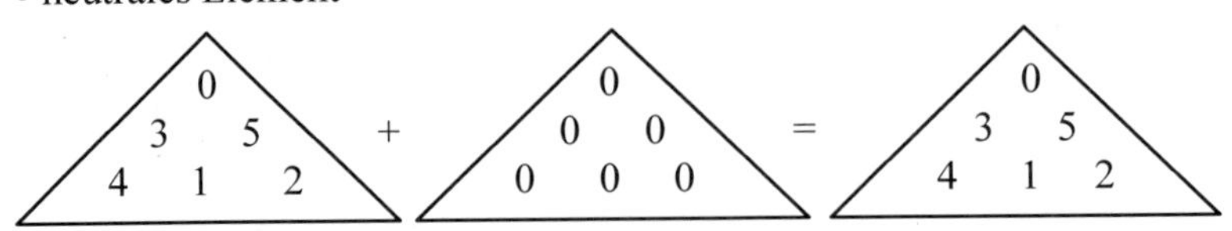

• inverses Element

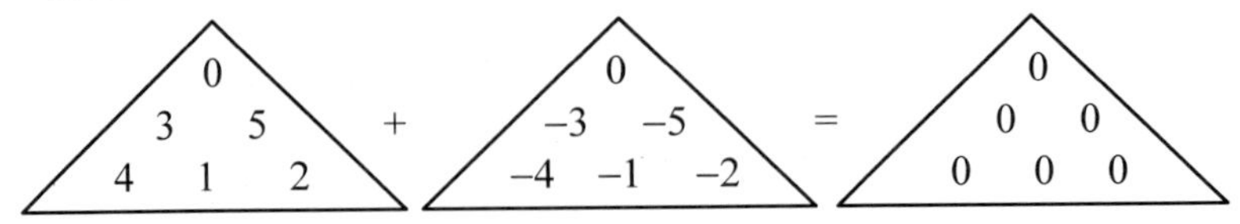

Nun prüft man mit den anderen 4 Dreiecken die gleichen Rechnungen.

88

3. a) Es genügt zu zeigen, dass $D = a \cdot A + b \cdot B + c \cdot C + e \cdot E$, dann erzeugen A, B, C, E den Vektorraum und bilden eine Basis, da $\dim V = 4$.
$E = A + B + C - D$, also $D = A + B + C - E$

b) Aus $6x - 2y = 0$ folgt $y = 3x$.
Demzufolge sind alle Lösungen folgendermaßen darstellbar:

$\begin{pmatrix} x \\ y \end{pmatrix} = x \cdot \begin{pmatrix} 3 \\ 1 \end{pmatrix} \quad x \in \mathbb{R}$

$\begin{pmatrix} x \\ y \end{pmatrix} = x \cdot \begin{pmatrix} 3 \\ 1 \end{pmatrix}$ bildet einen Vektorraum bezüglich der koordinatenweisen Addition und Vervielfachung mit einer reellen Zahl:

Seien $x_1 \cdot \begin{pmatrix} 1 \\ 3 \end{pmatrix}$ und $x_2 \cdot \begin{pmatrix} 1 \\ 3 \end{pmatrix}$ zwei Lösungen, dann ist auch

$x_1 \cdot \begin{pmatrix} 1 \\ 3 \end{pmatrix} + x_2 \cdot \begin{pmatrix} 1 \\ 3 \end{pmatrix} = (x_1 + x_2) \cdot \begin{pmatrix} 1 \\ 3 \end{pmatrix}$ eine Lösung von $6x - 2y = 0$.

Sei $x_1 \cdot \begin{pmatrix} 1 \\ 3 \end{pmatrix}$ eine Lösung, dann ist auch $r\left(x_1 \begin{pmatrix} 1 \\ 3 \end{pmatrix}\right) = rx_1 \begin{pmatrix} 1 \\ 3 \end{pmatrix}$ eine Lösung von $6x - 2y = 0$.
Der Vektorraum ist als Ursprungsgerade darstellbar, hat also die Dimension 1 mit der Basis $\vec{a} = \begin{pmatrix} 1 \\ 3 \end{pmatrix}$. Zwei andere Basen sind bspw.

$\overrightarrow{a_1} = \begin{pmatrix} \frac{1}{3} \\ 1 \end{pmatrix}$ oder $\overrightarrow{a_2} = \begin{pmatrix} -1 \\ -3 \end{pmatrix}$.

4.
- Sei g: $\vec{x} = r \cdot \vec{u}$, $r \in \mathbb{R}$ eine Ursprungsgerade.
  Seien $\vec{a} = r_1 \cdot \vec{u}$ und $\vec{b} = r_2 \cdot \vec{u}$ zwei Vektoren von g, dann ist auch
  $\vec{a} + \vec{b} = r_1\vec{u} + r_2\vec{u} = \underbrace{(r_1 + r_2)}_{=:r} \cdot \vec{u}$ ein Vektor von g.
  Sei $\vec{a} = r_2 \cdot \vec{u}$ ein Vektor von g, dann ist auch $s \cdot (r_1\vec{u}) = \underbrace{(sr_1)}_{=:r} \cdot \vec{u}$ ein Vektor von g. Also ist $\vec{o} = 0 \cdot \vec{u}$ ein Vektor von g.
- Sei h: $\vec{x} = \vec{v} + r \cdot \vec{u}$, $r \in \mathbb{R}, \vec{v} \neq \vec{o}$ eine Gerade, die durch den Ursprung verläuft. Seien $\vec{a} = \vec{v} + r_1 \cdot \vec{u}$ und $\vec{b} = \vec{v} + r_2 \cdot \vec{u}$ zwei Vektoren von h, dann ist $\vec{a} + \vec{b} = (\vec{v} + r_1 \cdot \vec{u}) + (\vec{v} + r_2 \cdot \vec{u}) = 2v + \underbrace{(r_1 + r_2)}_{:=r} \cdot \vec{v}$ kein Vektor von h.
  Ebenso zeigt man, dass das Vielfache eines Vektors von h nicht mehr von h ist.
  Außerdem lässt sich kein r finden, sodass $\vec{o} = \vec{v} + r \cdot \vec{u}$, da $\vec{v} \parallel \vec{u}$.

88

5. $5 \cdot A + 11 \cdot B + 17 \cdot C + x \cdot D$ mit $5 + 11 + 17 + x = 100$.
Es gibt 3 „verschiedene" Lösungen, die durch Vertauschen der Werte an den Spitzen entstehen.

6. z. B. $A - B$; allgemein: $a \cdot A + b \cdot B + c \cdot C + d \cdot D$ mit $a + b + c + d = 0$.

89

7. 0; 1; ...; 5 sind ohne Einschränkung die aufeinanderfolgenden 6 Zahlen.

Wegen X =

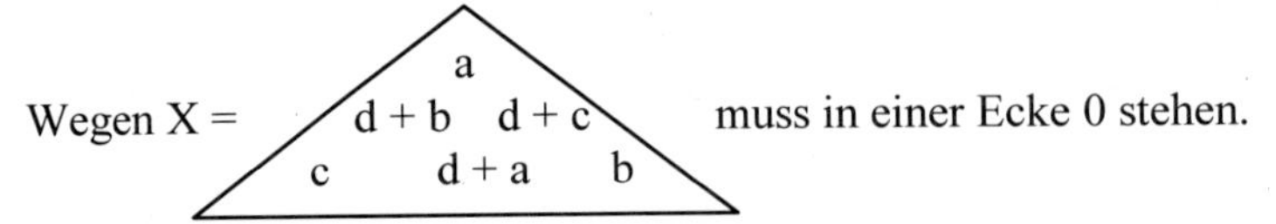

muss in einer Ecke 0 stehen.

Sei a = 0, also

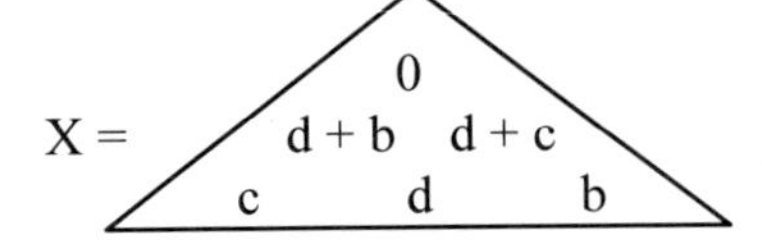

1. Fall: $d = 1$

(1) $c = 2$, dann $d + c = 3$, also $b \in \{4,5\}$
und damit $b = 4$, da $b + d = b + 1 \leq 5$.

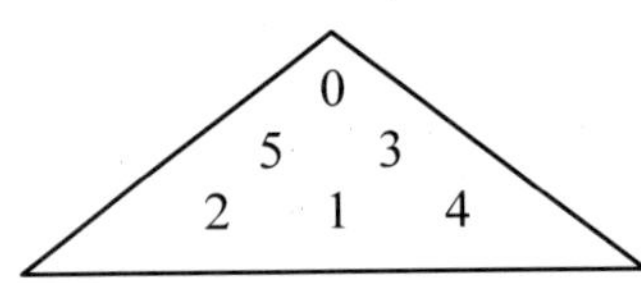

(2) $c = 3$, dann $b = 2$ aber $d + b = 3 = c$

(3) $c = 4$, dann $b \in \{2,3\}$, $b \neq 3$ wegen $d + b = 4 = c$

(4) $c = 5$, dann $c + d > 5$

0
3 5
4 1 2

2. Fall: $d = 2$

(1) $c = 1$, dann $b \in \{4,5\}$, $d + b > 5$, $d + c = 3$

(2) $c = 3$, $b = 1$ aber $d + b = 3 = c$

(3) $c = 4$, $c = 5$ keine Lösung

3. Fall: $d = 3$

(1) $c = 1$, dann $b \in \{2,5\}$, $b = 2$

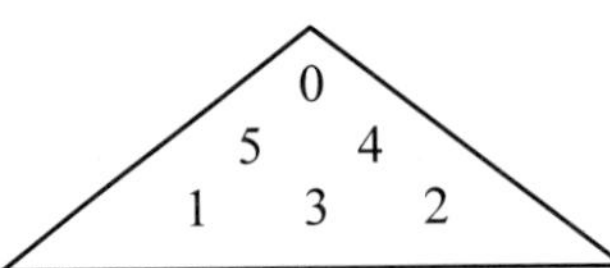

(2) $c = 2$, $b = 1$ s. o.

4. Fall: $d > 3$, dann $d + b > 5$ oder $d + c > 5$

89

8. siehe Aufgabe 7

9. Man gibt sich x, y, z mit $x + y + z = 1$ vor. Für alle Brüche b, d mit $b + d = y$ ist dann $X = x \cdot A + z \cdot C + b \cdot B + d \cdot D$ eine Lösung.
Es gibt unendlich viele Lösungen.

10. a) $\vec{u}$ und $\vec{v}$ sind linear unabhängig, weil es kein $r \in \mathbb{R}$ gibt, sodass $\vec{u} = r \cdot \vec{v}$. Also lässt sich $\vec{u}$ nicht durch $\vec{v}$ darstellen. $\vec{u}$ und $\vec{v}$ bilden also eine Basis des $\mathbb{R}^2$.

$\begin{pmatrix} -4 \\ 1 \end{pmatrix} = r_1 \cdot \begin{pmatrix} 3 \\ -1 \end{pmatrix} + r_2 \cdot \begin{pmatrix} 2 \\ 2 \end{pmatrix}$ führt zu einem linearen Gleichungssystem:

$\left| \begin{matrix} -4 = 3r_1 + 2r_2 \\ 1 = -r_1 + 2r_2 \end{matrix} \right|$ mit der Lösung $r_1 = -\frac{5}{4}$ und $r_2 = -\frac{1}{8}$

b) $\vec{u}$ und $\vec{v}$ sind eine Basis des $\mathbb{R}^2$. Grund: siehe unter a)

$\begin{pmatrix} 1 \\ 1 \end{pmatrix} = r_1 \cdot \begin{pmatrix} -2 \\ -3 \end{pmatrix} + r_2 \cdot \begin{pmatrix} 1 \\ 2 \end{pmatrix}$ mit $r_1 = r_2 = -1$

11. a) $\vec{u}$, $\vec{v}$ und $\vec{w}$ sind eine Basis des $\mathbb{R}^3$, denn die Linearkombination $\vec{o} = r_1\vec{u} + r_2\vec{v} + r_3\vec{w}$ ist nur für $r_1 = r_2 = r_3 = 0$ erfüllt.

$$\begin{pmatrix} 1 \\ 0 \\ 0 \end{pmatrix} = r_1 \begin{pmatrix} 2 \\ 3 \\ 1 \end{pmatrix} + r_2 \begin{pmatrix} -1 \\ 2 \\ 0 \end{pmatrix} + r_3 \begin{pmatrix} 2 \\ 1 \\ -3 \end{pmatrix} \text{ mit } \begin{matrix} r_1 = \frac{3}{13} \\ r_2 = -\frac{5}{13} \\ r_3 = \frac{1}{13} \end{matrix}$$

b) $\vec{u}$, $\vec{v}$ und $\vec{w}$ sind eine Basis des $\mathbb{R}^3$, Grund: siehe unter a)

$$\begin{pmatrix} -2 \\ 1 \\ 2 \end{pmatrix} = r_1 \begin{pmatrix} 1 \\ -3 \\ 2 \end{pmatrix} + r_2 \begin{pmatrix} 2 \\ -3 \\ 1 \end{pmatrix} + r_3 \begin{pmatrix} 0 \\ 3 \\ 0 \end{pmatrix} \text{ mit } \begin{matrix} r_1 = 2 \\ r_2 = -2 \\ r_3 = \frac{1}{3} \end{matrix}$$

12. a) Der Ansatz $\vec{o} = r_1\vec{u} + r_2\vec{v} + r_3\vec{w}$ führt zu $r_1 = r_2 = r_3 = 0$. Also bilden die 3 Vektoren eine Basis des $\mathbb{R}^3$ mit der Dimension 3.

b) Der Ansatz $\vec{o} = r_1\vec{a} + r_2\vec{b} + r_3\vec{c} + r_4\vec{d}$ führt zu $r_1 = -2$, $r_2 = 1$, $r_3 = 2$ und $r_4 = 1$. Die 4 Vektoren sind linear abhängig und bilden keine Basis des $\mathbb{R}^4$. Da sich jeder der 4 Vektoren mithilfe der anderen 3 Vektoren linear kombinieren lässt, spannen die 4 Vektoren einen 3-dimensionalen Vektorraum auf.

13. a) Ohne Einschränkung ist $\vec{a}_1 = \vec{o}$, dann gilt:

$\vec{a}_1 = 0 \cdot \vec{a}_2 + 0 \cdot \vec{a}_3 + \ldots + 0 \cdot \vec{a}_k$

$\vec{a}_1$ ist also Linearkombination der Vektoren $\vec{a}_2, \ldots, \vec{a}_k$.

89

13. b) Da die Vektoren, die eine Basis bilden, linear unabhängig sein müssen, kann der Nullvektor nie Element einer Basis sein.

14. $\vec{a} = \frac{1}{2}(\vec{u} + \vec{v}),\ \vec{b} = \frac{1}{2}(\vec{u} - \vec{v})$

$\vec{a}, \vec{b}$ erzeugen den Vektorraum, also erzeugen auch $\vec{u}$ und $\vec{v}$ den Vektorraum. Außerdem gilt: $r \cdot \vec{u} + s \cdot \vec{v} = \vec{o}$, genau dann wenn $(r+s)\vec{a} + (r-s)\vec{b} = \vec{o}$, also $r = s = 0$.

15. a)

a	b	c	d	e
1	−1	1	1	0
1	1	−1	1	0
1	−1	1	1	0
0	2	−2	0	0

Man bringt das lineare Gleichungssystem auf Dreiecksgestalt.
Setze r: = d und s: = c, dann ergibt sich aus der 2. Zeile b = s.
Die Werte in die 1. Zeile eingesetzt, ergibt sich a = −r. Also hat die Lösung folgende Gestalt:

$$\vec{x} = \begin{pmatrix} a \\ b \\ c \\ d \end{pmatrix} = \begin{pmatrix} -r \\ s \\ s \\ r \end{pmatrix} = \begin{pmatrix} -r \\ 0 \\ 0 \\ r \end{pmatrix} + \begin{pmatrix} 0 \\ s \\ s \\ 0 \end{pmatrix} = r \cdot \begin{pmatrix} -1 \\ 0 \\ 0 \\ 1 \end{pmatrix} + s \cdot \begin{pmatrix} 0 \\ 1 \\ 1 \\ 0 \end{pmatrix},\ r, s \in \mathbb{R}$$

$\vec{u} = \begin{pmatrix} -1 \\ 0 \\ 0 \\ 1 \end{pmatrix}$ und $\vec{v} = \begin{pmatrix} 0 \\ 1 \\ 1 \\ 0 \end{pmatrix}$ sind linear unabhängig, weil sich bspw. $\vec{u}$ nicht durch $\vec{v}$ darstellen lässt. Also bilden $\vec{u}$ und $\vec{v}$ eine Basis des 2-dimensionalen Vektorraumes der Lösungsmenge.

Seien $\overrightarrow{x_1} = r_1\vec{u} + s_1\vec{v}$ und $\overrightarrow{x_2} = r_2\vec{u} + s_2\vec{v}$ jeweils eine Lösung, dann ist auch $\overrightarrow{x_1} + \overrightarrow{x_2} = (r_1\vec{u} + s_1\vec{v}) + (r_2\vec{u} + s_2\vec{v})$

$$= \underbrace{(r_1 + r_2)}_{:=r}\vec{u} + \underbrace{(s_1 + s_2)}_{:=s}\vec{v} \text{ eine Lösung.}$$

Ebenso zeigt man, dass das Vielfache einer Lösung $\vec{x} = r\vec{u} + s\vec{v}$ wieder eine Lösung ist.

89

15. b)

a	b	c	d	e
1	−1	1	1	1
1	1	−1	1	0
1	−1	1	1	1
0	2	−2	0	−1

Setze r: = d und s: = c, dann ist $b = s - \frac{1}{2}$ und $a = -r + \frac{1}{2}$

$$\vec{x} = \begin{pmatrix} a \\ b \\ c \\ d \end{pmatrix} = \begin{pmatrix} -r + \frac{1}{2} \\ s - \frac{1}{2} \\ s \\ r \end{pmatrix} = \frac{1}{2} \cdot \begin{pmatrix} 1 \\ -1 \\ 0 \\ 0 \end{pmatrix} + r \cdot \begin{pmatrix} -1 \\ 0 \\ 0 \\ 1 \end{pmatrix} + s \cdot \begin{pmatrix} 0 \\ 1 \\ 1 \\ 0 \end{pmatrix}$$

Seien $\overrightarrow{x_1} = \vec{w} + r_1\vec{u} + s_1\vec{v}$ und $\overrightarrow{x_2} = \vec{w} + r_2\vec{u} + s_2\vec{v}$ zwei Lösungen, dann ist aber $\overrightarrow{x_1} + \overrightarrow{x_2}$ keine Lösung des linearen Gleichungssystems, denn

$$\begin{aligned} \overrightarrow{x_1} + \overrightarrow{x_2} &= (\vec{w} + r_1\vec{u} + s_1\vec{v}) + (\vec{w} + r_2\vec{u} + s_2\vec{v}) \\ &= 2\vec{w} + \underbrace{(r_1 + r_2)}_{:=r}\vec{u} + \underbrace{(s_1 + s_2)}_{:=s}\vec{v} \end{aligned}$$ löst nicht das System.

16. Wenn a(x), b(x), c(x) und d(x) eine Basis des Vektorraumes der Polynome höchstens 3. Grades bilden, dann muss sich jedes Polynom p(x) 3. Grades als Linearkombination der Basis darstellen lassen:

$p(x) = r_1 \cdot 1 + r_2 x + r_3 x^2 + r_4 x^3$

Die Linearkombination

$$\vec{o} = \begin{pmatrix} 0 \\ 0 \\ 0 \\ 0 \end{pmatrix} = r_1 \begin{pmatrix} 1 \\ 0 \\ 0 \\ 0 \end{pmatrix} + r_2 \begin{pmatrix} 0 \\ x \\ 0 \\ 0 \end{pmatrix} + r_3 \begin{pmatrix} 0 \\ 0 \\ x^2 \\ 0 \end{pmatrix} + r_4 \begin{pmatrix} 0 \\ 0 \\ 0 \\ x^3 \end{pmatrix}$$ ist nur lösbar für

$r_1 = r_2 = r_3 = r_4 = 0$. Also bilden die 4 Polynome eine Basis des 4-dimensionalen Vektorraumes der Polynome höchstens 3. Grades.

2 Analytische Geometrie mit Ebenen

Lernfeld

92

1.
- 4 Punkte
- 2 Geraden, die senkrecht aufeinander stehen
- 2 Geraden, die echt parallel sind
- 2 Geraden
- 1 Gerade und 1 Punkt
- 3 Punkte

93

2. Die Ebenen eines „Pultdaches“ schneiden sich.
In der Reihe der Häuser sind jeweils die Ebenen der äquivalenten Dachhälften parallel und schneiden sich nicht.
Es gibt nur 3 verschiedene Lagebeziehungen von Ebenen: Schnitt in einer Geraden, echte Parallelität und Identität.

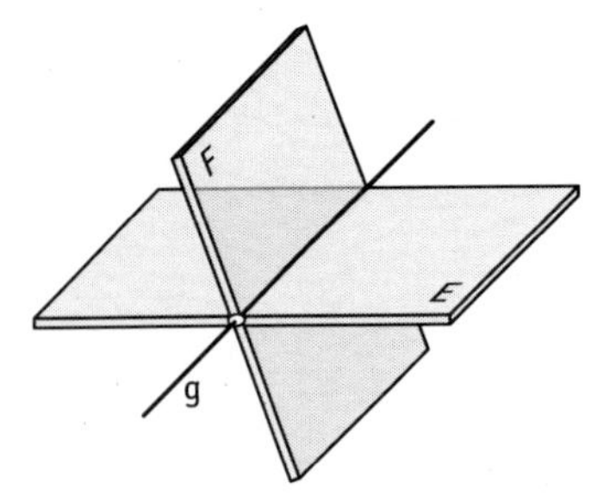

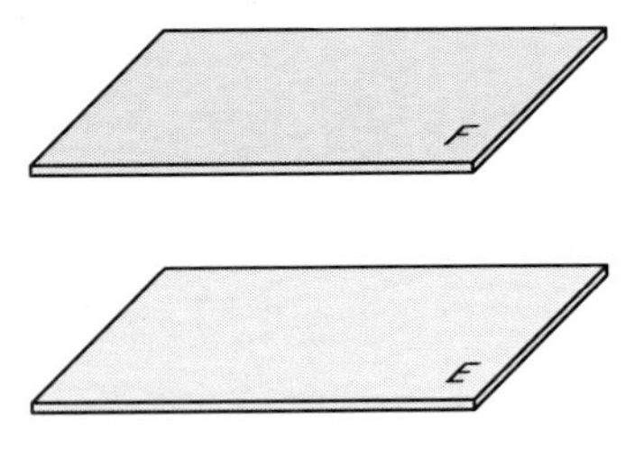

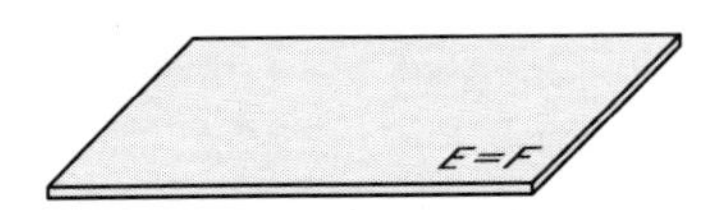

3. a) Der Winkel α ist der kleinste Winkel zwischen Gerade und Ebene. Dieser ergibt sich, wenn er in einer orthogonalen Ebene zu der Dachfläche gemessen wird.

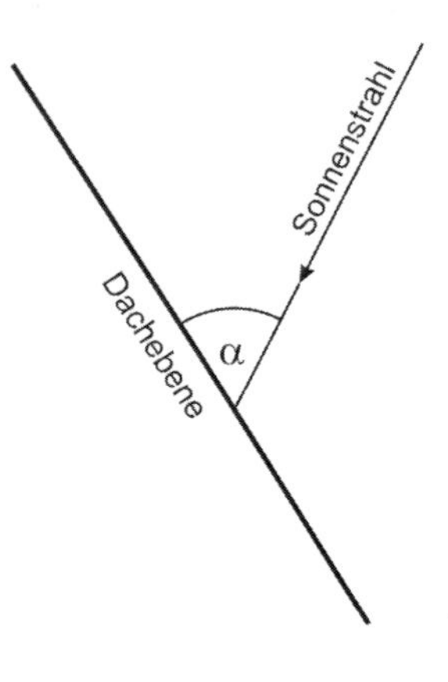

93

3. b) Reflexionsgesetz:
Einfallwinkel β = Reflexionswinkel β
Da Einfallwinkel = Reflexionswinkel gilt, kann man aus den Positionen des Senders, des Empfängers und des Spiegels mithilfe der Trigonometrie die Winkel bestimmen.

In der Abbildung ist $\tan\beta = \frac{a}{h}$

bzw. $\alpha = 90° - \beta - \tan^{-1}\left(\frac{a}{h}\right)$

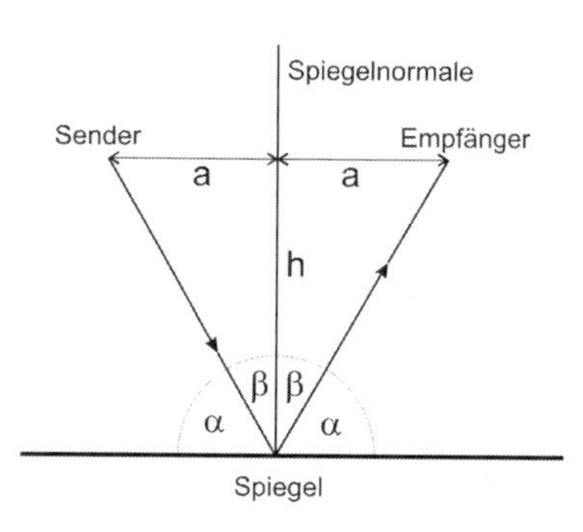

4. a) $\alpha = 40{,}857°$ **b)** $\alpha = 50{,}732°$

2.1 Ebenen im Raum

2.1.1 Parameterform einer Ebene

96

2. Maren: Stützvektor: $\overrightarrow{OA}$; Richtungsvektoren: $\overrightarrow{AB}$ und $\overrightarrow{AC}$
Janik: Stützvektor: $\overrightarrow{OB}$; Richtungsvektoren: $-\frac{1}{2}\overrightarrow{AB}$ und $\overrightarrow{BC}$
weitere Beispiele

$$E: \vec{x} = \begin{pmatrix} 7 \\ 0 \\ -7 \end{pmatrix} + s\begin{pmatrix} -5 \\ 3 \\ 5 \end{pmatrix} + t\begin{pmatrix} 2 \\ -1 \\ -4 \end{pmatrix}$$

$$E: \vec{x} = \begin{pmatrix} 2 \\ 3 \\ -2 \end{pmatrix} + s\begin{pmatrix} -9 \\ 5 \\ 13 \end{pmatrix} + t\begin{pmatrix} -8 \\ 4 \\ 16 \end{pmatrix}$$

3. a) $\overrightarrow{OB} = \overrightarrow{OA} + 1 \cdot \vec{u} + 1{,}5 \cdot \vec{v}$
$\overrightarrow{OC} = \overrightarrow{OA} + 1{,}5 \cdot \vec{u} - 0{,}5 \cdot \vec{v}$
$\overrightarrow{OD} = \overrightarrow{OA} - 1 \cdot \vec{u} + 1{,}5 \cdot \vec{v}$

b) $\overrightarrow{OX} = \overrightarrow{OA} + s \cdot \vec{u} + t \cdot \vec{v}$ mit $s, t \in \mathbb{R}$
Man geht zunächst ein Vielfaches s von $\vec{u}$ und danach ein Vielfaches r von $\vec{v}$ und erreicht somit jeden beliebigen Punkt X.

4. a) Z. B: $E: \vec{x} = \begin{pmatrix} 3 \\ -5 \\ 10 \end{pmatrix} + s\begin{pmatrix} -1 \\ 6 \\ 2 \end{pmatrix} + t\begin{pmatrix} 3 \\ -0{,}5 \\ 12 \end{pmatrix}$; $s, t \in \mathbb{R}$

96

4. b) Für obiges Beispiel:

$$(1)\begin{pmatrix}10\\5{,}5\\50\end{pmatrix}\quad(2)\begin{pmatrix}43\\-35\\146\end{pmatrix}\quad(3)\begin{pmatrix}-4{,}8\\-0{,}2\\17{,}6\end{pmatrix}\quad(4)\begin{pmatrix}1{,}675\\-3{,}6125\\5{,}9\end{pmatrix}$$

5. Beispiele:

a) $E:\ \vec{x}=\overrightarrow{OP}+\lambda\overrightarrow{PQ}+\mu\overrightarrow{PR}=\begin{pmatrix}0\\1\\2\end{pmatrix}+\lambda\cdot\begin{pmatrix}2\\-1\\2\end{pmatrix}+\mu\cdot\begin{pmatrix}4\\7\\-2\end{pmatrix};\ \lambda,\ \mu\in\mathbb{R}$

b) $E:\ \vec{x}=\begin{pmatrix}1\\1\\1\end{pmatrix}+\lambda\cdot\begin{pmatrix}1\\1\\2\end{pmatrix}+\mu\cdot\begin{pmatrix}9\\3\\5\end{pmatrix};\ \lambda,\ \mu\in\mathbb{R}$

c) $E:\ \vec{x}=\begin{pmatrix}1\\-2\\3\end{pmatrix}+s\cdot\begin{pmatrix}2\\6\\-5\end{pmatrix}+t\cdot\begin{pmatrix}2\\6\\2\end{pmatrix};\ s,\ t\in\mathbb{R}$

d) $E:\ \vec{x}=\begin{pmatrix}0\\7\\2\end{pmatrix}+s\cdot\begin{pmatrix}-10\\-7\\-8\end{pmatrix}+t\cdot\begin{pmatrix}-4\\-11\\-2\end{pmatrix};\ s,\ t\in\mathbb{R}$

97

6. Zunächst Probe, dass P nicht auf g liegt (Punktprobe).

a) $E:\ \vec{x}=\begin{pmatrix}4\\0\\2\end{pmatrix}+s\cdot\begin{pmatrix}3\\-1\\-3\end{pmatrix}+t\cdot\begin{pmatrix}1-4\\4-0\\-1-2\end{pmatrix}=\begin{pmatrix}4\\0\\2\end{pmatrix}+s\cdot\begin{pmatrix}3\\-1\\-3\end{pmatrix}+t\cdot\begin{pmatrix}-3\\4\\-3\end{pmatrix};\ s,t\in\mathbb{R}$

b) $E:\ \vec{x}=\begin{pmatrix}1\\0\\0\end{pmatrix}+s\cdot\begin{pmatrix}5\\2\\-3\end{pmatrix}+t\cdot\begin{pmatrix}1\\4\\-3\end{pmatrix};\ s,t\in\mathbb{R}$

c) $E:\ \vec{x}=\begin{pmatrix}-200\\150\\30\end{pmatrix}+t\cdot\begin{pmatrix}10\\-10\\5\end{pmatrix}+s\cdot\begin{pmatrix}200\\-150\\-30\end{pmatrix};\ s,t\in\mathbb{R}$

97

7. Gleichsetzen ergibt das Gleichungssystem

$-s - 2t = 1$
$2s - t = -2$
$s + t = -1$

welches die eindeutige Lösung $s = -1$; $t = 0$ besitzt.
Schnittpunkt: $S(-2 \mid 0 \mid -2)$

$$E\colon \vec{x} = \begin{pmatrix} -2 \\ 0 \\ -2 \end{pmatrix} + s \cdot \begin{pmatrix} -1 \\ 2 \\ 1 \end{pmatrix} + t \cdot \begin{pmatrix} 2 \\ 1 \\ -1 \end{pmatrix};\ s, t \in \mathbb{R}$$

8. a) $$E\colon \vec{x} = \begin{pmatrix} 5 \\ 0 \\ 2 \end{pmatrix} + s \cdot \begin{pmatrix} 3 \\ -1 \\ 4 \end{pmatrix} + t \cdot \begin{pmatrix} 0-5 \\ -1-0 \\ -1-2 \end{pmatrix} = \begin{pmatrix} 5 \\ 0 \\ 2 \end{pmatrix} + s \cdot \begin{pmatrix} 3 \\ -1 \\ 4 \end{pmatrix} + t \cdot \begin{pmatrix} -5 \\ -1 \\ -3 \end{pmatrix};\ s, t \in \mathbb{R}$$

b) Die Richtungsvektoren sind parallel zueinander:

$$(-3) \cdot \begin{pmatrix} 1 \\ 1 \\ -2 \end{pmatrix} = \begin{pmatrix} -3 \\ -3 \\ 6 \end{pmatrix}, \text{ daher } E\colon \vec{x} = \begin{pmatrix} 2 \\ 1 \\ 3 \end{pmatrix} + s \cdot \begin{pmatrix} 1 \\ 1 \\ -2 \end{pmatrix} + t \cdot \begin{pmatrix} 1 \\ -5 \\ -2 \end{pmatrix};\ s, t \in \mathbb{R}$$

9. Aufgrund der selbstständigen Wahl des Koordinatensystems gibt es unendlich viele Lösungsmöglichkeiten.
Beispiel: Wahl des Ursprungs in dem Mittelpunkt der Grundfläche.
Koordinatensystem: Standard-Rechtssystem

Grundfläche: $$E_G\colon \vec{x} = \begin{pmatrix} 0 \\ 0 \\ 0 \end{pmatrix} + s \begin{pmatrix} 1 \\ 0 \\ 0 \end{pmatrix} + t \begin{pmatrix} 0 \\ 1 \\ 0 \end{pmatrix};\ s, t \in \mathbb{R}$$

Seitenflächen: $$E_{S_1}\colon \vec{x} = \begin{pmatrix} 0 \\ 0 \\ 12 \end{pmatrix} + s \begin{pmatrix} 1 \\ 0 \\ 0 \end{pmatrix} + t \begin{pmatrix} 0 \\ 2{,}5 \\ 12 \end{pmatrix};\ s, t \in \mathbb{R}$$

$$E_{S_2}\colon \vec{x} = \begin{pmatrix} 0 \\ 0 \\ 12 \end{pmatrix} + s \begin{pmatrix} 0 \\ 1 \\ 0 \end{pmatrix} + t \begin{pmatrix} 2{,}5 \\ 0 \\ 12 \end{pmatrix};\ s, t \in \mathbb{R}$$

$$E_{S_3}\colon \vec{x} = \begin{pmatrix} 0 \\ 0 \\ 12 \end{pmatrix} + s \begin{pmatrix} -1 \\ 0 \\ 0 \end{pmatrix} + t \begin{pmatrix} 0 \\ -2{,}5 \\ 12 \end{pmatrix};\ s, t \in \mathbb{R}$$

Seitenfläche $$E_{S_4}\colon \vec{x} = \begin{pmatrix} 0 \\ 0 \\ 12 \end{pmatrix} + s \begin{pmatrix} 0 \\ -1 \\ 0 \end{pmatrix} + t \begin{pmatrix} -2{,}5 \\ 0 \\ 12 \end{pmatrix};\ s, t \in \mathbb{R}$$

97

10. Zum Beispiel:

P_1: $s = 0,\ t = 0$: $P_1(-2\,|\,0\,|\,1)$;

P_2: $s = 1,\ t = 2$: $P_2(-3\,|\,5\,|\,2)$;

P_3: $s = -1,\ t = 1$: $P_3(-4\,|\,1\,|\,0)$

$$E: \vec{x} = \begin{pmatrix} -2 \\ 0 \\ 1 \end{pmatrix} + s \cdot \begin{pmatrix} -1 \\ 5 \\ 1 \end{pmatrix} + t \cdot \begin{pmatrix} -2 \\ 1 \\ -1 \end{pmatrix};\ s, t \in \mathbb{R}$$

11. Sie hat nicht überprüft, ob die 3 Punkte auf einer Geraden liegen. Da A, B, C auf einer Geraden liegen, sind die Richtungsvektoren $\begin{pmatrix} 3 \\ 3 \\ -2 \end{pmatrix}$ und $\begin{pmatrix} 9 \\ 9 \\ -6 \end{pmatrix}$ linear abhängig und es wird keine Ebene, sondern eine Gerade beschrieben.

12. Kein Punkt liegt auf der Ebene.

98

13. **a)** $E: \vec{x} = \begin{pmatrix} 6 \\ 5 \\ 0 \end{pmatrix} + \lambda \cdot \begin{pmatrix} 0 \\ -5 \\ 2 \end{pmatrix} + \mu \cdot \begin{pmatrix} -6 \\ -4 \\ 3 \end{pmatrix}$ **b)** $E: \vec{x} = \begin{pmatrix} 0 \\ 3 \\ 3 \end{pmatrix} + \lambda \cdot \begin{pmatrix} 6 \\ -1 \\ -1 \end{pmatrix} + \mu \cdot \begin{pmatrix} 1 \\ 3 \\ -2 \end{pmatrix}$

14. Dadurch, dass Timo die Konstanten in die 1. Spalte der Matrix geschrieben hat, lautet das lineare Gleichungssystem nach Einsatz des GTR:

$$\left| \begin{array}{l} 1 = 0{,}5t \\ 0 = s + 0{,}5t \\ 0 = 0 \end{array} \right|.$$

Man kann also nicht direkt die Werte von s, t ablesen, sondern muss noch rechnen: $t = 2$ und $s = -1$

15. **a)** $s = 0,\ t = 1$ **c)** P liegt nicht in E

b) $s = 2,\ t = -1$ **d)** $s = -1,\ t = -\frac{1}{4}$

16. Geprüft wird, ob P_4 in der Ebene E liegt, die von P_1, P_2, P_3 bestimmt ist.

a) $\begin{pmatrix} 3 \\ 2 \\ 1 \end{pmatrix} = \begin{pmatrix} 7 \\ 2 \\ -1 \end{pmatrix} + s \cdot \begin{pmatrix} -8 \\ 0 \\ 4 \end{pmatrix} + t \cdot \begin{pmatrix} -7 \\ -4 \\ 3 \end{pmatrix} \Leftrightarrow \left| \begin{array}{c} s = \frac{1}{2} \\ t = 0 \\ s = \frac{1}{2} \end{array} \right|$, d. h. $P_4 \in E$

b) $\begin{pmatrix} -2 \\ -1 \\ 5 \end{pmatrix} = \begin{pmatrix} 2 \\ 1 \\ 3 \end{pmatrix} + s \cdot \begin{pmatrix} -4 \\ 1 \\ -2 \end{pmatrix} + t \cdot \begin{pmatrix} -2 \\ -1 \\ 1 \end{pmatrix} \Leftrightarrow \left| \begin{array}{c} s = 0 \\ t = 2 \\ s = 0 \end{array} \right|$, d. h. $P_4 \in E$

98

16. c) $\begin{pmatrix} 7 \\ 0 \\ -1 \end{pmatrix} = \begin{pmatrix} 5 \\ -1 \\ 5 \end{pmatrix} + s \cdot \begin{pmatrix} -4 \\ 2 \\ -6 \end{pmatrix} + t \cdot \begin{pmatrix} -2 \\ 3 \\ -10 \end{pmatrix} \Leftrightarrow \left| \begin{array}{r} s = -1 \\ t = 1 \\ -1 = 1 \end{array} \right|$, d. h. $P_4 \notin E$

17. a) Überprüfe, ob P, Q und R **nicht** auf einer Geraden liegen.

(1) $\overrightarrow{PQ} = \overrightarrow{QR}$ (d. h. die Punkte liegen auf einer Geraden)

(2) $\overrightarrow{PR} = 2 \cdot \overrightarrow{PQ}$ (d. h. die Punkte liegen auf einer Geraden)

b) Überprüfe, ob P **nicht** auf g liegt.

(1) Ja, denn P liegt nicht auf g.

(2) Für s = 10 ergibt sich $\vec{x} = \overrightarrow{OP}$. P liegt auf g.

c) Überprüfe, ob die Geraden **nicht** windschief zueinander oder identisch sind.

(1) $\begin{pmatrix} 2 \\ 1 \\ 4 \end{pmatrix} + s \cdot \begin{pmatrix} 3 \\ 0 \\ 1 \end{pmatrix} = \begin{pmatrix} 1 \\ 2 \\ 3 \end{pmatrix} + t \cdot \begin{pmatrix} -1 \\ 2 \\ 1 \end{pmatrix} \Leftrightarrow \left| \begin{array}{r} 3s + t = -1 \\ -2t = +1 \\ s - t = -1 \end{array} \right| \Leftrightarrow \left| \begin{array}{l} s = -\frac{1}{6} \\ t = -0,5 \\ s = -0,5 \end{array} \right|$

Die Geraden sind windschief zueinander.

(2) $\begin{pmatrix} 1 \\ 1 \\ 0 \end{pmatrix} + s \cdot \begin{pmatrix} -1 \\ 1 \\ 2 \end{pmatrix} = \begin{pmatrix} 2 \\ 1 \\ 1 \end{pmatrix} + t \cdot \begin{pmatrix} 0 \\ 1 \\ 1 \end{pmatrix} \Leftrightarrow \left| \begin{array}{r} -s = 1 \\ s - t = 0 \\ 2s - t = 1 \end{array} \right| \Leftrightarrow \left| \begin{array}{l} s = -1 \\ t = -1 \\ t = -3 \end{array} \right|$

Die Geraden sind windschief zueinander.

c) (3) $\begin{pmatrix} 5 \\ 0 \\ 2 \end{pmatrix} + s \cdot \begin{pmatrix} 3 \\ -1 \\ 4 \end{pmatrix} = \begin{pmatrix} -1 \\ 2 \\ -6 \end{pmatrix} + t \cdot \begin{pmatrix} 6 \\ -2 \\ 8 \end{pmatrix} \Leftrightarrow \left| \begin{array}{l} 3s - 6t = -6 \\ -s + 2t = 2 \\ 4s - 8t = -8 \end{array} \right| \Leftrightarrow$ t beliebig und $s = 2t - 2$

Die beiden Geraden sind identisch.

(4) Da $\begin{pmatrix} 2 \\ -1 \\ 3 \end{pmatrix} \cdot 2 = \begin{pmatrix} 4 \\ -2 \\ 0 \end{pmatrix}$ und $\begin{pmatrix} 2 \\ 3 \\ 1 \end{pmatrix} \notin g_1$,

sind die Geraden parallel und nicht identisch.

99

18. a) Die 3 Stützvektoren sind identisch

$\Rightarrow$ Ebene und Geraden haben gemeinsamen Punkt.

Jeweils der Richtungsvektor der Geraden ist auch ein Richtungsvektor der Ebene.

99

18. b) Beispielhaftes Vorgehen:

- F enthält $g_1 \Rightarrow$ F: $\vec{x} = \begin{pmatrix} 3 \\ 1 \\ 2 \end{pmatrix} + s\begin{pmatrix} 1 \\ -1 \\ 2 \end{pmatrix} + t \cdot \vec{u}$

- Mit P nicht in E ist z. B. $\vec{u} = \begin{pmatrix} 3 \\ 1 \\ 2 \end{pmatrix} - \overrightarrow{OP}$.

Beispiel: P(1 | 1 | 1) $\Rightarrow \vec{u} = \begin{pmatrix} 2 \\ 0 \\ 1 \end{pmatrix}$

$\Rightarrow$ z. B. F: $\vec{x} = \begin{pmatrix} 3 \\ 1 \\ 2 \end{pmatrix} + s\begin{pmatrix} 1 \\ -1 \\ 2 \end{pmatrix} + t\begin{pmatrix} 2 \\ 0 \\ 1 \end{pmatrix}$

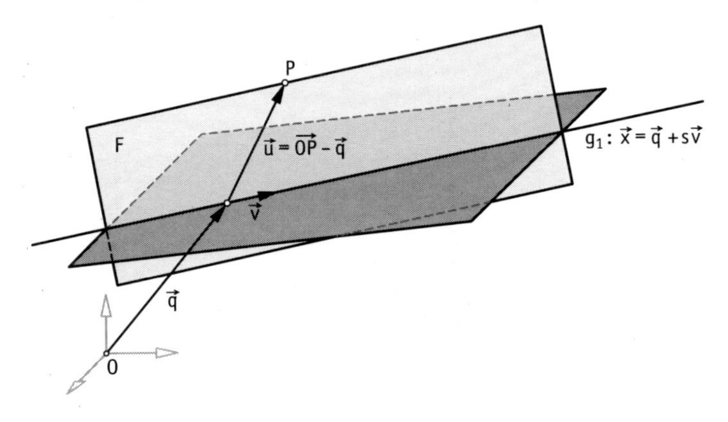

c) Beispielhaftes Vorgehen:

- G parallel zu E $\Rightarrow$ G: $\vec{x} = \vec{a} + s\begin{pmatrix} 1 \\ -1 \\ 2 \end{pmatrix} + t\begin{pmatrix} 2 \\ 1 \\ 4 \end{pmatrix}$

- G enthält P $\Rightarrow \vec{a} = \overrightarrow{OP}$

Beispiel mit P(1 | 1 | 1): G: $\vec{x} = \begin{pmatrix} 1 \\ 1 \\ 1 \end{pmatrix} + s\begin{pmatrix} 1 \\ -1 \\ 2 \end{pmatrix} + t\begin{pmatrix} 2 \\ 1 \\ 4 \end{pmatrix}$

19. a) $\vec{x} = s \cdot \begin{pmatrix} 1 \\ 0 \\ 0 \end{pmatrix} + t \cdot \begin{pmatrix} 0 \\ 1 \\ 0 \end{pmatrix}$

b) $\vec{x} = s \cdot \begin{pmatrix} 0 \\ 1 \\ 0 \end{pmatrix} + t \cdot \begin{pmatrix} 0 \\ 0 \\ 1 \end{pmatrix}$

c) $\vec{x} = \begin{pmatrix} 3 \\ 1 \\ -2 \end{pmatrix} + s \cdot \begin{pmatrix} 1 \\ 0 \\ 0 \end{pmatrix} + t \cdot \begin{pmatrix} 0 \\ 0 \\ 1 \end{pmatrix}$

d) $\vec{x} = \begin{pmatrix} 0 \\ 0 \\ 2 \end{pmatrix} + s \cdot \begin{pmatrix} 1 \\ 0 \\ 0 \end{pmatrix} + t \cdot \begin{pmatrix} 0 \\ 1 \\ 0 \end{pmatrix}$

99

19. **e)** $\vec{x} = \begin{pmatrix} 3 \\ 0 \\ 0 \end{pmatrix} + s \cdot \begin{pmatrix} -3 \\ 1 \\ 0 \end{pmatrix} + t \cdot \begin{pmatrix} -3 \\ 0 \\ -1 \end{pmatrix}$ **g)** $\vec{x} = s \cdot \begin{pmatrix} 1 \\ 2 \\ 0 \end{pmatrix} + t \cdot \begin{pmatrix} 0 \\ 0 \\ 1 \end{pmatrix}$

f) $\vec{x} = \begin{pmatrix} 0 \\ 0 \\ 4 \end{pmatrix} + s \cdot \begin{pmatrix} 3 \\ 0 \\ -4 \end{pmatrix} + t \cdot \begin{pmatrix} 0 \\ -2 \\ -4 \end{pmatrix}$

20. **a)** - 3 Punkte: Beispiel: Schülerband S. 96, Aufgabe 5.
- 1 Punkt und 1 Gerade: Beispiel: Schülerband S. 97, Aufgabe 6
- 2 Geraden, die sich in einem Punkt schneiden:
Beispiel: Schülerband S. 97, Aufgabe 7
- 2 verschiedene parallele Geraden: Beispiel: Schülerband S. 97, Aufgabe 8

b) Punkte in der Ebene bestimmen: Für die beiden Parameter verschiedene Werte einsetzen.
Punkte, die nicht in der Ebene liegen: z. B.: Ortsvektor der Ebene durch ein Vielfaches des Ortsvektors ersetzen, ggf. noch Vielfache der Richtungsvektoren addieren.

21. **a)** $E: \vec{x} = \begin{pmatrix} 4 \\ 4 \\ 2 \end{pmatrix} + \lambda \cdot \begin{pmatrix} 0 \\ -2 \\ 2 \end{pmatrix} + \mu \cdot \begin{pmatrix} -4 \\ 0 \\ 2 \end{pmatrix}$

b) Es muss gelten: $\lambda, \mu \geq 0$ und $\lambda + \mu \leq 1$.

22. **a)** Der Stützvektor aller drei Parameterdarstellungen ist gleich. Die Richtungsvektoren der Ebene sind die Richtungsvektoren der beiden Geraden. Für s = 0, r beliebig ergibt sich aus der Ebene die Gerade g_1 und für r = 0 und s beliebig die Gerade g_2.

b) Setze in $\vec{x} = \vec{a} + r \cdot \vec{u} + s \cdot \vec{v}$
(1) s = 0, das ergibt g: $\vec{x} = \vec{a} + t \cdot \vec{u}$
(2) r = 0, das ergibt g: $\vec{x} = \vec{a} + t \cdot \vec{v}$
(3) r = 1, das ergibt g: $\vec{x} = \vec{a} + \vec{u} + t \cdot \vec{v}$
(4) s = 3, das ergibt g: $\vec{x} = \vec{a} + 3\vec{v} + t \cdot \vec{u}$

2.1.2 Lagebeziehungen zwischen Gerade und Ebene

101

3. **a)** (1) Gleichsetzen führt auf Gleichungssystem:

$$\left| \begin{aligned} r - t &= 1 \\ 2r - 3s + 4t &= -1 \\ -4r + 2s &= -2 \end{aligned} \right| \Rightarrow \left| \begin{aligned} r + t &= 1 \\ 6t - 3s &= -3 \\ 0 &= 0 \end{aligned} \right|$$

Das Gleichungssystem hat einen freien Parameter und somit unendlich viele Lösungen $\Rightarrow$ g liegt in E.

101

3. a) (2) Richtungsvektor von g liegt in E (Linearkombination der Richtungsvektoren von E): $\begin{pmatrix} 1 \\ -4 \\ 0 \end{pmatrix} = \begin{pmatrix} 1 \\ 2 \\ -4 \end{pmatrix} + 2\begin{pmatrix} 0 \\ -3 \\ 2 \end{pmatrix}$.

Punkt A(2 | 1 | −1) des Stützvektors $\overrightarrow{OA}$ von g liegt in E für r = 1; s = 1.

b) Beispiele:

$g_1: \vec{x} = \begin{pmatrix} 1 \\ 2 \\ 1 \end{pmatrix} + t\begin{pmatrix} 1 \\ 2 \\ -4 \end{pmatrix}$ mit $t \in \mathbb{R}$

$g_2: \vec{x} = \begin{pmatrix} 1 \\ 2 \\ 1 \end{pmatrix} + t\begin{pmatrix} 0 \\ -3 \\ 2 \end{pmatrix}$ mit $t \in \mathbb{R}$

$g_3: \vec{x} = \begin{pmatrix} 2 \\ 4 \\ -3 \end{pmatrix} + t\begin{pmatrix} 1 \\ -1 \\ -2 \end{pmatrix}$ mit $t \in \mathbb{R}$

102

4. Parameterdarstellung der Trägergeraden des Seils

$\overrightarrow{OX} = \begin{pmatrix} 8 \\ 11 \\ 21 \end{pmatrix} + r\begin{pmatrix} 1 \\ 3 \\ 4 \end{pmatrix}$; $r \in \mathbb{R}$

Ortsvektor des Schnittpunkts: $\overrightarrow{OS} = \begin{pmatrix} 8+r \\ 11+3r \\ 21+4r \end{pmatrix}$.

Dieser Ortsvektor muss auch die Ebenengleichung erfüllen. Einsetzen liefert r = −4; t = −2; s = 0. Aus der Parameterdarstellung der Geraden folgt S(4 | −1 | 5). Dies ist ungefähr der Punkt, an dem die Verankerung angebracht werden sollte.

5. a) (1) S(−3 | 8 | 1)
(2) keine Lösung, g || E
(3) keine Lösung, g || E
(4) g liegt in E

b) g und E haben den gleichen Stützvektor.
Richtungsvektor von g ist auch Richtungsvektor von E.

6. (1) Gerade und Ebene sind parallel, sie haben keinen Schnittpunkt.
(2) Gerade liegt in der Ebene.
(3) Gerade und Ebene schneiden sich in einem Punkt.

7. a) Z. B.: g: $\vec{x} = \begin{pmatrix} -1 \\ 2 \\ 3 \end{pmatrix} + t \cdot \begin{pmatrix} 12 \\ 13 \\ 2 \end{pmatrix}$; $t \in \mathbb{R}$

102

7. **b)** Z. B.: g: $\vec{x} = \begin{pmatrix} -1 \\ 2 \\ 3 \end{pmatrix} + t \cdot \begin{pmatrix} 3 \\ -2 \\ 1 \end{pmatrix}$; $t \in \mathbb{R}$

oder g: $\vec{x} = \begin{pmatrix} -1 \\ 2 \\ 3 \end{pmatrix} + t \cdot \begin{pmatrix} 2 \\ -2 \\ 5 \end{pmatrix}$; $t \in \mathbb{R}$

c) Z. B.: g: $\vec{x} = \begin{pmatrix} 3 \\ -2 \\ 5 \end{pmatrix} + t \cdot \begin{pmatrix} 2 \\ -2 \\ 5 \end{pmatrix}$; $t \in \mathbb{R}$

oder g: $\vec{x} = \begin{pmatrix} 3 \\ -2 \\ 5 \end{pmatrix} + t \cdot \begin{pmatrix} 3 \\ -2 \\ 1 \end{pmatrix}$; $t \in \mathbb{R}$

8. Ebene $P_1P_2P_3$: $\overrightarrow{OX} = \overrightarrow{OP_1} + \lambda\overrightarrow{P_1P_2} + \mu\overrightarrow{P_1P_3}$

Gerade AB: $\overrightarrow{OX} = \overrightarrow{OA} + \varphi \cdot \overrightarrow{AB}$

$\lambda\overrightarrow{P_1P_2} + \mu\overrightarrow{P_1P_3} - \varphi\overrightarrow{AB} = \overrightarrow{OA} - \overrightarrow{OP_1}$

Für einen Schnittpunkt müssen wir Parameter λ, μ und φ finden.

$$\lambda\begin{pmatrix} -7 \\ 5 \\ -3 \end{pmatrix} + \mu\begin{pmatrix} 14 \\ -10 \\ -2 \end{pmatrix} - \varphi\begin{pmatrix} -3 \\ 3 \\ 15 \end{pmatrix} = \begin{pmatrix} 2 \\ -2 \\ -14 \end{pmatrix}$$

$\lambda = 1$, $\varphi = \frac{2}{3}$ und $\mu = \frac{1}{2}$.

$S(-1 \mid 3 \mid 1)$

9. Ebene, in der das Parallelogramm liegt:

E: $\vec{x} = \begin{pmatrix} 1 \\ 2 \\ 0 \end{pmatrix} + r\begin{pmatrix} 2 \\ 3 \\ 0 \end{pmatrix} + s\begin{pmatrix} 0 \\ 2 \\ 6 \end{pmatrix}$

Schnittpunkt von g mit E: $\left(-\frac{31}{9} \mid -\frac{59}{36} \mid \frac{109}{12}\right)$

für Parameterwerte $s = \frac{109}{72} > 1$ und $r = -\frac{20}{9} < 0$.

Alle Punkte des Parallelogramms werden beschrieben für Parameterwerte $0 \le s \le 1$ und $0 \le r \le 1$.

Die Gerade trifft nicht das Parallelogramm.

103

10. **a)** Z. B.: E: $\vec{x} = \begin{pmatrix} 0 \\ 2 \\ 0 \end{pmatrix} + r\begin{pmatrix} 0 \\ 0 \\ 1 \end{pmatrix} + s\begin{pmatrix} 1 \\ 0 \\ 0 \end{pmatrix}$ **b)** Z. B.: E: $\vec{x} = \begin{pmatrix} 1 \\ 0 \\ 0 \end{pmatrix} + r\begin{pmatrix} 0 \\ 1 \\ 0 \end{pmatrix} + s\begin{pmatrix} 0 \\ 0 \\ 1 \end{pmatrix}$

103

11. Das Tauchboot taucht auf im Punkt (13 | 0 | 0).

12. Für a = –1 sind die 3 Richtungsvektoren linear abhängig und somit Ebene und Gerade parallel. Der Stützvektor der Geraden liegt nicht in der Ebene.

13. Beispiel:

$$E_1:\ \vec{x} = \begin{pmatrix} 3 \\ 1 \\ -2 \end{pmatrix} + s\begin{pmatrix} -1 \\ 1 \\ 2 \end{pmatrix} + t\begin{pmatrix} 1 \\ 0 \\ 0 \end{pmatrix}$$

$$E_2:\ \vec{x} = \begin{pmatrix} 1 \\ 1 \\ 3 \end{pmatrix} + s\begin{pmatrix} 1 \\ 0 \\ 0 \end{pmatrix} + t\begin{pmatrix} -1 \\ 1 \\ 2 \end{pmatrix}$$

$$E_3:\ \vec{x} = \begin{pmatrix} 1 \\ 1 \\ 3 \end{pmatrix} + s\begin{pmatrix} -1 \\ 1 \\ 2 \end{pmatrix} + t\begin{pmatrix} 2 \\ 0 \\ -5 \end{pmatrix}$$

14. $E_1: \begin{pmatrix} 0 \\ 4 \\ 7 \end{pmatrix} + \lambda \cdot \begin{pmatrix} 0 \\ 4 \\ -3 \end{pmatrix} + \mu \cdot \begin{pmatrix} -9 \\ 0 \\ 0 \end{pmatrix}$ $\qquad E_2: \begin{pmatrix} -3 \\ 11 \\ 4 \end{pmatrix} + \lambda \cdot \begin{pmatrix} -3 \\ 0 \\ 2 \end{pmatrix} + \mu \cdot \begin{pmatrix} 0 \\ -3 \\ 0 \end{pmatrix}$

$E_1: \begin{pmatrix} 0 \\ 3 \\ 4 \end{pmatrix} * \vec{x} = 40$ $\qquad E_2: \begin{pmatrix} 2 \\ 0 \\ 3 \end{pmatrix} * \vec{x} = 6$

Ermitteln Durchstoßpunkt S:

$E_1: 3x_2 + 4x_3 = 40$

Einsetzen von $x_1 = -2;\ x_2 = 6 \Rightarrow x_3 = 5{,}5$

$S = (-2 \mid 6 \mid 5{,}5)$

15. **a)** B(4 | 4 | 0); C(–4 | 4 | 0); D(–4 | –4 | 0); E(0 | 0 | 16); P(2 | –2 | 8)

b) S(–0,857 | –0,857 | 12,571)

c) Man benötigt lediglich Richtungsvektoren

$$\overrightarrow{BE} = \begin{pmatrix} -4 \\ -4 \\ 16 \end{pmatrix};\ \overrightarrow{QR} = \begin{pmatrix} 4 \\ 2 \\ -8 \end{pmatrix}$$

$$\cos\varphi = \frac{\left|\overrightarrow{BE} * \overrightarrow{QR}\right|}{\left|\overrightarrow{BE}\right| \cdot \left|\overrightarrow{QR}\right|} = \frac{|-152|}{24\sqrt{42}} \Rightarrow \varphi = 12{,}24°$$

2.1.3 Lagebeziehungen zwischen zwei Ebenen

105

2. a) Gleichsetzen führt auf das Gleichungssystem

$$\left|\begin{array}{r} 5r - s - 4k - 2t = 4 \\ 6s - 6k - 18t = 6 \\ 2r + 3s - 5k - 11t = 5 \end{array}\right| \Rightarrow \left|\begin{array}{r} r - k - t = 1 \\ s - k - 3t = 1 \\ 0 = 0 \end{array}\right|$$

Das Gleichungssystem hat 2 freie Parameter, d. h. die Schnittmenge sind die Ebenen selber; sie sind identisch.

Alternativ:

Richtungsvektoren vergleichen:

$$\begin{pmatrix} 4 \\ 6 \\ 5 \end{pmatrix} = \begin{pmatrix} 5 \\ 0 \\ 2 \end{pmatrix} + \begin{pmatrix} -1 \\ 6 \\ 3 \end{pmatrix}; \quad \begin{pmatrix} 2 \\ 18 \\ 11 \end{pmatrix} = \begin{pmatrix} 5 \\ 0 \\ 2 \end{pmatrix} + 3\begin{pmatrix} -1 \\ 6 \\ 3 \end{pmatrix}$$

und Stützvektor von E liegt in F für $r = -1$; $s = 0$.

b) Beispiele:

$$E\colon \vec{x} = \begin{pmatrix} 0 \\ 8 \\ 4 \end{pmatrix} + r\begin{pmatrix} 5 \\ 0 \\ 2 \end{pmatrix} + s\begin{pmatrix} 2 \\ 18 \\ 11 \end{pmatrix} \text{ mit } r, s \in \mathbb{R}$$

$$E\colon \vec{x} = \begin{pmatrix} 1 \\ 2 \\ 1 \end{pmatrix} + r\begin{pmatrix} 4 \\ 6 \\ 5 \end{pmatrix} + s\begin{pmatrix} -1 \\ 6 \\ 3 \end{pmatrix} \text{ mit } r, s \in \mathbb{R}$$

$$E\colon \vec{x} = \begin{pmatrix} -4 \\ 2 \\ -1 \end{pmatrix} + r\begin{pmatrix} 6 \\ 24 \\ 16 \end{pmatrix} + s\begin{pmatrix} 0 \\ 30 \\ 17 \end{pmatrix} \text{ mit } r, s \in \mathbb{R}$$

3. Die Punkte der Schnittgeraden liegen sowohl in der Ebene E_1, als auch in der Ebene E_2, die z. B. durch die Punkte B, E und A gegeben ist.

$$E_2\colon \vec{x} = \overrightarrow{OB} + k \cdot \overrightarrow{BE} + t \cdot \overrightarrow{BA} = \begin{pmatrix} 0 \\ 8 \\ 0 \end{pmatrix} + k\begin{pmatrix} 0 \\ 0 \\ 4 \end{pmatrix} + t\begin{pmatrix} 6 \\ -8 \\ 0 \end{pmatrix};\ k, t \in \mathbb{R}$$

Gleichsetzen von E_1 und E_2 liefert:

$$\left|\begin{array}{r} -3r - 3s - 6t = -6 \\ 4s + 8t = 8 \\ -4r - 4s - 4k = -4 \end{array}\right| \Rightarrow \left|\begin{array}{r} r = 0 \\ s + 2t = 2 \\ k - 2t = -1 \end{array}\right|$$

Einsetzen von $k = -1 + 2t$ gibt die gesuchte Gerade

$$g\colon \vec{x} = \begin{pmatrix} 0 \\ 8 \\ -4 \end{pmatrix} + t\begin{pmatrix} 6 \\ -8 \\ 0 \end{pmatrix};\ t \in \mathbb{R}$$

105

4. Mögliche Schnittgeraden:

a) $\vec{x} = \begin{pmatrix} -3 \\ 0 \\ \frac{27}{4} \end{pmatrix} + s \cdot \begin{pmatrix} 0 \\ 2 \\ -3 \end{pmatrix}$ oder $\vec{x} = \begin{pmatrix} -3 \\ 4,5 \\ 0 \end{pmatrix} + t \cdot \begin{pmatrix} 0 \\ -\frac{2}{3} \\ 1 \end{pmatrix}$

b) $\vec{x} = \begin{pmatrix} 0 \\ 0 \\ 9 \end{pmatrix} + s \cdot \begin{pmatrix} 0 \\ 2 \\ -3 \end{pmatrix}$ oder $\vec{x} = \begin{pmatrix} 0 \\ 6 \\ 0 \end{pmatrix} + t \cdot \begin{pmatrix} 0 \\ -\frac{2}{3} \\ 1 \end{pmatrix}$

c) $\vec{x} = \begin{pmatrix} -6 \\ 0 \\ \frac{9}{2} \end{pmatrix} + s \cdot \begin{pmatrix} 3 \\ 2 \\ -\frac{3}{4} \end{pmatrix}$ oder $\vec{x} = \begin{pmatrix} 12 \\ 12 \\ 0 \end{pmatrix} + t \cdot \begin{pmatrix} -4 \\ -\frac{8}{3} \\ 1 \end{pmatrix}$

d) $\vec{x} = \begin{pmatrix} 1 \\ 0 \\ \frac{39}{4} \end{pmatrix} + s \cdot \begin{pmatrix} 2 \\ 2 \\ -\frac{3}{2} \end{pmatrix}$ oder $\vec{x} = \begin{pmatrix} 14 \\ 13 \\ 0 \end{pmatrix} + s \cdot \begin{pmatrix} 4 \\ 4 \\ -3 \end{pmatrix}$

106

5. a) Die Ebenen schneiden sich in g: $\vec{x} = \begin{pmatrix} 4 \\ 2 \\ 5 \end{pmatrix} + s \begin{pmatrix} 0 \\ 1 \\ 1 \end{pmatrix}$; $s \in \mathbb{R}$.

b) Die Ebenen sind identisch.

c) Die Ebenen schneiden sich in g: $\vec{x} = \begin{pmatrix} -9,6 \\ -2,4 \\ 0 \end{pmatrix} + s \begin{pmatrix} -5 \\ -2 \\ -1 \end{pmatrix}$; $s \in \mathbb{R}$.

d) Die Ebenen schneiden sich in g: $\vec{x} = \begin{pmatrix} 0,5 \\ 1,5 \\ 1,5 \end{pmatrix} + s \begin{pmatrix} 2 \\ 1 \\ 0 \end{pmatrix}$; $s \in \mathbb{R}$.

e) Die Ebenen schneiden sich in g: $\vec{x} = \begin{pmatrix} 2 \\ 6 \\ 9 \end{pmatrix} + s \begin{pmatrix} 9 \\ -7 \\ 10 \end{pmatrix}$; $s \in \mathbb{R}$.

6. Z. B.: E_1: $\vec{x} = \begin{pmatrix} 3 \\ 2 \\ -1 \end{pmatrix} + t \begin{pmatrix} 1 \\ -2 \\ 2 \end{pmatrix} + s \begin{pmatrix} 2 \\ -2 \\ 2 \end{pmatrix}$; $s, t \in \mathbb{R}$

Z. B.: E_2: $\vec{x} = \begin{pmatrix} 3 \\ 2 \\ -1 \end{pmatrix} + t \begin{pmatrix} 1 \\ -2 \\ 2 \end{pmatrix} + r \begin{pmatrix} -6 \\ 0 \\ -3 \end{pmatrix}$; $t, r \in \mathbb{R}$

106

7. Beispiele:

$$E_1:\ \vec{x} = \begin{pmatrix}0\\0\\1\end{pmatrix} + s\begin{pmatrix}0\\0\\2\end{pmatrix} + t\begin{pmatrix}1\\0\\0\end{pmatrix};\ s,\ t \in \mathbb{R}$$

$$E_2:\ \vec{x} = \begin{pmatrix}0\\0\\2\end{pmatrix} + s\begin{pmatrix}0\\0\\1\end{pmatrix} + t\begin{pmatrix}0\\1\\0\end{pmatrix};\ s,\ t \in \mathbb{R}\ \text{oder}$$

$$E_1:\ \vec{x} = \begin{pmatrix}0\\0\\5\end{pmatrix} + s\begin{pmatrix}0\\0\\1\end{pmatrix} + t\begin{pmatrix}1\\1\\0\end{pmatrix};\ s,\ t \in \mathbb{R}$$

$$E_2:\ \vec{x} = \begin{pmatrix}2\\-2\\0\end{pmatrix} + s\begin{pmatrix}0\\0\\3\end{pmatrix} + t\begin{pmatrix}-1\\1\\0\end{pmatrix};\ s,\ t \in \mathbb{R}$$

8. a) Z. B.: $E_2:\ \vec{x} = \begin{pmatrix}1\\0\\-4\end{pmatrix} + t\begin{pmatrix}5\\4\\3\end{pmatrix} + s\begin{pmatrix}-3\\3\\-4\end{pmatrix};\ s,\ t \in \mathbb{R}$

b) Z. B.: E: $\vec{x} = \begin{pmatrix}1\\1\\1\end{pmatrix} + t\begin{pmatrix}1\\0\\0\end{pmatrix} + s\begin{pmatrix}0\\0\\1\end{pmatrix};\ s,\ t \in \mathbb{R}$

c) -

9. a) Die Ebenen E_1 und E_2 sind parallel.

b) $E_3: \vec{x} = \begin{pmatrix}2\\1\\6\end{pmatrix} + r\cdot\begin{pmatrix}-1\\4\\0\end{pmatrix} + t\cdot\begin{pmatrix}2\\1\\3\end{pmatrix};\ r, t \in \mathbb{R}$

c) z. B.: E: $\vec{x} = \begin{pmatrix}0\\0\\0\end{pmatrix} + r\cdot\begin{pmatrix}-1\\4\\0\end{pmatrix} + t\cdot\begin{pmatrix}2\\1\\3\end{pmatrix}$

E: $\vec{x} = \begin{pmatrix}1\\0\\0\end{pmatrix} + r\cdot\begin{pmatrix}-2\\8\\0\end{pmatrix} + t\cdot\begin{pmatrix}2\\1\\3\end{pmatrix}$

E: $\vec{x} = \begin{pmatrix}6\\3\\6\end{pmatrix} + r\cdot\begin{pmatrix}-2\\8\\0\end{pmatrix} + t\cdot\begin{pmatrix}1\\5\\3\end{pmatrix}$

106

10. E ist parallel zur x_1x_2-Ebene, wie man an den Richtungsvektoren $\begin{pmatrix} 1 \\ -3 \\ 0 \end{pmatrix}$ und $\begin{pmatrix} -2 \\ 1 \\ 0 \end{pmatrix}$ direkt sieht.

11. Z. B: E: $\vec{x} = \begin{pmatrix} 4 \\ 1 \\ 4 \end{pmatrix} + r \cdot \begin{pmatrix} 0 \\ 3 \\ -3 \end{pmatrix} + t \cdot \begin{pmatrix} -2 \\ 3 \\ 0 \end{pmatrix}$

E_1 schneidet E in einer Geraden.

E_2 ist zu E echt parallel.

E_3 schneidet E in einer Geraden.

12. Beispiele

(1) • $E_1: \vec{x} = \begin{pmatrix} 1 \\ 0 \\ 0 \end{pmatrix} + r \begin{pmatrix} 1 \\ 0 \\ 0 \end{pmatrix} + s \begin{pmatrix} 1 \\ 1 \\ 0 \end{pmatrix}$ $\quad E_2: \vec{x} = \begin{pmatrix} 2 \\ 0 \\ 0 \end{pmatrix} + r \begin{pmatrix} 1 \\ 0 \\ 0 \end{pmatrix} + s \begin{pmatrix} 0 \\ 1 \\ 1 \end{pmatrix}$

• $E_1: \vec{x} = \begin{pmatrix} 2 \\ 1 \\ 0 \end{pmatrix} + r \begin{pmatrix} 2 \\ 1 \\ 0 \end{pmatrix} + s \begin{pmatrix} 0 \\ 1 \\ 0 \end{pmatrix}$ $\quad E_2: \vec{x} = \begin{pmatrix} 0 \\ 0 \\ 0 \end{pmatrix} + r \begin{pmatrix} 1 \\ 0 \\ 0 \end{pmatrix} + s \begin{pmatrix} 0 \\ 0 \\ 1 \end{pmatrix}$

• $E_1: \vec{x} = \begin{pmatrix} 2 \\ 1 \\ 1 \end{pmatrix} + r \begin{pmatrix} 5 \\ 0 \\ 0 \end{pmatrix} + s \begin{pmatrix} 2 \\ 2 \\ 2 \end{pmatrix}$ $\quad E_2: \vec{x} = \begin{pmatrix} -3 \\ 0 \\ 0 \end{pmatrix} + r \begin{pmatrix} 3 \\ 4 \\ 3 \end{pmatrix} + s \begin{pmatrix} 4 \\ 4 \\ 3 \end{pmatrix}$

(2) • $E_1: \vec{x} = \begin{pmatrix} 0 \\ 1 \\ 0 \end{pmatrix} + r \begin{pmatrix} 0 \\ 1 \\ 0 \end{pmatrix} + s \begin{pmatrix} 1 \\ 0 \\ 0 \end{pmatrix}$ $\quad E_2: \vec{x} = \begin{pmatrix} 0 \\ 1 \\ 0 \end{pmatrix} + r \begin{pmatrix} 0 \\ 1 \\ 0 \end{pmatrix} + s \begin{pmatrix} 0 \\ 0 \\ 1 \end{pmatrix}$

• $E_1: \vec{x} = \begin{pmatrix} 8 \\ 1 \\ 0 \end{pmatrix} + r \begin{pmatrix} 2 \\ 1 \\ 0 \end{pmatrix} + s \begin{pmatrix} -2 \\ 0 \\ 0 \end{pmatrix}$ $\quad E_2: \vec{x} = \begin{pmatrix} 0 \\ 3 \\ 0 \end{pmatrix} + r \begin{pmatrix} 0 \\ 1 \\ 3 \end{pmatrix} + s \begin{pmatrix} 0 \\ 0 \\ -6 \end{pmatrix}$

• $E_1: \vec{x} = \begin{pmatrix} 0 \\ 2 \\ 0 \end{pmatrix} + r \begin{pmatrix} 1 \\ 2 \\ 3 \end{pmatrix} + s \begin{pmatrix} -1 \\ 0 \\ -3 \end{pmatrix}$ $\quad E_2: \vec{x} = \begin{pmatrix} 3 \\ 2 \\ 5 \end{pmatrix} + r \begin{pmatrix} 3 \\ 1 \\ 5 \end{pmatrix} + s \begin{pmatrix} -6 \\ 4 \\ -10 \end{pmatrix}$

106

12. (3) • $E_1: \vec{x} = \begin{pmatrix} 0 \\ 0 \\ 1 \end{pmatrix} + r \begin{pmatrix} 0 \\ 0 \\ 1 \end{pmatrix} + s \begin{pmatrix} 1 \\ 0 \\ 0 \end{pmatrix}$ $\quad E_2: \vec{x} = \begin{pmatrix} 0 \\ 0 \\ 1 \end{pmatrix} + r \begin{pmatrix} 0 \\ 0 \\ 1 \end{pmatrix} + s \begin{pmatrix} 0 \\ 1 \\ 0 \end{pmatrix}$

• $E_1: \vec{x} = \begin{pmatrix} 0 \\ 0 \\ 3 \end{pmatrix} + r \begin{pmatrix} 2 \\ 7 \\ 4 \end{pmatrix} + s \begin{pmatrix} -2 \\ -7 \\ 0 \end{pmatrix}$ $\quad E_2: \vec{x} = \begin{pmatrix} 6 \\ 6 \\ 7 \end{pmatrix} + r \begin{pmatrix} 3 \\ 3 \\ 4 \end{pmatrix} + s \begin{pmatrix} 1 \\ 1 \\ 1 \end{pmatrix}$

• $E_1: \vec{x} = \begin{pmatrix} 0 \\ 0 \\ 2 \end{pmatrix} + r \begin{pmatrix} 6 \\ 7 \\ 8 \end{pmatrix} + s \begin{pmatrix} 12 \\ 14 \\ 14 \end{pmatrix}$ $\quad E_2: \vec{x} = \begin{pmatrix} 1 \\ 1 \\ 2 \end{pmatrix} + r \begin{pmatrix} 1 \\ 1 \\ 1 \end{pmatrix} + s \begin{pmatrix} 0 \\ 0 \\ 1 \end{pmatrix}$

(4) • $E_1: \vec{x} = \begin{pmatrix} 0 \\ 0 \\ 0 \end{pmatrix} + r \begin{pmatrix} 1 \\ 1 \\ 1 \end{pmatrix} + s \begin{pmatrix} 1 \\ 0 \\ 0 \end{pmatrix}$ $\quad E_2: \vec{x} = \begin{pmatrix} 0 \\ 1 \\ 0 \end{pmatrix} + r \begin{pmatrix} 1 \\ 1 \\ 1 \end{pmatrix} + s \begin{pmatrix} 0 \\ 1 \\ 0 \end{pmatrix}$

• $E_1: \vec{x} = \begin{pmatrix} 1 \\ 3 \\ 5 \end{pmatrix} + r \begin{pmatrix} 1 \\ 2 \\ 3 \end{pmatrix} + s \begin{pmatrix} 0 \\ 1 \\ 2 \end{pmatrix}$ $\quad E_2: \vec{x} = \begin{pmatrix} 5 \\ 4 \\ 4 \end{pmatrix} + r \begin{pmatrix} 3 \\ 3 \\ 3 \end{pmatrix} + s \begin{pmatrix} 1 \\ 0 \\ 0 \end{pmatrix}$

• $E_1: \vec{x} = \begin{pmatrix} 1 \\ 1 \\ 1 \end{pmatrix} + r \begin{pmatrix} 6 \\ 1 \\ 4 \end{pmatrix} + s \begin{pmatrix} 7 \\ 2 \\ 5 \end{pmatrix}$ $\quad E_2: \vec{x} = \begin{pmatrix} 5 \\ 9 \\ -1 \end{pmatrix} + r \begin{pmatrix} 3 \\ 5 \\ 0 \end{pmatrix} + s \begin{pmatrix} -2 \\ -4 \\ 1 \end{pmatrix}$

2.2 Normalenvektor einer Ebene

2.2.1 Normalenform und Koordinatenform einer Ebene

111

2. a) Vergleiche Information auf S. 111 mit dem Beispiel.

b) (1) $\begin{pmatrix} 1 \\ -2 \\ 5 \end{pmatrix} \cdot \begin{pmatrix} n_1 \\ n_2 \\ n_3 \end{pmatrix} = 0$ und $\begin{pmatrix} 0 \\ 2 \\ 1 \end{pmatrix} \cdot \begin{pmatrix} n_1 \\ n_2 \\ n_3 \end{pmatrix} = 0$

also $\left| \begin{array}{r} n_1 - 2n_2 + 5n_3 = 0 \\ 2n_2 + n_3 = 0 \end{array} \right|$

Lösung: $\left(-6t \mid -\frac{1}{2}t \mid t\right)$ mit $t \in \mathbb{R}$

Für $t = 1$ erhält man $\vec{n} = \begin{pmatrix} -6 \\ -\frac{1}{2} \\ 1 \end{pmatrix}$

(2) Mit dem Normalenvektor $\vec{n}$ und dem Aufpunkt $A(3 \mid 4 \mid 2)$ erhält man die Koordinatenform für E:

$-6x_1 - \frac{1}{2}x_2 + x_3 = -18$

111

2. c) Seien $\vec{u} = \begin{pmatrix} 1 \\ -2 \\ 5 \end{pmatrix}$ und $\vec{v} = \begin{pmatrix} 0 \\ 2 \\ 1 \end{pmatrix}$, dann ist $\vec{u} \times \vec{v}$ sowohl orthogonal zu $\vec{n}$

als auch zu $\vec{v}$: $\vec{u} \times \vec{v} = \begin{pmatrix} (-2) \cdot 1 - 5 \cdot 2 \\ 0 \cdot 5 - 1 \cdot 1 \\ 1 \cdot 2 - 0 \cdot (-2) \end{pmatrix} = \begin{pmatrix} -12 \\ -1 \\ 2 \end{pmatrix}$

Man sieht, dass $\vec{u} \times \vec{v} = 2 \cdot \vec{n}$ gilt, also: $-12x_1 - x_2 + 2x_3 = -36$

112

3. a) $\vec{n}$ ablesen: $\vec{n} = \begin{pmatrix} 3 \\ -2 \\ 6 \end{pmatrix}$

Punkt P bestimmen $x_2 = x_3 = 0$: P(6 | 0 | 0)

$\Rightarrow$ Normalenform: E: $\begin{pmatrix} 3 \\ -2 \\ 6 \end{pmatrix} * \left[\begin{pmatrix} x_1 \\ x_2 \\ x_3 \end{pmatrix} - \begin{pmatrix} 6 \\ 0 \\ 0 \end{pmatrix}\right] = 0$

b) Normalenvektor ablesbar: $\vec{n} = \begin{pmatrix} a \\ b \\ c \end{pmatrix}$ bzw. Vielfache davon

$\vec{n} = r \cdot \begin{pmatrix} a \\ b \\ c \end{pmatrix}$; $r \in \mathbb{R} \setminus \{0\}$

4. a) Die 3 Punkte dürfen nicht auf einer Geraden liegen.
Beispiel: P(0 | 3 | 0); Q(12 | 0 | 0); R(0 | 0 | 2) liefert

E: $\vec{x} = \begin{pmatrix} 0 \\ 3 \\ 0 \end{pmatrix} + r \begin{pmatrix} 12 \\ -3 \\ 0 \end{pmatrix} + s \begin{pmatrix} 0 \\ -3 \\ 2 \end{pmatrix}$

b) (1) $x_1 = 6 - 4x_2 - 6x_3$

(2) $x_2 = s$; $x_3 = t$

$x_1 = 6 - 4s - 6t$

$x_2 = s$

$x_3 = t$

(3) $\vec{x} = \begin{pmatrix} 6 \\ 0 \\ 0 \end{pmatrix} + s \begin{pmatrix} -4 \\ 1 \\ 0 \end{pmatrix} + t \begin{pmatrix} -6 \\ 0 \\ 1 \end{pmatrix}$

112

5. a)

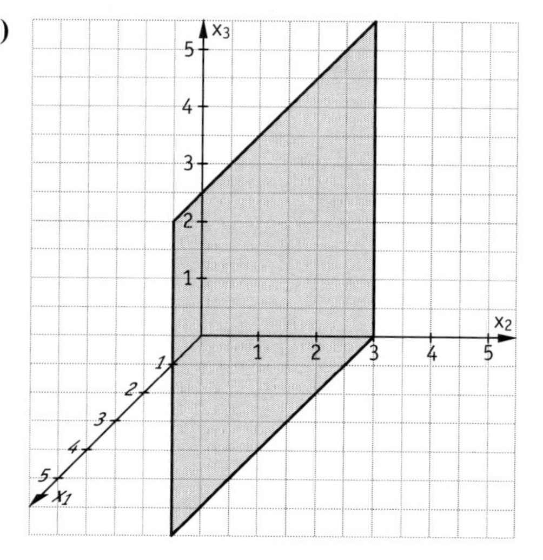

E_1 ist parallel zur x_1- und x_3-Achse.

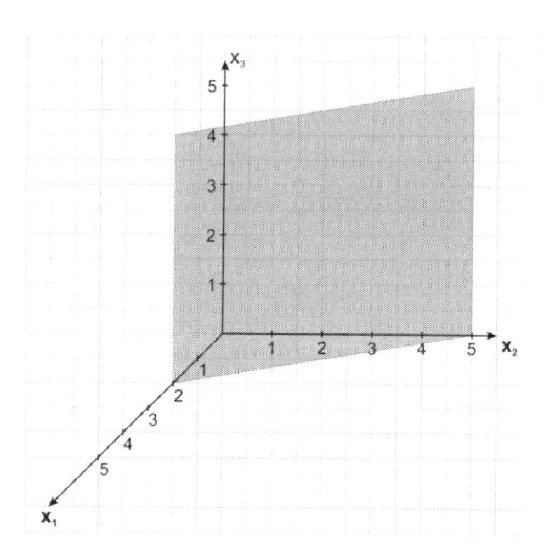

E_2 ist parallel zur x_3-Achse.

b) $d = 0$; a, b, c beliebig: Ebene beinhaltet Ursprung

$a = 0;\ b \neq 0;\ c \neq 0$: Ebene parallel zur x_1-Achse

$a = 0;\ b = 0;\ c \neq 0$: Ebene parallel zur x_1x_2-Ebene

$a = 0;\ b \neq 0;\ c = 0$: Ebene parallel zur x_1x_3-Ebene

$a \neq 0;\ b = 0;\ c \neq 0$: Ebene parallel zur x_2-Achse

$a \neq 0;\ b = 0;\ c = 0$: Ebene parallel zur x_2x_3-Ebene

$a \neq 0;\ b \neq 0;\ c = 0$: Ebene parallel zur x_3-Achse

112

6. parallele Ebenen:

$a_1 = r \cdot a_2;\ b_1 = r \cdot b_2;\ c_1 = r \cdot c_2;\ d_1 \neq r \cdot d_2$ für $r \in \mathbb{R} \setminus \{0\}$

identische Ebenen:

$a_1 = r \cdot a_2;\ b_1 = r \cdot b_2;\ c_1 = r \cdot c_2;\ d_1 = r \cdot d_2$ für $r \in \mathbb{R} \setminus \{0\}$

Beispiele:

parallel: $E_1\colon 2x_1 + 3x_2 + 4x_3 = 5;\quad E_2\colon 4x_1 + 6x_2 + 8x_3 = 5$

identisch: $E_1\colon 4x_1 + 5x_2 + x_3 = 1;\quad E_2\colon 12x_1 + 15x_2 + 3x_3 = 3$

113

7. a) Ebene des Sockels

$$E\colon \begin{pmatrix} 2 \\ 5 \\ -8 \end{pmatrix} \cdot \left[\begin{pmatrix} x_1 \\ x_2 \\ x_3 \end{pmatrix} - \begin{pmatrix} 17 \\ -8 \\ 19 \end{pmatrix} \right] = 0$$

Prüfe $B \in E$:

$$\begin{pmatrix} 2 \\ 5 \\ -8 \end{pmatrix} \cdot \left[\begin{pmatrix} 29 \\ -24 \\ 12 \end{pmatrix} - \begin{pmatrix} 17 \\ -8 \\ 19 \end{pmatrix} \right] = \begin{pmatrix} 2 \\ 5 \\ -8 \end{pmatrix} \cdot \begin{pmatrix} 12 \\ -16 \\ -7 \end{pmatrix} = 0 \quad \Rightarrow B \in E$$

Prüfe $C \in E$:

$$\begin{pmatrix} 2 \\ 5 \\ -8 \end{pmatrix} \cdot \left[\begin{pmatrix} 11 \\ 5 \\ 20 \end{pmatrix} - \begin{pmatrix} 17 \\ -8 \\ 19 \end{pmatrix} \right] = \begin{pmatrix} 2 \\ 5 \\ -8 \end{pmatrix} \cdot \begin{pmatrix} -6 \\ 13 \\ 1 \end{pmatrix} = 45 \neq 0 \quad \Rightarrow C \notin E.$$

b) x liegt genau dann in E, wenn die Gleichung

$$\begin{pmatrix} 2 \\ 5 \\ -8 \end{pmatrix} \cdot \left[\begin{pmatrix} x_1 \\ x_2 \\ x_3 \end{pmatrix} - \begin{pmatrix} 17 \\ -8 \\ 19 \end{pmatrix} \right] = 0 \text{ gilt.}$$

8. a) $E\colon \begin{pmatrix} 2 \\ 1 \\ 2 \end{pmatrix} \cdot \left[\begin{pmatrix} x_1 \\ x_2 \\ x_3 \end{pmatrix} - \begin{pmatrix} 2 \\ 3 \\ 2 \end{pmatrix} \right] = 0 \Leftrightarrow 2x_1 + x_2 + 2x_3 = 11$

b) $E\colon \begin{pmatrix} 4 \\ 0 \\ -3 \end{pmatrix} \cdot \left[\begin{pmatrix} x_1 \\ x_2 \\ x_3 \end{pmatrix} - \begin{pmatrix} 6 \\ -2 \\ 3 \end{pmatrix} \right] = 0 \Leftrightarrow 4x_1 - 3x_2 = 15$

c) $E\colon \begin{pmatrix} 1 \\ 1 \\ 1 \end{pmatrix} \cdot \begin{pmatrix} x_1 \\ x_2 \\ x_3 \end{pmatrix} = 0 \Leftrightarrow x_1 + x_2 + x_3 = 0$

d) $E\colon \begin{pmatrix} 0 \\ 0 \\ 1 \end{pmatrix} \cdot \left[\begin{pmatrix} x_1 \\ x_2 \\ x_3 \end{pmatrix} - \begin{pmatrix} 2 \\ -3 \\ 5 \end{pmatrix} \right] = 0 \Leftrightarrow x_3 = 5$

9. a) $P \notin E;\ Q \notin E;\ R \in E$

b) $P \notin E;\ Q \in E;\ R \notin E$

c) $P \in E; Q \in E; R \in E$

d) $P \in E; Q \in E; R \in E$

113

10. Jeweils Beispiele

a) $(-2 \mid 0 \mid 0)$; $(-1 \mid 1 \mid 1)$; $(0 \mid 2 \mid 2)$

b) $(1 \mid 0 \mid 1)$; $(2 \mid 1 \mid 1)$; $(-3 \mid 2 \mid 3)$

c) $(12 \mid 0 \mid 0)$; $(6 \mid 3 \mid 0)$; $(4 \mid 10 \mid 6)$

d) $(-5 \mid 0 \mid 0)$; $(0 \mid 0 \mid 10)$; $(-1 \mid -3 \mid 5)$

e) $(11 \mid 0 \mid 0)$; $(11 \mid 5 \mid 4)$; $(11 \mid 42 \mid 7)$

f) $(6 \mid 4 \mid -2)$; $(16 \mid 2 \mid 3)$; $(0 \mid 0 \mid -5)$

11. Normalenvektoren sind bis auf Vielfache eindeutig

a) $\vec{n} = r \cdot \begin{pmatrix} 3 \\ 2 \\ -1 \end{pmatrix}; r \in \mathbb{R} \setminus \{0\}$

d) $\vec{n} = r \cdot \begin{pmatrix} 4 \\ -2 \\ -1 \end{pmatrix}; r \in \mathbb{R} \setminus \{0\}$

b) $\vec{n} = r \cdot \begin{pmatrix} 1 \\ -1 \\ -1 \end{pmatrix}; r \in \mathbb{R} \setminus \{0\}$

e) $\vec{n} = r \cdot \begin{pmatrix} 2 \\ 0 \\ 0 \end{pmatrix}; r \in \mathbb{R} \setminus \{0\}$

c) $\vec{n} = r \cdot \begin{pmatrix} -2 \\ -2 \\ 1 \end{pmatrix}; r \in \mathbb{R} \setminus \{0\}$

f) $\vec{n} = r \cdot \begin{pmatrix} 1 \\ 1 \\ 0 \end{pmatrix}; r \in \mathbb{R} \setminus \{0\}$

12. a) E: $\begin{pmatrix} 2 \\ 3 \\ -1 \end{pmatrix} \cdot \left[\begin{pmatrix} x_1 \\ x_2 \\ x_3 \end{pmatrix} - \begin{pmatrix} 0 \\ 5 \\ 0 \end{pmatrix} \right] = 0$

d) E: $\begin{pmatrix} 2 \\ 4 \\ -2 \end{pmatrix} \cdot \left[\begin{pmatrix} x_1 \\ x_2 \\ x_3 \end{pmatrix} - \begin{pmatrix} -1 \\ 0 \\ 0 \end{pmatrix} \right] = 0$

b) E: $\begin{pmatrix} 1 \\ 1 \\ -1 \end{pmatrix} \cdot \begin{pmatrix} x_1 \\ x_2 \\ x_3 \end{pmatrix} = 0$

e) E: $\begin{pmatrix} 0 \\ 0 \\ 3 \end{pmatrix} \cdot \left[\begin{pmatrix} x_1 \\ x_2 \\ x_3 \end{pmatrix} - \begin{pmatrix} 0 \\ 0 \\ \frac{2}{3} \end{pmatrix} \right] = 0$

c) E: $\begin{pmatrix} 2 \\ 5 \\ -2 \end{pmatrix} \cdot \left[\begin{pmatrix} x_1 \\ x_2 \\ x_3 \end{pmatrix} - \begin{pmatrix} -5 \\ 0 \\ 0 \end{pmatrix} \right] = 0$

f) E: $\begin{pmatrix} 1 \\ 0 \\ 6 \end{pmatrix} \cdot \left[\begin{pmatrix} x_1 \\ x_2 \\ x_3 \end{pmatrix} - \begin{pmatrix} 7 \\ 0 \\ 0 \end{pmatrix} \right] = 0$

13. Die Aussage ist wahr.
Da die beiden Geraden die gesamte Ebene aufspannen (Parameterform), ist g zu E orthogonal.

114

14. a) (1) $S_1(4 \mid 0 \mid 0)$; $S_2(0 \mid 3 \mid 0)$; $S_3(0 \mid 0 \mid 6)$

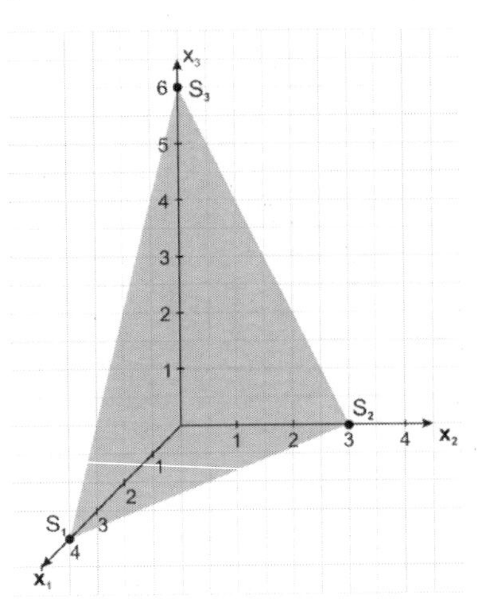

(2) $S_1(-15 \mid 0 \mid 0)$; $S_2(0 \mid 5 \mid 0)$; $S_3(0 \mid 0 \mid -3)$

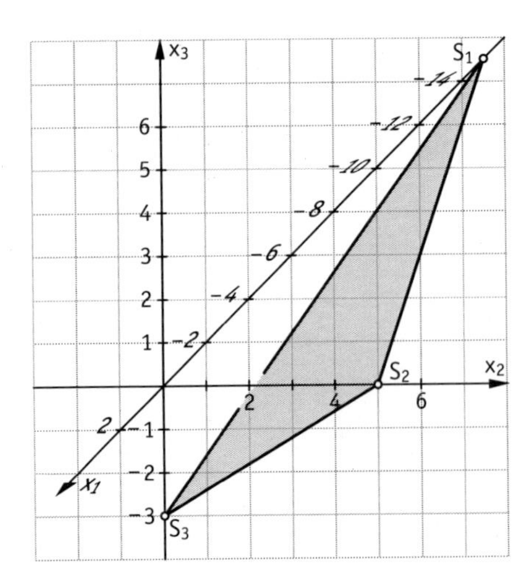

114 **14. a)** Fortsetzung:

(3) $S_1(4 \mid 0 \mid 0)$; $S_2(0 \mid 2 \mid 0)$; $S_3(0 \mid 0 \mid -3)$

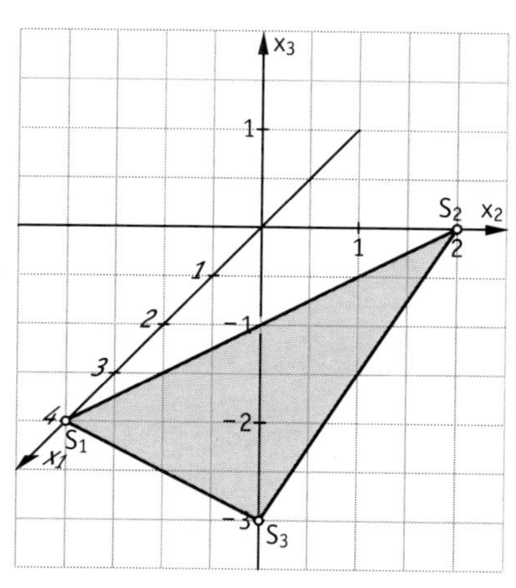

(4) $S_1(1 \mid 0 \mid 0)$; $S_2(0 \mid 4 \mid 0)$; $S_3(0 \mid 0 \mid -2)$

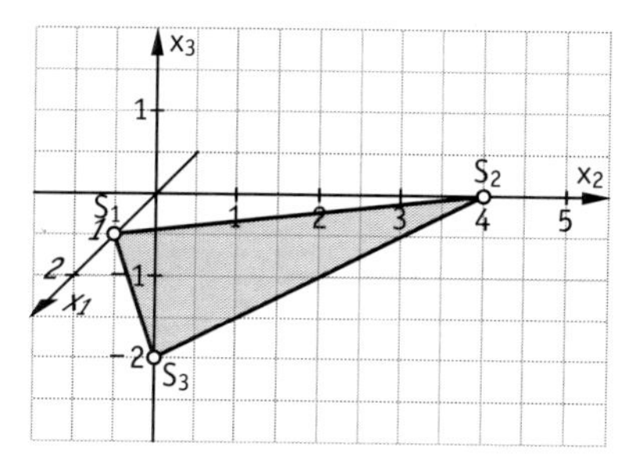

(5) $S_1(0 \mid 0 \mid 0)$; $S_2(0 \mid 0 \mid 0)$; $S_3(0 \mid 0 \mid 0)$

Mithilfe der Spurpunkte kann man die Ebene also nicht zeichnen. Um sich dennoch zeichnerisch einen Eindruck von der Lage der Ebene zu verschaffen, kann man zwei weitere Punkte bestimmen, die z. B. in der x_1x_2-Ebene und der x_2x_3-Ebene liegen: z. B. $P(4 \mid 2 \mid 0)$ und $Q(0 \mid 2 \mid 4)$.

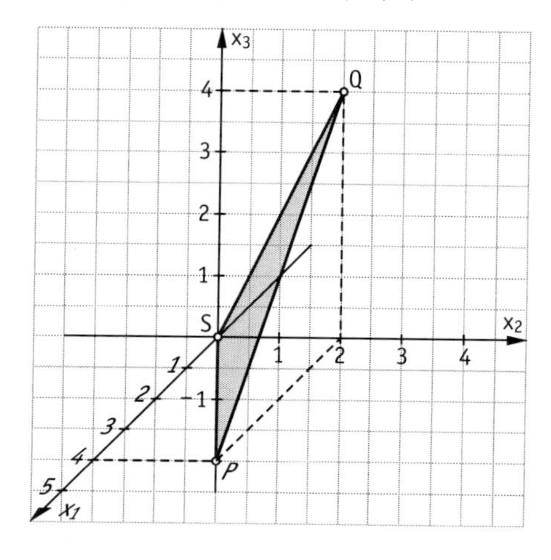

114

14. a) (6) $S_1(4 \mid 0 \mid 0)$; $S_2(0 \mid 2 \mid 0)$; S_3 existiert nicht

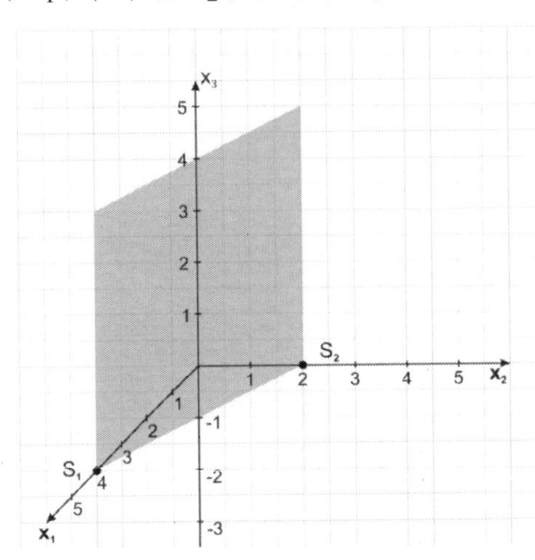

b) Setze 2 Koordinaten null und löse die entstehende Gleichung für die 3. Koordinate.

15. a) E: $\frac{x_1}{2} + \frac{x_2}{3} + \frac{x_3}{4} = 1 \Leftrightarrow$ E: $6x_1 + 4x_2 + 3x_3 = 12$

b) E: $x_1 + \frac{x_2}{3} - \frac{x_3}{4} = 1 \Leftrightarrow$ E: $12x_1 + 4x_2 - 3x_3 = 12$

c) E: $-\frac{x_1}{2} + \frac{x_2}{5} + \frac{x_3}{2} = 1 \Leftrightarrow$ E: $-5x_1 + 2x_2 + 5x_3 = 10$

114

16. a) parallel zur x_3-Achse

z. B. E: $\begin{pmatrix} 2 \\ 3 \\ 0 \end{pmatrix} \cdot \left[\begin{pmatrix} x_1 \\ x_2 \\ x_3 \end{pmatrix} - \begin{pmatrix} 3 \\ 0 \\ 0 \end{pmatrix} \right] = 0$

z. B. E: $\vec{x} = \begin{pmatrix} 3 \\ 0 \\ 0 \end{pmatrix} + r \begin{pmatrix} -3 \\ 2 \\ 0 \end{pmatrix} + s \begin{pmatrix} 0 \\ 0 \\ 1 \end{pmatrix}; \ r, s \in \mathbb{R}$

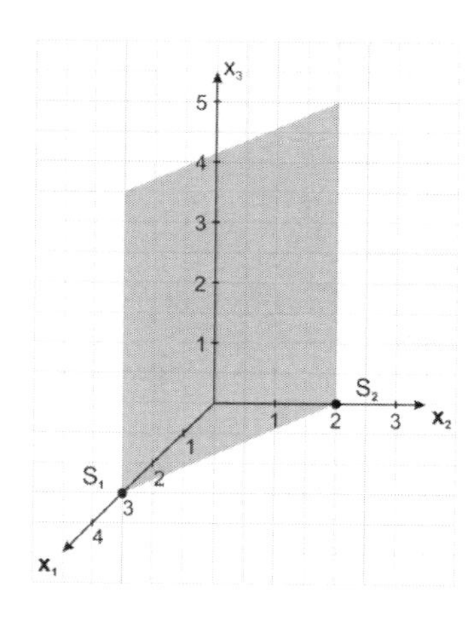

b) parallel zur x_1-Achse

z. B. E: $\begin{pmatrix} 0 \\ 1 \\ 2 \end{pmatrix} \cdot \left[\begin{pmatrix} x_1 \\ x_2 \\ x_3 \end{pmatrix} - \begin{pmatrix} 0 \\ 4 \\ 0 \end{pmatrix} \right] = 0$

z. B. E: $\vec{x} = \begin{pmatrix} 0 \\ 4 \\ 0 \end{pmatrix} + r \begin{pmatrix} 0 \\ -2 \\ 1 \end{pmatrix} + s \begin{pmatrix} 1 \\ 0 \\ 0 \end{pmatrix}; \ r, s \in \mathbb{R}$

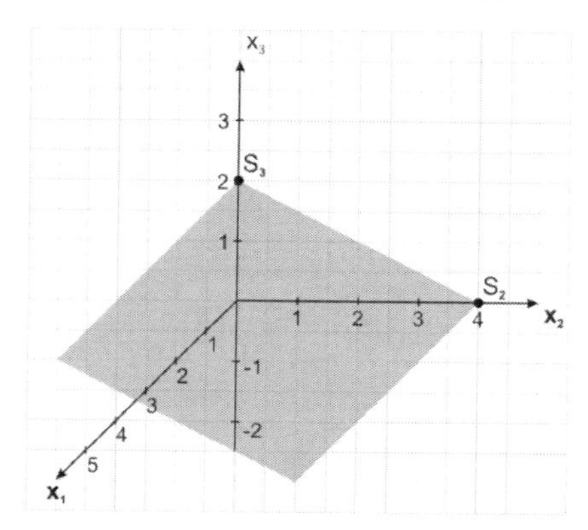

114

16. c) E beinhaltet die x_3-Achse

$$\text{z. B. E: } \begin{pmatrix} 1 \\ -1 \\ 0 \end{pmatrix} \cdot \begin{pmatrix} x_1 \\ x_2 \\ x_3 \end{pmatrix} = 0$$

$$\text{z. B. E: } \vec{x} = r\begin{pmatrix} 1 \\ 1 \\ 0 \end{pmatrix} + s\begin{pmatrix} 0 \\ 0 \\ 1 \end{pmatrix}; \quad r, s \in \mathbb{R}$$

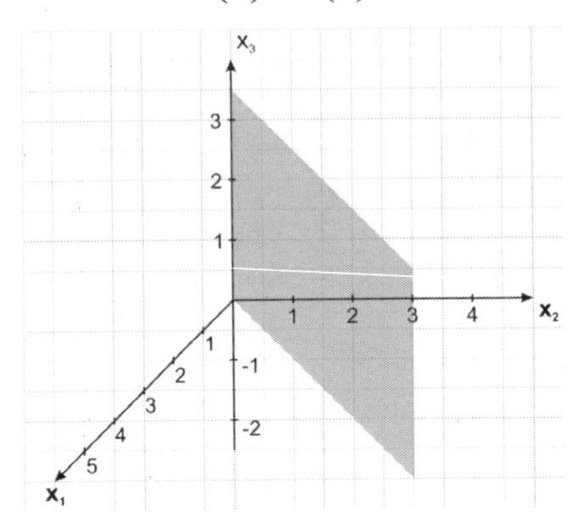

Spurgerade in x_1x_2-Ebene: g_3

d) parallel zur x_2-x_3-Ebene

$$\text{z. B. E: } \begin{pmatrix} 5 \\ 0 \\ 0 \end{pmatrix} \cdot \left[\begin{pmatrix} x_1 \\ x_2 \\ x_3 \end{pmatrix} - \begin{pmatrix} 2 \\ 0 \\ 0 \end{pmatrix}\right] = 0$$

$$\text{z. B. E: } \vec{x} = \begin{pmatrix} 2 \\ 0 \\ 0 \end{pmatrix} + r\begin{pmatrix} 0 \\ 1 \\ 0 \end{pmatrix} + s\begin{pmatrix} 0 \\ 0 \\ 1 \end{pmatrix}; \quad r, s \in \mathbb{R}$$

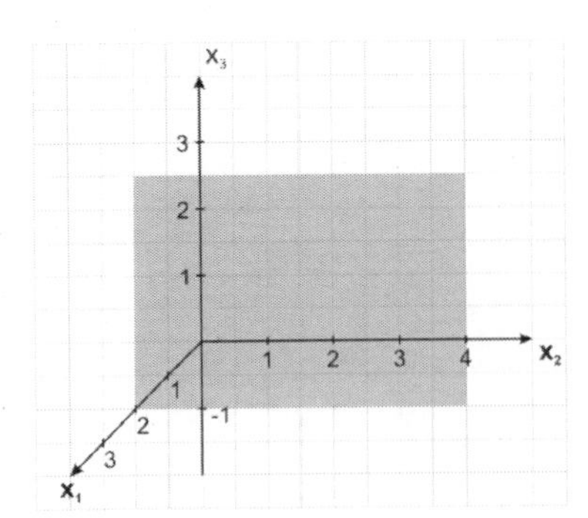

114

16. e) E ist die x_1-x_3-Ebene

z. B. E: $\begin{pmatrix} 0 \\ 1 \\ 0 \end{pmatrix} \cdot \begin{pmatrix} x_1 \\ x_2 \\ x_3 \end{pmatrix} = 0$

z. B. E: $\vec{x} = r\begin{pmatrix} 1 \\ 0 \\ 0 \end{pmatrix} + s\begin{pmatrix} 0 \\ 0 \\ 1 \end{pmatrix}$; $r, s \in \mathbb{R}$

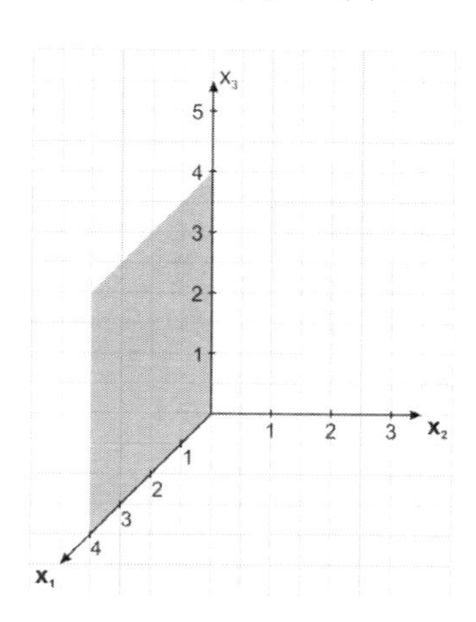

f) parallel zur x_1-x_2-Ebene

z. B. E: $\begin{pmatrix} 0 \\ 0 \\ 1 \end{pmatrix} \cdot \left[\begin{pmatrix} x_1 \\ x_2 \\ x_3 \end{pmatrix} - \begin{pmatrix} 0 \\ 0 \\ -2 \end{pmatrix}\right] = 0$

z. B. E: $\vec{x} = \begin{pmatrix} 0 \\ 0 \\ -2 \end{pmatrix} + r\begin{pmatrix} 1 \\ 0 \\ 0 \end{pmatrix} + s\begin{pmatrix} 0 \\ 1 \\ 0 \end{pmatrix}$; $r, s \in \mathbb{R}$

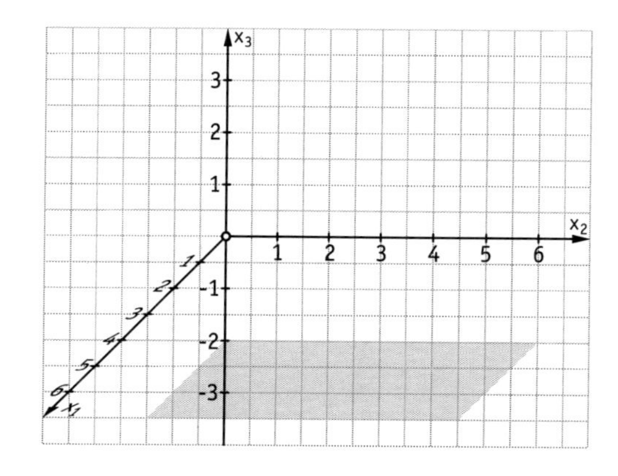

114

17. **a)** E: $x_1 - 2x_2 - 3x_3 - 3 = 0$

b) E: $x_1 + 3x_2 + 8x_3 + 20 = 0$

c) E: $x_1 = 0$

d) E: $3x_1 - x_2 + 7x_3 - 12 = 0$

18. **a)** E: $\vec{x} = \begin{pmatrix} 2 \\ 0 \\ 0 \end{pmatrix} + s\begin{pmatrix} -1 \\ 1 \\ 0 \end{pmatrix} + t\begin{pmatrix} 1 \\ 0 \\ 1 \end{pmatrix}$

b) E: $\vec{x} = \begin{pmatrix} -\frac{1}{2} \\ 0 \\ 0 \end{pmatrix} + s\begin{pmatrix} \frac{1}{2} \\ 1 \\ 0 \end{pmatrix} + t\begin{pmatrix} -\frac{1}{2} \\ 0 \\ 1 \end{pmatrix}$

c) E: $\vec{x} = \begin{pmatrix} 5 \\ 0 \\ 0 \end{pmatrix} + s\begin{pmatrix} -3 \\ 1 \\ 0 \end{pmatrix} + t\begin{pmatrix} 1 \\ 0 \\ 1 \end{pmatrix}$

d) E: $\vec{x} = \begin{pmatrix} 1 \\ 0 \\ 0 \end{pmatrix} + s\begin{pmatrix} \frac{2}{3} \\ 1 \\ 0 \end{pmatrix} + t\begin{pmatrix} \frac{1}{3} \\ 0 \\ 1 \end{pmatrix}$

19. **a)** Spurpunkte: $S_1(6 \mid 0 \mid 0)$; $S_2(0 \mid -3 \mid 0)$; $S_3(0 \mid 0 \mid 6)$

E: $\vec{x} = \begin{pmatrix} 6 \\ 0 \\ 0 \end{pmatrix} + r\begin{pmatrix} -6 \\ -3 \\ 0 \end{pmatrix} + s\begin{pmatrix} -6 \\ 0 \\ 6 \end{pmatrix}$; $r, s \in \mathbb{R}$

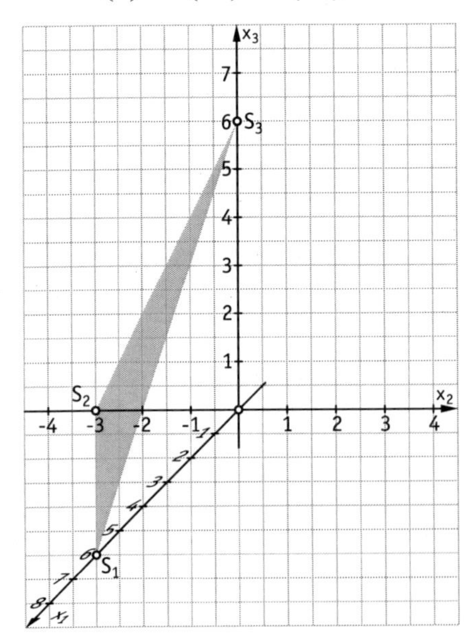

114

19. b) Spurpunkte: $S_1(1{,}5 \mid 0 \mid 0)$; $S_2(0 \mid 1 \mid 0)$; $S_3(0 \mid 0 \mid -3)$

$$E\colon\ \vec{x} = \begin{pmatrix} 1{,}5 \\ 0 \\ 0 \end{pmatrix} + r\begin{pmatrix} -1{,}5 \\ 1 \\ 0 \end{pmatrix} + s\begin{pmatrix} -1{,}5 \\ 0 \\ -3 \end{pmatrix};\ r, s \in \mathbb{R}$$

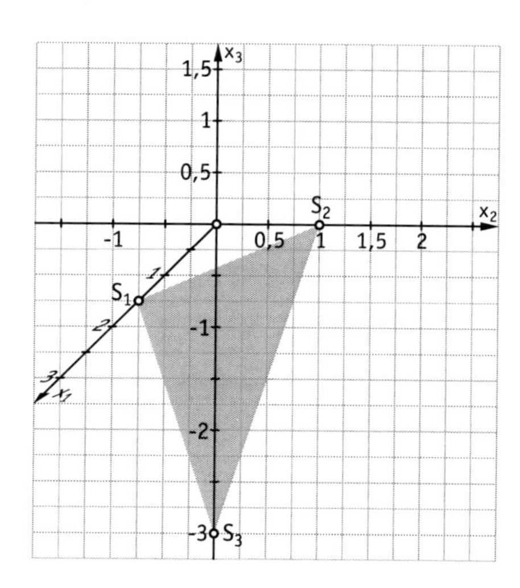

c) Spurpunkte: $S_1(3 \mid 0 \mid 0)$; $S_2(0 \mid -4 \mid 0)$; $S_3(0 \mid 0 \mid 2)$

$$E\colon\ \vec{x} = \begin{pmatrix} 3 \\ 0 \\ 0 \end{pmatrix} + r\begin{pmatrix} -3 \\ -4 \\ 0 \end{pmatrix} + s\begin{pmatrix} -3 \\ 0 \\ 2 \end{pmatrix};\ r, s \in \mathbb{R}$$

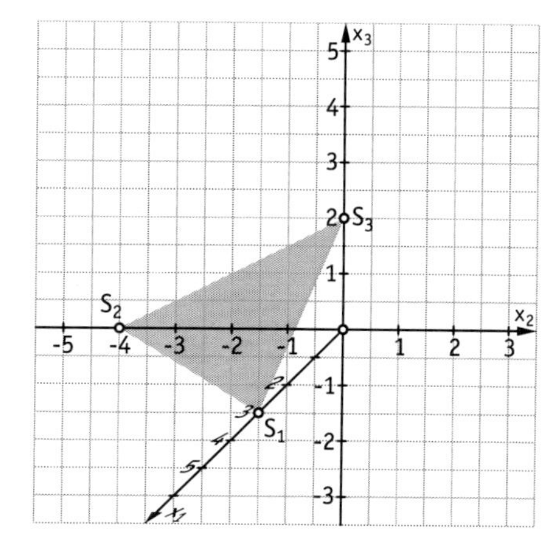

114

20. a) $6t + 12t + 16 - 6t = 0 \Leftrightarrow t = -\frac{4}{3}$

b) Normalenvektor von E_t: $\overrightarrow{n_t} = \begin{pmatrix} 3t \\ 4t \\ 3 \end{pmatrix}$ muss ein Vielfaches des

Richtungsvektors der Geraden sein: $\begin{pmatrix} 3t \\ 4t \\ 3 \end{pmatrix} = r \cdot \begin{pmatrix} 3 \\ 4 \\ 1 \end{pmatrix} \Rightarrow t = 3;\ r = 3$

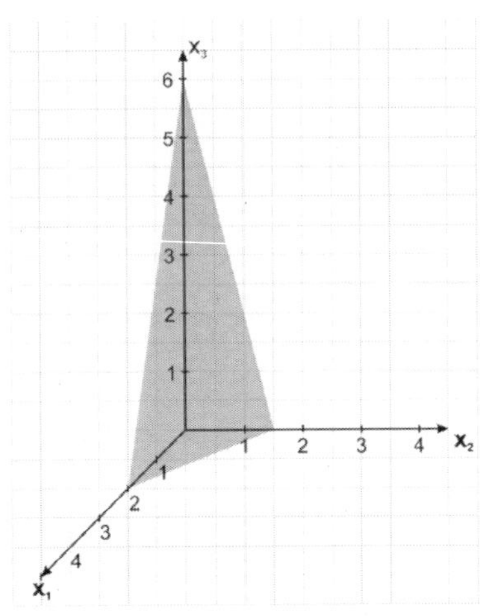

E: $9x_1 + 12x_2 + 3x_3 - 18 = 0$

115

21. a)

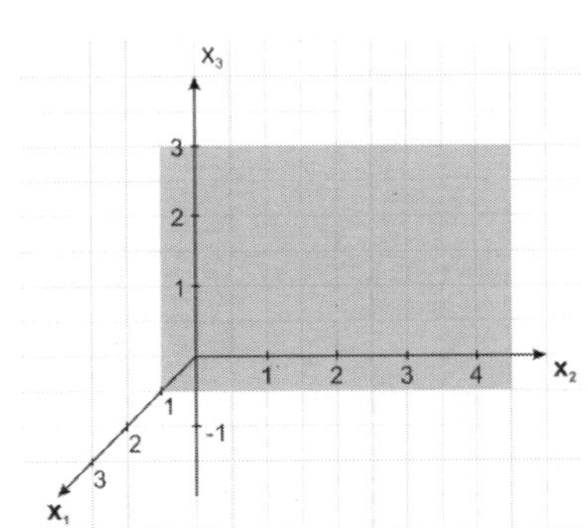

E: $x_1 - 1 = 0$

115

21. b)

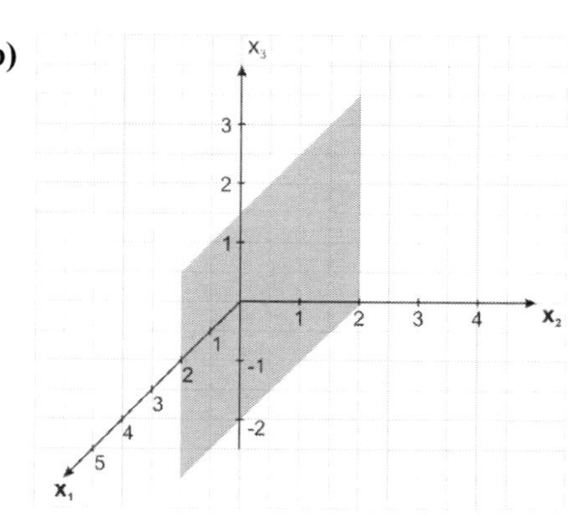

E: $x_2 - 2 = 0$

c)

E: $x_1 - 4 = 0$

22. a) E: $\frac{x_2}{3} + \frac{x_3}{4} = 1 \Leftrightarrow$ E: $4x_2 + 3x_3 = 12$

b) E: $\frac{x_1}{3} = 1 \Leftrightarrow x_1 = 3$

c) E: $x_1 + \frac{x_2}{3} = 1 \Leftrightarrow 3x_1 + x_2 = 3$

d) E: $\frac{x_1}{2} + \frac{x_3}{4} = 1 \Leftrightarrow 2x_1 + x_3 = 4$

23. a) E_1: $2x_1 - 3x_2 + x_3 = 0$ E_2: $2x_1 - 3x_2 + x_3 = 1$

b) E_1: $4x_1 - 2x_2 + x_3 = 0$ E_2: $4x_1 - 2x_2 + x_3 = 1$

c) E_1: $x_1 - x_3 = 1$ E_2: $x_1 - x_3 = 2$

d) E_1: $x_2 + 2x_3 = 0$ E_2: $x_2 + 2x_3 = 1$

24. Damit die Normalenvektoren Vielfache voneinander sind, muss $t = -3$ sein.
Damit die Ebenen echt parallel (nicht identisch) sind, muss $k \neq 30$ gelten.

115

25. a) $\overrightarrow{CH} = \begin{pmatrix} 0 \\ -6 \\ 6 \end{pmatrix}$; $\overrightarrow{CM} = \begin{pmatrix} 6 \\ -3 \\ 0 \end{pmatrix} \Rightarrow \overrightarrow{CH} \times \overrightarrow{CM} = \begin{pmatrix} 18 \\ 36 \\ 36 \end{pmatrix}$

und Stützvektor $\overrightarrow{OC} = \begin{pmatrix} 0 \\ 6 \\ 0 \end{pmatrix}$

$\Rightarrow$ E: $18x_1 + 36x_2 + 36x_3 - 216 = 0$

b) $A = \frac{1}{2}\left|\overrightarrow{CM} \times \overrightarrow{CH}\right| = \left|\begin{pmatrix} 9 \\ 18 \\ 18 \end{pmatrix}\right| = 27$

Winkel α bei M: $\alpha = 63{,}43°$
Winkel β bei H: $\beta = 45°$
Winkel γ bei C: $\gamma = 71{,}57°$

2.2.2 Untersuchungen von Lagebeziehungen mithilfe von Normalenvektoren

119

1. a) g ist parallel zu E.
b) g schneidet E in S(–3 | 8 | 1).
c) g liegt ganz in E.
d) g schneidet E in $S\left(4 \middle| -\frac{7}{2} \middle| -\frac{1}{2}\right)$

2. a) S(4 | 8 | –6)
b) $S\left(-\frac{13}{8} \middle| -\frac{1}{4} \middle| -\frac{23}{8}\right)$
c) S(5 | –10 | –2)
d) S(4 | –1 | –3)

3. Schneide E: $x_1 = 0$ mit g: $\vec{x} = \begin{pmatrix} -1 \\ 1 \\ 2 \end{pmatrix} + r\begin{pmatrix} 1 \\ 1{,}5 \\ 3 \end{pmatrix} \Rightarrow$ S(0 | 2,5 | 5)

4. S(4 | 2 | 3)

5. (1) Korrektur in 1. Auflage: Der Stützvektor von g lautet: $\begin{pmatrix} 2 \\ 9 \\ -4 \end{pmatrix}$

a) Normalenvektor von E: $\vec{n} = \begin{pmatrix} 1 \\ 2 \\ 3 \end{pmatrix}$; Richtungsvektor von g: $\vec{u} = \begin{pmatrix} 1 \\ 2 \\ 3 \end{pmatrix}$

$\Rightarrow \vec{n} = \vec{u}$
Die Ebene steht senkrecht auf der Geraden.

119

5. (1) **b)** neuer Richtungsvektor z. B. $\overrightarrow{u_2} = \begin{pmatrix} -2 \\ 1 \\ 0 \end{pmatrix}$, sodass $\overrightarrow{u_2} \cdot \vec{n} = 0$

$$\Rightarrow g_2 : \vec{x} = \begin{pmatrix} 2 \\ 9 \\ -4 \end{pmatrix} + s \begin{pmatrix} -2 \\ 1 \\ 0 \end{pmatrix}$$

(2) **a)** Normalenvektor von E: $\vec{n} = \begin{pmatrix} 0 \\ 2 \\ -3 \end{pmatrix}$

Richtungsvektor von g: $\vec{u} = \begin{pmatrix} 1 \\ 3 \\ 2 \end{pmatrix}$

$\Rightarrow \vec{n} \cdot \vec{u} = 0$

Prüfe ob Stützvektor $\in$ E: $10 - 6 = 4 \Rightarrow$ g liegt in E

b) g liegt bereits in E.

6. **a)** Z. B. g: $\vec{x} = \begin{pmatrix} 1 \\ -2 \\ 4 \end{pmatrix} + t \begin{pmatrix} 1 \\ 1 \\ 1 \end{pmatrix}$

Für den Richtungsvektor $\vec{u}$ muss gelten $\vec{u} \cdot \begin{pmatrix} -2 \\ 5 \\ -1 \end{pmatrix} \neq 0$.

b) Z. B. g: $\vec{x} = \begin{pmatrix} 1 \\ 1 \\ 1 \end{pmatrix} + t \begin{pmatrix} 5 \\ 2 \\ 0 \end{pmatrix}$

Für den Richtungsvektor $\vec{u}$ muss gelten $\vec{u} \cdot \begin{pmatrix} -2 \\ 5 \\ -1 \end{pmatrix} = 0$ und der Stützvektor darf nicht in der Ebene liegen.

c) Z. B. g: $\vec{x} = \begin{pmatrix} 0 \\ 2 \\ 0 \end{pmatrix} + t \begin{pmatrix} 0 \\ 1 \\ 5 \end{pmatrix}$

Für den Richtungsvektor $\vec{u}$ muss gelten $\vec{u} \cdot \begin{pmatrix} -2 \\ 5 \\ -1 \end{pmatrix} = 0$ und der Stützvektor muss in der Ebene liegen.

120

7. Normalenvektor von E: $\vec{n} = \begin{pmatrix} 1 \\ 1 \\ -3 \end{pmatrix}$; Richtungsvektor von g: $\vec{u} = \begin{pmatrix} 0 \\ -3 \\ a \end{pmatrix}$

Es muss gelten $\vec{n} \cdot \vec{u} = -3 - 3a = 0 \Leftrightarrow a = -1$

120

8. a)

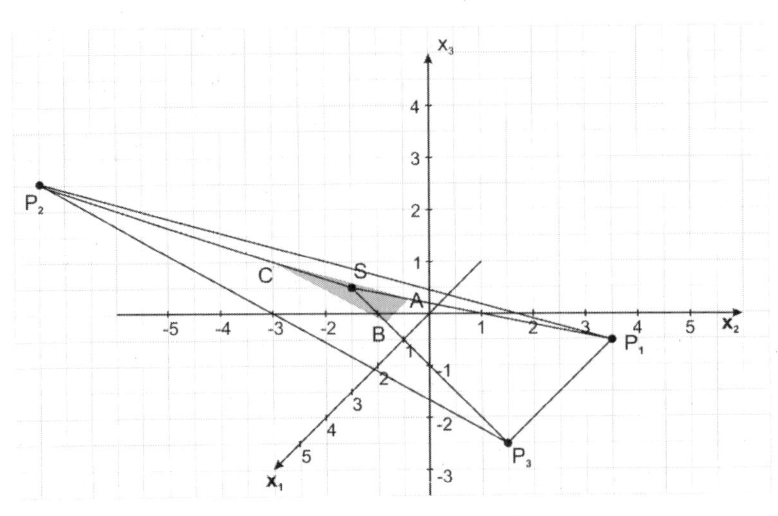

Eckpunkte des Dreiecks

Auf der Kante $\overline{P_1S}$: $A\left(\frac{16}{11}\middle|\ \frac{4}{11}\middle|\ 1\right)$

Auf der Kante $\overline{P_2S}$: $B\left(\frac{11}{6}\middle|\ -\frac{11}{6}\middle|\ \frac{11}{6}\right)$

Auf der Kante $\overline{P_3S}$: $C\left(\frac{16}{11}\middle|\ -\frac{1}{11}\middle|\ \frac{6}{11}\right)$

$A = \frac{1}{2}\left|\overrightarrow{AB} \times \overrightarrow{AC}\right| = 1{,}54$

b) Ebenen der Pyramiden

$$E_{SP_1P_2}: \vec{x} = \begin{pmatrix} 1 \\ -1 \\ 1 \end{pmatrix} + s\begin{pmatrix} 2 \\ 6 \\ 0 \end{pmatrix} + r\begin{pmatrix} 4 \\ -4 \\ 4 \end{pmatrix}$$

$$E_{SP_2P_3}: \vec{x} = \begin{pmatrix} 1 \\ -1 \\ 1 \end{pmatrix} + s\begin{pmatrix} 4 \\ -4 \\ 4 \end{pmatrix} + r\begin{pmatrix} 2 \\ 4 \\ -2 \end{pmatrix}$$

$$E_{SP_1P_2}: \vec{x} = \begin{pmatrix} 1 \\ -1 \\ 1 \end{pmatrix} + s\begin{pmatrix} 2 \\ 6 \\ 0 \end{pmatrix} + r\begin{pmatrix} 2 \\ 4 \\ -2 \end{pmatrix}$$

$$E_{P_1P_2P_3}: \vec{x} = \begin{pmatrix} 5 \\ -5 \\ 5 \end{pmatrix} + s\begin{pmatrix} -2 \\ 10 \\ -4 \end{pmatrix} + r\begin{pmatrix} -2 \\ 8 \\ -6 \end{pmatrix}$$

Richtungsvektor von g: $\vec{u} = \begin{pmatrix} 1 \\ -1 \\ 1 \end{pmatrix}$

Schnittpunkt g und $E_{SP_1P_2}: S_1\left(\frac{9}{5}\middle|\ \frac{6}{5}\middle|\ \frac{4}{5}\right)$

120

8. b) Fortsetzung

Schnittpunkt g und $E_{P_1P_2P_3}: S_2\left(\frac{21}{5} \middle| -\frac{6}{5} \middle| \frac{16}{5}\right)$

$\Rightarrow \overline{S_1S_2}$ oder g für $t \in \left[-\frac{1}{5}; \frac{11}{5}\right]$ liegen innerhalb der Pyramide.

9. a) Löse $\left| \begin{array}{l} x_1 + x_2 - x_3 = 1 \\ 4x_1 - x_2 - x_3 = 3 \end{array} \right| \Rightarrow \left| \begin{array}{l} x_1 + x_2 - x_3 = 1 \\ -5x_2 + 3x_3 = -1 \end{array} \right|$

Setze $x_3 = t \Rightarrow x_2 = \frac{1+3t}{5} \Rightarrow x_1 = \frac{4+2t}{5}$

$$\Rightarrow \vec{x} = \begin{pmatrix} \frac{4}{5} \\ \frac{1}{5} \\ 0 \end{pmatrix} + t\begin{pmatrix} 2 \\ 3 \\ 5 \end{pmatrix}$$

b) $g: \vec{x} = \begin{pmatrix} -\frac{48}{5} \\ -\frac{12}{5} \\ 0 \end{pmatrix} + t\begin{pmatrix} 7 \\ -2 \\ -5 \end{pmatrix}$

10. a) $E_1 = E_2$; $E_1 \not\parallel E_3$; $E_2 \not\parallel E_3$

b) $E_1 \not\parallel E_2$; $E_1 \parallel E_3$; $E_2 \not\parallel E_3$

c) $E_1 \parallel E_2$; $E_1 \parallel E_3$; $E_2 \parallel E_3$

11. E: $\vec{x} = \begin{pmatrix} 4 \\ 4 \\ 1 \end{pmatrix} + \lambda \cdot \begin{pmatrix} 0 \\ -3 \\ 3 \end{pmatrix} + \mu \cdot \begin{pmatrix} -2 \\ 0 \\ 3 \end{pmatrix}$ bzw. E: $3x_1 + 2x_2 + 2x_3 = 22$

E ist parallel zu E_2.

E ist identisch mit E_3.

12. a) Parallel

b) $3x_1 - 5x_2 + x_3 = 7$

c) E: $3x_1 - 5x_2 + x_3 = d$; $d \in \mathbb{R}$

13. Erweitere g durch Hinzunahme eines weiteren Richtungsvektors zu einer Ebene.

Z. B. $E_1: \vec{x} = \begin{pmatrix} 1 \\ 2 \\ 1 \end{pmatrix} + r\begin{pmatrix} 4 \\ -2 \\ 0 \end{pmatrix} + s\begin{pmatrix} 1 \\ 0 \\ 0 \end{pmatrix}$ $\quad E_2: \vec{x} = \begin{pmatrix} 1 \\ 2 \\ 1 \end{pmatrix} + r\begin{pmatrix} 4 \\ -2 \\ 0 \end{pmatrix} + s\begin{pmatrix} 0 \\ 0 \\ 1 \end{pmatrix}$

Koordinatengleichungen $E_1: x_3 = 1$; $E_2: x_1 + 2x_2 = 5$

120

14. a) $\vec{n} = \begin{pmatrix} 1 \\ 2 \\ -1 \end{pmatrix}$, $\vec{n} \cdot \begin{pmatrix} 1 \\ -1 \\ -1 \end{pmatrix} = 0 \Rightarrow g \parallel E_1$; $(1 \mid 1 \mid -1) \in E_1 \Rightarrow g$ liegt in E_1

E_2: $\vec{x} = \begin{pmatrix} 1 \\ 1 \\ -1 \end{pmatrix} + r \begin{pmatrix} 1 \\ -1 \\ -1 \end{pmatrix} + s \begin{pmatrix} 1 \\ 0 \\ 0 \end{pmatrix}$

b) $\vec{n} = \begin{pmatrix} 1 \\ -1 \\ 0 \end{pmatrix}$, $\vec{n} \cdot \begin{pmatrix} 2 \\ 2 \\ 1 \end{pmatrix} = 0 \Rightarrow g \parallel E_1$; $(3 \mid 2 \mid 2) \in E_1 \Rightarrow g$ liegt in E_1

E_2: $\vec{x} = \begin{pmatrix} 3 \\ 2 \\ 2 \end{pmatrix} + r \begin{pmatrix} 2 \\ 2 \\ 1 \end{pmatrix} + s \begin{pmatrix} 1 \\ 0 \\ 0 \end{pmatrix}$

c) $\vec{n} = \begin{pmatrix} 1 \\ 1 \\ -3 \end{pmatrix}$, $\vec{n} \cdot \begin{pmatrix} 2 \\ 1 \\ 1 \end{pmatrix} = 0 \Rightarrow g \parallel E_1$; $(4 \mid 1 \mid 1) \in E_1 \Rightarrow g$ liegt in E_1

E_2: $\vec{x} = \begin{pmatrix} 4 \\ 1 \\ 1 \end{pmatrix} + r \begin{pmatrix} 2 \\ 1 \\ 1 \end{pmatrix} + s \begin{pmatrix} 1 \\ 0 \\ 0 \end{pmatrix}$

15. Für $k \neq 0$ sind E_1 und E_2 parallel.
Falls zusätzlich $m = 0$ gilt, sind E_1 und E_2 sogar identisch.

2.3 Bestimmen von Abständen im Raum

2.3.1 Abstand eines Punktes von einer Ebene

121

2. a) Normalenvektor von E: $\vec{n} = \begin{pmatrix} 3 \\ -1 \\ 2 \end{pmatrix}$; Richtungsvektor von g: $\vec{u} = \begin{pmatrix} 5 \\ 7 \\ -4 \end{pmatrix}$

$\vec{n} \cdot \vec{u} = 0 \Rightarrow$ die Gerade steht senkrecht auf $\vec{n}$.
Wegen $(11 \mid -11 \mid 1) \notin E$ ist $g \parallel E$.

121

2. b)

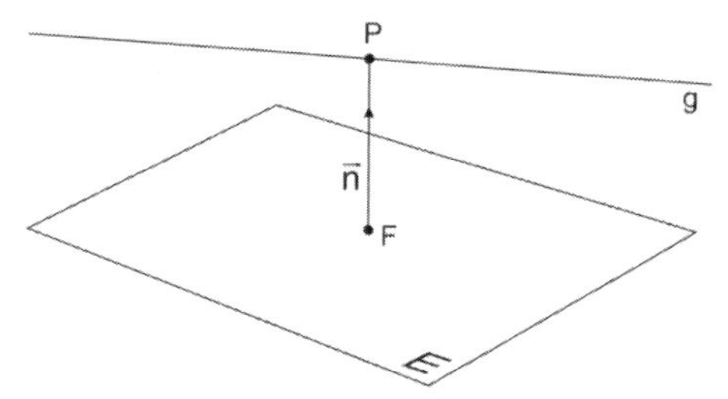

Man wählt einen beliebigen Punkt P der Geraden und berechnet wie in Aufgabe 1 der Information den Abstand des Punktes zur Ebene:

Z. B.: $P(11 \mid -11 \mid 1)$; $\vec{n} = \begin{pmatrix} 3 \\ -1 \\ 2 \end{pmatrix} \Rightarrow h\colon\ \vec{x} = \begin{pmatrix} 11 \\ -11 \\ 1 \end{pmatrix} + t\begin{pmatrix} 3 \\ -1 \\ 2 \end{pmatrix}$

Schnittpunkt von h mit E: $F(5 \mid -9 \mid -3)$

$$|\overrightarrow{PF}| = \left|\begin{pmatrix} 6 \\ -2 \\ 4 \end{pmatrix}\right| = 2\sqrt{14} \approx 7{,}48$$

122

3. a) Die Normalenvektoren sind Vielfache voneinander

$\overrightarrow{n_1} = \begin{pmatrix} 10 \\ -2 \\ 11 \end{pmatrix}$; $\overrightarrow{n_2} = \begin{pmatrix} -20 \\ 4 \\ -22 \end{pmatrix}$

Jedoch ist z. B. $(3 \mid 0 \mid 0)$ ein Punkt von E_1, aber nicht von E_2.
Die Ebenen sind parallel, aber verschieden.

b)

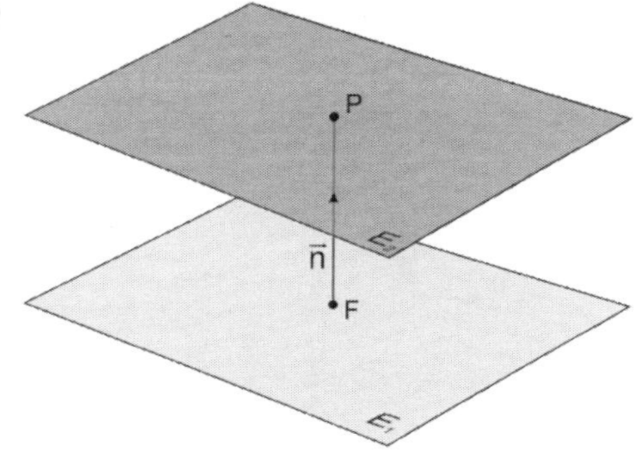

Man wählt beliebig einen Punkt P auf Ebene E_1 und berechnet wie in Aufgabe 1 der Information den Abstand des Punktes P zur Ebene E_2:

Z. B.: $P(3 \mid 0 \mid 0)$; $\vec{n} = \begin{pmatrix} 10 \\ -2 \\ 11 \end{pmatrix} \Rightarrow g\colon\ \vec{x} = \begin{pmatrix} 3 \\ 0 \\ 0 \end{pmatrix} + t\begin{pmatrix} 10 \\ -2 \\ 11 \end{pmatrix}$

Schnittpunkt von g mit E_2: $F\left(1 \,\middle|\, \frac{2}{5} \,\middle|\, -\frac{11}{5}\right)$; $|\overrightarrow{PF}| = \left|\begin{pmatrix} 2 \\ -\frac{2}{5} \\ \frac{11}{5} \end{pmatrix}\right| = 3$

122

4. a) Lotgerade auf E durch P: g: $\vec{x} = \begin{pmatrix} 17 \\ 15 \\ 11 \end{pmatrix} + s \begin{pmatrix} 5 \\ -1 \\ 4 \end{pmatrix}$

Schnittpunkt mit E: $S(2 \mid 18 \mid -1)$

$\overrightarrow{OP'} = \overrightarrow{OP} + 2 \cdot \overrightarrow{PS} = \begin{pmatrix} -13 \\ 21 \\ -13 \end{pmatrix}$; $P'(-13 \mid 21 \mid -13)$

b) Man bestimmt die Lotgerade g zu E, die P enthält, und ihren Schnittpunkt S mit E. Dann ist $\overrightarrow{OP'} = \overrightarrow{OP} + 2 \cdot \overrightarrow{PS}$.

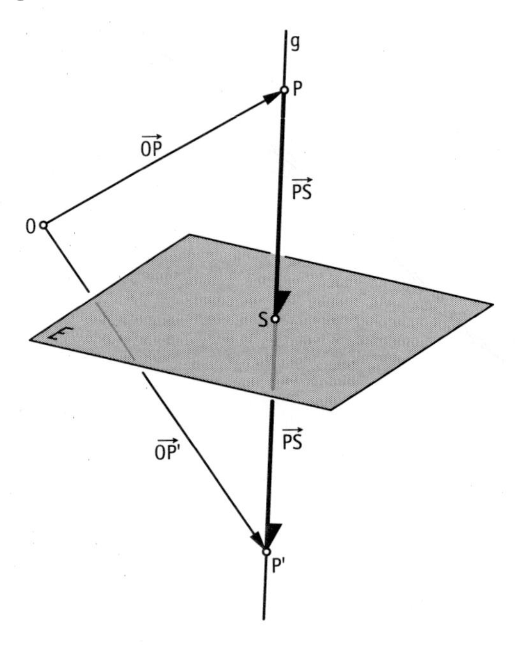

5. a) Siehe Information auf S. 122

b) Lotgerade durch P: g: $\vec{x} = \begin{pmatrix} -6 \\ 5 \\ 5 \end{pmatrix} + t \begin{pmatrix} 2 \\ -2 \\ 1 \end{pmatrix}$

Schnittpunkt mit der Ebene: $F(-2 \mid 1 \mid 7)$

Differenzvektor $\overrightarrow{FP} = \begin{pmatrix} -4 \\ 4 \\ -2 \end{pmatrix}$; $|\overrightarrow{FP}| = \sqrt{36} = 6$

Der Abstand von P zu E ist 6.

123

6. **a)** $\frac{1}{3}$ **b)** $\frac{1}{3}$ **c)** 2 **d)** 7 **e)** $\frac{1}{\sqrt{11}}$ **f)** $\frac{1}{\sqrt{5}}$

7. **a)** Der Normalenvektor $\vec{n} = \begin{pmatrix} 1 \\ 1 \\ -2 \end{pmatrix}$ ist senkrecht zum Richtungsvektor:

$\vec{n} \cdot \begin{pmatrix} 2 \\ 1 \\ 3 \end{pmatrix} = 0.$

Wähle z. B. $P(3 \mid -1 \mid 2) \Rightarrow \text{Abst}(g; E) = \text{Abst}(P; E) = \frac{5}{3}\sqrt{3} \approx 2{,}887$

b) Der Richtungsvektor der Geraden ist eine Linearkombination der Richtungsvektoren der Ebene:

$\begin{pmatrix} 2 \\ -1 \\ 0 \end{pmatrix} = \begin{pmatrix} 1 \\ 3 \\ 2 \end{pmatrix} - \begin{pmatrix} -1 \\ 4 \\ 2 \end{pmatrix}$

Gerade und Ebene sind parallel.

Wähle z. B. $P(1 \mid -2 \mid 1) \Rightarrow \text{Abst}(g; E) = \text{Abst}(P; E) = \frac{3}{23}\sqrt{69} \approx 1{,}083$

8. **a)** Die Normalenvektoren sind Vielfache voneinander:

$\overrightarrow{n_1} = \begin{pmatrix} 3 \\ -1 \\ 2 \end{pmatrix}; \overrightarrow{n_2} = \begin{pmatrix} -9 \\ 3 \\ -6 \end{pmatrix}; \ -3\overrightarrow{n_1} = \overrightarrow{n_2} \Rightarrow$ Ebenen parallel.

$\text{Abst}(E_1; E_2) = \sqrt{14} \approx 3{,}742$

b) Die Normalenvektoren sind Vielfache voneinander:

$\overrightarrow{n_1} = \begin{pmatrix} 1 \\ 1 \\ 2 \end{pmatrix} \times \begin{pmatrix} -1 \\ 2 \\ 2 \end{pmatrix} = \begin{pmatrix} -2 \\ -4 \\ 3 \end{pmatrix}; \overrightarrow{n_2} = \begin{pmatrix} 2 \\ 4 \\ -3 \end{pmatrix}; \ -\overrightarrow{n_1} = \overrightarrow{n_2} \Rightarrow$ Ebenen parallel.

$\text{Abst}(E_1; E_2) = \frac{13}{29}\sqrt{29} = 2{,}414$

c) Die Normalenvektoren sind Vielfache voneinander:

$\overrightarrow{n_1} = \begin{pmatrix} 1 \\ 1 \\ -1 \end{pmatrix} \times \begin{pmatrix} -1 \\ 2 \\ 0 \end{pmatrix} = \begin{pmatrix} 2 \\ 1 \\ 3 \end{pmatrix}; \overrightarrow{n_2} = \begin{pmatrix} -3 \\ 3 \\ 1 \end{pmatrix} \times \begin{pmatrix} 5 \\ -4 \\ 2 \end{pmatrix} = \begin{pmatrix} -2 \\ -1 \\ -3 \end{pmatrix}; \ -\overrightarrow{n_1} = \overrightarrow{n_2}$

$\Rightarrow$ Ebenen parallel.

$\text{Abst}(E_1; E_2) = \frac{9}{7}\sqrt{14} \approx 4{,}811$

9. Sei P ein Punkt der Ebene E: $\vec{n} \cdot \vec{x} = c$.

Konstruiere Punkte Q, R, die zu E den gewünschten Abstand d haben:

$\vec{q} = \overrightarrow{OQ} = \overrightarrow{OP} + d \cdot \frac{\vec{n}}{|\vec{n}|}; \ \vec{r} = \overrightarrow{OR} = \overrightarrow{OP} - d \cdot \frac{\vec{n}}{|\vec{n}|}$

$\Rightarrow E_1\colon \vec{n} \cdot (\vec{x} - \vec{q}) = 0, \ E_2\colon \vec{n} \cdot (\vec{x} - \vec{r}) = 0$ haben von E Abstand d.

123

9. a) $\vec{n} = \begin{pmatrix} 1 \\ 2 \\ -2 \end{pmatrix} \cdot \frac{2}{3}$; $P(3 \mid 0 \mid 0)$

$$\vec{q} = \overrightarrow{OP} + \vec{n} = \frac{1}{3}\begin{pmatrix} 11 \\ 4 \\ -4 \end{pmatrix};\quad E_1: \begin{pmatrix} 1 \\ 2 \\ -2 \end{pmatrix} \cdot \left[\vec{x} - \begin{pmatrix} \frac{11}{3} \\ \frac{4}{3} \\ -\frac{4}{3} \end{pmatrix}\right] = 0$$

$$\vec{r} = \overrightarrow{OP} + \vec{n} = \begin{pmatrix} \frac{7}{3} \\ -\frac{4}{3} \\ \frac{4}{3} \end{pmatrix};\quad E_2: \begin{pmatrix} 1 \\ 2 \\ -2 \end{pmatrix} \cdot \left[\vec{x} - \begin{pmatrix} \frac{7}{3} \\ -\frac{4}{3} \\ \frac{4}{3} \end{pmatrix}\right] = 0$$

b) E_1: $6x_1 - 3x_2 + 2x_3 = 21$ $\quad$ E_2: $6x_1 - 3x_2 + 2x_3 = -7$

c) E_1: $x_1 + x_2 = 2\sqrt{2}$ $\quad$ E_2: $x_1 + x_2 = -2\sqrt{2}$

d) E_1: $x_1 - 2x_3 = 3 + 2\sqrt{5}$ $\quad$ E_2: $x_1 - 2x_3 = 3 - 2\sqrt{5}$

10. a) Da $\overrightarrow{BA} \cdot \overrightarrow{BC} = 0$ ist, liegt bei B ein rechter Winkel.

$$\overrightarrow{OD} = \overrightarrow{OA} + \overrightarrow{BC} = \overrightarrow{OC} + \overrightarrow{BA} = \begin{pmatrix} 11 \\ -12 \\ 11 \end{pmatrix}$$

$D(11 \mid -12 \mid 11)$

b) Ebene der Grundfläche z. B.

$$E: \vec{x} = \begin{pmatrix} 9 \\ -4 \\ 9 \end{pmatrix} + s\begin{pmatrix} -2 \\ -4 \\ 4 \end{pmatrix} + t\begin{pmatrix} 4 \\ -4 \\ -2 \end{pmatrix};\ s, t \in \mathbb{R}$$

Höhe: $h = \text{Abst}(E; S) = \frac{58}{3} \approx 19{,}333$

$V = \frac{1}{3}G \cdot h = \frac{1}{3}\left|\overrightarrow{BA} \times \overrightarrow{BC}\right| \cdot h = 232$

123

11. $E_{FGS}: \vec{x} = \begin{pmatrix} 0 \\ 8 \\ 18 \end{pmatrix} + s\begin{pmatrix} 8 \\ 0 \\ 0 \end{pmatrix} + t\begin{pmatrix} 4 \\ -4 \\ 8 \end{pmatrix};\ s, t \in \mathbb{R}$

Normalenvektor $\vec{n} = \begin{pmatrix} 0 \\ -64 \\ -32 \end{pmatrix}$

Fußpunkt des Mastes P(4 | 0 | 18) $\Rightarrow \text{Abst}(E_{FGS};\ P) = \frac{16}{5}\sqrt{5} \approx 7{,}15$ m

Der Mast reicht 7,85 m ins Freie.

$g_{Mast}: \vec{x} = \begin{pmatrix} 4 \\ 0 \\ 18 \end{pmatrix} + r\begin{pmatrix} 0 \\ -64 \\ -32 \end{pmatrix};\ r \in \mathbb{R}$

Schnittpunkt g_{Mast} und E_{FGS}: $S\left(4 \middle| 6\frac{2}{5} \middle| 21\frac{1}{5}\right)$

12. a) Skalarprodukt Normalenvektor mit Richtungsvektor:

$\begin{pmatrix} 2 \\ -1 \\ 2 \end{pmatrix} \cdot \begin{pmatrix} -3 \\ 2 \\ 4 \end{pmatrix} = 0 \Rightarrow$ g parallel zu E

Lotgerade: l: $\vec{x} = \begin{pmatrix} 8 \\ -4 \\ 5 \end{pmatrix} + t\begin{pmatrix} 2 \\ -1 \\ 2 \end{pmatrix}$; Schnittpunkt S(4 | −2 | 1)

$\text{Abst}(g;\ E) = \left|2 \cdot \begin{pmatrix} 2 \\ -1 \\ 2 \end{pmatrix}\right| = 6$

b) Aus a) ist bekannt, dass $\begin{pmatrix} 8 \\ -4 \\ 5 \end{pmatrix} - 2\begin{pmatrix} 2 \\ -1 \\ 2 \end{pmatrix}$ auf E liegt, verdoppelt man die Verschiebung um den Normalenvektor, so erhält man den symmetrisch liegenden Stützvektor $\begin{pmatrix} 8 \\ -4 \\ 5 \end{pmatrix} - 4\begin{pmatrix} 2 \\ -1 \\ 2 \end{pmatrix} \Rightarrow h: \vec{x} = \begin{pmatrix} 0 \\ 0 \\ -3 \end{pmatrix} + s\begin{pmatrix} -3 \\ 2 \\ 4 \end{pmatrix}$.

13. a) Normalenvektor von E: $\vec{n} = \overrightarrow{AB} \times \overrightarrow{AC} = \begin{pmatrix} 68 \\ 34 \\ 68 \end{pmatrix} \sim \begin{pmatrix} 2 \\ 1 \\ 2 \end{pmatrix}$

Richtungsvektor von g: $\vec{u} = \overrightarrow{PQ} = \begin{pmatrix} 6 \\ 9 - p \\ q - 5 \end{pmatrix}$

$\vec{u} = 3 \cdot \vec{n} \Rightarrow p = 6;\ q = 11$

123

13. b) E: $2x_1 + x_2 + 2x_3 = 16$

Abst(P; E) $= \frac{16}{3}$; Abst(Q; E) $= \frac{43}{3}$; $|\overrightarrow{PQ}| = 9$

Da $\frac{43}{3} - \frac{16}{3} = 9$ liegen P und Q auf der gleichen Seite von E.

14. Lotgerade: g: $\vec{x} = \begin{pmatrix} 0 \\ a \\ 0 \end{pmatrix} + t \begin{pmatrix} 2 \\ -1 \\ -2 \end{pmatrix}$; $t \in \mathbb{R}$

Schnittpunkt mit E: $S\left(\frac{2}{9}a - 2 \middle| 1 - \frac{1}{9}a \middle| 2 - \frac{2}{9}a\right)$

Länge Differenzvektor: $\left|\overrightarrow{OS} - \begin{pmatrix} 0 \\ a \\ 0 \end{pmatrix}\right| = \sqrt{\frac{1}{9}a^2 - 2a + 9} = 6$

$\Leftrightarrow a = 27$ oder $a = -9$

Punkte $(0 \mid -9 \mid 0)$ und $(0 \mid 27 \mid 0)$ haben Abstand 6 von der Ebene.

124

15.

	gespiegelt an		
	x_1x_2-Ebene	x_1x_3-Ebene	x_2x_3-Ebene
a)	$(3 \mid -2 \mid 1)$	$(3 \mid 2 \mid -1)$	$(-3 \mid -2 \mid -1)$
b)	$(-4 \mid 2 \mid -5)$	$(-4 \mid -2 \mid 5)$	$(4 \mid 2 \mid 5)$
c)	$(x \mid 2 \mid 3)$	$(x \mid -2 \mid -3)$	$(-x \mid 2 \mid -3)$
d)	$(1 \mid y \mid -z)$	$(1 \mid -y \mid z)$	$(-1 \mid y \mid z)$

16. a) Lotgerade g: $\vec{x} = \begin{pmatrix} 17 \\ -9 \\ 20 \end{pmatrix} + r \begin{pmatrix} 3 \\ -4 \\ 6 \end{pmatrix}$

Schnittpunkt $S(8 \mid 3 \mid 2)$

$\overrightarrow{OP^*} = \begin{pmatrix} 17 \\ -9 \\ 20 \end{pmatrix} + 2 \begin{pmatrix} -9 \\ 12 \\ -18 \end{pmatrix} = \begin{pmatrix} -1 \\ 15 \\ -16 \end{pmatrix}$; $P^*(-1 \mid 15 \mid -16)$

b) Punkt der Ebene bestimmen: $\overrightarrow{OS} = \overrightarrow{OP} + \frac{1}{2}\overrightarrow{PQ} = \begin{pmatrix} -1 \\ -1 \\ 3 \end{pmatrix}$

Normalenvektor der Ebene ist $\overrightarrow{PQ} = \begin{pmatrix} 6 \\ -8 \\ 10 \end{pmatrix}$

$\Rightarrow$ E: $6x_1 - 8x_2 + 10x_3 + 28 = 0$

17. Wie bei Abstandsberechnung Punkt-Gerade wird zunächst eine Ebene E, die orthogonal auf g steht und den Punkt A enthält, konstruiert. Schnitt von E mit g liefert Schnittpunkt S.

Für den Ortsvektor des Bildpunktes gilt dann $\overrightarrow{OA'} = \overrightarrow{OA} + 2 \cdot \overrightarrow{AS}$.

124

18. a) - Unabhängig von der Lage kann man immer zwei beliebige verschiedene Punkte von g an E spiegeln und durch die Bildpunkte eine Gerade konstruieren. Dies ist die Bildgerade unter Spiegelung an E.
- Liegt g parallel zu E, so hat die Bildgerade den gleichen Richtungsvektor. Es reicht daher aus, den Punkt des Stützvektors zu spiegeln.
- Schneidet g die Ebene E in Punkt S, so reicht es aus, den Punkt des Stützvektors zu spiegeln und mit diesem und dem Schnittpunkt die Bildgerade zu konstruieren.

Ebenso kann auch direkt der neue Richtungsvektor $\overrightarrow{v^*}$ aus dem ursprünglichen $\vec{v}$ bestimmt werden:

$\overrightarrow{v^*} = \vec{v} - 2\left(\vec{v} \cdot \frac{\vec{n}}{|\vec{n}|}\right) \cdot \frac{\vec{n}}{|\vec{n}|}$, wobei $\vec{n}$ ein Normalenvektor der Ebene ist.

b) $g^*\colon \vec{x} = \frac{1}{3}\begin{pmatrix} -7 \\ 68 \\ -16 \end{pmatrix} + r\begin{pmatrix} -13 \\ 2 \\ -31 \end{pmatrix}$

19. a) L bestimmen:

- Schnittpunkt L von s_1 mit s_2 berechnen:

$$\left| \begin{aligned} 20k - 16r &= 52 \\ 5k - 7r &= 19 \\ 3k - 3r &= 9 \end{aligned} \right|$$

Lösung: $r = -2$, $k = 1$

L* bestimmen:

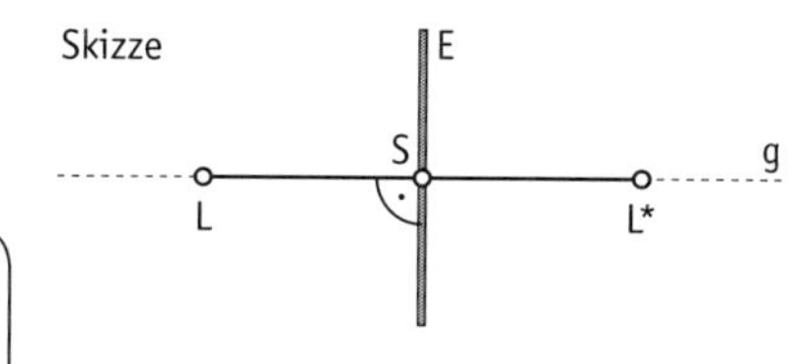

$\overrightarrow{OL^*} = \overrightarrow{OL} + 2 \cdot \overrightarrow{LS}$

- g berechnen:

$g\colon \vec{x} = \overrightarrow{OL} + r\vec{n} = \begin{pmatrix} 18 \\ 8 \\ 4 \end{pmatrix} + r \cdot \begin{pmatrix} 1 \\ 2 \\ 4 \end{pmatrix}$

- S berechnen, d. h. g mit E schneiden lassen:
$(18 + r) + 2(8 + 2r) + 4(4 + 4r) - 8 = 0 \Rightarrow r = -2$
also: $S(16 \mid 4 \mid -4)$
- L berechnen nach obiger Formel:

$\overrightarrow{OL^*} = \begin{pmatrix} 18 \\ 8 \\ 4 \end{pmatrix} + 2 \cdot \begin{pmatrix} -2 \\ -4 \\ -8 \end{pmatrix}$, also $L^*(14 \mid 0 \mid -12)$

124

19. **b)** • Schnittpunkt von s_1 mit E bestimmen:
$(-2 + 20k) + 2(3 + 5k) + 4(1 + 3k) - 8 = 0$
$\Rightarrow k = 0$
also: $P(-2 \mid 3 \mid 1)$

• Einfallswinkel α berechnen:

$$\cos\alpha = \frac{\begin{pmatrix} 20 \\ 5 \\ 3 \end{pmatrix} \cdot \vec{n}}{\sqrt{434} \cdot |\vec{n}|} = \frac{42}{\sqrt{9114}}$$

$\alpha = 63{,}9°$
$\alpha' = 90 - \alpha = 26{,}1°$

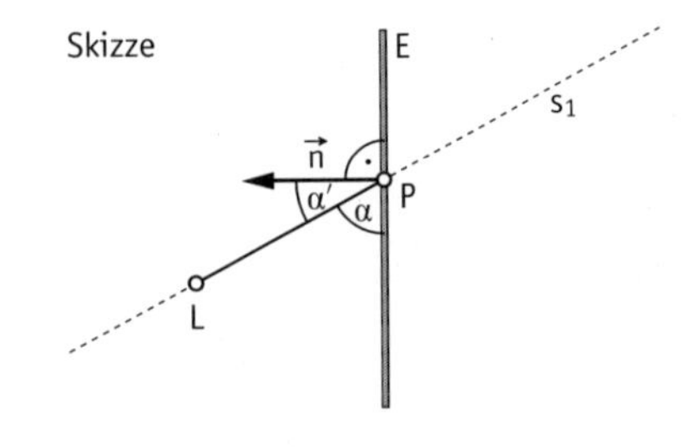

c) s_1* berechnen:
$s_1{}^*\colon \vec{x} = \overrightarrow{OP} + r \cdot \overrightarrow{L^*P}$

also: $s_1{}^*\colon \vec{x} = \begin{pmatrix} -2 \\ 3 \\ 1 \end{pmatrix} + r \begin{pmatrix} 16 \\ -3 \\ -13 \end{pmatrix}$

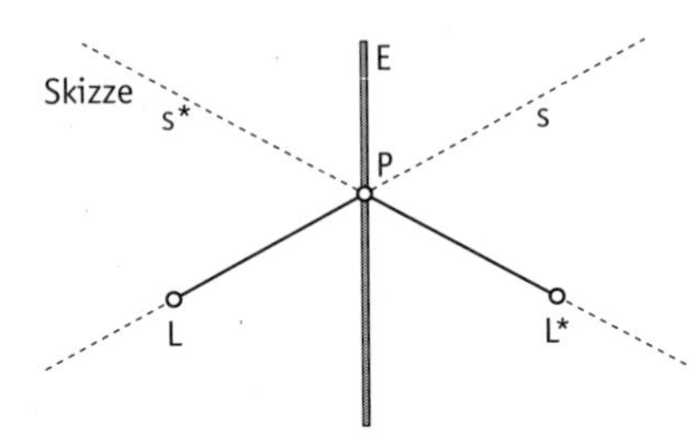

20. Die Lichtstrahlen verlaufen in einer Ebene, die senkrecht auf E steht:
($\vec{n}$ ist Normalenvektor von E)

$$E_{Strahl}\colon \vec{x} = \overrightarrow{OL} + r \cdot \overrightarrow{PL} + s \cdot \vec{n} = \begin{pmatrix} 4 \\ -10 \\ 11 \end{pmatrix} + r \begin{pmatrix} -26 \\ -20 \\ -2 \end{pmatrix} + s \begin{pmatrix} 2 \\ -1 \\ 2 \end{pmatrix}$$

Schnitt von E mit E_{Strahl} liefert eine Gerade, auf der S liegen muss:

Schnittgerade für $s = 4r - \frac{13}{3}$

$$g_S\colon \vec{x} = \begin{pmatrix} -\frac{14}{3} \\ -\frac{17}{3} \\ \frac{7}{3} \end{pmatrix} + r \begin{pmatrix} -18 \\ -24 \\ 6 \end{pmatrix} = \overrightarrow{OS}$$

Im Punkt S muss der Einfallswinkel gleich dem Ausfallswinkel sein:

$$\frac{\overrightarrow{SL} \cdot \vec{n}}{|\overrightarrow{SL}| \cdot |\vec{n}|} = \frac{\vec{n} \cdot \overrightarrow{SP}}{|\vec{n}| \cdot |\overrightarrow{SP}|}$$

124

20. Fortsetzung
Einsetzen und Auflösen nach r gibt die möglichen Lösungen
$r_1 = \frac{13}{12}$; $r_2 = -\frac{13}{38}$ und somit Punkte S_1 und S_2.

Die Vektoren $\overrightarrow{SP}$ und $\overrightarrow{SL}$ dürfen keine Vielfachen voneinander sein (dann ist auch der Winkel gleich).

Für Lösung r_2 sind $\overrightarrow{SP} = \frac{1}{57}\begin{pmatrix} 143 \\ -715 \\ 611 \end{pmatrix}$ und $\overrightarrow{SL} = \frac{1}{57}\begin{pmatrix} 1625 \\ 425 \\ 725 \end{pmatrix}$ linear unabhängig. $S\left(\frac{85}{57} \middle| \frac{145}{57} \middle| \frac{16}{57}\right)$

21. Der Normalenvektor $\vec{n}$ der Spiegelebene E muss in einer Ebene mit den Differenzvektoren $\overrightarrow{SL}$ und $\overrightarrow{SP}$ liegen.

$$\Rightarrow \vec{n} = \overrightarrow{SL} + r \cdot \overrightarrow{SP} = \begin{pmatrix} 11 \\ 3 \\ 5 \end{pmatrix} + r\begin{pmatrix} -10 \\ 18 \\ 14 \end{pmatrix}$$

Gleichzeitig muss er mit ihnen gleich große Winkel bilden (Einfallswinkel = Ausfallswinkel): $\frac{\vec{n} \cdot \overrightarrow{SL}}{|\vec{n}| \cdot |\overrightarrow{SL}|} = \cos\alpha = \frac{\vec{n} \cdot \overrightarrow{SP}}{|\vec{n}| \cdot |\overrightarrow{SP}|}$

Obigen Ausdruck von $\vec{n}$ eingesetzt und nach r aufgelöst, ergibt $r = \frac{1}{2}$.

$$\Rightarrow \vec{n} = \begin{pmatrix} 6 \\ 12 \\ 12 \end{pmatrix} \text{ bzw. normiert } \vec{n} = \frac{1}{3}\begin{pmatrix} 1 \\ 2 \\ 2 \end{pmatrix}$$

$$\Rightarrow E\colon \frac{1}{3}(x_1 + 2x_2 + 2x_3 - 16) = 0$$

2.3.2 Die HESSE'sche Normalenform einer Ebene

126

2. a) HNF: E: $\frac{1}{3}(2x_1 + x_2 + 2x_3 - 6) = 0$

Einsetzen von P: $\frac{1}{3}(4 - 1 + 4 - 6) = \frac{1}{3} \Rightarrow \text{Abst}(P; E) = \frac{1}{3}$.

b) HNF: E: $\frac{1}{9}(8x_1 + 4x_2 + x_3 - 27) = 0 \Rightarrow \text{Abst}(P; E) = \frac{1}{3}$.

c) HNF: E: $\frac{1}{9}(8x_1 + 4x_2 + x_3 - 30) = 0 \Rightarrow \text{Abst}(P; E) = \frac{53}{9}$.

d) HNF: E: $\frac{1}{3}(2x_1 + 2x_2 - x_3 - 18) = 0 \Rightarrow \text{Abst}(P; E) = 3$.

e) HNF: E: $\frac{1}{\sqrt{42}}(4x_1 + 5x_2 + x_3 + 5) = 0 \Rightarrow \text{Abst}(P; E) = \frac{5}{21}\sqrt{42}$.

f) HNF: E: $\frac{1}{\sqrt{5}}(x_1 + 2x_3) = 0 \Rightarrow \text{Abst}(P; E) = \frac{1}{\sqrt{5}}$.

126

3. Grundebene: E: $\vec{x} = \begin{pmatrix} 13 \\ -1 \\ 5 \end{pmatrix} + s\begin{pmatrix} -4 \\ 4 \\ 0 \end{pmatrix} + t\begin{pmatrix} 0 \\ 4 \\ 5 \end{pmatrix}$

HNF: E: $\frac{1}{\sqrt{66}}(5x_1 + 5x_2 - 4x_3 - 40) = 0$; $h = \text{Abst}(E; S) = \frac{50}{33}\sqrt{66}$

Volumen: $V = \frac{1}{6}\left|(\overrightarrow{AB} \times \overrightarrow{AC}) \cdot \overrightarrow{AS}\right| = \frac{200}{3}$

4. HNF: E: $\frac{1}{\sqrt{30}}(2x_1 - 5x_2 + x_3 - 13) = 0$

Gesucht sind 2 parallele Ebenen zu E mit Abstand 3.

HNF: E': $\frac{1}{\sqrt{30}}(2x_1 - 5x_2 + x_3 - a) = 0$

$\Rightarrow \text{Abst}(E; E') = \frac{1}{\sqrt{30}}|a - 13| = 3$

$\Rightarrow E_1$: $\frac{1}{\sqrt{30}}\left(2x_1 - 5x_2 + x_3 - (13 + 3\sqrt{30})\right) = 0$

E_2: $\frac{1}{\sqrt{30}}\left(2x_1 - 5x_2 + x_3 - (13 - 3\sqrt{30})\right) = 0$

5. a) Die Normalenvektoren $\overrightarrow{n_1} = \begin{pmatrix} -2 \\ -5 \\ -2 \end{pmatrix}$ und $\overrightarrow{n_2} = \begin{pmatrix} 2 \\ 5 \\ 2 \end{pmatrix}$ sind Vielfache voneinander, also sind E_1 und E_2 parallel.

HNF: E_1: $\frac{1}{\sqrt{33}}(2x_1 + 5x_2 + 2x_3 - 23) = 0$

HNF: E_2: $\frac{1}{\sqrt{33}}(2x_1 + 5x_2 + 2x_3 + 5) = 0$

$\Rightarrow \text{Abst}(E_1; E_2) = \frac{28}{\sqrt{33}}$

b) Gesucht ist eine Ebene E_3 parallel zu E_1 und E_2, die von beiden den gleichen Abstand $\left(\frac{14}{\sqrt{33}}\right)$ hat.

HNF: E_3: $\frac{1}{\sqrt{33}}(2x_1 + 5x_2 + 2x_3 - a) = 0$

$$\left.\begin{array}{l} \text{Abst}(E_1; E_3) = \frac{1}{\sqrt{33}}|a - 23| \\ \text{Abst}(E_2; E_3) = \frac{1}{\sqrt{33}}|a + 5| \end{array}\right\} \Rightarrow a = 9$$

6. a) $\vec{n} = \begin{pmatrix} 2 \\ 1 \\ 2 \end{pmatrix}$; $\vec{u} = \begin{pmatrix} 3 \\ -1 \\ 5 \end{pmatrix}$

Da $\vec{n} \cdot \vec{u} = 15 \neq 0$ sind Gerade und Ebene nicht parallel.
Schnittpunkt $S(2 \mid -4 \mid -10)$

126

6. b) Sei P_k ein Punkt der Geraden: $P_k(11+3k \mid -7-k \mid 5+5k)$

HNF: E: $\frac{1}{3}(2x_1 + x_2 + 2x_3 + 20) = 0$

$\Rightarrow \text{Abst}(P_k; E) = |15+5k| = 5 \Leftrightarrow k = -2 \text{ oder } k = -4$

$\Rightarrow P_{-2}(5 \mid -5 \mid -5)$ und $P_{-4}(-1 \mid -3 \mid -15)$ haben den Abstand 5 von E.

7. Robin hat vergessen, zunächst die Hesse'sche Normalenform zu bilden:

E_1: $\frac{1}{\sqrt{17}}(3x_1 - 2x_2 + 2x_3 - 14) = 0$

E_2: $\frac{1}{\sqrt{17}}(3x_1 - 2x_2 + 2x_3 - 31) = 0$

$a = \frac{1}{\sqrt{17}}(31-14) = \sqrt{17}$

127

8. a) Da $\overrightarrow{BA} \cdot \overrightarrow{BC} = \begin{pmatrix} -4 \\ 2 \\ 4 \end{pmatrix} \cdot \begin{pmatrix} -2 \\ 4 \\ -4 \end{pmatrix} = 0$ ist, liegt bei B ein rechter Winkel.

$\Rightarrow \overrightarrow{OD} = \overrightarrow{OC} + \overrightarrow{BA} = \overrightarrow{OA} + \overrightarrow{BC} = \begin{pmatrix} 1 \\ 4 \\ 2 \end{pmatrix}$; D(1 | 4 | 2)

b) Stützvektor des Mittelpunkts des Quadrats: $\overrightarrow{OM} = \overrightarrow{OB} + \frac{1}{2}\overrightarrow{BD} = \begin{pmatrix} 4 \\ 1 \\ 2 \end{pmatrix}$

Normalenvektor der Quadratebene mit Länge 6: $\vec{n} = \begin{pmatrix} 4 \\ 4 \\ 2 \end{pmatrix}$

$\Rightarrow \overrightarrow{OS} = \overrightarrow{OM} \pm \begin{pmatrix} 4 \\ 4 \\ 2 \end{pmatrix} = \begin{pmatrix} 4 \\ 1 \\ 2 \end{pmatrix} \pm \begin{pmatrix} 4 \\ 4 \\ 2 \end{pmatrix} \Rightarrow S_1(8 \mid 5 \mid 4); S_2(0 \mid -3 \mid 0)$

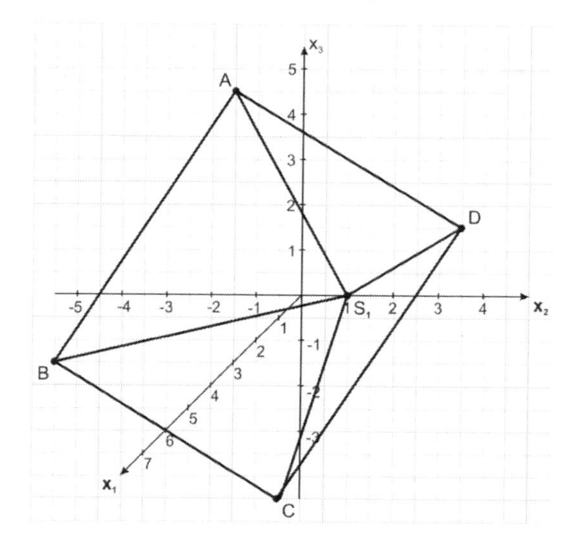

127 **8. b)** Fortsetzung

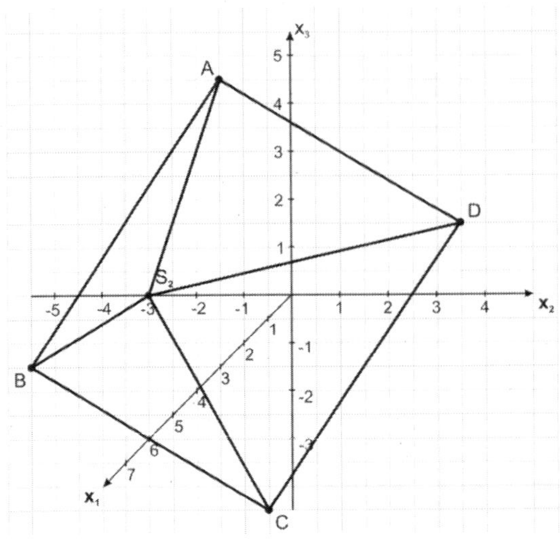

c) Für k = 2 ist $\vec{x} = \begin{pmatrix} 8 \\ 5 \\ 4 \end{pmatrix} = \overrightarrow{OS_1}$

Da $\begin{pmatrix} 1 \\ 1 \\ -4 \end{pmatrix} \cdot \begin{pmatrix} 4 \\ 4 \\ 2 \end{pmatrix} = 0$, ist die Gerade zur Quadratebene parallel, die Höhe der Pyramide mit $S \in g$ ist immer 6 und somit ist $V = \frac{1}{3} G \cdot h$ konstant.

9. a) $S_1(12 \mid 0 \mid 0)$; $S_2(0 \mid 6 \mid 0)$; $S_3(0 \mid 0 \mid 6)$

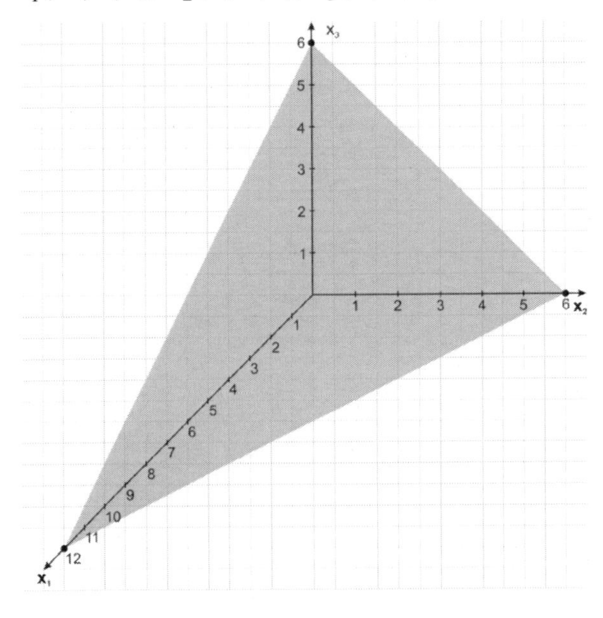

127

9. b) $V = \frac{1}{3} \cdot G \cdot h$

$$G = \frac{1}{2}\left|\overrightarrow{S_1S_2} \times \overrightarrow{S_1S_3}\right| = \frac{1}{2}\left|\begin{pmatrix} 36 \\ 72 \\ 72 \end{pmatrix}\right| = 54$$

HNF der Dreiecksebene: $E_G\colon \frac{1}{3}(x_1 + 2x_2 + 2x_3 - 12) = 0$

$\Rightarrow h = 4 \qquad \Rightarrow V = 72$

Oberfläche

$$A = G + \frac{1}{2}\left|\overrightarrow{OS_1} \times \overrightarrow{OS_2}\right| + \frac{1}{2}\left|\overrightarrow{OS_2} \times \overrightarrow{OS_3}\right| + \frac{1}{2}\left|\overrightarrow{OS_3} \times \overrightarrow{OS_1}\right|$$

$$= 54 + 36 + 18 + 36 = 144$$

c) Z. B. über HNF an der Ebene

HNF: $E_1\colon x_1 = 0 \Rightarrow \text{Abst}(M;\ E_1) = |m_1|$

HNF: $E_2\colon x_2 = 0 \Rightarrow \text{Abst}(M;\ E_2) = |m_2|$

HNF: $E_3\colon x_3 = 0 \Rightarrow \text{Abst}(M;\ E_3) = |m_3|$

$\Rightarrow m_1 = m_2 = m_3 = m$, da M im 1. Quadranten

$\text{Abst}(M;\ E_G) = \frac{1}{3}(5m - 12) = m \Rightarrow M(6 \mid 6 \mid 6)$

10. a) $\overrightarrow{OE} = \overrightarrow{OD} + \overrightarrow{BA} = \begin{pmatrix} 2 \\ 1 \\ 2 \end{pmatrix} + \begin{pmatrix} 2 \\ -2 \\ 0 \end{pmatrix} = \begin{pmatrix} 4 \\ -1 \\ 2 \end{pmatrix} \Rightarrow E(4 \mid -1 \mid 2)$

$\overrightarrow{OF} = \overrightarrow{OE} + \overrightarrow{CB} = \begin{pmatrix} 4 \\ -1 \\ 2 \end{pmatrix} + \begin{pmatrix} 2 \\ 0 \\ -2 \end{pmatrix} = \begin{pmatrix} 6 \\ -1 \\ 0 \end{pmatrix} \Rightarrow F(6 \mid -1 \mid 0)$

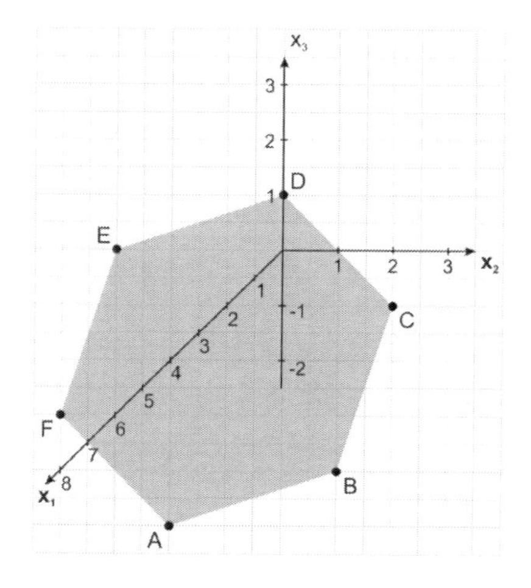

127

10. b) Gerade Pyramide: alle Kanten ausgehend von Punkt S gleich lang.

$S(s_1 \mid 0 \mid s_2)$

$\Rightarrow |\overrightarrow{AS}| = |\overrightarrow{BS}|$ und $|\overrightarrow{AS}| = |\overrightarrow{CS}|$

$\Rightarrow s_1 = 3;\ s_3 = -1;\ \ S(3 \mid 0 \mid -1)$

$V = \frac{1}{3} G \cdot h$

$$\left.\begin{aligned} G &= \tfrac{2}{3} \cdot |\overrightarrow{AB}|^2 \cdot \sqrt{3} = 12\sqrt{3} \\ h &= \sqrt{3} \end{aligned}\right\} \Rightarrow V = 12$$

c) P liegt auf der Geraden durch M und S, wobei M(4 | 1 | 0) der Mittelpunkt des Sechsecks ist.

$\Rightarrow P(4 + r \mid 1 + r \mid r)$

Abstand von P zur Ebene der Grundfläche:

$\left|\frac{1}{\sqrt{3}}(4 + r + 1 + r + r - 5)\right|$

Abstand zur Ebene der Seitenfläche BCS:

$\left|\frac{1}{\sqrt{2}}(4 + r + r - 2)\right|$

Gleichsetzen liefert $r = 2 \pm \sqrt{6}$. Da P im Inneren der Pyramide liegt, ist $r = 2 - \sqrt{6}$ Lösung.

$\Rightarrow P\left(6 - \sqrt{6} \middle| \ 3 - \sqrt{6} \middle| \ 2 - \sqrt{6}\right)$

11. a) $E_2\colon \frac{1}{\sqrt{50}}\left(5x_1 + 4x_2 + 3x_3 - 61\right) = 0$

E_1 und E_2 haben denselben Normalenvektor $\begin{pmatrix} 5 \\ 4 \\ 3 \end{pmatrix}$ und sind somit parallel.

Aus den HNF folgt $\text{Abst}\left(E_1;\ E_2\right) = \frac{70}{\sqrt{50}} = 7\sqrt{2} \approx 9{,}9$

b) Schnittpunkt S(3 | −6 | 0)

12. a) B(4 | 4 | 0); P(4 | a | 4); Q(a | 4 | 4) für gesuchtes $0 < a < 4$

$$A_{BPQ} = \tfrac{1}{2}\left|\overrightarrow{BP} \times \overrightarrow{BQ}\right| = \tfrac{1}{2}\left|\begin{pmatrix} 4a - 16 \\ 4a - 16 \\ -(a - 4)^2 \end{pmatrix}\right| = 6$$

$\Rightarrow \frac{1}{4}\left(2(4a - 16)^2 + (a - 4)^4\right) - 36 = 0 \Rightarrow a = 2$

P(4 | 2 | 4); Q(2 | 4 | 4)

b) $V_{\text{Rest}} = V_{\text{Würfel}} - V_{\text{Pyramide}} = 4^3 - \frac{1}{6}\left|\left(\overrightarrow{BP} \times \overrightarrow{BQ}\right) \cdot \overrightarrow{BF}\right|$

$= 64 - \frac{8}{3} = 61\frac{1}{3}$

127

13. a) Betrachte Schnitt von E_t und E_r.

Richtungsvektorschnittgerade $\vec{u} = \begin{pmatrix} 6 \\ t \\ t \end{pmatrix} \times \begin{pmatrix} 6 \\ r \\ r \end{pmatrix} = \begin{pmatrix} 0 \\ 6(t-r) \\ 6(r-t) \end{pmatrix}$

ist proportional zu $\vec{v} = \begin{pmatrix} 0 \\ 1 \\ -1 \end{pmatrix}$ unabhängig von r, t.

Gemeinsamer Punkt der Ebenen: z. B. $x_1 = 0$

$\Rightarrow x_2 + x_3 = 6$ unabhängig von r, t.

Stützvektor z. B. $\begin{pmatrix} 0 \\ 6 \\ 0 \end{pmatrix} \Rightarrow S\colon \vec{x} = \begin{pmatrix} 0 \\ 6 \\ 0 \end{pmatrix} + r \begin{pmatrix} 0 \\ 1 \\ -1 \end{pmatrix}$

b) HNF: $E_t\colon \frac{1}{\sqrt{36+2t^2}}(6x_1 + tx_2 + tx_3 - 6t) = 0$

$\Rightarrow \text{Abst}(P;\ E_t) = \frac{36-6t}{\sqrt{36+2t^2}} = 6 \Rightarrow t = 0$ oder $t = -12$

$E_0\colon 6x_1 = 0;\ E_{-12}\colon 6x_1 - 12x_2 - 12x_3 = -72$

2.3.3 Abstand eines Punktes von einer Geraden

129

2. Tobias hat die Entfernung eines beliebigen Punktes der Geraden zu P: $|\vec{x} - \overrightarrow{OS}|$ als Funktion y = f(x) (mit t = x) grafisch dargestellt und dann das Minimum bestimmt.

3. Hilfsebene: E: $\begin{pmatrix} 3 \\ -2 \\ 4 \end{pmatrix} \cdot \left[\vec{x} - \begin{pmatrix} 4 \\ -5 \\ 8 \end{pmatrix} \right] = 0$

Schnittpunkt von E und g: $F\left(\frac{216}{29} \middle| \frac{1}{29} \middle| \frac{230}{29}\right)$ für $s = \frac{14}{29}$

$|\overrightarrow{FP}| = 6 \cdot \sqrt{\frac{30}{29}}$

4. a) $\text{Abst}(g;\ h) = \sqrt{\frac{2949}{29}}$

b) Für parallele Geraden wählt man einen beliebigen Punkt P der ersten Geraden und berechnet den Abstand zwischen P und der zweiten Geraden.

129

5. Wir bezeichnen den Fußpunkt der Höhe mit Q. Q muss auf der Geraden durch A und B liegen.

$$\overrightarrow{OQ} = \overrightarrow{OA} + r \cdot \overrightarrow{AB} = \begin{pmatrix} 4 \\ 1{,}5 \\ -1 \end{pmatrix} + r \cdot \begin{pmatrix} -6 \\ -0{,}5 \\ 3{,}5 \end{pmatrix}$$

$$\overrightarrow{QC} = \overrightarrow{OC} - \overrightarrow{OQ} = \begin{pmatrix} 2 \\ -1 \\ 3{,}5 \end{pmatrix} - \left[\begin{pmatrix} 4 \\ 1{,}5 \\ -1 \end{pmatrix} + r \cdot \begin{pmatrix} -6 \\ -0{,}5 \\ 3{,}5 \end{pmatrix}\right] = \begin{pmatrix} -2+6r \\ -2{,}5+0{,}5r \\ 4{,}5-3{,}5r \end{pmatrix}$$

$$\overrightarrow{QC} \cdot \overrightarrow{AB} = 0 \iff -6(-2+6r) - 0{,}5(-2{,}5+0{,}5r) + 3{,}5(4{,}5-3{,}5r) = 0$$

$$\iff 29 - 48{,}5r = 0 \iff r = \tfrac{58}{97}$$

Einsetzen ergibt: $Q\left(\tfrac{154}{97} \;\middle|\; -\tfrac{427}{97} \;\middle|\; \tfrac{467}{97}\right)$ und $|\overrightarrow{CQ}| = \frac{\sqrt{495\,282}}{194} \approx 3{,}628$

$$A_\Delta = \tfrac{1}{2} \cdot g \cdot h = \tfrac{1}{2}|\overrightarrow{AB}| \cdot |\overrightarrow{CQ}| = 12{,}6 \text{ FE}$$

6. Beispiele:

- $V = \frac{1}{6}\left|(\overrightarrow{AB} \times \overrightarrow{AC}) \cdot \overrightarrow{AD}\right| = 54$
- $V = \frac{1}{3} \cdot G \cdot h$, wobei G die Fläche des Dreiecks ABC ist und h die Höhe des Punktes D über der Fläche.
  $G = 27;\ h = 6 \Rightarrow V = 54$

130

7. (1) • Bedingungen für Q:

$$-\overrightarrow{OQ} = \begin{pmatrix} 0 \\ 10 \\ 1 \end{pmatrix} + t \begin{pmatrix} 5 \\ 8 \\ -1 \end{pmatrix},\ \text{Q liegt auf der Geraden}$$

$$-\overrightarrow{PQ} \cdot \begin{pmatrix} 5 \\ 8 \\ -1 \end{pmatrix} = 0,\ \overrightarrow{PQ} \text{ senkrecht zur Geraden}$$

- $\overrightarrow{PQ} = \overrightarrow{OQ} - \overrightarrow{OP} = \begin{pmatrix} -41 \\ 4 \\ 7 \end{pmatrix} + t \cdot \begin{pmatrix} 5 \\ 8 \\ -1 \end{pmatrix}$
- $\overrightarrow{PQ} = \begin{pmatrix} 5 \\ 8 \\ -1 \end{pmatrix} = -180 + 90t \Rightarrow t = 2$; Q (10 | 26 | −1)

(2) $\overrightarrow{PQ} = \begin{pmatrix} 31 \\ -20 \\ -5 \end{pmatrix}$

(3) $|\overrightarrow{PQ}| = \sqrt{1386} \approx 37$

130

8. a) Abst(P; g) = 3

b) Abst(P; g) ≈ 2,928

c) $g\colon \vec{x} = \begin{pmatrix}1\\1\\0\end{pmatrix} + t\begin{pmatrix}0\\2\\2\end{pmatrix}$; Abst(P; g) = 3

d) $g\colon \vec{x} = \begin{pmatrix}6\\2\\1\end{pmatrix} + t\begin{pmatrix}-4\\-1\\10\end{pmatrix}$; Abst(P; g) ≈ 0,346

9. a) $\begin{pmatrix}2\\-1\\2\end{pmatrix} = \frac{1}{2}\begin{pmatrix}4\\-2\\4\end{pmatrix}$ ⇒ Richtungsvektoren kollinear ⇒ parallele Geraden

Abst(g; h) $= \frac{5}{3}\sqrt{26} \approx 8{,}498$

b) $\begin{pmatrix}3\\-3\\4\end{pmatrix} = -\frac{1}{2}\begin{pmatrix}-6\\6\\-8\end{pmatrix}$ ⇒ parallele Geraden

Abst(g; h) ≈ 10,326

10. a) Abst(A; g) $= 2\sqrt{5}$

b) Ebene orthogonal zu g, die A enthält:

E: $2x_1 + x_2 - x_3 - 2 = 0$

Schnittpunkt mit g: F(2 | 1 | 3)

$\overrightarrow{FA} = \begin{pmatrix}2\\-4\\0\end{pmatrix} \Rightarrow \overrightarrow{FA'} = -\overrightarrow{FA} = \begin{pmatrix}-2\\4\\0\end{pmatrix}$ ⇒ A'(0 | 5 | 3)

11. a) Wenn $P \in g$ gelten soll, müssen die Gleichungen für die x_1- und die x_3-Koordinate für das gleiche t erfüllt sein:

für x_1: $8 = 4 + t \quad \Rightarrow t = 4$

für x_3: $5 = -1 + t \Rightarrow t = 6$

Aus diesem Widerspruch folgt, dass $P \notin g$ ist.

b) Lotfußpunkt $F\left(\frac{1}{3}(20 - p) \middle| \frac{1}{3}(2p - 7) \middle| \frac{1}{3}(5 - p)\right)$

Abst(P; g) $= \left|\overrightarrow{FP}\right| = \sqrt{\frac{1}{3}\left(p^2 + 14p + 55\right)} = 5$

$\Rightarrow p = -7 + \sqrt{69} \approx 1{,}31$ oder $p = -7 - \sqrt{69} \approx -15{,}31$

130

12. a) $a_1 = 5$, denn $\begin{pmatrix} 5 \\ -10 \\ 15 \end{pmatrix} = -5\begin{pmatrix} -1 \\ 2 \\ -3 \end{pmatrix}$

$\text{Abst}(g;\ h_5) = \sqrt{\frac{5}{14}}$

b) $\begin{pmatrix} 5 \\ -2a \\ 3a \end{pmatrix} \cdot \begin{pmatrix} -1 \\ 2 \\ -3 \end{pmatrix} = -5 - 13a = 0 \Rightarrow a_2 = -\frac{5}{13}$

Lösen der Vektorgleichung $h_{a_2} = g$ nach t, r liefert Widerspruch

$\Rightarrow$ windschief

131

13. a) $\overrightarrow{AB} = \begin{pmatrix} 2 \\ 2 \\ 0 \end{pmatrix}$; $\overrightarrow{AC} = \begin{pmatrix} 4 \\ 0 \\ 1 \end{pmatrix}$ sind offensichtlich linear unabhängig

$\Rightarrow$ A, B, C definieren eine Ebene E: $x_1 - x_2 - 4x_3 + 30 = 0$

b) • P liegt in E.

• Es gilt z. B.: $\overrightarrow{OP} = \overrightarrow{OA} + 1 \cdot \overrightarrow{AB} + 0{,}5 \cdot \overrightarrow{BC}$ und

$\overrightarrow{OP} = \overrightarrow{OA} + 1 \cdot \overrightarrow{AC} + 0{,}5 \cdot \overrightarrow{CB}$, also P liegt auf der Seite BC.

Abst(P, g_{AB}): 1,5 (Bei B hat das Dreieck einen rechten Winkel.)

Abst(P, g_{BC}) = 0; Abst(P, g_{AC}) ≈ 1,138

14. Ist P der Fußpunkt des Lots von B auf die Gerade so gilt:

$\overrightarrow{OP} = \begin{pmatrix} 2 \\ 0 \\ 0 \end{pmatrix} + t \cdot \begin{pmatrix} 3 \\ 2 \\ 1 \end{pmatrix}$.

Es gilt weiter: $\left[\begin{pmatrix} 2 \\ 0 \\ 0 \end{pmatrix} + t \begin{pmatrix} 3 \\ 2 \\ 1 \end{pmatrix}\right] - \begin{pmatrix} 10 \\ 7{,}5 \\ 0{,}3 \end{pmatrix} = \overrightarrow{BP}$ $\qquad$ $\overrightarrow{BP} = \begin{pmatrix} -8 \\ -7{,}5 \\ -0{,}3 \end{pmatrix} + t \cdot \begin{pmatrix} 3 \\ 2 \\ 1 \end{pmatrix}$

$\overrightarrow{BP} \cdot \begin{pmatrix} 3 \\ 2 \\ 1 \end{pmatrix} = 0 \quad \Leftrightarrow \quad -39{,}3 + 14t = 0 \quad \Rightarrow \quad t = \frac{393}{140} \approx 2{,}807$

$\overrightarrow{BP} = \begin{pmatrix} 0{,}4214 \\ -1{,}8857 \\ 2{,}507 \end{pmatrix}$, $\quad |\overrightarrow{BP}| \approx 3{,}165$ km

15. Einsetzen ergibt:

a) $A = 0{,}5 \cdot \sqrt{600} \approx 12{,}25$ $\qquad$ **b)** $A = 0{,}5 \cdot \sqrt{1889} \approx 21{,}73$

16. $O = A_{ABC} + A_{ABD} + A_{ACD} + A_{BCD}$

a) $O = 0{,}5 \cdot \sqrt{285} + 4{,}5 \cdot \sqrt{5} + 0{,}5 \cdot \sqrt{195} + 0{,}5 \cdot \sqrt{285} \approx 33{,}93$; $V = 7{,}5$

b) $O = 17 + 0{,}5 \cdot \sqrt{480} + 0{,}5 \cdot \sqrt{944} + 0{,}5 \cdot \sqrt{1028} \approx 59{,}35$; $V = \frac{68}{3} \approx 22{,}67$

131

17. a) $\overrightarrow{AB} = \begin{pmatrix} -4 \\ 4 \\ 2 \end{pmatrix}$; $\overrightarrow{BC} = \begin{pmatrix} -2 \\ -4 \\ 4 \end{pmatrix}$; $\overrightarrow{CD} = \begin{pmatrix} 4 \\ -4 \\ -2 \end{pmatrix}$; $\overrightarrow{DA} = \begin{pmatrix} 2 \\ 4 \\ -4 \end{pmatrix}$

$\overrightarrow{AB} \cdot \overrightarrow{BC} = 0;\ \overrightarrow{BC} \cdot \overrightarrow{CD} = 0;\ \overrightarrow{CD} \cdot \overrightarrow{DA} = 0;\ \overrightarrow{DA} \cdot \overrightarrow{AB} = 0$

$\Rightarrow$ Alle Winkel sind rechtwinklig und alle Längen sind 6.

b) Mittelpunkt des Quadrats z. B. $\overrightarrow{OM} = \overrightarrow{OA} + \frac{1}{2}\left(\overrightarrow{AB} - \overrightarrow{DA}\right)$; $M(7 \mid -1 \mid 5)$

Normalenvektor auf Quadratebene: $\vec{n} = \frac{1}{3}\begin{pmatrix} 2 \\ 1 \\ 2 \end{pmatrix}$

$\overrightarrow{OS} = \overrightarrow{OM} \pm 9 \cdot \vec{n} \quad \Rightarrow S_1(13 \mid 2 \mid 11);\ S_2(1 \mid -4 \mid -1)$

c) $V = \frac{1}{3} \cdot (6 \cdot 6) \cdot 9 = 108\ \text{VE}$

Zur Oberfläche:

Fläche einer Dreiecksseite: $F_1 = \frac{1}{2}\left|\overrightarrow{AB}\right| \cdot h_{AB} \approx 28{,}46$

Fläche des Quadrats: $F_2 = \left|\overrightarrow{AB}\right| \cdot \left|\overrightarrow{AD}\right| = 36$

Oberfläche $O = 4 \cdot F_1 + F_2 = 113{,}84 + 36 = 149{,}84$

18. Fläche einer Seite $A_1 = \frac{1}{2}\left|\overrightarrow{SP} \times \overrightarrow{SQ}\right| \approx 2{,}644\ \text{m}^2$

Dachfläche $A = 6 \cdot A_1 \approx 15{,}866\ \text{m}^2$

Bestellmenge ca. $17{,}8\ \text{m}^2$

19. a) $\overrightarrow{AB} = \begin{pmatrix} 0 \\ 0 \\ z-5 \end{pmatrix}$; $\overrightarrow{AC} = \begin{pmatrix} -2 \\ -5 \\ 0 \end{pmatrix}$

$\frac{1}{2}\left|\overrightarrow{AB} \times \overrightarrow{AC}\right| = 6 \Rightarrow \sqrt{29}\,|z-5| = 12 \Rightarrow z = 5 \pm \frac{12}{\sqrt{29}}$

b) $\overrightarrow{AB} = \begin{pmatrix} 3 \\ -3 \\ 5 \end{pmatrix}$; $\overrightarrow{AC} = \begin{pmatrix} t+2 \\ -2(t+2) \\ \frac{1}{2}t+5 \end{pmatrix}$

$\frac{1}{2}\left|\overrightarrow{AB} \times \overrightarrow{AC}\right| = 6 \Rightarrow \frac{1}{2}\sqrt{86 + 86t + \frac{187}{2}t^2} = 12$

$\Rightarrow t_1 \approx -1{,}372;\ t_2 \approx 0{,}452$

$\Rightarrow C_1(-1{,}372 \mid -0{,}256 \mid 1{,}314);\ C_2(0{,}452 \mid -3{,}904 \mid 2{,}226)$

2.3.4 Abstand zueinander windschiefer Geraden

133

2. E: $\vec{x} = \begin{pmatrix} 2 \\ 7 \\ -6 \end{pmatrix} + r \begin{pmatrix} 2 \\ 3 \\ 0 \end{pmatrix} + s \begin{pmatrix} 2 \\ 0 \\ -1 \end{pmatrix}$

Hessesche Normalenform: $E_{HNF}: \frac{1}{7}(-3x_1 + 2x_2 - 6x_3 - 44) = 0$

Abst (g; E) = 14 = Abst (g; h)

3. Sei $P \in g$ und $Q \in h$, dann gilt für den Abstand von P zu Q:

$$\text{Abst}(P; Q) = \left|\overrightarrow{PQ}\right| = \left|\begin{pmatrix} 3 - 2s - 3r \\ 1 - 2s + 5r \\ 1 - r \end{pmatrix}\right|$$

Gesucht ist der kleinste Abstand von P und Q, dann ist $\overrightarrow{PQ} \cdot \begin{pmatrix} 3 \\ -5 \\ 1 \end{pmatrix} = 0$ und

$$\overrightarrow{PQ} \cdot \begin{pmatrix} -2 \\ -2 \\ 0 \end{pmatrix} = 0 \Rightarrow \text{LGS} \begin{vmatrix} 5 + 4s - 35r = 0 \\ -8 + 8s - 4r = 0 \end{vmatrix} \Rightarrow s = \frac{25}{22};\ r = \frac{3}{11}$$

$$\Rightarrow \overrightarrow{PQ} = \begin{pmatrix} -\frac{1}{11} \\ \frac{1}{11} \\ \frac{8}{11} \end{pmatrix} \Rightarrow \left|\overrightarrow{PQ}\right| = \frac{1}{11}\sqrt{66} \approx 0{,}7385 \text{ km}$$

Der geringste Abstand der beiden Routen beträgt 738,5 m und unterschreitet somit nicht den Mindestabstand.

134

4. a) Die Richtungsvektoren der Geraden sind keine Vielfachen voneinander und das Gleichungssystem zur Schnittpunktbestimmung

$$\begin{vmatrix} 2r + 7 = 0 \\ -2r - 2s + 5 = 0 \\ 3r - s - 4 = 0 \end{vmatrix} \Leftrightarrow \begin{vmatrix} 2r + 7 = 0 \\ -4s + 24 = 0 \\ 82 = 0 \end{vmatrix}$$

führt auf einen Widerspruch. Die Geraden sind windschief.

Der Verbindungsvektor $\overrightarrow{PQ} = \begin{pmatrix} 2r + 7 \\ -2r - 2s + 5 \\ 3r - s - 4 \end{pmatrix}$ steht für $r = \frac{17}{42}$ und

$s = \frac{47}{42}$ senkrecht auf den Geraden und hat dann die Länge $\frac{41}{\sqrt{21}} \approx 8{,}947$.

$\Rightarrow$ Abst (g; h) $= \frac{41}{\sqrt{21}} \approx 8{,}947$

134

4. b) Die Richtungsvektoren sind keine Vielfachen voneinander.

$$\left|\begin{aligned} 2r + s - 9 &= 0 \\ -2r - 2s + \tfrac{7}{2} &= 0 \\ 3r - s - 4 &= 0 \end{aligned}\right| \Leftrightarrow \left|\begin{aligned} 2r + s - 9 &= 0 \\ -2s - 11 &= 0 \\ -\tfrac{93}{2} &= 0 \end{aligned}\right|$$

Widerspruch; die Geraden sind windschief.

$$\overrightarrow{PQ} = \begin{pmatrix} 2r + s - 9 \\ -2r - 2s + \frac{7}{2} \\ 3r - s - 4 \end{pmatrix}$$

Für r = 2 und s = 1 steht $\overrightarrow{PQ}$ senkrecht auf g und h.

Abst (g; h) $= \frac{\sqrt{93}}{2} \approx 4{,}822$

c) Z. B. h: $\vec{x} = \begin{pmatrix} 12 \\ -7 \\ 8 \end{pmatrix} + s\begin{pmatrix} -8 \\ 5 \\ 4 \end{pmatrix}$

Die Richtungsvektoren sind keine Vielfachen voneinander.

$$\left|\begin{aligned} 3r + 8s - 17 &= 0 \\ r - 5s + 9 &= 0 \\ -r - 4s - 1 &= 0 \end{aligned}\right| \Leftrightarrow \left|\begin{aligned} 3r + 8s - 17 &= 0 \\ -23s + 44 &= 0 \\ 212 &= 0 \end{aligned}\right|$$

Widerspruch; die Geraden sind also windschief.

$$\overrightarrow{PQ} = \begin{pmatrix} 3r + 8s - 17 \\ r - 5s + 9 \\ -r - 4s - 1 \end{pmatrix}$$

Für $r = \frac{117}{313}$ und $s = \frac{502}{313}$ steht $\overrightarrow{PQ}$ senkrecht auf g und h.

Abst (g; h) $= \frac{106}{313} \cdot \sqrt{626} \approx 8{,}473$

d) Z. B. g: $\vec{x} = \begin{pmatrix} -1 \\ -1 \\ 5 \end{pmatrix} + r\begin{pmatrix} 6 \\ 8 \\ 67 \end{pmatrix}$; h: $\vec{x}\begin{pmatrix} -1 \\ 19 \\ -5 \end{pmatrix} + s\begin{pmatrix} 8 \\ 6 \\ -4 \end{pmatrix}$

Die Richtungsvektoren sind keine Vielfachen voneinander.
Das Gleichungssystem zur Schnittpunktbestimmung führt auf einen Widerspruch, also sind g und h windschief zueinander.

Abst (g; h) $= \frac{164}{171}\sqrt{285} \approx 16{,}191$

5. a) Abst (g; x_1-Achse) = 0; Schnittpunkt (4 | 0 | 0)

Abst (g; x_2-Achse) $= \frac{8}{\sqrt{5}} \approx 3{,}578$

Abst (g; x_3-Achse) $= 2\sqrt{2} \approx 2{,}828$

134

5. b) Abst (g; x_1-Achse)$=\frac{\sqrt{10}}{2} \approx 1{,}581$

Abst (g; x_2-Achse) $= \frac{5}{\sqrt{13}} \approx 1{,}387$

Abst (g; x_3-Achse) $= \sqrt{5} \approx 2{,}236$

6. Die Richtungsvektoren $\begin{pmatrix} 4 \\ -3 \\ 1 \end{pmatrix}$ und $\begin{pmatrix} 4 \\ 3 \\ -2 \end{pmatrix}$ sind keine Vielfachen voneinander und die Geraden haben keinen Schnittpunkt, sie liegen windschief zueinander.
Der Vektor der kürzesten Verbindung der Geraden ist eindeutig und steht senkrecht auf den Geraden. Die Verlängerung dieses Vektors ist die gesuchte Gerade.
$\overrightarrow{PQ} = \begin{pmatrix} 4r - 4s - 8\frac{1}{4} \\ -3r - 3s \\ r + 2s + 9 \end{pmatrix}$ steht für r = 0,605 und s ≈ −1,654 senkrecht auf beiden Geraden.
$\Rightarrow$ P(0,420 | −1,815 | 4,605); Q(−0,367 | −4,963 | −1,691)

7. a) Verbindungsvektor $\overrightarrow{PQ} = \begin{pmatrix} 2r - 2s \\ 3r + 10 \\ s - 13 \end{pmatrix}$; ($P \in h$; $Q \in g$)

Für r = −2 und s = 1 steht $\overrightarrow{PQ}^* = \begin{pmatrix} -6 \\ 4 \\ -12 \end{pmatrix}$ senkrecht auf g und h.

Abst (g; h) $= \left|\overrightarrow{PQ}^*\right| = 14$

b) Der Punkt P(4 | −3 | 6) ist Lotfußpunkt auf h $\Rightarrow g^*\colon \vec{x} = \begin{pmatrix} 4 \\ -3 \\ 6 \end{pmatrix} + r\begin{pmatrix} 2 \\ 3 \\ 0 \end{pmatrix}$

ist parallel zu g, schneidet h in (4 | −3 | 6) und hat den geringsten Abstand zu g.

8. Sie hat Recht. Beide Geraden liegen jeweils in einer Ebene, die parallel zur x_1x_2-Ebene ist, da von beiden Richtungsvektoren die x_3-Komponente null ist.
Die Ebene, die g enthält, besitzt die x_3-Koordinate 6. Die Ebene, die h enthält, besitzt die x_3-Koordinate 14. Damit haben beide Ebenen und somit auch beide Geraden den Abstand 8.

134

9. a) Die Richtungsvektoren $\begin{pmatrix} 2 \\ -2 \\ 1 \end{pmatrix}$ und $\begin{pmatrix} 2 \\ 1 \\ -2 \end{pmatrix}$ sind keine Vielfachen voneinander und das Gleichungssystem zur Schnittpunktbestimmung liefert einen Widerspruch:

$$\left|\begin{array}{r} 2r - 2s - 6 = 0 \\ -2r - s + 3 = 0 \\ r + 2s + 9 = 0 \end{array}\right| \Leftrightarrow \left|\begin{array}{r} 2r - 2s - 6 = 0 \\ -3s - 3 = 0 \\ -54 = 0 \end{array}\right|$$

$\Rightarrow$ Die Geraden liegen windschief zueinander.

b) Der Verbindungsvektor $\overrightarrow{PQ} = \begin{pmatrix} -2r + 2s + 6 \\ 2r + s - 3 \\ -r - 2s - 9 \end{pmatrix}$ steht für $r = 1$ und $s = -3$, also für $\overrightarrow{PQ} = \begin{pmatrix} -2 \\ -4 \\ -4 \end{pmatrix}$, senkrecht auf g und h.

Der Lotfußpunkt auf g ist P(3 | 8 | 9).

Daher ist der Mittelpunkt $\overrightarrow{OM} = \overrightarrow{OP} + \frac{1}{2}\overrightarrow{PQ}$: M(2 | 6 | 7).

Der Radius ist $\frac{|\overrightarrow{PQ}|}{2} = \frac{\text{Abst }(g;\,h)}{2} = 3$.

10. a) Z. B. h: $\vec{x} = \begin{pmatrix} -1 \\ 1 \\ -1 \end{pmatrix} + s\begin{pmatrix} 4 \\ 2 \\ -4 \end{pmatrix}$

Die Richtungsvektoren $\begin{pmatrix} 2 \\ -2 \\ 1 \end{pmatrix}$ und $\begin{pmatrix} 4 \\ 2 \\ -6 \end{pmatrix}$ sind keine Vielfachen voneinander, und das Gleichungssystem zur Schnittpunktbestimmung führt auf einen Widerspruch

$$\left|\begin{array}{r} -2r + 4s + 2 = 0 \\ 2r + 2s - 5 = 0 \\ -r - 4s - 5 = 0 \end{array}\right| \Leftrightarrow \left|\begin{array}{r} -2r + 4s + 2 = 0 \\ 6s - 3 = 0 \\ -108 = 0 \end{array}\right|$$

$\Rightarrow$ Die Geraden liegen windschief zueinander.
Verbindungsvektor von $P' \in g$ zu $Q \in h$

$\overrightarrow{P'Q} = \begin{pmatrix} -2r + 4s - 2 \\ 2r + 2s - 5 \\ -r - 4s - 5 \end{pmatrix}$ ist für $r = 1;\ s = -\frac{1}{2}$ senkrecht auf g und h.

Lotfußpunkte P(−1 | 4 | 5); Q(−3 | 0 | 1)

Mittelpunkt: $\overrightarrow{OM} = \overrightarrow{OP'} + \frac{1}{2}\overrightarrow{P'Q} \Rightarrow M(-2 \mid 2 \mid 3)$

Radius: $\frac{|\overrightarrow{P'Q}|}{2} = \frac{\text{Abst }(g;\,h)}{2} = 3$

134

10. b) Gerade durch P und einen Punkt von g

$$g_P: \vec{x} = \begin{pmatrix} 4 \\ 2 \\ 0 \end{pmatrix} - k\left(\begin{pmatrix} -3 \\ 6 \\ 4 \end{pmatrix} + r\begin{pmatrix} 2 \\ -2 \\ 1 \end{pmatrix} - \begin{pmatrix} 4 \\ 2 \\ 0 \end{pmatrix}\right)$$

Schnitt von g_P mit h liefert ein Gleichungssystem von 3 Gleichungen

für die Unbekannten k, r, s mit Lösung $k = -1$; $r = 3$; $t = \frac{3}{2}$.

Die Gerade $g_P: \vec{x} = \begin{pmatrix} 4 \\ 2 \\ 0 \end{pmatrix} + k\begin{pmatrix} -1 \\ -2 \\ 7 \end{pmatrix}$ schneidet

g für $k = 1$ in $(3 \mid 0 \mid 7)$ und h für $k = -1$ in $(5 \mid 4 \mid -7)$.
Da Abst $(g_P; M) \approx 5{,}61 > r = 3$ liegt die Gerade außerhalb der Kugel.

11. a) *Beispiel:*

- Wähle eine Ebene in der g liegt. Z. B. $E_1: \vec{x} = \begin{pmatrix} -2 \\ 1 \\ 3 \end{pmatrix} + r\begin{pmatrix} 4 \\ -2 \\ 1 \end{pmatrix} + s\begin{pmatrix} 1 \\ 0 \\ 0 \end{pmatrix}$

  Der neue Richtungsvektor darf kein Vielfaches des Richtungsvektors der Geraden sein.
- Konstruiere eine Ebene, die Abstand 10 von E_1 hat, z. B. über

  Hessesche Normalenform: $E_1: \frac{1}{\sqrt{3}}(x_2 + 2x_3 - 5) = 0$

  $E_2: \frac{1}{\sqrt{3}}(x_2 + 2x_3 - 5) + 10 = 0$
- Wähle Gerade in E_2, die nicht parallel zu g ist.

  Z. B. h: $\vec{x} = \begin{pmatrix} 0 \\ 10 \cdot \sqrt{3} - 5 \\ 0 \end{pmatrix} + s\begin{pmatrix} 1 \\ 0 \\ 0 \end{pmatrix}$

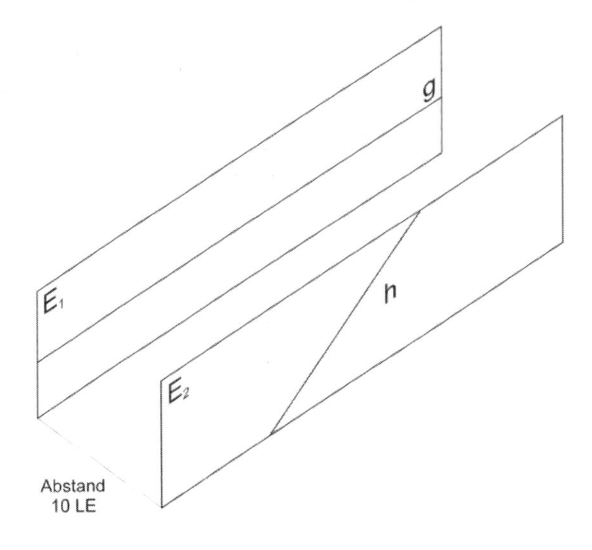

134

11. a) Fortsetzung

Alternative Lösung:

- Suche einen Vektor, der senkrecht auf dem Richtungsvektor steht und Länge 10 hat. Z. B. $\vec{n} = \begin{pmatrix} 0 \\ 1 \\ 2 \end{pmatrix} \cdot \frac{10}{\sqrt{5}}$.
- Verschiebe Stützvektor von g um den Vektor $\vec{n}$, um den Stützvektor der neuen Geraden zu erhalten. Z. B. $\begin{pmatrix} -2 \\ 1 \\ 3 \end{pmatrix} + \begin{pmatrix} 0 \\ 1 \\ 2 \end{pmatrix} \cdot \frac{10}{\sqrt{5}}$.
- Richtungsvektor der neuen Geraden ist ein Vektor, der senkrecht auf $\vec{n}$ steht, aber nicht der Richtungsvektor von g ist. Z. B. $\begin{pmatrix} 1 \\ 0 \\ 0 \end{pmatrix}$

$$h: \vec{x} = \begin{pmatrix} -2 \\ 1 \\ 3 \end{pmatrix} + \frac{10}{\sqrt{5}} \begin{pmatrix} 0 \\ 1 \\ 2 \end{pmatrix} + s \begin{pmatrix} 1 \\ 0 \\ 0 \end{pmatrix}$$

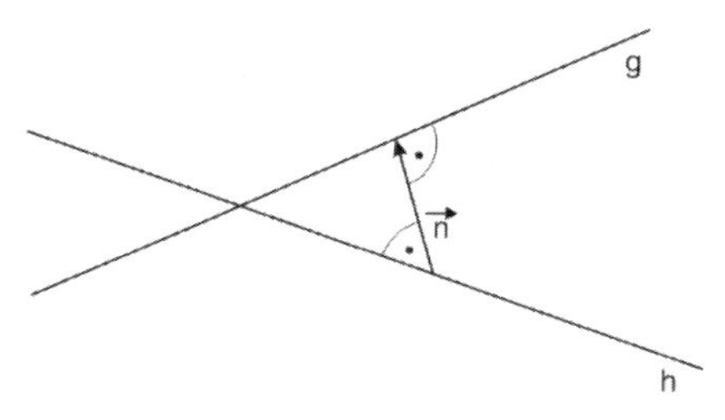

b) -

2.4 Bestimmen von Winkeln im Raum

2.4.1 Winkel zwischen einer Geraden und einer Ebene

136

2. a) Der Winkel zwischen Bleistift und Buch, der kleiner ist als 90°, ist ein sinnvoller Winkel. Ebenso der Winkel zwischen Bleistift und Lot.

b)

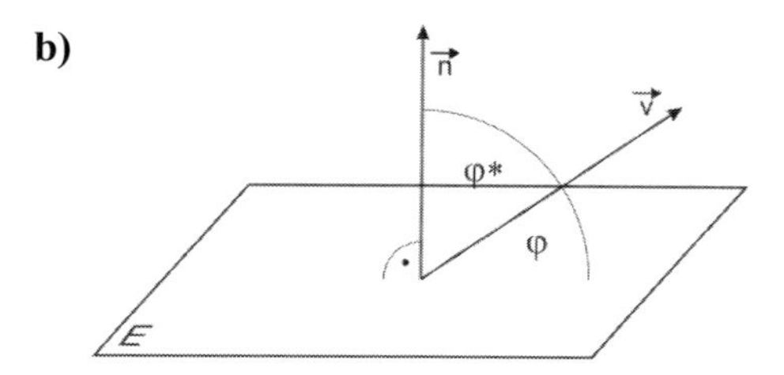

136

2. b) Fortsetzung
Nach Satz 5, S. 66 im Schülerband ist der Winkel zwischen zwei Vektoren $\vec{n} \cdot \vec{v} = |\vec{n}| \cdot |\vec{v}| \cdot \cos\varphi^*$.

Da $\varphi = 90° - \varphi^*$ und $\cos(90° - \varphi) = \sin\varphi$ ist, folgt: $\sin\varphi = \frac{\vec{n} \cdot \vec{v}}{|\vec{n}| \cdot |\vec{v}|}$.

Um immer den kleineren Winkel zu berechnen, ist der Betrag des Skalarproduktes zu nehmen: $\sin\varphi = \frac{|\vec{n} \cdot \vec{v}|}{|\vec{n}| \cdot |\vec{v}|}$.

3. $\sin\varphi = \frac{|\vec{n} * \vec{v}|}{|\vec{n}| \cdot |\vec{v}|}$

a) $\varphi = 40{,}48°$ **c)** $\varphi = 4{,}34°$ **e)** $\varphi = 35{,}26°$
b) $\varphi = 35{,}26°$ **d)** $\varphi = 2{,}84°$ **f)** $\varphi = 32{,}31°$

4. Wegen $\vec{n} \cdot \vec{v} = 0$ liegt g entweder in E oder parallel zu E. Da $(1 \mid 2 \mid 3) \notin E$, liegt g parallel. Es existiert also kein Schnittwinkel.

5. Z. B. $\overrightarrow{v_R} = \begin{pmatrix} 4 \\ 3 \\ -5 \end{pmatrix}$; $\overrightarrow{v_G} = \begin{pmatrix} 4 \\ -3 \\ -5 \end{pmatrix}$

Gerade / Ebene	Rot	Grün
x_1x_2	45°	45°
x_1x_3	25,1°	25,1°
x_2x_3	34,45°	34,45°

6. Spurpunkte E_1: $S_1\left(\frac{2}{3} \mid 0 \mid 0\right)$; $S_2(0 \mid -1 \mid 0)$; $S_3(0 \mid 0 \mid 2)$

Spurpunkte E_2: $S_1(0 \mid 0 \mid 0)$; $S_2(0 \mid 0 \mid 0)$; $S_3(0 \mid 0 \mid 0)$
Winkel

Ebene / Achse	E_1	E_2
x_1	53,3°	24,1°
x_2	32,31°	24,1°
x_3	15,5°	54,74°

136

6. Fortsetzung

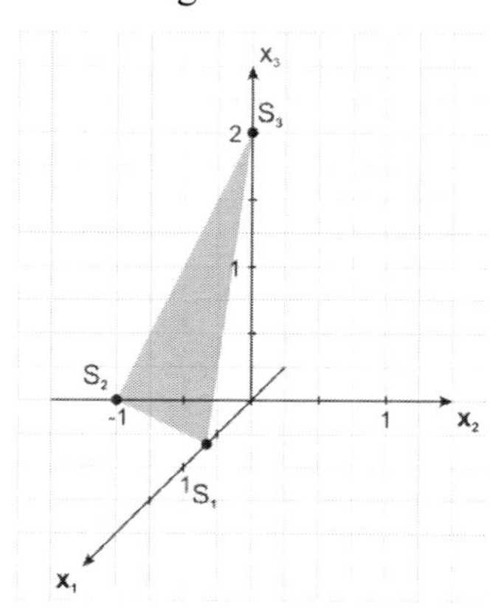

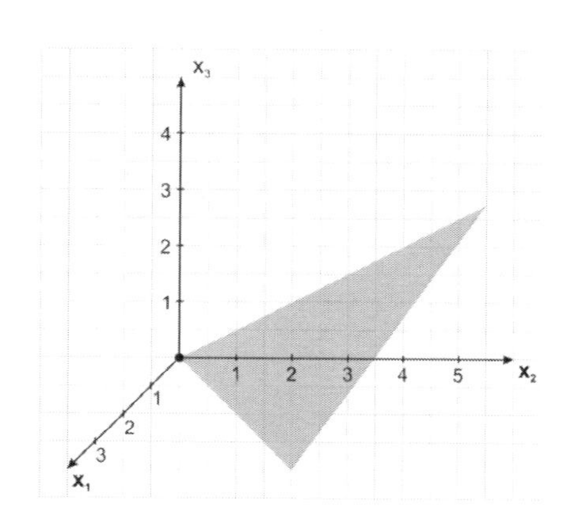

137

7. a) g liegt auf E

b) g liegt auf E

c) E: $x_1 + 2x_2 - 3x_3 = -28$ $\quad S\left(-\frac{4}{7} \,\middle|\, -\frac{36}{7} \,\middle|\, \frac{40}{7}\right)$, $\varphi = 90°$,

Projektion besteht nur aus S.

d) E: $5x_1 - x_2 - 3x_3 = -3$ $\quad S\,(2 \mid 1 \mid 4)$, $\varphi \approx 64{,}62°$

$S'\left(\frac{13}{7} \,\middle|\, -\frac{4}{7} \,\middle|\, \frac{30}{7}\right)$

$$g'\colon\ \vec{x} = \begin{pmatrix} 2 \\ 1 \\ 4 \end{pmatrix} + t \cdot \begin{pmatrix} 1 \\ 11 \\ -2 \end{pmatrix}$$

8. $\vec{n} = \begin{pmatrix} 2 \\ 3 \\ 1 \end{pmatrix}$; $|\vec{n}| = \sqrt{14}$; $\sin(30°) = \frac{1}{2}$

Der Richtungsvektor habe die Länge 1

$\Rightarrow \frac{1}{2} = \frac{2v_1 + 3v_2 + v_3}{\sqrt{15}}$; $v_1^{\ 2} + v_2^{\ 2} + v_3^{\ 2} = 1$

Beispiele für Richtungsvektoren: $\overrightarrow{v_1} = \begin{pmatrix} 0{,}864 \\ 0{,}503 \\ 0 \end{pmatrix}$; $\overrightarrow{v_2} = \begin{pmatrix} 0{,}778 \\ 0 \\ 0{,}628 \end{pmatrix}$

Beispiele für die Position des Lasers:

$P_1 = (21{,}6 \mid 12{,}575 \mid 0)$; $P_2(19{,}45 \mid 0 \mid 15{,}7)$

(Alle möglichen Punkte bilden einen Kreis)

137

9. a) D(−6 | 3 | 2);

Normalenvektor von E_{ABC} mit Länge 9: $\vec{n} = 3 \cdot \begin{pmatrix} 2 \\ 2 \\ 1 \end{pmatrix} = \begin{pmatrix} 6 \\ 6 \\ 3 \end{pmatrix}$;

Mittelpunkt von ABCD: M(−3 | 0 | 2) $\Rightarrow \overrightarrow{OS} = \overrightarrow{OM} \pm \vec{n}$

$\Rightarrow$ S(3 | 6 | 5) oder S(−9 | −6 | −1)

Da S oberhalb von x_1x_2-Ebene, ist die Lösung S(3 | 6 | 5).

b) $\overrightarrow{SA} = \begin{pmatrix} -7 \\ -7 \\ 1 \end{pmatrix}$; $\overrightarrow{SB} = \begin{pmatrix} -3 \\ -9 \\ -3 \end{pmatrix}$; $\cos\varphi = \frac{9}{11} \Rightarrow \varphi \approx 35{,}1°$

c) Richtungsvektor der Seitenkante S_A: $\vec{v} = \begin{pmatrix} -7 \\ -7 \\ 1 \end{pmatrix}$

Winkel zwischen Seitenkante und Grundfläche: $\sin\alpha = \frac{|\vec{v} \cdot \vec{n}|}{|\vec{v}| \cdot |\vec{n}|} \Rightarrow$

$\alpha \approx 64{,}8°$

10. a) Mastspitze M(2 | 1 | 9)

Gerade der Sonnenstrahlen g: $\vec{x} = \begin{pmatrix} 2 \\ 1 \\ 9 \end{pmatrix} + r\begin{pmatrix} 1 \\ -2 \\ -2 \end{pmatrix}$

Schnittpunkt von g mit E: $S_1\left(\frac{54}{11} \middle| -\frac{53}{11} \middle| \frac{35}{11}\right)$

Winkel zwischen g und E: $\vec{n} = \begin{pmatrix} 1 \\ 2 \\ 4 \end{pmatrix}$; $\sin\varphi_1 = \frac{|\vec{n} \cdot \vec{u}|}{|\vec{n}| \cdot |\vec{u}|} \Rightarrow \varphi_1 \approx 53{,}14°$

b) Richtungsvektor des Seils: $\vec{n} = \begin{pmatrix} 1 \\ 2 \\ 4 \end{pmatrix}$

Befestigungspunkt (2 | 1 | 3)

Gerade des Seils g_S: $\vec{x} = \begin{pmatrix} 2 \\ 1 \\ 3 \end{pmatrix} + s\begin{pmatrix} 1 \\ 2 \\ 4 \end{pmatrix}$

Schnittpunkt g_S mit E: $S_2\left(\frac{34}{21} \middle| \frac{5}{21} \middle| \frac{31}{21}\right)$

Winkel zwischen g_S und Mast: $\overrightarrow{n_M} = \begin{pmatrix} 0 \\ 0 \\ 1 \end{pmatrix}$

$\cos\varphi_2 = \frac{|\overrightarrow{n_M} \cdot \vec{n}|}{|\overrightarrow{n_M}| \cdot |\vec{n}|} \Rightarrow \varphi_2 \approx 29{,}2°$

2.4.2 Winkel zwischen zwei Ebenen

139

1. **a)** $\cos(\varphi) = \frac{1}{3}$ $\varphi \approx 70{,}53°$

   b) $\cos(\varphi) = \frac{1}{2}$ $\varphi = 60°$

   c) $\overrightarrow{n_1} * \overrightarrow{n_2} = 0 \Rightarrow \varphi = 90°$

   d) $\overrightarrow{n_2} = \begin{pmatrix} 4 \\ -5 \\ -1 \end{pmatrix} \Rightarrow \cos(\varphi) = \frac{\sqrt{126}}{63}$ $\varphi \approx 79{,}74°$

   e) $\overrightarrow{n_2} = \begin{pmatrix} 9 \\ 4 \\ -7 \end{pmatrix} \Rightarrow \cos(\varphi) = \frac{4 \cdot \sqrt{292}}{73}$ $\varphi \approx 20{,}56°$

   f) $\overrightarrow{n_1} = \begin{pmatrix} 1 \\ -2 \\ -1 \end{pmatrix}$, $\overrightarrow{n_2} = \begin{pmatrix} 7 \\ -5 \\ -4 \end{pmatrix} \Rightarrow \cos(\varphi) = \frac{7\sqrt{60}}{60}$ $\varphi \approx 25{,}35°$

   g) $\overrightarrow{n_1} = \begin{pmatrix} 4 \\ 5 \\ 1 \end{pmatrix}$, $\overrightarrow{n_2} = \begin{pmatrix} 1 \\ -2 \\ 0 \end{pmatrix} \Rightarrow \cos(\varphi) = \frac{-6}{\sqrt{210}}$ $\varphi \approx 65{,}54°$

   h) $\overrightarrow{n_1} = \begin{pmatrix} 2 \\ 2 \\ 1 \end{pmatrix}$, $\overrightarrow{n_2} = \begin{pmatrix} -4 \\ 11 \\ 5 \end{pmatrix} \Rightarrow \cos(\varphi) = \frac{19}{27\sqrt{2}}$ $\varphi \approx 60{,}16°$

2. Koordinatenebenen Normalenvektoren

   x_1x_2-Ebene $\overrightarrow{n_{12}} = \begin{pmatrix} 0 \\ 0 \\ 1 \end{pmatrix} \Rightarrow$ Winkel φ_1

   x_1x_3-Ebene $\overrightarrow{n_{13}} = \begin{pmatrix} 0 \\ 1 \\ 0 \end{pmatrix} \Rightarrow$ Winkel φ_2

   x_2x_3-Ebene $\overrightarrow{n_{23}} = \begin{pmatrix} 1 \\ 0 \\ 0 \end{pmatrix} \Rightarrow$ Winkel φ_3

139

2. a) $\vec{n} = \begin{pmatrix} 1 \\ -1 \\ -2 \end{pmatrix}$; $\cos\varphi_1 = \sqrt{\frac{2}{3}}$; $\varphi_1 \approx 35{,}26°$

$\cos\varphi_2 = \frac{1}{\sqrt{6}}$; $\varphi_2 \approx 65{,}91°$

$\cos\varphi_3 = \frac{1}{\sqrt{6}}$; $\varphi_3 \approx 65{,}91°$

Spurpunkte $S_1(6 \mid 0 \mid 0)$; $S_2(0 \mid -6 \mid 0)$; $S_3(0 \mid 0 \mid -3)$

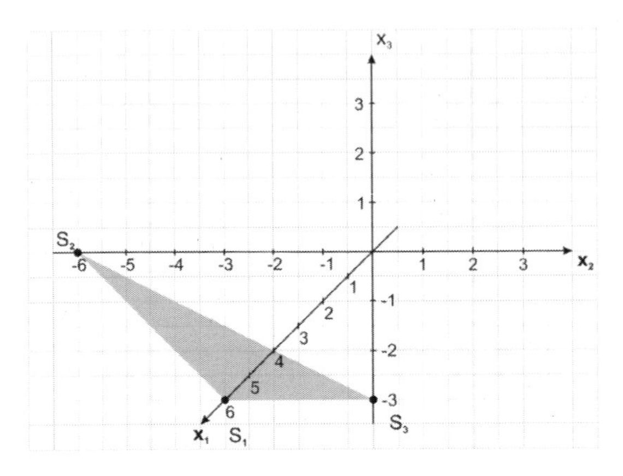

b) $\vec{n} = \begin{pmatrix} 1 \\ -3 \\ 5 \end{pmatrix}$; $\cos\varphi_1 = \sqrt{\frac{5}{7}}$; $\varphi_1 \approx 32{,}31°$

$\cos\varphi_2 = \frac{3}{\sqrt{35}}$; $\varphi_2 \approx 59{,}53°$

$\cos\varphi_3 = \frac{1}{\sqrt{35}}$; $\varphi_3 \approx 80{,}27°$

E: $x_1 - 3x_2 + 5x_3 = 4$

$S_1(4 \mid 0 \mid 0)$; $S_2\left(0 \mid -\frac{4}{3} \mid 0\right)$; $S_3\left(0 \mid 0 \mid \frac{4}{5}\right)$

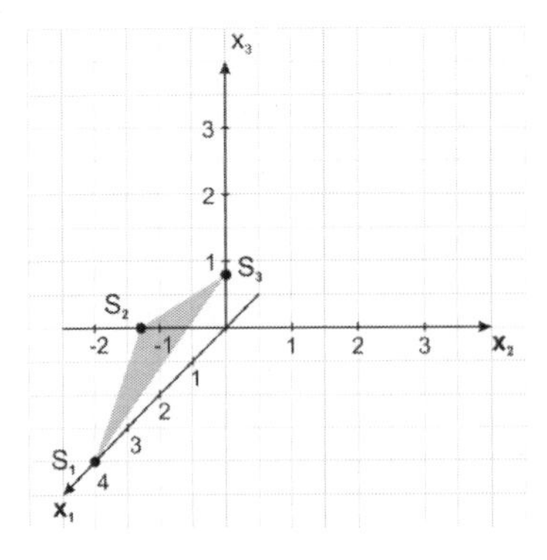

139

2. c) $\vec{n} = \begin{pmatrix} 1 \\ 3 \\ -4 \end{pmatrix}$; $\cos\varphi_1 = 2\sqrt{\frac{2}{13}}$; $\varphi_1 \approx 38{,}33°$

$\cos\varphi_2 = \frac{3}{\sqrt{26}}$; $\varphi_2 \approx 53{,}96°$

$\cos\varphi_3 = \frac{1}{\sqrt{26}}$; $\varphi_3 \approx 78{,}69°$

$S_1(12 \mid 0 \mid 0)$; $S_2(0 \mid 4 \mid 0)$; $S_3(0 \mid 0 \mid -3)$

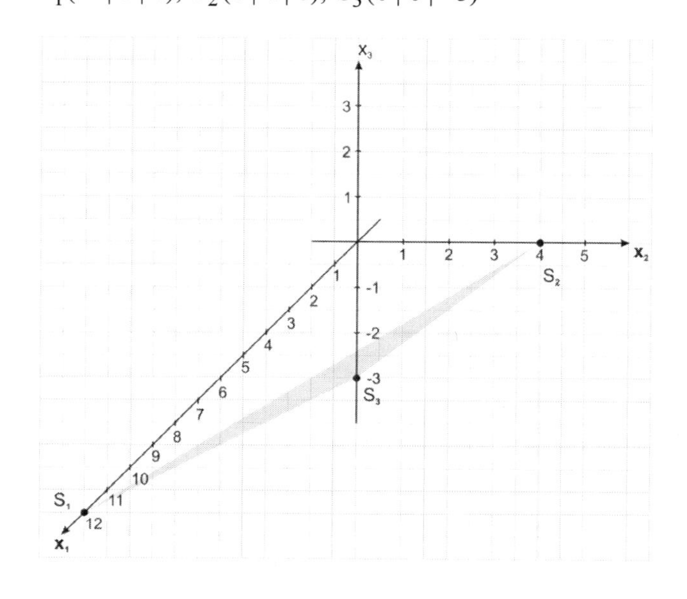

139

2. d) $\vec{n} = \begin{pmatrix} 1 \\ 3 \\ 0 \end{pmatrix}$; $\quad \cos\varphi_1 = 0;\ \varphi_1 = 90°$

$\cos\varphi_2 = \frac{3}{\sqrt{10}};\ \varphi_2 \approx 18{,}43°$

$\cos\varphi_3 = \frac{1}{\sqrt{10}};\ \varphi_3 \approx 80{,}27°$

E: $x_1 + 3x_2 = 6$

$S_1(6\,|\,0\,|\,0)$; $S_2(0\,|\,2\,|\,0)$; S_3 existiert nicht

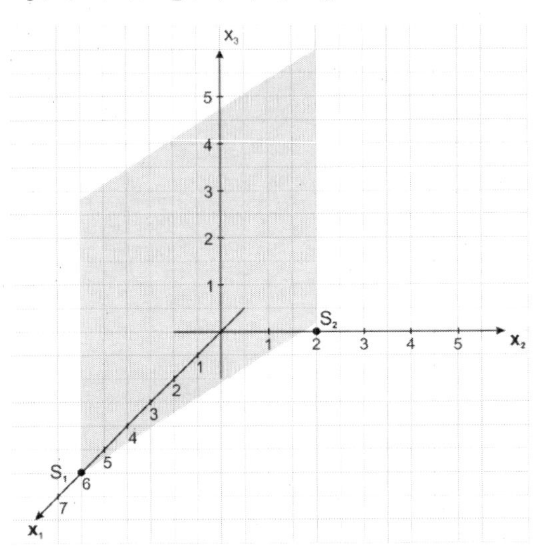

3. a) $S(4\,|\,4\,|\,10)$; $A(8\,|\,0\,|\,0)$; $B(8\,|\,8\,|\,0)$; $C(0\,|\,8\,|\,0)$

Normalenvektor SAB: $\overrightarrow{n_1} = \begin{pmatrix} 3 \\ 2 \\ 2 \end{pmatrix}$; Normalenvektor SBC: $\overrightarrow{n_2} = \begin{pmatrix} 6 \\ 4 \\ 1 \end{pmatrix}$

$\cos\varphi = \frac{28}{\sqrt{901}} \Rightarrow \varphi \approx 21{,}12°$

Da die Figur symmetrisch ist, gilt dies für alle Winkel zwischen Seitenflächen.

b) Schnittpunkte von E mit Kanten der Pyramide:

$S_1(6\,|\,2\,|\,5)$; $S_2\left(7\,|\,7\,\middle|\,\frac{5}{2}\right)$; $S_3\left(3\,|\,5\,\middle|\,\frac{15}{2}\right)$; $S_4\left(\frac{22}{7}\middle|\,\frac{22}{7}\middle|\,\frac{55}{7}\right)$

Schnittfläche ist Viereck mit $A = \frac{1}{2}d_1 \cdot d_2 \cdot \sin\alpha$.

Länge der Diagonalen $d_1 \approx 4{,}92$; $d_2 \approx 7{,}65$;

Schnittwinkel der Diagonalen $\alpha \approx 69{,}16° \Rightarrow A \approx 17{,}59$

c) $\overrightarrow{AS} = \begin{pmatrix} -4 \\ 4 \\ 10 \end{pmatrix}$; $\vec{n} = \begin{pmatrix} 20 \\ 5 \\ 18 \end{pmatrix} \Rightarrow \sin\varphi \approx 0{,}382 \Rightarrow \varphi \approx 22{,}44°$

139

4. a) $\overrightarrow{n_{PQR}} = \begin{pmatrix} 1 \\ 1 \\ 3 \end{pmatrix}$; $\overrightarrow{n_{BCG}} = \begin{pmatrix} 0 \\ 1 \\ 0 \end{pmatrix} \Rightarrow \cos\varphi_{Seite} = \frac{1}{\sqrt{11}} \Rightarrow \varphi_{Seite} \approx 72{,}45°.$

$\overrightarrow{n_{EGH}} = \begin{pmatrix} 0 \\ 0 \\ 1 \end{pmatrix} \Rightarrow \cos\varphi_{Deck} = \frac{3}{\sqrt{11}} \Rightarrow \varphi_{Deck} = 25{,}24°.$

b) $V = V_{Würfel} - V_{Pyramide} = 4^3 - \frac{1}{6}\left|\left(\overrightarrow{PQ} \times \overrightarrow{QR}\right) \cdot \overrightarrow{QF}\right| = 64 - \frac{3}{2} = 62{,}5$

c) $A = \frac{1}{2}\left|\overrightarrow{QP} \times \overrightarrow{QR}\right| = \frac{3}{2}\sqrt{11} \approx 4{,}975$

5. Normalenvektor der Ebene, die A, B, C enthält $\overrightarrow{n_1} = \begin{pmatrix} 1 \\ 1 \\ -1 \end{pmatrix}$.

Normalenvektor der Ebene, die B, C, D enthält $\overrightarrow{n_2} = \begin{pmatrix} -1 \\ 1 \\ 1 \end{pmatrix}$.

Winkel φ zwischen den Ebenen: $\cos\varphi = \frac{\left|\overrightarrow{n_1} \cdot \overrightarrow{n_2}\right|}{\left|\overrightarrow{n_1}\right| \cdot \left|\overrightarrow{n_2}\right|} = \frac{1}{3} \Rightarrow \varphi \approx 70{,}5°$

140

6. a) Dachneigung: $\tan\alpha = \frac{\text{Dachhöhe}}{\text{Grundmaß bis First}} = \frac{3\text{ m}}{4\text{ m}} \Rightarrow \alpha \approx 36{,}87°$

$A_{ABQP} = \frac{1}{2}\left(\left|\overrightarrow{BQ}\right| + \left|\overrightarrow{AP}\right|\right) \cdot \left|\overrightarrow{AB}\right| = \frac{1}{2}(12 + 16) \cdot 5 = 70\text{ m}^2$

$A_{PQCD} = \frac{1}{2}\left(\left|\overrightarrow{QC}\right| + \left|\overrightarrow{PD}\right|\right) \cdot \left|\overrightarrow{CD}\right| = 55\text{ m}^2$

Normalenvektoren:

$\overrightarrow{n_{ABQP}} = \begin{pmatrix} 0 \\ 3 \\ 4 \end{pmatrix}$ $\left(\text{proportional zu } \overrightarrow{AB} \times \overrightarrow{BQ}\right)$

$\overrightarrow{n_{PQCD}} = \begin{pmatrix} 3 \\ 0 \\ 4 \end{pmatrix}$ $\left(\text{proportional zu } \overrightarrow{CQ} \times \overrightarrow{CD}\right)$

$\Rightarrow \cos\varphi = \frac{\left|\overrightarrow{n_{ABQP}} \cdot \overrightarrow{n_{PQCD}}\right|}{\left|\overrightarrow{n_{ABQP}}\right| \cdot \left|\overrightarrow{n_{PQCD}}\right|} = \frac{16}{25} \Rightarrow \varphi = 50{,}2°$

b) $\left|\overrightarrow{PQ}\right| = \left|\begin{pmatrix} 4 \\ 4 \\ -3 \end{pmatrix}\right| = \sqrt{41} \approx 6{,}403\text{ m}$

c) Schornsteinspitze S(3 | 10 | 7,75); Dachebene E: $3x_1 + 4x_3 - 32 = 0$

Hessesche Normalenform $\frac{1}{5}\left(3x_1 + 4x_3 - 32\right) = 0 \Rightarrow$ Abst (S; E) = 1,6 m

140

7. a) C(−3 | 5 | 0); D(−3 | −5 | 0); G(−2 | 3 | 3); H(−2 | −3 | 3)
Zeichnung siehe Schülerbuch
Neigungswinkel = Winkel zwischen Seitenfläche und x_1x_2-Ebene

mit $\overrightarrow{n_1} = \begin{pmatrix} 0 \\ 0 \\ 1 \end{pmatrix}$

Normalenvektoren der Seitenflächen:

$\overrightarrow{n_{ABEF}} = \begin{pmatrix} 3 \\ 0 \\ 1 \end{pmatrix}$; $\overrightarrow{n_{BCFG}} = \begin{pmatrix} 0 \\ 3 \\ 2 \end{pmatrix}$

Neigungswinkel ABEF und CDGH:

$\cos\varphi_1 = \frac{|\overrightarrow{n_{ABEF}} \cdot \overrightarrow{n_1}|}{|\overrightarrow{n_{ABEF}}| \cdot |\overrightarrow{n_1}|} = \frac{1}{\sqrt{10}}$; $\varphi_1 \approx 71{,}6°$.

Neigungswinkel BCFG und ADEH; $\cos\varphi_2 = \frac{2}{\sqrt{13}}$; $\varphi_2 \approx 56{,}3°$.

b) Der Mast ragt durch die Fläche BCFG, die in der Ebene
E: $3x_2 + 2x_3 - 15 = 0$ liegt. Durchstoßpunkt: D(0 | 4 | 1,5)
⇒ Der Mast ragt 3,5 m heraus.
Mitte des Mastes M(0 | 4 | 2,5); Abst(E; M) = 0,555 m
Das Seil ist 55,5 cm lang.

8. a)

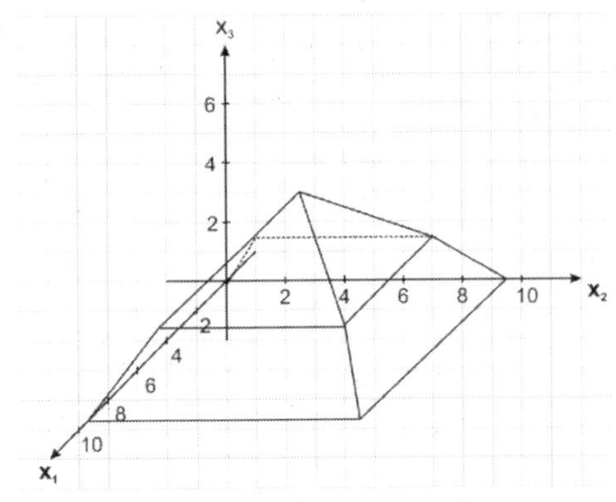

Böschungswinkel: $\tan\alpha = \frac{47{,}04 \text{ m}}{\frac{1}{2}(189{,}43 \text{ m} - 123{,}58 \text{ m})} = \frac{47{,}04}{32{,}925}$

$\alpha = 55{,}01° = 55°0'36''$
Mit den Längenangaben ist der Böschungswinkel etwas größer als der im Internet angegebene.
Innenwinkel $\gamma = 168{,}014° = 168°0'50''$

b) $h_P = \tan\alpha \cdot \frac{1}{2}(189{,}43 \text{ m}) = 135{,}32 \text{ m}$

2.5 Kreis und Kugel

2.5.1 Gleichungen von Kreis und Kugel

143

2. $x_1^2 + x_2^2 + x_3^2 - 6x_1 - 2x_2 - 4x_3 - 2 = 0$

$(x_1 - 6x_1 + 9) - 9 + (x_2^2 - 2x_2 + 1) - 1 + (x_3^2 - 4x_3 + 4) - 4 - 2 = 0$

$(x_1 - 3)^2 + (x_2 - 1)^2 + (x_3 - 2)^2 = 4^2$

Kugel mit Radius 4 und Mittelpunkt (3 | 1 | 2).

3. **a)** Die Gleichung für die Kugeloberfläche

$(x_1 - a)^2 + (x_2 - b)^2 + (x_3 - c)^2 = r^2$

$$\begin{cases} (2-a)^2 + (7-b)^2 + (5-c)^2 = r^2 \\ (3-a)^2 + (3-b)^2 + (1-c)^2 = r^2 \\ (-1-a)^2 + (-1-b)^2 + (2-c)^2 = r^2 \\ (-1-a)^2 + b^2 + (1-c)^2 = r^2 \end{cases} \Rightarrow$$

$a = 0{,}1;\ b = 2{,}7;\ c = 4{,}7;\ r^2 = 22{,}19$

$(x_1 - 0{,}1)^2 + (x_2 - 2{,}7)^2 + (x_3 - 4{,}7)^2 = 22{,}19$

b) Alle 4 Punkte dürfen nicht gleichzeitig auf einem Kreis um die Kugel liegen.

4. $x_1^2 + x_2^2 + x_3^2 = 6370^2 = 40\ 576\ 900$

a) Koordinaten: des Nordpols - (0 | 0 | 6370)
des Südpols - (0 | 0 | −6370)
des Ortes 180° östlicher Länge - (−6370 | 0 | 0)

Die Koordinaten des Ortes 180° östlicher Länge, der auf dem Äquator liegt, kann man nur genau bestimmen, wenn man wie in der Realität den 0. Längengrad, der durch Greenwich (England) verläuft, festlegt.

b) $5096^2 + 0^2 + 3882^2 = 40\ 576\ 900$

Der Punkt P liegt auf der Oberfläche.

5. **a)** $x_1^2 + x_2^2 = 5$ oder $\left(\overrightarrow{OX}\right)^2 = 5$

b) $(x_1 - 4)^2 + (x_2 + 5)^2 = 36$ oder $\left(\overrightarrow{OX} - \begin{pmatrix} 4 \\ -5 \end{pmatrix}\right)^2 = 36$

c) $(x_1 + 4)^2 + (x_2 + 2)^2 = 9$ oder $\left(\overrightarrow{OX} - \begin{pmatrix} -4 \\ -2 \end{pmatrix}\right)^2 = 9$

143

5. d) $x_1^2 + x_2^2 + x_3^2 = 18$ oder $\left(\overrightarrow{OX}\right)^2 = 18$

e) $(x_1 - 1)^2 + (x_2 + 1)^2 + (x_3 - 1)^2 = 80$ oder $\left(\overrightarrow{OX} - \begin{pmatrix} 1 \\ -1 \\ 1 \end{pmatrix}\right)^2 = 80$

f) $(x_1 - 5)^2 + (x_2 - 2)^2 + (x_3 - 11)^2 = 400$ oder $\left(\overrightarrow{OX} - \begin{pmatrix} 5 \\ 2 \\ 11 \end{pmatrix}\right)^2 = 400$

6. a) A: $\left[\begin{pmatrix} 1 \\ -2 \\ 2 \end{pmatrix} - \begin{pmatrix} 2 \\ -4 \\ 1 \end{pmatrix}\right]^2 = \left[\begin{pmatrix} -1 \\ 2 \\ 1 \end{pmatrix}\right]^2 = 1 + 4 + 1 = 6$

B: $\left[\begin{pmatrix} 4 \\ 0 \\ -4 \end{pmatrix} - \begin{pmatrix} 2 \\ -4 \\ 1 \end{pmatrix}\right]^2 = \left[\begin{pmatrix} 2 \\ 4 \\ -5 \end{pmatrix}\right]^2 = 4 + 16 + 25 = 45 \neq 6$

C: $\left[\begin{pmatrix} 4 \\ -5 \\ 0 \end{pmatrix} - \begin{pmatrix} 2 \\ -4 \\ 1 \end{pmatrix}\right]^2 = \left[\begin{pmatrix} 2 \\ -1 \\ 1 \end{pmatrix}\right]^2 = 4 + 1 + 1 = 6$

Die Punkte A und C liegen auf der Oberfläche der Kugel.

b) A: $(0-2)^2 + (5+1)^2 + (11-2)^2 = 4 + 36 + 81 = 121$

B: $(-7-2)^2 + (7+1)^2 + (0-2)^2 = 81 + 64 + 4 = 149 \neq 121$

C: $(8-2)^2 + (6+1)^2 + (-4-2)^2 = 36 + 49 + 36 = 121$

Die Punkte A und C liegen auf der Oberfläche der Kugel.

7. a) $(3-1)^2 + (3-1)^2 + (2 - m_3)^2 = 9$; Lösungen: $m_3 = 1$ oder $m_3 = 3$

b) $4^2 + (-1)^2 + 4^2 - 2 \cdot 4m_1 + 14 \cdot (-1) + m_1^2 = 32$

$m_1^2 - 8m_1 = 13$

$(m_1 - 4)^2 = 29$

Lösungen: $m_1 = \sqrt{29} + 4$ oder $m_2 = -\sqrt{29} + 4$

8. a) $P_1(12 \mid 2 \mid 5)$; $P_2(-1 \mid 15 \mid 5)$; $P_3(-1 \mid 2 \mid 18)$

$(x_1 + 1)^2 + (x_2 - 2)^2 + (x_3 - 5)^2 = 13^2$

b) $(x_1 + 2)^2 + (x_2 - 3)^2 + (x_3 + 1)^2 = 4^2$

$P_1(-2 \mid -1 \mid -1)$; $P_2(2 \mid 3 \mid -1)$; $P_3(-2 \mid 3 \mid 3)$

143

9. **a)** Kreis mit M(3; −1) und r = 1
b) kein Kreis
c) keine Kugel
d) Kugel mit M(−4; 3; 0) und $r = 5\cdot\sqrt{5}$

10. **a)** K_1: $(x_1-8)^2+x_2{}^2+x_3{}^2=64$

K_2: $(x_1+8)^2+x_2{}^2+x_3{}^2=64$

b) K_1: $x_1{}^2+x_2{}^2+(x_3-3{,}8)^2=3{,}8^2=14{,}44$

144

11. **a)** K: $(x_1+1)^2+(x_2-2)^2+(x_3-3)^2=81$

A: $(5+1)^2+(5-2)^2+(6-3)^2=36+9+9=54<81$

B: $(3+1)^2+(6-2)^2+(10-3)^2=16+16+49=81$

C: $(7+1)^2+(1-2)^2+(-2-3)^2=64+1+25=90>81$

Punkt B liegt auf der Kugeloberfläche K.
Punkt A liegt in der Kugel K.

b) $(x_1-a)^2+(x_2-b)^2+(x_3-c)^2\le r^2 \Rightarrow$
alle Punkte liegen in der Kugel K.

$(x_1-a)^2+(x_2-b)^2\le r^2 \Rightarrow$
alle Punkte liegen in der Kreisfläche.

12. Setzt man die Koordinaten der vier Punkte in die Kugelgleichung $(x_1-m_1)^2+(x_2-m_2)^2+(x_3-m_3)^2=r^2$ ein, so erhält man vier Gleichungen für m_1, m_2, m_3 und r.
Die gesuchte Kugelgleichung hat die Form:
$(x_1-1)^2+(x_2-2)^2+(x_3+2)^2=289$

13. Setzt man die Koordinaten der drei Punkte in die Kreisgleichung $(x_1-m_1)^2+(x_2-m_2)^2=r^2$ ein, so erhält man drei Gleichungen für m_1, m_2 und r.
Die gesuchten Kreisgleichungen haben die Form:
a) $(x_1-5{,}5)^2+(x_2+3{,}5)^2=102{,}5$ **b)** $(x_1+1)^2+(x_2-1)^2=5$

14. **a)** Koordinatenursprung liegt im Kugelmittelpunkt, dann gilt
$\left(\overrightarrow{OX}\right)^2=r^2$ mit $r^2=3\cdot 2{,}5^2$

144

14. b) R: Radius der Außenkugel: $\left(\overrightarrow{OX}\right)^2 = R^2$

r: Radius der Innenkugel: $\left(\overrightarrow{OX}\right)^2 = r^2$

	Tetraeder	Hexaeder	Oktaeder	Dodekaeder	Ikosaeder
$\frac{R}{a}$	$\frac{1}{4}\sqrt{6}$	$\frac{1}{2}\sqrt{3}$	$\frac{1}{2}\sqrt{2}$	$\frac{1}{4}\sqrt{3}\cdot\left(1+\sqrt{5}\right)$	$\frac{1}{4}\sqrt{10+2\sqrt{5}}$
$\frac{r}{a}$	$\frac{1}{12}\sqrt{6}$	$\frac{1}{2}$	$\frac{1}{6}\sqrt{6}$	$\frac{1}{20}\sqrt{250+110\sqrt{5}}$	$\frac{1}{12}\sqrt{3}\cdot\left(3+\sqrt{5}\right)$

15. Mit Kugelmittelpunkt $M = (m_1 \mid m_2 \mid m_3)$ und Radius r ist eine Halbkugel z. B. durch $(x_1 - m_1) = \sqrt{r^2 - (x_2 - m_2)^2 - (x_3 - m_3)^2}$ gegeben.

2.5.2 Kreis und Gerade

146

2. Falls $\begin{Bmatrix} r < d \\ r = d \\ r > d \end{Bmatrix}$ ist g eine $\begin{cases} \text{Passante} \\ \text{Tangente} \\ \text{Sekante} \end{cases}$

Skizze

Lösungsvariante 1:
Gesucht: d = r, d. h. g und k haben nur einen gemeinsamen Punkt.

k: $(x_1 - 4)^2 + (x_2 + 1)^2 = r^2$;

g: $\vec{x} = \begin{pmatrix} 1 \\ 6 \end{pmatrix} + a \cdot \begin{pmatrix} 4 \\ -4 \end{pmatrix}$; einsetzen in k

ergibt: $(4a - 3)^2 + (7 - 4a)^2 = r^2$

$\Leftrightarrow a_{1,2} = \frac{5}{4} \pm \frac{\sqrt{-8+r^2}}{4\sqrt{2}}$.

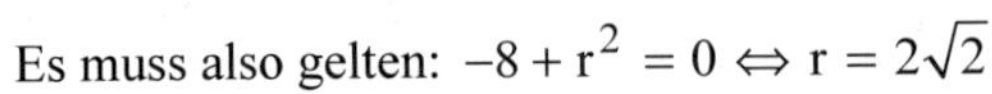
Es muss also gelten: $-8 + r^2 = 0 \Leftrightarrow r = 2\sqrt{2}$

Lösungsvariante 2:
Bestimme den Abstand des Punktes M von g mithilfe der Hesse'schen Normalenform von g: $\frac{1}{\sqrt{2}}\begin{pmatrix} 1 \\ 1 \end{pmatrix} \cdot \vec{x} = \frac{7}{\sqrt{2}}$

$d = \text{Abst}(M; g) = \left|\frac{1}{\sqrt{2}}\begin{pmatrix} 1 \\ 1 \end{pmatrix} \cdot \begin{pmatrix} 4 \\ -1 \end{pmatrix} - \frac{7}{\sqrt{2}}\right| = \left|-\frac{4}{\sqrt{2}}\right| = 2 \cdot \sqrt{2}$

Ergebnis:

Also: Falls $\begin{Bmatrix} r < 2\sqrt{2} \\ r = 2\sqrt{2} \\ r > 2\sqrt{2} \end{Bmatrix}$ ist g eine $\begin{cases} \text{Passante} \\ \text{Tangente} \\ \text{Sekante} \end{cases}$

146

3. a) $(-2-2t)^2+(8+7t)^2=36 \Leftrightarrow 53t^2+120t+32=0$

$$t^2+\frac{120}{53}t+\frac{32}{53}=0 \Rightarrow t_{1,2}=-\frac{120}{106}\pm\sqrt{\underbrace{\left(\frac{120}{106}\right)^2-\frac{32}{53}}_{>0}}$$

Es gibt also zwei Lösungen, da der Radikand größer Null ist. Also ist g Sekante von k.

b) $(4-t)^2+(-2+2t)^2=4 \Leftrightarrow 5t^2-16t+16=0$

$$t^2-\frac{16}{5}t+\frac{16}{5}=0 \Rightarrow t_{1,2}=\frac{16}{10}\pm\sqrt{\underbrace{\left(\frac{16}{10}\right)^2-\frac{16}{5}}_{<0}}$$

Es gibt keine Lösung, da der Radikand kleiner Null ist. Also ist g Passante von k.

c) $(-3+t)^2+(-1+t)^2=2 \Leftrightarrow 2t^2-8t+8=0$

$$t^2-4t+4=0 \Rightarrow t_{1,2}=2\pm\sqrt{4-4}=2$$

Es gibt nur eine Lösung. Also ist g Tangente von k.

4. Aus der Geradenschar g_M berühren 2 Geraden den Kreis K. Setzt man in die Hesse'sche Normalenform von g_M die Koordinaten von M ein, so erhält man bis auf das Vorzeichen den Abstand:

Abst(M; g_M) = ± 2.

g_M: $-2x_1+x_2=m_{1,2}$

Normalenform: $\begin{pmatrix}-2\\1\end{pmatrix}\cdot\vec{x}=m_{1,2}$

Hesse'sche Normalenform:

$$\frac{1}{\sqrt{5}}\cdot\begin{pmatrix}-2\\1\end{pmatrix}\cdot\vec{x}=\frac{m_{1,2}}{\sqrt{5}}$$

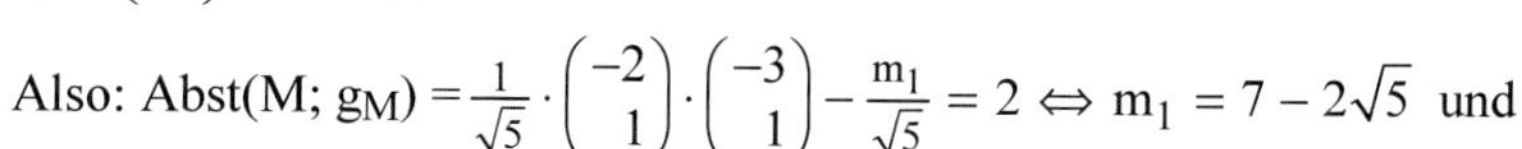

Also: Abst(M; g_M) $=\frac{1}{\sqrt{5}}\cdot\begin{pmatrix}-2\\1\end{pmatrix}\cdot\begin{pmatrix}-3\\1\end{pmatrix}-\frac{m_1}{\sqrt{5}}=2 \Leftrightarrow m_1=7-2\sqrt{5}$ und

Abst(M; g_M) $=\frac{1}{\sqrt{5}}\cdot\begin{pmatrix}-2\\1\end{pmatrix}\cdot\begin{pmatrix}-3\\1\end{pmatrix}-\frac{m_2}{\sqrt{5}}=-2 \Leftrightarrow m_2=7+2\sqrt{5}$

Die beiden gesuchten Geraden lauten:

g_1: $-2x_1+x_2=7-2\sqrt{5}$

g_2: $-2x_1+x_2=7+2\sqrt{5}$

146

5. Zu g senkrechte Gerade: h: $\vec{x} = \begin{pmatrix} 8 \\ 3 \end{pmatrix} + s \cdot \begin{pmatrix} 2 \\ 1 \end{pmatrix}$. Bestimme B als Schnittpunkt von g und h.
$B(4 \mid 1)$, $r = |BM| = 2\sqrt{5}$

6. a) $x_1^2 + 36 + 4x_1 - 48 + 15 = 0 \Leftrightarrow x_1^2 + 4x_1 + 3 = 0$
$x_{1_{1,2}} = -2 \pm \sqrt{1}$ also: $S_1(-3 \mid 6)$ und $S_2(-1 \mid 6)$

b) Die x_2-Koordinate von S_1^* und S_2^* erhält man, wenn man $x_1 = -3$ (oder $x_1 = -1$) in die Kreisgleichung einsetzt, da sowohl S_1 und S_2 als auch S_1^* und S_2^* auf einer Parallelen zur x-Achse liegen.
Also: $S_2^*(-3 \mid 2)$ und $S_1^*(-1 \mid 2)$

c)

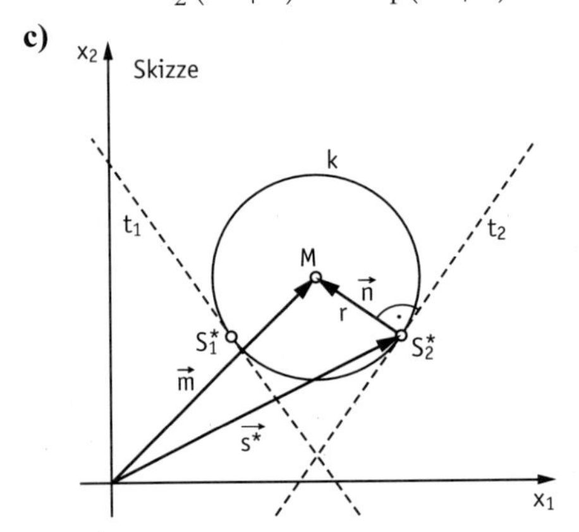

Für einen Normalenvektor $\vec{n}$ einer Tangente gilt: $\vec{n} = \vec{s}^* - \vec{m}$.

Also: $\vec{n}_2 = \begin{pmatrix} -3 \\ 2 \end{pmatrix} - \begin{pmatrix} -2 \\ 4 \end{pmatrix} = \begin{pmatrix} -1 \\ -2 \end{pmatrix}$, $\vec{n}_1 = \begin{pmatrix} -1 \\ 2 \end{pmatrix} - \begin{pmatrix} -2 \\ 4 \end{pmatrix} = \begin{pmatrix} 1 \\ -2 \end{pmatrix}$

t_2: $\left(\vec{x} - \begin{pmatrix} -3 \\ 2 \end{pmatrix}\right) * \begin{pmatrix} -1 \\ -2 \end{pmatrix} = 0 \Leftrightarrow \vec{x} * \begin{pmatrix} -1 \\ -2 \end{pmatrix} + 1 = 0$

oder t_2: $\vec{x} = \begin{pmatrix} -3 \\ 2 \end{pmatrix} + a \cdot \begin{pmatrix} -2 \\ 1 \end{pmatrix}$

t_1: $\left(\vec{x} - \begin{pmatrix} -1 \\ 2 \end{pmatrix}\right) * \begin{pmatrix} -1 \\ -2 \end{pmatrix} = 0 \Leftrightarrow \vec{x} * \begin{pmatrix} 1 \\ -2 \end{pmatrix} + 5 = 0$

oder t_1: $\vec{x} = \begin{pmatrix} -1 \\ 2 \end{pmatrix} + a \cdot \begin{pmatrix} 2 \\ 1 \end{pmatrix}$

d) $\left| \begin{matrix} -x_1 - 2x_2 = -1 \\ x_1 - 2x_2 = -5 \end{matrix} \right|$; $x_2 = \frac{3}{2}$ und $x_1 = -2$ lösen das lineare Gleichungssystem. Also: $T\left(-2 \,\middle|\, \frac{3}{2}\right)$

e) Umfang $U = 2 \cdot r + 2 \cdot \left|\vec{s}_1^* - \vec{t}\right| = 2 \cdot \sqrt{5} + 2 \cdot \sqrt{1{,}25} \approx 6{,}71\,\text{LE}$

146

7. a) k: $x_1^2 + x_2^2 = 5$

g: $-x_1 + 3x_2 = 5 \;\Rightarrow\; x_1 = 3x_2 - 5$

Schnittpunkte S_1 und S_2 folgen aus

$(3x_2 - 5)^2 + x_2^2 = 5 \;\Rightarrow\; x_1 = 1(-2),\; x_2 = 2(1)$

$S_1(1\,|\,2),\; S_2(-2\,|\,1);\; \overline{S_1S_2} = \sqrt{10}.$

b) $g_1: \overrightarrow{OS_1} * \overrightarrow{OX} = r^2$ $\qquad$ $g_2: \overrightarrow{OS_1} * \overrightarrow{OX} = r^2$

$x_1 + 2x_2 = 5$ $\qquad$ $-2x_1 + x_2 = 5$

c) Schnittpunkt P(–1 | 3); der Vektor $\overrightarrow{OS}$ ist Normalenvektor der Geraden g.

d) $F_{S_1S_2P} = \left|\overrightarrow{PS_1} \times \overrightarrow{PS_2}\right| = 5$

$\overrightarrow{PS_1} = \begin{pmatrix} 2 \\ -1 \end{pmatrix};\; \overrightarrow{PS_2} = \begin{pmatrix} -1 \\ -2 \end{pmatrix};\; \overrightarrow{S_1S_2} = \begin{pmatrix} -3 \\ -1 \end{pmatrix}$

$\overrightarrow{PS_1} * \overrightarrow{PS_2} = 0 \;\Rightarrow\; \sphericalangle S_1PS_2 = 90°$; aus Symmetriegründen folgt $\sphericalangle S_1S_2P = S_2S_1P = 45°$.

e) $\overrightarrow{OP} * \overrightarrow{OS_1} = \overrightarrow{OP} * \overrightarrow{OS_2} = 5$

8. a) g: $\vec{x} = \begin{pmatrix} -2 \\ -7 \end{pmatrix} + r \cdot \begin{pmatrix} -3 \\ -2 \end{pmatrix}$

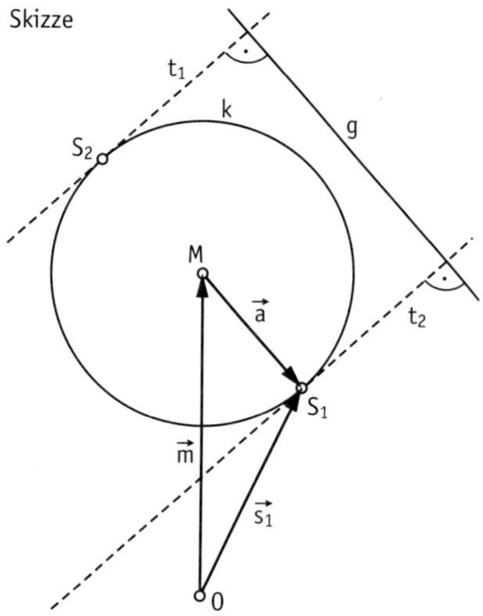

Skizze

b) $t_1: \vec{x} = \vec{s}_1 + t \cdot \begin{pmatrix} -2 \\ 3 \end{pmatrix}$ und

$t_2: \vec{x} = \vec{s}_2 + t \cdot \begin{pmatrix} -2 \\ 3 \end{pmatrix}$

Vektor $\vec{a}$ ist das r-fache des normierten Richtungsvektors von g.

Also: $\vec{a} = 10 \cdot \frac{1}{\sqrt{13}} \cdot \begin{pmatrix} -3 \\ -2 \end{pmatrix}$.

Dann ist $\vec{s}_1 = \vec{m} + \vec{a}$ und $\vec{s}_2 = \vec{m} - \vec{a}$.

Also: $t_1: \vec{x} = \begin{pmatrix} 4 \\ -3 \end{pmatrix} + \frac{10}{\sqrt{13}}\begin{pmatrix} -3 \\ -2 \end{pmatrix} + t \cdot \begin{pmatrix} 2 \\ -3 \end{pmatrix} \approx \begin{pmatrix} -4{,}3 \\ -8{,}5 \end{pmatrix} + t \cdot \begin{pmatrix} 2 \\ -3 \end{pmatrix}$

$t_2: \vec{x} = \begin{pmatrix} 4 \\ -3 \end{pmatrix} - \frac{10}{\sqrt{13}}\begin{pmatrix} -3 \\ -2 \end{pmatrix} + t \cdot \begin{pmatrix} 2 \\ -3 \end{pmatrix} \approx \begin{pmatrix} 12{,}3 \\ 2{,}5 \end{pmatrix} + t \cdot \begin{pmatrix} 2 \\ -3 \end{pmatrix}$

146

8. *Alternative Lösung:*
Zeichnet man die Gerade g und den Kreis k, stellt man fest, dass der Mittelpunkt M des Kreises auf g liegt, d. h. S_1 und S_2 lassen sich als Schnittpunkt von g und k bestimmen.

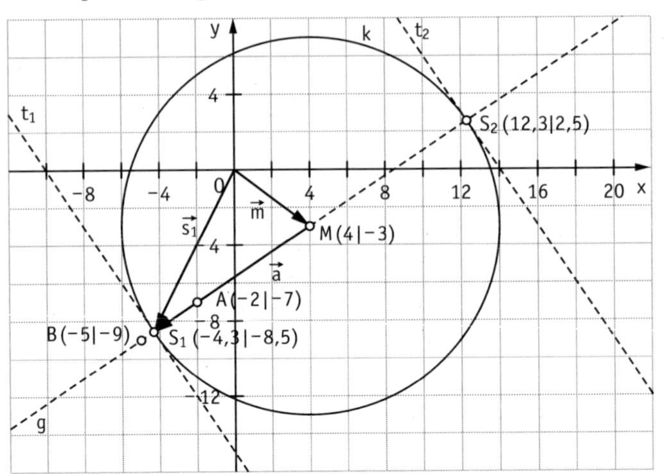

9. Achtung: Richtig muss es heißen: k: $\left[\vec{x} - \begin{pmatrix} -4 \\ -3 \end{pmatrix}\right]^2 = 9$

a) M(–4 | –3) ist Mittelpunkt des Kreises k.

Für $\overrightarrow{MP}$ gilt: $\overrightarrow{MP} = \begin{pmatrix} 3 \\ -1,5 \end{pmatrix}$, also $|\overrightarrow{MP}| = \sqrt{11,25}$.

Der Radius des Kreises ist r = 3.

Wegen $r < |\overrightarrow{MP}|$ liegt P also außerhalb des Kreises.

b)

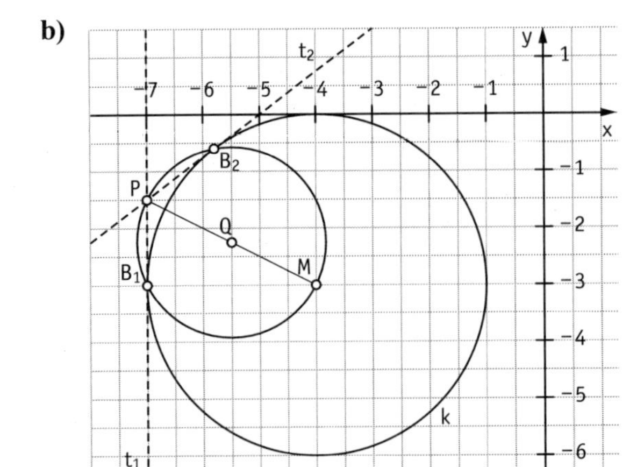

Wir verbinden P mit M und zeichnen um den Mittelpunkt der Strecke $\overline{PM}$ einen Kreis mit dem Radius $\frac{1}{2}|\overline{PM}|$. Die Schnittpunkte mit dem Kreis k sind die Berührpunkte der Tangenten durch P an k.

146

9. c) Ist $B(x \mid y)$ ein gesuchter Berührungspunkt, so gilt:
$\overrightarrow{MB} * \overrightarrow{PB} = 0$, also $(x + 4)(x + 7) + (y + 3)(y + 1{,}5) = 0$ sowie
$(x+4)^2 + (y+3)^2 = 9$, also $(x + 4)(x + 4) + (y + 3)(y + 3) = 9$
Die obere Gleichung stellen wir wie folgt um:
$0 = (x + 4)(x + 7) + (y + 3)(y + 1{,}5)$
$\quad = (x + 4)(x + 4 + 3) + (y + 3)(y + 3 - 1{,}5)$
$\quad = (x+4)^2 + 3 \cdot (x+4) + (y+3)^2 - 1{,}5(y+3)$
Nun setzen wir $(x+4)^2 + (y+3)^2 = 9$ ein und erhalten
$0 = 9 + 3(x+4) - 1{,}5(y+3)$
Daraus ergibt sich $y = 2x + 11$.
Dies setzen wir in $(x+4)^2 + (y+3)^2 = 9$ ein und erhalten so
$(x+4)^2 + (2x+14)^2 = 9$ mit den Lösungen $x_1 = -7$ und $x_2 = -5{,}8$.
Diese Werte setzen wir in die Kreisgleichung ein und bestimmen den zugehörigen y-Wert. Es ergeben sich $y_1 = -3$ und $y_2 = -0{,}6$.
Die gesuchten Tangenten t_1 und t_2 berühren den Kreis k also in den Punkten $B_1(-7 \mid -3)$ und $B_2(-5{,}8 \mid -0{,}6)$.
Mit P als Aufpunkt erhält man daraus die folgenden Gleichungen für die Tangenten: $t_1\colon \vec{x} = \begin{pmatrix} -7 \\ -1{,}5 \end{pmatrix} + r \cdot \begin{pmatrix} 0 \\ -1{,}5 \end{pmatrix}$; $t_2\colon \vec{x} = \begin{pmatrix} -7 \\ -1{,}5 \end{pmatrix} + s \cdot \begin{pmatrix} 1{,}2 \\ 2{,}4 \end{pmatrix}$

10. a) Skizze

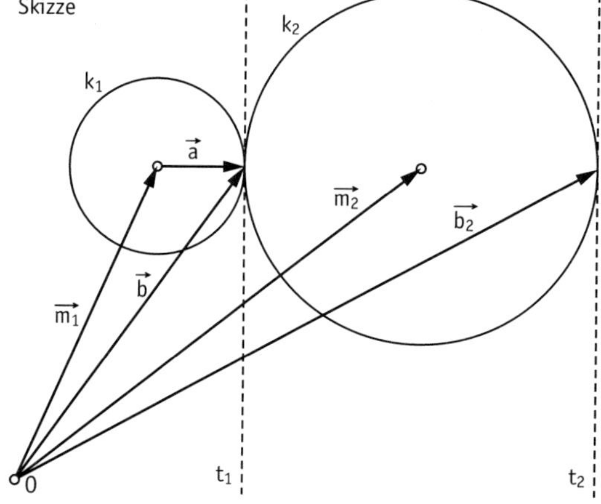

$k_1\colon \left[\vec{x} - \begin{pmatrix} 8 \\ 2 \end{pmatrix}\right]^2 = 25$

Um $\vec{m}_2$ zu ermitteln, braucht man $\vec{a} = \vec{b} - \vec{m}$: $\vec{m}_2 = (r_1 + r_2) \cdot \frac{1}{\sqrt{|a|}} \cdot \vec{a}$

$\vec{a} = \begin{pmatrix} -3 \\ 4 \end{pmatrix}$ also: $\vec{m}_2 = 15 \cdot \frac{1}{5} \cdot \begin{pmatrix} -3 \\ 4 \end{pmatrix} = \begin{pmatrix} -9 \\ 12 \end{pmatrix}$.

Demnach ist $k_2\colon \left[\vec{x} - \begin{pmatrix} -9 \\ 12 \end{pmatrix}\right]^2 = 100$.

146

10. b) t_1: $(\vec{x}-\vec{b})\cdot\vec{a}=0 \Rightarrow \left(\vec{x}-\begin{pmatrix}5\\4\end{pmatrix}\right)\cdot\begin{pmatrix}-3\\4\end{pmatrix}=0$

Also: $\vec{x}\cdot\begin{pmatrix}-3\\4\end{pmatrix}=1$

c) t_2: $(\vec{x}-\vec{b}_2)\cdot\vec{a}=0$ mit $\vec{b}_2=(r_1+2r_2)\cdot\frac{1}{\sqrt{|a|}}\cdot\vec{a}$

Also: t_2: $\left(\vec{x}-\begin{pmatrix}-15\\20\end{pmatrix}\right)\cdot\begin{pmatrix}-3\\4\end{pmatrix}=0$ bzw.: $\vec{x}\cdot\begin{pmatrix}-3\\4\end{pmatrix}=125$

2.5.3 Kugel und Gerade – Tangente an eine Kugel

151

3. Die Gleichung einer Geraden ist: $\overrightarrow{OX}=\vec{a}+\lambda\cdot\vec{v}$
$\vec{n}$: ein Normalenvektor zur Geraden g von Mittelpunkt (M) der Kugel,
r: Radius der Kugel K.

Bedingung für eine Sekante: $\vec{n}^2<r^2$

Bedingung für eine Tangente: $\vec{n}^2=r^2$

Bedingung für eine Passante: $\vec{n}^2>r^2$

Bestimmen von $\vec{n}^2$:

$\vec{n}=\overrightarrow{OX}-\overrightarrow{OM};\quad \vec{n}\perp\vec{v}\Rightarrow\vec{n}*\vec{v}=0$

$\left(\overrightarrow{OX}-\overrightarrow{OM}\right)*\vec{v}=0$

$\left(\vec{a}-\overrightarrow{OM}+\lambda\vec{v}\right)*\vec{v}=0\Rightarrow$

$\lambda=\frac{-\left(\left(\vec{a}-\overrightarrow{OM}\right)*\vec{v}\right)}{\vec{v}^2};\quad \vec{n}=\left(\vec{a}-\overrightarrow{OM}\right)-\frac{\left(\left(\vec{a}-\overrightarrow{OM}\right)*\vec{v}\right)*\vec{v}}{\vec{v}^2}$

$\Rightarrow n^2=\left(\vec{a}-\overrightarrow{OM}\right)^2-\frac{\left(\left(\vec{a}-\overrightarrow{OM}\right)*\vec{v}\right)^2}{\vec{v}^2}$

a) $\vec{a}=\begin{pmatrix}3\\1\\0\end{pmatrix};\quad \overrightarrow{OM}=\begin{pmatrix}2\\-1\\3\end{pmatrix};\quad \vec{v}=\begin{pmatrix}1\\2\\0\end{pmatrix}$

$\vec{a}-\overrightarrow{OM}=\begin{pmatrix}1\\2\\-3\end{pmatrix}$

$\vec{n}^2=1+4+9-\frac{(1+4+0)^2}{1+4+0}=9$

$\vec{n}^2=r^2\quad\Rightarrow\quad$ g ist eine Tangente.

151

3. b) $\vec{a} = \begin{pmatrix} 1 \\ 3 \\ 1 \end{pmatrix}$; $\overrightarrow{OM} = \begin{pmatrix} 2 \\ -1 \\ 3 \end{pmatrix}$; $\vec{v} = \begin{pmatrix} 1 \\ -2 \\ 5 \end{pmatrix}$

$$\vec{a} - \overrightarrow{OM} = \begin{pmatrix} -1 \\ 4 \\ -2 \end{pmatrix}$$

$$\vec{n}^2 = 1 + 16 + 4 - \tfrac{(-1-8-10)^2}{1+4+25} = 21 - \tfrac{19^2}{30} = 8,97$$

$\vec{n}^2 < r^2 \;\Rightarrow\;$ g ist eine Sekante.

c) $\vec{a} = \begin{pmatrix} 2 \\ -4 \\ 3 \end{pmatrix}$; $\overrightarrow{OM} = \begin{pmatrix} 2 \\ -1 \\ 3 \end{pmatrix}$; $\vec{v} = \begin{pmatrix} 3 \\ 3 \\ 0 \end{pmatrix}$

$$\vec{a} = -\overrightarrow{OM} = \begin{pmatrix} 0 \\ -3 \\ 0 \end{pmatrix}$$

$$\vec{n}^2 = 9 - \tfrac{(-9)^2}{9+9} = 4,5$$

$\vec{n}^2 < r^2 \;\Rightarrow\;$ g ist eine Sekante.

4. a) Aus $\left[\begin{pmatrix} 3 \\ 0 \\ 6 \end{pmatrix} + \lambda \begin{pmatrix} 1 \\ -1 \\ 4 \end{pmatrix}\right]^2 = 9$ folgt $\lambda^2 + 3\lambda + 2 = 0$.

Lösungen sind $\lambda_1 = -2;\; \lambda_2 = -1$

Die gemeinsamen Punkte von K und g sind $S_1\,(1 \mid 2 \mid -2)$ und $S_2\,(2 \mid 1 \mid 2)$.

b) Die Länge der Sehne ist $s = \left|\overrightarrow{S_1S_2}\right| = \left|\begin{pmatrix} 1 \\ -1 \\ 4 \end{pmatrix}\right| = \sqrt{18}$.

5. a) $\left[\begin{pmatrix} 7 \\ 12 \\ -9 \end{pmatrix} + \lambda \begin{pmatrix} 19 \\ 5 \\ -8 \end{pmatrix} - \begin{pmatrix} 2 \\ 2 \\ 1 \end{pmatrix}\right]^2 = 225$

$$\left[\begin{pmatrix} 5 \\ 10 \\ -10 \end{pmatrix} + \lambda \begin{pmatrix} 19 \\ 5 \\ -8 \end{pmatrix}\right]^2 = 225$$

$\Rightarrow 450\lambda^2 + 450\lambda = 0$, Lösungen: $\lambda_1 = 0,\; \lambda_2 = -1$

$P_1 = \begin{pmatrix} 7 \\ 12 \\ -9 \end{pmatrix}$ und $P_2 = \begin{pmatrix} -12 \\ 7 \\ -1 \end{pmatrix}$ sind gemeinsame Punkte von K und g.

151

5. b) $$\left[\begin{pmatrix}1\\6\\18\end{pmatrix}+\mu\begin{pmatrix}1\\2\\-2\end{pmatrix}-\begin{pmatrix}2\\2\\1\end{pmatrix}\right]^2=225$$

$$\left[\begin{pmatrix}-1\\4\\17\end{pmatrix}+\mu\begin{pmatrix}1\\2\\-2\end{pmatrix}\right]^2=225$$

$\Rightarrow \mu^2-6\mu+9=(\mu-3)^2=0$

$\Rightarrow$ K und h haben den Punkt P(4 | 12 | 12) gemeinsam; h ist Tangente.

6. a) Aus $\left[\begin{pmatrix}5\\-1\\3\end{pmatrix}+\lambda\begin{pmatrix}1\\-1\\4\end{pmatrix}-\begin{pmatrix}2\\-1\\-3\end{pmatrix}\right]^2=9$ folgt: $\lambda^2+3\lambda+2=0$

Lösungen sind $\lambda_1=-2$ und $\lambda_2=-1$.

Die gemeinsamen Punkte sind $S_1\,(3\mid 1\mid -5)$ und $S_2\,(4\mid 0\mid -1)$.

b) Durch Rechnung erhält man:

M*(3,5 | −0,5 | −3) und

$B\left(2+\sqrt{4,5}\middle|-1+\sqrt{4,5}\middle|-3\right)$.

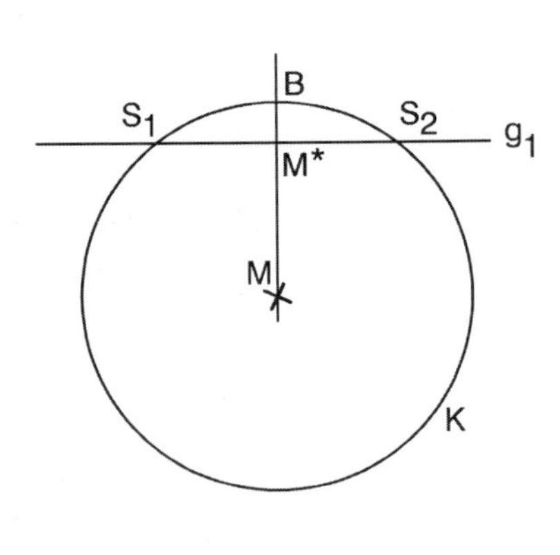

Damit ergibt sich:

$$g_3\colon \vec{x}=\begin{pmatrix}2+\sqrt{4,5}\\-1+\sqrt{4,5}\\-3\end{pmatrix}+\vartheta\cdot\begin{pmatrix}1\\-1\\4\end{pmatrix}$$

und $g_2\colon \vec{x}=\vec{a}_2+\lambda\cdot\begin{pmatrix}1\\-1\\4\end{pmatrix}$.

Dabei wählt man für A_2 einen Punkt auf der Geraden MB, der außerhalb der Kugel liegt, z. B. $A_2\,(5\mid 2\mid -3)$

c) $g_3\colon \vec{x}=\vec{a}_3+\lambda\cdot\begin{pmatrix}1\\-1\\4\end{pmatrix}$

Dabei wählt man z. B. $A_3=B\left(2+\sqrt{4,5}\middle|-1+\sqrt{4,5}\middle|-3\right)$

151

7. a) $r = \text{Abst}(g, M)$

Skizze

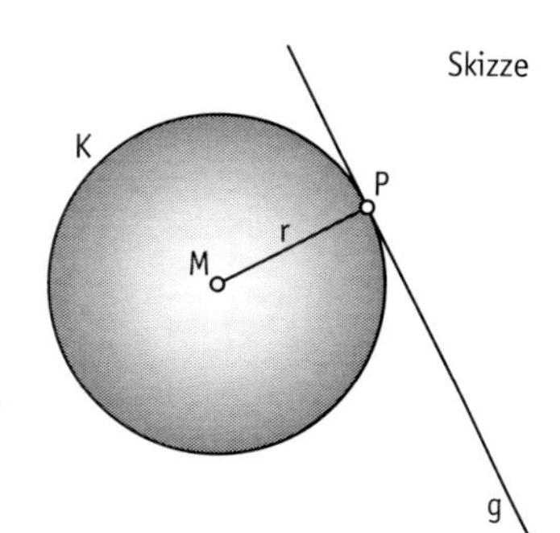

$$g\colon\ \vec{x} = \begin{pmatrix} 0 \\ -1 \\ -1 \end{pmatrix} + r \cdot \begin{pmatrix} 2 \\ 1 \\ 2 \end{pmatrix}$$

Normalenform:

$$\left(\vec{x} - \begin{pmatrix} 0 \\ -1 \\ -1 \end{pmatrix}\right) \cdot \begin{pmatrix} -1 \\ 0 \\ 1 \end{pmatrix} = 0 \Leftrightarrow \vec{x} \cdot \begin{pmatrix} -1 \\ 0 \\ 1 \end{pmatrix} + 1 = 0$$

Hesse'sche Normalenform:

$$\frac{1}{\sqrt{2}}\begin{pmatrix} -1 \\ 0 \\ 1 \end{pmatrix} \cdot \vec{x} + \frac{1}{\sqrt{2}} = 0$$

$$\text{Also: } r = \frac{1}{\sqrt{2}}\begin{pmatrix} -1 \\ 0 \\ 1 \end{pmatrix} \cdot \begin{pmatrix} 4 \\ 1 \\ 4 \end{pmatrix} + \frac{1}{\sqrt{2}} = \frac{1}{\sqrt{2}}$$

$$\vec{p} = \vec{m} + r \cdot \frac{1}{\sqrt{2}} \cdot \begin{pmatrix} -1 \\ 0 \\ 1 \end{pmatrix} = \begin{pmatrix} 4 \\ 1 \\ 4 \end{pmatrix} + \frac{1}{2}\begin{pmatrix} -1 \\ 0 \\ 1 \end{pmatrix} = \begin{pmatrix} 3{,}5 \\ 1 \\ 4{,}5 \end{pmatrix}$$

b) $r = \sqrt{12}$ und $P(-1 \mid 2 \mid 6)$

8. d berechnen:

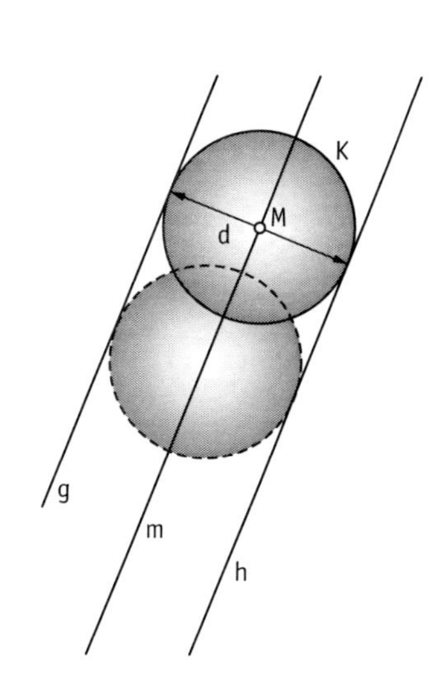

- Hesse'sche Normalenform von bspw. g erstellen

  $$\text{Normalenform: } \left(\vec{x} - \begin{pmatrix} -2 \\ 1 \\ 5 \end{pmatrix}\right) \cdot \begin{pmatrix} -4 \\ 0 \\ 3 \end{pmatrix} = 0$$

  $$\text{also: } \vec{x} \cdot \begin{pmatrix} -4 \\ 0 \\ 3 \end{pmatrix} = 23$$

  Hesse'sche Normalenform:

  $$\frac{1}{5}\begin{pmatrix} -4 \\ 0 \\ 3 \end{pmatrix} \cdot \vec{x} = \frac{23}{5}$$

- d ist der Abstand des Aufpunkts von h von der Geraden g

  $$d = \left|\frac{1}{5}\begin{pmatrix} -4 \\ 0 \\ 3 \end{pmatrix} \cdot \begin{pmatrix} 2 \\ 1 \\ -6 \end{pmatrix} - \frac{23}{5}\right| = \left|-\frac{49}{5}\right| = \frac{49}{5}$$

151

8. Fortsetzung
Mittelpunktgerade m berechnen:

- $\vec{m} = \begin{pmatrix} -2 \\ 1 \\ 5 \end{pmatrix} + \frac{1}{2} \cdot d \cdot \frac{1}{5} \cdot \begin{pmatrix} -4 \\ 0 \\ 3 \end{pmatrix} = \begin{pmatrix} -2 \\ 1 \\ 5 \end{pmatrix} + \frac{49}{50} \begin{pmatrix} -4 \\ 0 \\ 3 \end{pmatrix} = \frac{1}{50} \begin{pmatrix} -296 \\ 50 \\ 397 \end{pmatrix}$
- m: $\vec{x} = \vec{m} + r \cdot \begin{pmatrix} -3 \\ 2 \\ -4 \end{pmatrix} = \begin{pmatrix} -5{,}92 \\ 1 \\ 7{,}94 \end{pmatrix} + r \cdot \begin{pmatrix} -3 \\ 2 \\ -4 \end{pmatrix}$

Gleichung aller Kugeln:

$$K_r: \left[\vec{x} - \begin{pmatrix} -5{,}92 \\ 1 \\ 7{,}94 \end{pmatrix} - r \begin{pmatrix} -3 \\ 2 \\ -4 \end{pmatrix}\right]^2 = 4{,}9^2$$

9. d bestimmen:

- B_1 und B_2 berechnen

$\overrightarrow{B_1} = \begin{pmatrix} 4+2r \\ 10+3r \\ -6 \end{pmatrix}$;

$\overrightarrow{B_2} = \begin{pmatrix} 4+2s \\ -3 \\ 6-s \end{pmatrix}$

$\overrightarrow{B_1B_2} = \begin{pmatrix} 2s-2r \\ -13-3r \\ 12-s \end{pmatrix}$

$\overrightarrow{B_1B_2} \cdot \vec{u} = \begin{pmatrix} 2s-2r \\ -13-3r \\ 12-s \end{pmatrix} \cdot \begin{pmatrix} 2 \\ 3 \\ 0 \end{pmatrix} = 4s - 13r - 39 = 0$

$\overrightarrow{B_1B_2} \cdot \vec{v} = \begin{pmatrix} 2s-2r \\ -13-3r \\ 12-s \end{pmatrix} \cdot \begin{pmatrix} 2 \\ 0 \\ 1 \end{pmatrix} = 5s - 4r - 12 = 0$

Das lineare Gleichungssystem $\left| \begin{matrix} 4s - 13r = 39 \\ 5s - 4r = 12 \end{matrix} \right|$ hat die Lösung

$r = -3$ und $s = 0$.
Also: $B_1(-2 \mid 1 \mid -6)$ und $B_2(4 \mid -3 \mid 6)$

- $d = \left|\overrightarrow{B_1B_2}\right| = 14$

Die Kugel mit dem kleinsten Radius und $\vec{m} = \frac{1}{2}\left(\vec{b}_1 + \vec{b}_2\right)$ lautet:

$$K: \left[\vec{x} - \begin{pmatrix} 1 \\ -1 \\ 0 \end{pmatrix}\right]^2 = 49$$

151

10. a) Alle Kugeln haben einen Mittelpunkt im M(−1 | 3 | 2), sie sind konzentrisch.

b) Sei g: $\overrightarrow{OX} = \vec{a} + \lambda\vec{v}$, dann gilt g: $\overrightarrow{OX} = \begin{pmatrix} -1 \\ 1 \\ 1 \end{pmatrix} + \lambda \begin{pmatrix} 0 \\ -9 \\ 0 \end{pmatrix}$

$\vec{n}$ - ein Normalenvektor zur Geraden g vom Mittelpunkt M$\begin{pmatrix} -1 \\ 3 \\ 2 \end{pmatrix}$ der

Kugel K_r

r - Radius von Kugel K_r

$\vec{n}^2 = \left(\vec{a} - \overrightarrow{OM}\right)^2 - \frac{\left(\left(\vec{a} - \overrightarrow{OM}\right) * \vec{v}\right)^2}{\vec{v}^2}$ (s. Lösung Aufgabe 3, S. 151)

$\vec{a} - \overrightarrow{OM} = \begin{pmatrix} 0 \\ -2 \\ -1 \end{pmatrix}$

$\vec{n}^2 = 4 + 1 - \frac{18^2}{81} = 1$.

Wenn r < 1, dann ist g eine Passant.
Für r = 1 ist g eine Tangente und für r > 1 ist g eine Sekante.

11. $\vec{a} = \begin{pmatrix} -6 \\ 2 \\ 2 \end{pmatrix}$, $\vec{v} = \begin{pmatrix} 6 \\ a \\ 2 \end{pmatrix}$, $\overrightarrow{OM} = \begin{pmatrix} 3 \\ 1 \\ -2 \end{pmatrix}$, $r = 7$

$\vec{n}^2 = \left(\vec{a} - \overrightarrow{OM}\right)^2 - \frac{\left(\left(\vec{a} - \overrightarrow{OM}\right) * \vec{v}\right)^2}{\vec{v}^2}$ (s. Lösung Aufgabe 3, S. 151)

$\vec{a} - \overrightarrow{OM} = \begin{pmatrix} -9 \\ 1 \\ 4 \end{pmatrix}$, $\vec{n}^2 = r^2$

$81 + 1 + 16 - \frac{(-54+a+8)^2}{36+a^2+4} = 49$

$\frac{(a-46)^2}{a^2+40} = 49$; $a_1 = -3$ und $a_2 = \frac{13}{12}$

Für $a_1 = -3$ und $a_2 = \frac{13}{12}$ ist die Gerade g_t Tangente an K.

152

12. Gesucht wird der Abstand zwischen den Punkten B und M. Falls $\overline{BM} = r$, liegt B auf der Kugel K.

$$\overline{BM} = \sqrt{(12-3)^2 + (12-6)^2 + (-7-(-9))^2} = \sqrt{81+36+4}$$
$$= \sqrt{121} = 11 \Rightarrow \overline{BM} = r.$$

Tangente t: $\overrightarrow{OX} = \overrightarrow{OB} + \lambda \cdot \vec{v}$

Die Tangente schneidet die x_1-Achse im Punkt $C\begin{pmatrix} x \\ 0 \\ 0 \end{pmatrix}$. Dann ist

$$\vec{v} = \overrightarrow{OB} - \overrightarrow{OC} = \begin{pmatrix} 3-x \\ 6 \\ -9 \end{pmatrix}.$$

Da t eine Tangente ist, gilt $BM \perp \vec{v} \Rightarrow \overrightarrow{BM} * \vec{v} = 0$

$$\begin{pmatrix} 9 \\ 6 \\ 2 \end{pmatrix} \cdot \begin{pmatrix} 3-x \\ 6 \\ -9 \end{pmatrix} = 0$$

$9(3-x) + 36 - 18 = 0$

$x = 5$

$$\overrightarrow{OX} = \begin{pmatrix} 3 \\ 6 \\ -9 \end{pmatrix} + \lambda \begin{pmatrix} -2 \\ 6 \\ -9 \end{pmatrix}$$

13. **a)** $H = 8 + \sqrt{5} + 3 = 11 + \sqrt{5}$

b) Gesucht BC.

$\varphi = \sphericalangle CBA = \sphericalangle CAO$, weil $OA \perp AB$

und $CA \perp CB$

$\tan\varphi = \frac{CA}{CB}$; $\cos\varphi = \frac{CA}{OA}$, wo $CA = r_K$

und $OA = r \Rightarrow$

$$BC = \frac{r_K^{\ 2}}{\sqrt{r^2 - r_K^{\ 2}}} = \frac{4}{\sqrt{9-4}} = \frac{4}{\sqrt{5}}.$$

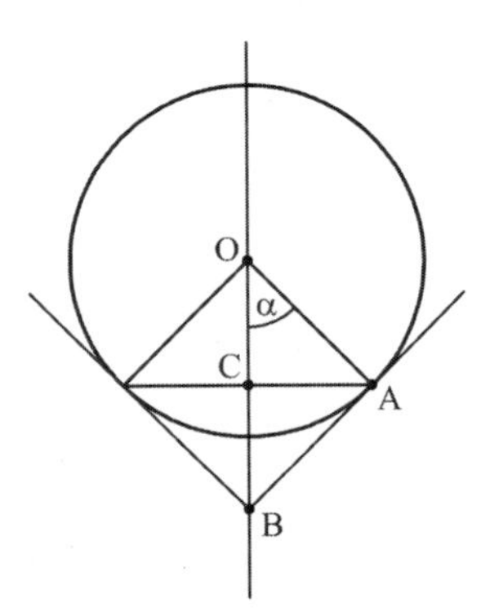

14. **a)** g_P: $\overrightarrow{OX} = \overrightarrow{OK} + \lambda\vec{v}$

E: $\overrightarrow{OX} = \overrightarrow{OK} + \lambda \cdot \vec{v} + \nu \cdot \overrightarrow{OK}$

$$\overrightarrow{OX} = \begin{pmatrix} p \\ p \\ 0 \end{pmatrix} + \lambda \cdot \begin{pmatrix} 1 \\ 1 \\ -2 \end{pmatrix} + \nu \cdot \begin{pmatrix} p \\ p \\ 0 \end{pmatrix} = (\nu+1) \cdot p \begin{pmatrix} 1 \\ 1 \\ 0 \end{pmatrix} + \lambda \cdot \begin{pmatrix} 1 \\ 1 \\ -2 \end{pmatrix}$$

sei $(\nu+1)p = \mu$, dann

$$\overrightarrow{OX} = \mu \begin{pmatrix} 1 \\ 1 \\ 0 \end{pmatrix} + \lambda \begin{pmatrix} 1 \\ 1 \\ -2 \end{pmatrix}$$

152

14. b) B sei Berührpunkt und M Kugelmittelpunkt, dann gilt

$$\overrightarrow{MB} = -\overrightarrow{KM} + \frac{\vec{v}}{\vec{v}^2}\left(\vec{v} * \overrightarrow{KM}\right)$$

$$\overrightarrow{MB} = -\begin{pmatrix} 1-p \\ -p \\ 3 \end{pmatrix} + \begin{pmatrix} 1 \\ 1 \\ -2 \end{pmatrix} \cdot \frac{1}{6}(-2p-5)$$

$$\overrightarrow{MB}^2 = r^2$$

$$8p^2 - 32p + 11 = 0$$

$$8(p-2)^2 = 21$$

$$p = 2 \pm \sqrt{\frac{21}{8}}.$$

c) $\overrightarrow{OB} = \overrightarrow{OM} + \overrightarrow{MB}$

$$\overrightarrow{OB} = \frac{1}{6}\begin{pmatrix} 3 \pm \sqrt{42} \\ 3 \pm \sqrt{42} \\ 18 \pm \sqrt{42} \end{pmatrix}$$

15. a) $\begin{pmatrix} -1+t \\ 1 \\ 8+2t \end{pmatrix}^2 = 36 \Leftrightarrow 5t^2 + 30t + 30 = 0 \Leftrightarrow t^2 + 6t + 6 = 0$

$t_{1,2} = -3 \pm \sqrt{3}$. Also $\vec{s}_1 = \begin{pmatrix} -2+\sqrt{3} \\ 0 \\ 6+2\sqrt{3} \end{pmatrix} \approx \begin{pmatrix} -0,268 \\ 0 \\ 9,464 \end{pmatrix}$ und

$$\vec{s}_2 = \begin{pmatrix} -2-\sqrt{3} \\ 0 \\ 6-2\sqrt{3} \end{pmatrix} \approx \begin{pmatrix} -3,732 \\ 0 \\ 2,536 \end{pmatrix}$$

b) $\left[\begin{pmatrix} 1 \\ a \\ 12 \end{pmatrix} + t\begin{pmatrix} 1 \\ 0 \\ 2 \end{pmatrix} - \begin{pmatrix} 2 \\ -1 \\ 4 \end{pmatrix}\right]^2 = \begin{pmatrix} -1+t \\ a+1 \\ 8+2t \end{pmatrix}^2 = 36$

$$\Leftrightarrow 5t^2 + 30t + 30 + 2a + a^2 = 0 \Leftrightarrow t^2 + 6t + 6 + \frac{2a+a^2}{5} = 20$$

$$t_{1,2} = -3 \pm \sqrt{3 - \frac{2a+a^2}{5}}$$

Damit es nur einen Berührpunkt gibt, muss gelten: $3 - \frac{2a+a^2}{5} = 0$.

Das ist der Fall für $a_1 = 3$ und $a_2 = -5$. Somit lauten die beiden Tangenten an K:

t_1: $\vec{x} = \begin{pmatrix} 1 \\ 3 \\ 12 \end{pmatrix} + t\begin{pmatrix} 1 \\ 0 \\ 2 \end{pmatrix}$ und t_2: $\vec{x} = \begin{pmatrix} 1 \\ -5 \\ 12 \end{pmatrix} + t\begin{pmatrix} 1 \\ 0 \\ 2 \end{pmatrix}$

152

16. t: die Zeit; v: Geschwindigkeit;
l: Abstand zwischen U-Boot und dem Kreuzer

$v_1 = -v \cdot \cos 45° = -\frac{\sqrt{2}}{2} v$

$v_2 = v \cdot \cos 45° = \frac{\sqrt{2}}{2} v$

$v_3 = 0$

$l_0 = 1{,}3$

$x_{01} = 1{,}2$

$x_{03} = -0{,}5$

$x_1 = x_{01} + v_1 \cdot t$

$x_2 = x_{02} + v_2 \cdot t \Rightarrow x_2 = v_2 \cdot t$

$x_3 = x_{03} + v_3 \cdot t \Rightarrow x_3 = x_{03}$

$l \leq 1{,}3$ km

$l^2 = x_1{}^2 + x_2{}^2 + x_3{}^2 \leq l$

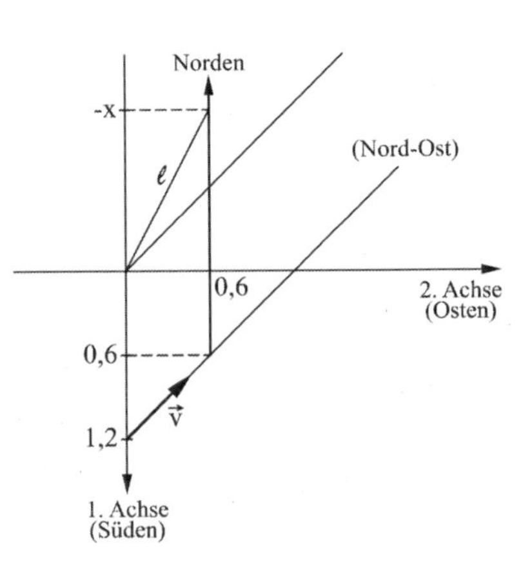

a) $l^2 = x_{01}{}^2 + x_{03}{}^2 + t_M \cdot 2v_1 \cdot x_{01} + t_M{}^2 \left(v_1{}^2 + v_2{}^2\right) \leq l_0$

$v^2 \cdot t_M{}^2 - \sqrt{2} \cdot v \cdot x_{01} \cdot t_M \leq 0$, da $x_{01}{}^2 + x_{03}{}^2 = l_0{}^2$

$0 < t_M < \sqrt{2} \quad \frac{x_{01}}{v} = 0{,}0397\,\text{h} = 2{,}38$ min

b) $l = \sqrt{l_0{}^2 - x_{03}{}^2} = 1{,}2 \qquad B(-x \mid 0{,}6 \mid -0{,}5)$

$x = \sqrt{1{,}2^2 - 0{,}6^2} = 1{,}04 \qquad B(-1{,}04 \mid 0{,}6 \mid -0{,}5)$

c) $\vec{v} * \overrightarrow{OP} > 0$

17. a) Gesucht ist der Abstand zwischen den Geraden P_1P_2 und Q_1Q_2.
p: $\overrightarrow{OX} = \overrightarrow{OP_1} + \lambda \cdot \overrightarrow{P_1P_2}$ und g: $\overrightarrow{OX} = \overrightarrow{OQ_1} + \mu \cdot \overrightarrow{Q_1Q_2}$
(Lösungsidee siehe Seiten 132/133.)
Abst (p, q) ≈ 2,57

152

17. b) Soll die Geschwindigkeit der Flugzeuge gleich sein, so müssen die Richtungsvektoren beider Geradengleichungen gleich lang sein. Wir normieren sie hier auf Länge 1.

$$\overrightarrow{OX_A} = \overrightarrow{OP_1} + t \cdot \frac{\overrightarrow{P_1P_2}}{|\overrightarrow{P_1P_2}|}$$

$$\overrightarrow{OX_B} = \overrightarrow{OQ_1} + t \cdot \frac{\overrightarrow{Q_1Q_2}}{|\overrightarrow{Q_1Q_2}|}$$

$$\overrightarrow{AB} = \overrightarrow{OX_B} - \overrightarrow{OX_A} = \overrightarrow{OQ_1} - \overrightarrow{OP_1} + t \cdot \left(\frac{\overrightarrow{Q_1Q_2}}{|\overrightarrow{Q_1Q_2}|} - \frac{\overrightarrow{P_1P_2}}{|\overrightarrow{P_1P_2}|} \right)$$

$$\overrightarrow{AB} = \begin{pmatrix} -4 \\ 5 \\ 1 \end{pmatrix} + t \begin{pmatrix} 0,1355 \\ -0,1310 \\ 0,5692 \end{pmatrix}$$

Der Abstand der beiden Flugzeuge zum Zeitpunkt t ist

$$d(t) = |\overrightarrow{AB}| = 0,5996\sqrt{t^2 - 9,825 + 116,825}$$

Für die minimale Entfernung gilt:

$$O = d'(t) = \frac{0,5996(t-4,912)}{\sqrt{t^2 - 9,825t + 116,825}}$$

also $t = 4,912$

Daraus folgt $d(4,912) = 5,77$

Der minimale Abstand der beiden Flugzeuge voneinander beträgt ca. 5,8 km.

c) Überwachungsraum: K: $\left(\overrightarrow{OX} - \overrightarrow{OM}\right)^2 = r^2$

p: $\overrightarrow{OX} = \overrightarrow{OP_1} + \lambda \overrightarrow{P_1P_2}$ $\qquad$ $\left[\overrightarrow{OP_1} - \overrightarrow{OM} + \lambda \overrightarrow{P_1P_2}\right]^2 = r^2$

p: $\overrightarrow{OX} = \begin{pmatrix} 6 \\ -2 \\ 2 \end{pmatrix} + \lambda \cdot \begin{pmatrix} -8 \\ 4 \\ 0 \end{pmatrix}$ $\qquad$ $\left[\begin{pmatrix} 6 \\ -2 \\ 2 \end{pmatrix} - \begin{pmatrix} 0 \\ 1 \\ 0 \end{pmatrix} + \lambda \cdot \begin{pmatrix} -8 \\ 4 \\ 0 \end{pmatrix}\right]^2 = 9$

$$36 + 9 + 4 + 2\lambda \cdot \begin{pmatrix} 6 \\ -3 \\ 2 \end{pmatrix}\begin{pmatrix} -8 \\ 4 \\ 0 \end{pmatrix} + \lambda^2(64 + 16) = 9$$

$$80\lambda^2 + 2 \cdot \lambda(-48 - 12) + 40 = 0$$

$$80\lambda^2 - 120\lambda + 40 = 0$$

$$2\lambda^2 - 3\lambda + 1 = 0$$

$$\lambda_1 = 1, \ \lambda_2 = \frac{1}{2}$$

$\overrightarrow{OL_1} = \begin{pmatrix} 6 \\ -2 \\ 2 \end{pmatrix} + \begin{pmatrix} -4 \\ 2 \\ 0 \end{pmatrix} = \begin{pmatrix} 2 \\ 0 \\ 2 \end{pmatrix}$ $\qquad$ $\overrightarrow{OL_2} = \begin{pmatrix} 6 \\ -2 \\ 2 \end{pmatrix} + \begin{pmatrix} -8 \\ 4 \\ 0 \end{pmatrix} = \begin{pmatrix} -2 \\ 2 \\ 2 \end{pmatrix}$

Das Flugzeug A tritt am Punkt $L_2(-2 \mid 2 \mid 2)$ in den Überwachungsraum ein und am Punkt $L_1(2 \mid 0 \mid 2)$ wieder heraus.

2.5.4 Kugel und Ebene – Tangentialebene einer Kugel

155

3. a) Zwei Kugeln
- liegen nebeneinander ohne Schnittmenge,
- berühren sich in einem Punkt
- schneiden sich, Schnittmenge ist ein Kreis, oder
- sind konzentrisch.

b) Sei $M_1(0|-2|1)$ Mittelpunkt der Kugel K_1 und $M_2(2|4|4)$ Mittelpunkt der Kugel K_2.

$\overline{M_1M_2}^2 = (2-0)^2 + (4-(-2))^2 + (1-4)^2 = 4+36+9 = 49$

Seien M* Mittelpunkt und r* Radius des Schnittkreises. Dann gilt

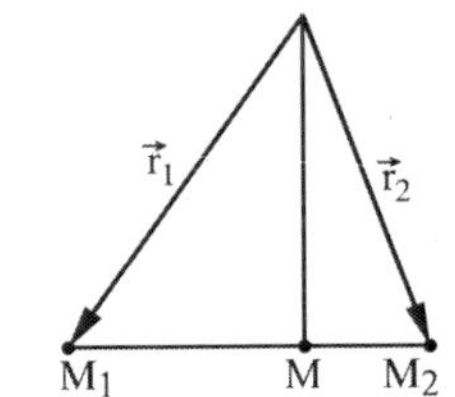

$\sqrt{r_2{}^2 - (r^*)^2} + \sqrt{r_1{}^2 - (r^*)^2} = \overline{M_1M_2}$

$\sqrt{25-(r^*)^2} + \sqrt{35-(r^*)^2} = 7 \Rightarrow r^* = 4$.

Die Gleichung einer Geraden durch M_1 und M_2:

$\overrightarrow{OX} = \overrightarrow{OM_1} + \lambda \cdot \left(\overrightarrow{OM_2} - \overrightarrow{OM_1}\right)$ $\qquad$ $\overrightarrow{OX} = \begin{pmatrix} 0 \\ -2 \\ 1 \end{pmatrix} + \lambda \begin{pmatrix} 2 \\ 6 \\ 3 \end{pmatrix}$.

$\overline{M^*M_1} = \sqrt{r_1{}^2 - (r^*)^2} = 4$ $\qquad$ $\overline{M^*M_1} = \left(\overrightarrow{OM_1} - \overrightarrow{OM^*}\right)^2 = 16$

$\overrightarrow{OM^*} = \overrightarrow{OM_1} + \lambda_{M^*} \begin{pmatrix} 2 \\ 6 \\ 3 \end{pmatrix}$

$\left[\lambda_{M^*} \begin{pmatrix} 2 \\ 6 \\ 3 \end{pmatrix}\right]^2 = \left(\overrightarrow{OM_1} - \overrightarrow{OM^*}\right)^2 = 16$

$\lambda_{M^*}{}^2 (4+36+9) = 16$ $\qquad$ $\lambda_{M^*}{}^2 = \frac{16}{49} \Rightarrow \lambda_{M^*} = \frac{4}{7}$

$\overrightarrow{OM^*} = \begin{pmatrix} 0 \\ -2 \\ 1 \end{pmatrix} + \frac{4}{7} \begin{pmatrix} 2 \\ 6 \\ 3 \end{pmatrix} = \begin{pmatrix} \frac{8}{7} \\ \frac{10}{7} \\ \frac{19}{7} \end{pmatrix}$

$M^*\left(\frac{8}{7} \middle| \frac{10}{7} \middle| \frac{19}{7}\right)$

155

3. c) $\overrightarrow{M_1M_2} * \overrightarrow{OX} = \overrightarrow{OM} * \overrightarrow{M_1M_2}$

$$\begin{pmatrix} 2 \\ 6 \\ 3 \end{pmatrix} * \overrightarrow{OX} = \begin{pmatrix} \frac{8}{7} \\ \frac{10}{7} \\ \frac{19}{7} \end{pmatrix} * \begin{pmatrix} 2 \\ 6 \\ 3 \end{pmatrix}$$

$$\begin{pmatrix} 2 \\ 6 \\ 3 \end{pmatrix} * \overrightarrow{OX} = \tfrac{1}{7}(16+60+57) = \tfrac{133}{7} = 19$$

$$E^*: \begin{pmatrix} 2 \\ 6 \\ 3 \end{pmatrix} * \overrightarrow{OX} = 19$$

d) $r_1 + r_2 = 7$ oder $|r_2 - r_1| = 7$, z. B. $r_1 = 3,\ r_2 = 4$ oder $r_1 = 11,\ r_2 = 4$ usw.

4. $(\overrightarrow{OB} - \overrightarrow{OM}) * ((\overrightarrow{OX} - \overrightarrow{OM}) + (\overrightarrow{OM} - \overrightarrow{OB})) = 0$

$(\overrightarrow{OB} - \overrightarrow{OM}) * (\overrightarrow{OX} - \overrightarrow{OM}) + (\overrightarrow{OB} - \overrightarrow{OM}) * (\overrightarrow{OM} - \overrightarrow{OB}) = 0$

$(\overrightarrow{OB} - \overrightarrow{OM}) * (\overrightarrow{OX} - \overrightarrow{OM}) = (\overrightarrow{OB} - \overrightarrow{OM})^2 = r^2$

156

5. a) $\text{Abst}(E;\,0) = \frac{27}{\sqrt{1^2+4+4}} = 9$

$r = 15 \Rightarrow r > 9 \Rightarrow$ die Ebene E und der Kegel K schneiden sich in einem Kreis.

b) $\begin{pmatrix} 1 \\ 2 \\ -2 \end{pmatrix} * \left[\begin{pmatrix} 0 \\ 0 \\ 0 \end{pmatrix} + \lambda \begin{pmatrix} 1 \\ 2 \\ -2 \end{pmatrix}\right] = 27 \qquad \lambda(1+4+4) = 27 \qquad \lambda = 3$

$M^*(3\,|\,6\,|\,-6);\ (r^*)^2 = 225 - 81 = 144;\ r^* = 12$

c) $E^*: \begin{pmatrix} 1 \\ 2 \\ -2 \end{pmatrix} * \overrightarrow{OX} = \pm 135$

6. $\overline{MM^*} = \frac{15+54+6-75}{\sqrt{9+36+4}} = 0$

Die Ebene E geht durch den Mittelpunkt der Kugel K.
Die Schnittmenge von E und K ist ein Kreis mit dem Radius 7.

156

7. Abst(0; E) = 15; die Ebene E ist Tangentialebene.
Für den Abstand e* = Abst(0; E*)
gilt $e^* = \sqrt{r^2 - r^{*2}} = \sqrt{209}$
Damit folgt:

$$E_1^*: \begin{pmatrix} 2 \\ 10 \\ 11 \end{pmatrix} * \vec{x} = 15 \cdot \sqrt{209} \text{ bzw.}$$

$$E_2^*: \begin{pmatrix} 2 \\ 10 \\ 11 \end{pmatrix} * \vec{x} = -15 \cdot \sqrt{209}$$

(2 Lösungen, E* kann auch auf der anderen Seite von M liegen)

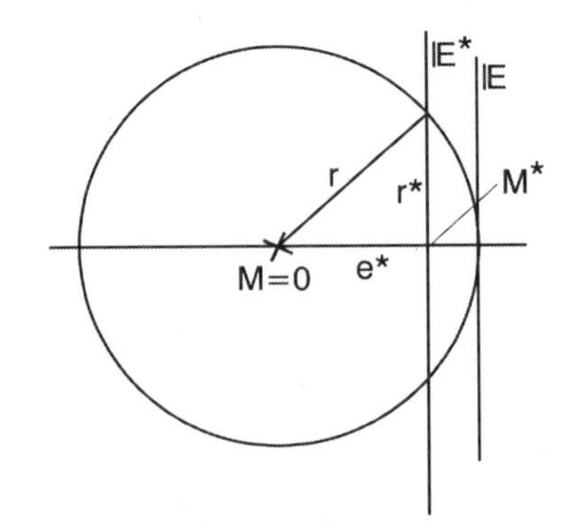

und $\vec{m}_1^* = \sqrt{209} \cdot \frac{1}{15} \begin{pmatrix} 2 \\ 10 \\ 11 \end{pmatrix}$ bzw. $\vec{m}_2^* = -\sqrt{209} \cdot \frac{1}{15} \begin{pmatrix} 2 \\ 10 \\ 11 \end{pmatrix}$

8. a) Sei K: $\left[\overrightarrow{OX} - \overrightarrow{OM}\right]^2 = r^2$ und E: $\overrightarrow{OX} * \vec{a} = b$, dann

$$\text{Abst}(M; E) = \frac{\left|b - \vec{a} * \overrightarrow{OM}\right|}{\sqrt{\vec{a} * \vec{a}}} = \frac{12}{3} = 4$$

r = 6, r > 2 ⇒ K und E schneiden sich in einem Kreis.

b) $$OM^* = \begin{pmatrix} -2 \\ -1 \\ 2 \end{pmatrix} + \begin{pmatrix} 2 \\ 1 \\ -2 \end{pmatrix} \frac{\left(3 - \begin{pmatrix} 2 \\ 1 \\ -2 \end{pmatrix} * \begin{pmatrix} -2 \\ -1 \\ 2 \end{pmatrix}\right)}{\begin{pmatrix} 2 \\ 1 \\ -2 \end{pmatrix}^2} = \begin{pmatrix} -2 \\ -1 \\ 2 \end{pmatrix} + \begin{pmatrix} 2 \\ 1 \\ -2 \end{pmatrix} \frac{12}{9} = \begin{pmatrix} \frac{2}{3} \\ \frac{1}{3} \\ -\frac{2}{3} \end{pmatrix}$$

$$\Rightarrow M^*\left(\frac{2}{3} \middle| \frac{1}{3} \middle| -\frac{2}{3}\right)$$

$$(r^*)^2 = r^2 - (MM^*)^2 = 36 - \left[\begin{pmatrix} \frac{2}{3} \\ \frac{1}{3} \\ -\frac{2}{3} \end{pmatrix} - \begin{pmatrix} -2 \\ -1 \\ 2 \end{pmatrix}\right]^2 = 36 - \left[\begin{pmatrix} \frac{8}{3} \\ \frac{4}{3} \\ -\frac{8}{3} \end{pmatrix}\right]^2$$

$$= 36 - \frac{1}{9}(64 + 16 + 64) = 20$$

$$r^* = 2\sqrt{5}$$

156

8. c) Sei M_1 Mittelpunkt der Kugel K*. Dann ist

$$\overrightarrow{OM_1} = \overrightarrow{OM} + 2\overrightarrow{MM^*} = \begin{pmatrix} -2 \\ -1 \\ 2 \end{pmatrix} + 2 \cdot \frac{1}{3}\begin{pmatrix} 8 \\ 4 \\ -8 \end{pmatrix} = \frac{1}{3}\begin{pmatrix} -6+16 \\ -3+8 \\ 6-16 \end{pmatrix} = \frac{1}{3}\begin{pmatrix} 10 \\ 5 \\ -10 \end{pmatrix}$$

$$K^*: \left[\overrightarrow{OX} - \begin{pmatrix} \frac{10}{3} \\ \frac{5}{3} \\ -\frac{10}{3} \end{pmatrix}\right]^2 = 36$$

9. a) $\overrightarrow{OX} = r_0 + \lambda \cdot \vec{v}_1 + \mu \cdot \vec{v}_2$ (Parameterdarstellung für die Ebene E)

$\vec{r} * \vec{a} = b$ (Koordinatenform einer Ebene)

$\vec{a} = \vec{v}_1 \times \vec{v}_2$

$b = \vec{r}_0 * \vec{a}$

$$\vec{a} = \begin{pmatrix} 1 \\ -1 \\ 0 \end{pmatrix} \times \begin{pmatrix} -2 \\ 1 \\ 1 \end{pmatrix} = \begin{pmatrix} -1 \\ -1 \\ -1 \end{pmatrix}$$

$$b = \begin{pmatrix} 1 \\ 3 \\ 1 \end{pmatrix} * \begin{pmatrix} -1 \\ -1 \\ -1 \end{pmatrix} = -1 - 3 - 1 = -5$$

$$\overrightarrow{OM^*} = \overrightarrow{OM} + \vec{a}\frac{\left(b - \vec{a} \cdot \overrightarrow{OM}\right)}{\vec{a}^2}$$

$$\overrightarrow{OM^*} = \begin{pmatrix} 5 \\ 5 \\ 3 \end{pmatrix} + \begin{pmatrix} -1 \\ -1 \\ -1 \end{pmatrix}\frac{(-5+5+5+3)}{3} = \begin{pmatrix} \frac{7}{3} \\ \frac{7}{3} \\ \frac{1}{3} \end{pmatrix}$$

$$M^*\left(\frac{7}{3}\middle|\frac{7}{3}\middle|\frac{1}{3}\right)$$

$$(r^*)^2 = r^2 - \left(\overrightarrow{OM^*} - \overrightarrow{OM}\right)^2 = 36 - \begin{pmatrix} -\frac{8}{3} \\ -\frac{8}{3} \\ -\frac{8}{3} \end{pmatrix}^2 = 36 - \frac{3 \cdot 64}{9} = \frac{44}{3}$$

$$r^* = \sqrt{\frac{44}{3}}$$

156

9. b) $\left[\begin{pmatrix} 3 \\ 1 \\ x_3 \end{pmatrix} - \begin{pmatrix} 5 \\ 5 \\ 3 \end{pmatrix}\right]^2 = 36 \Rightarrow 4 + 16 + (x-3)^2 = 36 \Rightarrow (x-3)^2 = 16$

$x_3 = 7$ oder $x_3 = -1$

E*: $\overrightarrow{OX} * \left(\overrightarrow{OM} - \overrightarrow{OP}\right) = \overrightarrow{OP} * \left(\overrightarrow{OM} - \overrightarrow{OP}\right)$

$\overrightarrow{OX} * \left(\begin{pmatrix} 5 \\ 5 \\ 3 \end{pmatrix} - \begin{pmatrix} 3 \\ 1 \\ 7 \end{pmatrix}\right) = \begin{pmatrix} 3 \\ 1 \\ 7 \end{pmatrix} * \begin{pmatrix} 2 \\ 4 \\ -4 \end{pmatrix}$ oder $\overrightarrow{OX} * \left(\begin{pmatrix} 5 \\ 5 \\ 3 \end{pmatrix} - \begin{pmatrix} 3 \\ 1 \\ -1 \end{pmatrix}\right) = \begin{pmatrix} 3 \\ 1 \\ -1 \end{pmatrix} * \begin{pmatrix} 2 \\ 4 \\ 4 \end{pmatrix}$

E*: $\overrightarrow{OX} * \begin{pmatrix} 2 \\ 4 \\ -4 \end{pmatrix} = -18$ oder E*: $\overrightarrow{OX} * \begin{pmatrix} 2 \\ 4 \\ 4 \end{pmatrix} = 6$

10. $r^* = \sqrt{24}$; $r = 7$

Nach dem Satz des Pythagoras gilt:

$m_3^2 + r^{*2} = r^2$

$m_3^2 = 49 - 24 = 25$

$m_3 = 5$ oder $m_3 = -5$

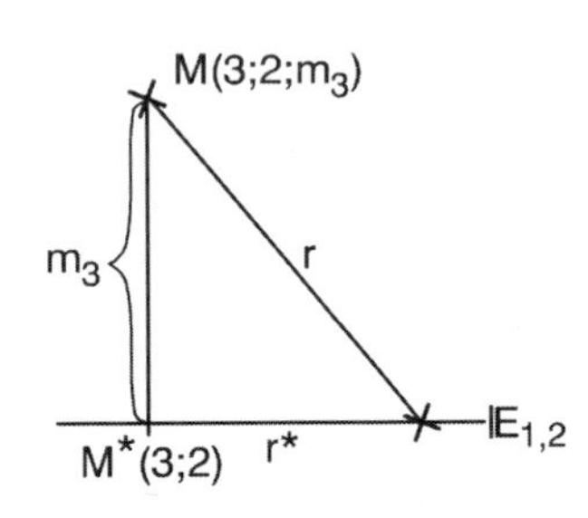

Kugelgleichungen: K_1: $\left[\vec{x} - \begin{pmatrix} 3 \\ 2 \\ 5 \end{pmatrix}\right]^2 = 49$; K_2: $\left[\vec{x} - \begin{pmatrix} 3 \\ 2 \\ -5 \end{pmatrix}\right]^2 = 49$

11. a) B(−2 | 1 | 2), E: $\begin{pmatrix} 2 \\ -1 \\ -2 \end{pmatrix} * \vec{x} + 9 = 0$

b) B(5 | −8 | 13), E: $\begin{pmatrix} 2 \\ -6 \\ 9 \end{pmatrix} * \vec{x} - 175 = 0$

c) K: $\left(\vec{x} - \begin{pmatrix} 1 \\ 0 \\ -2 \end{pmatrix}\right)^2 = 49$, B(3 | −6 | 1), E: $\begin{pmatrix} 2 \\ -6 \\ 3 \end{pmatrix} * \vec{x} - 45 = 0$

156

12. a) M hat von E den Abstand $1\frac{13}{15} < 10$; E schneidet K.

b) E: $\begin{pmatrix} -14 \\ 5 \\ -2 \end{pmatrix} * \vec{x} = 204$

M hat von E den Abstand 15 > 7; E und K haben keinen gemeinsamen Punkt.

157

13. E′: $\begin{pmatrix} 3 \\ 2 \\ -6 \end{pmatrix} * \vec{x} = 35$, E″: $\begin{pmatrix} 3 \\ 2 \\ -6 \end{pmatrix} * \vec{x} = -63$

14. a) $\begin{pmatrix} 1 \\ -4 \\ 8 \end{pmatrix} * \begin{pmatrix} 3 \\ 3 \\ 1 \end{pmatrix} = -1$, also liegt B auf E.

$M_1(5 \mid -5 \mid 17)$, $M_2(1 \mid 11 \mid -15)$

b) E: $\begin{pmatrix} -6 \\ 2 \\ 3 \end{pmatrix} * \vec{x} = 17$, $\begin{pmatrix} -6 \\ 2 \\ 3 \end{pmatrix} * \begin{pmatrix} 2 \\ 4 \\ 7 \end{pmatrix} = 17$, also liegt B auf E.

$M_1(-16 \mid 10 \mid 16)$, $M_2(20 \mid -2 \mid -2)$

15. E: $\begin{pmatrix} 2 \\ 2 \\ 1 \end{pmatrix} * \vec{x} = 5$, $M_1(-4{,}8 \mid -14 \mid 15{,}6)$, $M_2(6 \mid 13 \mid -6)$

$B_1(1{,}2 \mid -8 \mid 18{,}6)$, $B_2(0 \mid 7 \mid -9)$

Also gibt es zwei Kugeln:

K_1: $\left[\vec{x} - \begin{pmatrix} -4{,}8 \\ -14 \\ 15{,}6 \end{pmatrix}\right]^2 = 81$ und K_2: $\left[\vec{x} - \begin{pmatrix} 6 \\ 13 \\ -6 \end{pmatrix}\right]^2 = 81$

16. $r = \text{Abst}(M, E) = \left| \frac{1}{15}\begin{pmatrix} 2 \\ 10 \\ 11 \end{pmatrix} * \begin{pmatrix} 2 \\ -3 \\ -5 \end{pmatrix} - \frac{144}{15} \right| = 15$

$\vec{b} = \vec{m} + r \cdot \frac{1}{15}\begin{pmatrix} 2 \\ 10 \\ 11 \end{pmatrix} = \begin{pmatrix} 4 \\ 7 \\ 6 \end{pmatrix}$

K: $\left[\vec{x} - \begin{pmatrix} 2 \\ -3 \\ -5 \end{pmatrix}\right]^2 = 225$

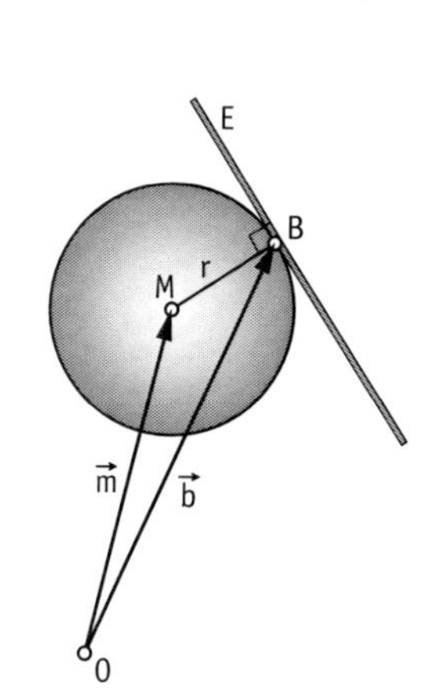

157

17. a) B_1: $\begin{pmatrix}2\\10\\11\end{pmatrix}^2 = 4+100+121 = 225$ $\quad B_2$: $\begin{pmatrix}2\\-14\\5\end{pmatrix}^2 = 4+196+25 = 225$

b) E_1: $\begin{pmatrix}2\\10\\11\end{pmatrix} * \vec{x} = 225,$ $\quad E_2$: $\begin{pmatrix}2\\-14\\5\end{pmatrix} * \vec{x} = 225$

$$g\colon\ \vec{x} = \begin{pmatrix}112{,}5\\0\\0\end{pmatrix} + \lambda\begin{pmatrix}17\\1\\-4\end{pmatrix}$$

c) Die Mittelpunkte liegen auf den 4 Schnittgeraden der Ebenen

$$\begin{pmatrix}2\\10\\11\end{pmatrix} * \vec{x} = \pm 225, \qquad \begin{pmatrix}2\\-14\\5\end{pmatrix} * \vec{x} = \pm 225$$

$$g_1\colon\ \vec{x} = \begin{pmatrix}112{,}5\\0\\0\end{pmatrix} + \lambda\begin{pmatrix}17\\1\\-4\end{pmatrix}, \qquad g_2\colon\ \vec{x} = \begin{pmatrix}18{,}75\\18{,}75\\0\end{pmatrix} + \lambda\begin{pmatrix}17\\1\\-4\end{pmatrix},$$

$$g_3\colon\ \vec{x} = \begin{pmatrix}-18{,}75\\-18{,}75\\0\end{pmatrix} + \lambda\begin{pmatrix}17\\1\\-4\end{pmatrix}, \qquad g_4\colon\ \vec{x} = \begin{pmatrix}112{,}5\\0\\0\end{pmatrix} + \lambda\begin{pmatrix}17\\1\\-4\end{pmatrix}$$

18. a) K: $\left[\overrightarrow{OX} - \overrightarrow{OP}\right]^2 = r^2$ $\qquad$ E: $\overrightarrow{OX} * \vec{a} = b$

$$r^2 = \left(\text{Abs}(P;\ E)\right)^2 = \frac{\left(b - \vec{a} * \overrightarrow{OP}\right)^2}{\vec{a} * \vec{a}} = \frac{(18-8)^2}{9} = \frac{100}{9}$$

$$K\colon \left[\overrightarrow{OX} - \begin{pmatrix}2\\1\\2\end{pmatrix}\right]^2 = \frac{100}{9};\ B\left(\frac{28}{9}\middle|\ \frac{29}{9}\middle|\ \frac{38}{9}\right)$$

b) E: $\overrightarrow{OX} * \vec{a} = b$

g_P: $\overrightarrow{OX} = \overrightarrow{OM} + \lambda\vec{v}$

1. Punkt M muss in der Ebene E liegen.

$$\begin{pmatrix}1\\2\\2\end{pmatrix} * \begin{pmatrix}0\\0\\9\end{pmatrix} = 18$$

2. Alle Geraden g_P müssen senkrecht zu $\vec{a}$ stehen.

$$\vec{v} \perp \vec{a} \Rightarrow \vec{v} * \vec{a} = 0 \qquad \begin{pmatrix}2\\p\\-p-1\end{pmatrix} * \begin{pmatrix}1\\2\\2\end{pmatrix} = 2 + 2p - 2p - 2 = 0 \Rightarrow$$

g_P liegt in E.

157

18. c) B ist Berührpunkt der Ebene E und der Kugel K.

$g_P: \overrightarrow{OX} = \overrightarrow{OM} + \lambda\left(\overrightarrow{OB} - \overrightarrow{OM}\right)$

$$\overrightarrow{OX} = \begin{pmatrix} 0 \\ 0 \\ 9 \end{pmatrix} + \frac{\lambda}{9}\begin{pmatrix} 28 \\ 29 \\ -43 \end{pmatrix} \quad \text{oder} \quad \overrightarrow{OX} = \begin{pmatrix} 0 \\ 0 \\ 9 \end{pmatrix} + \mu\begin{pmatrix} 28 \\ 29 \\ -43 \end{pmatrix}$$

19. a) E: $\overrightarrow{OX} * \vec{a} = b$

g: $\overrightarrow{OX} = \overrightarrow{OM} + \lambda\vec{v}$; M liegt auf der Ebene E und $\vec{v}$ ist parallel zu E bzw. $\vec{v}$ steht senkrecht zu $\vec{a}$.

$$\vec{a} = \begin{pmatrix} 3p \\ 4p \\ 1 \end{pmatrix}, \ b = 1.$$

$\vec{v} = \vec{a} \times \vec{k}$, wo $\vec{k}$ ein beliebiger Vektor. Sei $\vec{k} = \begin{pmatrix} 0 \\ 0 \\ 1 \end{pmatrix}$, dann

$$\vec{v} = \begin{pmatrix} 3p \\ 4p \\ 1 \end{pmatrix} \times \begin{pmatrix} 0 \\ 0 \\ 1 \end{pmatrix} = \begin{pmatrix} 4p \\ -3p \\ 0 \end{pmatrix}.$$

$$M(0 \mid 0 \mid x_3) \Rightarrow \begin{pmatrix} 0 \\ 0 \\ x_3 \end{pmatrix} * \begin{pmatrix} 3p \\ 4p \\ 1 \end{pmatrix} = 1 \Rightarrow x_3 = 1 \Rightarrow M(0 \mid 0 \mid 1)$$

$$g\colon \overrightarrow{OX} = \begin{pmatrix} 0 \\ 0 \\ 1 \end{pmatrix} + \lambda \cdot p\begin{pmatrix} 4 \\ -3 \\ 0 \end{pmatrix} \Rightarrow \lambda p = \mu \Rightarrow \overrightarrow{OX} = \begin{pmatrix} 0 \\ 0 \\ 1 \end{pmatrix} + \mu\begin{pmatrix} 4 \\ -3 \\ 0 \end{pmatrix}$$

b) $K_p: \overrightarrow{OX}^2 = r^2$; E: $\overrightarrow{OX} * \begin{pmatrix} 3p \\ 4p \\ 1 \end{pmatrix} = 1$

Sei g eine Gerade, die durch 0 geht und senkrecht zu E ist.

g: $\overrightarrow{OX} = \lambda \cdot \begin{pmatrix} 3p \\ 4p \\ 1 \end{pmatrix}$, g schneidet E im Punkt B, dann $\overrightarrow{OB} = \begin{pmatrix} 3p \\ 4p \\ 1 \end{pmatrix} \cdot \lambda_B$.

Wir suchen λ_B.

$$\overrightarrow{OB} * \begin{pmatrix} 3p \\ 4p \\ 1 \end{pmatrix} = 1 \Rightarrow \begin{pmatrix} 3p \\ 4p \\ 1 \end{pmatrix}^2 \cdot \lambda_B = 1 \Rightarrow \lambda_B = \frac{1}{25p^2+1}$$

$$\overrightarrow{OB} = \begin{pmatrix} 3p \\ 4p \\ 1 \end{pmatrix} \cdot \frac{1}{25p^2+1} \Rightarrow B\left(\frac{3p}{25p^2+1} \,\middle|\, \frac{4p}{25p^2+1} \,\middle|\, \frac{1}{25p^2+1}\right).$$

157

19. b) Fortsetzung

Es gilt K_p: $\overrightarrow{OB}^2 = \left(\frac{1}{25p^2+1}\right)^2 \cdot \left(25p^2+1\right) = \frac{1}{25p^2+1} = r^2$;

d. h. $r = \frac{1}{\sqrt{25p^2+1}}$.

Es gilt also $r \leq 1$ für alle $p \in \mathbb{R}$, d. h. es gibt kein p, für das die Kugel den Radius 4 hätte.

c) $\vec{a} = \begin{pmatrix} 3p \\ 4p \\ 1 \end{pmatrix} = \underbrace{\begin{pmatrix} 0 \\ 0 \\ 1 \end{pmatrix}}_{\vec{e}_3} + p\underbrace{\begin{pmatrix} 3 \\ 4 \\ 0 \end{pmatrix}}_{\vec{u}} = \vec{e}_z + p\vec{u}$

Jetzt versuchen wir den Zusammenhang zwischen der Projektion $\overrightarrow{OM}$ auf die Achse x_3 und $\vec{u}$ zu finden.

Sei $\vec{e}_3$ der Einheitsvektor auf der x_3-Achse und $\vec{e}_u$ der Einheitsvektor auf der u-Achse.

M_3 ist die Projektion von M auf x_3-Achse. Dann $\vec{e}_u = \frac{\vec{u}}{|\vec{u}|} = \frac{\vec{u}}{5}$

$\overrightarrow{OM} = M_3 \cdot \vec{e}_3 + M_u \cdot \vec{e}_u = \frac{\vec{e}_3 + p \cdot 5\vec{e}_u}{\vec{a}^2}$

$M_3 = \frac{1}{1+25p^2}$; $M_u = \frac{5p}{1+25p^2}$

$M_3^{\,2} + M_u^{\,2} = \frac{1}{1+25p^2} = M_3 \Rightarrow \left(M_3 - \frac{1}{2}\right)^2 + M_u^{\,2} = \frac{1}{4}$

ist ein Kreis in x_3, u-Achse.

20. a) $\left[\overrightarrow{OX} - \begin{pmatrix} 1 \\ 2 \\ 3 \end{pmatrix}\right]^2 = 64$

b) $(x_1-1)^2 + (x_2-2)^2 + (x_3-3)^2 = 64$

$P_1\left(0 \middle| 0 \middle| 3+\sqrt{59}\right)$; $P_2\left(0 \middle| 0 \middle| 3-\sqrt{59}\right)$; $P_3\left(1+\sqrt{51} \middle| 0 \middle| 0\right)$;

$P_4\left(1-\sqrt{51} \middle| 0 \middle| 0\right)$; $P_5\left(0 \middle| 2+3\sqrt{6} \middle| 0\right)$; $P\left(0 \middle| 2-3\sqrt{6} \middle| 0\right)$

c) (1) x_1x_2-Ebene: $M_{1,2}(1|2|0)$, $r_{1,2} = \sqrt{55}$

(2) x_1x_3-Ebene: $M_{1,3}(1|0|3)$, $r_{1,3} = \sqrt{60}$

(3) x_2x_3-Ebene: $M_{2,3}(0|2|3)$, $r_{2,3} = \sqrt{63}$

Blickpunkt: GPS – Global Positioning System

159

1. a) $$\left(\vec{x}-\begin{pmatrix}18,0881\\-12,0177\\15,6101\end{pmatrix}\right)^2=21,7916^2$$

b) Es gilt $\text{Abst}(S_1;\ S_2)=18,6336<a_1+a_2$, daher schneiden sich die Kugeloberflächen in einem Kreis (vgl. S. 155, Aufg. 3). Er liegt in der Ebene E mit der Gleichung

$$E:\ \begin{pmatrix}4,3957\\18,0085\\-1,8931\end{pmatrix}*\vec{x}=15,5749$$

Für Mittelpunkt und Radius des Schnittkreises gilt:

$$M=\begin{pmatrix}20,3927\\-2,5762\\14,6176\end{pmatrix},\ r=19,4791$$

c), e) Lösung mit einem CAS

Es ist folgendes Gleichungssystem zu lösen:

(1) $(x-18,0881)^2+(y+12,0177)^2+(z-15,6101)^2=21,7916^2$

(2) $(x-22,4838)^2+(y-5,9908)^2+(z-13,717)^2=21,4012^2$

(3) $x^2+y^2+z^2=6,37^2$

Der SOLVE-Befehl liefert als Lösungen:
x = 6.180895253, y = –0.4903017438, z = 1.460492403 bzw.
x = 3.617774250, y = 0.5301290950, z = 5.216087864

Damit erhalten wir als Koordinaten für die möglichen Lagen von X auf der Erdkugel:

$X_1(6,1809\ |\ -0,4903\ |\ 1,4605)$ $\qquad X_2(3,6178\ |\ 0,5301\ |\ 5,2161)$

Der Punkt X_2 ist schon „Sylt-verdächtig", denn er hat die geografische Länge bzw. Breite $\lambda=8°10'11''$ bzw. $\varphi=54°58'12''$

Skizze einer Lösung mit Mitteln der linearen Algebra

1. Die Kugeln um S_1 bzw. S_2 mit den Radien a_1 bzw. a_2 schneiden sich in einem Kreis mit dem Mittelpunkt M und dem Radius r (Aufgabenteil b).
2. Die Schnittebene E schneidet die Erdkugel in einem weiteren Kreis.
3. Aus 1. und 2. folgt eine lineare Gleichung (Subtraktion der Kreisgleichungen), die zusammen mit der Ebenengleichung für E ein System aus zwei Gleichungen mit drei Variablen bildet. Als allgemeine Lösung ergibt sich die Gleichung einer Geraden, welche die Oberfläche der Erdkugel in den beiden Punkten X_1 und X_2 durchstößt.

159

1. d) Wir lösen mit dem CAS das Gleichungssystem, das aus den Gleichungen (1), (2) sowie (3’) $(x-26{,}0070)^2+(y-5{,}0694)^2+(z-3{,}4272)^2$ $=22{,}9147^2$ besteht, und erhalten als mögliche Lagen für X:

$X_3\,(39{,}1044 \mid -6{,}7856 \mid 18{,}0217)$ $X_4\,(3{,}6178 \mid 0{,}5301 \mid 5{,}2161)$

X_3 liegt offensichtlich nicht auf der Erdkugel, X_4 stimmt mit der in c) gefundenen Lösung X_2 überein.

Eine *algebraische Lösung* verliefe analog zu der unter c) skizzierten (mit der Kugel um S_3 anstelle der Erdkugel).

3 MATRIZEN

Lernfeld

162

1. **Absatzplanung**

Die Tabelle lässt sich als Matrix $A = \begin{pmatrix} 14 & 8 & 16 & 4 & 16 \\ 6 & 14 & 20 & 6 & 8 \\ 14 & 4 & 12 & 0 & 52 \\ 8 & 0 & 22 & 0 & 14 \end{pmatrix}$ interpretieren.

Die gesuchten Werte ergeben sich aus $9 \cdot A + 2 \cdot \frac{1}{2} \cdot A + 3 \cdot A = 13 \cdot A$.

	32 Zoll LCD TV	42 Zoll LCD TV		52 Zoll LCD TV	
	HD ready	HD ready	Full HD	HD ready	Full HD
A	182	104	208	52	208
B	78	182	260	78	104
C	182	52	156	0	416
D	104	0	286	0	182

2. **Von Rohstoffen über Zwischenprodukte zum Endprodukt**
Der Bedarf an Rohstoffen zur Herstellung der Zwischenprodukte kann durch die Matrix Z beschrieben werden.

$$Z = \begin{pmatrix} 36 & 36 & 36 \\ 0 & 0,5 & 0 \\ 120 & 120 & 120 \\ 0 & 0 & 0,6 \\ 0 & 0 & 3 \end{pmatrix}$$

Für den Bedarf an Zwischenprodukten für die Herstellung der drei Endprodukte erhält man die folgende Matrix P:

$$P = \begin{pmatrix} \frac{1}{60} & \frac{1}{120} & \frac{1}{120} & 0 \\ 0 & \frac{1}{120} & \frac{1}{120} & 0 \\ 0 & 0 & \frac{1}{120} & \frac{1}{100} \end{pmatrix}$$

162

2. Fortsetzung
Der Bedarf an Rohstoffen pro Packung ergibt sich aus

$$Z \cdot P \cdot E = \begin{pmatrix} 36 & 36 & 36 \\ 0 & 0{,}5 & 0 \\ 120 & 120 & 120 \\ 0 & 0 & 0{,}6 \\ 0 & 0 & 3 \end{pmatrix} \cdot \begin{pmatrix} \frac{1}{60} & \frac{1}{120} & \frac{1}{120} & 0 \\ 0 & \frac{1}{120} & \frac{1}{120} & 0 \\ 0 & 0 & \frac{1}{120} & \frac{1}{100} \end{pmatrix} \cdot \begin{pmatrix} 1 & 0 & 0 & 0 \\ 0 & 1 & 0 & 0 \\ 0 & 0 & 1 & 0 \\ 0 & 0 & 0 & 1 \end{pmatrix}$$

$$= \begin{pmatrix} \frac{5}{6} & \frac{3}{5} & \frac{9}{10} & \frac{9}{25} \\ 0 & \frac{1}{240} & \frac{1}{240} & 0 \\ 2 & 2 & 3 & \frac{6}{5} \\ 0 & 0 & \frac{1}{200} & \frac{3}{500} \\ 0 & 0 & \frac{1}{40} & \frac{3}{100} \end{pmatrix}$$

In der Ergebnismatrix beschreibt der Eintrag in der i-ten Zeile und j-ten Spalte den Bedarf an Rohstoff i für Packung j.

Eine Bestellung kann durch einen Vektor $\vec{b} = \begin{pmatrix} b_1 \\ b_2 \\ b_3 \\ b_4 \end{pmatrix}$ beschrieben werden.

Dabei bezeichnet b_i die Anzahl an Mengeneinheiten von Produkt i. Dann ergibt sich der Rohstoffbedarf aus

$$Z \cdot P \cdot b = \begin{pmatrix} \frac{3}{5}b_1 + \frac{3}{5}b_2 + \frac{9}{10}b_3 + \frac{9}{25}b_4 \\ \frac{1}{240}b_2 + \frac{1}{240}b_3 \\ 2b_1 + 2b_2 + 3b_3 + \frac{6}{5}b_4 \\ \frac{1}{100}b_3 + \frac{3}{500}b_4 \\ \frac{1}{40}b_3 + \frac{3}{100}b_4 \end{pmatrix}.$$

163

3. Wechselverhalten

- 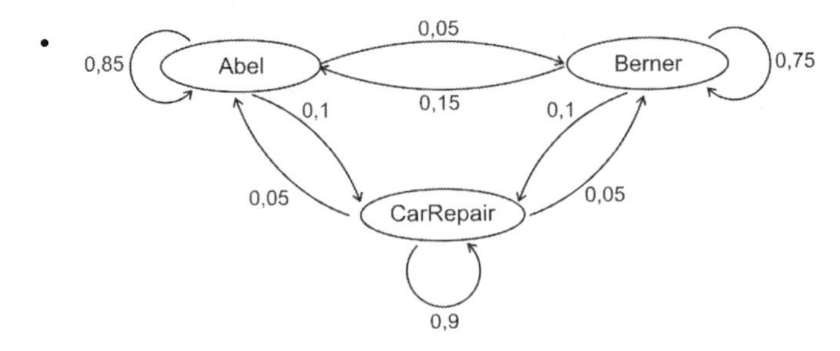

163

3. Fortsetzung

- Der Übergang kann durch die Matrix $M = \begin{pmatrix} 0,85 & 0,15 & 0,05 \\ 0,05 & 0,75 & 0,05 \\ 0,1 & 0,1 & 0,9 \end{pmatrix}$

  beschrieben werden. Ausgehend von dem Startvektor $\vec{x} = \begin{pmatrix} 660 \\ 402 \\ 642 \end{pmatrix}$

  ergeben sich für

  Jahr 1: $M \cdot \vec{x} = \begin{pmatrix} 653 \\ 367 \\ 684 \end{pmatrix}$; Jahr 2: $M^2 \cdot \vec{x} = \begin{pmatrix} 645 \\ 342 \\ 718 \end{pmatrix}$; Jahr 3: $M^3 \cdot \vec{x} = \begin{pmatrix} 635 \\ 324 \\ 744 \end{pmatrix}$

- Das System $(M - E_3) \cdot \vec{x} = \vec{0}$ zusammen mit der Gleichung $x_1 + x_2 + x_3 = 1704$ ist nicht lösbar. Es gibt also keine solche Verteilung.

4. Abbildungen

- 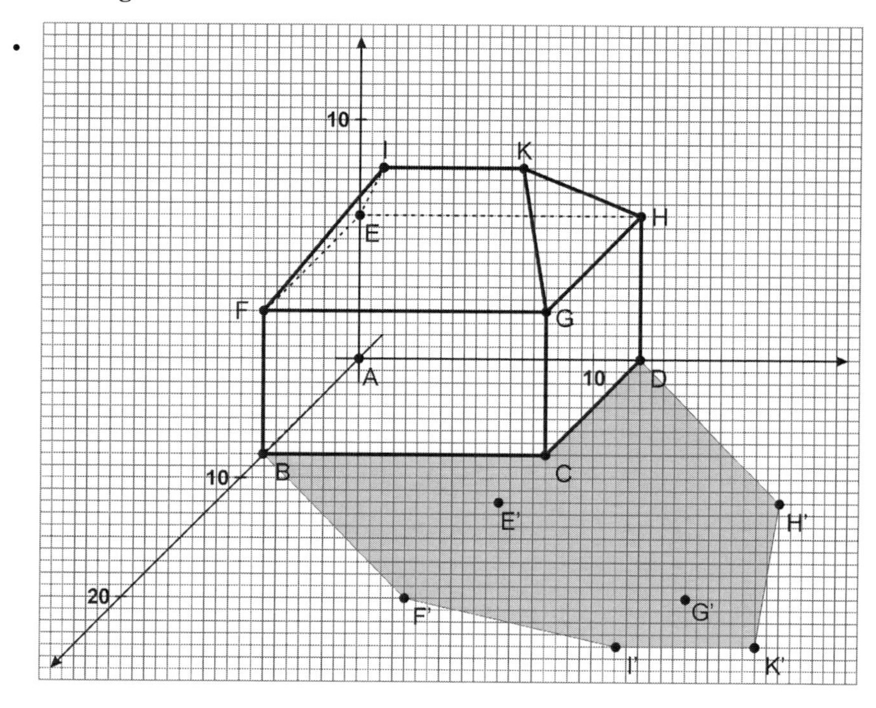

- Koordinaten der Schattenpunkte
  $E'(12 \mid 12 \mid 0)$; $F'(20 \mid 12 \mid 0)$; $G'(20 \mid 24 \mid 0)$; $H'(12 \mid 24 \mid 0)$;
  $I'(24 \mid 23 \mid 0)$; $K'(24 \mid 29 \mid 0)$

- $P_1'(1 \mid 0 \mid 0)$; $P_2'(0 \mid 1 \mid 0)$; $P_3'(2 \mid 2 \mid 0)$

163

4. Fortsetzung

- $\overrightarrow{OP'} = p_1\begin{pmatrix}1\\0\\0\end{pmatrix} + p_2\begin{pmatrix}0\\1\\0\end{pmatrix} + p_3\begin{pmatrix}2\\2\\0\end{pmatrix} = \begin{pmatrix}1 & 0 & 2\\0 & 1 & 2\\0 & 0 & 0\end{pmatrix} \cdot \begin{pmatrix}p_1\\p_2\\p_3\end{pmatrix}$

3.1 Matrizen – Addieren und Vervielfachen

166

2. Schreibe die Werte in eine Matrix und multipliziere mit Faktor $(8 + 3 \cdot 0{,}8 + 1{,}12) = 11{,}52$

	Braunschweig	Hannover	Oldenburg	Schaumburg-Lippe	Bremen	Hamburg
Müsli pur	3 110,4	5 253,12	1 647,36	1 428,48	3 525,12	5 483,52
Knusper-müsli	4 216,32	1 797,12	1 209,6	1 025,28	2 626,56	6 543,36
Frucht-müsli	2 050,56	4 354,56	1 128,96	1 117,44	2 154,24	8 801,28
Schoko-müsli	2 568,96	2 592	1 002,24	898,56	1 301,76	4 101,12

3. $A = \begin{pmatrix}3 & 5 & 4 & 0\\-2 & -2 & 0 & 1\\1 & 4 & 5 & 0\end{pmatrix}$

167

4. a) $A = \begin{pmatrix}1 & 0 & 0\\0 & 1 & 0\\0 & 0 & 1\end{pmatrix}$ **b)** $A = \begin{pmatrix}0 & -1 & -2 & -3\\1 & 0 & -1 & -2\\2 & 1 & 0 & -1\\3 & 2 & 1 & 0\end{pmatrix}$ **c)** $A = \begin{pmatrix}1 & 2 & 3 & 4 & 5\\2 & 4 & 6 & 8 & 10\\3 & 6 & 9 & 12 & 15\end{pmatrix}$

5. a) $\begin{pmatrix}5 & -2 & 0\\1 & 2 & 4\\-2 & -2 & 0\\9 & 6 & 4\end{pmatrix}$ **b)** $\begin{pmatrix}6 & 0 & -3\\3 & 3 & 6\\-12 & -6 & 3\\15 & 3 & -6\end{pmatrix}$ **c)** $\begin{pmatrix}-10 & 0 & -2\\0 & -5 & -6\\2 & 4 & -3\\-14 & -12 & -2\end{pmatrix}$

d) $\begin{pmatrix}1 & -2 & 2\\-1 & 0 & 0\\6 & 2 & -2\\-1 & 4 & 8\end{pmatrix}$ **e)** $\begin{pmatrix}0 & -0{,}4 & -0{,}2\\0{,}2 & -0{,}1 & 0{,}2\\-0{,}2 & 0 & -0{,}3\\0{,}4 & 0 & 0{,}6\end{pmatrix}$

f) $A - (C - 2A) + C = 3 \cdot A = \begin{pmatrix}9 & -6 & 3\\0 & 3 & 6\\6 & 0 & -3\\12 & 15 & 18\end{pmatrix}$ **g)** $\begin{pmatrix}5 & 2 & 2\\-1 & 3 & 2\\0 & -2 & 3\\5 & 6 & -2\end{pmatrix}$

167

5. h) $\begin{pmatrix} -6 & 16 & 4 \\ -6 & 1 & -10 \\ 2 & 0 & 11 \\ -20 & -10 & -30 \end{pmatrix}$ **i)** $B - 2(A + B) + 3A = A - B = \begin{pmatrix} 1 & -2 & 2 \\ -1 & 0 & 0 \\ 6 & 2 & -2 \\ -1 & 4 & 8 \end{pmatrix}$

6. a)

München – Berlin (Straße)	587
Hamburg – München (Bahn)	820
Berlin – Hamburg (Straße)	285
Bonn – München (Bahn)	600

b) keine

7. a) $\begin{pmatrix} 0 & 2,2 & 2,3 & 2,6 & 2,0 \\ 2,2 & 0 & 1,8 & 1,9 & 2,4 \\ 2,3 & 1,8 & 0 & 2,7 & 1,7 \\ 2,6 & 1,9 & 2,7 & 0 & 3,0 \\ 2,0 & 2,4 & 1,7 & 3,0 & 0 \end{pmatrix}$

b) E ist symmetrisch mit $e_{ij} = 0$ für $i = j$. Die Zeilen bzw. Spalten geben jeweils die Entfernungen von einer Filiale zu allen Filialen $F_1, \ldots, F_5$ an.

8. Es wurden zwei Matrizen unterschiedlichen Typs addiert.

9. a) Beide Matrizen sind symmetrisch.
b) Eine $n \times n$ Matrix A heißt symmetrisch genau dann, wenn für alle $i, j = 1, \ldots, n$ gilt: $a_{ij} = a_{ji}$.

3.2 Multiplikation von Matrizen

170

3. a) $E = \begin{pmatrix} 1 & 0 & 0 \\ 0 & 1 & 0 \\ 0 & 0 & 1 \end{pmatrix}$ **b)** $E^* = \begin{pmatrix} 1 & 0 & 0 & 0 \\ 0 & 1 & 0 & 0 \\ 0 & 0 & 1 & 0 \\ 0 & 0 & 0 & 1 \end{pmatrix}$ **c)** -

d) E und E* sind quadratische Matrizen mit $e_{ij} = 1$ für $i = j$ und $e_{ij} = 0$ für $i \neq j$. $E \cdot E = E$ und $E^* \cdot E^* = E^*$.

171

4. a) Berechne das Produkt

$$\begin{pmatrix} 20 & 10 & 20 & 10 \\ 10 & 15 & 10 & 20 \\ 15 & 20 & 10 & 5 \\ 5 & 10 & 5 & 10 \\ 0 & 5 & 0 & 10 \\ 15 & 10 & 20 & 10 \\ 5 & 0 & 5 & 5 \end{pmatrix} \cdot \begin{pmatrix} 30 \\ 25 \\ 45 \\ 12 \end{pmatrix} = \begin{pmatrix} 1870 \\ 1365 \\ 1460 \\ 745 \\ 245 \\ 1720 \\ 435 \end{pmatrix}$$

Damit: 1870 ME Gerstenflocken; 1365 ME Hafer geschrotet; 1460 ME Maisflocken; 745 ME Weizengrießkleie; 245 ME Zuckerrübenmelasse; 1720 ME Kräuter; 435 ME Pflanzenöl.

b) Berechne das Produkt

$$\begin{pmatrix} 20 & 10 & 20 & 10 \\ 10 & 15 & 10 & 20 \\ 15 & 20 & 10 & 5 \\ 5 & 10 & 5 & 10 \\ 0 & 5 & 0 & 10 \\ 15 & 10 & 20 & 10 \\ 5 & 0 & 5 & 5 \end{pmatrix} \cdot \begin{pmatrix} 26 & 46 & 22 & 78 & 12 \\ 36 & 58 & 75 & 19 & 32 \\ 102 & 79 & 66 & 58 & 24 \\ 15 & 10 & 12 & 8 & 4 \end{pmatrix}$$

$$= \begin{pmatrix} 3070 & 3180 & 2630 & 2990 & 1080 \\ 2120 & 2320 & 2245 & 1805 & 920 \\ 2205 & 2690 & 2550 & 2170 & 1080 \\ 1150 & 1305 & 1310 & 950 & 540 \\ 330 & 390 & 495 & 175 & 200 \\ 2940 & 2950 & 2520 & 2600 & 1020 \\ 715 & 675 & 500 & 720 & 200 \end{pmatrix}$$

In der Ergebnismatrix stehen die Spalten für die Gestüte und die Zeilen für die Zutaten.

5. Verkaufsmatrix $M = \begin{pmatrix} 10 & 5 & 0 & 3 \\ 6 & 15 & 10 & 1 \\ 0 & 0 & 20 & 10 \end{pmatrix}$

Preisvektor $\vec{p} = \begin{pmatrix} 15 \\ 20 \\ 30 \\ 45 \end{pmatrix}$

Rechnungsvektor $\vec{R} = M \cdot \vec{p} = \begin{pmatrix} 385 \\ 735 \\ 1050 \end{pmatrix}$

6. In der ersten Rechnung wurden zwei Matrizen komponentenweise multipliziert. In der zweiten wurde die Reihenfolge der Matrizen vertauscht.

172

7. a) $\begin{pmatrix} 3 \\ 1 \end{pmatrix}$ **c)** $\begin{pmatrix} -2 \\ 7 \\ -2 \end{pmatrix}$ **e)** (30)

b) $\begin{pmatrix} -1 \\ 5 \end{pmatrix}$ **d)** $\begin{pmatrix} -4 \\ 3 \\ -13 \\ -7 \\ 8 \end{pmatrix}$ **f)** $\begin{pmatrix} 4 \\ 7 \\ 3 \end{pmatrix}$

8. a) $\begin{pmatrix} 20 & -1 \\ 3 & 4 \end{pmatrix}$ **d)** $\begin{pmatrix} 3 & 1 & -3 \\ 0 & 0 & -1 \\ 1 & 5 & 4 \end{pmatrix}$ **g)** (99)

b) $\begin{pmatrix} 5 & -8 & 1 \\ -2 & 8 & -4 \\ 4 & -20 & 11 \end{pmatrix}$ **e)** $\begin{pmatrix} -13 & -8 & 5 \\ 24 & 5 & 12 \end{pmatrix}$ **h)** $\begin{pmatrix} 12 & 21 & -6 \\ 44 & 77 & -22 \\ -20 & -35 & 10 \end{pmatrix}$

c) $\begin{pmatrix} -1 & 3 & 1 \\ 4 & -1 & 0 \\ 5 & 4 & 6 \end{pmatrix}$ **f)** $\begin{pmatrix} -11 & 0 & 0 \\ 6 & 1 & -8 \\ 0 & 0 & -11 \end{pmatrix}$ **i)** $\begin{pmatrix} 0 & 1 \\ -1 & 0 \end{pmatrix}$

9. $A \cdot C = \begin{pmatrix} 17 & -1 \\ 14 & 6 \end{pmatrix}$ $B \cdot A = \begin{pmatrix} 8 & -3 & 4 \\ -1 & 11 & 2 \end{pmatrix}$

$C \cdot A = \begin{pmatrix} 11 & -2 & 6 \\ -3 & 16 & 2 \\ -20 & 33 & -4 \end{pmatrix}$ $C \cdot B = \begin{pmatrix} 7 & 1 \\ -1 & 7 \\ -11 & 12 \end{pmatrix}$

10. $A \cdot B = \begin{pmatrix} 11 & -10 \\ 23 & 11 \end{pmatrix}$ und $B \cdot A = \begin{pmatrix} 3 & -21 \\ 14 & 19 \end{pmatrix}$

Die Ergebnisse sind nicht identisch, d. h. die Matrizenmultiplikation ist nicht kommutativ.

11. a) $\begin{pmatrix} 21 & 13 & 6 \\ 9 & 16 & 4 \\ -14 & 4 & -8 \\ -23 & 10 & 17 \end{pmatrix}$ Die Spalten werden vertauscht.

b) $\begin{pmatrix} 24 & -32 & 65 & -31 & 22 \\ 18 & 22 & -34 & 0 & 9 \\ -6 & 53 & -11 & -21 & 17 \end{pmatrix}$ Die Zeilen werden vertauscht.

172

12. $\begin{pmatrix} 0,4 & 0,25 \\ 0,3 & 0,3 \\ 0,3 & 0,45 \end{pmatrix} \cdot \begin{pmatrix} 25 \\ 15 \end{pmatrix} = \begin{pmatrix} 13,75 \\ 12 \\ 14,25 \end{pmatrix}$

13. a) Die Mischung wird durch die Matrix

$M = \begin{pmatrix} 0,2 & 0,3 & 0,1 & 0,4 \\ 0,6 & 0,3 & 0,6 & 0,3 \\ 1 & 1 & 1 & 1 \end{pmatrix}$ und den Massenvektor

$\vec{m} = \begin{pmatrix} m_1 \\ m_2 \\ m_3 \\ m_4 \end{pmatrix}$ mit folgender Gleichung beschrieben $M \cdot \vec{m} = 15 \begin{pmatrix} 0,2 \\ 0,5 \\ 1 \end{pmatrix}$.

Die allgemeine Lösung ist $\vec{m} = \begin{pmatrix} 5-x \\ 5-x \\ 5+x \\ x \end{pmatrix}$, $0 \le x \le 5$.

b) Preisvektor $\vec{p} = \begin{pmatrix} 550 \\ 600 \\ 500 \\ 700 \end{pmatrix}$; daraus folgt der Mischungspreis:

$P_M = \vec{p} * \vec{m} = 5 \cdot 1650 + 50 \cdot x$

P_M wird minimal für x = 0. Die preisgünstigste Kombination ist

$\vec{m} = \begin{pmatrix} 5 \\ 5 \\ 5 \\ 0 \end{pmatrix}$.

3.3 Materialverflechtung

175

2. a) $Z = \begin{pmatrix} 4 & 2 & 5 \\ 0 & 3 & 6 \end{pmatrix}$; $P = \begin{pmatrix} 8 & 1 \\ 4 & 0 \\ 3 & 10 \end{pmatrix}$; $E = \begin{pmatrix} 10 & 12 & 5 & 1 \\ 8 & 0 & 2 & 0 \end{pmatrix}$

Rohstoffbedarf für jedes Endprodukt: $Z \cdot P \cdot E = \begin{pmatrix} 982 & 660 & 383 & 55 \\ 780 & 360 & 270 & 30 \end{pmatrix}$

175

2. b) Rohstoffbedarf:

$$Z \cdot P \cdot E \cdot \begin{pmatrix} 16 \\ 24 \\ 40 \\ 8 \end{pmatrix} = \begin{pmatrix} 982 & 660 & 383 & 55 \\ 780 & 360 & 270 & 30 \end{pmatrix} \cdot \begin{pmatrix} 16 \\ 24 \\ 40 \\ 8 \end{pmatrix} = \begin{pmatrix} 47\,312 \\ 32\,160 \end{pmatrix}$$

Zwischenproduktbedarf:

$$P \cdot E \cdot \begin{pmatrix} 16 \\ 24 \\ 40 \\ 8 \end{pmatrix} = \begin{pmatrix} 88 & 96 & 42 & 8 \\ 40 & 48 & 20 & 4 \\ 110 & 36 & 35 & 3 \end{pmatrix} \cdot \begin{pmatrix} 16 \\ 24 \\ 40 \\ 8 \end{pmatrix} = \begin{pmatrix} 5456 \\ 2624 \\ 4048 \end{pmatrix}$$

177

3. a)

$$\begin{array}{c} \\ R_1 \\ R_2 \\ R_3 \end{array} \begin{array}{c} Z_1 \quad Z_2 \\ \begin{pmatrix} 3 & 4 \\ 4 & 3 \\ 0 & 2 \end{pmatrix} \end{array}; \qquad \begin{array}{c} \\ Z_1 \\ Z_2 \end{array} \begin{array}{c} E_1 \quad E_2 \quad E_3 \\ \begin{pmatrix} 2 & 3 & 4 \\ 4 & 2 & 3 \end{pmatrix} \end{array}$$

b) Rohstoffbedarf:

$$\begin{pmatrix} 3 & 4 \\ 4 & 3 \\ 0 & 2 \end{pmatrix} \cdot \begin{pmatrix} 2 & 3 & 4 \\ 4 & 2 & 3 \end{pmatrix} \cdot \begin{pmatrix} 500 \\ 800 \\ 600 \end{pmatrix} = \begin{pmatrix} 22 & 17 & 24 \\ 20 & 18 & 25 \\ 8 & 4 & 6 \end{pmatrix} \cdot \begin{pmatrix} 500 \\ 800 \\ 600 \end{pmatrix} = \begin{pmatrix} 39\,000 \\ 39\,400 \\ 10\,800 \end{pmatrix}$$

4. a)

$$A = \begin{array}{c} \\ R_1 \\ R_2 \\ R_3 \end{array} \begin{array}{c} Z_1 \; Z_2 \; Z_3 \\ \begin{pmatrix} 5 & 2 & 3 \\ 0 & 4 & 3 \\ 2 & 1 & 3 \end{pmatrix} \end{array} \qquad B = \begin{array}{c} \\ Z_1 \\ Z_2 \\ Z_3 \end{array} \begin{array}{c} E_1 \; E_2 \\ \begin{pmatrix} 2 & 2 \\ 1 & 4 \\ 1 & 1 \end{pmatrix} \end{array}$$

b) $A \cdot B = \begin{pmatrix} 15 & 21 \\ 7 & 19 \\ 8 & 11 \end{pmatrix}$

c) Einschränkungen: Geringe Zahl der Rohstoffkomponenten, abgeschlossene Verflechtungsnetze (kein Abfluss von Zwischenprodukten durch Verkauf), keine Direktverwendung von Rohstoffen für Endprodukt.

d) Rohstoffbedarf:

$$\begin{pmatrix} 5 & 2 & 3 \\ 0 & 4 & 3 \\ 2 & 1 & 3 \end{pmatrix} \cdot \begin{pmatrix} 2 & 2 \\ 1 & 4 \\ 1 & 1 \end{pmatrix} \cdot \begin{pmatrix} 8 & 15 & 0 \\ 10 & 7 & 3 \end{pmatrix} = \begin{pmatrix} 330 & 372 & 63 \\ 246 & 238 & 57 \\ 174 & 197 & 33 \end{pmatrix}$$

Zwischenproduktbedarf:

$$\begin{pmatrix} 2 & 2 \\ 1 & 4 \\ 1 & 1 \end{pmatrix} \cdot \begin{pmatrix} 8 & 15 & 0 \\ 10 & 7 & 3 \end{pmatrix} = \begin{pmatrix} 36 & 44 & 6 \\ 48 & 43 & 12 \\ 18 & 22 & 3 \end{pmatrix}$$

178

5. a)

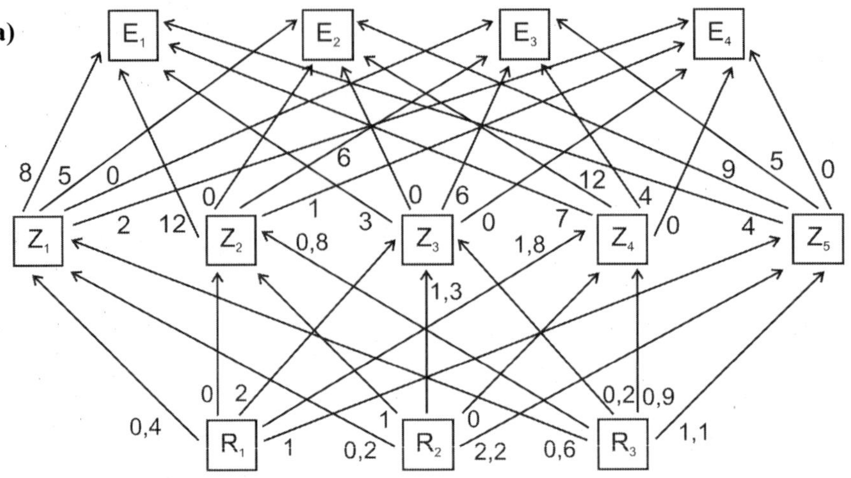

b) Rohstoffbedarf:

$$B \cdot C = \begin{pmatrix} 0,4 & 0 & 2 & 1,8 & 1 \\ 0,2 & 1 & 1,3 & 0 & 2,2 \\ 0,6 & 0,8 & 0,2 & 0,9 & 1,1 \end{pmatrix} \cdot \begin{pmatrix} 8 & 5 & 0 & 2 \\ 12 & 0 & 6 & 1 \\ 3 & 0 & 6 & 0 \\ 7 & 12 & 4 & 0 \\ 4 & 9 & 5 & 0 \end{pmatrix}$$

$$= \begin{pmatrix} 25,8 & 32,6 & 24,2 & 0,8 \\ 26,3 & 20,8 & 24,8 & 1,4 \\ 25,7 & 23,7 & 15,1 & 2 \end{pmatrix}$$

c) Wähle eine beliebige 4×6-Matrix A und bilde das Produkt $B \cdot A$.

6.

$$Z = \begin{matrix} & \begin{matrix} A & B & C \end{matrix} \\ \begin{matrix} P \\ D \\ S \end{matrix} & \begin{pmatrix} 0,3 & 0 & 0,1 \\ 0,7 & 0,5 & 0,8 \\ 0 & 0,5 & 0,1 \end{pmatrix} \end{matrix}; \quad E = \begin{matrix} & \begin{matrix} BM & WR & ST & LH & SE \end{matrix} \\ \begin{matrix} A \\ B \\ C \end{matrix} & \begin{pmatrix} 0,2 & 0,5 & 0,3 & \frac{1}{3} & 0,8 \\ 0,4 & 0 & 0,7 & \frac{1}{3} & 0,15 \\ 0,4 & 0,5 & 0 & \frac{1}{3} & 0,05 \end{pmatrix} \end{matrix}$$

$$Z \cdot E \cdot \begin{pmatrix} 850 \\ 1300 \\ 1750 \\ 900 \\ 2100 \end{pmatrix} = \begin{pmatrix} 1137 \\ 4533,5 \\ 1229,5 \end{pmatrix}$$

178

7. a)

$$Z = \begin{array}{c} \\ H \\ S \end{array}\begin{array}{c} \begin{array}{ccc} L & R & O \end{array} \\ \begin{pmatrix} 0,0008 & 0,0024 & 0 \\ 0 & 0 & 0,24 \end{pmatrix} \end{array}$$

$$E = \begin{array}{c} \\ L \\ R \\ O \end{array}\begin{array}{c} \begin{array}{cc} ZVI & ZVII \end{array} \\ \begin{pmatrix} 7 & 13 \\ 3,2 & 4,8 \\ 1 & 2 \end{pmatrix} \end{array}$$

Bestellmatrix $B = \begin{array}{c} \\ ZVI \\ ZVII \end{array}\begin{array}{c} \begin{array}{ccc} L & P & H \end{array} \\ \begin{pmatrix} 80 & 60 & 150 \\ 140 & 120 & 400 \end{pmatrix} \end{array}$

$$Z \cdot E \cdot B = \begin{pmatrix} 4,1312 & 3,4272 & 10,76 \\ 86,4 & 72 & 228 \end{pmatrix}$$

Gesamtbedarf: Holz: 18,3184 m^2; Stahlblech: 386,4 m^2

b) $E \cdot B = \begin{pmatrix} 2380 & 1980 & 6250 \\ 928 & 768 & 2400 \\ 360 & 300 & 950 \end{pmatrix}$

Gesamtbedarf: Latten: 10610; Rahmenteile: 4096; Ornamentteile: 1610

3.4 Chiffrieren und Dechiffrieren – Inverse Matrix

179

(1) Verschlüsselung und Entschlüsselung mithilfe von Matrizen

$$\begin{pmatrix} -1 & 2 \\ -1 & 1 \end{pmatrix} \cdot \begin{pmatrix} -39 & -25 & 3 & -20 \\ -18 & -5 & 8 & -2 \end{pmatrix} = \begin{pmatrix} 3 & 15 & 13 & 16 \\ 21 & 20 & 5 & 18 \end{pmatrix}$$

→ Klartext: COMPUTER

181

1. a) SPIONAGE → 19 16 9 15 14 1 7 5 → $\begin{pmatrix} 19 & 16 & 9 & 15 \\ 14 & 1 & 7 & 5 \end{pmatrix}$

Verschlüsselung: $\begin{pmatrix} 1 & -2 \\ 1 & -1 \end{pmatrix} \cdot \begin{pmatrix} 19 & 16 & 9 & 15 \\ 14 & 1 & 7 & 5 \end{pmatrix} = \begin{pmatrix} -9 & 14 & -5 & 5 \\ 5 & 15 & 2 & 10 \end{pmatrix}$

b) $\begin{pmatrix} -1 & 2 \\ -1 & 1 \end{pmatrix} \cdot \begin{pmatrix} -5 & -51 & 10 & -10 \\ 4 & -25 & 15 & 4 \end{pmatrix} = \begin{pmatrix} 13 & 1 & 20 & 18 \\ 9 & 26 & 5 & 14 \end{pmatrix}$

→ Klartext: MATRIZEN

2. a) ELEFANT → 51 121 51 61 11 141 201 → $\begin{pmatrix} 51 & 121 & 51 & 61 \\ 11 & 141 & 201 & 0 \end{pmatrix}$

Verschlüsselung:

$$\begin{pmatrix} 2 & 3 \\ 3 & 5 \end{pmatrix} \cdot \begin{pmatrix} 51 & 121 & 51 & 61 \\ 11 & 141 & 201 & 0 \end{pmatrix} = \begin{pmatrix} 135 & 665 & 705 & 122 \\ 208 & 1068 & 1158 & 183 \end{pmatrix}$$

181

2. a) Fortsetzung

AUTOWERKSTATT

$\rightarrow$ 11 211 201 151 231 51 181 111 191 201 11 201 201

$$\rightarrow \begin{pmatrix} 11 & 211 & 201 & 151 & 231 & 51 & 181 \\ 111 & 191 & 201 & 11 & 201 & 201 & 0 \end{pmatrix}$$

Verschlüsselung:

$$\begin{pmatrix} 2 & 3 \\ 3 & 5 \end{pmatrix} \cdot \begin{pmatrix} 11 & 211 & 201 & 151 & 231 & 51 & 181 \\ 111 & 191 & 201 & 11 & 201 & 201 & 0 \end{pmatrix}$$

$$= \begin{pmatrix} 355 & 995 & 1005 & 335 & 1065 & 705 & 362 \\ 588 & 1588 & 1608 & 508 & 1698 & 1158 & 543 \end{pmatrix}$$

TASCHENRECHNER

$\rightarrow$ 201 11 191 31 81 51 141 181 51 31 81 141 51 181

$$\rightarrow \begin{pmatrix} 201 & 11 & 191 & 31 & 81 & 51 & 141 \\ 181 & 51 & 31 & 81 & 141 & 51 & 181 \end{pmatrix}$$

Verschlüsselung:

$$\begin{pmatrix} 2 & 3 \\ 3 & 5 \end{pmatrix} \cdot \begin{pmatrix} 201 & 11 & 191 & 31 & 81 & 51 & 141 \\ 181 & 51 & 31 & 81 & 141 & 51 & 181 \end{pmatrix}$$

$$= \begin{pmatrix} 945 & 175 & 475 & 305 & 585 & 255 & 825 \\ 1508 & 288 & 728 & 498 & 948 & 408 & 1328 \end{pmatrix}$$

b) Wegen $\begin{pmatrix} 5 & -3 \\ -3 & 2 \end{pmatrix} \cdot \begin{pmatrix} 2 & 3 \\ 3 & 5 \end{pmatrix} = \begin{pmatrix} 1 & 0 \\ 0 & 1 \end{pmatrix}$ ergibt Multiplikation der Chiffre-Matrix wieder die Klartext-Matrix.

c) ELEFANT:

$$\begin{pmatrix} 3 & 5 \\ 1 & 2 \end{pmatrix} \cdot \begin{pmatrix} 51 & 121 & 51 & 61 \\ 11 & 141 & 201 & 0 \end{pmatrix} = \begin{pmatrix} 208 & 1068 & 1158 & 183 \\ 73 & 403 & 453 & 61 \end{pmatrix}$$

AUTOWERKSTATT:

$$\begin{pmatrix} 3 & 5 \\ 1 & 2 \end{pmatrix} \cdot \begin{pmatrix} 11 & 211 & 201 & 151 & 231 & 51 & 181 \\ 111 & 191 & 201 & 11 & 201 & 201 & 0 \end{pmatrix}$$

$$= \begin{pmatrix} 588 & 1588 & 1608 & 508 & 1698 & 1158 & 543 \\ 233 & 593 & 603 & 173 & 633 & 453 & 181 \end{pmatrix}$$

TASCHENRECHNER:

$$\begin{pmatrix} 3 & 5 \\ 1 & 2 \end{pmatrix} \cdot \begin{pmatrix} 201 & 11 & 191 & 31 & 81 & 51 & 141 \\ 181 & 51 & 31 & 81 & 141 & 51 & 181 \end{pmatrix}$$

$$= \begin{pmatrix} 1508 & 288 & 728 & 498 & 948 & 408 & 1328 \\ 563 & 113 & 253 & 193 & 363 & 153 & 503 \end{pmatrix}$$

Entschlüsselung erfolgt mit $A^{-1} = \begin{pmatrix} 2 & -5 \\ -1 & 3 \end{pmatrix}$

181

3. (1) Ist C die zu verschlüsselnde Matrix und $D = A \cdot C$ die verschlüsselte Matrix, dann liefert $A^{-1} \cdot D = A^{-1} \cdot A \cdot C = E \cdot C = C$ den Klartext.

(2) Ist C die zu verschlüsselnde Matrix und $D = A^{-1} \cdot C$ die verschlüsselte Matrix, dann liefert $A \cdot D = A \cdot A^{-1} \cdot C = E \cdot C = C$ den Klartext.

4. Es gilt in beiden Fällen $A \cdot B = E$.

5. $\begin{pmatrix} 0 & 1 \\ 1 & 0 \end{pmatrix} \cdot \begin{pmatrix} a & b \\ c & d \end{pmatrix} = \begin{pmatrix} a & b \\ c & d \end{pmatrix} \cdot \begin{pmatrix} 0 & 1 \\ 1 & 0 \end{pmatrix} \Leftrightarrow \begin{pmatrix} c & d \\ a & b \end{pmatrix} = \begin{pmatrix} b & a \\ d & c \end{pmatrix} \Leftrightarrow B = \begin{pmatrix} a & b \\ b & a \end{pmatrix}$

mit $a, b \in \mathbb{R}$

182

6. a) $\begin{pmatrix} 3 & 1 \\ -2 & -1 \end{pmatrix} \cdot \begin{pmatrix} a & b \\ c & d \end{pmatrix} = \begin{pmatrix} 1 & 0 \\ 0 & 1 \end{pmatrix} \Leftrightarrow \begin{array}{r} 3a + c = 1 \\ 3b + d = 0 \\ -2a - c = 0 \\ -2b - d = 1 \end{array}$

Lösung des LGS: $a = 1$; $b = 1$; $c = -2$; $d = -3$. Damit ist $B = \begin{pmatrix} 1 & 1 \\ -2 & -3 \end{pmatrix}$.

b) $\begin{pmatrix} 2 & -2 \\ 1 & -1 \end{pmatrix} \cdot \begin{pmatrix} a & b \\ c & d \end{pmatrix} = \begin{pmatrix} 1 & 0 \\ 0 & 1 \end{pmatrix} \Leftrightarrow \begin{array}{r} 2a - 2c = 1 \\ 2b - 2d = 0 \\ a - c = 0 \\ b - d = 1 \end{array}$

Das LGS besitzt keine Lösung.

Alle Matrizen $\begin{pmatrix} a & b \\ c & d \end{pmatrix}$ mit $ad - bc = 0$ sind nicht invertierbar.

7. a) $\begin{pmatrix} 2 & -3 \\ -5 & 8 \end{pmatrix}, \begin{pmatrix} 7 & -11 \\ -5 & 8 \end{pmatrix}, \begin{pmatrix} 12 & -19 \\ -5 & 8 \end{pmatrix}, \begin{pmatrix} 17 & -27 \\ -5 & 8 \end{pmatrix}, \begin{pmatrix} 22 & -35 \\ -5 & 8 \end{pmatrix}, \ldots$

Allgemein: $A(k) = \begin{pmatrix} 8 & 3 + 8k \\ 5 & 2 + 5k \end{pmatrix} \Rightarrow A(k)^{-1} = \begin{pmatrix} 2 + 5k & -3 - 8k \\ -5 & 8 \end{pmatrix}$

b) $\begin{pmatrix} 5 & -2 \\ -7 & 3 \end{pmatrix}$

Allgemein: $A = \begin{pmatrix} a & b \\ c & d \end{pmatrix} \Rightarrow A^{-1} = \frac{1}{ad-bc} \begin{pmatrix} d & -b \\ -c & a \end{pmatrix}$, falls $ad - bc \neq 0$.

c) $A = 10 \cdot \begin{pmatrix} 8 & 3 \\ 5 & 2 \end{pmatrix} = \begin{pmatrix} 80 & 30 \\ 50 & 20 \end{pmatrix} \Rightarrow A^{-1} = \begin{pmatrix} 0{,}2 & -0{,}3 \\ -0{,}5 & 0{,}8 \end{pmatrix} = \frac{1}{10} \cdot \begin{pmatrix} 2 & -3 \\ -5 & 8 \end{pmatrix}$

$A = 10 \cdot \begin{pmatrix} 3 & 2 \\ 7 & 5 \end{pmatrix} = \begin{pmatrix} 30 & 20 \\ 70 & 50 \end{pmatrix} \Rightarrow A^{-1} = \begin{pmatrix} 0{,}5 & -0{,}2 \\ -0{,}7 & 0{,}3 \end{pmatrix} = \frac{1}{10} \cdot \begin{pmatrix} 5 & -2 \\ -7 & 3 \end{pmatrix}$

Es gilt $(c \cdot A)^{-1} = \frac{1}{c} \cdot A^{-1}$.

182

8. Beweis des Assoziativgesetzes:
A sei eine $m \times n$-, B eine $n \times p$- und C eine $p \times r$-Matrix.
Berechne erst A · B, dann (A · B) · C:

i-te Zeile von A: $a_{i1}\ a_{i2}\ \dots\ a_{in-1}\ a_{in}$; j-te Spalte von B: $\begin{matrix} b_{1j} \\ b_{2j} \\ \vdots \\ b_{nj} \end{matrix}$

i-te Zeile von A · B: $\sum_{\lambda=1}^{n} a_{i\lambda} b_{\lambda 1}\ \sum_{\lambda=1}^{n} a_{i\lambda} b_{\lambda 2}\ \dots\ \sum_{\lambda=1}^{n} a_{i\lambda} b_{\lambda p}$;

k-te Spalte von C: $\begin{matrix} c_{1k} \\ c_{2k} \\ \vdots \\ c_{pk} \end{matrix}$

i-te Zeile, k-te Spalte von (A · B) · C:

$$\sum_{\lambda=1}^{n} a_{i\lambda} b_{\lambda 1} \cdot c_{1k} + \sum_{\lambda=1}^{n} a_{i\lambda} b_{\lambda 2} \cdot c_{2k} + \dots + \sum_{\lambda=1}^{n} a_{i\lambda} b_{\lambda p} \cdot c_{pk}$$

$$= \sum_{\mu=1}^{p} \sum_{\lambda=1}^{n} a_{i\lambda} b_{\lambda\mu} c_{\mu k}$$

Berechne erst B · C, dann A · (B · C):

j-te Zeile von B: $b_{j1}\ b_{j2}\ \dots\ b_{jp-1}\ b_{jp}$; k-te Spalte von C: $\begin{matrix} c_{1k} \\ c_{2k} \\ \vdots \\ c_{pk} \end{matrix}$

k-te Spalte von B · C: $\begin{matrix} \sum_{\mu=1}^{p} b_{1\mu} c_{\mu k} \\ \sum_{\mu=1}^{p} b_{2\mu} c_{\mu k} \\ \vdots \\ \sum_{\mu=1}^{p} b_{q\mu} c_{\mu k} \end{matrix}$

i-te Zeile von A: $a_{i1}\ a_{i2}\ \dots\ a_{in-1}\ a_{in}$;

182 **8.** Fortsetzung

k-te Spalte von B · C:
$$\begin{matrix} \sum_{\mu=1}^{p} b_{1\mu} c_{\mu k} \\ \sum_{\mu=1}^{p} b_{2\mu} c_{\mu k} \\ \vdots \\ \sum_{\mu=1}^{p} b_{n\mu} c_{\mu k} \end{matrix}$$

i-te Zeile, k-te Spalte von A · (B · C):

$$a_{i1} \cdot \sum_{\mu=1}^{p} b_{1\mu} c_{\mu k} + a_{i2} \cdot \sum_{\mu=1}^{p} b_{2\mu} c_{\mu k} + \ldots + a_{1n} \cdot \sum_{\mu=1}^{p} b_{n\mu} c_{\mu k}$$

$$= \sum_{\lambda=1}^{n} \sum_{\mu=1}^{p} a_{i\lambda} b_{\lambda\mu} c_{\mu k}$$

Beweis des 2. Distributivgesetzes:
A sei eine $m \times n$-, B und C eine $n \times p$-Matrix.
Berechne A · (B + C):

i-te Zeile von A: $a_{i1}\ a_{i2}\ \ldots\ a_{in-1}\ a_{in}$; j-te Spalte von B + C:
$$\begin{matrix} b_{1j} + c_{1j} \\ b_{2j} + c_{2j} \\ \vdots \\ b_{nj} + c_{nj} \end{matrix}$$

i-te Zeile, j-te Spalte von A · (B + C):

$$\sum_{\lambda=1}^{n} a_{i\lambda} \left(b_{\lambda j} + c_{\lambda j} \right) = \sum_{\lambda=1}^{n} a_{i\lambda} b_{\lambda j} + \sum_{\lambda=1}^{n} a_{i\lambda} c_{\lambda j}$$

Berechne A · B + A · C:

i-te Zeile, j-te Spalte von A · B: $\sum_{\lambda=1}^{n} a_{i\lambda} b_{\lambda j}$

i-te Zeile, j-te Spalte von A · C: $\sum_{\lambda=1}^{n} a_{i\lambda} c_{\lambda j}$

i-te Zeile, j-te Spalte von A · B + A · C: $\sum_{\lambda=1}^{n} a_{i\lambda} b_{\lambda j} + \sum_{\lambda=1}^{n} a_{i\lambda} c_{\lambda j}$

182

8. Fortsetzung
Beweis von $(r \cdot A)(s \cdot B) = rs \cdot A \cdot B$:
A und B seinen $m \times n$-Matrizen.
Berechne $(r \cdot A)(s \cdot B)$:

i-te Zeile von $r \cdot A$: $ra_{i1}\ ra_{i2}\ \dots\ ra_{in-1}\ ra_{in}$; j-te Spalte von $s \cdot B$: $\begin{matrix} sb_{1j} \\ sb_{2j} \\ \vdots \\ sb_{nj} \end{matrix}$

i-te Zeile, j-te Spalte von $(r \cdot A)(s \cdot B)$: $\sum_{\lambda=1}^{n} ra_{i\lambda} sb_{\lambda j} = rs \cdot \sum_{\lambda=1}^{n} a_{i\lambda} b_{\lambda j}$

Berechne $rs \cdot A \cdot B$:

i-te Zeile von A: $a_{i1}\ a_{i2}\ \dots\ a_{in-1}\ a_{in}$; j-te Spalte von B: $\begin{matrix} b_{1j} \\ b_{2j} \\ \vdots \\ b_{nj} \end{matrix}$

i-te Zeile, j-te Spalte von $rs \cdot A \cdot B$: $rs \cdot \sum_{\lambda=1}^{n} a_{i\lambda} b_{\lambda j}$

9. -

10. -

Blickpunkt: Das LEONTIEF-Modell

186

1. a)

	A	B	C	Interner Verbrauch	Konsum	Summe
A	1	2	2	5	5	10
B	3	4	1	8	12	20
C	4	2	3	9	16	25

b) $T = \begin{pmatrix} \frac{1}{10} & \frac{1}{10} & \frac{2}{25} \\ \frac{3}{10} & \frac{1}{5} & \frac{1}{25} \\ \frac{2}{5} & \frac{1}{10} & \frac{3}{25} \end{pmatrix}$

c) $\vec{x} = (E - T)^{-1} \cdot \vec{y} = \begin{pmatrix} \frac{50}{41} & \frac{48}{287} & \frac{34}{287} \\ \frac{20}{41} & \frac{380}{287} & \frac{30}{287} \\ \frac{25}{41} & \frac{65}{287} & \frac{345}{287} \end{pmatrix} \cdot \begin{pmatrix} 15 \\ 12 \\ 16 \end{pmatrix} \approx \begin{pmatrix} 22{,}20 \\ 24{,}88 \\ 31{,}10 \end{pmatrix}$

d) $\vec{y} = (E - T) \cdot \vec{x} = \begin{pmatrix} \frac{9}{10} & -\frac{1}{10} & -\frac{2}{25} \\ -\frac{3}{10} & \frac{4}{5} & -\frac{1}{25} \\ -\frac{2}{5} & -\frac{1}{10} & \frac{22}{25} \end{pmatrix} \cdot \begin{pmatrix} 15 \\ 25 \\ 30 \end{pmatrix} \approx \begin{pmatrix} 8{,}6 \\ 14{,}3 \\ 17{,}9 \end{pmatrix}$

186

2. a) $T = \begin{pmatrix} \frac{1}{10} & \frac{1}{5} & \frac{3}{10} \\ \frac{3}{10} & \frac{2}{5} & \frac{1}{20} \\ \frac{7}{10} & \frac{1}{5} & \frac{1}{2} \end{pmatrix}$

$$\vec{x} = (E - T)^{-1} \cdot \vec{y} = \begin{pmatrix} \frac{29}{8} & 2 & \frac{19}{8} \\ \frac{37}{16} & 3 & \frac{27}{16} \\ 6 & 4 & 6 \end{pmatrix} \cdot \begin{pmatrix} 60 \\ 120 \\ 140 \end{pmatrix} = \begin{pmatrix} 790 \\ 735 \\ 1680 \end{pmatrix}$$

Sektor A: 790; Sektor B: 735; Sektor C: 1680

b) Sei $\vec{z}$ der Exportvektor und $\vec{a}$ der Inlandskonsumvektor, dann gilt:

$$\vec{z} = \vec{y} - \vec{a} = (E - T) \cdot \vec{x} - \vec{a} = \begin{pmatrix} \frac{9}{10} & -\frac{1}{5} & -\frac{3}{10} \\ -\frac{3}{10} & \frac{3}{5} & -\frac{1}{20} \\ -\frac{7}{10} & -\frac{1}{5} & \frac{1}{2} \end{pmatrix} \cdot \begin{pmatrix} 1500 \\ 1500 \\ 3000 \end{pmatrix} - \begin{pmatrix} 60 \\ 120 \\ 140 \end{pmatrix} = \begin{pmatrix} 90 \\ 180 \\ 10 \end{pmatrix}$$

Sektor A: 90; Sektor B: 180; Sektor C: 10

c) Mit $\vec{y} = 1{,}03 \cdot \begin{pmatrix} 60 \\ 120 \\ 140 \end{pmatrix} + 1{,}05 \cdot \begin{pmatrix} 90 \\ 180 \\ 10 \end{pmatrix} = \begin{pmatrix} 156{,}3 \\ 312{,}6 \\ 154{,}7 \end{pmatrix}$ gilt:

$$\vec{x} = (E - T)^{-1} \cdot \vec{y} = \begin{pmatrix} \frac{29}{8} & 2 & \frac{19}{8} \\ \frac{37}{16} & 3 & \frac{27}{16} \\ 6 & 4 & 6 \end{pmatrix} \cdot \begin{pmatrix} 156{,}3 \\ 312{,}6 \\ 154{,}7 \end{pmatrix} = \begin{pmatrix} 1559{,}2 \\ 1560{,}3 \\ 3116{,}4 \end{pmatrix}$$

Sektor A: 1559,2; Sektor B: 1560,3; Sektor C: 3116,4

3. $T = \begin{pmatrix} \frac{1}{10} & \frac{1}{20} & \frac{4}{5} \\ \frac{6}{5} & \frac{1}{10} & \frac{3}{5} \\ 0 & \frac{1}{5} & 0 \end{pmatrix}$

$$\vec{x} = (E - T)^{-1} \cdot \vec{y} = \begin{pmatrix} \frac{26}{15} & \frac{7}{15} & \frac{5}{3} \\ \frac{8}{3} & 2 & \frac{10}{3} \\ \frac{8}{15} & \frac{2}{5} & \frac{5}{3} \end{pmatrix} \cdot \begin{pmatrix} 200 \\ 400 \\ 600 \end{pmatrix} \approx \begin{pmatrix} 1533{,}33 \\ 3333{,}33 \\ 1266{,}67 \end{pmatrix}$$

Forstwirtschaft: 1533,33; Fischfang: 3333,33; Bootsbau: 1266,67

4. Berechnung von $(E - T)^{-1}$ mit $E - T = \begin{pmatrix} 0{,}9 & -0{,}3 & -0{,}1 \\ -0{,}2 & 0{,}8 & -0{,}4 \\ -0{,}7 & -0{,}5 & 0{,}5 \end{pmatrix}$ mit dem

Rechner liefert keine Lösung. Damit hat das LGS $(E - T) \cdot \vec{x} = \vec{y}$ keine eindeutige Lösung, d. h. nicht zu jedem Konsumvektor $\vec{y}$ kann ein eindeutiger Produktionsvektor $\vec{x}$ angegeben werden.

3.5 Beschreiben von Zustandsänderungen durch Matrizen

3.5.1 Übergangsmatrizen – Matrixpotenzen

190

2. a) 1. Komponente: kurz und knapp tv
2. Komponente: Fernsehen heute
3. Komponente: Alles im Blick

$$M = \begin{pmatrix} 0,2 & 0,1 & 0,05 \\ 0,3 & 0,4 & 0,25 \\ 0,5 & 0,5 & 0,7 \end{pmatrix}$$

b) Anfangsvektor $\vec{a} = \begin{pmatrix} 0,45 \\ 0,20 \\ 0,35 \end{pmatrix}$

Marktanteil nach einem Jahr:

$$M \cdot \vec{a} = \begin{pmatrix} 0,1275 \\ 0,3025 \\ 0,57 \end{pmatrix}$$

Marktanteil nach zwei Jahren:

$$M^2 \cdot \vec{a} = \begin{pmatrix} 0,095 & 0,085 & 0,07 \\ 0,305 & 0,315 & 0,29 \\ 0,6 & 0,6 & 0,64 \end{pmatrix} \cdot \begin{pmatrix} 0,45 \\ 0,20 \\ 0,35 \end{pmatrix} = \begin{pmatrix} 0,08425 \\ 0,30175 \\ 0,614 \end{pmatrix}$$

Marktanteil nach fünf Jahren:

$$M^5 \cdot \vec{a} = \begin{pmatrix} 0,076495 & 0,076485 & 0,07633 \\ 0,298705 & 0,298715 & 0,29855 \\ 0,6248 & 0,6248 & 0,62512 \end{pmatrix} \cdot \begin{pmatrix} 0,45 \\ 0,20 \\ 0,35 \end{pmatrix} \approx \begin{pmatrix} 0,0764 \\ 0,2987 \\ 0,6249 \end{pmatrix}$$

c) Anfangsvektor

$$\vec{a} = M^{-1} \cdot \begin{pmatrix} 0,09 \\ 0,29 \\ 0,62 \end{pmatrix} = \begin{pmatrix} 7,75 & -2,25 & 0,25 \\ -4,25 & 5,75 & -1,75 \\ -2,5 & -2,5 & 2,5 \end{pmatrix} \cdot \begin{pmatrix} 0,09 \\ 0,29 \\ 0,62 \end{pmatrix} = \begin{pmatrix} 0,2 \\ 0,2 \\ 0,6 \end{pmatrix}$$

191

3. a) **b)**

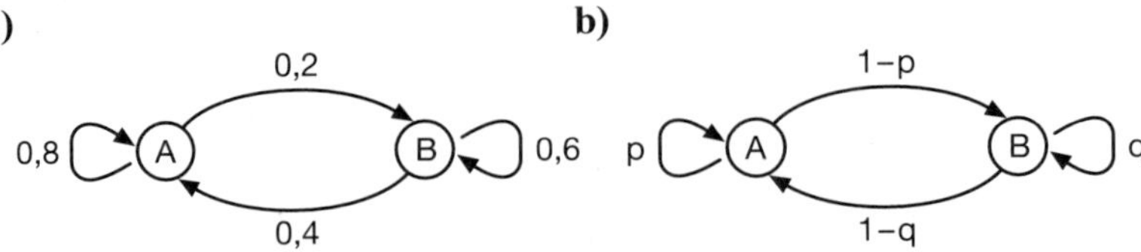

c)

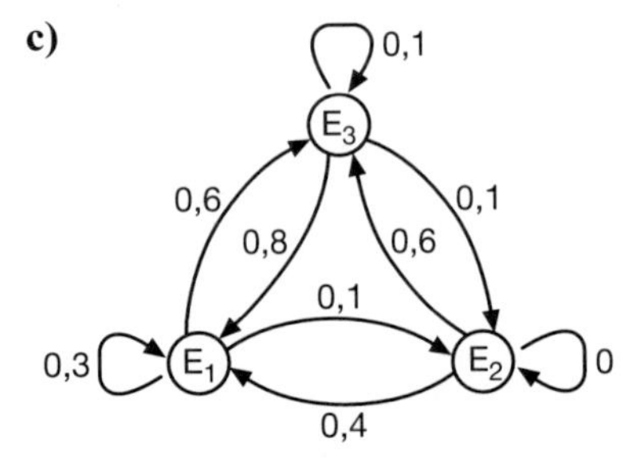

191

4. a) $\begin{pmatrix} 0,1 & 0,8 \\ 0,9 & 0,2 \end{pmatrix}$ **b)** $\begin{pmatrix} 0,7 & 0 \\ 0,3 & 1 \end{pmatrix}$ **c)** $\begin{pmatrix} 0,4 & 0 & 0,8 \\ 0,1 & 0,2 & 0,2 \\ 0,5 & 0,8 & 0 \end{pmatrix}$

5. a)

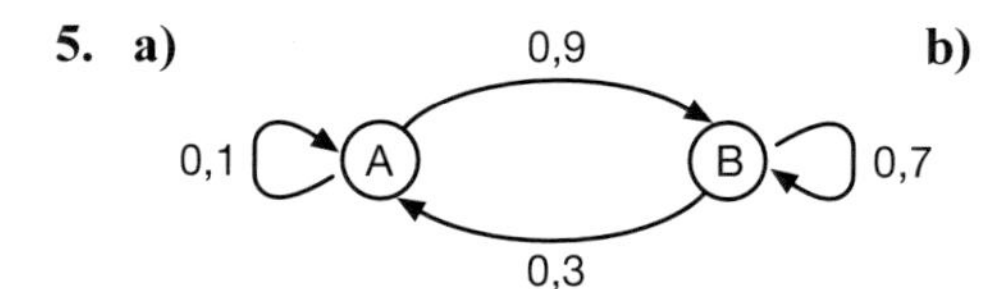

b)

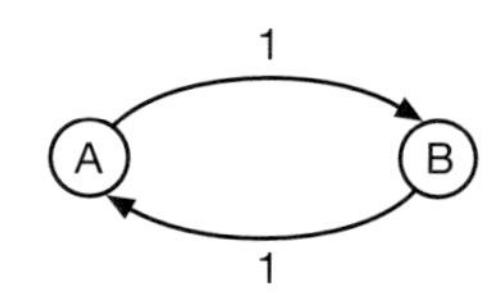

c)

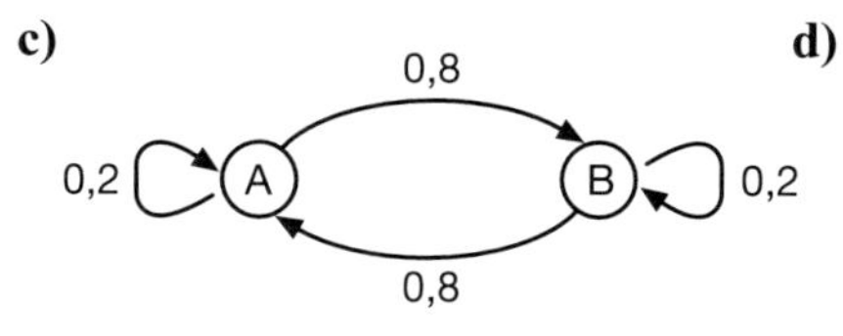

d)

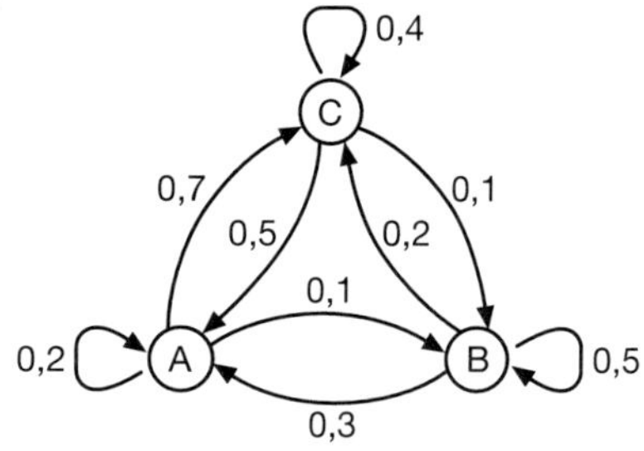

6. a) $\begin{pmatrix} 0,5 & 0,1 & 0,05 & 0,1 \\ 0,2 & 0,4 & 0,05 & 0,2 \\ 0,1 & 0,3 & 0,8 & 0,1 \\ 0,2 & 0,2 & 0,1 & 0,6 \end{pmatrix}$

b) $\begin{pmatrix} 0,5 & 0,1 & 0,05 & 0,1 \\ 0,2 & 0,4 & 0,05 & 0,2 \\ 0,1 & 0,3 & 0,8 & 0,1 \\ 0,2 & 0,2 & 0,1 & 0,6 \end{pmatrix} \cdot \begin{pmatrix} 0,25 \\ 0,25 \\ 0,25 \\ 0,25 \end{pmatrix} = \begin{pmatrix} 0,1875 \\ 0,2125 \\ 0,3250 \\ 0,2750 \end{pmatrix}$ (nach einem Tag),

nach zwei Tagen: $\begin{pmatrix} 0,15875 \\ 0,19375 \\ 0,37 \\ 0,2775 \end{pmatrix}$, nach drei Tagen $\begin{pmatrix} 0,145 \\ 0,18325 \\ 0,39775 \\ 0,274 \end{pmatrix}$

7. N = Tag mit Niederschlag S = Tag ohne Niederschlag

a)

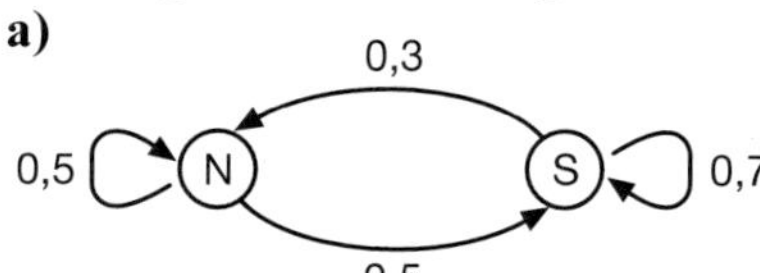

$\begin{pmatrix} 0,5 & 0,3 \\ 0,5 & 0,7 \end{pmatrix}$

b) $\begin{pmatrix} 0,5 & 0,3 \\ 0,5 & 0,7 \end{pmatrix} \cdot \begin{pmatrix} 1 \\ 0 \end{pmatrix} = \begin{pmatrix} 0,5 \\ 0,5 \end{pmatrix}$ $\begin{pmatrix} 0,5 & 0,3 \\ 0,5 & 0,7 \end{pmatrix} \cdot \begin{pmatrix} 0,5 \\ 0,5 \end{pmatrix} = \begin{pmatrix} 0,4 \\ 0,6 \end{pmatrix}$

↑ heute ↑ morgen ↑ morgen ↑ übermorgen

192

8.

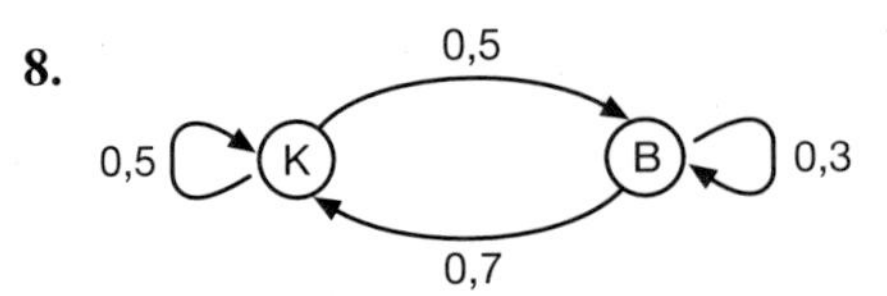

(1) $\begin{pmatrix} 0,5 & 0,7 \\ 0,5 & 0,3 \end{pmatrix} \cdot \begin{pmatrix} 0,5 \\ 0,5 \end{pmatrix} = \begin{pmatrix} 0,6 \\ 0,4 \end{pmatrix}, \begin{pmatrix} 0,58 \\ 0,42 \end{pmatrix}, \begin{pmatrix} 0,584 \\ 0,416 \end{pmatrix} \rightarrow \begin{pmatrix} 0,58\overline{3} \\ 0,41\overline{6} \end{pmatrix}$

0. Tag 1. Tag 2. Tag 3. Tag

(2) $\begin{pmatrix} 0,5 & 0,7 \\ 0,5 & 0,3 \end{pmatrix} \cdot \begin{pmatrix} 0,\overline{6} \\ 0,\overline{3} \end{pmatrix} = \begin{pmatrix} 0,5\overline{6} \\ 0,4\overline{3} \end{pmatrix}, \begin{pmatrix} 0,58\overline{6} \\ 0,41\overline{3} \end{pmatrix}, \begin{pmatrix} 0,582\overline{6} \\ 0,417\overline{3} \end{pmatrix} \rightarrow \begin{pmatrix} 0,58\overline{3} \\ 0,41\overline{6} \end{pmatrix}$

0. Tag 1. Tag 2. Tag 3. Tag

9. a)

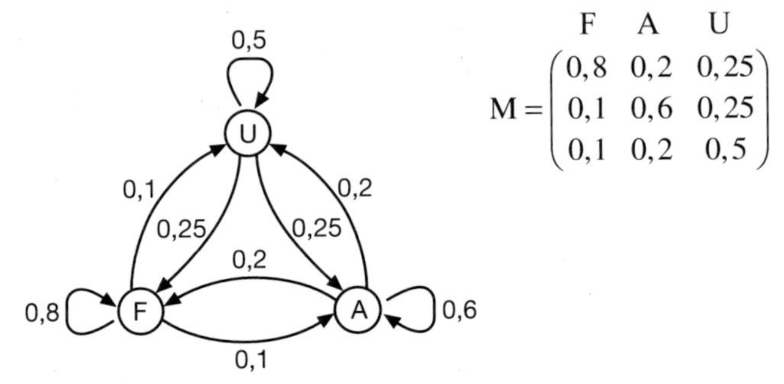

$$M = \begin{array}{c} \begin{matrix} F & A & U \end{matrix} \\ \begin{pmatrix} 0,8 & 0,2 & 0,25 \\ 0,1 & 0,6 & 0,25 \\ 0,1 & 0,2 & 0,5 \end{pmatrix} \end{array}$$

$$M^2 = \begin{pmatrix} 0,685 & 0,330 & 0,375 \\ 0,165 & 0,430 & 0,300 \\ 0,150 & 0,240 & 0,325 \end{pmatrix} \quad M^3 = \begin{pmatrix} 0,6185 & 0,4100 & 0,4413 \\ 0,2050 & 0,3510 & 0,2988 \\ 0,1765 & 0,2390 & 0,2600 \end{pmatrix}$$

$$M^4 = \begin{pmatrix} 0,57993 & 0,45795 & 0,47775 \\ 0,22898 & 0,31135 & 0,28838 \\ 0,19110 & 0,23070 & 0,23388 \end{pmatrix}$$

b) Startvektor $\overrightarrow{p_0} = \begin{pmatrix} 0 \\ 1 \\ 0 \end{pmatrix}$, $\overrightarrow{p_2} = \begin{pmatrix} 0,33 \\ 0,43 \\ 0,24 \end{pmatrix}$ (Enkel), $\overrightarrow{p_4} = \begin{pmatrix} 0,410 \\ 0,351 \\ 0,239 \end{pmatrix}$ (Urenkel),

$\overrightarrow{p_5} = \begin{pmatrix} 0,458 \\ 0,311 \\ 0,231 \end{pmatrix}$ (Ururenkel)

c)

	F	A	U
1. Generation	0,395	0,345	0,260
2. Generation	0,450	0,312	0,239
3. Generation	0,482	0,292	0,227
4. Generation	0,500	0,280	0,220
5. Generation	0,511	0,273	0,216
10. Generation	0,525	0,264	0,211

192

10. a)

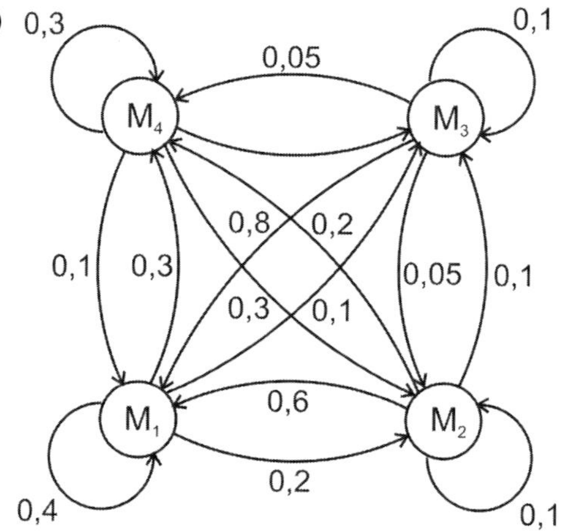

b) Anfangsvektor

$$\vec{a} = M^{-1} \cdot \vec{z} = \begin{pmatrix} 0,75 & 15,75 & -11,75 & -4,25 \\ -0,75 & -25,75 & 11,75 & 14,25 \\ 1,5 & 11,5 & -3,5 & -8,5 \\ -0,5 & -0,5 & 4,5 & -0,5 \end{pmatrix} \cdot \begin{pmatrix} 0,53 \\ 0,14 \\ 0,12 \\ 0,21 \end{pmatrix} = \begin{pmatrix} 0,3 \\ 0,4 \\ 0,2 \\ 0,1 \end{pmatrix}$$

c) Entwicklung nach 2 Jahren:

$$M^2 \cdot \vec{a} = \begin{pmatrix} 0,39 & 0,4 & 0,435 & 0,49 \\ 0,195 & 0,195 & 0,185 & 0,155 \\ 0,16 & 0,14 & 0,11 & 0,16 \\ 0,255 & 0,265 & 0,27 & 0,195 \end{pmatrix} \cdot \begin{pmatrix} 0,3 \\ 0,4 \\ 0,2 \\ 0,1 \end{pmatrix} = \begin{pmatrix} 0,413 \\ 0,189 \\ 0,142 \\ 0,256 \end{pmatrix}$$

Entwicklung nach fünf Jahren:

$$M^5 \cdot \vec{a} = \begin{pmatrix} 0,422665 & 0,423295 & 0,42425 & 0,422505 \\ 0,18387 & 0,18365 & 0,1833 & 0,18383 \\ 0,14881 & 0,14863 & 0,14846 & 0,14945 \\ 0,244655 & 0,244425 & 0,24399 & 0,244215 \end{pmatrix} \cdot \begin{pmatrix} 0,3 \\ 0,4 \\ 0,2 \\ 0,1 \end{pmatrix}$$

$$= \begin{pmatrix} 0,423218 \\ 0,183664 \\ 0,148732 \\ 0,244386 \end{pmatrix}$$

192 **11. a)**

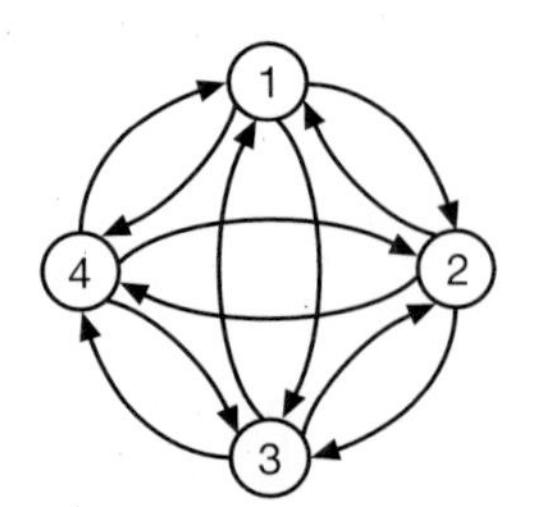

$$M=\begin{pmatrix}0&\frac{1}{3}&\frac{1}{3}&\frac{1}{3}\\\frac{1}{3}&0&\frac{1}{3}&\frac{1}{3}\\\frac{1}{3}&\frac{1}{3}&0&\frac{1}{3}\\\frac{1}{3}&\frac{1}{3}&\frac{1}{3}&0\end{pmatrix};\quad M^2=\begin{pmatrix}\frac{3}{9}&\frac{2}{9}&\frac{2}{9}&\frac{2}{9}\\\frac{2}{9}&\frac{3}{9}&\frac{2}{9}&\frac{2}{9}\\\frac{2}{9}&\frac{2}{9}&\frac{3}{9}&\frac{2}{9}\\\frac{2}{9}&\frac{2}{9}&\frac{2}{9}&\frac{3}{9}\end{pmatrix}$$

$$M^4\approx\begin{pmatrix}0,2592\\0,2469\\0,2469\\0,2469\end{pmatrix};\quad M^8\approx\begin{pmatrix}0,2501\\0,2499\\0,2499\\0,2499\end{pmatrix}$$

b) $$M=\begin{pmatrix}0&\frac{2}{5}&\frac{2}{5}&\frac{1}{3}\\\frac{2}{5}&0&\frac{2}{5}&\frac{1}{3}\\\frac{2}{5}&\frac{2}{5}&0&\frac{1}{3}\\\frac{1}{5}&\frac{1}{5}&\frac{1}{5}&0\end{pmatrix};\quad M^2=\begin{pmatrix}0{,}38\overline{6}&0{,}22\overline{6}&0{,}22\overline{6}&0{,}2\overline{6}\\0{,}22\overline{6}&0{,}38\overline{6}&0{,}22\overline{6}&0{,}2\overline{6}\\0{,}22\overline{6}&0{,}22\overline{6}&0{,}38\overline{6}&0{,}2\overline{6}\\0{,}16&0{,}16&0{,}16&0{,}2\end{pmatrix}$$

$$M^4\approx\begin{pmatrix}0{,}294&0{,}269&0{,}269&0{,}277\overline{3}\\0{,}269&0{,}294&0{,}269&0{,}277\overline{3}\\0{,}269&0{,}269&0{,}294&0{,}277\overline{3}\\0{,}1664&0{,}1664&0{,}1664&0{,}168\end{pmatrix}$$

$$M^8\approx\begin{pmatrix}0{,}278&0{,}277&0{,}277&0{,}277\\0{,}277&0{,}278&0{,}277&0{,}277\\0{,}277&0{,}277&0{,}278&0{,}277\\0{,}166&0{,}166&0{,}166&0{,}166\end{pmatrix}\rightarrow M^\infty=\begin{pmatrix}\frac{5}{18}&\frac{5}{18}&\frac{5}{18}&\frac{5}{18}\\\frac{5}{18}&\frac{5}{18}&\frac{5}{18}&\frac{5}{18}\\\frac{5}{18}&\frac{5}{18}&\frac{5}{18}&\frac{5}{18}\\\frac{1}{6}&\frac{1}{6}&\frac{1}{6}&\frac{1}{6}\end{pmatrix}$$

3.5.2 Fixvektor – Grenzmatrix

195

2. $$M^{30}\cdot\vec{a}=\begin{pmatrix}0{,}228697&0{,}228606&0{,}228518\\0{,}142857&0{,}142859&0{,}142857\\0{,}628447&0{,}628535&0{,}628625\end{pmatrix}\cdot\begin{pmatrix}0{,}3\\0{,}6\\0{,}1\end{pmatrix}=\begin{pmatrix}0{,}228624\\0{,}142858\\0{,}628517\end{pmatrix}$$

Die Anteile für Modi, A-Kauf bzw. Centy konvergieren gegen 22,9 %; 14,3 % bzw. 62,9 %.

3. $$M=\begin{pmatrix}0{,}8&0{,}6\\0{,}2&0{,}4\end{pmatrix},\quad M^2=\begin{pmatrix}0{,}76&0{,}72\\0{,}24&0{,}28\end{pmatrix}$$

$$M^4=\begin{pmatrix}0{,}7504&0{,}7488\\0{,}2496&0{,}2512\end{pmatrix};\quad M^8=\begin{pmatrix}0{,}75000064&0{,}74999808\\0{,}24999936&0{,}25000192\end{pmatrix}$$

195

4. a) $\begin{pmatrix} 0{,}1356 \\ 0{,}6441 \\ 0{,}2203 \end{pmatrix}$ **c)** alle Vektoren **e)** $\begin{pmatrix} 0{,}1\overline{6} \\ 0{,}8\overline{3} \end{pmatrix}$

b) alle Vektoren der Form $\begin{pmatrix} a \\ a \\ 1-2a \end{pmatrix}$ **d)** $\begin{pmatrix} 0{,}\overline{27} \\ 0{,}\overline{72} \end{pmatrix}$ **f)** $\begin{pmatrix} 0{,}\overline{148} \\ 0{,}\overline{4} \\ 0{,}\overline{259} \\ 0{,}\overline{148} \end{pmatrix}$

5. a) $\vec{p_1} = \begin{pmatrix} 0{,}12 \\ 0{,}47 \\ 0{,}41 \end{pmatrix}, \vec{p_2} = \begin{pmatrix} 0{,}171 \\ 0{,}283 \\ 0{,}546 \end{pmatrix}, \vec{p_3} = \begin{pmatrix} 0{,}2322 \\ 0{,}2099 \\ 0{,}5579 \end{pmatrix}, \vec{p_4} = \begin{pmatrix} 0{,}26025 \\ 0{,}19783 \\ 0{,}54192 \end{pmatrix},$

$\vec{p_F} = \begin{pmatrix} 0{,}26316 \\ 0{,}21053 \\ 0{,}52632 \end{pmatrix}$

b) $\vec{p_1} = \begin{pmatrix} 0{,}\overline{3} \\ 0{,}1\overline{6} \\ 0{,}5 \end{pmatrix}, \vec{p_2} = \begin{pmatrix} 0{,}36\overline{1} \\ 0{,}2\overline{7} \\ 0{,}36\overline{1} \end{pmatrix}, \vec{p_3} = \begin{pmatrix} 0{,}347\overline{2} \\ 0{,}319\overline{4} \\ 0{,}\overline{3} \end{pmatrix}, \vec{p_4} = \begin{pmatrix} 0{,}33796 \\ 0{,}33102 \\ 0{,}33102 \end{pmatrix},$

$\vec{p_F} = \begin{pmatrix} 0{,}\overline{3} \\ 0{,}\overline{3} \\ 0{,}\overline{3} \end{pmatrix}$

c) $\vec{p_1} = \begin{pmatrix} 0{,}\overline{3} \\ 0{,}3541\overline{6} \\ 0{,}3125 \end{pmatrix}, \vec{p_2} = \begin{pmatrix} 0{,}33507 \\ 0{,}32986 \\ 0{,}33507 \end{pmatrix}, \vec{p_3} = \begin{pmatrix} 0{,}33290 \\ 0{,}33377 \\ 0{,}33333 \end{pmatrix}, \vec{p_4} = \begin{pmatrix} 0{,}33341 \\ 0{,}33330 \\ 0{,}33330 \end{pmatrix},$

$\vec{p_F} = \begin{pmatrix} 0{,}\overline{3} \\ 0{,}\overline{3} \\ 0{,}\overline{3} \end{pmatrix}$

d) $M = \begin{pmatrix} 0{,}3 & 0{,}2 & 0{,}5 \\ 0{,}5 & 0{,}8 & 0{,}5 \\ 0{,}2 & 0 & 0 \end{pmatrix}, \vec{p_0} = \begin{pmatrix} 0 \\ 0 \\ 1 \end{pmatrix},$

$\vec{p_1} = \begin{pmatrix} 0{,}5 \\ 0{,}5 \\ 0 \end{pmatrix}, \vec{p_2} = \begin{pmatrix} 0{,}25 \\ 0{,}65 \\ 0{,}10 \end{pmatrix}, \vec{p_3} = \begin{pmatrix} 0{,}255 \\ 0{,}695 \\ 0{,}050 \end{pmatrix}, \vec{p_4} = \begin{pmatrix} 0{,}2405 \\ 0{,}7085 \\ 0{,}0510 \end{pmatrix},$

$\vec{p_F} = \begin{pmatrix} 0{,}2381 \\ 0{,}7143 \\ 0{,}0476 \end{pmatrix}$

195

5. e) $M = \begin{pmatrix} 0{,}8 & 0 & 0{,}2 \\ 0{,}2 & 0{,}8 & 0 \\ 0 & 0{,}2 & 0{,}8 \end{pmatrix}$, $\overrightarrow{p_0} = \begin{pmatrix} 0 \\ 1 \\ 0 \end{pmatrix}$,

$$\overrightarrow{p_1} = \begin{pmatrix} 0 \\ 0{,}8 \\ 0{,}2 \end{pmatrix}, \overrightarrow{p_2} = \begin{pmatrix} 0{,}04 \\ 0{,}64 \\ 0{,}32 \end{pmatrix}, \overrightarrow{p_3} = \begin{pmatrix} 0{,}096 \\ 0{,}520 \\ 0{,}384 \end{pmatrix}, \overrightarrow{p_4} = \begin{pmatrix} 0{,}1536 \\ 0{,}4352 \\ 0{,}4112 \end{pmatrix}, \overrightarrow{p_F} = \begin{pmatrix} 0{,}\overline{3} \\ 0{,}\overline{3} \\ 0{,}\overline{3} \end{pmatrix}$$

6. Zustände: A: 0 Zigaretten; B: 10 Zigaretten; C: 20 Zigaretten

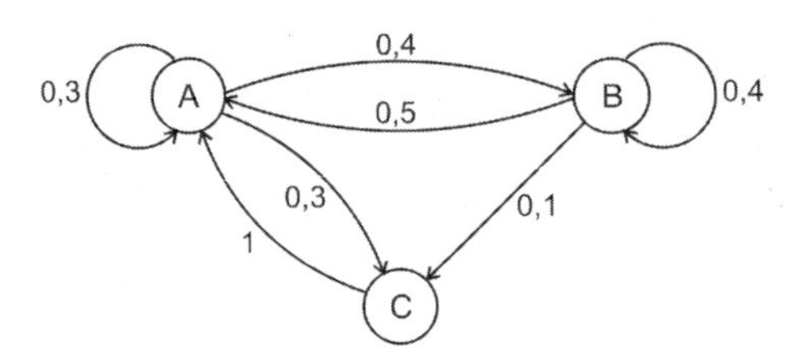

Berechne für einen beliebigen Startvektor $\vec{p}$ das Produkt $M^k \cdot \vec{p}$ für

$k = 0; 1; \ldots$ mit $M = \begin{pmatrix} 0{,}3 & 0{,}5 & 1 \\ 0{,}4 & 0{,}4 & 0 \\ 0{,}3 & 0{,}1 & 0 \end{pmatrix}$, dann ergibt sich auf lange Sicht,

d. h. k hinreichend groß (hier k etwa 20)

$$M^k \cdot \vec{p} = \begin{pmatrix} 0{,}00491803p_1 + 0{,}00491803p_2 + 0{,}00491803p_3 \\ 0{,}00327869p_1 + 0{,}00327869p_2 + 0{,}00327869p_3 \\ 0{,}00180328p_1 + 0{,}00180328p_2 + 0{,}00180328p_3 \end{pmatrix}$$

$$= \begin{pmatrix} 0{,}00491803 \\ 0{,}00327869 \\ 0{,}00180328 \end{pmatrix}$$

d. h. im Mittel beträgt der Zigarettenkonsum etwa
$0{,}492 \cdot 0 + 0{,}328 \cdot 10 + 0{,}180 \cdot 20 = 6{,}88$ Zigaretten pro Tag.
Der Konsum wurde also gesenkt.

196

7. a)

$$M = \begin{pmatrix} 0 & 0{,}4 & 0 & 0 & 0{,}6 \\ 0{,}6 & 0 & 0{,}4 & 0 & 0 \\ 0 & 0{,}6 & 0 & 0{,}4 & 0 \\ 0 & 0 & 0{,}6 & 0 & 0{,}4 \\ 0{,}4 & 0 & 0 & 0{,}6 & 0 \end{pmatrix}$$

Auf lange Sicht wird sie an jeder Stelle jeweils ca. $\frac{1}{5}$ ihres Futters aufnehmen; dabei spielt der Startpunkt keine Rolle.

196

7. b)

1 0,5 0,5 0,5 0,5

A B C D E F

0,5 0,5 0,5 0,5 1

$$M = \begin{pmatrix} 0 & 0{,}5 & 0 & 0 & 0 & 0 \\ 1 & 0 & 0{,}5 & 0 & 0 & 0 \\ 0 & 0{,}5 & 0 & 0{,}5 & 0 & 0 \\ 0 & 0 & 0{,}5 & 0 & 0{,}5 & 0 \\ 0 & 0 & 0 & 0{,}5 & 0 & 1 \\ 0 & 0 & 0 & 0 & 0{,}5 & 0 \end{pmatrix}$$

Betrachtet man Matrixpotenzen der Übergangsmatrix M, dann stellt man fest: Für große n gilt

$$M^n = \begin{pmatrix} 0{,}2 & 0 & 0{,}2 & 0 & 0{,}2 & 0 \\ 0 & 0{,}4 & 0 & 0{,}4 & 0 & 0{,}4 \\ 0{,}4 & 0 & 0{,}4 & 0 & 0{,}4 & 0 \\ 0 & 0{,}4 & 0 & 0{,}4 & 0 & 0{,}4 \\ 0{,}4 & 0 & 0{,}4 & 0 & 0{,}4 & 0 \\ 0 & 0{,}2 & 0 & 0{,}2 & 0 & 0{,}2 \end{pmatrix} \text{ für n gerade und}$$

$$M^n = \begin{pmatrix} 0 & 0{,}2 & 0 & 0{,}2 & 0 & 0{,}2 \\ 0{,}4 & 0 & 0{,}4 & 0 & 0{,}4 & 0 \\ 0 & 0{,}4 & 0 & 0{,}4 & 0 & 0{,}4 \\ 0{,}4 & 0 & 0{,}4 & 0 & 0{,}4 & 0 \\ 0 & 0{,}4 & 0 & 0{,}4 & 0 & 0{,}4 \\ 0{,}2 & 0 & 0{,}2 & 0 & 0{,}2 & 0 \end{pmatrix} \text{ für n ungerade}$$

Es existiert also keine Grenzmatrix wie in den anderen Beispielen, was ja auch einleuchtet, wenn man bedenkt, dass es Übergänge gibt, die mit Wahrscheinlichkeit 1 eintreten. Es spielt also eine Rolle, wo die Maus startet. Beginnt die Maus beispielsweise bei A, dann ist sie auf lange Sicht mit einer Wahrscheinlichkeit von 20 % wieder in A, 40 % in C und 40 % in E, wenn die Anzahl der Schritte gerade ist, und mit einer Wahrscheinlichkeit von 40 % in B, 40 % in D und 20 % in F, sofern die Anzahl der Schritte ungerade ist. Fasst man diese beiden Beobachtungen zusammen und setzt voraus, dass die Anzahl der Schritte, welche die Maus beim Futteraufnehmen absolviert, gleichermaßen gerade oder ungerade ist, dann kann man sagen, dass die Maus auf lange Sicht in je 10 % der Fälle ihr Futter in A und in F aufnimmt und in je 20 % der Fälle in B, C, D und E.

196

8. a) Die Wahrscheinlichkeit, dass von 3 Maschinen

3 ausfallen ist	p^3	Binomialverteilung für 3-stufigen Bernoulli-Versuch
2 ausfallen ist	$3p^2(1-p)$	
1 ausfällt ist	$3p(1-p)^2$	
0 ausfallen ist	$(1-p)^3$	

Wenn das System im Zustand 2 ist (d. h. 2 Maschinen in Ordnung sind), wird bis zum nächsten Kontrollzeitpunkt die eine defekte Maschine repariert. Wenn dann 2 Maschinen ausfallen (Wahrscheinlichkeit p^2), reduziert sich das System auf 1 funktionierende Maschine. Wenn 1 Maschine ausfällt (Wahrscheinlichkeit 2p (1 – p)), bleibt die Anzahl der funktionierenden Maschinen gleich. Wenn keine ausfällt (Wahrscheinlichkeit $(1-p)^2$), dann erhöht sich die Anzahl wieder auf 3 funktionierende Maschinen. Entsprechend erhöht sich die Anzahl der funktionierenden Maschinen von 1 auf 2, wenn die eine funktionierende Maschine nicht ausfällt (Wahrscheinlichkeit 1 – p), sie bleibt bei 1, wenn die eine Maschine ebenfalls ausfällt.

b) $$M = \begin{pmatrix} 0 & 0 & 0 & p^3 \\ 1 & p & p^2 & 3p^2(1-p) \\ 0 & 1-p & 2p(1-p) & 3p(1-p)^2 \\ 0 & 0 & (1-p)^2 & (1-p)^3 \end{pmatrix}$$

p =0,1

M =

0	0	0	0,001
1	0,1	0,01	0,027
0	0,9	0,18	0,243
0	0	0,81	0,729

M² =

0,0000	0,0000	0,0008	0,0007
0,1000	0,0190	0,0247	0,0258
0,9000	0,2520	0,2382	0,2452
0,0000	0,7290	0,7363	0,7283

M^4 =

0,00072900	0,00073556	0,00072972	0,00072951
0,02410300	0,02539552	0,02543272	0,02541097
0,23960700	0,24356328	0,24422811	0,24413446
0,73556100	0,73030564	0,72960945	0,72972506

196

8. b) Fortsetzung

p =0,2

M =

0	0	0	0,008
1	0,2	0,04	0,096
0	0,8	0,32	0,384
0	0	0,64	0,512

M^2 =

0,0000	0,0000	0,0051	0,0041
0,2000	0,0720	0,0822	0,0917
0,8000	0,4160	0,3802	0,3963
0,0000	0,5120	0,5325	0,5079

M^4 =

0,00409600	0,00422707	0,00412746	0,00410937
0,08019200	0,08635238	0,08704444	0,08659408
0,38732800	0,39099802	0,39384490	0,39335810
0,52838400	0,51842253	0,51498320	0,51593845

p =0,05

M =

0	0	0	0,000125
1	0,05	0,0025	0,007125
0	0,95	0,095	0,135375
0	0	0,9025	0,857375

M^2 =

0,0000	0,0000	0,0001	0,0001
0,0500	0,0049	0,0068	0,0069
0,9500	0,1378	0,1336	0,1357
0,0000	0,8574	0,8595	0,8573

M^4 =

0,00010717	0,00010743	0,00010719	0,00010718
0,00669692	0,00689978	0,00690127	0,00690046
0,13378464	0,13541442	0,13551907	0,13551026
0,85941127	0,85757837	0,85747247	0,85748210

c) p = 0,1: Mittelwert 2,70
p = 0,2: Mittelwert 2,42
p = 0,05: Mittelwert 2,85

196 **9. a)**

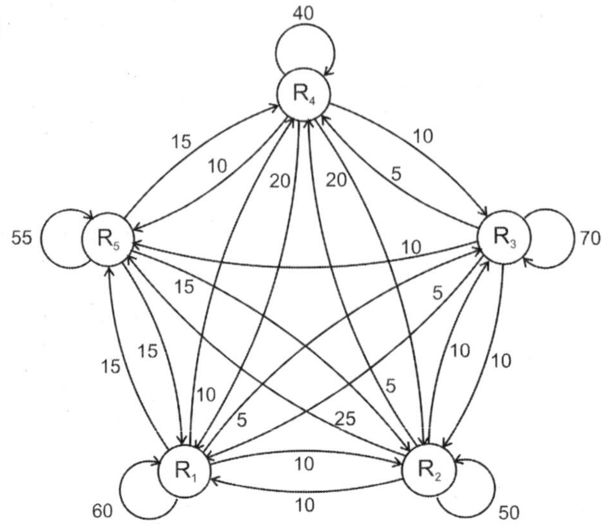

Entwicklung nach einem Jahr:

$$M \cdot \vec{a} = \begin{pmatrix} 0,6 & 0,1 & 0,05 & 0,2 & 0,15 \\ 0,1 & 0,5 & 0,1 & 0,2 & 0,15 \\ 0,05 & 0,1 & 0,7 & 0,1 & 0 \\ 0,1 & 0,05 & 0,05 & 0,4 & 0,15 \\ 0,15 & 0,25 & 0,1 & 0,1 & 0,55 \end{pmatrix} \cdot \begin{pmatrix} 2500 \\ 3600 \\ 1700 \\ 2100 \\ 2400 \end{pmatrix} = \begin{pmatrix} 2725 \\ 3000 \\ 1885 \\ 1715 \\ 2975 \end{pmatrix}$$

Entwicklung nach zwei Jahren:

$$M^2 \cdot \vec{a} = \begin{pmatrix} 0,415 & 0,1625 & 0,1 & 0,24 & 0,2175 \\ 0,1575 & 0,3175 & 0,15 & 0,225 & 0,2025 \\ 0,085 & 0,13 & 0,5075 & 0,14 & 0,0375 \\ 0,13 & 0,0975 & 0,08 & 0,21 & 0,165 \\ 0,2125 & 0,2925 & 0,1625 & 0,185 & 0,3775 \end{pmatrix} \cdot \begin{pmatrix} 2500 \\ 3600 \\ 1700 \\ 2100 \\ 2400 \end{pmatrix}$$

$$= \begin{pmatrix} 2818,5 \\ 2750,25 \\ 1927,25 \\ 1649 \\ 3155 \end{pmatrix}$$

Entwicklung nach drei Jahren:

$$M^3 \cdot \vec{a} = \begin{pmatrix} 0,3269 & 0,1991 & 0,1408 & 0,2433 & 0,2423 \\ 0,1866 & 0,2514 & 0,1761 & 0,2203 & 0,2164 \\ 0,109 & 0,1406 & 0,3833 & 0,1535 & 0,0739 \\ 0,1375 & 0,1215 & 0,0993 & 0,154 & 0,1564 \\ 0,24 & 0,2874 & 0,2006 & 0,229 & 0,3111 \end{pmatrix} \cdot \begin{pmatrix} 2500 \\ 3600 \\ 1700 \\ 2100 \\ 2400 \end{pmatrix}$$

$$= \begin{pmatrix} 2865,54 \\ 2652,75 \\ 1929,93 \\ 1648,58 \\ 3203,21 \end{pmatrix}$$

196

9. a) Fortsetzung

Entwicklung nach vier Jahren:

$$M^4 \cdot \vec{a} = \begin{pmatrix} 0,2837 & 0,2191 & 0,1712 & 0,2408 & 0,2486 \\ 0,2004 & 0,2271 & 0,1904 & 0,2150 & 0,2177 \\ 0,1251 & 0,1457 & 0,3029 & 0,1570 & 0,1011 \\ 0,1385 & 0,1312 & 0,1118 & 0,1390 & 0,1480 \\ 0,2523 & 0,2770 & 0,2237 & 0,2483 & 0,2846 \end{pmatrix} \cdot \begin{pmatrix} 2500 \\ 3600 \\ 1700 \\ 2100 \\ 2400 \end{pmatrix}$$

$$= \begin{pmatrix} 2891,29 \\ 2616,12 \\ 1924,36 \\ 1655,6 \\ 3212,64 \end{pmatrix}$$

b) Berechne $M^k \cdot \vec{a}$ für k = 0; 1; …, dann ergibt sich auf lange Sicht, d. h. k hinreichend groß (hier k etwa 30)

$$M^k \cdot \vec{a} = \begin{pmatrix} 0,237662 & 0,237662 & 0,237661 & 0,237661 & 0,237662 \\ 0,210972 & 0,210972 & 0,210972 & 0,210972 & 0,210972 \\ 0,155052 & 0,155052 & 0,155054 & 0,155052 & 0,155051 \\ 0,135353 & 0,135353 & 0,135352 & 0,135353 & 0,135353 \\ 0,260962 & 0,260962 & 0,260961 & 0,260962 & 0,260962 \end{pmatrix}$$

$$= \begin{pmatrix} 2923,24 \\ 2594,96 \\ 1907,14 \\ 1664,84 \\ 3209,83 \end{pmatrix}$$

Bestand vor 2 Jahren: Gesucht ist $\vec{x}$ mit $M^2 \cdot \vec{x} = \vec{a} \Leftrightarrow \vec{x} = \left(M^2\right)^{-1} \cdot \vec{a}$

$$\left(M^2\right)^{-1} \cdot \vec{a} = \begin{pmatrix} 3,9404 & -0,5856 & 0,0892 & -3,5845 & -0,3983 \\ -0,0924 & 5,7072 & -0,6398 & -4,8598 & -0,8205 \\ -0,2113 & -1,4957 & 2,2371 & -0,4320 & 0,8907 \\ -1,1397 & 1,6134 & -0,3315 & 7,6619 & -3,5248 \\ -1,4970 & -4,2393 & -0,3550 & 2,2145 & 4,8530 \end{pmatrix} \cdot \begin{pmatrix} 2500 \\ 3600 \\ 1700 \\ 2100 \\ 2400 \end{pmatrix}$$

$$= \begin{pmatrix} -588,79 \\ 7052,2 \\ -879,33 \\ 10026,1 \\ -3310,15 \end{pmatrix}$$

Der Vektor enthält negative Komponenten, d. h. das Wanderungsverhalten muss sich in den letzten 2 Jahren verändert haben.

196

9. c) Modifizierte Übergangsmatrix:

$$M = \begin{pmatrix} 0,4 & 0,1 & 0,05 & 0,2 & 0,15 \\ 0,1 & 0,5 & 0,1 & 0,2 & 0,15 \\ 0,05 & 0,1 & 0,8 & 0,1 & 0 \\ 0,1 & 0,05 & 0,05 & 0,4 & 0,15 \\ 0,15 & 0,25 & 0,1 & 0,1 & 0,35 \end{pmatrix}$$

Veränderung der Population in den Regionen:

k	R_1	R_2	R_3	R_4	R_5	gesamt
0	2500	3600	1700	2100	2400	12 300
5	1577,31	2072,61	2287,87	1218,84	1872,01	9028,63
10	1182,26	1570,71	1941,79	919,74	1422,26	7036,76
15	927,26	1234,94	1558,13	722,30	1118,72	5561,35
20	733,70	977,60	1238,05	571,67	885,67	4406,69
25	581,50	774,86	981,97	453,09	702,01	3493,43
30	461	614,31	778,60	359,21	556,55	2769,68
35	365,50	487,05	617,31	284,73	441,25	2195,91
40	289,78	386,15	489,43	225,80	349,84	1741
45	229,75	306,16	388,04	179,02	277,37	1380,34
50	182,16	242,73	307,66	141,93	219,91	1094,39

Bei unverändertem Wanderverhalten stirbt die Population in den Regionen aus.

3.5.3 Populationsentwicklungen – Zyklische Prozesse

199

2. a) Übergangmatrix $M = \begin{pmatrix} 0 & 2,5 & 0 \\ 0,4 & 0 & 0 \\ 0 & 0,85 & 0 \end{pmatrix}$, Anfangsvektor $\vec{a} = \begin{pmatrix} 250 \\ 650 \\ 180 \end{pmatrix}$

k	Jungtiere	zeugungsfähige Tiere	Alttiere
0	250	650	180
1	1625	100	552,5
2	250	650	85
3	1625	100	552,5
4	250	650	85

Die Population wechselt aus dem Startzustand immer zwischen zwei Zuständen.

b)

k	Jungtiere	zeugungsfähige Tiere	Alttiere
0	340	800	500
1	2000	136	680
2	340	800	115,6
3	2000	136	680
4	340	800	115,6

Die Population wechselt aus dem Startzustand immer zwischen zwei Zuständen.

199

2. c) $M^2 = \begin{pmatrix} 1 & 0 & 0 \\ 0 & 1 & 0 \\ 0{,}34 & 0 & 0 \end{pmatrix}$; $M^3 = \begin{pmatrix} 0 & 2{,}5 & 0 \\ 0{,}4 & 0 & 0 \\ 0 & 0{,}85 & 0 \end{pmatrix}$; $M^4 = \begin{pmatrix} 1 & 0 & 0 \\ 0 & 1 & 0 \\ 0{,}34 & 0 & 0 \end{pmatrix}$;

$M^5 = \begin{pmatrix} 0 & 2{,}5 & 0 \\ 0{,}4 & 0 & 0 \\ 0 & 0{,}85 & 0 \end{pmatrix}$; $M^6 = \begin{pmatrix} 1 & 0 & 0 \\ 0 & 1 & 0 \\ 0{,}34 & 0 & 0 \end{pmatrix}$

Es gilt $M^2 = M^{2n}$, $n \in \mathbb{N}$.

Daher folgt $M^{2n}\vec{a} = M^2\vec{a}$ für alle $n \in \mathbb{N}$. Und es gilt:

$M^3 = M = M^{2n+1}$, $n \in \mathbb{N}$, d.h. es folgt: $M^{2n+1} \cdot \vec{a} = M \cdot \vec{a}$ für alle $n \in \mathbb{N}$.

200

3. a)

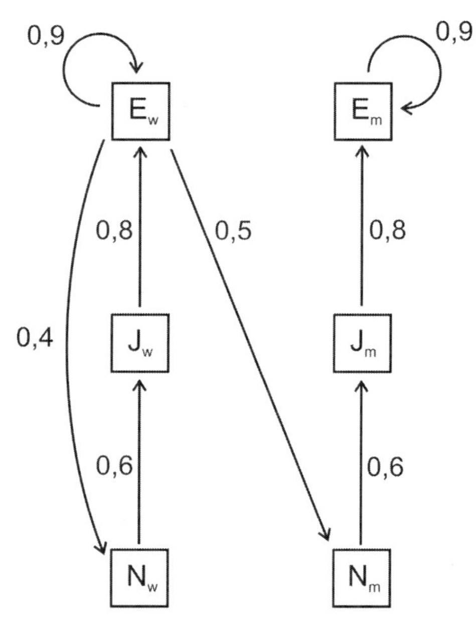

Überlebensrate: Anteil der Überlebenden pro Zyklus. Von den Erwachsenen überleben jeweils 90 %.
Geburtenraten: Anzahl der Geburten pro Zyklus und Weibchen. Jedes weibliche Erwachsene produziert 0,4 weibliche und 0,5 männliche Neugeborene.
Todesrate: Anteil der nicht Überlebenden pro Zyklus. Von den Erwachsenen sterben jeweils 10 %.

b) $M = \begin{pmatrix} 0{,}9 & 0 & 0{,}8 & 0 & 0 & 0 \\ 0 & 0{,}9 & 0 & 0{,}8 & 0 & 0 \\ 0 & 0 & 0 & 0 & 0{,}6 & 0 \\ 0 & 0 & 0 & 0 & 0 & 0{,}6 \\ 0 & 0{,}5 & 0 & 0 & 0 & 0 \\ 0 & 0{,}4 & 0 & 0 & 0 & 0 \end{pmatrix}$; $\vec{a} = \begin{pmatrix} 15 \\ 15 \\ 8 \\ 8 \\ 0 \\ 0 \end{pmatrix}$

Nach k Zyklen existiert ein Bestand von $M^k \cdot \vec{a}$ Tieren. Der Bestand wächst exponentiell.

200

3. b) Fortsetzung

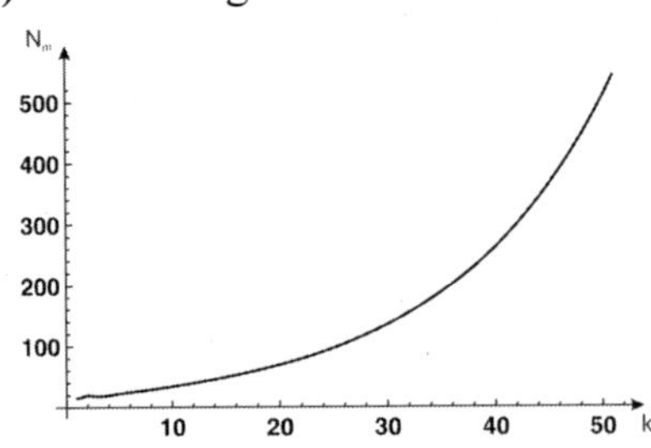

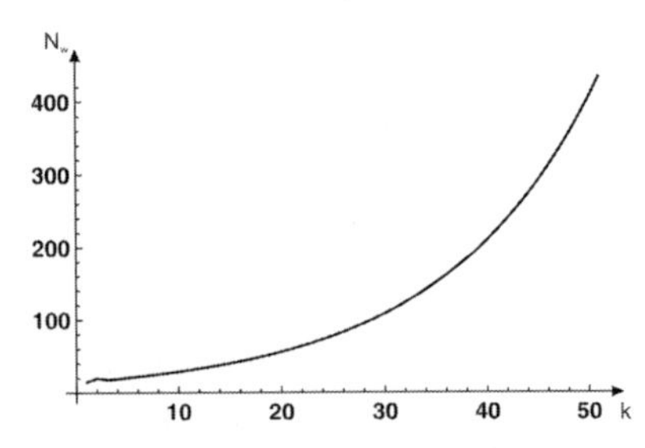

Probieren mit GTR liefert: Bei einer Abschussquote von ca. 9,1 %, d. h. einer Überlebensrate von 0,805 % bleibt die Population stabil.

c) Probieren mit dem GTR liefert: Falls die Dürre die Überlebensrate der weiblichen Erwachsenen dauerhaft auf 0,8 senkt, stirbt die Population langfristig aus.

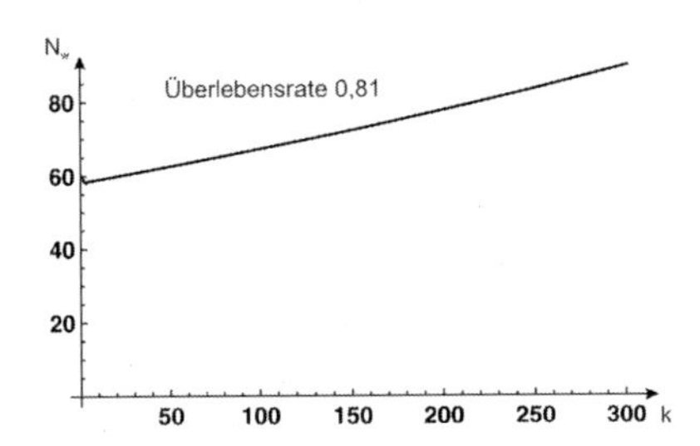

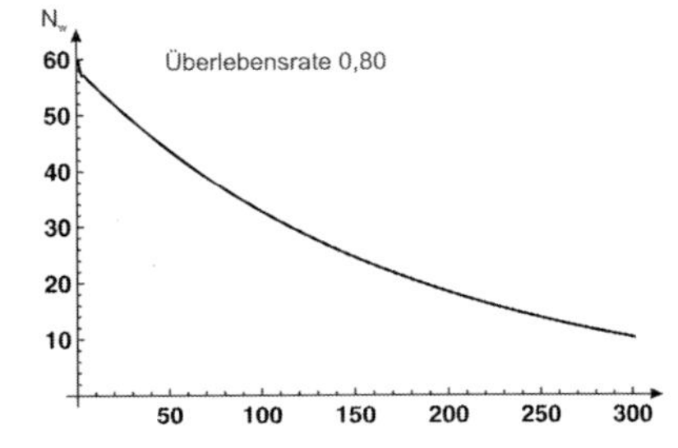

4. a) Unabhängig vom Anfangsvektor ergeben sich immer die gleichen zyklischen Muster, wobei die Population in jedem Zyklus zunimmt.

b) Beispiel: $M = \begin{pmatrix} 0 & 0 & 0{,}001 & 0{,}5 \\ 50 & 0 & 0 & 0 \\ 0 & 0{,}2 & 0 & 0 \\ 0 & 0 & 0{,}4 & 0 \end{pmatrix}$; Anfangsvektor $\vec{a}_0 = \begin{pmatrix} 800 \\ 200 \\ 200 \\ 100 \end{pmatrix}$

$\vec{a}_n$ beschreibt den Zustand nach n Jahren.

$\vec{a}_1 = \begin{pmatrix} 50 \\ 40000 \\ 40 \\ 80 \end{pmatrix}$; $\vec{a}_2 = \begin{pmatrix} 40 \\ 2510 \\ 8000 \\ 16 \end{pmatrix}$; $\vec{a}_3 = \begin{pmatrix} 16 \\ 2002 \\ 502 \\ 3200 \end{pmatrix}$; $\vec{a}_4 = \begin{pmatrix} 1600 \\ 800 \\ 400 \\ 200 \end{pmatrix}$;

$\vec{a}_5 = \begin{pmatrix} 100 \\ 80025 \\ 160 \\ 160 \end{pmatrix}$; $\vec{a}_6 = \begin{pmatrix} 80 \\ 5040 \\ 16005 \\ 64 \end{pmatrix}$; $\vec{a}_7 = \begin{pmatrix} 48 \\ 4012 \\ 1008 \\ 6402 \end{pmatrix}$; $\vec{a}_8 = \begin{pmatrix} 3202 \\ 2400 \\ 802 \\ 403 \end{pmatrix}$;

$\vec{a}_9 = \begin{pmatrix} 202 \\ 160100 \\ 480 \\ 320 \end{pmatrix}$; $\vec{a}_{10} = \begin{pmatrix} 160 \\ 10120 \\ 32020 \\ 192 \end{pmatrix}$; $\vec{a}_{11} = \begin{pmatrix} 128 \\ 8048 \\ 2024 \\ 12808 \end{pmatrix}$; $\vec{a}_{12} = \begin{pmatrix} 6406 \\ 6401 \\ 1609 \\ 809 \end{pmatrix}$

Auch hier kann man alle 4 Jahre so genannte Flugjahre feststellen.

200

4. c)

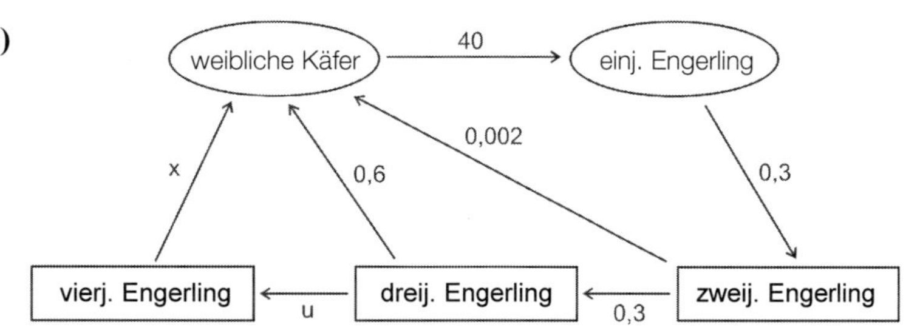

u sei der Anteil der dreij. Engerlinge, die zu vierj. Engerlingen werden. Von diesen verpuppt sich der Anteil x. Damit ergibt sich die folgende Übergangsmatrix:

$$M = \begin{pmatrix} 0 & 0 & 0{,}002 & 0{,}6 & x \\ 40 & 0 & 0 & 0 & 0 \\ 0 & 0{,}3 & 0 & 0 & 0 \\ 0 & 0 & 0{,}3 & 0 & 0 \\ 0 & 0 & 0 & u & 0 \end{pmatrix}$$

5.

Aus

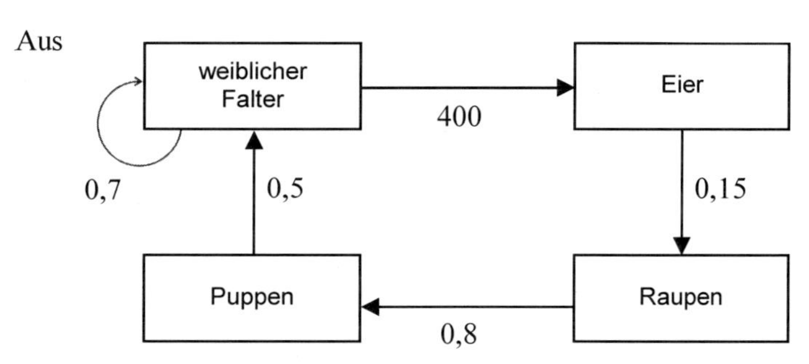

ergibt sich die Matrix M (Reihenfolge: weiblicher Falter, Ei, Raupe, Puppe) und der Anfangsvektor $\vec{a}$ wie folgt:

$$M = \begin{pmatrix} 0{,}7 & 0 & 0 & 0{,}5 \\ 400 & 0 & 0 & 0 \\ 0 & 0{,}15 & 0 & 0 \\ 0 & 0 & 0{,}8 & 0 \end{pmatrix}; \vec{a} = \begin{pmatrix} 0 \\ 0 \\ 50 \\ 0 \end{pmatrix}$$

Dies führt zu folgendem Bestand:

Phase	Zeit	Weibl. Falter	Eier	Raupe	Puppe
Start	0 Mon.	0	0	50	0
1	2 Mon.	0	0	0	40
2	4 Mon.	20	0	0	0
3	6 Mon.	14	8 000	0	0
4	8 Mon.	9,8 $\approx$ 10	5 600	1 200	0
5	10 Mon.	6,86 $\approx$ 7	3 920	840	960
6	12 Mon.	484,8 $\approx$ 485	2 744	588	672

Nach 5 Entwicklungsphasen sind erstmals alle Entwicklungsstadien vorhanden.

201

6. a)

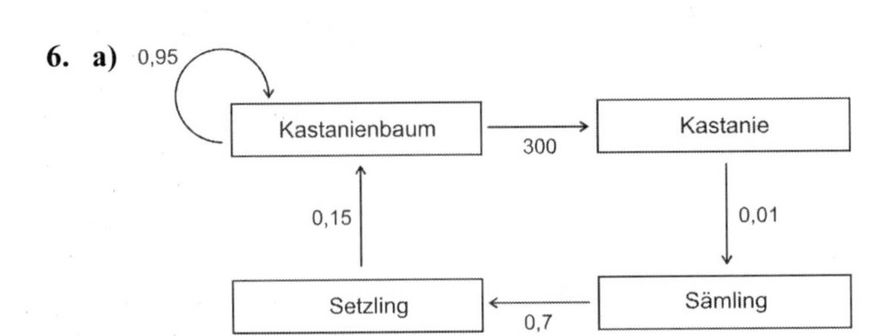

Reihenfolge: Kastanienbaum, Kastanie, Sämling, Setzling

$$M = \begin{pmatrix} 0{,}95 & 0 & 0 & 0{,}15 \\ 300 & 0 & 0 & 0 \\ 0 & 0{,}01 & 0 & 0 \\ 0 & 0 & 0{,}7 & 0 \end{pmatrix}; \ \vec{a} = \begin{pmatrix} 264 \\ 0 \\ 0 \\ 0 \end{pmatrix}$$

Zyklus	Kastanienbaum	Kastanie	Sämling	Setzling
1	250,8	79 200	0	0
2	238,2	75 240	792	0
3	226,3	71 478	752,4	554,4
4	298,2	67 904	714,8	526,7
5	362,3	89 457	679	500,3
6	419,2	108 685	894,6	475,3
7	469,6	125 766	1 086,9	626,2
8	540	140 867	1 257,7	760,8
9	627,1	162 003	1 408,7	880,4
10	727,8	188 139	1 620	986,1

b) Nach 6 Jahren.

7. a) $M^3 = M$ **b)** $M^4 = M$ **c)** $M^3 = M$

8. a) $M^3 = \begin{pmatrix} abc & 0 & 0 \\ 0 & abc & 0 \\ 0 & 0 & abc \end{pmatrix} = \begin{pmatrix} 1 & 0 & 0 \\ 0 & 1 & 0 \\ 0 & 0 & 1 \end{pmatrix}$, also $M^4 = M$.

b) Wegen $M^3 = a \cdot b \cdot c \cdot E$ folgt $M^{3k} = (a \cdot b \cdot c)^k \cdot E$.
Daher kann in beiden Fällen kein zyklischer Prozess eintreten.

201

9.

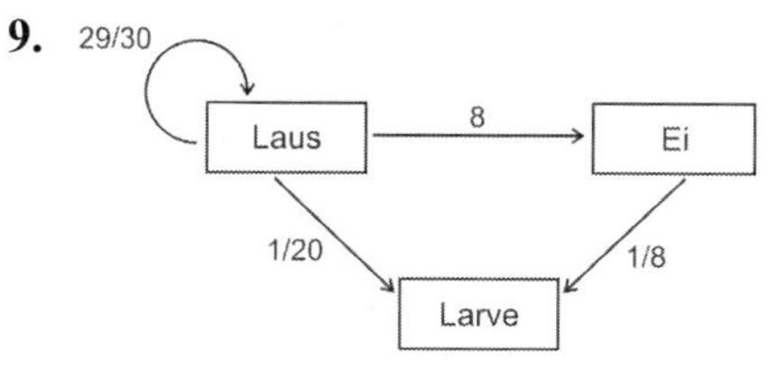

Reihenfolge: Laus, Ei, Larve

Übergangsmatrix: $M = \begin{pmatrix} \frac{29}{30} & 0 & \frac{1}{20} \\ 8 & 0 & 0 \\ 0 & \frac{1}{20} & 0 \end{pmatrix}$; Anfangsvektor $\vec{a} = \begin{pmatrix} 1000 \\ 1000 \\ 800 \end{pmatrix}$

Der Arzt hat Recht, aber es dauert noch gut ein Jahr, bis die Läuse verschwunden sind.

Tage	Laus	Ei	Larve
50	526	4259	216
100	276	2235	113
150	145	1173	59
200	76	616	31
250	40	323	16
300	21	170	9
350	11	89	5
400	6	47	2

3.6 Abbildungsmatrizen

3.6.1 Abbildungen in der Ebene

204

2. a) Die Ortsvektoren zu den Fixpunkten sind die Lösungen des Systems

$\vec{x} = T \cdot \vec{x} \Leftrightarrow (T - E_2) \cdot \vec{x} = \vec{0}$

Löse also $\begin{pmatrix} 0{,}36 & -0{,}48 \\ -0{,}48 & 0{,}64 \end{pmatrix} \cdot \begin{pmatrix} x_1 \\ x_2 \end{pmatrix} = \begin{pmatrix} 0 \\ 0 \end{pmatrix}$

Damit: $\vec{x} = r \cdot \begin{pmatrix} \frac{4}{3} \\ 1 \end{pmatrix}$; $r \in \mathbb{R}$

b) $\begin{pmatrix} 0{,}36 & -0{,}48 \\ -0{,}48 & 0{,}64 \end{pmatrix} \cdot r \cdot \begin{pmatrix} 3 \\ -4 \end{pmatrix} = \begin{pmatrix} 6r \\ -8r \end{pmatrix} = 2r \cdot \begin{pmatrix} 3 \\ -4 \end{pmatrix}$

c) (1) $r \cdot \begin{pmatrix} 4 \\ 3 \end{pmatrix}$ beschreibt alle Fixpunkte aus a). Die Abbildung hat also keine Wirkung.

(2) Nach b) gilt $T \cdot r \cdot \begin{pmatrix} 3 \\ -4 \end{pmatrix} = 2r \begin{pmatrix} 3 \\ -4 \end{pmatrix}$. Die Abbildung bewirkt eine Streckung um Faktor 2 in Richtung $\begin{pmatrix} 3 \\ -4 \end{pmatrix}$.

204

3. a) $\overrightarrow{OP}' = x_1 \cdot \begin{pmatrix} 3 \\ 1 \end{pmatrix} + x_2 \cdot \begin{pmatrix} 1 \\ 2 \end{pmatrix}$

b) Jede Abbildung der Form $0\vec{P}' = x_1 \cdot \vec{u} + x_2 \cdot \vec{w}$ mit linear unabhängigen Vektoren $\vec{u}$ und $\vec{w}$.

205

c) (1) $\overrightarrow{OP}' = x_1 \cdot \begin{pmatrix} 3 \\ 1 \end{pmatrix} + x_2 \cdot \begin{pmatrix} 1 \\ 2 \end{pmatrix} = \begin{pmatrix} 3x_1 + x_2 \\ x_1 + 2x_2 \end{pmatrix} = \begin{pmatrix} 3 & 1 \\ 2 & 2 \end{pmatrix} \cdot \begin{pmatrix} x_1 \\ x_2 \end{pmatrix}$

$= \begin{pmatrix} 3 & 1 \\ 2 & 2 \end{pmatrix} \cdot 0\vec{P}$

(2) $\overrightarrow{OP}' = x_1 \cdot \begin{pmatrix} u_1 \\ u_2 \end{pmatrix} + x_2 \cdot \begin{pmatrix} w_1 \\ w_2 \end{pmatrix} = \begin{pmatrix} u_1 x_1 + w_1 x_2 \\ u_2 x_1 + w_2 x_2 \end{pmatrix} = \begin{pmatrix} u_1 & w_1 \\ u_2 & w_2 \end{pmatrix} \cdot \begin{pmatrix} x_1 \\ x_2 \end{pmatrix}$

$= \begin{pmatrix} u_1 & w_1 \\ u_2 & w_2 \end{pmatrix} \cdot \overrightarrow{OP}$

d) $\overrightarrow{OP}' = T \cdot \overrightarrow{OP} + \vec{v}$ beinhaltet eine Verschiebung um den Vektor $\vec{v}$.

4. a) Sei $(k \mid l)$ mit $k, l \in \mathbb{Z}$ ein Punkt des Quadratrasters. Dann gilt

$\begin{pmatrix} 3 & -1 \\ 2 & 2 \end{pmatrix} \cdot \begin{pmatrix} k \\ l \end{pmatrix} = \begin{pmatrix} 3k - l \\ 2k + 2l \end{pmatrix} = k \begin{pmatrix} 3 \\ 2 \end{pmatrix} + l \begin{pmatrix} -1 \\ 2 \end{pmatrix}.$

Jeder Punkt des Quadratrasters des Koordinatensystems wird also auf einen Punkt des durch $\begin{pmatrix} 3 \\ 2 \end{pmatrix}$ und $\begin{pmatrix} -1 \\ 2 \end{pmatrix}$ aufgespannten Rasters abgebildet.

$\begin{pmatrix} 3 & -1 \\ 2 & 2 \end{pmatrix} \cdot \begin{pmatrix} k \\ l \end{pmatrix} + \begin{pmatrix} 3 \\ 2 \end{pmatrix} = \begin{pmatrix} 3k - l \\ 2k + 2l \end{pmatrix} + \begin{pmatrix} 3 \\ 2 \end{pmatrix} = (k+1) \begin{pmatrix} 3 \\ 2 \end{pmatrix} + l \begin{pmatrix} -1 \\ 2 \end{pmatrix}.$

Das Bildraster ist identisch. Die Bilder werden nur um den Vektor $\begin{pmatrix} 3 \\ 2 \end{pmatrix}$ verschoben.

b) Sei $(k \mid l)$ mit $k, l \in \mathbb{Z}$ ein Punkt des Quadratrasters. Dann gilt

$\begin{pmatrix} a_{11} & a_{12} \\ a_{21} & a_{22} \end{pmatrix} \cdot \begin{pmatrix} k \\ l \end{pmatrix} + \begin{pmatrix} v_1 \\ v_2 \end{pmatrix} = \begin{pmatrix} a_{11}k + a_{12}l + v_1 \\ a_{21}k + a_{22}l + v_2 \end{pmatrix}$

$= k \begin{pmatrix} a_{11} \\ a_{21} \end{pmatrix} + l \begin{pmatrix} a_{12} \\ a_{22} \end{pmatrix} + \begin{pmatrix} v_1 \\ v_2 \end{pmatrix}.$

Das Bild liegt auf dem um $\begin{pmatrix} v_1 \\ v_2 \end{pmatrix}$ verschobenen, durch die Vektoren $\begin{pmatrix} a_{11} \\ a_{21} \end{pmatrix}$ und $\begin{pmatrix} a_{12} \\ a_{22} \end{pmatrix}$ aufgespannten Raster. Es wird genau dann ein Raster erzeugt, wenn $\begin{pmatrix} a_{11} \\ a_{21} \end{pmatrix}$ und $\begin{pmatrix} a_{12} \\ a_{22} \end{pmatrix}$ kein Vielfaches voneinander sind.

205

5. $\begin{pmatrix} 2 & -2 \\ 2 & 2 \end{pmatrix} \cdot \begin{pmatrix} 1 \\ 0 \end{pmatrix} = \begin{pmatrix} 2 \\ 2 \end{pmatrix}$; $\begin{pmatrix} 2 & -2 \\ 2 & 2 \end{pmatrix} \cdot \begin{pmatrix} 0 \\ 1 \end{pmatrix} = \begin{pmatrix} -2 \\ 2 \end{pmatrix}$

Es handelt sich um eine Drehung um 45° gegen den Uhrzeigersinn mit Streckung um den Faktor $2 \cdot \sqrt{2}$.

6. a) Das System $\vec{x} = \begin{pmatrix} 0 & 1 \\ 2 & 1 \end{pmatrix} \cdot \vec{x} \Leftrightarrow \begin{pmatrix} -1 & 1 \\ 2 & 0 \end{pmatrix} \cdot \vec{x} = 0$ besitzt nur die Lösung $\vec{x} = \vec{0}$.

b) Das System $\begin{pmatrix} 0 & 1 \\ 2 & 1 \end{pmatrix} \cdot r \cdot \begin{pmatrix} 1 \\ -1 \end{pmatrix} = r\begin{pmatrix} -1 \\ 1 \end{pmatrix}$.

Die Geradenpunkte werden am Ursprung gespiegelt.

c) Wenn $\vec{x} = r \cdot \vec{v}$ Fixgerade ist, muss der Richtungsvektor $\vec{v}$ auf ein Vielfaches des Richtungsvektors abgebildet werden, d. h. es gilt

$$\begin{pmatrix} 0 & 1 \\ 2 & 1 \end{pmatrix} \cdot \begin{pmatrix} v_1 \\ v_2 \end{pmatrix} = t\begin{pmatrix} v_1 \\ v_2 \end{pmatrix} \Leftrightarrow \begin{pmatrix} -t & 1 \\ 2 & 1-t \end{pmatrix} \cdot \begin{pmatrix} v_1 \\ v_2 \end{pmatrix} = \begin{pmatrix} 0 \\ 0 \end{pmatrix}.$$

Das führt auf $v_1 \cdot (t^2 - t + 2) = 0$ also $t = 2 \vee t = -1$.

Für $t = -1$ erhalten wir die Gerade aus Teil a).

Für $t = 2$ ergibt sich $v_2 = 2v_1$ also $\vec{x} = t \cdot \begin{pmatrix} 1 \\ 2 \end{pmatrix}$.

d) g: $\vec{x} = r \cdot \vec{u}$ ist Fixgerade

$\Leftrightarrow$ für jeden Punkt $P \in g$ liegt das Bild P' in g

$\Leftrightarrow \overrightarrow{OP'} = T \cdot \overrightarrow{OP} = t \cdot \vec{u}$

$\Leftrightarrow T \cdot s \cdot \vec{u} = t \cdot \vec{u} \quad | : s$ für $s \neq 0$

$\Leftrightarrow T \cdot \vec{u} = \frac{t}{s} \cdot \vec{u}$ also ist $T\vec{u}$ ein Vielfaches von $\vec{u}$

7. a) $T_{90°} = \begin{pmatrix} 0 & -1 \\ 1 & 0 \end{pmatrix}$; $T_g = \begin{pmatrix} 0 & 1 \\ 1 & 0 \end{pmatrix}$

b) $\vec{e}_1{}' = T_{90°} \cdot \begin{pmatrix} 1 \\ 0 \end{pmatrix} = \begin{pmatrix} 0 \\ 1 \end{pmatrix}$; $\vec{e}_1{}'' = T_g \cdot \begin{pmatrix} 0 \\ 1 \end{pmatrix} = \begin{pmatrix} 1 \\ 0 \end{pmatrix}$

$\vec{e}_2{}' = T_{90°} \cdot \begin{pmatrix} 0 \\ 1 \end{pmatrix} = \begin{pmatrix} -1 \\ 0 \end{pmatrix}$; $\vec{e}_1{}'' = T_g \cdot \begin{pmatrix} -1 \\ 0 \end{pmatrix} = \begin{pmatrix} 0 \\ -1 \end{pmatrix}$

Damit $T_{ges} = \begin{pmatrix} 1 & 0 \\ 0 & -1 \end{pmatrix} = \begin{pmatrix} 0 & 1 \\ 1 & 0 \end{pmatrix} \cdot \begin{pmatrix} 0 & -1 \\ 1 & 0 \end{pmatrix}$

c) $T_{90°} \cdot T_g = \begin{pmatrix} -1 & 0 \\ 0 & 1 \end{pmatrix}$; $T_g \cdot T_{90°} = \begin{pmatrix} 1 & 0 \\ 0 & -1 \end{pmatrix}$

Eine Vertauschung der Reihenfolge führt auf verschiedene Abbildungen.

207

8. a) $A'\left(\frac{7}{25}\middle|\ \frac{24}{25}\right)$; $B'\left(\frac{24}{25}\middle|\ -\frac{7}{25}\right)$

b) $\overrightarrow{OP} = 6\begin{pmatrix}1\\0\end{pmatrix} + 2\begin{pmatrix}0\\1\end{pmatrix}$

$$\overrightarrow{OP}' = 6\begin{pmatrix}\frac{7}{24}\\ \frac{24}{25}\end{pmatrix} + 2\begin{pmatrix}\frac{24}{25}\\ -\frac{7}{25}\end{pmatrix} = \begin{pmatrix}\frac{18}{5}\\ \frac{26}{25}\end{pmatrix}$$

c) Für einen beliebigen Punkt $P(x_1 \mid x_2)$ gilt

$$\overrightarrow{OP}' = \left(x_1\overrightarrow{e_1} + x_2\overrightarrow{e_2}\right)' = x_1\overrightarrow{e_1}' + x_2\overrightarrow{e_2}' = x_1\begin{pmatrix}\frac{7}{25}\\ \frac{24}{25}\end{pmatrix} + x_2\begin{pmatrix}\frac{24}{25}\\ -\frac{7}{25}\end{pmatrix}$$

$$= \begin{pmatrix}\frac{7}{25}\cdot x_1 + \frac{24}{25}\cdot x_2\\ \frac{24}{25}\cdot x_1 - \frac{7}{25}\cdot x_2\end{pmatrix}$$

208

9. a) $\begin{pmatrix}0 & -1\\ -1 & 0\end{pmatrix}$ **b)** $\frac{1}{5}\cdot\begin{pmatrix}3 & 2\\ 4 & 1\end{pmatrix}$ **c)** $\frac{1}{13}\cdot\begin{pmatrix}5 & -12\\ -10 & -5\end{pmatrix}$

10. $\overrightarrow{OA} = T\overrightarrow{OB}$ also $\begin{pmatrix}5\\10\end{pmatrix} = \begin{pmatrix}a & b\\ b & -a\end{pmatrix}\begin{pmatrix}-11\\2\end{pmatrix}$

$$\Rightarrow \left.\begin{matrix}2b - 11a = 5\\ -11b - 2a = 10\end{matrix}\right\} \Rightarrow a = -\tfrac{3}{5},\ b = -\tfrac{4}{5} \Rightarrow T = \tfrac{1}{5}\begin{pmatrix}-3 & -4\\ -4 & 3\end{pmatrix}$$

Bestimmung der Geradengleichung:

$$\left.\begin{matrix}u^2 + v^2 = 5\\ 2uv = -4\end{matrix}\right\} \Rightarrow \begin{matrix}u = -1 & (-2)\\ v = 2 & (1)\end{matrix}$$

$$g:\ \overrightarrow{OX} = \lambda\cdot\begin{pmatrix}-1\\2\end{pmatrix}.$$

11. $T = \frac{1}{5}\begin{pmatrix}3 & -4\\ -4 & -3\end{pmatrix}$

$\overrightarrow{OA}' = \frac{1}{5}\begin{pmatrix}1\\7\end{pmatrix}$,

$\overrightarrow{OB}' = \frac{1}{5}\begin{pmatrix}4\\-22\end{pmatrix}$,

$\overrightarrow{OC}' = \frac{1}{5}\begin{pmatrix}-14\\-25\end{pmatrix}$

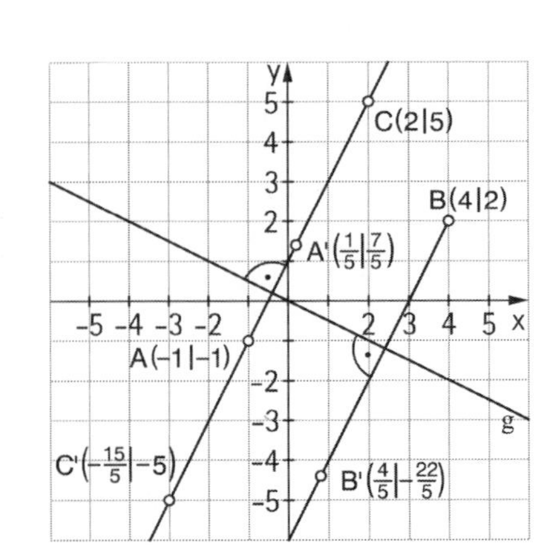

208

12. Bild von (1 | 0): S sei Lotfußpunkt von (1 | 0) auf g, dann gilt

$$\overrightarrow{OS} = \frac{u}{u^2+v^2}\cdot\begin{pmatrix}u\\v\end{pmatrix} \text{ und } \vec{e}_1{}' = \frac{1}{u^2+v^2}\cdot\begin{pmatrix}u^2-v^2\\2uv\end{pmatrix}$$

Bild von (0 | 1): S sei Lotfußpunkt von (0 | 1) auf g, dann gilt

$$\overrightarrow{OS} = \frac{v}{u^2+v^2}\cdot\begin{pmatrix}u\\v\end{pmatrix} \text{ und } \vec{e}_2{}' = \frac{1}{u^2+v^2}\cdot\begin{pmatrix}2uv\\v^2-u^2\end{pmatrix}, \text{ also:}$$

$$T = \frac{1}{u^2+v^2}\cdot\begin{pmatrix}u^2-v^2 & 2uv\\2uv & v^2-u^2\end{pmatrix}.$$

13. Mit (1) $\frac{u^2-v^2}{u^2+v^2} = -0,28$ und (2) $\frac{2uv}{u^2+v^2} = -0,96$ folgt u = –0,6 (0,8) und v = 0,8 (–0,6). Die Klammerwerte entfallen wegen (1) ⇒

Spiegelgerade g: $\overrightarrow{OX} = \lambda\cdot\begin{pmatrix}-0,6\\0,8\end{pmatrix}$

14. a) g: $\overrightarrow{OX} = \begin{pmatrix}2\\3\end{pmatrix} + \lambda\begin{pmatrix}3\\-4\end{pmatrix} = \vec{a} + \lambda\cdot\vec{\mu}$; $\overrightarrow{OP} = \begin{pmatrix}4\\5\end{pmatrix}$

(1) Verschiebung um $-\vec{a} = -\begin{pmatrix}2\\3\end{pmatrix}$: $\overrightarrow{OP} \to \overrightarrow{OP_1} = \begin{pmatrix}2\\2\end{pmatrix}$

(2) Spiegelung an g′: $\overrightarrow{OX} = \lambda\cdot\vec{u} = \lambda\begin{pmatrix}3\\-4\end{pmatrix}$: $\overrightarrow{OP_1} \to \overrightarrow{OP_2}$,

$$\overrightarrow{OP_1} + \overrightarrow{OP_2} = 2\cdot\frac{\vec{u}*\overrightarrow{OP_1}}{v^2}\cdot\vec{u} = -\frac{4}{25}\begin{pmatrix}3\\-4\end{pmatrix} \Rightarrow$$

$$\overrightarrow{OP_2} = -\frac{2}{25}\begin{pmatrix}31\\17\end{pmatrix}$$

(3) Verschiebung um $\vec{a} = \begin{pmatrix}2\\3\end{pmatrix}$: $\overrightarrow{OP_2} \to \overrightarrow{OP}'$

$$\overrightarrow{OP}' = \frac{1}{25}\begin{pmatrix}-12\\41\end{pmatrix}.$$

b) Es sei $\vec{a} = \overrightarrow{OA}$, dann ist $\overrightarrow{AP}' = T\cdot AP \Rightarrow$

$$\overrightarrow{AO} + \overrightarrow{OP}' = T\left(\overrightarrow{AO} + \overrightarrow{OP}\right) \Rightarrow -\vec{a} + \overrightarrow{OP} = T\left(-\vec{a} + \overrightarrow{OP}\right) \Rightarrow$$

$$\overrightarrow{OP}' = T\left(\overrightarrow{OP} - \vec{a}\right) + \vec{a}.$$

208

15. Gesucht $P'(x' \mid y')$.

$x' = kx$ und $y' = ky \Rightarrow P'(kx \mid ky)$

Zu zeigen: $k \cdot E \cdot \overrightarrow{OP} = \overrightarrow{OP}'$

$$k \cdot \begin{pmatrix} 1 & 0 \\ 0 & 1 \end{pmatrix} \cdot \begin{pmatrix} x \\ y \end{pmatrix} = k \begin{pmatrix} x \\ y \end{pmatrix} = \begin{pmatrix} kx \\ ky \end{pmatrix} \Rightarrow \overrightarrow{OP} = \begin{pmatrix} kx \\ ky \end{pmatrix}$$

16. $$T_{30^\circ} = \begin{pmatrix} \frac{\sqrt{3}}{2} & -\frac{1}{2} \\ \frac{1}{2} & \frac{\sqrt{3}}{2} \end{pmatrix} = \frac{1}{2} \begin{pmatrix} \sqrt{3} & -1 \\ 1 & \sqrt{3} \end{pmatrix}$$

$$\overrightarrow{OA}' = T \cdot \overrightarrow{OA} = \frac{1}{2} \begin{pmatrix} \sqrt{3} & 1 \\ 1 & \sqrt{3} \end{pmatrix} \begin{pmatrix} -2 \\ -1 \end{pmatrix} = \frac{1}{2} \begin{pmatrix} -2\sqrt{3}+1 \\ -2-\sqrt{3} \end{pmatrix}$$

$$\overrightarrow{OB}' = \frac{1}{2} \begin{pmatrix} 2\sqrt{3}-1 \\ 2-\sqrt{3} \end{pmatrix}$$

$$\overrightarrow{OC}' = \begin{pmatrix} -1 \\ \sqrt{3} \end{pmatrix}$$

17. $$T\varphi = \begin{pmatrix} \cos\varphi & -\sin\varphi \\ \sin\varphi & \cos\varphi \end{pmatrix}$$

$\cos\varphi = \frac{\sqrt{2}}{2} \Rightarrow \varphi = 45^\circ$ $\qquad$ $\sin\varphi = \frac{\sqrt{2}}{2} \Rightarrow \varphi = 45^\circ$

209

18. Bei Drehung um den Winkel φ besitzt das Bild von $(1 \mid 0)$ die Koordinaten $(\cos\varphi \mid \sin\varphi)$. Das Bild von $(0 \mid 1)$ ist um weitere 90° gedreht, also $(\cos(\varphi + 90^\circ) \mid \sin(\varphi + 90^\circ)) = (-\sin\varphi \mid \cos\varphi)$.

Damit $T = \begin{pmatrix} \cos\varphi & -\sin\varphi \\ \sin\varphi & \cos\varphi \end{pmatrix}$

19. $\varphi = \frac{\pi}{6} = 30^\circ$

209

20. a) A′(−0,6 | 4,2); B′(4,2 | 5,6); C′(11,8 | 2,4); D′(4,6 | −2,2)

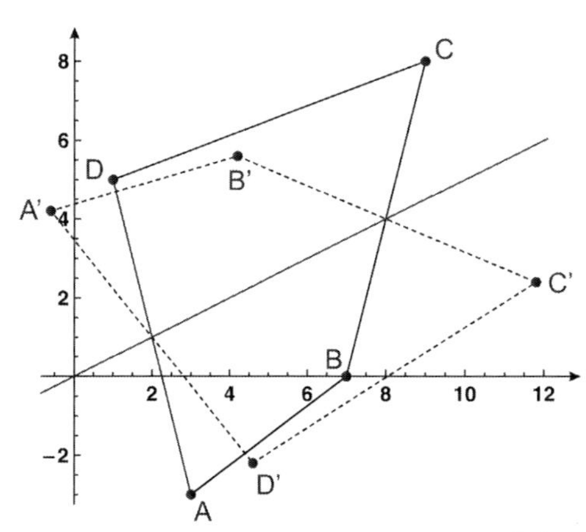

b) Spiegelung an der Geraden g: $\vec{x} = r \cdot \begin{pmatrix} 2 \\ 1 \end{pmatrix}$

Abbildungsmatrix nach Aufgabe 12, Schülerband Seite 208:

$$T = \frac{1}{2^2+1^2} \cdot \begin{pmatrix} 2^2 - 1^2 & 2 \cdot 2 \cdot 1 \\ 2 \cdot 2 \cdot 1 & 1^2 - 2^2 \end{pmatrix} = \begin{pmatrix} 0{,}6 & 0{,}8 \\ 0{,}8 & -0{,}6 \end{pmatrix}$$

21. Die Abbildung kann durch eine zentrische Streckung realisiert werden.
Streckfaktor k ≈ 1,15.
Abbildungvorschrift

$\overrightarrow{OP'} = 1{,}15 \cdot \begin{pmatrix} 1 & 0 \\ 0 & 1 \end{pmatrix} \cdot \overrightarrow{OP}$

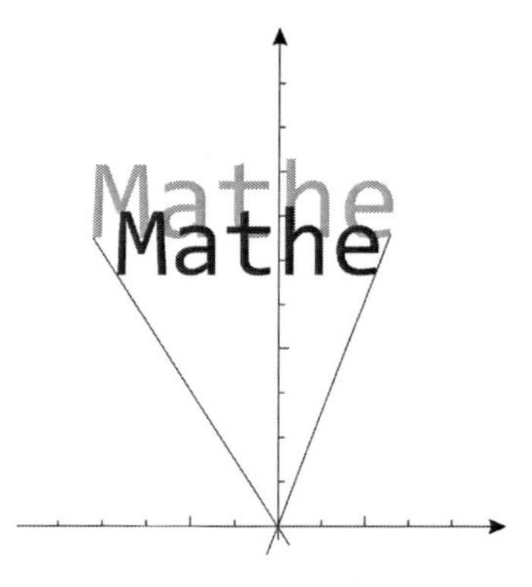

22. a) Sei (k | l) mit k, $l \in \mathbb{Z}$ ein Punkt des Quadratrasters. Dann gilt

$\begin{pmatrix} 2 & 1 \\ 1 & 2 \end{pmatrix} \cdot \begin{pmatrix} k \\ l \end{pmatrix} = k\begin{pmatrix} 2 \\ 1 \end{pmatrix} + l\begin{pmatrix} 1 \\ 2 \end{pmatrix}$.

Jeder Punkt des Quadratrasters wird auf einen Punkt des durch $\begin{pmatrix} 2 \\ 1 \end{pmatrix}$ und $\begin{pmatrix} 1 \\ 2 \end{pmatrix}$ aufgespannten Parallelogrammrasters abgebildet.

Durch den Vektor $\begin{pmatrix} 3 \\ 2 \end{pmatrix}$ erfolgt zusätzlich eine Verschiebung des Parallelogrammrasters um $\begin{pmatrix} 3 \\ 2 \end{pmatrix}$.

209

22. b) $\begin{pmatrix} 2 & 1 \\ 1 & 2 \end{pmatrix} \cdot \begin{pmatrix} x_1 \\ x_2 \end{pmatrix} + \begin{pmatrix} 3 \\ 2 \end{pmatrix} = \begin{pmatrix} 2x_1 + x_2 + 3 \\ x_1 + 2x_2 + 2 \end{pmatrix} = x_1 \begin{pmatrix} 2 \\ 1 \end{pmatrix} + x_2 \begin{pmatrix} 1 \\ 2 \end{pmatrix} + \begin{pmatrix} 3 \\ 2 \end{pmatrix}$.

23. a) $\overrightarrow{OP}' = \begin{pmatrix} a & b \\ c & d \end{pmatrix} \cdot \overrightarrow{OP} + \begin{pmatrix} v_1 \\ v_2 \end{pmatrix}$

Wegen $O(0 \mid 0) \mapsto O'(0 \mid 0)$ ist $\begin{pmatrix} v_1 \\ v_2 \end{pmatrix} = \begin{pmatrix} 0 \\ 0 \end{pmatrix}$.

$\begin{pmatrix} a & b \\ c & d \end{pmatrix} \cdot \begin{pmatrix} 1 \\ 1 \end{pmatrix} = \begin{pmatrix} 3 \\ 1 \end{pmatrix} \Leftrightarrow \begin{matrix} a + b = 3 \\ c + d = 1 \end{matrix}$

$\begin{pmatrix} a & b \\ c & d \end{pmatrix} \cdot \begin{pmatrix} -1 \\ 2 \end{pmatrix} = \begin{pmatrix} 3 \\ -4 \end{pmatrix} \Leftrightarrow \begin{matrix} -a + 2b = 3 \\ -c + 2d = -4 \end{matrix}$

Damit $S = \begin{pmatrix} 1 & 2 \\ 2 & -1 \end{pmatrix}$

b) $T = S^{-1} = \frac{1}{5}\begin{pmatrix} 1 & 2 \\ 2 & -1 \end{pmatrix}$

210

24. a) $A'(5 \mid 3)$; $B'(6 \mid 10)$; $C'(0 \mid 10)$

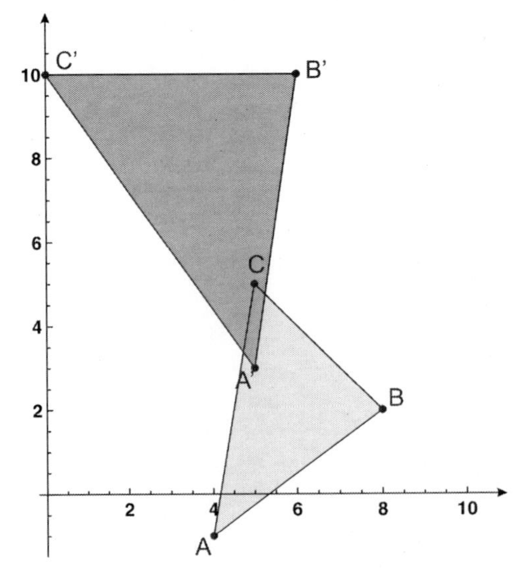

Es handelt sich um eine Drehung um 45° gegen den Uhrzeigersinn mit Streckung um Faktor $\sqrt{2}$.

b) Die Punkte werden wieder zurück abgebildet.

c) $S \cdot T = T \cdot S = E_2$

210

25. $T_g = \frac{1}{13}\begin{pmatrix} 5 & 12 \\ 12 & -5 \end{pmatrix}$

$T_h = \frac{1}{26}\begin{pmatrix} -24 & 10 \\ 10 & 24 \end{pmatrix} = \frac{1}{13}\begin{pmatrix} -12 & 5 \\ 5 & 12 \end{pmatrix}$

$\overrightarrow{OP}' = T_g \cdot \overrightarrow{OP} = \frac{1}{13}\begin{pmatrix} 5x + 12y \\ 12x - 5y \end{pmatrix}$

$\overrightarrow{OP}'' = T_h \cdot \overrightarrow{OP}' = \frac{1}{169}\begin{pmatrix} -60x - 144y + 60x - 25y \\ 25x + 60y + 144x - 60y \end{pmatrix} = \frac{1}{169}\begin{pmatrix} -169y \\ 169x \end{pmatrix} = \begin{pmatrix} -y \\ x \end{pmatrix}$

$T_h \cdot T_g = \frac{1}{169}\begin{pmatrix} -60 - 60 & -144 - 25 \\ 25 + 144 & 60 - 60 \end{pmatrix} = \begin{pmatrix} 0 & -1 \\ 1 & 0 \end{pmatrix}$

$\overrightarrow{OP}'' = (T_h \cdot T_g) \cdot \overrightarrow{OP} = \begin{pmatrix} 0 & -1 \\ 1 & 0 \end{pmatrix}\begin{pmatrix} x \\ y \end{pmatrix} = \begin{pmatrix} -y \\ x \end{pmatrix}$

26. a) $\overrightarrow{OP}' = T_h \cdot \overrightarrow{OP}$

$\overrightarrow{OP}'' = T_g \cdot \overrightarrow{OP}' = T_g \cdot T_n \cdot \overrightarrow{OP} = \overrightarrow{OP} \Rightarrow$ g und h stimmen überein.

b) $\overrightarrow{OP}'' = T_g \cdot \overrightarrow{OP}' = T_g \cdot T_h \cdot \overrightarrow{OP} = -\overrightarrow{OP} \Rightarrow u_g \cdot u_h + v_g \cdot v_h = 0 \Rightarrow g \perp h.$

27. a) $S = \begin{pmatrix} 2 & -2 \\ -2 & -2 \end{pmatrix}$

b) Berechne die Gerade durch zwei Bildpunkte.

$\begin{pmatrix} 2 & -2 \\ -2 & -2 \end{pmatrix} \cdot \begin{pmatrix} 4 \\ 1 \end{pmatrix} = \begin{pmatrix} 2 \\ -6 \end{pmatrix}; \quad \begin{pmatrix} 2 & -2 \\ -2 & -2 \end{pmatrix} \cdot \begin{pmatrix} 5 \\ 3 \end{pmatrix} = \begin{pmatrix} 4 \\ -16 \end{pmatrix}$

Bildgerade: $\vec{x} = \begin{pmatrix} 2 \\ -6 \end{pmatrix} + r \cdot \begin{pmatrix} 2 \\ -10 \end{pmatrix}$

c) $T = S^{-1} = \frac{1}{4}\begin{pmatrix} 1 & -1 \\ -1 & -1 \end{pmatrix}$

$T \cdot S = S \cdot T = E_2$

E_2 beschreibt die Identität. Abbildung und Umkehrabbildung hintereinander ausgeführt, liefert die Identität.

28. a) $\overrightarrow{OP}' = \frac{1}{2}\begin{pmatrix} 1 & 0 \\ 0 & 1 \end{pmatrix} \cdot \overrightarrow{OP} + \begin{pmatrix} 4 \\ 4 \end{pmatrix}$

210

28. b)

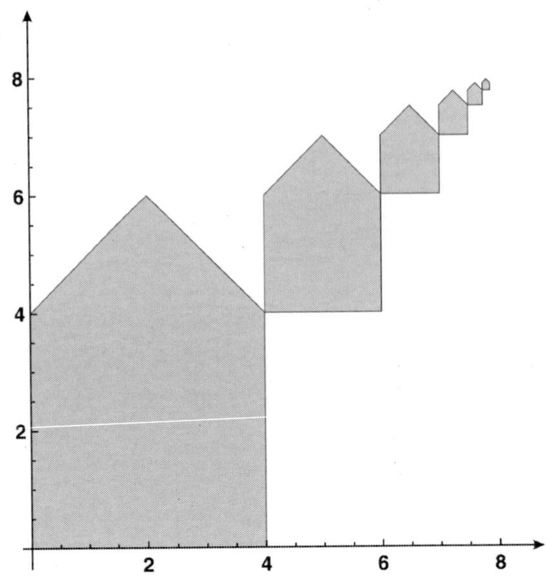

c) Löse $\vec{x} = \frac{1}{2}\begin{pmatrix} 1 & 0 \\ 0 & 1 \end{pmatrix} \cdot \vec{x} + \begin{pmatrix} 4 \\ 4 \end{pmatrix} \Leftrightarrow \frac{1}{2}\begin{pmatrix} 1 & 0 \\ 0 & 1 \end{pmatrix} \cdot \vec{x} = \begin{pmatrix} 4 \\ 4 \end{pmatrix} \Leftrightarrow \vec{x} = \begin{pmatrix} 8 \\ 8 \end{pmatrix}$

Damit ist (8 | 8) einziger Fixpunkt.

29. a) $A'\left(\frac{5}{2} \middle| \frac{5}{2}\right)$; $B'\left(-\frac{5}{2} \middle| \frac{5}{2}\right)$; $C'\left(-\frac{5}{2} \middle| -\frac{5}{2}\right)$; $D'\left(\frac{5}{2} \middle| -\frac{5}{2}\right)$

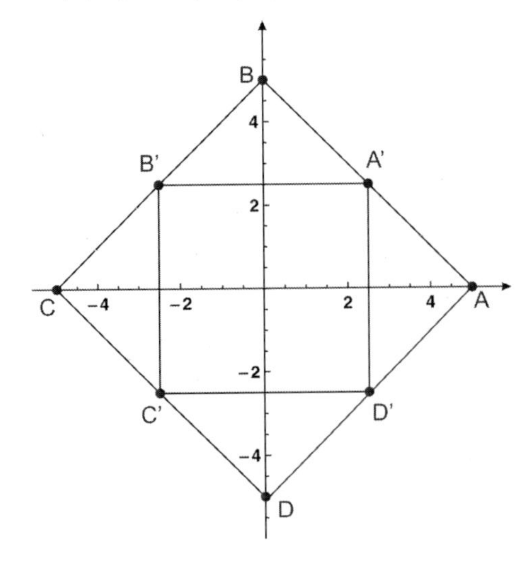

Die Umfänge werden mit dem Faktor $\frac{1}{\sqrt{2}}$ multipliziert.

[Die Flächeninhalte werden mit dem Faktor $\frac{1}{2}$ multipliziert.]

210

29. b) $\left(\frac{1}{2}\right)^n < \frac{1}{1000} \Leftrightarrow 2^n > 1000 \Leftrightarrow n \geq 10$

211

30. a) Die Abbildung beschreibt eine Drehung um $\varphi = \arctan\left(\frac{2}{6}\right) \approx 18{,}43°$

mit anschließender Streckung um Faktor $\sqrt{\frac{5}{8}}$. Bei jeder Anwendung wird das Ausgangsquadrat weiter gedreht und verkleinert.

b) $\overrightarrow{OP}' = S \cdot \overrightarrow{OP}$ mit $S = \begin{pmatrix} 0{,}75 & -0{,}25 \\ 0{,}25 & 0{,}75 \end{pmatrix}^{-1} = \begin{pmatrix} 1{,}2 & 0{,}4 \\ -0{,}4 & 1{,}2 \end{pmatrix}$

c) Bei einer unendlichen Folge von Quadraten wird bei einer Anwendung der Abbildung jedes Quadrat der Folge auf seinen Nachfolger abgebildet. Die geometrische Form der gesamten Folge bleibt also unverändert.

31. Alle Punkte P mit $\overrightarrow{OP} = t \cdot \begin{pmatrix} 1 \\ 1 \end{pmatrix}$; $t \in \mathbb{R}$

32. a) Alle Punkte P mit $\overrightarrow{OP} = t \cdot \begin{pmatrix} 3 \\ 4 \end{pmatrix}$; $t \in \mathbb{R}$

b) $\begin{pmatrix} -0{,}28 & 0{,}96 \\ 0{,}96 & 0{,}28 \end{pmatrix} \cdot r \cdot \begin{pmatrix} 4 \\ -3 \end{pmatrix} = -r \cdot \begin{pmatrix} 4 \\ -3 \end{pmatrix}$

Eine Fixgerade ist eine Gerade, bei der jeder Punkte der Geraden auf einen Punkt der Geraden abgebildet wird. Die Punkte müssen aber nicht notwendig auf sich selbst abgebildet werden.

33. Zu Eigenwert $k_1 = -2$: $\begin{pmatrix} -0{,}28 \\ -0{,}96 \end{pmatrix}$; zu Eigenwert $k_2 = 3$: $\begin{pmatrix} -0{,}96 \\ 0{,}28 \end{pmatrix}$

34. Eigenwert $k_1 = 0$: $\begin{pmatrix} -24 \\ 7 \end{pmatrix}$; Eigenwert $k_2 = 1250$: $\begin{pmatrix} 7 \\ 24 \end{pmatrix}$

35. a) Eigenwert $k_1 = -1$: $\begin{pmatrix} 1 \\ 1 \end{pmatrix}$; Eigenwert $k_2 = 1$: $\begin{pmatrix} -1 \\ 1 \end{pmatrix}$

b) Eigenwert $k_1 = 0$: $\begin{pmatrix} 1 \\ 2 \end{pmatrix}$; Eigenwert $k_2 = 1$: $\begin{pmatrix} 3 \\ 1 \end{pmatrix}$

c) Eigenwert $k_1 = -2$: $\begin{pmatrix} 1 \\ 1 \end{pmatrix}$; Eigenwert $k_2 = -1$: $\begin{pmatrix} -1 \\ 1 \end{pmatrix}$

d) keine Eigenwerte und Eigenvektoren

211

36. $\begin{pmatrix} 1 & -1 \\ 1 & 2 \end{pmatrix} \cdot \vec{x} = k \cdot \vec{x} \Leftrightarrow \begin{pmatrix} 1-k & -1 \\ 1 & 2-k \end{pmatrix} \cdot \vec{x} = \vec{0}.$

Das System besitzt genau dann nichttriviale Lösungen, wenn $k^2 - 3k + 3 = 0$ gilt. Die Gleichung hat keine (reelle) Lösung.

37. a) -

b) $\overrightarrow{OP}' = \begin{pmatrix} 4 & -4 \\ 3 & -4 \end{pmatrix} \cdot \left[3 \cdot \begin{pmatrix} 2 \\ 1 \end{pmatrix} + 2 \begin{pmatrix} 2 \\ 3 \end{pmatrix} \right] = 3 \cdot 2 \cdot \begin{pmatrix} 2 \\ 1 \end{pmatrix} + 2 \cdot (-2) \cdot \begin{pmatrix} 2 \\ 3 \end{pmatrix} = \begin{pmatrix} 4 \\ -6 \end{pmatrix}$

3.6.2 Abbildungen im Raum

214

2. a) Da die x_3-Koordinate 0 ist, gilt $x_3 + r \cdot (-1) = 0 \Leftrightarrow r = x_3$, damit

$$\overrightarrow{OP}' = \begin{pmatrix} x_1 \\ x_2 \\ x_3 \end{pmatrix} + x_3 \cdot \begin{pmatrix} 1 \\ 2 \\ -1 \end{pmatrix} = \begin{pmatrix} x_1 + x_3 \\ x_2 + 2x_3 \\ 0 \end{pmatrix}$$

Abbildungsgleichung: $\overrightarrow{OP}' = \begin{pmatrix} 1 & 0 & 1 \\ 0 & 1 & 2 \\ 0 & 0 & 0 \end{pmatrix} \cdot \overrightarrow{OP}$

b) Für $v_3 = 0$ würde die Projektion parallel zur x_1x_2-Ebene erfolgen. Dann existiert keine Abbildungsgleichung: $\overrightarrow{OP}' = \frac{1}{v_3} \begin{pmatrix} v_3 & 0 & -v_1 \\ 0 & v_3 & -v_2 \\ 0 & 0 & 0 \end{pmatrix} \cdot \overrightarrow{OP}$

c) $\vec{e}_1{}' = \frac{1}{v_3} \begin{pmatrix} v_3 & 0 & -v_1 \\ 0 & v_3 & -v_2 \\ 0 & 0 & 0 \end{pmatrix} \cdot \vec{e}_1 = \frac{1}{v_3} \begin{pmatrix} v_3 \\ 0 \\ 0 \end{pmatrix}$

$\vec{e}_2{}' = \frac{1}{v_3} \begin{pmatrix} v_3 & 0 & -v_1 \\ 0 & v_3 & -v_2 \\ 0 & 0 & 0 \end{pmatrix} \cdot \vec{e}_2 = \frac{1}{v_3} \begin{pmatrix} 0 \\ v_3 \\ 0 \end{pmatrix}$

$\vec{e}_3{}' = \frac{1}{v_3} \begin{pmatrix} v_3 & 0 & -v_1 \\ 0 & v_3 & -v_2 \\ 0 & 0 & 0 \end{pmatrix} \cdot \vec{e}_3 = \frac{1}{v_3} \begin{pmatrix} -v_1 \\ -v_2 \\ 0 \end{pmatrix}$

214

3. a) Drehungen um φ gegen den und mit dem Urzeigersinn.

b) $\overrightarrow{OD}' = \overrightarrow{OD} \cdot \cos\varphi + \vec{e}_3 \times \overrightarrow{OD} \cdot \sin\varphi$

$$\vec{e}_3 \times \overrightarrow{OD} = \begin{pmatrix} 0 \\ 0 \\ 1 \end{pmatrix} \times \begin{pmatrix} x_1 \\ x_2 \\ 0 \end{pmatrix} = \begin{pmatrix} -x_2 \\ x_1 \\ 0 \end{pmatrix}$$

$$\overrightarrow{OD}' = \begin{pmatrix} x_1 \\ x_2 \\ 0 \end{pmatrix} \cos\varphi + \begin{pmatrix} -x_2 \\ x_1 \\ 0 \end{pmatrix} \sin\varphi.$$

Drehung parallel zur 1-2-Ebene und 3. Koordinate unverändert lassen:

$$\overrightarrow{OP}' = \begin{pmatrix} x_1 \\ x_2 \\ 0 \end{pmatrix} \cos\varphi + \begin{pmatrix} -x_2 \\ x_1 \\ 0 \end{pmatrix} \sin\varphi + \begin{pmatrix} 0 \\ 0 \\ x_3 \end{pmatrix}$$

$$= \begin{pmatrix} \cos\varphi & -\sin\varphi & 0 \\ \sin\varphi & \cos\varphi & 0 \\ 0 & 0 & 1 \end{pmatrix} \cdot \begin{pmatrix} x_1 \\ x_2 \\ x_3 \end{pmatrix}.$$

215

4. a) Sei S der Lotfußpunkt von P auf E, dann gilt $\overrightarrow{OP}' = \overrightarrow{OP} + 2 \cdot \overrightarrow{PS}$.

S ist Schnittpunkt der Geraden g: $\vec{x} = \begin{pmatrix} 3 \\ -3 \\ 6 \end{pmatrix} + r \cdot \begin{pmatrix} 1 \\ -1 \\ 1 \end{pmatrix}$.

Damit ergibt sich $S(-1 \mid 2 \mid 2)$ und $P'(-5 \mid 5 \mid -2)$.

b) $\vec{e}_1{}' = \frac{1}{3}\begin{pmatrix} 1 \\ 2 \\ -2 \end{pmatrix}$; $\vec{e}_2{}' = \frac{1}{3}\begin{pmatrix} 2 \\ 1 \\ 2 \end{pmatrix}$; $\vec{e}_3{}' = \frac{1}{3}\begin{pmatrix} -2 \\ 2 \\ 1 \end{pmatrix}$

c) $T = \frac{1}{3}\begin{pmatrix} 1 & 2 & -2 \\ 2 & 1 & 2 \\ -2 & 2 & 1 \end{pmatrix}$

5. $P'\left(0 \middle| -3 \middle| \frac{5}{2}\right)$ $\left[P'\left(0 \middle| x_2 - x_1 \middle| \frac{3}{2}x_1 + x_3\right)\right]$

6. a) $A'\left(0 \mid 0 \mid \frac{7}{2}\right)$; $B'(-4 \mid 0 \mid 5)$; $C'(2 \mid 0 \mid 1)$

b) $A'(12 \mid 0 \mid -1)$; $B'(12 \mid 0 \mid -1)$; $C'(2 \mid 0 \mid 1)$

Die Bildpunkte von A und B sind identisch. A und B liegen auf einer Geraden in Richtung des Projektionsvektors.

7. $T = \begin{pmatrix} 1 & -2 & 0 \\ 0 & 0 & 0 \\ 0 & -2 & 1 \end{pmatrix}$

216

8. Abbildungsgleichung: $\overrightarrow{OP}' = \frac{1}{5}\begin{pmatrix} 0 & 0 & 0 \\ -3 & 5 & 0 \\ -2 & 0 & 5 \end{pmatrix} \cdot \overrightarrow{OP}$;

Projektionsvektor $\vec{v} = \begin{pmatrix} 5 \\ 3 \\ 2 \end{pmatrix}$

9. Projektion in der x_1x_2-Ebene. Abbildungsmatrix $T = \begin{pmatrix} 1 & 0 & -\frac{1}{2} \\ 0 & 1 & -\frac{1}{2} \\ 0 & 0 & 0 \end{pmatrix}$

$A'(-1{,}5 \mid -1{,}5 \mid 0)$; $B'(1{,}75 \mid -1{,}25 \mid 0)$; $C'(1{,}75 \mid 4{,}75 \mid 0)$; $D'(-1{,}5 \mid 4{,}5 \mid 0)$

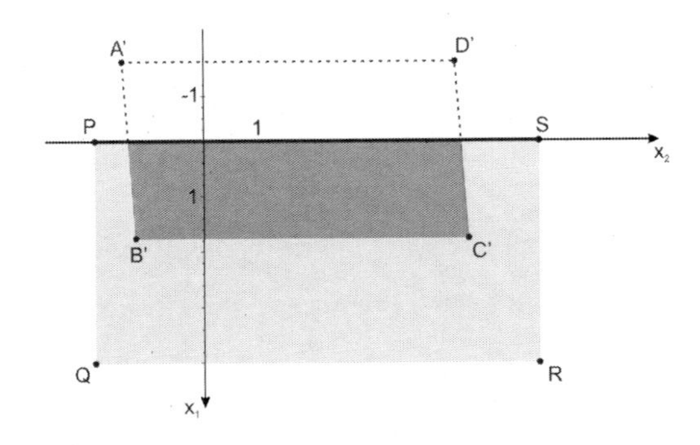

10. a) E: $\overrightarrow{OX} * \begin{pmatrix} 0 \\ 0 \\ 1 \end{pmatrix} = 0$ (Projektionsebene)

$$\vec{v} = -|v|\begin{pmatrix} 0 \\ \cos 60° \\ \sin 60° \end{pmatrix} = -\frac{|v|}{2}\begin{pmatrix} 0 \\ 1 \\ \sqrt{3} \end{pmatrix}$$ (Projektionsrichtung)

Abbildungsgleichung

$$\overrightarrow{OP}' = \overrightarrow{OP} - \vec{v} \cdot \frac{\vec{u} * \overrightarrow{OP}}{(\vec{u} * \vec{v})} = \overrightarrow{OP} + \vec{v} \cdot \frac{2x_3}{|\vec{v}| \cdot \sqrt{3}} \Rightarrow$$

$$\begin{pmatrix} x_1' \\ x_2' \\ x_3' \end{pmatrix} = \begin{pmatrix} 1 & 0 & 0 \\ 0 & 1 & -\frac{1}{\sqrt{3}} \\ 0 & 0 & 0 \end{pmatrix} \cdot \begin{pmatrix} x_1 \\ x_2 \\ x_3 \end{pmatrix}$$

216

10. b) $\overrightarrow{OA}' = T \cdot \overrightarrow{OA} = \begin{pmatrix} a_1 \\ a_2 - \frac{a_3}{\sqrt{3}} \\ 0 \end{pmatrix} = \begin{pmatrix} 1 \\ 1 \\ 0 \end{pmatrix}$, analog erhält man

$$\overrightarrow{OB}' = \begin{pmatrix} 3 \\ 1 \\ 0 \end{pmatrix};\quad \overrightarrow{OC}' = \begin{pmatrix} 3 \\ 3 \\ 0 \end{pmatrix};\quad \overrightarrow{OD}' = \begin{pmatrix} 1 \\ 3 \\ 0 \end{pmatrix};$$

$$\overrightarrow{OE}' = \begin{pmatrix} 1 \\ 1-\frac{4}{\sqrt{3}} \\ 0 \end{pmatrix};\quad \overrightarrow{OF}' = \begin{pmatrix} 3 \\ 1-\frac{4}{\sqrt{3}} \\ 0 \end{pmatrix};\quad \overrightarrow{OG}' = \begin{pmatrix} 3 \\ 3-\frac{4}{\sqrt{3}} \\ 0 \end{pmatrix};$$

$$\overrightarrow{OH}' = \begin{pmatrix} 1 \\ 3-\frac{4}{\sqrt{3}} \\ 0 \end{pmatrix};\quad \overrightarrow{OS}' = \begin{pmatrix} 2 \\ 2-\frac{6}{\sqrt{3}} \\ 0 \end{pmatrix}$$

11. Die Ableitungsgleichungen E: $\overrightarrow{OX} * \vec{n} = 0,\ \vec{n} = \begin{pmatrix} 0 \\ 0 \\ 1 \end{pmatrix}$ und

$$\overrightarrow{OP}' = T \cdot \overrightarrow{OP} \qquad \left(T = \begin{pmatrix} 1 & 0 & -4 \\ 0 & 1 & 3 \\ 0 & 0 & 0 \end{pmatrix} \right)$$

$$= \overrightarrow{OP} - \vec{v} \cdot \frac{\vec{n} * \overrightarrow{OP}}{\vec{n} \cdot \vec{v}} \qquad \text{führen auf} \quad \begin{pmatrix} v_1 \\ v_2 \\ v_3 \end{pmatrix} \cdot \frac{x_3}{v_3} = \begin{pmatrix} 4 \\ -3 \\ 1 \end{pmatrix} \cdot x_3 \quad \Rightarrow$$

Projektionsrichtung ist $\vec{v} = \begin{pmatrix} 4 \\ -3 \\ 1 \end{pmatrix}$.

12. a) Eine Parallelprojektion bzgl. der x_1x_2-Ebene mit Vektor $\vec{v}$ kann durch die Abbildungsmatrix

$T = \frac{1}{v_3} \begin{pmatrix} v_3 & 0 & -v_1 \\ 0 & v_3 & -v_2 \\ 0 & 0 & 0 \end{pmatrix}$ beschrieben werden. Es gilt

$$T \cdot \vec{v} = \frac{1}{v_3} \begin{pmatrix} v_3 & 0 & -v_1 \\ 0 & v_3 & -v_2 \\ 0 & 0 & 0 \end{pmatrix} \cdot \begin{pmatrix} v_1 \\ v_2 \\ v_3 \end{pmatrix} = \begin{pmatrix} 0 \\ 0 \\ 0 \end{pmatrix}$$

Seien nun $g_1: \vec{x} = \vec{a} + r \cdot \vec{u}$ und $g_2: \vec{x} = \vec{b} + s \cdot \vec{u}$ zwei parallele Geraden.

216

12. a) Fortsetzung

1\. Fall: $\vec{u}$ und $\vec{v}$ sind kollinear, also $\vec{u} = s \cdot \vec{v}$ für ein $s \in \mathbb{R}$

$$\begin{aligned} T \cdot (\vec{a} + r \cdot \vec{u}) &= T \cdot \vec{a} + r \cdot (T \cdot \vec{u}) \\ &= T \cdot \vec{a} + r \cdot (T \cdot s \cdot \vec{v}) \\ &= T \cdot \vec{a} + r \cdot s \cdot \underbrace{(T \cdot \vec{v})}_{=\vec{0}} \\ &= T \cdot \vec{a} \end{aligned}$$

Alle Punkte der Geraden werden daher auf den Punkt $T \cdot \vec{a}$ abgebildet. Das ist der Schnittpunkt der Geraden mit der Projektionsebene.
Zwei parallele verschiedene Geraden werden auf die Punkte $T \cdot \vec{a}$ und $T \cdot \vec{b}$ abgebildet.

2\. Fall: $\vec{u}$ und $\vec{v}$ sind nicht kollinear.
Dann erhält man die Bildgeraden
$T \cdot (\vec{a} + r \cdot \vec{u}) = T \cdot \vec{a} + r \cdot (T \cdot \vec{u})$ und $T \cdot (\vec{b} + s \cdot \vec{u}) = T \cdot \vec{b} + s \cdot (T \cdot \vec{u})$.
Da beide Geraden denselben Richtungsvektor besitzen, sind sie wieder parallel.

b) Sei C ein beliebiger Punkt auf der Geraden g: $\vec{x} = \overrightarrow{OA} + r_C \cdot \overrightarrow{AB}$ durch die Punkte A und B. Dann gilt $\overrightarrow{OC} = \overrightarrow{OA} + r_C \cdot \overrightarrow{AB}$.

1\. Fall: $\overrightarrow{AB}$ und $\vec{v}$ sind kollinear
A, B und C werden auf einen Punkt abgebildet. Vgl. a)

2\. Fall: $\overrightarrow{AB}$ und $\vec{v}$ sind nicht kollinear

$$\begin{aligned} \overrightarrow{OC'} &= T \cdot (\overrightarrow{OA} + r_C \cdot \overrightarrow{AB}) = T \cdot \overrightarrow{OA} + r_C \cdot T \cdot (\overrightarrow{OB} - \overrightarrow{OA}) \\ &= T \cdot \overrightarrow{OA} + r_C \cdot (T \cdot \overrightarrow{OB} - T \cdot \overrightarrow{OA}) \\ &= \overrightarrow{OA'} + r_C \cdot (\overrightarrow{OB'} - \overrightarrow{OA'}) \end{aligned}$$

In der Bildgeraden führt derselbe Parameter r_C zum Bildpunkt C′, d. h. Anordnung und Teilungsverhältnis bleiben unverändert.

c) -

13. a) $\overrightarrow{OX} = \begin{pmatrix} 0 \\ 6 + 5\cos t \\ 4 + 5\sin t \end{pmatrix}; \; 0 \le t \le 2\pi$

$\Rightarrow (x_2 - 6)^2 + (x_3 - 4)^2 = 25$, das beschreibt einen Kreis mit dem Mittelpunkt (0 | 6 | 4) und Radius 5.

216

13. b) $\overrightarrow{OX}' = P \cdot \overrightarrow{OX} = \begin{pmatrix} 1 & 0 & -4 \\ 0 & 1 & 4 \\ 0 & 0 & 0 \end{pmatrix} \begin{pmatrix} 0 \\ 6+5\cos(t) \\ 4+5\sin(t) \end{pmatrix} = \begin{pmatrix} -16-20\sin(t) \\ 22+5\cos(t)+20\sin(t) \\ 0 \end{pmatrix}$

(Schräg liegende Ellipse der 1-2-Ebene mit Mittelpunkt M(−16 | 22 | 0).)

217

14. a) $\overrightarrow{AP}' = \overrightarrow{AP} + 2\overrightarrow{PM}$

$\overrightarrow{PM} = -\frac{\vec{n}}{|\vec{n}|} \cdot \left|\overrightarrow{PM}\right|$

$\overrightarrow{PM} = \frac{\vec{n} * \overrightarrow{AP}}{|\vec{n}|}$

$\overrightarrow{AP}' = \overrightarrow{AP} - 2\frac{\vec{n}}{\vec{n}^2}\left(\vec{n} * \overrightarrow{AP}\right)$,

setze A in den Koordinatenursprung, dann gilt

$\overrightarrow{OP}' = \overrightarrow{OP} - 2\frac{\vec{n}}{\vec{n}^2}\left(\vec{n} * \overrightarrow{OP}\right)$

$\overrightarrow{OP}' = \begin{pmatrix} 3 \\ 2 \\ -4 \end{pmatrix} - 2\begin{pmatrix} 1 \\ -1 \\ 0 \end{pmatrix} \frac{1}{2} \cdot (3-2) = \begin{pmatrix} 2 \\ 3 \\ -4 \end{pmatrix}$

$\overrightarrow{OP}' = \begin{pmatrix} x_1 \\ x_2 \\ x_3 \end{pmatrix} - \begin{pmatrix} 1 \\ -1 \\ 0 \end{pmatrix} \cdot (x_1 - x_2) = \begin{pmatrix} x_2 \\ x_1 \\ x_3 \end{pmatrix}$

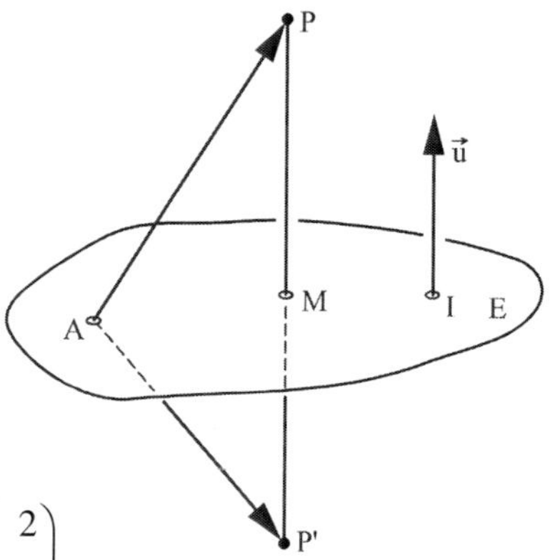

b) Lotfußpunkt S von P auf g: $S\left(\frac{1}{2} \middle| -\frac{1}{2} \middle| 0\right)$.

Bildpunkt: $\overrightarrow{OP'} = \overrightarrow{OP} + 2\overrightarrow{PS}$

P′(−2 | −3 | 4)

$\left[S\left(\frac{1}{2}(3x_1 - x_2) \middle| \frac{1}{2}(3x_2 - x_1) \middle| x_3\right);\ P'\left(2x_1 - x_2 \middle| 2x_2 - x_1 \middle| x_3\right)\right]$

15. a) Spiegelung an der x_1x_2-Ebene $\quad T = \begin{pmatrix} 1 & 0 & 0 \\ 0 & 1 & 0 \\ 0 & 0 & -1 \end{pmatrix}$

b) Spiegelung an der x_2x_3-Ebene $\quad T = \begin{pmatrix} -1 & 0 & 0 \\ 0 & 1 & 0 \\ 0 & 0 & 1 \end{pmatrix}$

c) $T = \begin{pmatrix} 1 & 0 & 0 \\ 0 & 0 & 1 \\ 0 & 1 & 0 \end{pmatrix}$

217

16. Gesucht ist die Abbildungsmatrix S mit $S \cdot A = B$. Wenn A^{-1} existiert gilt

$$S = B \cdot A^{-1} = \begin{pmatrix} 1{,}77778 & 0{,}777778 & -3{,}11111 \\ -0{,}777778 & 3{,}55556 & 0{,}444444 \\ 3{,}11111 & 0{,}444444 & 1{,}88889 \end{pmatrix}$$

17. Die Abbildungsmatrix für die Spiegelung an einer Ebene E: $\begin{pmatrix} a \\ b \\ c \end{pmatrix} \cdot \vec{x} = 0$

lautet: $T = \frac{1}{a^2+b^2+c^2} \begin{pmatrix} -a^2+b^2+c^2 & -2ab & -2ac \\ -2ab & a^2-b^2+c^2 & -2bc \\ -2ac & -2bc & a^2+b^2-c^2 \end{pmatrix}$

Vergleich mit der gegebenen Matrix liefert E: $\begin{pmatrix} 2 \\ -1 \\ 2 \end{pmatrix} \cdot \vec{x} = 0$.

18. Die Abbildungsmatrix für die Spiegelung an einer Geraden g: $\vec{x} = r \cdot \begin{pmatrix} a \\ b \\ c \end{pmatrix}$

lautet: $T = \frac{1}{a^2+b^2+c^2} \begin{pmatrix} a^2-b^2-c^2 & 2ab & 2ac \\ 2ab & -a^2+b^2-c^2 & 2bc \\ 2ac & 2bc & -a^2-b^2+c^2 \end{pmatrix}$

a) Vergleich mit der gegebenen Matrix liefert g: $\vec{x} = r \cdot \begin{pmatrix} 1 \\ 1 \\ -1 \end{pmatrix}$.

b) Vergleich mit der gegebenen Matrix liefert g: $\vec{x} = r \cdot \begin{pmatrix} 2 \\ -6 \\ 3 \end{pmatrix}$.

19. a) Entspricht Spiegelung an 2. Achse

$$S = \begin{pmatrix} -1 & 0 & 0 \\ 0 & 1 & 0 \\ 0 & 0 & -1 \end{pmatrix}$$

b) Bei dieser Abbildung bleibt die 1. Koordinate gleich, 2. und 3. werden vertauscht und das Vorzeichen von x_2 wechselt.

$$S = \begin{pmatrix} 1 & 0 & 0 \\ 0 & 0 & -1 \\ 0 & 1 & 0 \end{pmatrix}$$

217

20. Drehwinkel: 53,13°
Abbildungsmatrix für eine Drehung um die zweite Achse

$$T = \begin{pmatrix} \cos\varphi & 0 & \sin\varphi \\ 0 & 1 & 0 \\ -\sin\varphi & 0 & \cos\varphi \end{pmatrix}$$

Für den Winkel $\varphi = 53{,}13°$ ergibt sich: $T = \begin{pmatrix} \frac{3}{5} & 0 & -\frac{4}{5} \\ 0 & 1 & 0 \\ \frac{4}{5} & 0 & \frac{3}{5} \end{pmatrix}$

21. Vgl. 19 b). Drehung um 90° um die 1. Achse.

22. Drehung parallel zur 1-2-Ebene und 3. Koordinate unverändert lassen:

$$\overrightarrow{OP}' = \begin{pmatrix} x_1 \\ x_2 \\ 0 \end{pmatrix} \cos\varphi + \begin{pmatrix} -x_2 \\ x_1 \\ 0 \end{pmatrix} \sin\varphi + \begin{pmatrix} 0 \\ 0 \\ x_3 \end{pmatrix} = \begin{pmatrix} \cos\varphi & -\sin\varphi & 0 \\ \sin\varphi & \cos\varphi & 0 \\ 0 & 0 & 1 \end{pmatrix} \cdot \begin{pmatrix} x_1 \\ x_2 \\ x_3 \end{pmatrix}.$$

218

23. a) Drehung um 45° um x_1-Achse

b) Spiegelung an Gerade g: $\overrightarrow{OX} = \lambda \begin{pmatrix} 2 \\ 0 \\ 1 \end{pmatrix}$

c) Spiegelung an Ebene E: $\overrightarrow{OX} \cdot \begin{pmatrix} 1 \\ -1 \\ 1 \end{pmatrix} = 0$

24. a) $\overrightarrow{OA}' = T \cdot \overrightarrow{OA} = \frac{1}{10} \begin{pmatrix} 4 & -4 & -4 \\ -3 & 8 & -2 \\ -3 & -2 & 8 \end{pmatrix} \cdot \begin{pmatrix} 0 \\ 1 \\ -1 \end{pmatrix} = \frac{1}{10} \begin{pmatrix} 0 \\ 10 \\ -10 \end{pmatrix} = \begin{pmatrix} 0 \\ 1 \\ -1 \end{pmatrix}$

$\overrightarrow{OB}' = T \cdot \overrightarrow{OB} = \begin{pmatrix} -2 \\ 2 \\ 1 \end{pmatrix}$

$\overrightarrow{OC}' = T \cdot \overrightarrow{OC} = \begin{pmatrix} 0 \\ 0 \\ 0 \end{pmatrix}$

218

24. b) $\overrightarrow{OX}' = T \cdot \overrightarrow{OX} = \overrightarrow{OX}$

$$\tfrac{1}{10}\begin{pmatrix} 4x_1 - 4x_2 - 4x_3 \\ -3x_1 + 8x_2 - 2x_3 \\ -3x_1 - 2x_2 + 8x_3 \end{pmatrix} = \begin{pmatrix} x_1 \\ x_2 \\ x_3 \end{pmatrix} \Rightarrow 2x_2 = -3x_1 - 2x_3 \Rightarrow \overrightarrow{OX} * \begin{pmatrix} 3 \\ 2 \\ 2 \end{pmatrix} = 0$$

oder $\overrightarrow{OX} = t\begin{pmatrix} 2 \\ 0 \\ -3 \end{pmatrix} + s\begin{pmatrix} 0 \\ 2 \\ -2 \end{pmatrix}$ $\quad t, s \in \mathbb{R}$ und Fixpunkte.

25. $A'(6|9|-12)$, $B'(0|0|0)$, $C'(-6|9|3)$, $D'\left(\frac{3}{2}|0|-6\right)$, $E'(3|3|3)$

Abbildung: Streckung um Faktor 3.

26. Allgemein gilt

g: $\overrightarrow{OX} = \overrightarrow{OZ} + \lambda \cdot \overrightarrow{PZ}$

E: $\overrightarrow{OX} * \vec{n} = d$; für $\overrightarrow{OP}'$ gilt

$$\left.\begin{aligned} \overrightarrow{OP}' &= \overrightarrow{OZ} + \lambda' \overrightarrow{PZ} \\ \overrightarrow{OP}' * \vec{n} &= d \end{aligned}\right\} \Rightarrow \lambda' = \frac{d - \vec{n} * \overrightarrow{OZ}}{\vec{n} * \overrightarrow{PZ}}$$

Für den Fall $\overrightarrow{OZ} = \begin{pmatrix} 0 \\ 0 \\ 0 \end{pmatrix}$, $\vec{n} = \begin{pmatrix} 1 \\ -2 \\ 2 \end{pmatrix}$, $d = 0$

$$\lambda' = \frac{0-0}{\vec{n} * \overrightarrow{PZ}} = 0 \Rightarrow \overrightarrow{OP}' = \begin{pmatrix} 0 \\ 0 \\ 0 \end{pmatrix}.$$

27. a) 2-3-Ebene: $\overrightarrow{OX} * \begin{pmatrix} 1 \\ 0 \\ 0 \end{pmatrix} = 0$

$$\overrightarrow{OP}' = \overrightarrow{OZ} + \overrightarrow{PZ}\frac{\left(d - \vec{n} * \overrightarrow{OZ}\right)}{\left(\vec{n} * \overrightarrow{PZ}\right)} = \begin{pmatrix} 4 \\ 0 \\ 4 \end{pmatrix} + \begin{pmatrix} 4 - x \\ -y \\ 4 - z \end{pmatrix} \cdot \frac{-4}{4-x} = \begin{pmatrix} 0 \\ y \\ z - x \end{pmatrix} \cdot \frac{4}{4-x}$$

b) $A'(0|0|0)$, $B'(0|2|0)$, $C'\left(0\left|\frac{1}{2}\right|2\right)$, $D'\left(0\left|\frac{2}{3}\right|\frac{14}{3}\right)$

218

28. Aus 26. folgt: $\overrightarrow{OP}' = \frac{(\vec{n}*\overrightarrow{OP}-d)\cdot\overrightarrow{OZ}+d'\overrightarrow{OP}}{\vec{n}*\overrightarrow{OP}-\vec{n}*\overrightarrow{OZ}}$ mit $d' = d - \vec{n}*\overrightarrow{OZ}$.

Mit den Werten dieser Aufgabe folgt: $\vec{n} = \begin{pmatrix}1\\0\\0\end{pmatrix}$; $d = 0$, $d' = -\vec{n}*\overrightarrow{OZ} = -6$

$\overrightarrow{OP}' = \frac{x_1\cdot\overrightarrow{OZ}-6\cdot\overrightarrow{OP}}{x_1-6}$.

	$Z_1(6\mid 0\mid 2)$	$Z_2(6\mid 1\mid 2)$
P′	$(0\mid -2\mid 0)$	$(0\mid -2\mid 0)$
Q′	$(0\mid 0\mid 0)$	$(0\mid 0\mid 0)$
R′	$\left(0\mid 0\mid \frac{1}{2}\right)$	$\left(0\mid \frac{1}{4}\mid \frac{1}{2}\right)$
S′	$\left(0\mid -\frac{3}{2}\mid \frac{1}{2}\right)$	$\left(0\mid -\frac{5}{4}\mid \frac{1}{2}\right)$
T′	$(0\mid -2\mid 4)$	$(0\mid -2\mid 4)$
U′	$(0\mid 0\mid 4)$	$(0\mid 0\mid 4)$
V′	$\left(0\mid 0\mid \frac{7}{2}\right)$	$\left(0\mid \frac{1}{4}\mid \frac{7}{2}\right)$
W′	$\left(0\mid -\frac{3}{2}\mid \frac{7}{2}\right)$	$\left(0\mid -\frac{5}{4}\mid \frac{7}{2}\right)$
X′	$\left(0\mid -\frac{6}{7}\mid \frac{38}{7}\right)$	$\left(0\mid -\frac{5}{7}\mid \frac{38}{7}\right)$

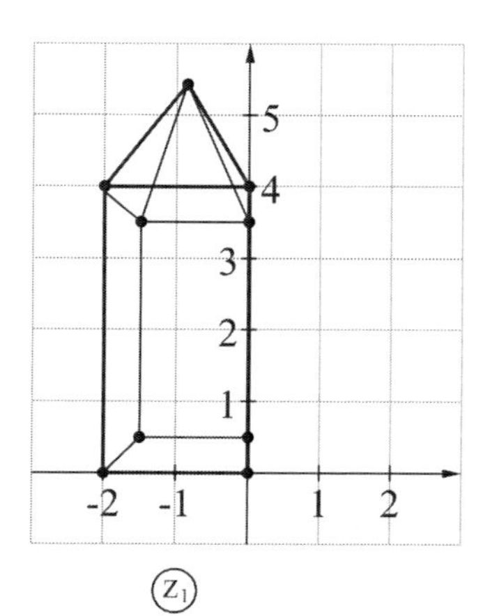

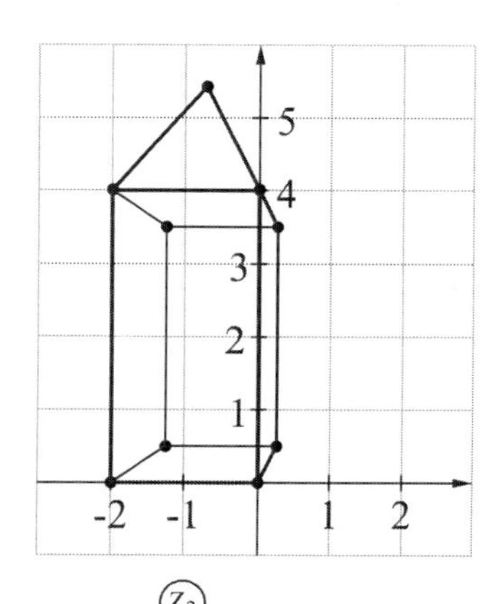

219

29. a) $S_1 = \frac{1}{2}\begin{pmatrix} 0 & 2 & 0 \\ 2 & 0 & 0 \\ 0 & 0 & 2 \end{pmatrix} = \begin{pmatrix} 0 & 1 & 0 \\ 1 & 0 & 0 \\ 0 & 0 & 1 \end{pmatrix}, \quad S_2 = \begin{pmatrix} -1 & 0 & 0 \\ 0 & 1 & 0 \\ 0 & 0 & 1 \end{pmatrix}$

b) $T = S_2 \cdot S_1 = \begin{pmatrix} 0 & -1 & 0 \\ 1 & 0 & 0 \\ 0 & 0 & 1 \end{pmatrix}$

c) T beschreibt eine Drehung um die 3. Achse um den Winkel $\varphi = 270°$.

30. a) Die gegebene Matrix D(t) hat die Gestalt einer Abbildungsmatrix, die eine Drehbewegung um die 3. Achse beschreibt. Eine volle Umdrehung ist eine Drehung um den Winkel 2π. Dabei kehrt die Figur in ihre Ausgangsposition zurück. Das passiert in unserem Fall nach genau 2 Sekunden, denn es ist wegen Periodizität von sin und cos $D(0) \neq D(t)$ für alle $0 < t < 2$ und $D(0) = D(2)$. Also dauert jede volle Umdrehung 2 Sekunden.

b) Gesucht ist die Matrix T mit $\overrightarrow{OP}' = T \cdot \overrightarrow{OP}$:

$\vec{v} = \begin{pmatrix} 4 \\ 1 \\ -1 \end{pmatrix}; \quad \vec{n} = \begin{pmatrix} 0 \\ 0 \\ 1 \end{pmatrix}; \quad \overrightarrow{OP}' = \overrightarrow{OP} - \frac{\vec{v} \cdot \left(\vec{n} * \overrightarrow{OP}\right)}{\vec{n} * \vec{v}} = \overrightarrow{OP} + x_3 \cdot \vec{v}$

$\Rightarrow T = \begin{pmatrix} 1 & 0 & 4 \\ 0 & 1 & 1 \\ 0 & 0 & 0 \end{pmatrix}.$

$T \cdot \begin{pmatrix} 0 & 0 & 0 & 0 & 0 & 0 \\ 0 & 3 & 3 & 1 & 1 & 0 \\ 1 & 1 & 2 & 2 & 6 & 6 \end{pmatrix} = \begin{pmatrix} 4 & 4 & 8 & 8 & 24 & 24 \\ 1 & 4 & 5 & 3 & 7 & 6 \\ 0 & 0 & 0 & 0 & 0 & 0 \end{pmatrix}$

31. a) $t \cdot \begin{pmatrix} 1 \\ -2 \\ 2 \end{pmatrix}$ mit $t \in \mathbb{R}\setminus\{0\}$.

Die Vektoren werden um den Faktor 2 gestreckt.

b) $s \cdot \begin{pmatrix} -2 \\ 0 \\ 1 \end{pmatrix} + t \cdot \begin{pmatrix} 2 \\ 1 \\ 0 \end{pmatrix}$ mit $s, t \in \mathbb{R}$, $s^2 + t^2 > 0$.

Die Vektoren werden am Ursprung gespiegelt.

c) $\overrightarrow{OP}$ kann als Linearkombination aus einem Eigenvektor $\vec{x}_1$ zum Eigenwert -1 und einem Eigenvektor $\vec{x}_2$ zum Eigenwert 2 dargestellt werden. Bei der Abbildung wird die $\vec{x}_1$-Komponente gespiegelt und die $\vec{x}_2$-Komponente verdoppelt.

4 WAHRSCHEINLICHKEITSRECHNUNG

Lernfeld

224

1. (1) $P(k_1\text{-mal Wappen}) = \frac{1}{2^{k_1}}$. Die Gleichung $2^{k_1} = 14\,000\,000$ hat die Lösung $k_1 \approx 24$.

(2) $P(k_2\text{-mal Sechs}) \approx \frac{1}{6^{k_2}}$. Die Gleichung $6^{k_2} = 14\,000\,000$ hat die Lösung $k_2 \approx 9$.

2. Eine vom GTR generierte 6er-Sequenz ist unbrauchbar, wenn mindestens 2 gleiche Zahlen vorkommen.
P(mindestens zwei Zahlen gleich) = 1 – P(alle Zahlen verschieden)
$= 1 - \frac{49 \cdot 48 \cdot 47 \cdot 46 \cdot 45 \cdot 44}{49^6} \approx 0{,}273$. Dieser Wert sollte sich in der Häufigkeitstabelle widerspiegeln.

3. (1) Benutzen Sie eine Vierfeldertafel:
- mit absoluten Häufigkeiten

	männlich	weiblich	gesamt
Hochschulreife	6 180	8 220	14 400
sonstige	16 050	13 920	29 970
gesamt	22 230	22 140	44 370

- mit zugehörigen relativen Häufigkeiten

	männlich	weiblich	gesamt
Hochschulreife	0,139	0,185	0,324
sonstige	0,362	0,314	0,676
gesamt	0,501	0,499	1

(2) Durch die Zufallsauswahl sind unter anderem folgende Aussagen möglich:
Wahrscheinlichkeit, dass die Person männlich ist: 0,501.
Wahrscheinlichkeit, dass die Person weiblich ist: 0,499.
Wahrscheinlichkeit, dass die Person die Hochschulreife erreicht hat: 0,324.
Wahrscheinlichkeit, dass die Person nicht die Hochschulreife erreicht hat: 0,676.
Wahrscheinlichkeit, dass die Person männlich ist und die Hochschulreife erreicht hat: 0,139.
Wahrscheinlichkeit, dass die Person männlich ist und die Hochschulreife nicht erreicht hat: 0,362.
Wahrscheinlichkeit, dass die Person weiblich ist und die Hochschulreife erreicht hat: 0,185.
Wahrscheinlichkeit, dass die Person weiblich ist und die Hochschulreife nicht erreicht hat: 0,314.

225

4. Anteil der Mädchen in Deutschland: $\frac{332\,652}{682\,514} \approx 48{,}74\ \%$

Vermutliche Anzahl Mädchen in RLP: 48,74 % von 32 223: ≈ 15 705

5. (1) Im Mittel kommt die erste Sechs nach 6 Versuchen.
(2) Man kann im Mittel mit 20 Sechsen rechnen.

6. Es kann vorkommen, dass niemand an einem ausgesuchten Tag Geburtstag hat. Geht man davon aus, dass die Wahrscheinlichkeit an einem Tag Geburtstag zu haben, für alle Tage gleich $\frac{1}{365}$ ist, dann ist die Wahrscheinlichkeit, dass unter 500 Personen keiner den ausgesuchten Tag trifft: 0,254 [0,111; 0,064; 0,037].

4.1 Zufallsexperimente – Wahrscheinlichkeit

4.1.1 Wahrscheinlichkeit als zu erwartende relative Häufigkeit – Empirisches Gesetz der großen Zahlen

228

2. (1) mögliche Ergebnisse: 1, 2, 3, 4, 5, 6
Wahrscheinlichkeit jeweils $\frac{1}{6}$

(2) 1, 2, 3, 4; $\frac{1}{4}$

(3) 0, 1, 2, 3, ..., 9; $\frac{1}{10}$

(4) Karo 7, Herz 7, Pik 7, Kreuz 7, ..., Karo Ass, Herz Ass, Pik Ass, Kreuz Ass; $\frac{1}{32}$

3. 25% von 50 Spielen: ca. 12 - 13 Gewinnspiele
25% von 30 Spielen: ca. 7 - 8 Gewinnspiele
25% von 100 Spielen: ca. 25 Gewinnspiele
Der Anteil der Gewinnspiele wird ungefähr 25% betragen.

231

4. Hat man eine Ergebnismenge S, die nur die Ereignisse E und „nicht E" (kurz $\overline{E}$) enthält, lässt sich bei Kenntnis der Wahrscheinlichkeit für das Eintreten von E direkt die Wahrscheinlichkeit für das Eintreten von $\overline{E}$ mit der Komponentenregel berechnen.
Beispiele:

- Regenwahrscheinlichkeit: S = {„Regen", „kein Regen"}, E: „Regen"
  $P(E) = 0{,}4 \Rightarrow P(\overline{E}) = 1 - P(E) = 0{,}6 = 60\ \%$
- einmaliges Würfeln: S = {„6", „keine 6"}, E: „6"
  $P(E) = \frac{1}{6} \Rightarrow P(\overline{E}) = 1 - P(E) = \frac{5}{6} \approx 83{,}3\ \%$

231

5. **a)** $\frac{1}{37}$ **b)** 10-mal **c)** Die relativen Häufigkeiten stabilisieren sich bei $\frac{1}{37}$.

6. Insgesamt leben 82,3 Millionen Menschen in Deutschland, davon sind 44,5 Millionen mindestens 21 Jahre alt, aber unter 60. Die Wahrscheinlichkeit, eine solche Person zufällig auszuwählen, beträgt daher

$\frac{44,5}{82,3} \approx 0,541 = 54,1\,\%$.

7. (1) Diese Aussage ist falsch, als Mittelwertaussage jedoch richtig (Zusatz: im Mittel...)
(2) falsch: Es gibt auch Wurfserien von 6 Würfen ohne 3.
(3) falsch: Der Würfel hat kein Gedächtnis.
(4) wahr
(5) vergl. (2)
(6) wahr

232

8. $E_1 = \{2, 3, 5, 7, 11, 13, 17, 19, 23, 29, 31, 37, 41, 43, 47\}$
$P(E_1) = \frac{15}{50} = 0,3$

$E_2 = \{9, 18, 27, 36, 45\}$ $P(E_2) = \frac{5}{50} = 0,1$

$E_3 = \{1, 3, 5, 7, ..., 47, 49\}$ $P(E_3) = \frac{25}{50} = 0,5$

$E_4 = \{10, 11, 12, ..., 49, 50\}$ $P(E_4) = \frac{41}{50} = 0,82$

$E_5 = \{5, 10, 15, 20, 25, 30, 35, 40, 45, 50\}$ $P(E_5) = \frac{10}{50} = 0,2$

$E_6 = \{1, 2, 3, ..., 30, 31\}$ $P(E_6) = \frac{31}{50} = 0,62$

9. (1) $\frac{8}{32} = \frac{1}{4}$ (2) $\frac{16}{32} = \frac{1}{2}$ (3) $\frac{16}{32} = \frac{1}{2}$ (4) $\frac{2}{32} = \frac{1}{16}$

10. Es bezeichne E_4 das Ereignis „durch 4 teilbar“.
Es bezeichne E_6 das Ereignis „durch 6 teilbar“.
$E_4 = \{4, 8, 12, 16, 20, 24, 28, 32, 36, 40, 44, 48\}$
$E_6 = \{6, 12, 18, 24, 30, 36, 42, 48\}$
$P(E_4) = \frac{12}{50} = 0,24$, $P(E_6) = \frac{8}{50} = 0,16$
Würde man $P(E_4)$ und $P(E_6)$ einfach addieren, würde man die Kugeln mit den Zahlen 12, 24, 36 und 48 doppelt berücksichtigen, also muss man die Wahrscheinlichkeit für die Schnittmenge $E_4 \cap E_6 = \{12, 24, 36, 48\}$ subtrahieren: $P(E_4 \cap E_6) = \frac{4}{50} = 0,08$.
Es gilt also $P(E_4 \cup E_6) = P(E_4) + P(E_6) - P(E_4 \cap E_6)$
$= 0,24 + 0,16 - 0,08 = 0,32$, wie behauptet.

232 **11. a)** (1) $\frac{7}{28}$ (2) $P(5) = \frac{3}{28}$ [(5; 0), (4; 1), (3; 2)]

$P(8) = \frac{3}{28}$ [(6; 2), (5; 3), (4; 4)]

b) (1) $\frac{6}{21}$ (2) $P(5) = \frac{3}{21}$; $P(8) = \frac{2}{21}$

[(1) $\frac{5}{15}$ (2) $P(5) = \frac{2}{15}$; $P(8) = \frac{1}{15}$]

233 **12.**

	Tetraeder	Hexaeder	Oktaeder	Dodekaeder	Ikosaeder
(1)	$\frac{2}{4}$	$\frac{3}{6}$	$\frac{4}{8}$	$\frac{7}{12}$	$\frac{12}{20}$
(2)	$\frac{2}{4}+\frac{1}{4}-\frac{0}{4}=\frac{3}{4}$	$\frac{3}{6}+\frac{2}{6}-\frac{1}{6}=\frac{4}{6}$	$\frac{4}{8}+\frac{2}{8}-\frac{1}{8}=\frac{5}{8}$	$\frac{6}{12}+\frac{4}{12}-\frac{2}{12}=\frac{8}{12}$	$\frac{10}{20}+\frac{6}{20}-\frac{3}{20}=\frac{13}{20}$
(3)	$\frac{1}{4}+\frac{0}{4}-\frac{0}{4}=\frac{1}{4}$	$\frac{1}{6}+\frac{1}{6}-\frac{0}{6}=\frac{2}{6}$	$\frac{2}{8}+\frac{1}{8}-\frac{0}{8}=\frac{3}{8}$	$\frac{3}{12}+\frac{2}{12}-\frac{1}{12}=\frac{4}{12}$	$\frac{5}{20}+\frac{3}{20}-\frac{1}{20}=\frac{7}{20}$
(4)	$1-\left(\frac{1}{4}+\frac{0}{4}-\frac{0}{4}\right)$ $=\frac{3}{4}$	$1-\left(\frac{1}{6}+\frac{1}{6}-\frac{0}{6}\right)$ $=\frac{4}{6}$	$1-\left(\frac{2}{8}+\frac{1}{8}-\frac{0}{8}\right)$ $=\frac{5}{8}$	$1-\left(\frac{3}{12}+\frac{2}{12}-\frac{0}{12}\right)$ $=\frac{7}{12}$	$1-\left(\frac{5}{20}+\frac{4}{20}-\frac{1}{20}\right)$ $=\frac{12}{20}$

13. $P(A) = \frac{12}{100}$,

$P(B) = \frac{6}{100}$,

$P(C) = \frac{12}{100} + \frac{11}{100} - \frac{22}{100} = \frac{1}{100}$,

$P(D) = \frac{11}{100} + \frac{6}{100} - \frac{15}{100} = \frac{2}{100}$,

$P(E) = \frac{8}{100} + \frac{6}{100} - \frac{13}{100} = \frac{1}{100}$,

$P(F) = \frac{8}{100} + \frac{5}{100} - \frac{13}{100} = \frac{0}{100}$

14. $P(C) = 0{,}2$, $P(M) = 0{,}72$, gesucht jeweils $P(C \cup M)$

Mindestanzahl der Haushalte mit mindestens einem der beiden Geräte:

72 %. Dann hätte jeder, der eine Mikrowelle hat, auch einen Camcorder, d. h. es wäre $P(C \cap M) = 0{,}2$,

also $P(C \cup M) = 0{,}2 + 0{,}72 - 0{,}2 = 0{,}72$

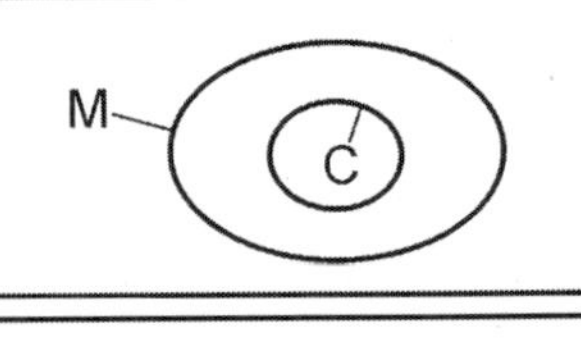

Maximale Anzahl an Haushalten:

92 %, dann hätte jeder nur entweder einen Camcorder oder eine Mikrowelle, d. h. es wäre $P(C \cap M) = 0$, also

$P(C \cup M) = 0{,}2 + 0{,}72 - 0 = 0{,}92$

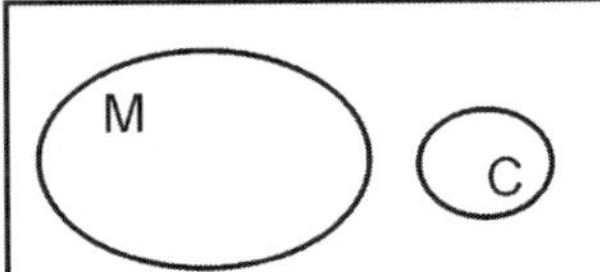

Es gilt also: $0{,}72 \le P(C \cup M) \le 0{,}92$

15. $P(P_A \cup P_B) = 0{,}7 + 0{,}8 - 0{,}6 = 0{,}9 = 90\%$

233

16. (1) $\overline{E}$: Die Zahl ist nicht durch 3 teilbar.

$P(\overline{E}) = 1 - \frac{33}{100} = \frac{67}{100}$

(2) $\overline{E}$: Die Zahl ist keine Primzahl.

$P(\overline{E}) = 1 - \frac{25}{100} = \frac{75}{100}$

(3) $\overline{E}$: Die Zahl ist größer als 69.

$P(\overline{E}) = 1 - \frac{69}{100} = \frac{31}{100}$

(4) $\overline{E}$: Die Zahl ist kleiner als 13 oder größer als 65.

$P(\overline{E}) = \frac{12}{100} + \frac{35}{100} = \frac{47}{100}$

17. (1) Die 20 Personen haben lauter verschiedene Geburtstage.
(2) Beim 5fachen Werfen wird keine 6 geworfen.
(3) Beim 10fachen Werfen tritt mehr als 8-mal Wappen auf.
(4) Beim 50fachen Werfen tritt höchstens 30-mal Zahl auf.
(5) Beim 50fachen Werfen tritt mindestens 20-mal Wappen auf.

18. P (E) = 0,85; P (F) = 0,32; P (R) = 0,23

(1)

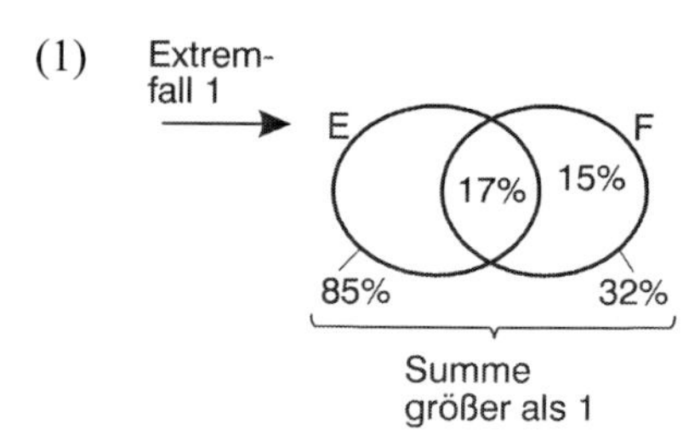

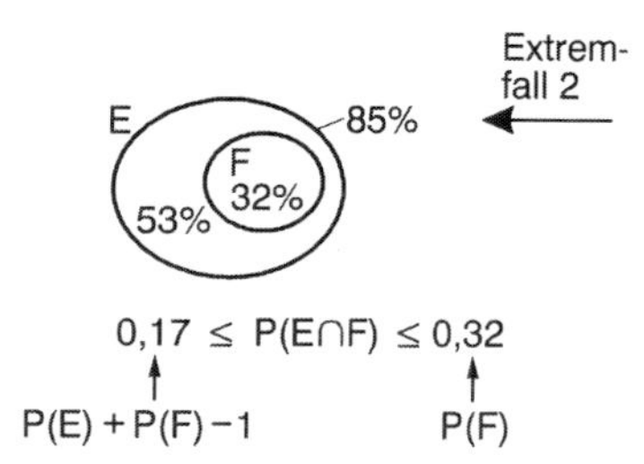

(2) analog zu (1) $0,08 \le P(E \cap R) \le 0,23$

(3) abweichend von (1):

Extremfall 1: (32%) F (23%) R also: $0 \le P(F \cap R) \le 0,23$

(4) Extremfall 1:

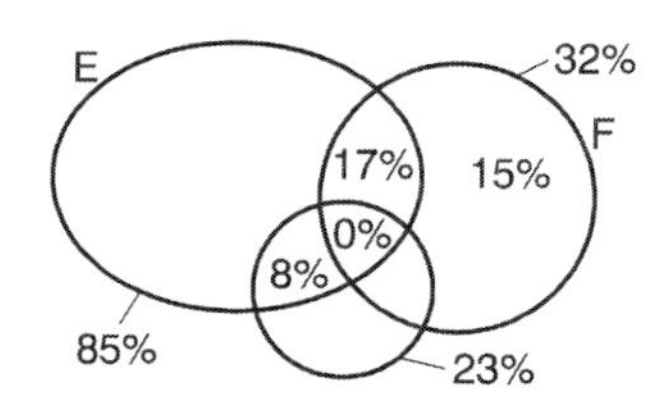

Extremfall 2:

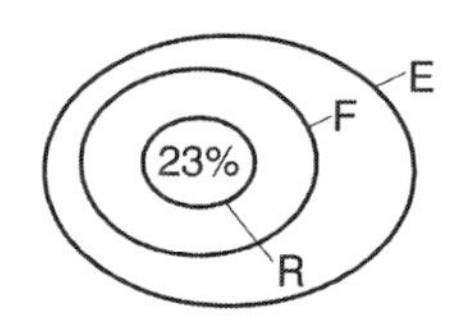

$0 \le P(E \cap F \cap R) \le 0,23$

4.1.2 Bestimmen von Wahrscheinlichkeiten durch Simulation

237

2. a) Durch Simulation erhält man relative Häufigkeiten in der Nähe von 63%. Später wird gezeigt, dass die Wahrscheinlichkeit ungefähr gleich $1-\frac{1}{e}$ ist.

b) Beim Ziehen von Karten vom Kartenstapel wird *ohne* Zurücklegen gezogen, während der Dodekaederwurf im Prinzip ein Ziehen mit zurücklegen darstellt, denn Ergebnisse können sich wiederholen.

c) Bei jedem Doppelwurf beträgt die Wahrscheinlichkeit $\frac{1}{12}$ für gleiche Augenzahlen. Die Wahrscheinlichkeit, dass bei 12 Doppelwürfen mindestens einmal gleiche Augenzahlen auftreten, ist $1-\left(\frac{11}{12}\right)^{12} = 64,8\%$.

239

3. Simulation z. B. mithilfe von 2 Kartenspielen (mit einer entsprechend reduzierten Kartenzahl).
Man deckt aus jedem Kartenstapel gleichzeitig eine Karte auf; bei Übereinstimmung der beiden Karten bedeutet dies, dass jemand sein eigenes Geschenk gezogen hat.
Vereinfachung des Versuchs: 1 feste Liste mit den Kartenbezeichnungen und Ziehung aus einem Kartenstapel.
Die Wahrscheinlichkeit für mindestens eine Übereinstimmung („Rencontre") beträgt ca. 63%!

4. (1) Beim Werfen mit einem Hexaeder beachtet man Würfe mit Augenzahl 5 oder 6 nicht.
Beim Werfen mit einem Oktaeder ordnet man die Augenzahlen z. B. wie folgt zu:

$1 \to 1$ $2 \to 2$ $3 \to 3$ $4 \to 4$
$5 \to 1$ $6 \to 2$ $7 \to 3$ $8 \to 4$

oder:

$1 \to 1$ $3 \to 2$ $5 \to 3$ $7 \to 4$
$2 \to 1$ $4 \to 2$ $6 \to 3$ $8 \to 4$

Entsprechende Zuordnungen nimmt man beim Werfen mit einem Dodekaeder vor:

$1 \to 1$ ... $4 \to 4$
$5 \to 1$ ... $8 \to 4$
$9 \to 1$ ... $12 \to 4$

... beim Werfen mit einem Ikosaeder ...

$1 \to 1$ ... $4 \to 4$
$5 \to 1$ ... $8 \to 4$
$9 \to 1$ ... $12 \to 4$
$13 \to 1$ ... $16 \to 4$
$17 \to 1$ ... $20 \to 4$

239

4. (2) Analog zu (1) lässt man beim Oktaederwurf Würfe mit Augenzahlen 7, 8 weg bzw. ordnet beim Dodekaeder Augenzahlen zu:

$1 \to 1$ ... $4 \to 6$
$7 \to 1$ ... $12 \to 6$

bzw. ordnet zu und lässt 19, 20 weg

$1 \to 1$ ... $6 \to 6$
$7 \to 1$ ... $12 \to 6$
$13 \to 1$ ... $18 \to 6$

(3) und (4) analog zu (1) und (2)

5. Man muss den einzelnen Augenzahlen Wappen bzw. Zahl zuordnen, z. B.
$1 \to W$, $2 \to W$, $3 \to W$
$4 \to Z$, $5 \to Z$, $6 \to Z$
oder gerade Augenzahl $\to W$ ungerade Augenzahl $\to Z$

6. Simulation z. B. mithilfe eines Ikosaeders (Würfe mit Augenzahlen 16, ..., 20 nicht beachten)
Man wirft in einer Serie das Ikosaeder 5-mal und notiert die Augenzahlen; anschließend überprüft man, ob sich eine der aufgetretenen Augenzahlen wiederholt hat.
Die Wahrscheinlichkeit für eine Wiederholung beträgt ca. 52,5%!

240

7. a) Wir beschriften 18 Spielsteine, je drei mit den Nummern 1, 2, 3, 4, 5, 6. Die Spielsteine werden in ein Gefäß gelegt und gut gemischt. Dann wird so lange aus dem Gefäß gezogen, bis drei Steine gezogen sind, die die gleiche Nummer tragen.
Beispiele für mögliche Ziehungen:
(1) Gezogene Nummern: ⑤③①⑤②⑥⑤
Der Spieler mit der Glückszahl 5 hat gewonnen.
Die Glückszahl 4 wurde noch nicht gezogen.
(2) Gezogene Nummern: ④③④⑤③④
Der Spieler mit der Glückszahl 4 hat gewonnen.
Die Glückszahlen 1, 2 und 6 wurden noch nicht gezogen.
(3) Gezogene Nummern: ②④①⑤①⑥③④③⑥①
Der Spieler mit der Glückszahl 1 hat gewonnen.
Alle Glückszahlen wurden mindestens einmal gezogen.
Die Beispielziehungen (1) und (2) gehören zum interessierenden Ereignis E, Beispiel (3) nicht.
Die relativen Häufigkeiten stabilisieren sich zwischen 50% und 60%.

240

7. b) (1) Beim Werfen eines regulären Ikosaeders können 20 verschiedene Ergebnisse auftreten. Wenn die Augenzahlen 19 oder 20 fallen, beachten wir diese nicht. Für die anderen Augenzahlen nehmen wir eine Zuordnung von Augenzahlen und Kugelnummer vor, z. B. Augenzahl 1, 2, 3 $\rightarrow$ Kugelnummer 1; Augenzahl 4, 5, 6 $\rightarrow$ Kugelnummer 2 etc. Da die Kugeln in der Lottoshow nach ihrer Ziehung nicht zurückgelegt werden, darf man nicht alle Ikosaederwürfe berücksichtigen: Wiederholt sich eine Augenzahl, dann muss neu geworfen werden.

(2) Beim Werfen mit 2 Würfeln sind 36 verschiedene Ergebnisse möglich; diese können leicht den 18 Kugeln zugeordnet werden. Auch hier muss darauf geachtet werden, dass jede „Kugel" nur einmal „gezogen" werden kann.

c) Bei der Versuchsanordnung in Teilaufgabe a) sind zunächst 18 Kugeln in der Ziehungsurne enthalten, nach der Ziehung der ersten Kugel nur noch 17, dann 16 usw. Wenn die erste Kugel gezogen wurde, sind nur noch zwei Kugeln mit dieser Nummer in der Ziehungsurne; die Wahrscheinlichkeit für die Ziehung einer weiteren Kugel mit dieser Nummer verringert sich von $\frac{3}{18}$ auf $\frac{2}{17}$. Beim Würfeln ändern sich die Chancen für das Auftreten der einzelnen Augenzahlen jedoch nicht. Daher ist die Versuchsanordnung in c) nicht geeignet, den Zufallsversuch zu simulieren.

Die Simulation mithilfe *eines* Würfels wäre möglich, wenn bei der Lottoshow die gezogenen Kugeln wieder in die Ziehungsurne zurückgelegt würden.

8. Dies ist kein faires Spiel. Die Chancen stehen wie 5 : 7; die Gewinnwahrscheinlichkeiten sind $\frac{5}{12}$ bzw. $\frac{7}{12}$. Den geringen Vorteil von ZWZ wird man bei der Simulation vermutlich nicht bemerken.

9. a) Der Befehl randInt erzeugt Zahlen in der Art des Ziehens mit Zurücklegen, d. h. bereits „gezogene" Zahlen können sich wiederholen. Die Lottoziehung ist aber ein Ziehvorgang ohne Wiederholung.

b) Die Wahrscheinlichkeit, dass 6 verschiedene Zahlen erzeugt werden, beträgt 72,7 %; daher werden bei einer Simulation in ca. 73 von 100 Fällen die ersten 6 Zahlen genügen. Die Wahrscheinlichkeit, dass genau eine weitere Zahl benötigt wird, beträgt 22,3 %, und dass genau zwei weitere Zahlen benötigt werden, weitere 4,2 %. Bei der Simulation wird man also in ca. 95 von 100 Fällen mit 7 Zahlen auskommen und in ca. 99 % der Fälle mit 8 Zahlen.

c) 0,727

240

9. d) Manche Taschenrechner haben die Funktion randIntNoRep(a,b), mit deren Hilfe man eine Liste der Zahlen a bis b zufällig umordnen kann.
Für das Spiel „6 aus 49“ betrachtet man dann einfach die ersten 6 Zahlen der umgeordneten Liste der Zahlen 1 bis 49.

```
randIntNoRep(1,▸
{34 49 42 37 9 ▸
```

241

10. a) E_1: Alle 3 Personen notieren die gleiche Zahl $\Rightarrow$ Kein Täfelchen wird ausgegeben.
E_2: 2 Personen notieren die gleiche Zahl; die dritte Person eine andere Zahl $\Rightarrow$ 1 Tafel wird ausgegeben.
E_3: Alle 3 Personen notieren unterschiedliche Zahlen $\Rightarrow$ 3 Tafeln werden ausgegeben.

b) Man kann den Ablauf durch gleichzeitiges Würfeln dreier Würfel simulieren.

c) Es gilt: $P(E_1) = \frac{6}{216} = \frac{1}{36}$, $P(E_2) = \frac{90}{216} = \frac{15}{36} = \frac{5}{12}$,
$P(E_3) = \frac{120}{216} = \frac{20}{36} = \frac{5}{9}$
Wenn man den Versuch 216-mal simulieren würde, dann wäre zu erwarten: $6 \cdot 0 + 90 \cdot 1 + 120 \cdot 3 = 450$ Täfelchen müssen ausgegeben werden, d. h. im Mittel ca. $\frac{450}{216} \approx 2{,}1$ Täfelchen pro Spielrunde.
Bei 100facher Simulation hat man *im Mittel* 3-mal Fall 1, 42-mal Fall 2, 56-mal Fall 3 – mit dem Mittelwert 2,1 ausgegebene Täfelchen.

11. a) Simulation mithilfe einer Urne mit 12 Kugeln durch 12-maliges Ziehen mit Zurücklegen. Die Wahrscheinlichkeit, dass man die Zahl a nicht zieht, ist bei jeder Ziehung $\frac{11}{12}$. Bei 12 Ziehungen beträgt sie also
$\left(\frac{11}{12}\right)^{12} \approx 0{,}351996$.

b) ebenfalls ca. 35,20 %

c) $\left(\frac{11}{12}\right)^{12} \cdot 12 \approx 4{,}224$. Im Mittel fehlen also noch 4,224 Bilder.

12. Es gibt $2^6 = 64$ verschiedene W-Z-Folgen, von denen 38 einen Run mindestens der Länge 3 enthalten, d. h. die Wahrscheinlichkeit für ein solches Ereignis beträgt ca. 59 %.

a) Wenn man den Versuch 100-mal simuliert, wird man in den meisten Fällen eine Sequenz vorliegen haben, in der mindestens ein Run mit mindestens der Länge 3 sein wird.
[Hinweis: Mithilfe eines Binomialansatzes kann man ausrechnen, dass man nur mit einer Wahrscheinlichkeit von ca. 4 % bei einer 100fachen Simulation 50-mal oder weniger oft Sequenzen mit Runs der Länge 3 oder mehr hat.]

241

12. b) Wenn man alle Ergebnisse zusammenträgt, wird die relative Häufigkeit praktisch nie geringer sein als 50 %, d. h. es scheint tatsächlich so, dass es günstig ist, darauf zu wetten.
[Hinweis: Mithilfe der Sigma-Regeln kann man ausrechnen, dass mit einer Wahrscheinlichkeit von 99 % die relative Häufigkeit für Runs mit mindestens der Länge 3 im Intervall 59,375 % ± 2,534 % liegt, wenn man die Ergebnisse von 25 Schülerinnen und Schülern (also von 2500 Simulationen) zusammenfasst.]

c) Man kann ausrechnen, dass die Wahrscheinlichkeit für einen Münzwurf mit mindestens einem Run der Länge von mindestens 4 bei n = 11 50,8 % beträgt; bei n = 12 ist die Wahrscheinlichkeit 54,7 %. Dass die Wahrscheinlichkeit über 50 % liegt, wird man nicht bei nur 100-facher Simulation des Versuchs herausfinden, denn hier kann die relative Häufigkeit durchaus kleiner als 50 % sein.

4.2 Mehrstufige Zufallsversuche

4.2.1 Baumdiagramme – Pfadregeln

244

2. a) Erzeuge mit dem GTR Zufallszahlen aus {1; 2}. Mannschaft 1 bekommt einen Punkt, wenn 1 kommt. Mannschaft 2 bekommt einen Punkt, wenn 2 kommt.

b) Man könnte z. B. einen Würfel verwenden. Mannschaft 1 bekommt einen Punkt, wenn 1, 2, 3 kommt. Mannschaft 2 bekommt einen Punkt, wenn 4, 5, 6 kommt.

c)

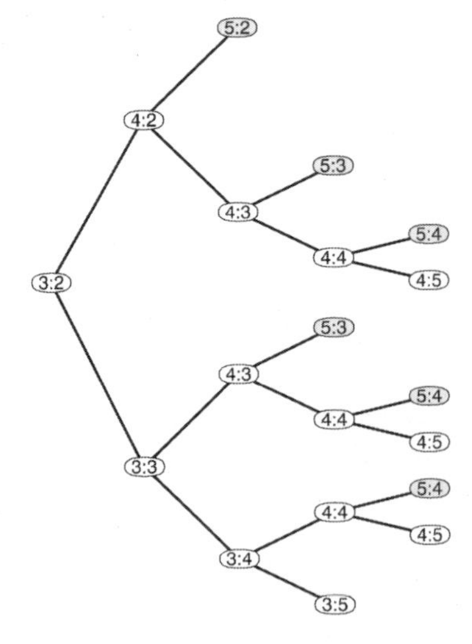

P (erste Mannschaft gewinnt)
$= \frac{1}{4} + 2 \cdot \frac{1}{8} + 3 \cdot \frac{1}{16} = \frac{11}{16}$

244

3. (1)

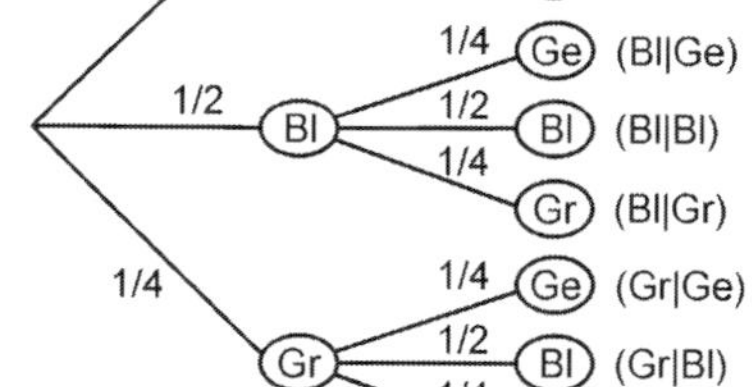

(2)

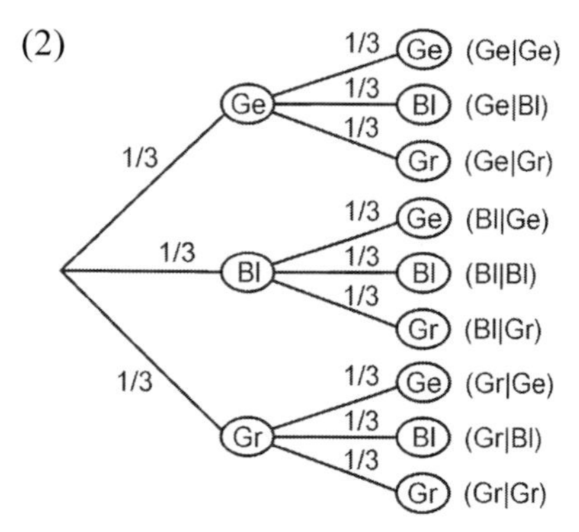

(3)

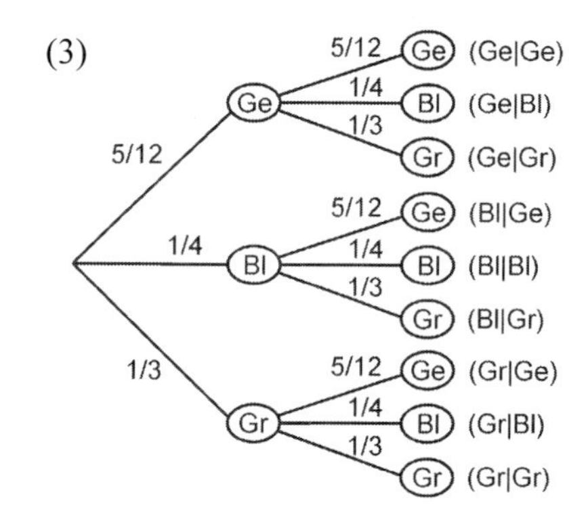

(4)

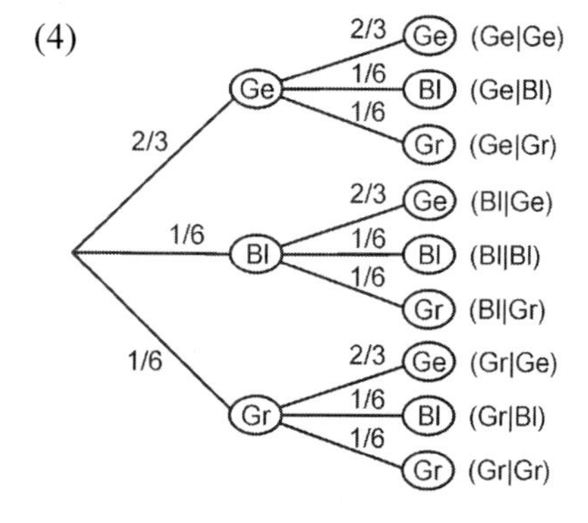

a) (1) $P(\text{gelb} \mid \text{grün}) = \frac{1}{4} \cdot \frac{1}{4} = \frac{1}{16}$; 6,25 %

(2) $P(\text{gelb} \mid \text{grün}) = \frac{1}{3} \cdot \frac{1}{3} = \frac{1}{9}$; 11,11 %

(3) $P(\text{gelb} \mid \text{grün}) = \frac{1}{3} \cdot \frac{5}{12} = \frac{5}{36}$; 13,89 %

(4) $P(\text{gelb} \mid \text{grün}) = \frac{2}{3} \cdot \frac{1}{6} = \frac{1}{9}$; 11,11 %

b) (1) $P(\text{zweimal dieselbe Farbe}) = \left(\frac{1}{4}\right)^2 + \left(\frac{1}{2}\right)^2 + \left(\frac{1}{4}\right)^2 = 0{,}375 = 37{,}5\ \%$

(2) $P(\text{zweimal dieselbe Farbe}) = \left(\frac{1}{3}\right)^2 + \left(\frac{1}{3}\right)^2 + \left(\frac{1}{3}\right)^2 = \frac{1}{3} \approx 33{,}33\ \%$

(3) $P(\text{zweimal dieselbe Farbe}) = \left(\frac{5}{12}\right)^2 + \left(\frac{1}{4}\right)^2 + \left(\frac{1}{3}\right)^2 = \frac{25}{72} \approx 34{,}72\ \%$

(4) $P(\text{zweimal dieselbe Farbe}) = \left(\frac{2}{3}\right)^2 + \left(\frac{1}{6}\right)^2 + \left(\frac{1}{6}\right)^2 = \frac{1}{2} = 50\ \%$

c) Nur bei Glücksrad (4) ist die Wahrscheinlichkeit für das betrachtete Ereignis gleich 50 %, d. h. mit der Wahrscheinlichkeit 50 % tritt das Ereignis *nicht* ein. Im Sinne einer Wette ist also keines der Glücksräder günstig (Glücksrad (4) ist fair).

245

4. (1) $\frac{1}{8}$ (3) $\frac{1}{2}$ (5) $\frac{1}{2}$ (7) $\frac{1}{4}$ (9) $\frac{1}{2}$

(2) $\frac{7}{8}$ (4) $\frac{7}{8}$ (6) 0 (8) $\frac{7}{8}$ (10) $\frac{1}{2}$

5. a)

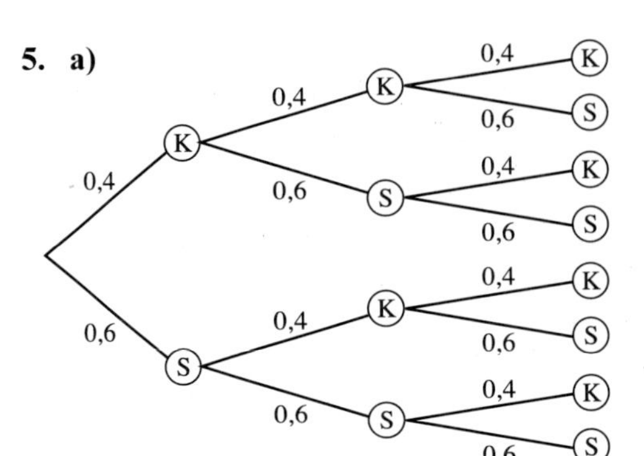

b) $0{,}4 \cdot 0{,}4 \cdot 0{,}6 = 0{,}096$

c) $0{,}4^3 + 3 \cdot 0{,}4^2 \cdot 0{,}6 = 0{,}352$

d) $0{,}4^3 + 0{,}6^3 = 0{,}283$

6. a) (1) P(alle Blutgruppen gleich) = 0,150
(2) P(alle Blutgruppen verschieden) = 0,197

b)

Blutspende für Person mit Blutgruppe	möglicher Spender	Wahrscheinlichkeit p
0	0	0,41
A	A, 0	0,84
B	B, 0	0,52
AB	AB, A, B, 0	1

P(mindestens ein geeigneter Spender)
= 1 – P(drei nicht geeignete Spender) = $1 - (1 - p)^3$

Patient mit Blutgruppe	P(mindestens ein geeigneter Spender)
0	$1 - 0{,}59^3 = 0{,}795$
A	$1 - 0{,}16^3 = 0{,}996$
B	$1 - 0{,}48^3 = 0{,}889$
AB	$1 - 0^3 = 1$

7. Die Wahrscheinlichkeit für ein repräsentatives Ergebnis hängt von der Anzahl der auszulosenden Jugendlichen ab. In einem repräsentativen Ergebnis müssen doppelt so viele Mädchen wie Jungen ausgelost werden. Das kann nur eintreten, wenn die Zahl der auszulosenden Jugendlichen ein Vielfaches von 3 ist.
(1) 0,444 (2) 0,329 (3) 0,273

245 **8.**

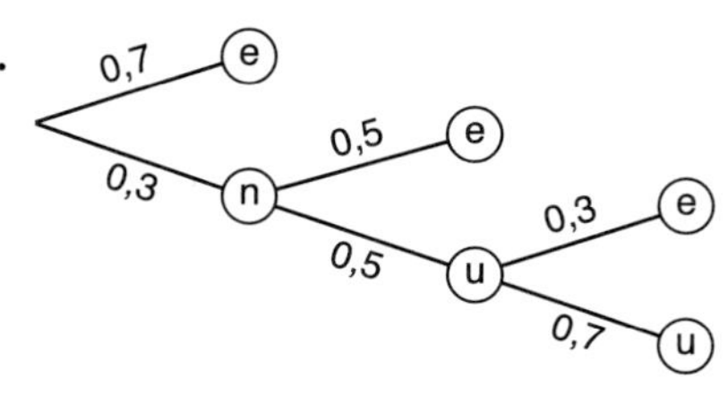

P (E) = 0,3 · 0,5 · 0,7 = 0,105 = 10,5 %

246 **9.** (1) Man kann davon ausgehen, dass die beiden Merkmalausprägungen unabhängig voneinander sind, also P (E) = 0,43 · 0,30 = 0,129.
(2) Es ist davon auszugehen, dass die Leistungsfähigkeit in Deutsch und Englisch nicht voneinander unabhängig sind. Der Anteil wird vermutlich größer als 12 % sein.

10. P (mindestens eine 6 beim 4fachen Würfeln)

$= 1 - P\,(\text{4-mal keine 6}) = 1 - \left(\frac{5}{6}\right)^4 = 0{,}5177 > 50\,\%$

P (mindestens ein 6er-Pasch beim 24fachen Doppelwurf)

$= 1 - P\,(\text{24-mal kein 6er-Pasch}) = 1 - \left(\frac{35}{36}\right)^{24} = 0{,}4914 < 50\,\%$

Für eine „kleine Anzahl" von Wiederholungen ist der Unterschied nicht erkennbar, da die Wahrscheinlichkeiten zu dicht beieinander liegen.

11. **a)** $P(E_1) = \frac{k^2+(n-k)^2}{n^2}$, $P(E_2) = 1 - \frac{k^2+(n-k)^2}{n^2} = \frac{2k(n-k)}{n^2}$

b) 1

12. **a)** P(A) = P(„im ersten Wurf eine 6") + P(„im zweiten Wurf eine 6")

+ P(„im dritten Wurf eine 6") $= \frac{1}{6} + \frac{1}{6}\cdot\left(\frac{5}{6}\right)^2 + \frac{1}{6}\cdot\left(\frac{5}{6}\right)^4 = \frac{2821}{7776} \approx 0{,}3628$

$P(B) = \frac{1}{6}\cdot\frac{5}{6} + \frac{1}{6}\cdot\left(\frac{5}{6}\right)^3 + \frac{1}{6}\cdot\left(\frac{5}{6}\right)^5 = \frac{14105}{46656} \approx 0{,}3023$

P(„Abbruch") $= 1 - P(A) - P(B) = 1 - \frac{2821}{7776} - \frac{14105}{46656} = \frac{15625}{46656} \approx 0{,}3349$

b) Die Wahrscheinlichkeiten zu gewinnen, werden für A und B größer, die Wahrscheinlichkeit eines Spielabbruchs sinkt.

$P(A) = \frac{1}{6} + \frac{1}{6}\cdot\left(\frac{5}{6}\right)^2 + \ldots + \frac{1}{6}\cdot\left(\frac{5}{6}\right)^8 \approx 0{,}4574 = 45{,}75\,\%$

$P(B) = \frac{1}{6}\cdot\frac{5}{6} + \frac{1}{6}\cdot\left(\frac{5}{6}\right)^3 + \ldots + \frac{1}{6}\cdot\left(\frac{5}{6}\right)^9 \approx 0{,}3811 = 38{,}11\,\%$

P(„Abbruch") ≈ 0,1615 = 16,15 %

246 **12. c)** $P(A) = \frac{1}{6} + \frac{1}{6} \cdot \left(\frac{5}{6}\right)^2 + \frac{1}{6} \cdot \left(\frac{5}{6}\right)^4 + \ldots$

$$P(B) = \frac{1}{6} \cdot \frac{5}{6} + \frac{1}{6} \cdot \left(\frac{5}{6}\right)^3 + \frac{1}{6} \cdot \left(\frac{5}{6}\right)^5 + \ldots = \frac{5}{6}\left[\frac{1}{6} + \frac{1}{6}\left(\frac{5}{6}\right)^2 + \frac{1}{6}\left(\frac{5}{6}\right)^4 + \ldots\right]$$

$$= \frac{5}{6} \cdot P(A)$$

Da $P(A) + P(B) = 1$, folgt: $P(A) + \frac{5}{6} \cdot P(A) = \frac{11}{6} \cdot P(A) = 1$; also

$P(A) = \frac{6}{11} \approx 54{,}55\ \%$ und $P(B) = \frac{5}{11} \approx 45{,}45\ \%$.

d) $P(A) = \frac{1}{6} + \frac{1}{6} \cdot \left(\frac{5}{6}\right)^3 + \frac{1}{6} \cdot \left(\frac{5}{6}\right)^6 \approx 0{,}3189 = 31{,}89\ \%$

$P(B) = \frac{1}{6} \cdot \frac{5}{6} + \frac{1}{6} \cdot \left(\frac{5}{6}\right)^4 + \frac{1}{6} \cdot \left(\frac{5}{6}\right)^7 \approx 0{,}2658 = 26{,}58\ \%$

$P(C) = \frac{1}{6} \cdot \left(\frac{5}{6}\right)^2 + \frac{1}{6} \cdot \left(\frac{5}{6}\right)^5 + \frac{1}{6} \cdot \left(\frac{5}{6}\right)^8 \approx 0{,}2215 = 22{,}15\ \%$

$P(\text{„Abbruch"}) = \left(\frac{5}{6}\right)^9 \approx 0{,}1938 = 19{,}38\ \%$

e) (1) $P(A) = \frac{1}{6} \cdot \frac{5}{6} + \frac{1}{6} \cdot \left(\frac{5}{6}\right)^3 + \frac{1}{6} \cdot \left(\frac{5}{6}\right)^5 = P(B) \approx 0{,}3023$, d. h. A und B haben jeweils dieselbe Chance zu gewinnen.

(2) Unverändert, da sich die Regeländerung auf die Gewinnchancen von B nicht auswirkt.

(3) $P(\text{„unentschieden"}) = \frac{1}{36} + \frac{25}{36} \cdot \frac{1}{36} + \left(\frac{5}{6}\right)^4 \cdot \frac{1}{36} = \frac{2821}{46656} \approx 0{,}0605$

(4) Unverändert, vgl. (2).

4.2.2 Abzählverfahren zum Bestimmen von Wahrscheinlichkeiten

252 **3.** Es müssen n Entscheidungen getroffen werden. Auf der ersten Stufe gibt es n Möglichkeiten; auf der zweiten Stufe gibt es n – 1 Möglichkeiten; … auf der n-ten Stufe gibt es 1 Möglichkeit. Nach dem allgemeinen Zählprinzip gibt es insgesamt $n \cdot (n-1) \cdot \ldots \cdot 1 = n!$ Möglichkeiten.

4. Beim Rouletterad wird man fünf Felder ausschließen. Beim Auftreten dieser Felder dreht man noch mal. Es kann vorkommen, dass ein Feld bei viermaligen Drehen mehrfach getroffen wird. Man dreht dann so lange, bis vier verschiedene Felder erschienen sind.
Beim Losen kann kein Name mehrfach gezogen werden. Ein gezogenes Los darf nicht zurück gelegt werden.
Da alle Karten gleichwertig sind, spielt die Reihenfolge der ausgewählten Personen keine Rolle. Prinzipiell ist es auch möglich, die Aufgabenstellung dahingehend zu interpretieren, dass die Auslosung als ein Ziehen mit Wiederholung erfolgt. Dann akzeptiert man die Möglichkeit, dass jemand mehr als eine Freikarte erhält.

252

5. **a)** $6! = 720$
b) $8! = 40\,320$
c) $7! = 5\,040$
d) $5! = 120$
e) $32 \cdot 31 \cdot 30 \ldots 5 = \frac{32!}{(32-28)!}$
$= 10\,963\,784\,872\,237\,230\,423\,634\,083\,840\,000\,000$
$\approx 1{,}096 \cdot 10^{34}$

$[28! = 304\,888\,344\,611\,713\,860\,501\,504\,000\,000 \approx 3{,}049 \cdot 10^{29}]$

f) $12 \cdot 11 \cdot 10 \cdot 9 \cdot 8 = \frac{12!}{(12-5)!} = 95\,040$
g) $3 \cdot 5 \cdot 4 = 60$

6. **a)** Die Kritik ist berechtigt, da so keine Losnummern mit mindestens zwei gleichen Ziffern gezogen werden können.
b) Nein, denn nicht alle Losnummern sind gleich wahrscheinlich. Z. B. wird „111" mit Wahrscheinlichkeit $\frac{3}{30} \cdot \frac{2}{29} \cdot \frac{1}{28} = 0{,}0002463$ gezogen, „123" dagegen mit $\frac{3}{30} \cdot \frac{3}{29} \cdot \frac{3}{28} = 0{,}00110837$.

253

7. Die Grafik veranschaulicht alle 10 Möglichkeiten, 3 Kugeln aus 5 Kugeln auszuwählen. Dabei kommt es nicht auf die Reihenfolge an und Wiederholungen sind auch nicht möglich.

8. Die Erläuterung ist falsch. Es muss $3 \cdot 2 \cdot 1 = 6$ heißen. Dies kann man anhand der Verzweigungen in einem Baumdiagramm erläutern.

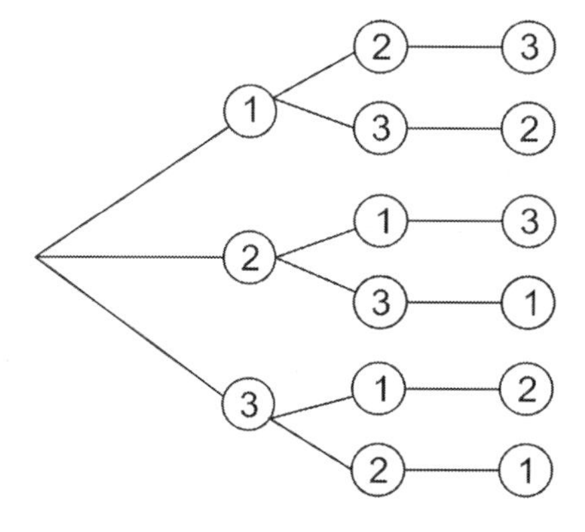

9. $3^{13} = 1\,594\,323$

253

10. Es gibt $12 \cdot 11 \cdot 10 = 1\,320$ verschiedene Möglichkeiten für die 3 ersten Plätze: also $P(E) = \frac{1}{1320}$.

Es gibt $\binom{12}{3} = 220$ Möglichkeiten, die drei ersten Plätze zu besetzen,

also: $P(E) = \frac{1}{220}$.

11. a) (1) $P(E) = \frac{\binom{4}{4}}{\binom{32}{4}} = \frac{1}{35\,960}$ (2) $P(E) = \frac{\binom{4}{2} \cdot \binom{4}{2}}{\binom{32}{4}} = \frac{9}{8660}$

(3) $P(E) = \frac{\binom{4}{4} \cdot \binom{28}{0}}{\binom{32}{4}} + \frac{\binom{4}{3} \cdot \binom{28}{1}}{\binom{32}{4}} + \frac{\binom{4}{2} \cdot \binom{28}{2}}{\binom{32}{4}} = \frac{2\,381}{35\,960}$

b) (1) $P(E) = \frac{\binom{8}{8}}{\binom{32}{8}} = \frac{1}{10\,518\,300}$ (2) $P(E) = \frac{\binom{8}{4} \cdot \binom{8}{4}}{\binom{32}{8}} = \frac{49}{105\,183}$

(3) $P(E) = \frac{\binom{16}{8}}{\binom{32}{8}} = \frac{11}{8\,990}$

4.3 Bedingte Wahrscheinlichkeiten

4.3.1 Darstellen von Daten in Vierfeldertafeln

256

1. Baumdiagramm zum ersten Zeitungsartikel

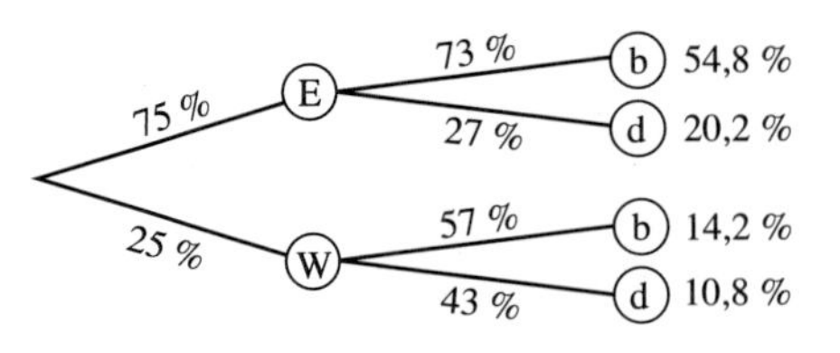

Baumdiagramm zum zweiten Zeitungsartikel

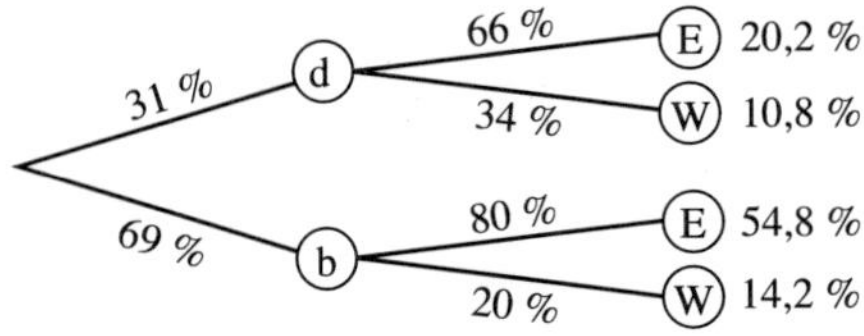

Zu beiden Baumdiagrammen gehört folgende Vierfeldertafel:

Fahrscheinprüfung	bestanden	durchgefallen	gesamt
Erstanmeldung	54,8%	20,2%	75%
Wiederholungsprüfung	14,2%	10,8%	25%
gesamt	69%	31%	100%

257

2.

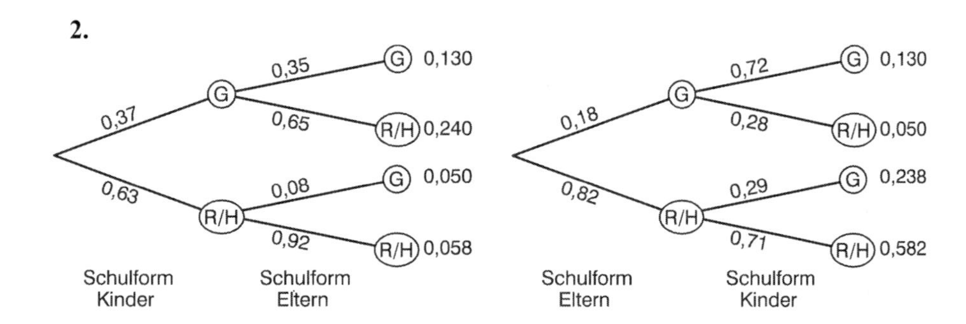

Während im 1. Artikel die Zunahme der Anmeldungen zum Gymnasium im Vordergrund steht (65% der Eltern heutiger Gymnasiasten haben selbst diese Schulform nicht besucht), wird im 2. Artikel die Konstanz des Verhaltens betont (70% behalten bei, 30% ändern die Schulform).

3. Während die Parteien SPD, CDU, Die Grünen und FDP in den neuen Bundesländern durchweg unterrepräsentativ viele Stimmen gewonnen haben, erzielte einzig die PDS mehr als die Hälfte ihres Gesamtergebnisses aus den neuen Ländern. Im Einzelnen kann man auf die Zusammensetzung der Stimmen bei den einzelnen Parteien eingehen, z. B.: Die SPD erreichte 34,2 % der Stimmen, davon stammten nur 16,9 % aus den neuen Ländern und Berlin Ost.

(1)

	SPD	CDU/ CSU	Grüne	FDP	Linke	sonstige	gesamt
neue Länder und Berlin Ost	3,15 %	5,25 %	1,20 %	1,87 %	5,02 %	1,13 %	17,6 %
alte Länder und Berlin West	19,86 %	28,51 %	9,48 %	9,48 %	6,84 %	8,24 %	82,4 %
gesamt	23,01 %	33,76 %	10,67 %	11,34 %	11,86 %	9,34 %	100 %

257

3. (2)

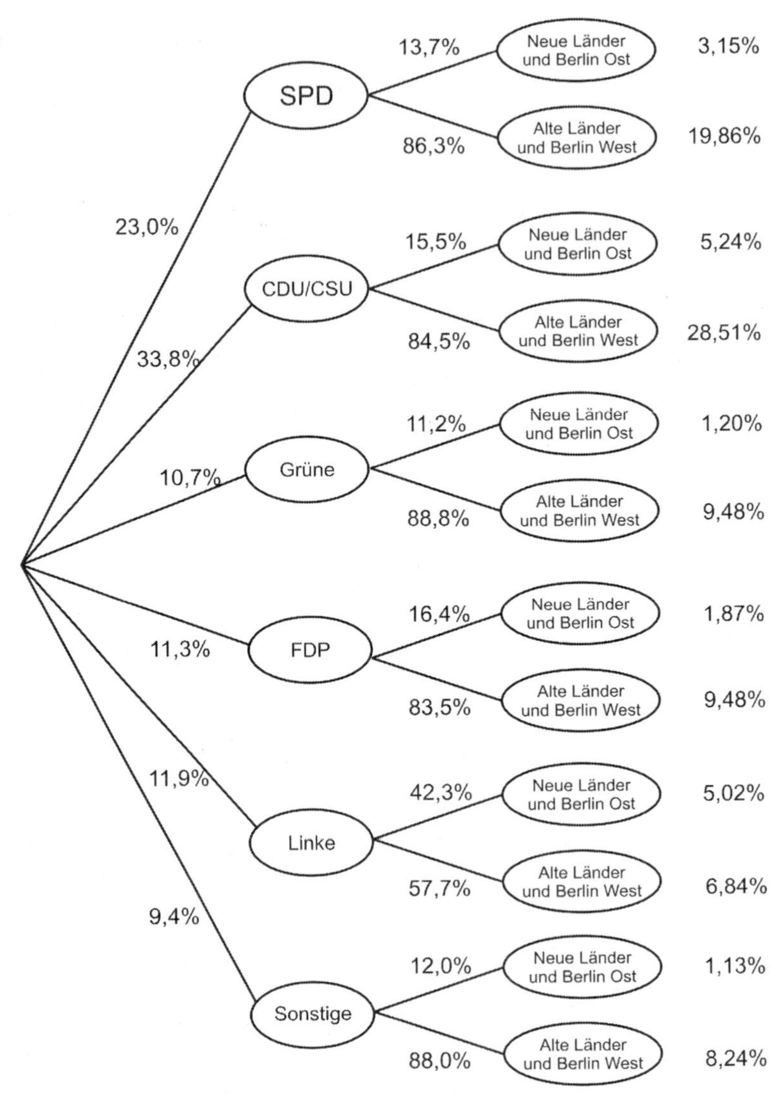

Die Parteien SPD, CDU/CSU, Die Grünen und FDP haben in den neuen Ländern durchweg unterrepräsentativ viele Stimmen gewonnen. Demgegenüber erzielte die Partei Die Linke mehr als 40 % ihres Gesamtergebnisses aus den neuen Ländern und ist damit verhältnismäßig immer noch deutlich stärker als in den alten Ländern.

4. a)

		männlich	weiblich	gesamt
Führerschein	ja	20,5 %	2,5 %	23,0 %
entzogen	nein	61,5 %	15,5 %	77,0 %
gesamt		82,0 %	18,0 %	100,0 %

257 **4. b)**

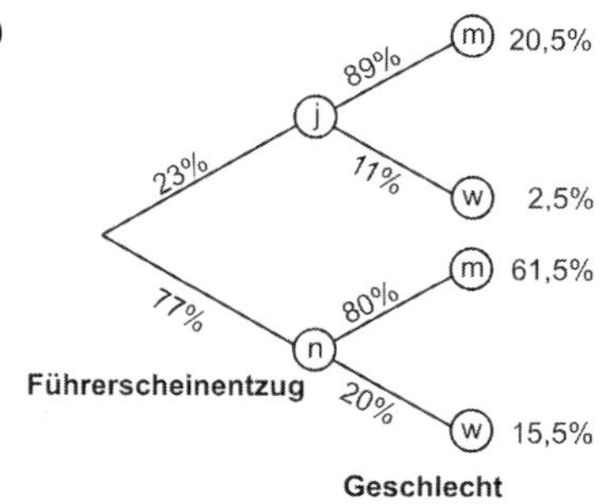

In 23 % aller Fälle wird der Führerschein entzogen. 89 % der betroffenen Fahrzeugführer waren männlich. Das sind unter den erfassten Autofahrern überrepräsentativ viele. Unter den registrierten Personen, deren Führerschein nicht eingezogen wird, sind dagegen die Frauen mit 20 % überrepräsentativ vertreten. Frauen begehen also weniger schwere Vergehen als Männer.

258 **5. a)**

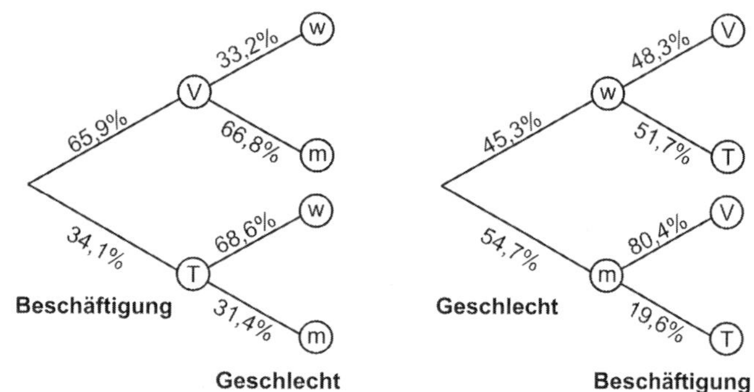

b) (1) Von 100 Erwerbstätigen sind 453 weiblich und 547 männlich. Von den weiblichen Erwerbstätigen sind 48,3 % in Vollzeit beschäftigt. Von den männlichen Erwerbstätigen sind 80,4 % in Vollzeit beschäftigt.

(2) Von 100 Erwerbstätigen haben 659 einen Vollzeit-Job und 341 eine Teilzeit-Beschäftigung. Unter den Vollzeitbeschäftigten sind 33,2 % weiblich. Unter den Teilzeitbeschäftigten sind 68,6 % weiblich.

6.

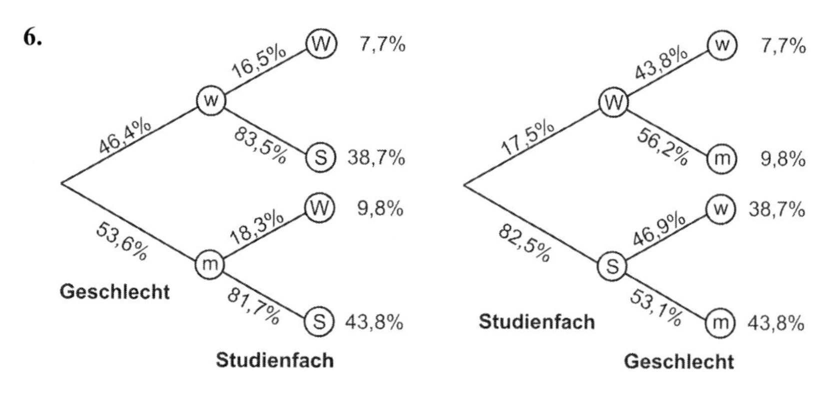

258 7.

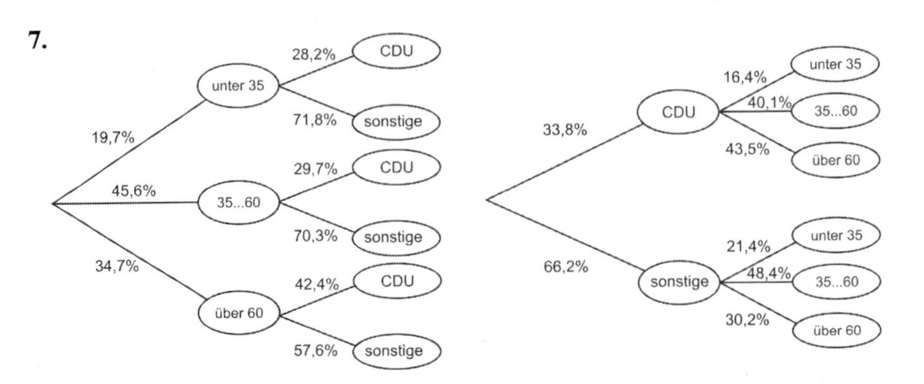

Aus dem umgekehrten Baumdiagramm kann abgelesen werden, zu welchen Teilen sich die Wählerschaft der CDU aus den Altersgruppen zusammen setzt. 16,4 % der CDU-Wähler sind unter 35, 40,1 % zwischen 35 und 60 und 43,5 % über 60 Jahre alt. Damit ist die CDU insbesondere im oberen Segment stark vertreten. Unter den jüngeren Wählern schneidet sie dagegen schwächer ab.

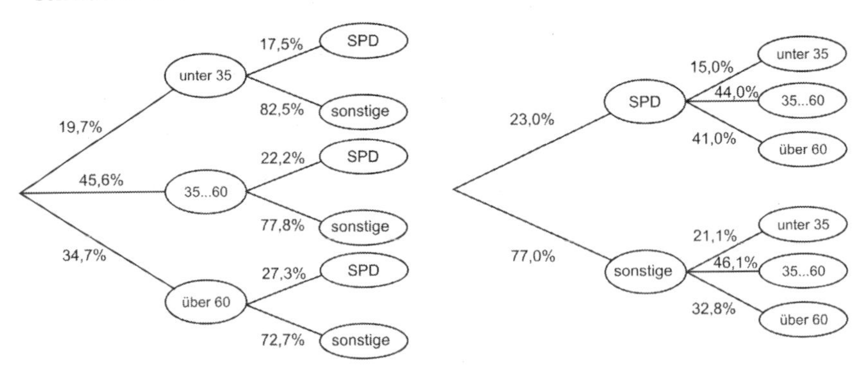

Aus dem umgekehrten Baumdiagramm kann abgelesen werden, zu welchen Teilen sich die Wählerschaft der SPD aus den Altersgruppen zusammen setzt. 15 % der SPD-Wähler sind unter 35, 44 % zwischen 35 und 60 und 41 % über 60 Jahre alt. Damit ist die SPD insbesondere im mittleren Segment stark vertreten. Unter den jüngeren Wählern schneidet sie sogar noch schwächer ab als die CDU.

258

8.

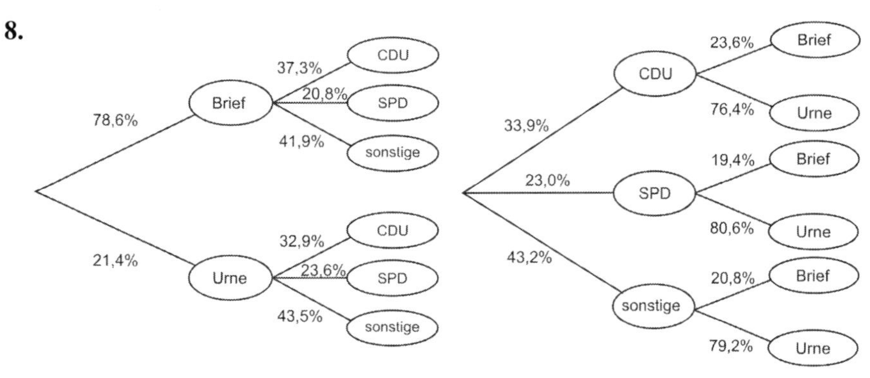

	Brief	Urne	gesamt
CDU	8,0 %	25,9 %	33,9 %
SPD	4,5 %	18,5 %	23,0 %
sonstige	9,0 %	34,2 %	43,2 %
gesamt	21,4 %	78,6 %	100,0 %

4.3.2 Bedingte Wahrscheinlichkeiten – Abhängigkeit und Unabhängigkeit von Merkmalen

263

3. a)

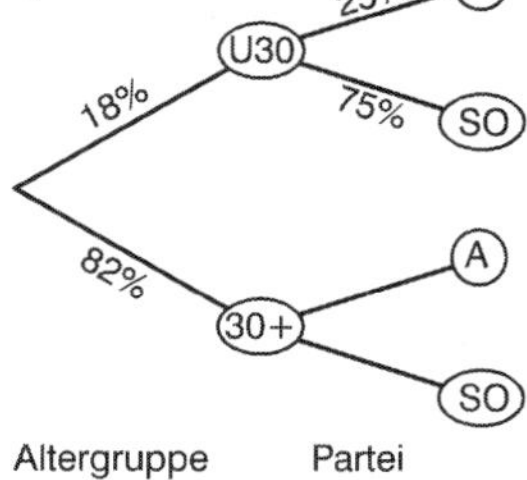

← Jeder vierte Wähler unter 30 wählte Partei A.

12,0%
A
37,5%
U30
62,5%
30+
88,0%
So
15,3%
U30
84,7%
30+
Partei
Altergruppe

← Mehr als jeder dritte Wähler der Partei A ist unter 30.

b) (1) von allen Männern haben 10 % Partei A gewählt
(2) von allen Wählern der Partei A sind 10 % männlich
(3) unter allen Personen sind 10 % männlich und haben Partei A gewählt
(4) wie (1)
(5) wie (2)

265

4. Es gilt: $P_M(R) = 0,33$; $P_R(M) = 0,61$; $P_{\overline{M}}(R) = 0,22$; $P_{\overline{R}}(\overline{M}) = 0,54$
Wenn die Angaben sich nicht widersprechen, müssen sich zwei Baumdiagramme angeben lassen. Die fehlenden Wahrscheinlichkeiten m = P(M) und r = P(R) kann man aus dem Gleichungssystem

$$\left| \begin{array}{l} 0,61r = 0,33m \\ 0,39r = (1-m) \cdot 0,22 \end{array} \right|$$

berechnen. Daraus folgt P(M) = 0,51 und P(R) = 0,276.

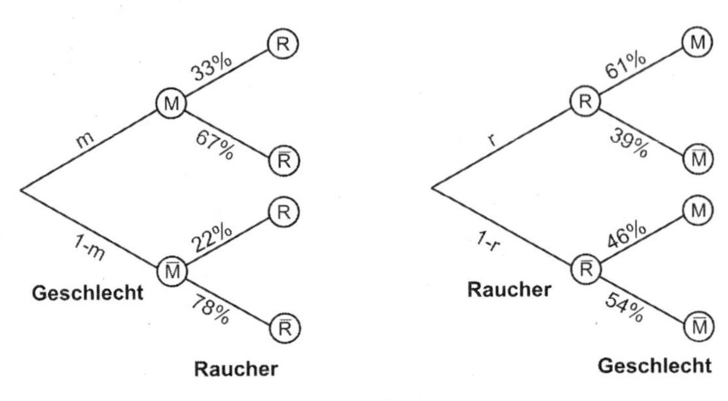

Nach der Pfadmultiplikationsregel müssen in beiden Diagrammen die jeweiligen Produkte übereinstimmen, was bis auf geringe Abweichungen der Fall ist. Die Angaben widersprechen sich demnach nicht.

5. a)

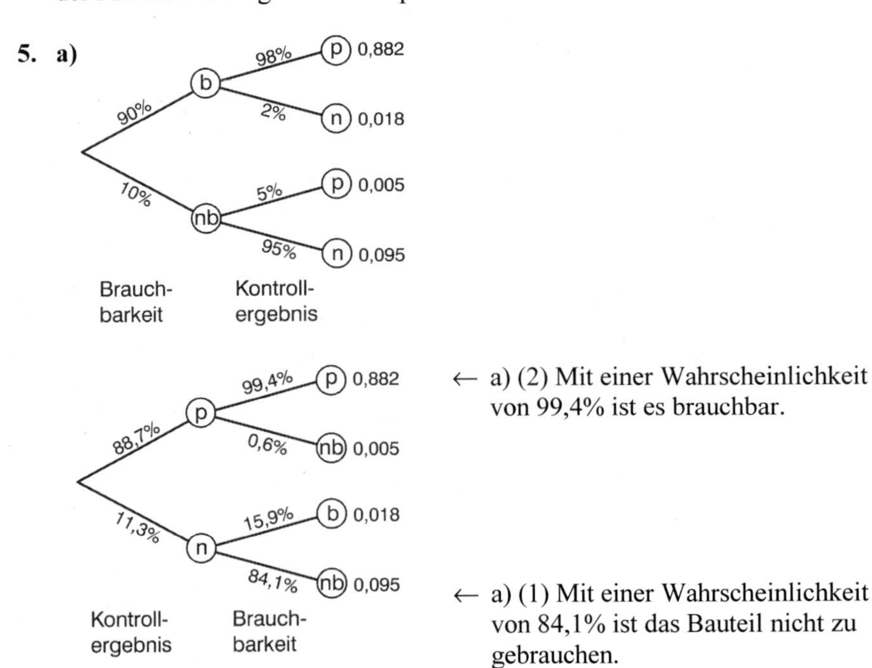

← a) (2) Mit einer Wahrscheinlichkeit von 99,4% ist es brauchbar.

← a) (1) Mit einer Wahrscheinlichkeit von 84,1% ist das Bauteil nicht zu gebrauchen.

265

5. b)

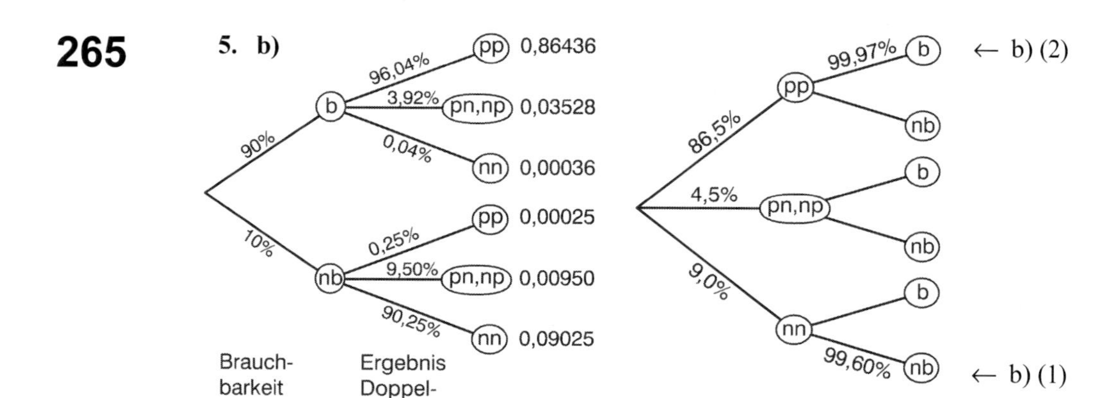

6. a)

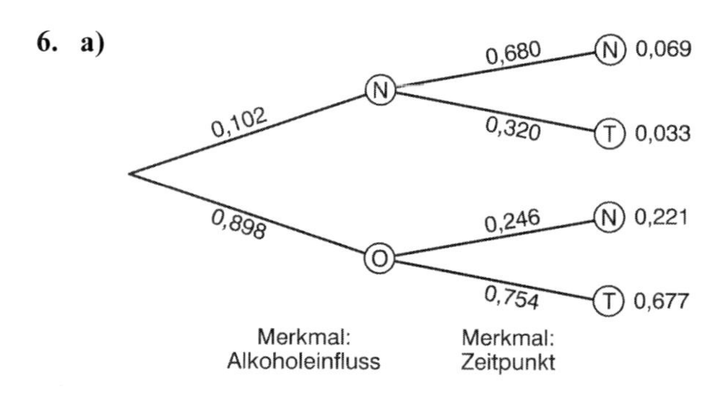

		Merkmal: Alkoholeinfluss mit	ohne	Summe
Merkmal:	nachts	0,069	0,221	0,290
Zeitpunkt	tags	0,033	0,677	0,710
Summe		0,102	0,898	1,000

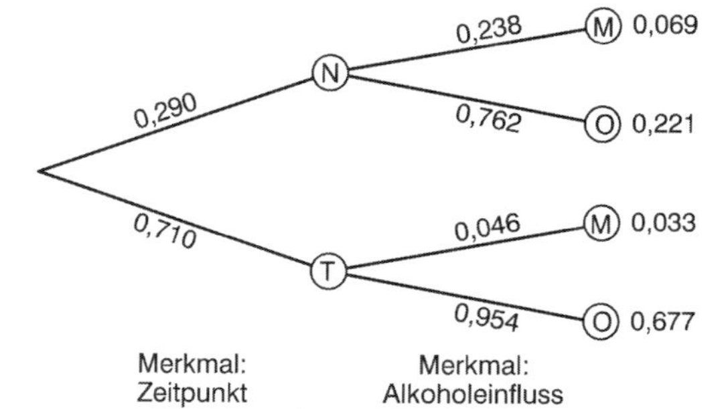

29% aller Verkehrsunfälle mit Personenschaden ereignen sich zwischen 18 Uhr abends und 4 Uhr morgens, davon 23,8% unter Alkoholeinfluss. Bei den Unfällen, die sich in der übrigen Zeit ereignen, spielt Alkohol nur in 4,6% der Fälle eine Rolle.

b) $P_T(M) = 0{,}046$ $\qquad$ $[\,P_O(T) = 0{,}754\,]$

266

7. P(Test positiv) = 0,2745

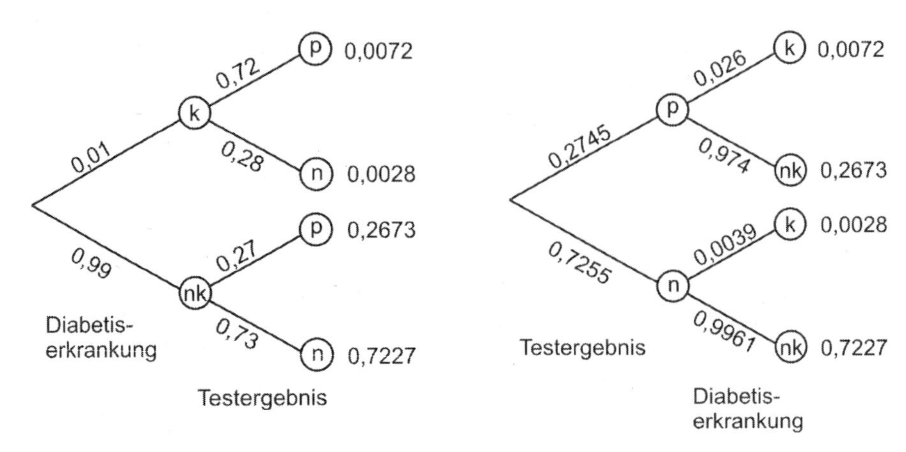

$P_{\text{Test positiv}}(\text{krank}) = \frac{0{,}72 \cdot 0{,}01}{0{,}2745} = 0{,}026$,

d. h. nur bei 2,6 % aller positiv getesteten Patienten liegt tatsächlich eine Krankheit vor. Der Test ist brauchbar, weil bei Vorliegen eines negativen Testergebnis fast sicher (mit Wahrscheinlichkeit 99,0 %) eine Erkrankung ausgeschlossen werden kann.

8.

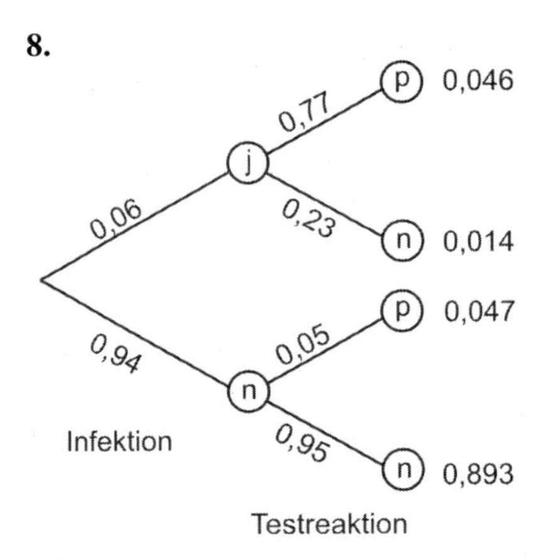

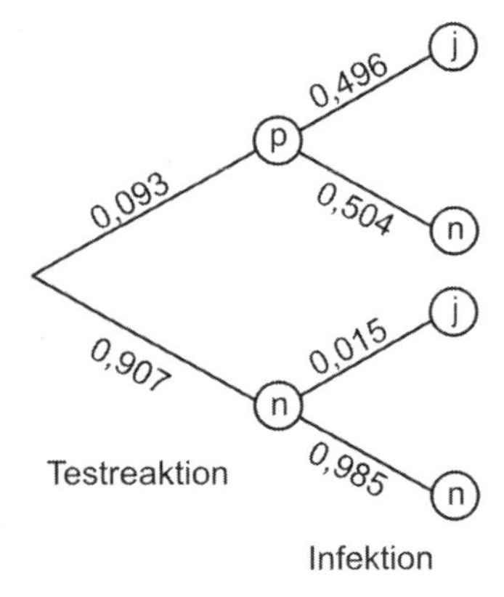

$P_{\text{Test positiv}}(\text{infiziert}) = 0{,}496$

$P_{\text{Test negativ}}(\text{nicht infiziert}) = 0{,}985$

266 **9.**  **a)**

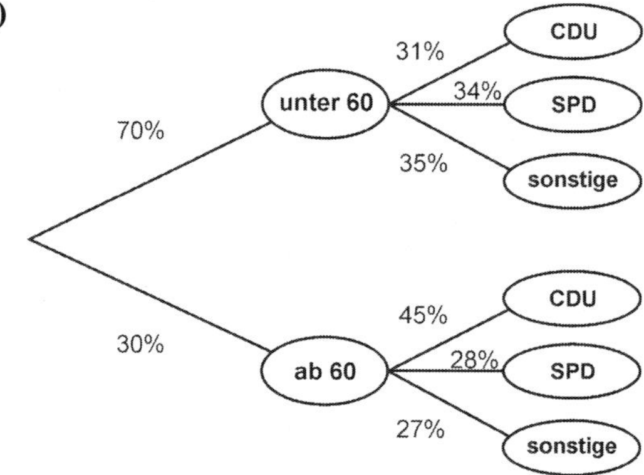

b)

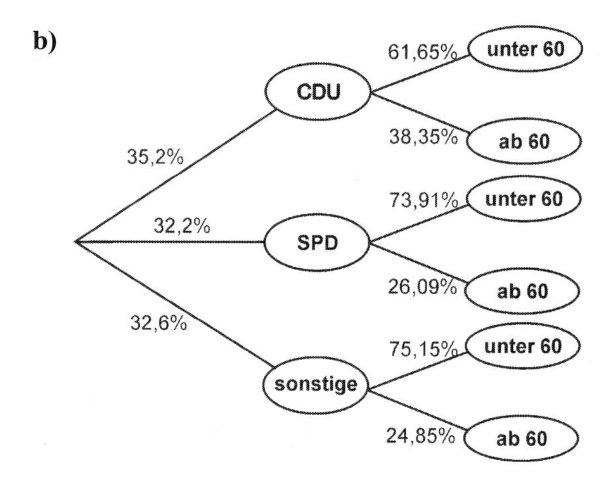

Die CDU erreichte bei den Landtagswahlen 35,2 % der Stimmen.
38,35 % der CDU-Stimmen wurden in der Gruppe der ab 60-jährigen geholt.
Die SPD erreichte 32,2 %. Davon entfielen 26,09 % auf die Gruppe der ab 60-jährigen.
Bemerkung: Die Werte wurden aus den Daten der Aufgaben ermittelt. Die exakten Werte weichen aufgrund von Rundungsdifferenzen ab.

10. Aus dem Text entnimmt man:
$P(\text{CDU}) = 0{,}352$; $P_{\text{kath.}}(\text{CDU}) = 0{,}45$; $P_{\text{prot.}}(\text{CDU}) = 0{,}28$;
$P_{\text{andere}}(\text{CDU}) = 0{,}21$
$P(\text{SPD}) = 0{,}357$; $P_{\text{kath.}}(\text{SPD}) = 0{,}31$; $P_{\text{prot.}}(\text{SPD}) = 0{,}43$;
$P_{\text{andere}}(\text{SPD}) = 0{,}34$
$P(\text{sonstige}) = 0{,}291$; $P_{\text{kath.}}(\text{sonstige}) = 0{,}24$; $P_{\text{prot.}}(\text{sonstige}) = 0{,}29$;
$P_{\text{andere}}(\text{sonstige}) = 0{,}45$

266

10. Fortsetzung
Berechne x = P(kath.); y = P(prot.); z = P(andere) aus dem LGS

$$\left|\begin{array}{l} 0,45x + 0,28y + 0,21z = 0,352 \\ 0,31x + 0,43y + 0,34z = 0,357 \\ 0,24x + 0,29y + 0,45z = 0,291 \end{array}\right|$$

Lösung: P(kath.) = 0,489; P(prot.) = 0,352; P(andere) = 0,159

		CDU	SPD	sonstige	
Konfession	katholisch	22,0 %	15,2 %	11,7 %	48,9 %
	protestantisch	9,9 %	15,1 %	10,2 %	35,2 %
	andere/keine	3,3 %	5,4 %	7,2 %	15,9 %
		35,2 %	35,7 %	29,1 %	100,0 %

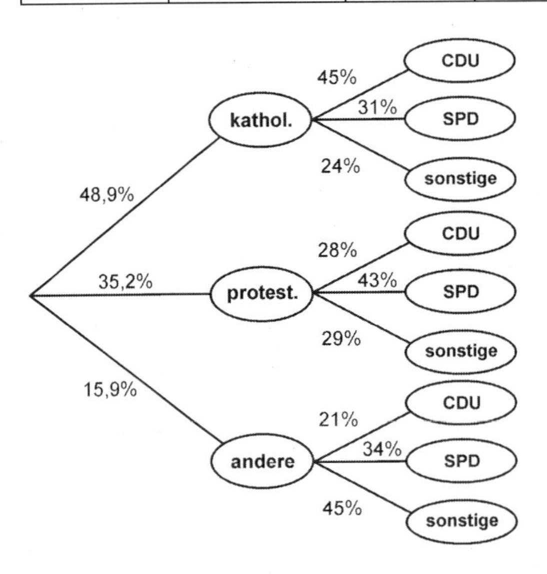

266 **10.** Fortsetzung

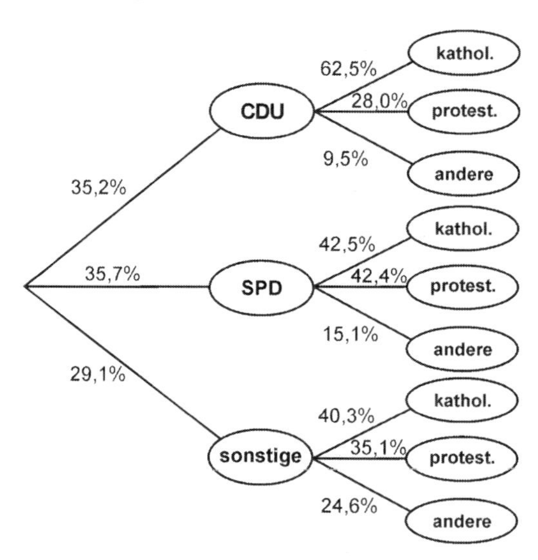

62,5 % der CDU-Wähler sind katholisch, während nur 42,5 % der SPD-Wähler katholisch sind. Dagegen sind 42,4 % der SPD-Wähler protestantisch, während der Anteil unter den CDU-Wählern nur 28 % beträgt.

267 **11.** $P(A) = 45\ \%$; $P(B) = 37\ \%$; $P(C) = 18\ \%$
$P_A(\text{Abo}) = 10\ \%$; $P_B(\text{Abo}) = 60\ \%$; $P_C(\text{Abo}) = 75\ \%$

a) $P(\text{Abo}) = P_A(\text{Abo}) \cdot P(A) + P_B(\text{Abo}) \cdot P(B) + P_C(\text{Abo}) \cdot P(C) = 40{,}2\ \%$

b) Da die Zeitung am Kiosk gekauft wird, ist sie nicht abonniert worden. Also berechne

$$P_{\overline{\text{Abo}}}(B) = \frac{P_B(\overline{\text{Abo}}) \cdot P(B)}{P(\overline{\text{Abo}})} = \frac{(1-P_B(\text{Abo})) \cdot P(B)}{1-P(\text{Abo})} = \frac{(1-0{,}6) \cdot 0{,}37}{1-0{,}402}$$
$$= 0{,}247 = 24{,}7\ \%$$

12. a)

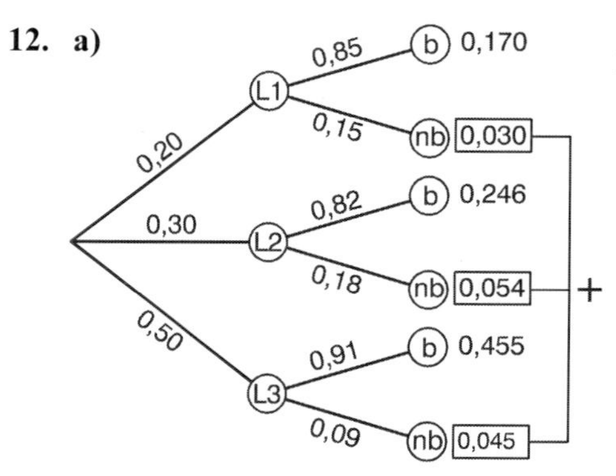

Anteil der unbrauchbaren Scheibenwischer 12,9%.

267

12. b)

	Lieferant 1	Lieferant 2	Lieferant 3	gesamt
Scheibenwischer nicht brauchbar	3 %	5,4 %	4,5 %	12,9 %
Scheibenwischer brauchbar	17 %	24,6 %	45,5 %	77,1 %
gesamt	20 %	30 %	50 %	100 %

$$P_{nb}(L_1) = \frac{P_{L_1}(nb) \cdot P(L_1)}{P(nb)} = \frac{0{,}15 \cdot 0{,}2}{0{,}129} = 0{,}233 = 23{,}3\ \%$$

$$P_{nb}(L_2) = \frac{P_{L_2}(nb) \cdot P(L_2)}{P(nb)} = \frac{0{,}18 \cdot 0{,}3}{0{,}129} = 0{,}419 = 41{,}9\ \%$$

$$P_{nb}(L_3) = \frac{P_{L_3}(nb) \cdot P(L_3)}{P(nb)} = \frac{0{,}09 \cdot 0{,}5}{0{,}129} = 0{,}349 = 34{,}9\ \%$$

13. a)

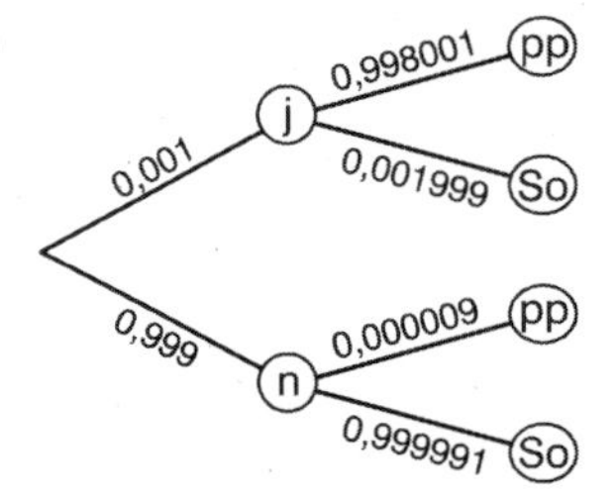

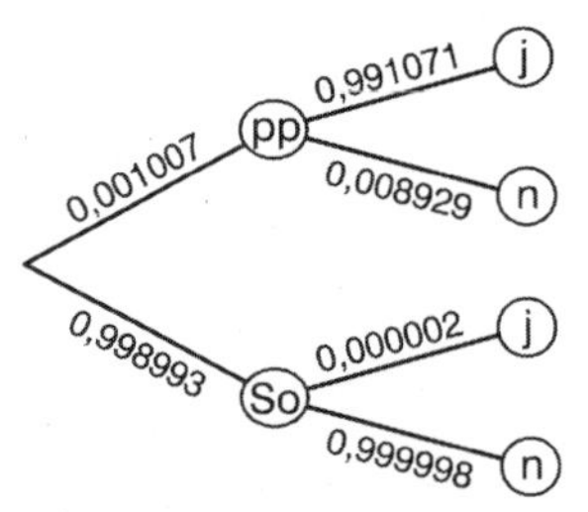

Wenn zweimal hintereinander eine positive Testreaktion erfolgte, dann ist die Wahrscheinlichkeit 99,1%, dass eine Infektion vorliegt.

267

13. b)

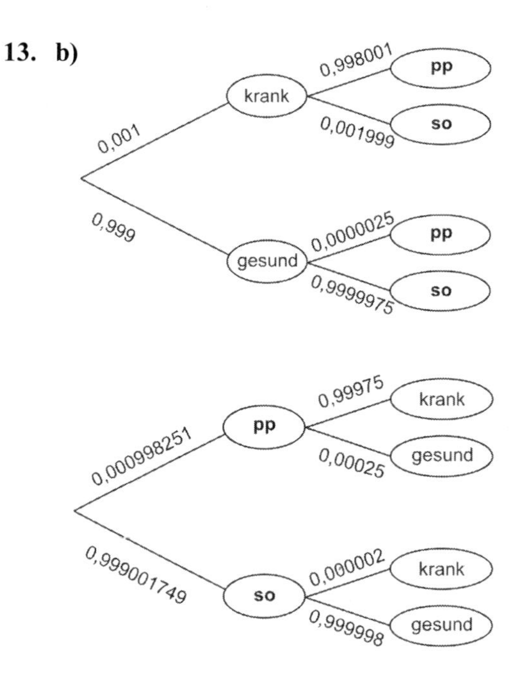

Bei Ergebnis „pp" ist die Wahrscheinlichkeit für eine Krankheit 0,99975.

14. Fehler in der ersten Auflage. Es muss 741 statt 704 und 13 704 statt 12 904 heißen.
Der Text enthält eine Bewertung des so genannten Gehör-Screenings. Dabei handelt es sich um einen Test, der bei Neugeborenen eine Hörstörung aufdecken kann. In einer Geburtskohorte (d. h. einem Geburtsjahrgang) haben ca. 0,12 % eine Hörstörung. Das sind 823 Kinder. Bei einer Sensitivität von 90 % entdeckt der Test 741 Kinder mit Hörstörung. Von den gesunden Kindern werden durch den Test 98 % als solche erkannt.

	gesund	Hörstörung	
Test positiv	13 704	741	14 445
Test negativ	671 473	82	671 555
	685 177	823	686 000

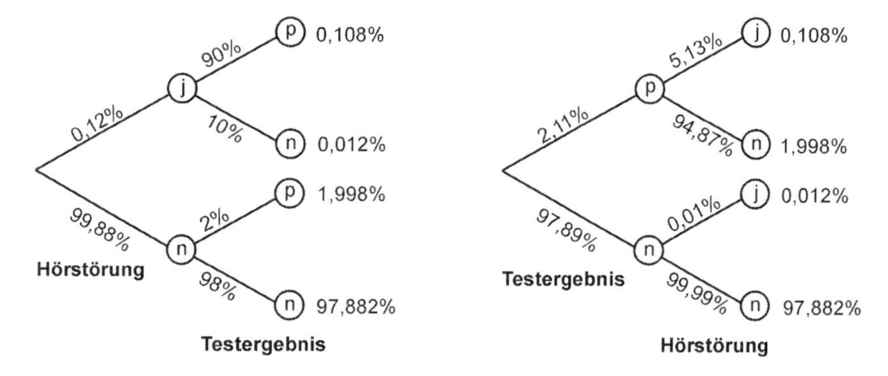

5 WAHRSCHEINLICHKEITSVERTEILUNGEN

Lernfeld

270 **Lottoglück**

1. Die Aufgabe ist dazu gedacht, erste kombinatorische Überlegungen vorzunehmen:
Man kann alle $6 \cdot 5 \cdot 4 = 120$ möglichen Ziehungsfolgen für das Lottospiel *3 aus 6* notieren und dann überlegen, dass es bei den Lottotipps nicht auf die Reihenfolge der Ziehung ankommt, d. h., dass die 120 Ziehungsfolgen zu $\frac{6 \cdot 5 \cdot 4}{6} = 20$ verschiedenen Tipps gehören:

123	124	125	126	134	135	136	145	146	156	234	235	236	245	246	256	345	346	356	456
132	142	152	162	143	153	163	154	164	165	243	253	263	254	264	265	354	364	365	465
213	214	215	216	314	315	316	415	416	516	324	325	326	425	426	526	435	436	536	546
231	241	251	261	341	351	361	451	461	561	342	352	362	452	462	562	453	463	563	564
312	412	512	612	413	513	613	514	614	615	423	523	623	524	624	625	534	634	635	645
321	421	521	621	431	531	631	541	641	651	432	532	632	542	642	652	543	643	653	654

Analog findet man beim Lottospiel *4 aus 8* die Anzahl der möglichen Tipps zu $\frac{8 \cdot 7 \cdot 6 \cdot 5}{24} = 70$.
Beim Lottospiel *3 aus 6* gibt es nur die Möglichkeit für 3 Richtige (1. Rang) und 9 Möglichkeiten für 2 Richtige (2. Rang), wie man durch Abzählen an der oben aufgeführten Tabelle herausfinden kann, d. h. in $\frac{1}{20} = 5\,\%$ der Fälle müsste ein Betrag für 3 Richtige ausgezahlt werden und in $\frac{9}{20} = 45\,\%$ der Fälle ein Betrag für 2 Richtige.
Wie viel Geld für die Gewinnränge ausgegeben wird, ist diskussionswürdig, und verschiedene Modelle sollen von den Schülern/innen in ihrer Gruppen-/ Partnerarbeit verglichen werden.
Wenn man beachtet, dass die Hälfte für einen wohltätigen Zweck gedacht ist, dann findet man beim Probieren mit verschiedenen Auszahlungsvarianten schnell heraus, dass das Spiel nicht sehr attraktiv sein kann: Wenn man beispielsweise den Gewinnern im 2. Rang ihren Einsatz zurückzahlt und den Gewinnern im 1. Rang den Einsatz plus 1 €, dann ist der Erwartungswert der Auszahlung bereits größer als 0,50 €. Und wenn man die Auszahlungsbeträge senkt, dann wird das Spiel bestimmt nicht attraktiver.

Auszahlung	Wahrscheinlichkeit	Produkt
1 €	$\frac{9}{20}$	0,45
2 €	$\frac{1}{20}$	0,10
		0,55

270

1. Fortsetzung
Es ist zu vermuten, dass die Schülerinnen und Schüler den Erwartungswert als zu erwartender Mittelwert ausrechnen (wenn 100 Tipps abgegeben werden, dann werden ungefähr 5 im 1. Rang sein und ungefähr 45 im 2. Rang).
Für das Spiel *4 aus 8* gilt analog: Die Wahrscheinlichkeit für einen Tipp im 1. Rang (4 Richtige) beträgt $\frac{1}{70}$, für einen Gewinn im 2. Rang (2 Richtige) $\frac{16}{70}$, für einen Gewinn im 3. Rang (2 Richtige) $\frac{36}{70}$.
Ein Auszahlungsplan von beispielsweise 0,50 € (halber Einsatz zurück) bei einem Gewinn im 3. Rang, 1 € (Einsatz zurück) bei einem Gewinn im 2. Rang und 2 € (Gewinn: 1 €) bei einem Gewinn im 1. Rang erscheint nicht sehr attraktiv. Die Vorgabe (die Hälfte für den guten Zweck) wird dabei leicht überschritten.

Auszahlung	Wahrscheinlichkeit	Produkt
0,50 €	$\frac{36}{70}$	$\frac{18}{70}$
1 €	$\frac{16}{70}$	$\frac{16}{70}$
2 €	$\frac{1}{70}$	$\frac{2}{70}$
		$\frac{36}{70}$

Die Simulation könnte aus Zeitgründen mithilfe eines Würfels (Hexaeder) bzw. Oktaeder durchgeführt werden; jedoch müsste man beachten, dass es bei den 3 bzw. 4 Würfen mit großer Wahrscheinlichkeit zur Wiederholung von Augenzahlen kommen kann:
P(3 verschiedene Augenzahlen beim 3fachen Werfen eines Hexaeders)
$= \frac{6 \cdot 5 \cdot 4}{6^3} \approx 56\ \%$
P(4 verschiedene Augenzahlen beim 4fachen Werfen eines Hexaeders)
$= \frac{8 \cdot 7 \cdot 6 \cdot 5}{8^4} \approx 41\ \%$

270 Kein Groschengrab

2. Die Ergebnisse Herz, Krone, Ball treten jeweils mit einer Wahrscheinlichkeit von $\frac{1}{3}$ auf. Das Ereignis *Drei gleiche Bilder* hat eine Wahrscheinlichkeit von $\frac{3}{27} = \frac{1}{9}$, das Ereignis *lauter verschiedene Bilder* eine Wahrscheinlichkeit von $\frac{6}{27} = \frac{2}{9}$.
Wie man den Gewinnplan gestaltet, ist willkürlich, also diskussionswürdig; beispielsweise kann in der Diskussion unter den Schülern/innen herauskommen, dass man „aus Gerechtigkeitsgründen" für das erstgenannte Ereignis einen doppelt so hohen Gewinn vorsehen müsste, wie für das zweitgenannte.
Wenn es nur darauf ankommt, wie viele Herzen zu sehen sind (führt zu einem Binomialansatz):
P(0 Herzen) = $\frac{8}{27}$; P(1 Herz) = $\frac{12}{27}$; P(2 Herzen) = $\frac{6}{27}$; P(3 Herzen) = $\frac{1}{27}$
Wenn auf einem Zylinder 1 Herz, 2 Kronen und 3 Bälle zu sehen sind, dann haben die oben aufgeführten Ereignisse folgende Wahrscheinlichkeiten
P(3 gleiche Bilder) $= \left(\frac{1}{6}\right)^3 + \left(\frac{2}{6}\right)^3 + \left(\frac{3}{6}\right)^3 = \frac{36}{216} = \frac{1}{6}$
P(3 verschiedene Bilder) $= 6 \cdot \frac{1}{6} \cdot \frac{2}{6} \cdot \frac{3}{6} = \frac{1}{6}$ bzw.
P(0 Herzen) = $\frac{125}{216}$; P(1 Herz) = $\frac{75}{216}$; P(2 Herzen) = $\frac{15}{216}$;
P(3 Herzen) = $\frac{1}{216}$
Spieleinsatz gemäß gesetzlicher Regelung: Wenn ein Spiel 15 Sekunden dauert, können schätzungsweise ca. 120 Spiele pro Stunde durchgeführt werden (15 Sekunden für das Nachwerfen des Spieleinsatzes). Falls der Spielplan vorsieht, dass die Hälfte des Einsatzes als Gewinn beim Spielbetreiber bleibt, dann dürfte der Spieleinsatz nur ca. 0,50 € kosten.

271 Links oder rechts?

3. Durch Simulation mithilfe eines Münzwurfs findet man heraus, dass ca. $\frac{1}{8}$ aller Wege nach A, $\frac{3}{8}$ nach B, $\frac{3}{8}$ nach C und $\frac{1}{8}$ nach D führen.
Beim Werfen eines Tetraeders hat man: P(dreimal links) $= \left(\frac{1}{4}\right)^3 = \frac{1}{64}$;
P(zweimal links) $= \frac{9}{64}$; P(einmal links) $= \frac{27}{64}$; P(keinmal links) $= \frac{27}{64}$
Bei Vergrößerung des Irrgartens erhält man:
Münzwurf: P(viermal links) $= \frac{1}{16}$; P(dreimal links) $= \frac{4}{16}$;
P(zweimal links) $= \frac{6}{16}$; P(einmal links) $= \frac{4}{16}$; P(keinmal links) $= \frac{1}{16}$

271

3. Fortsetzung

Tetraeder: P(viermal links) $= \frac{1}{256}$; P(dreimal links) $= \frac{12}{256}$;

P(zweimal links) $= \frac{54}{256}$; P(einmal links) $= \frac{108}{256}$; P(keinmal links) $= \frac{81}{256}$

Merkwürdiger Zufall

4. Das Lernfeld bereitet zwei Fragen vor, die im Zusammenhang des Kugel-Fächer-Modells behandelt werden: das klassische Geburtstagsproblem und das Rosinenproblem:
Die Wahrscheinlichkeit, dass alle 25 Zufallszahlen aus der Menge {1, 2, …, 365} voneinander verschieden sind, beträgt nur ca. 43,1 %.
Wenn man 50 Zufallszahlen auswählt, dann beträgt die Wahrscheinlichkeit, dass ein Feld leer bleibt, ca. $\left(\frac{364}{365}\right)^{50} \approx 87{,}2\ \%$, dass ein Feld nur ein Kreuzchen hat ca. $50 \cdot \frac{1}{365} \cdot \left(\frac{364}{365}\right)^{49} \approx 12{,}0\ \%$, also ca. 0,8 %, dass in einem Feld mehr als ein Kreuzchen ist. Im Sinne der Häufigkeitsinterpretation bedeutet dies, dass ca. 318 Felder leer sind, ca. 44 Felder 1 Kreuzchen enthalten und in ca. 3 Felder mehr als 1 Kreuzchen gemacht wurde.

5.1 Zufallsgrößen – Erwartungswert einer Zufallsgröße

274

2. Die Auszahlung nach n Spielen ergibt sich aus den absoluten Häufigkeiten der jeweiligen Ereignisse, multipliziert mit den entsprechenden Auszahlungswerten. Die durchschnittliche Auszahlung pro Spiel erhält man durch Division durch n. Dabei werden die absoluten Häufigkeiten durch relative Häufigkeiten ersetzt. Wiederholt man das Spiel oft genug, nähern sich die beobachteten relativen Häufigkeiten den theoretischen Wahrscheinlichkeiten an. Daher ist die zu erwartende Auszahlung
$0{,}25 \cdot 0{,}4 \cdot 0{,}50\ € + 0{,}23 \cdot 1\ € + 0{,}1 \cdot 2\ € + 0{,}02 \cdot 5\ € = 0{,}73\ €$
Der Gewinn ist Auszahlung abzüglich des Einsatzes, also
$0{,}73\ € - 1\ € = -\,0{,}27\ €$.
Man verliert also im Mittel 27 Cent pro Spiel.

3. **a)** Jedes der 16 Ergebnisse ist gleich wahrscheinlich. Damit tritt jede Symbolkombination mit der Wahrscheinlichkeit $\frac{1}{16}$ ein.
Erwartungswert:

$$2 \cdot \frac{1}{16} \cdot 0{,}00 + 4 \cdot \frac{1}{16} \cdot 0{,}10 + 4 \cdot \frac{1}{16} \cdot 0{,}20 + 3 \cdot \frac{1}{16} \cdot 0{,}30 + 2 \cdot \frac{1}{16} \cdot 0{,}40 + \frac{1}{16} \cdot 0{,}50 = 0{,}2125$$

b) Das Spiel ist fair, wenn der Einsatz 0,2125 € beträgt.

274

4. Fehler in der 1. Auflage. In (5) muss es heißen: „größer als 9 oder kleiner als 5"

(1) $P(X \le 9) = \frac{30}{36}$

(2) $P(X < 10) = \frac{30}{36}$

(3) $P(X \ge 5) = \frac{30}{36}$

(4) $P(6 \le X \le 10) = \frac{23}{36}$

(5) $P(X > 9 \text{ oder } X < 5) = \frac{12}{36}$

(6) $P(X < 10 \text{ oder } X > 11) = \frac{31}{36}$

275

5. a) Die Wurfkombinationen {1; 4; 6}; {2; 3; 6}; {2; 4; 6} treten jeweils 6-mal, die Kombinationen {1; 5; 5}; {3; 3; 5}; 3; 4; 4} treten jeweils 3-mal auf. Damit führen 27 Ergebnisse der möglichen 216 auf die Augensumme 11.
Die Wurfkombinationen {1; 5; 6}; {2; 4; 6}; {3; 4; 5} treten jeweils 6-mal, die Kombinationen {3; 3; 6} und {2; 5; 5} treten jeweils 3-mal auf und die Kombination {4; 4; 4} nur einmal auf. Damit führen 25 Ergebnisse der möglichen 216 auf die Augensumme 12.

b)

k	P(X = k)	k	P(X = k)	k	P(X = k)	k	P(X = k
3	$\frac{1}{216}$	7	$\frac{15}{216}$	11	$\frac{27}{216}$	15	$\frac{10}{216}$
4	$\frac{3}{216}$	8	$\frac{21}{216}$	12	$\frac{25}{216}$	16	$\frac{6}{216}$
5	$\frac{6}{216}$	9	$\frac{25}{216}$	13	$\frac{21}{216}$	17	$\frac{3}{216}$
6	$\frac{10}{216}$	10	$\frac{27}{216}$	14	$\frac{15}{216}$	18	$\frac{1}{216}$

6. a)

k	2 Hexaeder P (X = k)	Tetraeder und Oktaeder P (X = k)
2	$\frac{1}{36} = \frac{8}{288}$	$\frac{1}{32} = \frac{9}{288}$
3	$\frac{2}{36} = \frac{16}{288}$	$\frac{2}{32} = \frac{18}{288}$
4	$\frac{3}{36} = \frac{24}{288}$	$\frac{3}{32} = \frac{27}{288}$
5	$\frac{4}{36} = \frac{32}{288}$	$\frac{4}{32} = \frac{36}{288}$
6	$\frac{5}{36} = \frac{40}{288}$	$\frac{4}{32} = \frac{36}{288}$
7	$\frac{6}{36} = \frac{48}{288}$	$\frac{4}{32} = \frac{36}{288}$
8	$\frac{5}{36} = \frac{40}{288}$	$\frac{4}{32} = \frac{36}{288}$
9	$\frac{4}{36} = \frac{32}{288}$	$\frac{4}{32} = \frac{36}{288}$
10	$\frac{3}{36} = \frac{24}{288}$	$\frac{3}{32} = \frac{27}{288}$
11	$\frac{2}{36} = \frac{16}{288}$	$\frac{2}{32} = \frac{18}{288}$
12	$\frac{1}{36} = \frac{8}{288}$	$\frac{1}{32} = \frac{9}{288}$

275

6. a) Fortsetzung

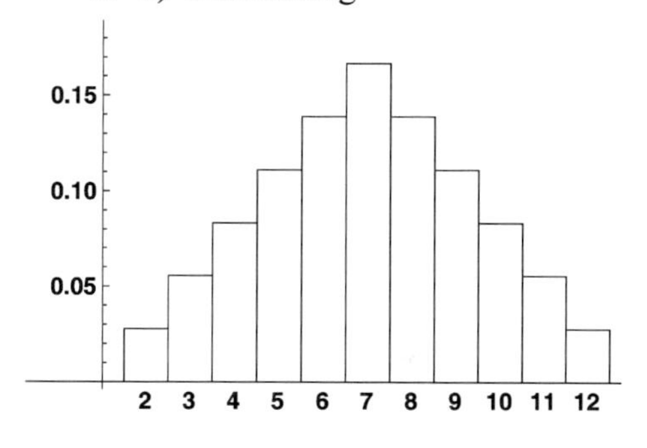

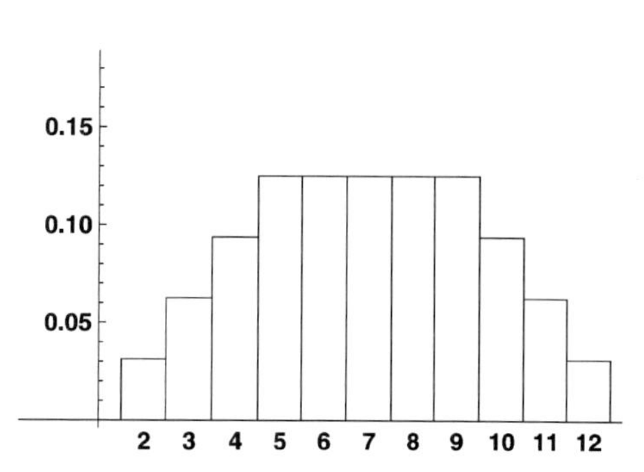

b)

	2 Hexaeder	Tetraeder und Oktaeder
(1) P (X = 4)	$\frac{24}{288}$	$\frac{27}{288}$
(2) P (X = 7)	$\frac{48}{288}$	$\frac{36}{288}$
(3) P (X < 7)	$\frac{120}{288}$	$\frac{126}{288}$
(4) P (X gerade)	$\frac{1}{2}$	$\frac{1}{2}$

c)

k	2	3	4	5	6	7	8	9
P (X = k)	$\frac{1}{64}$	$\frac{2}{64}$	$\frac{3}{64}$	$\frac{4}{64}$	$\frac{5}{64}$	$\frac{6}{64}$	$\frac{7}{64}$	$\frac{8}{64}$

k	10	11	12	13	14	15	16
P (X = k)	$\frac{7}{64}$	$\frac{6}{64}$	$\frac{5}{64}$	$\frac{4}{64}$	$\frac{3}{64}$	$\frac{2}{64}$	$\frac{1}{64}$

d)

	1	2	3	4	5	6	7	8	9	10	11	12
1	2	3	4	5	6	7	8	9	10	11	12	13
2	3	4	5	6	7	8	9	10	11	12	13	14
3	4	5	6	7	8	9	10	11	12	13	14	15
4	5	6	7	8	9	10	11	12	13	14	15	16

← Augenzahl Dodekaeder

← Augensumme

↑ Augenzahl Tetraeder

k	2	3	4	5	6	7	8	9
P (X = k)	$\frac{1}{48}$	$\frac{2}{48}$	$\frac{3}{48}$	$\frac{4}{48}$	$\frac{4}{48}$	$\frac{4}{48}$	$\frac{4}{48}$	$\frac{4}{48}$

k	10	11	12	13	14	15	16
P (X = k)	$\frac{4}{48}$	$\frac{4}{48}$	$\frac{4}{48}$	$\frac{4}{48}$	$\frac{3}{48}$	$\frac{2}{48}$	$\frac{1}{48}$

275

6. **e)** $\left.\begin{array}{l}\textit{Tetraeder + Ikosaeder}\\ \textit{2 Dodekaeder}\end{array}\right\}$ *Augensummen* 2, ..., 24

Tetraeder + Oktaeder + beliebiger Polyeder
2 Hexaeder + beliebiger Polyeder

Tetraeder + Dodekaeder + beliebiger Polyeder
2 Oktaeder + beliebiger Polyeder

Tetraeder + Ikosaeder + beliebiger Polyeder
2 Dodekaeder + beliebiger Polyeder

7. Verteilung der Gewinne auf dem Glücksrad:

Gewinn (in $)	1	2	5	10	20	40
Anzahl	24	15	7	3	3	2

Die Zufallsgröße X zähle den Gewinn, dann gilt
$E(X) = 1 \cdot \frac{24}{54} + 2 \cdot \frac{15}{54} + 5 \cdot \frac{7}{54} + 10 \cdot \frac{3}{54} + 20 \cdot \frac{3}{54} + 40 \cdot \frac{2}{54} = \frac{259}{54} = 4{,}7963$
Ein Einsatz von mindestens 4,80 $ bringt Gewinn. Der Preis wird vermutlich bei 5 $ liegen.

8. $E(X) = \frac{1}{6} \cdot 2 + \frac{1}{6} \cdot 4 + \frac{1}{6} \cdot 8 + \frac{1}{6} \cdot 16 + \frac{1}{6} \cdot 32 + \frac{1}{6} \cdot 64 = 21$

276

9. **a)** Sei x der Einsatz. Die Zufallsgröße X zähle den Gewinn, dann gilt
$E(X) = \frac{19}{37} \cdot (-x) + \frac{18}{37} \cdot x = -\frac{x}{37}$.
D. h. auf lange Sicht verliert man $\frac{1}{37}$ des Einsatzes.

b) Sei y der Einsatz. Die Zufallsgröße Y zähle den Gewinn, dann gilt:
$E(Y) = \frac{36}{37} \cdot (-y) + \frac{35}{37} \cdot y = -\frac{y}{37}$
Beide Spiele haben die gleiche Gewinnerwartung.

10. Mit $P(X = 0) = \frac{1}{8}$; $P(X = 1) = \frac{3}{8}$; $P(X = 2) = \frac{3}{8}$; $P(X = 3) = \frac{1}{8}$ folgt
$E(X) = 0 \cdot \frac{1}{8} + 1 \cdot \frac{3}{8} + 2 \cdot \frac{3}{8} + 3 \cdot \frac{1}{8} = \frac{3}{2}$.

276

11. a)

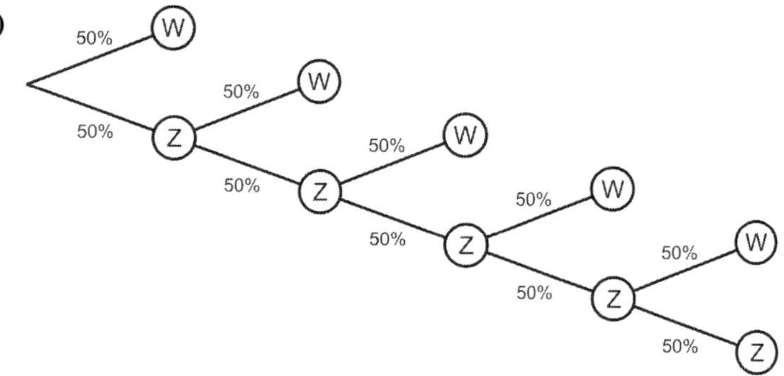

Mit $P(X = 1) = \frac{1}{2}$; $P(X = 2) = \frac{1}{4}$; $P(X = 3) = \frac{1}{8}$; $P(X = 4) = \frac{1}{16}$;

$P(X = 5) = \frac{1}{32}$; $P(X = 7) = \frac{1}{32}$ folgt

$E(X) = 1 \cdot \frac{1}{2} + 2 \cdot \frac{1}{4} + 3 \cdot \frac{1}{8} + 4 \cdot \frac{1}{16} + 5 \cdot \frac{1}{32} + 7 \cdot \frac{1}{32} = 2$

b) Das Spiel ist fair, wenn der Einsatz 2 € beträgt.

12. X zähle die Ausgaben für die gekauften Lose bis zum ersten Gewinn. Dann gilt $P(X = 2k) = 0{,}8^{k-1} \cdot 0{,}2$ für k = 1, …, 4. Da nach 5 Losen abgebrochen wird, ist $P(X = 10) = 0{,}8^4$.
Damit folgt

$$E(X) = 0{,}2 \cdot 2 + 0{,}8 \cdot 0{,}2 \cdot 4 + 0{,}8^2 \cdot 0{,}2 \cdot 6 + 0{,}8^3 \cdot 0{,}2 \cdot 8 + 0{,}8^4 \cdot 10 = 6{,}7232,$$

d. h. man muss mit einer Ausgabe von etwa 6,72 € rechnen.

13. Die Zufallsgröße X gebe die Spieldauer in Sätzen an. Aus einem reduzierten Baumdiagramm kann man die folgenden Wahrscheinlichkeiten ablesen:

$P(X = 3) = \frac{1}{4}$; $P(X = 4) = \frac{3}{8}$; $P(X = 5) = \frac{3}{8}$.

Damit erhält man als Erwartungswert $E(X) = 3 \cdot \frac{1}{4} + 4 \cdot \frac{3}{8} + 5 \cdot \frac{3}{8} = 4{,}125$.

14. Die Zufallsgröße X gebe die Summe der Bahnnummern an.

a) Man kann die Wahrscheinlichkeiten auf die folgende Weise ermitteln: Ein Vertreter der ersten Mannschaft zieht drei Lose ohne Zurücklegen. Da für die Summe die Reihenfolge nicht beachtet wird, gibt es $\binom{6}{3} = 20$ verschiedene Loskombinationen. Da alle Kombinationen gleich wahrscheinlich sind, tritt jede Kombination mit der Wahrscheinlichkeit $\frac{1}{20}$ auf.

276 **14.** **a)** Fortsetzung

X	Loskombination	Wahrscheinlichkeit
9	(2, 3, 4)	$\frac{1}{20}$
10	(2, 3, 5)	$\frac{1}{20}$
11	(2, 3, 6), (2, 3, 5)	$\frac{2}{20}$
12	(2, 3, 7), (2, 4, 6), (3, 4, 5)	$\frac{3}{20}$
13	(2, 4, 7), (2, 5, 6), (3, 4, 6)	$\frac{3}{20}$
14	(2, 5, 7), (3, 4, 7), (3, 5, 6)	$\frac{3}{20}$
15	(2, 6, 7), (3, 5, 7), (4, 5, 6)	$\frac{3}{20}$
16	(3, 6, 7), (4, 5, 7)	$\frac{2}{20}$
17	(4, 6, 7)	$\frac{1}{20}$
18	(5, 6, 7)	$\frac{1}{20}$

b) (1) $P(X < 12) = \frac{1}{20} + \frac{1}{20} + \frac{2}{20} = \frac{1}{5}$

(2) $P(X > 7) = 1$

(3) $P(X \geq 14) = \frac{3}{20} + \frac{3}{20} + \frac{2}{20} + \frac{1}{20} + \frac{1}{20} = \frac{1}{2}$

5.2 Binomialverteilung

5.2.1 BERNOULLI-Ketten

279

2.

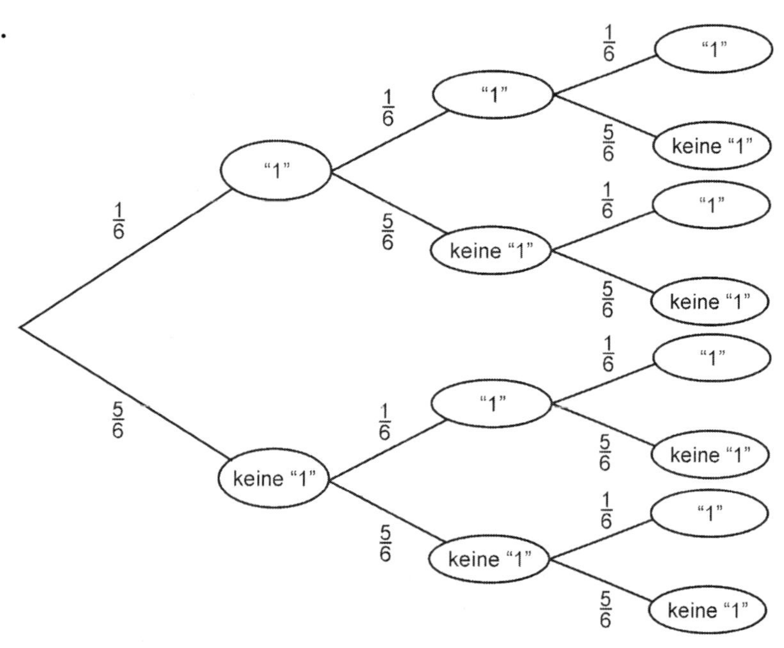

Die Zufallsgröße X zählt die gewürfelten Einsen nach einer Runde.
Aus dem Baumdiagramm entnimmt man:

k	P(X = k)
0	0,5787
1	0,3472
2	0,0694
3	0,0046

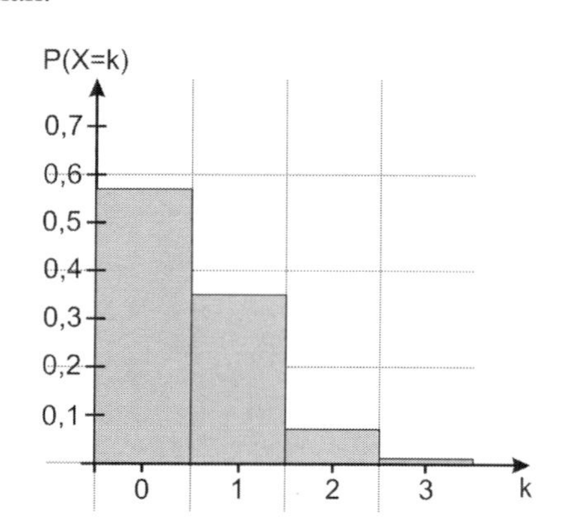

3. Jedes Experiment kann als Bernoulli-Experiment interpretiert werden. Dazu muss man die Menge S der Ergebnisse in die zwei Teilmengen E (Erfolg) und M (Misserfolg) zerlegen. Für die Erfolgswahrscheinlichkeit p gilt dann p = P(E).

279

4. **a)** Es handelt sich nicht um eine Bernoulli-Kette, da das zugrunde liegende Zufallsexperiment kein Bernoulli-Experiment ist. Es wurde kein Erfolgsereignis erklärt.

b) Das zugrunde liegende Zufallsexperiment ist ein Bernoulli-Experiment (Erfolg: Kugel ist weiß). Beim Ziehen mit Zurücklegen handelt es sich um eine Bernoulli-Kette, da das Bernoulli-Experiment unter gleichen Bedingungen wiederholt wird.
Beim Ziehen ohne Zurücklegen handelt es sich nicht um eine Bernoulli-Kette, da sich die Bedingungen von Stufe zu Stufe ändern.

5. **a)** Erfolg: Jeder kann schwimmen.
b) Erfolg: Ein Schmuggler wird erwischt.
c) Erfolg: Alle Fragen richtig beantwortet.

6. (1) Festlegen von Erfolg und Misserfolg. Beide haben die Wahrscheinlichkeit $p = q = 50\ \%$.
(2) Unter der Voraussetzung, dass 10 Münzen mit gleicher Erfolgs- bzw. Misserfolgswahrscheinlichkeit geworfen werden, z. B. alle $p = q = 0{,}5$.
(3) Wenn Erfolg ($p = 0{,}05$) und Misserfolg ($p = 0{,}95$) für alle Dosen gleich sind.
(4) Wenn ein ausgewählter Haushalt auch mehrfach befragt werden darf („Ziehen mit Zurücklegen"). Ist die Grundgesamtheit groß genug, liegt eine Bernoulli-Kette annähernd vor, weil sich p und q beim Ziehen (fast) nicht ändern.

280

7.

k	(1) zugehörige Ergebnisse	(2) Anzahl	(3) P(X = k)
0	(Z, Z, Z, Z, Z)	1	0,03125
1	(W, Z, Z, Z, Z), (Z, W, Z, Z, Z), (Z, Z, W, Z, Z), (Z, Z, Z, W, Z), (Z, Z, Z, Z, W)	5	0,15625
2	(W, W, Z, Z, Z), (W, Z, W, Z, Z), (W, Z, Z, W, Z), (W, Z, Z, Z, W), (Z, W, W, Z, Z), (Z, W, Z, W, Z), (Z, W, Z, Z, W), (Z, Z, W, W, Z), (Z, Z, W, Z, W), (Z, Z, Z, W, W)	10	0,3125
3	(W, W, W, Z, Z), (W, W, Z, W, Z), (W, W, Z, Z, W), (W, Z, W, W, Z), (W, Z, W, Z, W), (W, Z, Z, W, W), (Z, W, W, W, Z), (Z, W, W, Z, W), (Z, W, Z, W, W), (Z, Z, W, W, W)	10	0,3125
4	(W, W, W, W, Z), (W, W, W, Z, W), (W, W, Z, W, W), (W, Z, W, W, W), (Z, W, W, W, W)	5	0,15625
5	(W, W, W, W, W)	1	0,03125

8. **a)** Ja, Erfolg: Schraube brauchbar. Voraussetzung: Alle Schrauben stammen aus der gleichen Charge, d. h. Wahrscheinlichkeit für Ausschuss ist für jede Schraube gleich.
b) Nein, Erfolg: Spieler trifft. Die Erfolgswahrscheinlichkeit ist abhängig vom Spieler und kann nicht als konstant angenommen werden.
c) Nein, Erfolg z. B.: Kugel weiß. Alle Kugeln auf einmal zu ziehen, entspricht Ziehen ohne Zurücklegen.

280

8. d) Nein, Erfolg: Person stimmt zu. Die Erfolgswahrscheinlichkeit ist abhängig von der befragten Person und kann nicht als konstant angenommen werden.

e) Nein, Erfolg: Schüler entscheidet sich für das Schülerpaar (X, Y). Die Erfolgswahrscheinlichkeit ist abhängig von den Preferenzen des jeweiligen Schülers.

9. Sei $z_1z_2z_3$ die Gewinnzahl mit $z_1, z_2, z_3 \in \{0, 1, 2, 3, 4, 5, 6, 7, 8, 9\}$, dann kann die Ziehung durch 3-maliges Wiederholen des Bernoulli-Experiments „richtige Ziffer getroffen" mit $p = \frac{1}{10}$ simuliert werden. Dabei ist es unerheblich, ob sich die Ziffern unterscheiden. Die Erfolgswahrscheinlichkeit ist in jeder Stufe konstant.
Die Zufallsgröße X zähle die richtigen Ziffern. Dann gilt
$P(1.\text{ Preis}) = P(X = 3) = 0{,}001$; $P(2.\text{ Preis}) = P(X = 2) = 0{,}027$

10. (1)

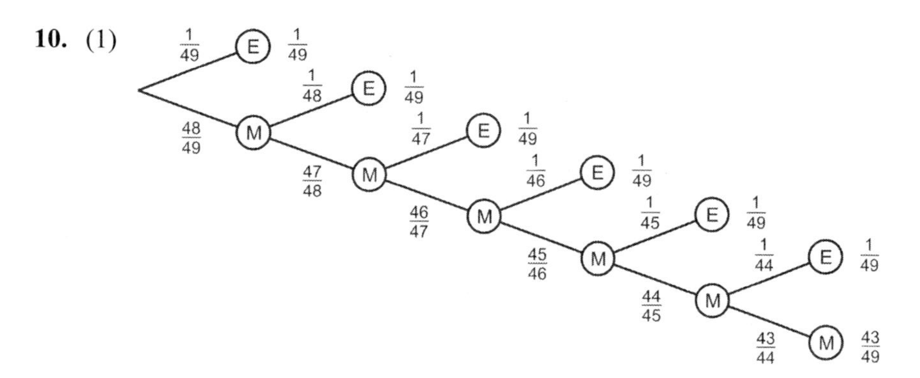

E bezeichnet das Ereignis „gewünschte Zahl gezogen",
M bezeichnet das Ereignis „gewünschte Zahl nicht gezogen".
Dann gilt: $P(E) = 6 \cdot \frac{1}{49} = \frac{6}{49}$.

(2) Das zugrunde liegende Bernoulli-Experiment lautet: „Bestimmte Zahl wurde gezogen". Nach (1) gilt $p = \frac{6}{49}$. Die Erfolgswahrscheinlichkeit ist in jeder Stufe identisch.

11. (1) Bei einer Simulation muss zunächst eine geeignete Liste von Zufallszahlen generiert werden. Danach muss die Liste nach dem Erfolgsereignis durchsucht werden. Beide Schritte lassen sich leicht automatisieren.

(2) Erzeuge eine Liste von 4 Zufallszahlen aus dem Bereich von 1 bis 7. Zähle die Anzahl der 7er. Wiederhole diesen Prozess hinreichend oft, z. B. 100-mal und berechne dann die relativen Häufigkeiten der Ereignisse „keine 7 in der Liste", „genau eine 7 in der Liste", „genau zweimal 7 in der Liste", „genau dreimal 7 in der Liste".

5.2.2 Binomialkoeffizienten – BERNOULLI-Formel

284

2. a) (1) Benutze die Bernoulli-Formel mit $n = 4$, $p = \frac{8}{15}$:

$P(X = 0) = 0{,}0474$; $P(X = 1) = 0{,}2168$; $P(X = 2) = 0{,}3717$;
$P(X = 3) = 0{,}2832$; $P(X = 4) = 0{,}0809$

(2) $P(X = 0) = \frac{70}{150} \cdot \frac{69}{149} \cdot \frac{68}{148} \cdot \frac{67}{147} = 0{,}0453$

$P(X = 1) = 4 \cdot \frac{80}{150} \cdot \frac{69}{149} \cdot \frac{68}{148} \cdot \frac{67}{147} = 0{,}2161$

$P(X = 2) = 6 \cdot \frac{80}{150} \cdot \frac{79}{149} \cdot \frac{70}{148} \cdot \frac{69}{147} = 0{,}3767$

$P(X = 3) = 4 \cdot \frac{80}{150} \cdot \frac{79}{149} \cdot \frac{78}{148} \cdot \frac{70}{147} = 0{,}2839$

$P(X = 4) = \frac{80}{150} \cdot \frac{79}{149} \cdot \frac{78}{148} \cdot \frac{77}{147} = 0{,}0781$

b) Eine Urne enthalte n Kugeln, davon seien m rot und n – m schwarz. Dann ist $p = \frac{m}{n}$ die Wahrscheinlichkeit für eine rote Kugel in der ersten Ziehung. X zähle die roten Kugeln, wenn k-mal ohne Zurücklegen gezogen wird. Wenn n groß im Vergleich zu k ist, dann gilt für $l = 0, \ldots, k$

$$\begin{aligned}
P(X = l) &= \binom{k}{l} \cdot \frac{m}{n} \cdot \frac{m-1}{n-1} \cdot \ldots \cdot \frac{m-l+1}{n-l+1} \cdot \frac{n-m}{n-l} \cdot \ldots \cdot \frac{n-m-k+l+1}{n-k+1} \\
&= \binom{k}{l} \cdot \frac{pn}{n} \cdot \frac{pn-1}{n-1} \cdot \ldots \cdot \frac{pn-l+1}{n-l+1} \cdot \left(1 - \frac{m-l}{n-l}\right) \cdot \ldots \cdot \left(1 - \frac{m-l}{n-k+1}\right) \\
&= \binom{k}{l} \cdot \underbrace{\frac{pn}{n}}_{=p} \cdot \underbrace{\frac{pn-1}{n-1}}_{\approx p} \cdot \ldots \cdot \underbrace{\frac{pn-l+1}{n-l+1}}_{\approx p} \cdot \underbrace{\left(1 - \frac{pn-l}{n-l}\right)}_{\approx 1-p} \cdot \ldots \cdot \underbrace{\left(1 - \frac{pn-l}{n-k+1}\right)}_{\approx 1-p} \\
&\approx \binom{k}{l} \cdot \underbrace{p \cdot p \cdot \ldots \cdot p}_{l} \cdot \underbrace{(1-p) \cdot \ldots \cdot (1-p)}_{k-l} \\
&= \binom{k}{l} \cdot p^{l} \cdot (1-p)^{k-l}
\end{aligned}$$

284

3. a) An den Rändern des Dreiecks stehen $\binom{n}{0} = \binom{n}{n} = 1.$

Weiter gilt die Beziehung

$$\binom{n}{k-1} + \binom{n}{k} = \frac{n\cdot(n-1)\ \dots\ (n-k+2)}{(k-1)\cdot(k-2)\ \dots\ 1} + \frac{n\cdot(n-1)\ \dots\ (n-k+1)}{k\cdot(k-1)\ \dots\ 1}$$

$$= \frac{n\cdot(n-1)\ \dots\ (n-k+2)\cdot k}{k\cdot(k-1)\cdot(k-2)\ \dots\ 1} + \frac{n\cdot(n-1)\ \dots\ (n-k+1)}{k\cdot(k-1)\ \dots\ 1}$$

$$= \frac{n\cdot(n-1)\ \dots\ (n-k+2)\cdot k + n\cdot(n-1)\ \dots\ (n-k+1)}{k\cdot(k-1)\ \dots\ 1}$$

$$= \frac{[n\cdot(n-1)\ \dots\ (n-k+2)]\cdot(k+n-k+1)}{k\cdot(k-1)\ \dots\ 1}$$

$$= \frac{(n+1)\cdot n\cdot(n-1)\ \dots\ (n-k+2)}{k\cdot(k-1)\ \dots\ 1}$$

$$= \binom{n+1}{k}$$

d. h. die Summe zweier benachbarter Binomialkoeffizienten einer Zeile ergibt den Binomialkoeffizienten in der folgenden Zeile, der zwischen den beiden oberen liegt. Ausgehend von $\binom{0}{1} = \binom{1}{1} = 1$ kann so aus der zweiten Zeile das Dreieck konstruiert werden.

b) X_i, i = 1, 2 zählt die Anzahl der Spieler, die in der i-ten Runde im Spiel sind. In der zweiten Runde steigt ein vierter Spieler ein. Dann sind folgende Situationen denkbar:

- Kein Spieler hat begonnen.

  $P(X_2 = 0) = P(X_1 = 0) \cdot \frac{5}{6}$

- Ein Spieler hat begonnen.
  Das ist entweder ein Spieler aus Runde 1 oder der neue Spieler aus Runde 2.

  $P(X_2 = 1) = P(X_1 = 0) \cdot \frac{1}{6} + P(X_1 = 1) \cdot \frac{5}{6}$

- Zwei Spieler haben begonnen.
  Das sind entweder zwei Spieler aus Runde 1 oder ein Spieler aus Runde 1 und der neue Spieler aus Runde 2.

  $P(X_2 = 2) = P(X_1 = 1) \cdot \frac{1}{6} + P(X_1 = 2) \cdot \frac{5}{6}$

- Drei Spieler haben begonnen.
  Das sind entweder drei Spieler aus Runde 1 oder zwei Spieler aus Runde 1 und der neue Spieler aus Runde 2.

  $P(X_2 = 3) = P(X_1 = 2) \cdot \frac{1}{6} + P(X_1 = 3) \cdot \frac{5}{6}$

- Vier Spieler haben begonnen.
  Das sind drei Spieler aus Runde 1 und der neue Spieler aus Runde 2.

  $P(X_2 = 4) = P(X_1 = 3) \cdot \frac{1}{6}$

284

3. b) Fortsetzung
Die Wahrscheinlichkeit für die Anzahl der Spieler ergibt sich also aus der Summe der entsprechenden Wahrscheinlichkeiten aus der vorherigen Runde.

285

4. a) 1; 10; 45; 120; 210; 252; 210; 120; 45; 10; 1

b) Bei 3 Erfolgen müssen 3 Erfolge auf 10 Stufen verteilt werden.
Bei 7 Erfolgen müssen 3 Misserfolge auf 10 Stufen verteilt werden.
[Bei 4 Erfolgen müssen 4 Erfolge auf 10 Stufen verteilt werden.
Bei 6 Erfolgen müssen 4 Misserfolge auf 10 Stufen verteilt werden.]

c) Es gilt $p = 0{,}5 = p - 1$, d. h. an jedem einzelnen Ast des Baumdiagramms steht dieselbe Wahrscheinlichkeit 0,5, d. h. jeder Pfad hat hier die Wahrscheinlichkeit $0{,}5^{10} = 0{,}0009765625$.

d) $P(X = 0) = P(X = 10) = 0{,}5^{10} = 0{,}0009765625$;
$P(X = 1) = P(X = 9) = 10 \cdot 0{,}5^{10} = 0{,}009765625$;
$P(X = 2) = P(X = 8) = 45 \cdot 0{,}5^{10} = 0{,}0439453125$;
$P(X = 3) = P(X = 7) = 120 \cdot 0{,}5^{10} = 0{,}1171875$;
$P(X = 4) = P(X = 5) = 210 \cdot 0{,}5^{10} = 0{,}205078125$;
$P(X = 6) = 252 \cdot 0{,}5^{10} = 0{,}24609375$

5. a) Z. B. 10-maliges Drehen eines Glücksrades mit 5 gleichgroßen Feldern, 2 davon sind rot gefärbt. Einen Gewinn erhält man, wenn man auf einem roten Feld landet.
Es gilt also $p = 0{,}4$ und $p - 1 = 0{,}6$. Die angegebene Wahrscheinlichkeit p ist $P(X = 3)$, also die Wahrscheinlichkeit für 3 Erfolge, d. h., dass man beim 10-maligen Drehen 3-mal auf einem roten Feld landet.

b) Z. B. Ein Würfel (Hexaeder) wird 20-mal geworfen. Man gewinnt, wenn man eine Vier würfelt.
Es gilt also $p = \frac{1}{6}$ und $p - 1 = \frac{5}{6}$. Die angegebene Wahrscheinlichkeit p ist $P(X = 0)$, also die Wahrscheinlichkeit dafür, dass man bei 20 Würfen niemals eine Vier würfelt.

c) Z. B. 100-maliges Drehen des Glücksrades aus Aufgabenteil a).
Die angegebene Wahrscheinlichkeit p ist $P(X = 3)$, also die Wahrscheinlichkeit dafür, dass man beim 100-maligen Drehen 3-mal einen Erfolg hat, d. h. auf ein rotes Feld kommt.

6. a) $n = 12$; $p = 0{,}514$

$$P\text{ (6 Jungen + 6 Mädchen)} = \binom{12}{6} \cdot 0{,}514^6 \cdot 0{,}486^6 = 0{,}225$$

b) $n = 4$; $p = 0{,}486$

k	0	1	2	3	4
P (X = k)	0,070	0,264	0,374	0,236	0,056

c) $n = 6$; $p = 0{,}514$
P (mehr Jungen als Mädchen) = P (mindestens 4 Jungen) = 0,370

285

7. a) $n = 6;\ p = \frac{1}{6};\ P(X = 2) = 0{,}201$

b)

Würfel	P(X = 1)	P(X = 5)
Oktaeder	0,3927	0,0011
Dodekaeder	0,3840	0,0017
Ikosaeder	0,3774	0,0022

286

8. (1) $n = 10;\ p = 70\ \%;\ P(X = 7) = 0{,}2668$

(2) $$P(X = 7) = \frac{\binom{21}{7} \cdot \binom{30-21}{10-7}}{\binom{30}{10}} = 0{,}3251$$

(3) In (1) ist die Grundgesamtheit so groß, dass näherungsweise eine Binomialverteilung angenommen werden kann. In (2) muss berücksichtigt werden, dass sich die Wahrscheinlichkeiten nach jedem ausgewählten Schüler verändern.

9. a) (1) $n = 8;\ p = 0{,}25;\ P(X = 2) = 0{,}3115$
(2) $n = 8;\ p = 0{,}75;\ P(X = 6) = 0{,}3115$

b) $n = 10;\ p = 0{,}25$

k	P (X = k)
0	0,056
1	0,188
2	0,282
3	0,250
4	0,146
5	0,058
6	0,016
7	0,003
8	0,00039
9	0,000029
10	0,000001

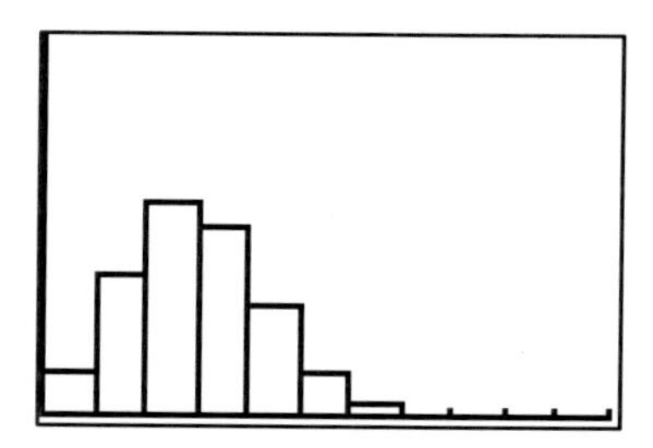

$n = 10;\ p = 0{,}75$

k	P (X = k)
0	0,000001
1	0,000029
2	0,00039
3	0,0031
4	0,016
5	0,058
6	0,146
7	0,250
8	0,282
9	0,188
10	0,056

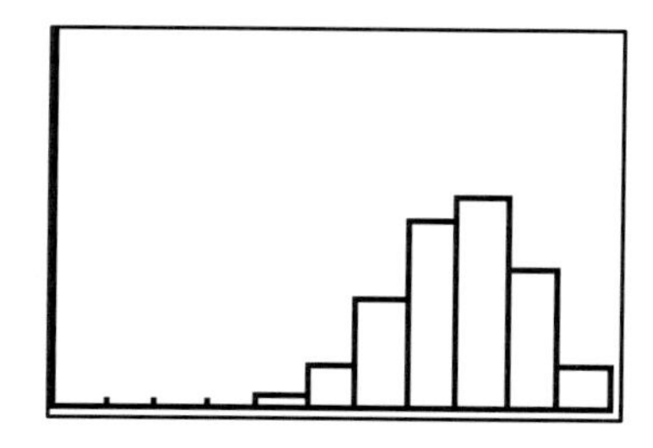

286

10. a) $P(E_1) = \binom{6}{2}\left(\frac{1}{6}\right)^2\left(\frac{5}{6}\right)^4 = 0{,}2009$

$P(E_2) = \binom{6}{4}\left(\frac{1}{6}\right)^4\left(\frac{5}{6}\right)^2 = 0{,}0080$

$P(E_3) = \binom{12}{4}\left(\frac{1}{6}\right)^4\left(\frac{5}{6}\right)^8 = 0{,}0888$

(1) nein
(2) nein

b) $P(X \geq 1) = 1 - P(X = 0) = 1 - \left(\frac{5}{6}\right)^6 = 0{,}335$; nein

Ist S die Ergebnismenge eines Zufallsexperiments, dann ist genau S das sichere Ereignis.
Es gilt $P(S) = 1$ (vgl. Schülerband S. 399 (6)).
Die Umkehrung $P(E) = 1 \Rightarrow E$ sicher ist falsch.

11. Verteilung der Zufallsgröße X: Anzahl der Wappen beim 3fachen Münzwurf

k	0	1	2	3
$P(X = k)$	$\frac{1}{8}$	$\frac{3}{8}$	$\frac{3}{8}$	$\frac{1}{8}$

(1) $n = 6$; $p_1 = \frac{3}{8}$ (2 Wappen)

$P(\text{4-mal 2 Wappen}) = \binom{6}{4}\left(\frac{3}{8}\right)^4\left(\frac{5}{8}\right)^2 = 0{,}1159$

(2) $n = 6$; $p = \frac{7}{8}$ (mindestens 1 Wappen)

$P(\text{5-mal mindestens 1 Wappen}) = \binom{6}{5}\left(\frac{7}{8}\right)^5\left(\frac{1}{8}\right)^1 = 0{,}3847$

(3) $n = 6$; $p = \frac{1}{8}$ (lauter Wappen)

$P(\text{2-mal lauter Wappen}) = \binom{6}{2}\left(\frac{1}{8}\right)^2\left(\frac{7}{8}\right)^4 = 0{,}1374$

(4) $n = 6$; $p = \frac{4}{8}$ (höchstens 1 Wappen)

$P(\text{3-mal höchstens 1 Wappen}) = \binom{6}{3}\left(\frac{4}{8}\right)^3\left(\frac{4}{8}\right)^3 = 0{,}3125$

(5) $n = 6$; $p = \frac{1}{8}$ (kein Wappen)

$P(\text{1-mal kein Wappen}) = \binom{6}{1}\left(\frac{1}{8}\right)^1\left(\frac{7}{8}\right)^5 = 0{,}3847$

(6) $n = 6$; $p = \frac{1}{8}$ (3 Wappen)

$P(\text{4-mal 3 Wappen}) = \binom{6}{4}\left(\frac{1}{8}\right)^4\left(\frac{7}{8}\right)^2 = 0{,}0028$

286

12. X_1 : Anzahl der Erfolge mit Erfolgswahrscheinlichkeit p_1
X_2 : Anzahl der Erfolge mit Erfolgswahrscheinlichkeit $p_2 = 1 - p_1$

$$P(X_1 = k) = \binom{n}{k} {p_1}^k {p_2}^{n-k} = \binom{n}{n-k} {p_2}^{n-k} {p_1}^k = P(X_2 = n - k)$$

k und n – k liegen symmetrisch zu $\frac{n}{2}$ (Mitte zwischen k und n – k)

13. $\binom{8}{4} = 70$; $\binom{9}{3} = 84$

14. $n = 5$; $p = \frac{1}{5} = 0,2$

Anzahl der richtigen Antworten	0	1	2	3	4	5
Wahrscheinl.	0,328	0,410	0,205	0,051	0,006	0,0003

P (mehr als die Hälfte richtig) = 0,058.

5.2.3 Kumulierte Binomialverteilung

289

2. In den ersten zwei Spalten wird die Wahrscheinlichkeitsverteilung der binomialverteilten Zufallsvariablen X mit n = 20 und p = 0,8 angegeben. In der dritten Spalte werden die Wahrscheinlichkeiten sukzessive aufsummiert.
Für die gesuchte Wahrscheinlichkeit gilt

$$P(12 \le X \le 16) = \sum_{k=12}^{16} P(X = k) = 0,579.$$

Einfacher geht es mithilfe der kumulierten Wahrscheinlichkeiten
$P(12 \le X \le 16) = P(X \le 16) - P(X \le 11) = 0,582$
Die Differenz ist auf Rundungsfehler in der Tabelle zurückzuführen.

3. **a)** 0,057
b) 0,055
c) 0,098
d) 0,081
e) 0,998 – 0,650 = 0,348
f) 0,479 – 0,018 = 0,461
g) 0,902 – 0,336 = 0,566
h) 0,995 – 0,451 = 0,544

4. **a)** $P(44 \le X \le 56) = 0,903 - 0,097 = 0,806 \approx 80\,\%$
$P(41 \le X \le 59) = 0,972 - 0,028 = 0,944 \approx 95\,\%$
b) $P(14 \le X \le 20) = 0,848 - 0,200 = 0,648$
$P(13 \le X \le 21) = 0,900 - 0,130 = 0,770 \approx 80\%$
$P(12 \le X \le 22) = 0,937 - 0,078 = 0,859$
$P(11 \le X \le 23) = 0,962 - 0,043 = 0,919 \approx 90\%$
$P(10 \le X \le 24) = 0,978 - 0,021 = 0,957 \approx 95\%$

289

5. n = 50; $p = \frac{1}{5}$

(1) P (X > 20) = 1 – P (X ≤ 20) = 0,000
(2) P (10 ≤ X ≤ 20) = P (X ≤ 20) – P (X ≤ 9) = 0,556
(3) P (X < 10) = P (X ≤ 9) = 0,444
(4) P (X = 15) = 0,030

6. **a)** $P(X_2 = 3) = 0{,}250 \qquad (p_2 = 0{,}25)$

b) $P(X_2 = 6) = 0{,}182 \qquad \left(p_2 = \frac{1}{3}\right)$

c) $P(X_2 = 10) = 0{,}016 \qquad (p_2 = 0{,}1)$

d) $P(2 \le X_2 \le 7) = 0{,}624 \qquad (p_2 = 0{,}25)$

e) $P(X_2 \le 5) = 0{,}898 \qquad \left(p_2 = \frac{1}{6}\right)$

f) $P(22 \le X_2 \le 30) = 0{,}340 \qquad (p_2 = 0{,}2)$

g) 1 – P (X ≤ 6) = 0,055 (p = 0,4)

h) $P(X_2 \ge 3) = 1 - P(X_2 \le 2) = 0{,}323 \qquad (p_2 = 0{,}1)$

i) $P(X_2 \ge 9) = 1 - P(X_2 \le 8) = 0{,}982 \qquad (p_2 = 0{,}3)$

j) 1 – P (X ≤ 30) = 0,006 (p = 0,2)

290

7. (1) Höchstens 3-mal Augenzahl 2; P (X ≤ 3) = 0,567 $\left(p = \frac{1}{6}\right)$

(2) Mehr als 8-mal Augenzahl 5 oder 6; P (X > 8) = 1 – P (X ≤ 8) = 0,191 $\left(p = \frac{1}{3}\right)$

(3) Mindestens 6-mal eine Augenzahl kleiner als 5;
$P(X_1 \ge 6) = P(X_2 \le 14) = 1{,}000 \qquad \left(p_1 = \frac{2}{3};\ p_2 = \frac{1}{3}\right)$

(4) Weniger als 10-mal eine Augenzahl größer 1;
$P(X_1 < 10) = P(X_2 \ge 11) = 1 - P(X_2 \le 10) = 0{,}000 \qquad \left(p_1 = \frac{5}{6};\ p_2 = \frac{1}{6}\right)$

(5) Höchstens 4-mal oder mindestens 9-mal Augenzahl 2 oder 3;
P (X ≤ 4) + P (X ≥ 9) = P (X ≤ 4) + 1 – P (X ≤ 8) = 0,343 $\left(p = \frac{1}{3}\right)$

(6) Weniger als 11-mal oder mehr als 14-mal keine Sechs;
$P(X_1 < 11) = P(X_1 > 14) = P(X_2 \ge 11) + P(X_2 \le 5)$
$= 1 - P(X_2 \le 10) + P(X_2 \le 5) = 0{,}898 \qquad \left(p_1 = \frac{5}{6};\ p_2 = \frac{1}{6}\right)$

8. **a)** $n = 100;\ p_1 = 0{,}3$

(1) 1 – 0,549 = 0,451
(2) 1 – 0,462 = 0,538
(3) 0,296 – 0,114 = 0,182
(4) 0,947

290

8. b) $n = 100;\ p_2 = 0,7$

(1) $P(X_2 = 68) = P(X_1 = 32) = 0,078$

(2) $P(X_2 < 71) = P(X_2 \leq 70) = P(X_2 = 0,\ 1,\ ...,\ 70)$
$= P(X_1 = 100,\ 99,\ ...,\ 30) = P(X_1 \geq 30) = 1 - P(X_1 \leq 29) = 0,462$

(3) $P(X_2 \leq 68) = P(X_2 = 0,\ 1,\ ...,\ 68) = P(X_1 = 100,\ 99,\ ...,\ 32)$
$= P(X_1 \geq 32) = 1 - P(X \leq 31) = 1 - 0,633 = 0,367$

(4) $P(X_2 > 71) = P(X_2 = 72,\ 73,\ ...,\ 100) = P(X_1 = 28,\ 27,\ ...,\ 0)$
$= P(X_1 \leq 28) = 0,377$

9. (1) $P(X > 60) = P(Y \leq 39) = 0,462$
(2) $P(X < 60) = P(Y \geq 41) = 1 - P(Y \leq 40) = 1 - 0,543 = 0,457$
(3) $P(X < 70) = P(Y \geq 31) = 1 - P(Y \leq 30) = 1 - 0,025 = 0,975$
(4) $P(X \geq 70) = P(Y \leq 30) = 0,025$
(5) $P(X = 70) = P(Y = 30) = 0,025 - 0,015 = 0,010$

10. $n = 100;\ p = 0,8$:
(1) $P(X = 80) = P(Y = 20) = 0,559 - 0,460 = 0,099$
(2) $P(X \geq 80) = P(Y \leq 20) = 0,559$
(3) $P(X > 80) = P(Y < 20) = P(Y \leq 19) = 0,460$

11. $n = 100;\ p = 0,4$:
(1) $P(X = 45) = 0,869 - 0,821 = 0,048$
(2) $P(X > 35) = 1 - P(X \leq 35) = 1 - 0,179 = 0,821$
(3) $P(X \leq 48) = 0,958$
(4) $P(30 \leq X \leq 50) = P(X \leq 50) - P(X \leq 29) = 0,983 - 0,015 = 0,968$

291

12. $p = 0,4;\ n = 100$:
X: Anzahl der (an einem beliebigen Arbeitstag) benötigten Parkplätze.
$P(X \leq 50) = 0,983$
Berechne k aus $P(X \leq k) \geq 0,9$. Das ergibt $k = 46$, denn $P(X \leq 46) = 0,907$ und $P(X \leq 45) = 0,869 < 0,9$.

13. $n = 50;\ p = 0,1$ X: Anzahl der defekten Schrauben
$P(X \leq 10) = 0,991 = 99,1\%$

14. (1) 0,1897 (3) 0,7748 (5) 0,8069
(2) 0,4148 (4) 0,6172 (6) 0,5713

15. Annahme: Daniels Gewinn-Wahrscheinlichkeit beträgt in jedem Spiel 60 %:
Damit: $P(X \geq 8) = 0,787$
Er hat also sehr gute Chancen.

291

16. X beschreibe die Anzahl der richtig geratenen Fragen. X ist binomialverteilt mit $n = 12$ und $p = \frac{1}{3}$.

$P(X \geq 6) = 1 - P(X \leq 5) = 1 - \text{binomcdf}(12,1/3,5) = 0{,}1777$

17. a) Würfel mit einem Oktaeder 6-mal. Dann ist die Wahrscheinlichkeit, dass mindestens einmal Augenzahl 8 auftritt 55,1 %.
Würfel mit einem Dodekaeder 8-mal. Dann ist die Wahrscheinlichkeit, dass mindestens einmal Augenzahl 12 auftritt 50,1 %.
Würfel mit einem Isokaeder 14-mal. Dann ist die Wahrscheinlichkeit, dass mindestens einmal Augenzahl 20 auftritt 51,2 %.

b) Würfel mit einem Oktaeder 14-mal. Dann ist die Wahrscheinlichkeit, dass mindestens zweimal Augenzahl 8 auftritt 53,7 %.
Würfel mit einem Dodekaeder 20-mal. Dann ist die Wahrscheinlichkeit, dass mindestens zweimal Augenzahl 12 auftritt 50,5 %.
Würfel mit einem Isokaeder 34-mal. Dann ist die Wahrscheinlichkeit, dass mindestens zweimal Augenzahl 20 auftritt 51,2 %.

18. a) Die Zufallsgröße X: Anzahl der Kunden, die ein Interview akzeptieren, ist binomialverteilt mit $p = 0{,}5$. Berechne $P(X \geq 100)$ für die gegebenen Anzahlen n

n	$P(X \geq 100)$	n	$P(X \geq 100)$
180	0,0783	210	0,7761
190	0,2570	220	0,9217
200	0,5282	230	0,9796

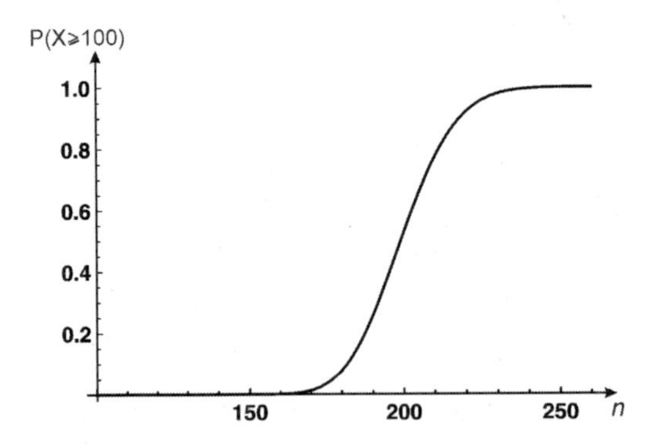

b) Die Zufallsgröße X: Anzahl der Kunden, die ein Interview akzeptieren, ist binomialverteilt mit $p = 0{,}75$. Berechne n aus $P(X \geq 100) \geq 0{,}9$ für die gegebenen Anzahlen n. Mittels einer Liste erhält man:
$n = 141$; $P(X \geq 100) = 0{,}8867$
$n = 142$; $P(X \geq 100) = 0{,}9107$
Damit: $n = 142$

5.2.4 Erwartungswert einer Binomialverteilung

293

2. a) Das Maximum der Binomialverteilung liegt bei der größten natürlichen Zahl $k \le n \cdot p + p = E(X) + p$. Falls der Erwartungswert $n \cdot p$ selbst ganzzahlig ist, nimmt die Verteilung bei $k = E(X)$ ein Maximum an.

294

b)

	E(X)	Maximum bei k =
(1)	6	6
(2)	7,6	7 und 8
(3)	8,5	8 und 9
(4)	6,6	7
(5)	11,2	11
(6)	12,75	13
(7)	7,75	7 und 8
(8)	8	8

3. Es gilt $P(X = k) \ge P(X = k - 1)$ für alle k mit $\frac{n-k+1}{k} \cdot \frac{p}{q} \ge 1$.

$\frac{n-k+1}{k} \cdot \frac{p}{q} \ge 1 \Leftrightarrow (n - k + 1) \cdot p \ge k \cdot q \Leftrightarrow (n + 1) \cdot p \ge k$

Für das größte k gilt also: $(n + 1) \cdot p - 1 \le k \le (n + 1) \cdot p$

4. a) -

295

b) $E(X) = 12 \cdot \frac{1}{6} = 2$

c) Im Mittel kann man bei jedem 12fachen Würfeln 2 Sechsen erwarten. Wiederholt man diesen Versuch n-mal, so erhält man im Durchschnitt wieder 2 Sechsen pro Versuch.

5. a) Die Zufallsgröße X zähle die richtigen Antworten. X ist binomialverteilt mit $n = 10$ und $p = \frac{1}{4}$.

k	P(X = k)	k	P(X = k)
0	0,0563	6	0,0162
1	0,1877	7	0,0031
2	0,2816	8	0,0004
3	0,2503	9	0,00003
4	0,1460	10	0,000001
5	0,0584		

b) $E(X) = 10 \cdot \frac{1}{4} = 2,5$

295

6. a) n = 40; p = 0,2

k	P (X = k)
6	0,125
7	0,151
8	0,156
9	0,139
10	0,107

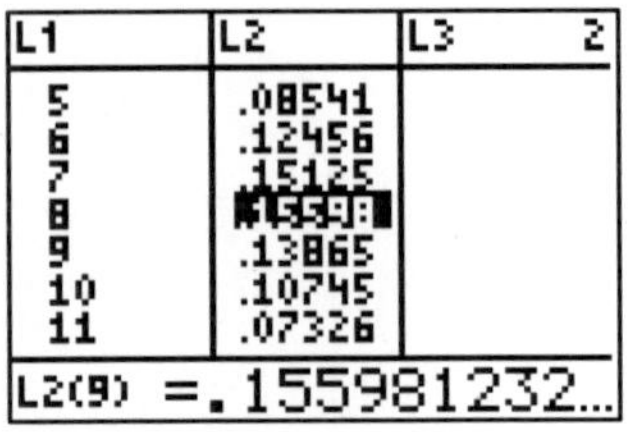

L1	L2	L3 2
5	.08541	
6	.12456	
7	.15125	
8	.15598	
9	.13865	
10	.10745	
11	.07326	

L2(9) =.155981232...

b) (1) n = 60; p = 0,7

k	P (X = k)
40	0,093
41	0,106
42	0,112
43	0,109
44	0,098

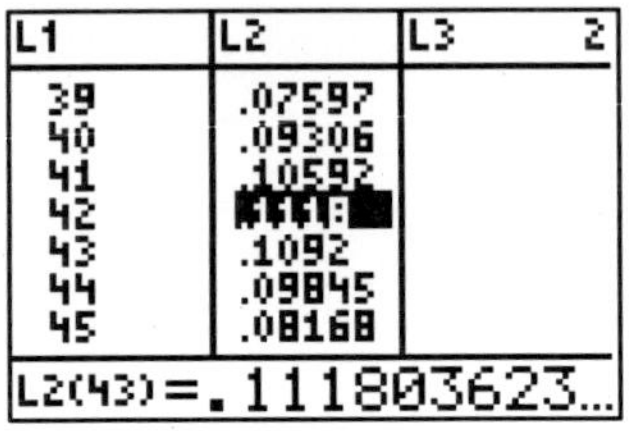

L1	L2	L3 2
39	.07597	
40	.09306	
41	.10592	
42	.1118	
43	.1092	
44	.09845	
45	.08168	

L2(43)=.111803623...

(2) n = 55; p = 0,6

k	P (X = k)
31	0,093
32	0,105
33	0,109
34	0,106
35	0,095

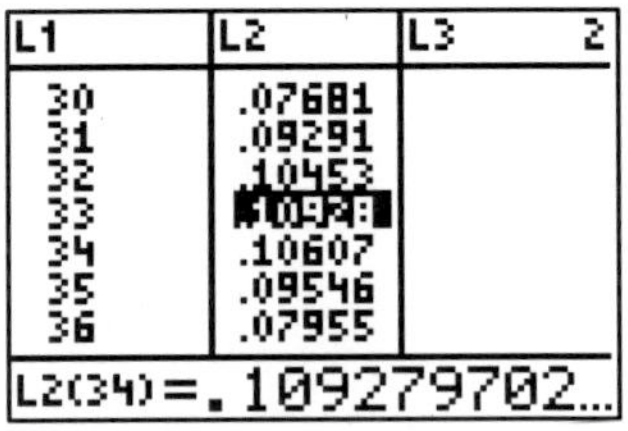

L1	L2	L3 2
30	.07681	
31	.09291	
32	.10453	
33	.10928	
34	.10607	
35	.09546	
36	.07955	

L2(34)=.109279702...

(3) n = 80; p = 0,3

k	P (X = k)
22	0,088
23	0,095
24	0,097
25	0,093
26	0,084

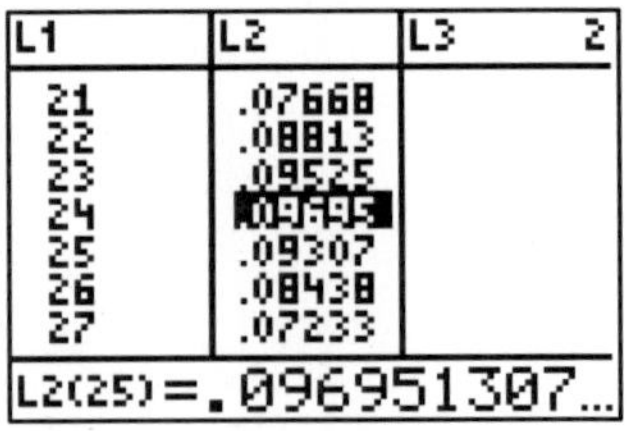

L1	L2	L3 2
21	.07668	
22	.08813	
23	.09525	
24	.09695	
25	.09307	
26	.08438	
27	.07233	

L2(25)=.096951307...

(4) n = 72; p = 0,5

k	P (X = k)
34	0,084
35	0,092
36	0,094
37	0,091
38	0,084

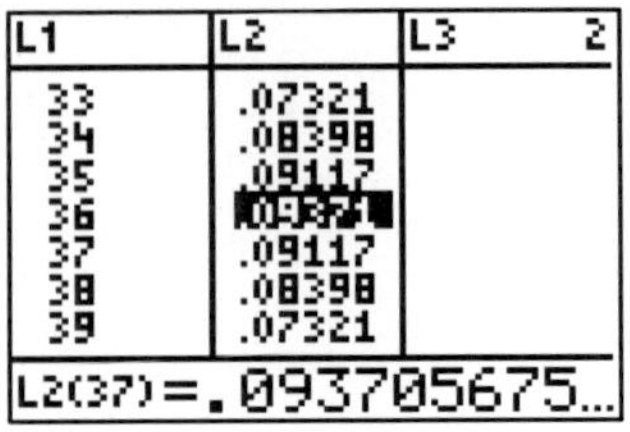

L1	L2	L3 2
33	.07321	
34	.08398	
35	.09117	
36	.09371	
37	.09117	
38	.08398	
39	.07321	

L2(37)=.093705675...

296

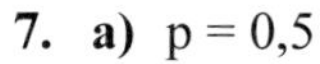

7. a) $p = 0,5$

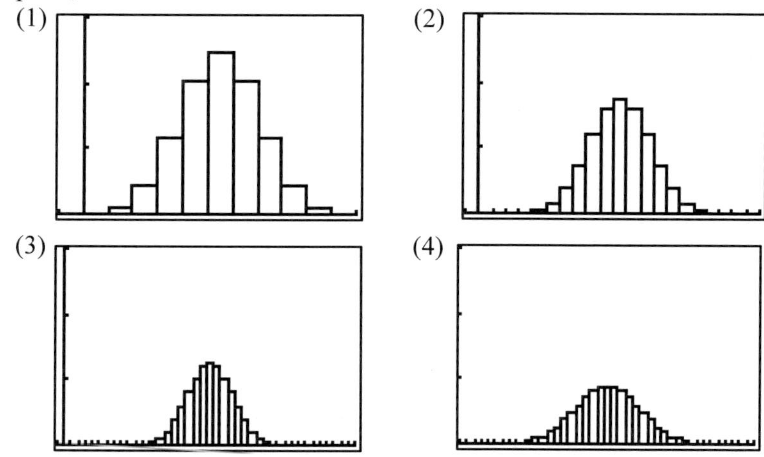

Beim Histogramm in (4) konnte wegen der Auflösung des Displays nur ein Ausschnitt $20 \leq X \leq 60$ gezeichnet werden.
Die Histogramme werden immer breiter und flacher.

$p = 0,3$

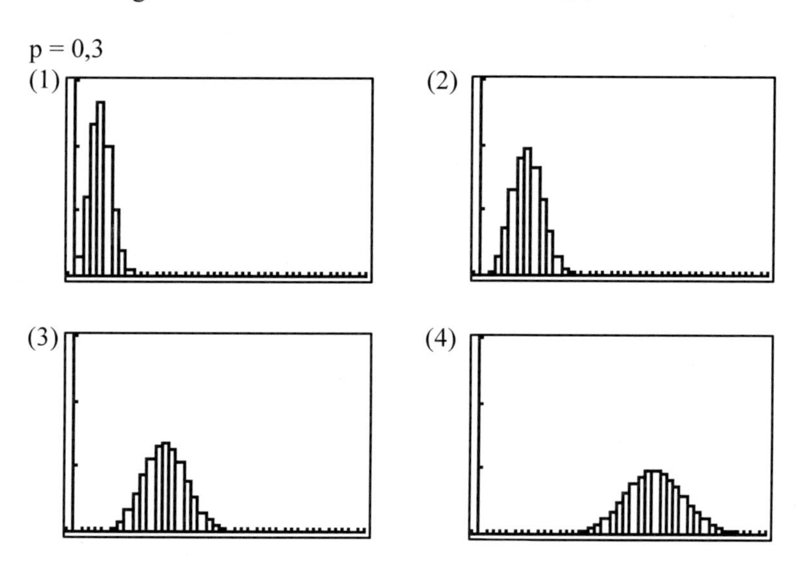

Die Histogramme werden ebenfalls immer breiter und flacher, nehmen aber auch immer mehr eine symmetrische Gestalt an.

296

7. b) 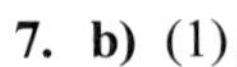

(1)

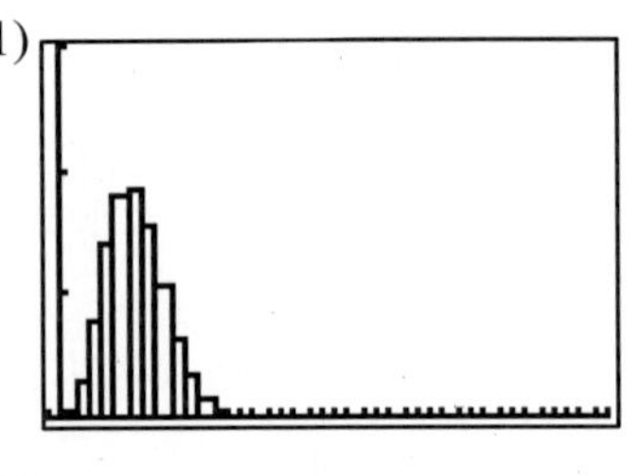

(2)

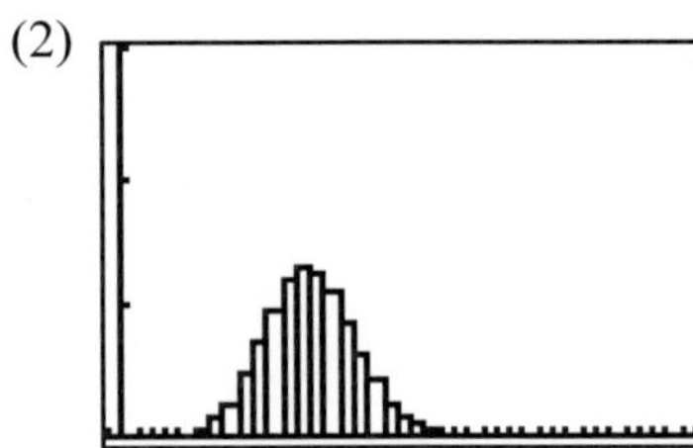

(3)

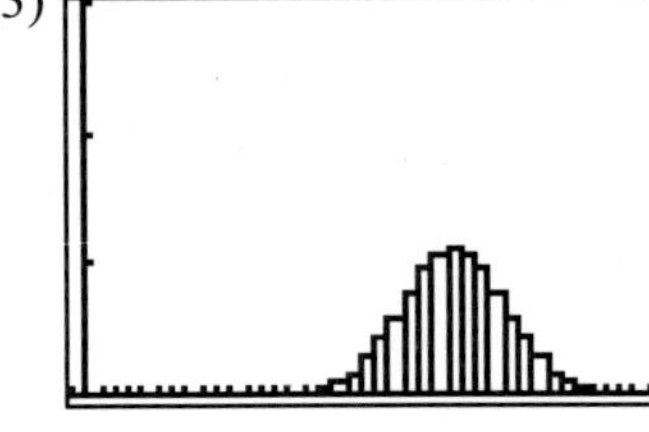

(4)

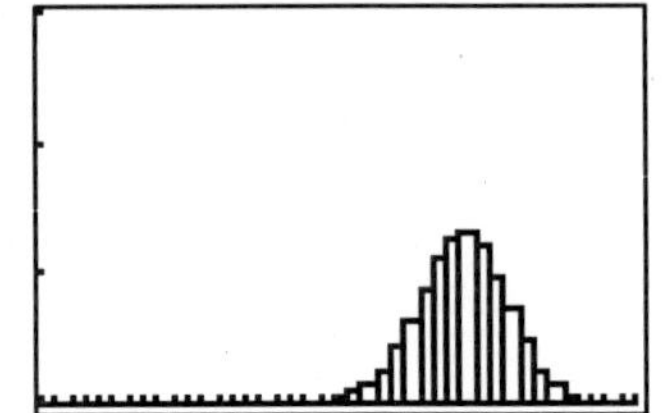

(5)

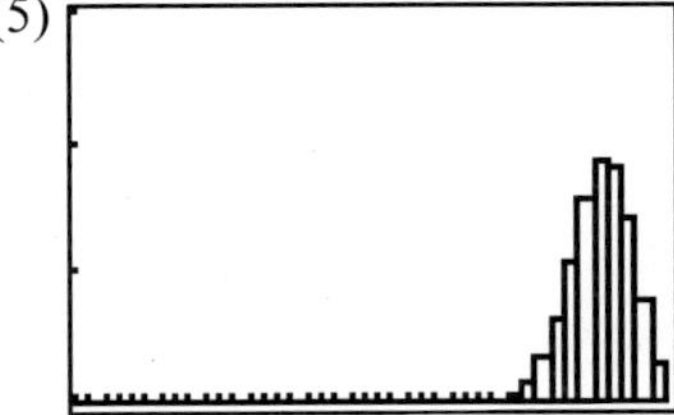

Das Histogramm in (4) entsteht aus dem Histogramm in (2) durch Spiegelung an der Achse k = 25 (Vertauschen von Erfolg und Misserfolg).
Das Histogramm in (5) entsteht aus dem Histogramm in (1) durch Spiegelung an der Achse k = 25 (Vertauschen von Erfolg und Misserfolg).

8. (1) $P(X = k) < 0{,}01$ für $k \leq 4 \vee k \geq 16$
(2) $P(X = k) < 0{,}01$ für $k = 0 \vee k \geq 12$
(3) $P(X = k) < 0{,}01$ für $k \leq 4 \vee k \geq 16$
(4) $P(X = k) < 0{,}01$ für $k \leq 5 \vee k \geq 19$

9. $p \approx 0{,}25$; $p \approx 0{,}75$; $p \approx 0{,}5$

10. Für wachsendes n und $p = \frac{10}{n}$ verschiebt sich das „Säulengebirge“ immer weiter nach links und wird gleichzeitig flacher.

11. (1) $\mu = 16$ (2) $\mu = 45$ (3) $\mu = 54$

5.3 Anwendungen der Binomialverteilung

5.3.1 Ein Auslastungsmodell

298

2. X beschreibe die Anzahl der Kunden, die zu einem beliebigen Zeitpunkt einen Automaten benutzen wollen. $p = \frac{1}{60}$ ist die Wahrscheinlichkeit, dass ein Automat zu einem beliebigen Zeitpunkt besetzt ist.
$P(X > 3) = 1 - P(X \leq 3) = 1 - \text{binomcdf}(120,1/60,3) = 0{,}141$

3. $n = 10,\ p = \frac{12}{60} = 0{,}2$ (Hinweis: Es sind 10 Sachbearbeiter)

a) (1) $P(X \leq 3) = 0{,}879$ (2) $P(X \leq 4) = 0{,}967$
b) 5, denn $P(X \leq 5) = 0{,}994$

299

4. a) Die Zufallsgröße X: Anzahl der Kunden, die gleichzeitig einen Fahrkartenautomaten benutzen wollen, ist binomialverteilt mit n = 50 [75; 100; 125] und $p = \frac{2}{60}$.
Die Automaten reichen aus, wenn niemals mehr als zwei Kunden gleichzeitig einen Automaten benutzen wollen. Berechne also $P(X \leq 2)$.

n	$P(X \leq 2)$	n	$P(X \leq 2)$
50	0,7675	100	0,3483
75	0,5416	125	0,2098

b)

n	$P(X \leq 3)$	n	$P(X \leq 3)$
50	0,9151	100	0,5718
75	0,7594	125	0,3979

c) X ist binomialverteilt mit n = 50 [75; 100; 125] und $p = \frac{90}{3600}$.

n	$P(X \leq 2)$	n	$P(X \leq 2)$
50	0,8706	100	0,5422
75	0,7109	125	0,3927

Ob auf die Aufstellung eines dritten Automaten verzichtet werden kann, hängt von den mittleren Wartezeiten ab. Mit den vorhandenen Methoden kann darüber keine Aussage gemacht werden.

5. $n = 100;\ p = \frac{6}{240} = \frac{1}{40}$
X: Anzahl der zu einem beliebigen Zeitpunkt benötigten Mitarbeiter
$P(X > 3) = 1 - P(X \leq 3) = 1 - (0{,}080 + 0{,}204 + 0{,}259 + 0{,}217)$
$= 0{,}240 = 24\%$
Mit einer Wahrscheinlichkeit von 24% muss ein Kunde warten.

299

6. $n = 100$; $p = \frac{18}{180} = 0,1$;

X: Anzahl der zu einem beliebigen Zeitpunkt benötigten Parkplätze
$P(X \leq 30) = 0,999999994$; d. h. der Parkplatz reicht aus, wenn die Kunden zu zufälligen Zeitpunkten eintreffen.

7. $n = 100$; $p = \frac{10}{240}$;

X: Anzahl der zu einem beliebigen Zeitpunkt benötigten Mitarbeiter
$P(X > 5) = 1 - (0,014 + 0,062 + 0,133 + 0,188 + 0,199 + 0,166)$
$= 1 - 0,762 = 0,238$
Mit einer Wahrscheinlichkeit von 23,8% muss ein Kunde warten.

8. **a)** $n = 100$; $p = \frac{5}{60}$

X: Anzahl der zu einem beliebigen Zeitpunkt besetzten Mitarbeiter
Berechne k, sodass $P(X > k) \leq 0,1$. Dazu erzeuge eine Liste.
Für $k = 11$ gilt: $P(X > 11) = 12,8\ \%$; für $k = 12$ gilt: $P(X > 12) = 7,2\ \%$.
Damit müssen 12 Mitarbeiter zur Verfügung stehen.

b) $n = 100$; $p = \frac{4}{60}$

Für $k = 9$ gilt: $P(X > 9) = 13,0\ \%$; für $k = 10$ gilt: $P(X > 10) = 7,0\ \%$.
Damit müssen 10 Mitarbeiter zur Verfügung stehen.

9. **a)** Man erzeugt 5 Zufallszahlen aus dem Intervall [0; 1[und fragt ab, wie viele von diesen kleiner sind als $\frac{1}{3}$. Dies wird sehr oft wiederholt und eine Häufigkeitsverteilung angelegt. Eine mögliche Realisierung ist in der Tabelle dargestellt.

Simulation Nr.	Person 1	Person 2	Person 3	Person 4	Person 5	Anzahl der benötigten Maschinen
1	0,82925	0,28435	0,20528	0,12419	0,97284	3
2	0,67158	0,88661	0,31181	0,72323	0,82011	1
3	0,20388	0,19947	0,82747	0,59271	0,94813	2
4	0,29245	0,23232	0,15530	0,58989	0,66027	3
5	0,04310	0,62197	0,77322	0,57939	0,32498	2
6	0,91397	0,29943	0,18921	0,58807	0,44515	2
7	0,56267	0,08388	0,55204	0,50445	0,69786	1
8	0,05868	0,50372	0,01114	0,25812	0,78586	3
9	0,37100	0,17077	0,24630	0,20473	0,45017	3
10	0,42389	0,15194	0,22887	0,74703	0,48078	2

b) Bei einer Verfeinerung des Modells müsste man die Dauer der Benutzung einer Maschine berücksichtigen und Annahmen über zusammenhängende Zeitintervalle vornehmen.

5.3.2 Das Kugel-Fächer-Modell

302

2. a) $P(X=0) = \left(\frac{36}{37}\right)^n$

b) $\left(\frac{36}{37}\right)^n \approx \frac{10}{37}$ (Anteil der nicht besetzten Felder)

↑ (Wahrscheinlichkeit, dass ein Feld nicht besetzt wird)
Lösung durch systematisches Probieren oder durch Logarithmieren:
$n \approx 48$, denn

$\left(\frac{36}{37}\right)^{47} \approx 0{,}2759$

$\frac{10}{37} \approx 0{,}2703$

$\left(\frac{36}{37}\right)^{48} \approx 0{,}2684$

3. -

4. (1) X: Anzahl der Personen, die an einem bestimmten Tag Geburtstag haben
$n = 365;\ p = \frac{1}{365}$
$P(X = 0) = 0{,}367;\ P(X = 1) = 0{,}368;\ P(X > 1) = 0{,}264$

(2) X: Anzahl der Runden, in denen die Kugel auf einem bestimmten Feld stehen bleibt
$n = 37;\ p = \frac{1}{37}$
$P(X = 0) = 0{,}363;\ P(X = 1) = 0{,}373;\ P(X > 1) = 0{,}264$

(3) X: Anzahl der Regentropfen in einem bestimmten Feld
$n = 100;\ p = \frac{1}{100}$
$P(X = 0) = 0{,}366;\ P(X = 1) = 0{,}370;\ P(X > 1) = 0{,}264$

303

5. a) Der Unterschied besteht darin, dass der Tag, der von mindestens zwei Personen getroffen wird, vor dem Versuch nicht festgelegt wird. Es reicht, wenn irgendein Tag die gewünschte Eigenschaft hat.

b) Die erste Person hat 365 Tage zur Auswahl, die zweite 364, ..., die 30. hat 365 – 30 + 1 Tage zur Wahl. Damit ergibt sich

$P = \frac{365 \cdot 364 \cdot \ldots \cdot 336}{365^{30}} \approx 0{,}293684$

304

6. (1) Die Zufallsgröße X zähle die Treffer in ein vorher festgelegtes Feld.
X ist binomialverteilt mit $n = 50,\ p = \frac{1}{37}$

(2) Das Problem ist identisch mit (1). Die Zufallsgröße X zähle die Anzahl des vorher festgelegten Bilds in 50 Packungen.
X ist binomialverteilt mit $n = 50,\ p = \frac{1}{37}$

(3) Das Problem ist identisch mit (1) und (2). Die Zufallsgröße X zähle die Anzahl der Druckfehler auf einer vorher festgelegten Seite.
X ist binomialverteilt mit $n = 50,\ p = \frac{1}{37}$

304

6. Fortsetzung
In allen Fällen gilt:
$P(X = 0) = 0{,}254$ $P(X = 2) = 0{,}240$ $P(X = 4) = 0{,}035$ $P(X = 6) = 0{,}002$
$P(X = 1) = 0{,}353$ $P(X = 3) = 0{,}107$ $P(X = 5) = 0{,}009$ $P(X \geq 7) = 0{,}0004$

7. a) $n = 100,\ p = 0{,}01$:

(1) $P(X = 0) = \binom{100}{0} 0{,}01^0 \cdot 0{,}99^{100} = 0{,}3660$

$P(X = 1) = P(X = 0)\ \frac{100}{1} \cdot \frac{1}{99} = 0{,}3697$

$P(X = 2) = P(X = 1)\ \frac{99}{2} \cdot \frac{1}{99} = 0{,}1849$

$P(X > 2) = 1 - P(X \leq 2) = 1 - (0{,}3660 + 0{,}3697 + 0{,}1849)$
$= 1 - 0{,}9206 = 0{,}0794$

(2) $0{,}3660 \cdot 100 \approx 37$ Samentüten ohne Unkrautsamen
$0{,}3697 \cdot 100 \approx 37$ Samentüten mit 1 Unkrautsamen
$0{,}1847 \cdot 100 \approx 18$ Samentüten mit 2 Unkrautsamen
$0{,}0794 \cdot 100 \approx 8$ Samentüten mit mehr als 2 Unkrautsamen

b) $p = 0{,}01$:

(1) $P(X = 0) = \binom{n}{0} 0{,}01^0 \cdot 0{,}99^n = 0{,}99^n$

(2) $100 \cdot 0{,}99^n$

(3) $100 \cdot 0{,}99^n = 50 \quad \Leftrightarrow \quad \ln(100) + n \ln(0{,}99) = \ln(50)$

$\Leftrightarrow \quad n = \frac{\ln(50) - \ln(100)}{\ln(0{,}99)} = \frac{\ln(0{,}5)}{\ln(0{,}99)} = 68{,}96 \approx 69$

ca. 69 Unkrautsamen sind in die Abfüllmenge gelangt.

8. a) $n = 60;\ p = \frac{1}{400}$ (60 Kugeln werden zufällig auf 400 Fächer verteilt)

k	0	1	2	3	4	5	6	7	8
P(X = k)	0,861	0,129	0,009	0,0005	0	0	0	0	0

b) $P(X \geq 2) = 1 - P(X \leq 1) = 0{,}01 = 1\%$
Es wurde die Modellannahme gemacht, dass die Fehler zufällig auf die Seiten verteilt sind. Fächer = Seite; Kugel = Fehler.

9. $n = 100;\ p = \frac{1}{365}$

$P(X = 0) = 0{,}760$ $P(X = 2) = 0{,}028$
$P(X = 1) = 0{,}209$ $P(X > 2) = 0{,}003$

305

10. a) $n = 400,\ p = \frac{1}{365}$:

$$P(X=0) = \binom{400}{0}\left(\frac{1}{365}\right)^0\left(\frac{364}{365}\right)^{400} \approx 0{,}3337$$

$$P(X=1) = P(X=0)\frac{400}{1}\cdot\frac{1}{364} = 0{,}3667$$

$$P(X=2) = P(X=1)\frac{399}{2}\cdot\frac{1}{364} = 0{,}2010$$

$$P(X>2) = 1 - P(X \le 2) = 1 - (0{,}3337 + 0{,}3667 + 0{,}2010)$$
$$= 1 - 0{,}9014 = 0{,}0986$$

Es treten ca. $365 \cdot 0{,}3337 \approx 122$ Tage ohne Alarm,
ca. $365 \cdot 0{,}3667 \approx 134$ Tage mit einem Alarm,
ca. $365 \cdot 0{,}2010 \approx 73$ Tage mit zwei Alarmen,
ca. $365 \cdot 0{,}0986 \approx 36$ Tage mit drei Alarmen auf.

b) $P(X=0) = \left(\frac{364}{365}\right)^n$:

$$365 \cdot \left(\frac{364}{365}\right)^n = 100 \iff n = \frac{\ln\left(\frac{100}{365}\right)}{\ln\left(\frac{364}{365}\right)} \iff n \approx 472$$

Ca. 472-mal wurde die Feuerwehr alarmiert.

11. a) Unbekannte Zahl n der Schüler der anderen Jahrgangsstufe

$P(X=0) = \left(\frac{364}{365}\right)^n$ = Wahrscheinlichkeit dafür, dass an einem bestimmten Tag des Jahres kein Schüler Geburtstag hat, d. h. es gibt ca. $365 \cdot \left(\frac{364}{365}\right)^n$ Tage im Jahr mit 0 Geburtstagskindern.

$365 \cdot \left(\frac{364}{365}\right)^n \approx 260 \iff \left(\frac{364}{365}\right)^n \approx \frac{260}{365}$ ist für $n \approx 124$ erfüllt.

b) -

12. Kugel-Fächer-Modell mit $n = 866$ und $f = 306$. X zählt die Tore pro Spiel.

Anzahl k der Tore	0	1	2	3	4
P(X = k)	0,059	0,167	0,236	0,223	0,158
erwartete Anzahl von Spielen	18	51	72	68	48

Anzahl k der Tore	5	6	7	8
P(X = k)	0,083	0,042	0,017	0,006
erwartete Anzahl von Spielen	27	13	5	2

305

13. a) $n = 1\,000,\ p = \frac{1}{500}$:

$$P(X=0) = \left(\frac{499}{500}\right)^{1000} = 0{,}1351$$

$$P(X=1) = \binom{1000}{1} \cdot \left(\frac{1}{500}\right)^{1} \cdot \left(\frac{499}{500}\right)^{999} = 0{,}2707$$

$$P(X=2) = \binom{1000}{2} \cdot \left(\frac{1}{500}\right)^{2} \cdot \left(\frac{499}{500}\right)^{998} = 0{,}2709$$

$$P(X=3) = \binom{1000}{3} \cdot \left(\frac{1}{500}\right)^{3} \cdot \left(\frac{499}{500}\right)^{997} = 0{,}1806$$

$$P(X=4) = \binom{1000}{4} \cdot \left(\frac{1}{500}\right)^{4} \cdot \left(\frac{499}{500}\right)^{996} = 0{,}0902$$

$$P(X=5) = \binom{1000}{5} \cdot \left(\frac{1}{500}\right)^{5} \cdot \left(\frac{499}{500}\right)^{995} = 0{,}0360$$

$$P(X=6) = \binom{1000}{6} \cdot \left(\frac{1}{500}\right)^{6} \cdot \left(\frac{499}{500}\right)^{994} = 0{,}0120$$

$$P(X=7) = \binom{1000}{7} \cdot \left(\frac{1}{500}\right)^{7} \cdot \left(\frac{499}{500}\right)^{993} = 0{,}0034$$

$$P(X=8) = \binom{1000}{8} \cdot \left(\frac{1}{500}\right)^{8} \cdot \left(\frac{499}{500}\right)^{992} = 0{,}0008$$

$500 \cdot 0{,}1351 \approx$ 68 Brötchen ohne Rosinen
$500 \cdot 0{,}2707 \approx$ 135 Brötchen mit 1 Rosine
$500 \cdot 0{,}2709 \approx$ 135 Brötchen mit 2 Rosinen
$500 \cdot 0{,}1806 \approx$ 90 Brötchen mit 3 Rosinen
$500 \cdot 0{,}0902 \approx$ 45 Brötchen mit 4 Rosinen
$500 \cdot 0{,}0360 \approx$ 18 Brötchen mit 5 Rosinen
$500 \cdot 0{,}0120 \approx$ 6 Brötchen mit 6 Rosinen
$500 \cdot 0{,}0034 \approx$ 2 Brötchen mit 7 Rosinen
$500 \cdot 0{,}0008 \approx$ 0 Brötchen mit 8 Rosinen

b) $P(X=0) = \left(\frac{499}{500}\right)^{n}$:

$$500 \cdot \left(\frac{499}{500}\right)^{n} = 50 \quad \Leftrightarrow \quad n = \frac{\ln 0{,}1}{\ln\frac{499}{500}} = 1150$$

Ca. 1 150 Rosinen wurden in den Teig gemischt.

14. $n = 85;\ p = \frac{1}{100}$;

X: Anzahl der Wassertierchen in einem Feld

k	P (X = k)	100 · P (X = k)
0	0,426	≈ 43
1	0,365	≈ 37
2	0,155	≈ 16

k	P (X = k)	100 · P (X = k)
3	0,043	≈ 4
4	0,001	≈ 0

15. -

Blickpunkt: Das Problem der vollständigen Serie

306

1. a) Nach S. 307, Aufgabe 2 sind im Mittel 14,7 Würfe notwendig.

b) Aus der Grafik ablesbar: kleinster Wert: 6; unteres Quartil: 10; Median: ca. 13,2; oberes Quartil: 18; größter Wert: 29

c) -

307

2. a) Ausgehend vom Startzustand „0 Augenzahlen" geht man mit dem ersten Wurf mit Wahrscheinlichkeit 1 in den Zustand „1 Augenzahl" über. Nun wird mit Wahrscheinlichkeit $\frac{1}{6}$ die gleiche Augenzahl wiederholt, d. h. der Zustand ändert sich nicht. Mit Wahrscheinlichkeit $\frac{5}{6}$ wird eine andere Augenzahl geworfen und man erreicht den Zustand „2 verschiedene Augenzahlen". Jetzt wird mit Wahrscheinlichkeit $\frac{2}{6}$ eine der beiden schon getroffenen Augenzahlen geworfen, d. h. der Zustand ändert sich nicht. Mit Wahrscheinlichkeit $\frac{4}{6}$ wird eine andere Augenzahl geworfen und man erreicht den Zustand „3 verschiedene Augenzahlen", usw..

b) Man benötigt einen Wurf für eine beliebige Augenzahl. Die Wahrscheinlichkeit, nun gemäß des Übergangsdiagramms aus a) in den nächsten Zustand überzugehen ist $\frac{5}{6}$. Dazu braucht man im Mittel $\frac{6}{5}$ Versuche. Für den nächsten Zustand kommen bei einer Wahrscheinlichkeit von $\frac{4}{6}$ im Mittel $\frac{6}{4}$ weitere Versuche hinzu, usw.. Insgesamt ergibt sich die angegebene Summe.

c) (1) 8,33 (2) 21,74 (3) 37,24 (4) 71,95

d) Die Berechnung erfolgt analog zu der in b) beschriebenen Vorgehensweise.

3. a)

	k = 1	k = 2	k = 3	k = 4	k = 5	k = 6
n = 5	$\frac{1}{1296}$	$\frac{25}{432}$	$\frac{125}{324}$	$\frac{25}{54}$	$\frac{5}{54}$	0
n = 6	$\frac{1}{7776}$	$\frac{155}{7776}$	$\frac{25}{108}$	$\frac{325}{648}$	$\frac{25}{108}$	$\frac{5}{324}$

307

3. b)

	k = 1	k = 2	k = 3	k = 4	k = 5	k = 6
7	0,00002	0,00675	0,12903	0,45010	0,36008	0,05401
8	3,57225 E-6	0,00227	0,06902	0,36458	0,45010	0,11403
9	5,95374 E-7	0,00076	0,03602	0,27756	0,49661	0,18904
10	9,92290 E-8	0,00025	0,01852	0,20305	0,50637	0,27181
11	1,65382 E-8	0,00008	0,00943	0,14463	0,48966	0,35621
12	2,75636 E-9	0,00003	0,00477	0,10113	0,45626	0,43782
13	4,59394 E-10	9,40609 E-6	0,00240	0,06981	0,41392	0,51386
14	7,65656 E-11	3,13574 E-6	0,00121	0,04774	0,36820	0,58285
15	1,27609 E-11	1,04531 E-6	0,00061	0,03243	0,32275	0,64421
16	2,12682 E-12	3,48448 E-7	0,00030	0,02192	0,27977	0,69800
17	3,54470 E-13	1,16151 E-7	0,00015	0,01477	0,24045	0,74463
18	5,90784 E-14	3,87173 E-8	0,00008	0,00992	0,20530	0,78471
19	9,84640 E-15	1,29058 E-8	0,00004	0,00665	0,17439	0,81892
20	1,64107 E-15	4,30195 E-9	0,00002	0,00445	0,14754	0,84799

c)

s	P(n; k = s) > 0,5 für n =
4	7
6	13
8	20
12	35
20	67

4. a) Mittlere Anzahl der Wiederholung für eine komplette Bilderserie:

$$20 \cdot \left(1 + \frac{1}{2} + \frac{1}{3} + \ldots + \frac{1}{20}\right) = 84{,}0317$$

b) Mittlere Anzahl der Wiederholung für eine komplette Rouletteserie:

$$37 \cdot \left(1 + \frac{1}{2} + \frac{1}{3} + \ldots + \frac{1}{37}\right) = 155{,}459$$

5.4 Binomialverteilungen bei großem Stichprobenumfang – Sigma-Regeln

5.4.1 Varianz und Standardabweichung von Zufallsgrößen

311

2. a) (1) $P(X = 25) = 0{,}112275$ (2) $P(X = 25) = 0{,}0917997$

311

2. Fortsetzung

b)

r	(1)	(2)
1	0,3282	0,2707
2	0,5201	0,4360
3	0,6778	0,5810
4	0,7974	0,7016
5	0,8811	0,7967
6	0,9351	0,8676
7	0,9672	0,9178
8	0,9847	0,9513
9	0,9934	0,9725
10	0,9974	0,9852

c) (2) streut stärker, da in gleichen Umgebungen die Trefferwahrscheinlichkeit kleiner ist, als bei (1).

3. (1) $V(X) = 9$ (2) $V(X) = 8$

4. (1) $V(X) = 4{,}2$ (2) $V(X) = 8$ (3) $V(X) = 25$

5.

k	P (X = k)
0	$\frac{125}{216}$
1	$\frac{75}{216}$
2	$\frac{15}{216}$
3	$\frac{1}{216}$

$\mu = n \cdot p = 3 \cdot \frac{1}{6} = \frac{1}{2}$; $V(X) = n \cdot p \cdot (1-p) = 3 \cdot \frac{1}{6} \cdot \frac{5}{6} = \frac{5}{12}$

312

6. a)

p	V(X)
0,1	4,5
0,2	8
0,3	10,5
0,4	12
0,5	12,5
0,6	12
0,7	10,5
0,8	8
0,9	4,5

V(X) wird für p = 0,5 am größten.

312

6. b) $f(p) = n \cdot p \cdot (1-p) = np - np^2$

Der Graph ist eine nach unten geöffnete Parabel.

$f'(p) = n - 2np$

$f'(p) = 0 \quad \Leftrightarrow \quad n - 2np = 0 \quad \Leftrightarrow \quad p = \frac{1}{2}$

Damit nimmt f das Maximum bei $p = \frac{1}{2}$ an.

7. Berechne die Standardabweichung:
$n = 400,\ p = 0{,}1 \Rightarrow \sigma = 6$
$n = 50,\ p = 0{,}8 \Rightarrow \sigma = 2{,}828$
$n = 100,\ p = 0{,}4 \Rightarrow \sigma = 4{,}899$
Alle Histogramme haben ein Maximum beim Erwartungswert $\mu = 40$.
Wegen der unterschiedlichen Standardabweichung, besitzen die Histogramme verschiedene Breiten. Je größer σ, desto breiter die Kurve.
Damit:
(1) $n = 50,\ p = 0{,}8$ (2) $n = 100,\ p = 0{,}4$ (3) $n = 400,\ p = 0{,}1$

8. a) $n = 48,\ p = \frac{3}{4}$

b) keine eindeutige Lösung: $p_1 = \frac{1}{6}\left(3 - \sqrt{7}\right) \approx 0{,}059;$

$p_2 = \frac{1}{6}\left(3 + \sqrt{7}\right) \approx 0{,}941$

c) $n = 150;\ \mu = 60$

d) zu a): Gegeben: μ und σ, dann folgt: $n = \frac{\mu^2}{\mu - \sigma^2};\ p = 1 - \frac{\sigma^2}{\mu}$

zu b): Gegeben: n und σ, dann folgt:

$$p_1 = \frac{1}{2} - \frac{\sqrt{n - 4\sigma^2}}{2\sqrt{n}};\ p_2 = \frac{1}{2} + \frac{\sqrt{n - 4\sigma^2}}{2\sqrt{n}}$$

zu c): Gegeben: p und σ, dann folgt: $\mu = \frac{\sigma^2}{1-p}$

9. a) $\sigma_4 = \frac{\sqrt{5}}{2} \approx 1{,}118;\ \sigma_6 = \frac{\sqrt{35}}{12} \approx 1{,}708;\ \sigma_8 = \frac{\sqrt{21}}{2} \approx 2{,}291;$

$\sigma_{12} = \sqrt{\frac{143}{12}} \approx 3{,}452;\ \sigma_{20} = \frac{\sqrt{133}}{2} \approx 5{,}766$

Allgemein: $\mu = \frac{1 + \ldots + n}{n} = \frac{n+1}{2}$

$$\sigma^2 = \frac{1}{n}\sum_{k=1}^{n} k^2 - \left(\frac{n+1}{2}\right)^2 = \frac{(n+1)(2n+1)}{6} - \left(\frac{n+1}{2}\right)^2 = \frac{n^2 - 1}{12}$$

$$\sigma = \sqrt{\frac{n^2 - 1}{12}}$$

b) $\sigma = \sqrt{\frac{35}{6}} \approx 2{,}415$

5.4.2 Umgebungen um den Erwartungswert einer Binomialverteilung – Sigma-Regeln

315

2.

p	Intervall für n = 50	Intervall für n = 100
0,2	[6; 14]	[14; 26]
0,25	[7; 17]	[18; 32]
0,3	[10; 20]	[23; 37]
$\frac{1}{3}$	[11; 21]	[26; 40]
0,4	[15; 25]	[32; 48]
0,5	[20; 30]	[42; 58]

3. a)

	p					
	0,1	0,2	0,25	0,3	0,4	0,5
$P(\mu - 1\sigma \leq X \leq \mu + \sigma)$	0,759	0,740	0,702	0,674	0,642	0,729
$P(\mu - 2\sigma \leq X \leq \mu + \sigma)$	0,972	0,967	0,951	0,963	0,948	0,965
$P(\mu - 3\sigma \leq X \leq \mu + \sigma)$	0,998	0,998	0,996	0,997	0,997	0,998
$P(\mu - 1{,}64\sigma \leq X \leq \mu + 1{,}64\sigma)$	0,870	0,897	0,918	0,899	0,918	0,911
$P(\mu - 1{,}96\sigma \leq X \leq \mu + 1{,}96\sigma)$	0,936	0,941	0,951	0,937	0,948	0,943
$P(\mu - 2{,}58\sigma \leq X \leq \mu + 2{,}58\sigma)$	0,988	0,992	0,992	0,988	0,990	0,988

b) Sei X_1 binomialverteilt mit Erfolgswahrscheinlichkeit p und X_2 binomialverteilt mit Erfolgswahrscheinlichkeit 1 – p. Dann ist

$\mu_1 = np$ und $\mu_2 = n(1-p) = n - np = n - \mu_1$

sowie $\sigma_1 = \sqrt{np(1-p)} = \sqrt{n(1-p)p} = \sigma_2$

Es gilt

$$P(X_2 = k) = \binom{n}{k}(1-p)^k p^{n-k} = \binom{n}{n-k} p^{n-(n-k)} = P(X_1 = n-k)$$

Die σ-Umgebung für X_2 ergibt sich aus Spiegelung der Umgebung für X_1 an der Achse $x = \frac{n}{2}$. Da die Wahrscheinlichkeiten für X_1 und X_2 ebenfalls symmetrisch sind, gilt jede Sigma-Regel für X_1 auch für X_2.

4. a) $n = 150;\ p = 0{,}28;\ \mu = 42;\ \sigma = 5{,}50$

$1{,}64\sigma = 9{,}02 \qquad [1{,}96\sigma = 10{,}78]$

$$\left.\begin{array}{l}\mu - 1{,}64\sigma = 32{,}98\\ \mu + 1{,}64\sigma = 51{,}02\end{array}\right\} P(33 \leq X \leq 51) \approx 0{,}90$$

$$\left[\left.\begin{array}{l}\mu - 1{,}96\sigma = 31{,}22\\ \mu + 1{,}96\sigma = 52{,}78\end{array}\right\} P(32 \leq X \leq 52) \approx 0{,}95\right]$$

315

4. b) $n = 245$; $p = 0{,}71$; $\mu = 173{,}95$; $\sigma = 7{,}10$

$1{,}64\sigma = 11{,}65$ $\quad [1{,}96\sigma = 13{,}92]$

$$\left.\begin{matrix}\mu - 1{,}64\sigma = 162{,}30\\ \mu + 1{,}64\sigma = 185{,}60\end{matrix}\right\} P(163 \le X \le 185) \approx 0{,}90$$

$$\left[\left.\begin{matrix}\mu - 1{,}96\sigma = 160{,}03\\ \mu + 1{,}96\sigma = 187{,}87\end{matrix}\right\} P(161 \le X \le 187) \approx 0{,}95\right]$$

c) $n = 392$; $p = 0{,}52$; $\mu = 203{,}84$; $\sigma = 9{,}89$

$1{,}64\sigma = 16{,}22$ $\quad [1{,}96\sigma = 19{,}39]$

$$\left.\begin{matrix}\mu - 1{,}64\sigma = 187{,}62\\ \mu + 1{,}64\sigma = 220{,}06\end{matrix}\right\} P(188 \le X \le 220) \approx 0{,}90$$

$$\left[\left.\begin{matrix}\mu - 1{,}96\sigma = 184{,}45\\ \mu + 1{,}96\sigma = 223{,}23\end{matrix}\right\} P(185 \le X \le 223) \approx 0{,}95\right]$$

d) $n = 548$; $p = 0{,}36$; $\mu = 197{,}28$; $\sigma = 11{,}24$

$1{,}64\sigma = 18{,}43$ $\quad [1{,}96\sigma = 22{,}02]$

$$\left.\begin{matrix}\mu - 1{,}64\sigma = 178{,}85\\ \mu + 1{,}64\sigma = 215{,}71\end{matrix}\right\} P(179 \le X \le 251) \approx 0{,}90$$

$$\left[\left.\begin{matrix}\mu - 1{,}96\sigma = 175{,}26\\ \mu + 1{,}96\sigma = 219{,}30\end{matrix}\right\} P(176 \le X \le 219) \approx 0{,}95\right]$$

5. (C) Berechne $[\mu - 1{,}64\sigma,\ \mu + 1{,}64\sigma]$.

6. Berechne zunächst p und μ mit $p_1 = \frac{1}{2} - \frac{\sqrt{n-4\sigma^2}}{2\sqrt{n}}$; $p_2 = \frac{1}{2} + \frac{\sqrt{n-4\sigma^2}}{2\sqrt{n}}$.

	p	μ	$P(\mu - \sigma \le X \le \mu + \sigma)$	$P(\mu - 2\sigma \le X \le \mu + 2\sigma)$	$P(\mu - 3\sigma \le X \le \mu + 3\sigma)$
(1)	0,101	23,53	0,7239	0,9507	0,9975
	0,899	210,48	0,7239	0,9507	0,9975
(2)	0,100	31,21	0,7017	0,9529	0,9975
	0,900	280,79	0,7017	0,9529	0,9975
(3)	0,2	64,8	0,7021	0,9563	0,9972
	0,8	259,2	0,7021	0,9563	0,9972
(4)	0,2	80	0,7121	0,9611	0,9978
	0,8	320	0,7121	0,9611	0,9978

7. … oberhalb von $\mu + 1{,}64\sigma$ bzw. unterhalb von $\mu - 1{,}64\sigma$ liegen.
Wegen $P(\mu - 1{,}96\sigma \le X \le \mu + 1{,}96\sigma) \approx 95\,\%$ gilt: Nur mit einer Wahrscheinlichkeit von ca. 2,5 % wird die Anzahl der Erfolge oberhalb von $\mu + 1{,}96\sigma$ bzw. unterhalb von $\mu - 1{,}96\sigma$ liegen.
Wegen $P(\mu - 2{,}58\sigma \le X \le \mu + 2{,}58\sigma) \approx 99\,\%$ gilt: Nur mit einer Wahrscheinlichkeit von ca. 0,5 % wird die Anzahl der Erfolge oberhalb von $\mu + 2{,}58\sigma$ bzw. unterhalb von $\mu - 2{,}58\sigma$ liegen.

315

8. a) (1) $\mu = 20$; $\sigma = 3{,}162$ (2) $\mu = 20$; $\sigma = 3{,}464$
Die zweite Zufallsgröße hat die größere Streuung. Betrachtet man z. B. das zu $\mu = 20$ symmetrische Intervall [16; 24], dann ist die Wahrscheinlichkeit $P(16 \le X \le 24)$ für die erste Bernoulli-Kette größer, als für die zweite. Ursache: Bei größerer Streuung ist der Abstand der Werte vom Erwartungswert im Mittel größer.

b) $n = 40$; $p = 0{,}5$:
(1) … im Intervall [12; 28]. (2) … $|X - \mu| \le 6$. (3) … 8,1 % aller Fälle.
$n = 50$; $p = 0{,}4$:
(1) … im Intervall [11; 29]. (2) … $|X - \mu| \le 7$. (3) … 11,1 % aller Fälle.

6 BEURTEILENDE STATISTIK

Lernfeld

318

Fast sichere Vorhersagen

1.

n	Anzahl der Erfolge	Wahrscheinlichkeit	Übergangsfaktor
100	50	0,0796	$\frac{0,0563}{0,0796} \approx 0,707 \approx \frac{1}{\sqrt{2}}$
200	100	0,0563	$\frac{0,0399}{0,0563} \approx 0,709 \approx \frac{1}{\sqrt{2}}$
400	200	0,0399	

Beim Übergang von n = 100 zu n = 400 wird die Wahrscheinlichkeit ungefähr halbiert.

n	Intervall	Wahrscheinlichkeit	Übergangsfaktor
100	$42 \le X \le 58$	0,911	$\frac{22}{16} \approx 1,38 \approx \sqrt{2}$
200	$89 \le X \le 111$	0,896	$\frac{32}{22} \approx 1,45 \approx \sqrt{2}$
400	$184 \le X \le 216$	0,901	

Beim Übergang von n = 100 zu n = 400 wird der Bereich verdoppelt.

Genau oder nicht genau?

2. • Bei einer Befragung von n = 1000 Personen werden in der dargestellten Stichprobe dann ca. 350 angegeben haben, dass sie die CDU/CSU wählen würden, ca. 270 die SPD usw.
   • Da die Rechner eine beschränkte Kapazität haben, muss der Versuch mit zweimal 500 Zufallszahlen durchgeführt werden. Gemäß den Sigma-Regeln ist zu erwarten, dass mit einer Wahrscheinlichkeit von ca. 90 %, die Anzahl der CDU/CSU-Wähler in der Stichprobe vom Umfang 1000 im Intervall [335; 385] liegen wird und mit einer Wahrscheinlichkeit von ca. 95 % im Intervall [330; 390].

319

Wie sollen wir entscheiden?

3. Durch die Aufgabenstellung soll eine Diskussion angeregt werden, welche Ergebnisse als „akzeptabel“ und welche „verdächtig“ bezeichnet werden können. Es soll eine Entscheidungsregel erarbeitet werden.
   Mithilfe der Sigma-Regeln erhält man die Aussage n = 200; p = 0,5; $P(89 \le X \le 111) = 90\ \%$. D. h., wenn die Behauptung des Produzenten stimmt, sollte das Ergebnis im Intervall [89; 111] liegen.

319 **Auf drei Stellen genau**

4. In Deutschland sind ca. 72 Mio. Menschen älter als 14 Jahre; von diesen sind ca. 10 Mio. Studenten und Schüler, ca. 39 Mio. Erwerbstätige, ca. 15 Mio. Hausfrauen, ca. 4 Mio. Arbeitslose, ca. 16 Mio. Rentner (Personen über 65 Jahre); selbst wenn diese geschätzten Zahlen von den tatsächlichen abweichen, spielt dies für die folgende Aussage kaum eine Rolle. Bezogen auf 1000 Personen in der repräsentativen Stichprobe bedeutet dies, dass von diesen 1000 Personen ca. 140 Studenten und Schüler, 540 Erwerbstätige, 210 Hausfrauen, 55 Arbeitslose, 250 Rentner sind, und von diesen gaben dann einige / viele an, das Internet zu nutzen.
Später wird gezeigt, dass die Konfidenzintervalle umso breiter sind, je kleiner die Stichprobe ist. Mithilfe der entsprechenden Berechnung erhält man:

Teilgruppe	Stichproben-umfang	Anteil gemäß Befragung	90 %-Konfidenz-intervall
Studenten/Schüler	140	0,978	$0,947 \leq p < 0,991$
Erwerbstätige	540	0,807	$0,7778 \leq p \leq 0,833$
Hausfrauen	210	0,569	$0,512 \leq p \leq 0,624$
Arbeitslose	55	0,564	$0,454 \leq p \leq 0,668$
Rentner	250	0,448	$0,367 \leq p \leq 0,500$

Auch ohne diese Vorkenntnisse ist aufgrund der in dem Zeitungsartikel enthaltenen Information klar, dass die Genauigkeit der Veröffentlichung suggeriert wird, dass exakte Angaben gemacht werden, was sich aber nicht halten lässt. Die Angaben auf die 3. Dezimalstelle genau sind völlig unangemessen!
Hier lesen wir an der Berechnung des 90 %-Konfidenzintervalls ab:
dass mit hoher Wahrscheinlichkeit der wahre Anteil
bei den Studenten/Schülern im Intervall von 97,8 % + 3,1 % bis 97,8 % – 1,3 %,
bei den Erwerbstätigen im Intervall von 80,7 % – 2,9 % bis 80,7 % + 2,6 %,
bei den Hausfrauen im Intervall von 56,9 % – 5,7 % bis 56,9 % + 5,5 %,
bei den Arbeitslosen im Intervall von 56,4 % – 11,0 % bis 56,4 % + 10,4 %,
bei den Rentnern im Intervall von 44,8 % – 8,1 % bis 44,8 % + 5,2 % liegt.

6.1 Schluss von der Gesamtheit auf die Stichprobe

6.1.1 Prognose über zu erwartende absolute Häufigkeiten – Signifikante Abweichungen

322 **2. a)** (1) ... außerhalb des Intervalls [566; 642] [5 %: [560; 649] 1 %: [545; 663]] liegen.
(2) ... außerhalb des Intervalls [42; 58] [5 %: [40; 60] 1 %: [37; 63]] liegen.
(3) ... kleiner sein als 567 [größer sein als 642].

322

2. b) ... kleiner sein als 575 [550] ... größer sein als 634 [658]

323

3. a) $n = 500$; $p = 0{,}5$; $\mu = 250$; $\sigma = \sqrt{500 \cdot 0{,}5 \cdot 0{,}5} \approx 11{,}2$.
Mit den Sigma-Regeln folgt [232; 268]
Exakte Wahrscheinlichkeit: $P(232 \le X \le 268) = 0{,}902$

b) (1)

Sicherheitswahrsch.	Intervall	exakte Wahrsch.
90 %	[474; 526]	90,63 %
95 %	[469; 531]	95,37 %
99 %	[459; 541]	99,14 %

(2)

Sicherheitswahr.	Intervall	exakte Wahrsch.
90 %	[371; 418]	91,26 %
95 %	[367; 422]	95,39 %
99 %	[358; 431]	99,16 %

(3)

Sicherheitswahrsch.	Intervall	exakte Wahrsch.
90 %	[4918; 5082]	90,11 %
95 %	[4902; 5098]	95,12 %
99 %	[4871; 5129]	99,04 %

(4)

Sicherheitswahrsch.	Intervall	exakte Wahrsch.
90 %	[588; 646]	90,70 %
95 %	[583; 651]	95,05 %
99 %	[572; 662]	99,04 %

4. a) Für jedes Land zähle X die Anzahl der Mädchen-Geburten. X ist binomialverteilt mit n = „Anzahl aller Geburten je Land" und $p = 0{,}4874$.

Land	männlich	weiblich	gesamt	μ	$\mu - 1{,}96\sigma$	$\mu + 1{,}96\sigma$	Abweichung
Baden-Württ.	46 997	44 912	91 909	44 796,4	44 499,4	45 093,4	verträglich
Bayern	54 603	51 695	106 298	51 809,6	51 490,2	52 129,0	verträglich
Berlin	16 483	15 453	31 936	15 565,6	15 390,5	15 740,7	verträglich
Brandenburg	9 560	9 248	18 808	9 167,0	9 032,6	9 301,4	verträglich
Bremen	2 825	2 744	5 569	2 714,3	2 641,2	2 787,4	verträglich
Hamburg	8 583	8 168	16 751	8 164,4	8 037,6	8 291,2	verträglich
Hessen	26 525	25 227	51 752	25 223,9	25 001,0	25 446,8	verträglich
Meckl.-Vorp.	6 637	6 461	13 098	6 384,0	6 271,9	6 496,1	verträglich
Niedersachsen	33 209	31 678	64 887	31 625,9	31 376,3	31 875,5	verträglich
Nordrhein-Westf.	77 027	72 980	150 007	73 113,4	72 734,0	73 492,8	verträglich
Rheinland-Pfalz	16 524	15 699	32 223	15 705,5	15 529,6	15 881,4	verträglich
Saarland	3 717	3 441	7 158	3 488,8	3 405,9	3 571,7	verträglich
Sachsen	17 658	16 753	34 411	16 771,9	16 590,2	16 953,6	verträglich
Sachsen-Anhalt	9 079	8 618	17 697	68 625,5	8 495,2	8 755,8	verträglich
Schleswig-Holstein	11 554	11 124	22 678	11 053,3	10 905,8	11 200,8	verträglich
Thüringen	8 881	8 451	17 332	8 447,6	8 318,6	8 576,6	verträglich

323

4. b) Ob eine Abweichung signifikant ist oder nicht, wird (nach Definition der Sprechweise „signifikant") aufgrund der Tatsache entschieden, ob das Ergebnis außerhalb der $1{,}96\sigma$-Umgebung von μ liegt. Die Aussage auf dem 95%-Niveau bedeutet: Wenn sehr oft eine solche Stichprobe genommen wird, dann kommt es eben auch in 5 % der Fälle vor, dass das Ergebnis als „signifikant abweichend" bezeichnet wird, obwohl die der Rechnung zugrunde gelegte Erfolgswahrscheinlichkeit richtig ist. Mit anderen Worten: Wenn man 20 Stichproben nimmt, dann muss man damit rechnen, dass ein Ergebnis $\left(\frac{1}{20} = 5\ \%\right)$ signifikant abweicht.

Da wir 16 Bundesländer haben, sind z. B. in 5 Jahren ($= 5 \cdot 16 = 80$ Stichproben) 4 signifikant abweichende Ergebnisse zu erwarten.

324

5. a) X zähle das Auftreten einer Zahl in 3000 Ziehungen. X ist binomialverteilt mit $n = 3000$ und $p = \frac{6}{49}$.

Punktschätzung: $\mu = 367{,}3$; Intervallschätzung: [332; 403].
Mit einer Wahrscheinlichkeit von ca. 5 % liegt die Anzahl in [0; 331] oder [404; 3000].

b) Keine signifikante Abweichung.

6. (1) $\mu = 30$; Intervall: [22; 38]; $P(22 \le X \le 38) = 0{,}912$
(2) $\mu = 39$; Intervall: [30; 48]; $P(30 \le X \le 48) = 0{,}905$
(3) $\mu = 500$; Intervall: [466; 534]; $P(466 \le X \le 534) = 0{,}909$
(4) $\mu = 322$; Intervall: [295; 349]; $P(295 \le X \le 349) = 0{,}907$

7. (1)

n	μ	Intervall	exakte Wahrscheinlichkeit
720	468	[447; 489]	0,907
536	348,4	[330; 367]	0,915
1 247	810,6	[783; 838]	0,904

(2)

n	μ	Intervall	exakte Wahrscheinlichkeit
720	518,4	[499; 538]	0,903
536	385,9	[368; 403]	0,917
1 247	897,8	[871; 924]	0,911

(3)

n	μ	Intervall	exakte Wahrscheinlichkeit
720	388,8	[367; 410]	0,900
536	289,4	[271; 308]	0,900
1 247	673,4	[645; 702]	0,901

(4)

n	μ	Intervall	exakte Wahrscheinlichkeit
720	280,8	[260; 302]	0,900
536	289,4	[271; 308]	0,900
1 247	209	[190; 228]	0,916

8. 90 %: [11; 25] 95 %: [10; 26] 99 %: [7; 29]

324

9.

Sicherheitswahrscheinlichkeit	Intervall	exakte Wahrscheinlichkeit
90 %	[545; 588]	91,30 %
95 %	[541; 592]	95,69 %
99 %	[533; 600]	99,18 %

10. $\mu = 80$; $\sigma = 6{,}928$; $\mu - 1{,}28\sigma = 71{,}13$; $\mu + 1{,}28\sigma = 88{,}87$
In 80 % aller Fälle werden zwischen 71 und 89 Parkplätze benötigt.

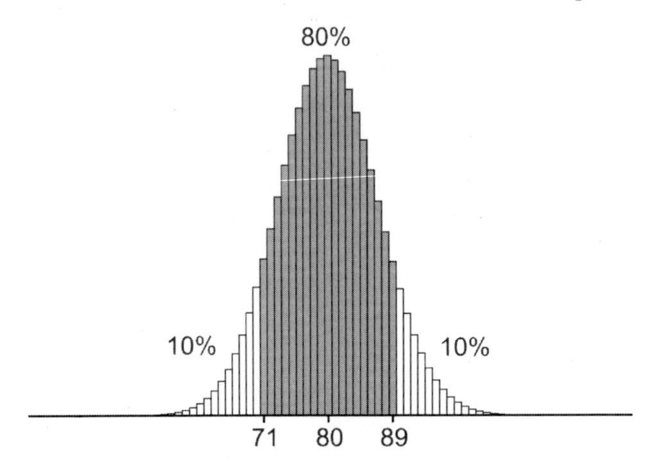

Der Anteil zwischen 71 und 89 entspricht ungefähr 80 %. Wegen der (ungefähren) Symmetrie zur Achse $x = \mu$ entsprechen die Anteile $X \leq 70$ bzw. $X \geq 90$ beide etwa 10 %. Damit ergibt sich
$P(X \leq \mu + 1{,}28\sigma) = P(X \leq \mu - 1{,}28\sigma) + P(\mu - 1{,}28\sigma \leq X \leq \mu + 1{,}28\sigma)$
$\approx 10\,\% + 80\,\% = 90\,\%$
Damit: $P(X \leq 89) = 0{,}914$, also reichen 89 Plätze in 90 % aller Fälle aus.

11. a) X zähle die wahrgenommenen Buchungen. X ist binomialverteilt mit n = Anzahl der angenommenen Buchungen und $p = 0{,}90$. Berechne Intervalle für die vermutete Anzahl von wahrgenommenen Buchungen.
(1) Punktschätzung: $\mu = 330$
Intervallschätzung:

Sicherheitswahrscheinlichkeit	Intervall	exakte Wahrscheinlichkeit
90 %	[320; 340]	0,906
95 %	[318; 342]	0,954
99 %	[314; 346]	0,991

(2) Punktschätzung: $\mu = 352$
Intervallschätzung:

Sicherheitswahrscheinlichkeit	Intervall	exakte Wahrscheinlichkeit
90 %	[341; 363]	0,924
95 %	[339; 365]	0,963
99 %	[335; 369]	0,993

324

11. **a)** Fortsetzung

(3) Punktschätzung: $\mu = 360{,}8$

Intervallschätzung:

Sicherheitswahrscheinlichkeit	Intervall	exakte Wahrscheinlichkeit
90 %	[350; 372]	0,920
95 %	[348; 373]	0,952
99 %	[344; 377]	0,990

b) Berechne k aus $P(X \leq k) \approx 90\,\%$. Es gilt $k \approx \mu + 1{,}28\sigma = 360{,}319$.
Kontrollrechnung ergibt: $P(X \leq 360) = 90{,}72\,\%$.

325

12. **a)** X zähle die wahrgenommenen Buchungen. X ist binomialverteilt mit n = Anzahl der angenommenen Buchungen und p = 0,90. Berechne Intervalle für die vermutete Anzahl von wahrgenommenen Buchungen.

(1) Punktschätzung: $\mu = 261$

Intervallschätzung:

Sicherheitswahrscheinlichkeit	Intervall	exakte Wahrscheinlichkeit
90 %	[253; 269]	90,50 %
95 %	[251; 271]	96,09 %
99 %	[248; 274]	99,18 %

(2) Punktschätzung: $\mu = 270$

Intervallschätzung:

Sicherheitswahrscheinlichkeit	Intervall	exakte Wahrscheinlichkeit
90 %	[261; 279]	93,35 %
95 %	[260; 280]	95,75 %
99 %	[257; 283]	99,07 %

(3) Punktschätzung: $\mu = 288$

Intervallschätzung:

Sicherheitswahrscheinlichkeit	Intervall	exakte Wahrscheinlichkeit
90 %	[279; 297]	92,43 %
95 %	[278; 298]	95,04 %
99 %	[274; 302]	99,31 %

b) Berechne k aus $P(X \leq k) \approx 90\,\%$. Es gilt $k \approx \mu + 1{,}28\sigma = 258{,}426$.
Kontrollrechnung ergibt: $P(X \leq 258) = 90{,}60\,\%$.

13. **a)** X zähle die verteilten Plaketten des Prüfers. X ist binomialverteilt mit n = „Anzahl der vom jeweiligen Prüfer untersuchten Autos“ und $p = \frac{9650}{15300} \approx 0{,}6307$ Anteil der von der Prüfstelle insgesamt positiv bewerteten Autos.

95%-Intervall: [524; 579]

Kontrollrechnung: $P(524 \leq X \leq 579) = 95{,}02\,\%$.

Das Ergebnis des Prüfers liegt in dem Intervall, also keine signifikante Abweichung.

325

13. b) $n = 1008;\ p = \frac{5070}{8310} \approx 0{,}6101$

95%-Intervall: [585; 645]

Kontrollrechnung: $P(585 \leq X \leq 645) = 95{,}12\ \%$.

Das Ergebnis des Prüfers liegt in dem Intervall, also keine signifikante Abweichung.

$n = 1072;\ p = \frac{3240}{4920} \approx 0{,}6585$

95%-Intervall: [676; 736]

Kontrollrechnung: $P(676 \leq X \leq 736) = 95{,}06\ \%$.

Das Ergebnis des Prüfers liegt in dem Intervall, also keine signifikante Abweichung.

$n = 1229;\ p = \frac{4180}{6770} \approx 0{,}6174$

95%-Intervall: [726; 792]

Kontrollrechnung: $P(726 \leq X \leq 792) = 95{,}08\ \%$.

Das Ergebnis des Prüfers liegt oberhalb des Intervalls. Der Prüfer ist nachlässig.

14. $p = \frac{1}{37};\ n = 3700$

90 %- Umgebung zwischen 84 und 116
95 %- Umgebung zwischen 81 und 119
99 %- Umgebung zwischen 75 und 125

15. $p = 1 - \frac{\binom{28}{3}}{\binom{32}{3}} = \frac{421}{1240};$

$n = 100;\ \mu = 33{,}95;\ \sigma = 4{,}74$
90 %- Umgebung zwischen 26 und 42
95 %- Umgebung zwischen 25 und 43
99 %- Umgebung zwischen 22 und 46

$n = 200;\ \mu = 67{,}90;\ \sigma = 6{,}70$
90 %- Umgebung zwischen 56 und 79
95 %- Umgebung zwischen 55 und 81
99 %- Umgebung zwischen 51 und 85

$n = 500;\ \mu = 169{,}76;\ \sigma = 10{,}59$
90 %- Umgebung zwischen 153 und 187
95 %- Umgebung zwischen 149 und 191
99 %- Umgebung zwischen 143 und 197

6.1.2 Prognose über zu erwartende relative Häufigkeiten

328

1. Untersuchen Sie die Wahrscheinlichkeit für die Prognose. Betrachten Sie jeweils die binomialverteilte Zufallsgröße X. Dabei ist n die Größe der betrachteten Stichprobe und p der Anteil aus dem Wahlergebnis. Berechnen Sie das Intervall für die relative Häufigkeit und prüfen Sie, ob die Prognose in dem ermittelten Intervall liegt. (Angaben in den Intervallen sind %-Werte)

Bundestag, September 2005

Sicherheit	Intervall für 95 %	Intervall für 99 %	Abweichung
CDU/CSU	[34,907; 35,491]	[34,816; 35,584]	-
SPD	[33,910; 34,489]	[33,819; 34,582]	-
FDP	[9,618; 9,982]	[9,562; 10,039]	hoch signifikant
Grüne	[7,934; 8,267]	[7,881; 8,319]	hoch signifikant
Linke	[8,528; 8,872]	[8,473; 8,927]	hoch signifikant

Bundestag, September 2009

Sicherheit	Intervall für 95 %	Intervall für 99 %	Abweichung
CDU	[33,500; 34,101]	[33,405; 34,195]	-
SPD	[22,733; 23,268]	[22,649; 23,352]	hoch signifikant
FDP	[14,376; 14,824]	[14,306; 14,894]	hoch signifikant
Grüne	[10,505; 10,897]	[10,442; 10,958]	signifikant
Linke	[11,695; 12,105]	[11,630; 12,170]	hoch signifikant

Landtagswahl Rheinland-Pfalz, März 2011

	Ergebnis (p)	$1{,}96\frac{\sigma}{n}$	$p - 1{,}96\frac{\sigma}{n}$	$p + 1{,}96\frac{\sigma}{n}$	Prognose (= Stichprobenergebnis)	Kommentar: Das Stichprobenergebnis, das für die Prognose benutzt wurde,
SPD	0,357	0,0063	0,3507	0,3633	0,355	ist verträglich mit dem tatsächlichen Wahlergebnis.
CDU	0,352	0,0063	0,3457	0,3583	0,340	weicht signifikant nach unten ab.
FDP	0,042	0,0027	0,0393	0,0447	0,040	ist verträglich mit dem tatsächlichen Wahlergebnis.
Grüne	0,154	0,0048	0,1492	0,1588	0,170	weicht signifikant nach oben ab.
Linke	0,030	0,0023	0,0277	0,0323	0,035	weicht signifikant nach oben ab.

328

2. $p = \frac{1}{6}$

n	σ	$\frac{\sigma}{n}$	$p - 1{,}96\frac{\sigma}{n}$	$p + 1{,}96\frac{\sigma}{n}$
100	3,727	0,037	0,094	0,240
200	5,270	0,026	0,115	0,218
300	6,455	0,022	0,124	0,209
400	7,454	0,019	0,130	0,203
500	8,333	0,017	0,134	0,199

Die Breite der Umgebung verhält sich etwa umgekehrt proportional zur Wurzel aus dem Stichprobenumfang.

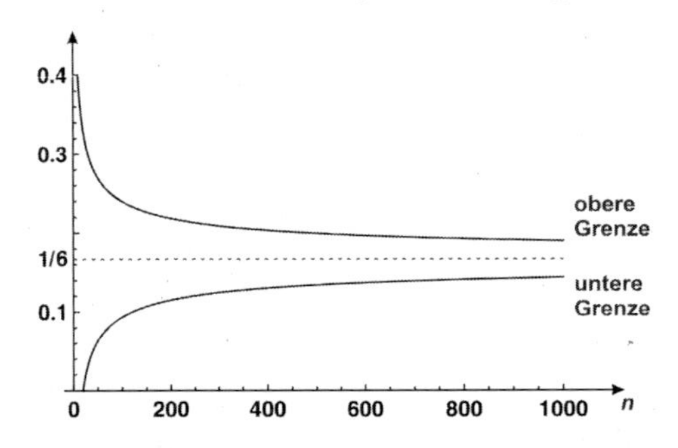

3. (1)

n	300	600	1200	2400
$1{,}96\ \frac{\sigma}{n}$	0,042	0,030	0,021	0,015
$2{,}58\ \frac{\sigma}{n}$	0,056	0,039	0,028	0,020

(2)

n	200	400	800	1600
$1{,}96\ \frac{\sigma}{n}$	0,060	0,042	0,030	0,021
$2{,}58\ \frac{\sigma}{n}$	0,079	0,056	0,039	0,028

4. Grundsätzlich gilt: Je größer die Stichprobe, desto genauer erfasst das beobachtete Ergebnis den unbekannten Wahlausgang.
Nach Information (4) (Schülerband, S. 467) liegt das gemessene Ergebnis bei 95 % Sicherheitswahrscheinlichkeit in dem Trichter

$$\left[p - 1{,}96\frac{\sigma}{n};\ p + 1{,}96\frac{\sigma}{n}\right] = \left[p - 1{,}96\sqrt{\frac{p\cdot(1-p)}{n}};\ p + 1{,}96\sqrt{\frac{p\cdot(1-p)}{n}}\right].$$

Da der Umfang n nur in Form von $\frac{1}{\sqrt{n}}$ in das Intervall einfließt, verkleinert sich das Intervall, z. B. bei einer Verdoppelung des Stichprobenumfangs nur um den Faktor $\frac{1}{\sqrt{2}} \approx 0{,}7$.

6.2 Testen von Hypothesen

6.2.1 Testen einer zweiseitigen Hypothese

332

2. a) Annahmebereich bei 95 % Sicherheit: [162; 204]. 116 liegt nicht im Annahmebereich. Daher wird die Hypothese verworfen.
Fehler 1. Art: Die Hypothese ist wahr, wird aber verworfen. Die Wahrscheinlichkeit hierfür beträgt höchstens 5 %.
Fehler 2. Art: Die Hypothese ist falsch, wird aber nicht verworfen. Das passiert, wenn für ein beliebiges falsches p das Resultat zufällig in den Annahmebereich fällt. Die Wahrscheinlichkeit hängt vom zugrunde liegenden p ab.

b) Für $p = 0{,}196$ bis $p = 0{,}271$ liegt 116 im Annahmebereich. Die Hypothese würde also nicht verworfen werden.

3. Grundsätzlich ist jedes Ergebnis mit der Annahme $p = \frac{1}{6}$ verträglich. Die Frage ist, wie wahrscheinlich das beobachtete Ergebnis ist. Dabei reicht es aber nicht, lediglich die Wahrscheinlichkeit des beobachteten Ergebnisses zu berechnen. Diese wird bei großem n immer relativ klein sein. Stattdessen betrachtet man Intervalle um den Erwartungswert. Weicht der gemessene Wert zu weit vom Erwartungswert ab, kann dies ein Indiz dafür sein, dass die angenommene Erfolgswahrscheinlichkeit nicht korrekt ist.

95%-Intervall um $\mu = 100$: [82; 118]. Der erste beobachtete Wert 121 liegt nicht im Intervall. Das passiert unter der Annahme, dass $p = \frac{1}{6}$ wahr ist, nur in 5 % aller Fälle. Dieses Ereignis tritt demnach so selten ein, dass man die Annahme verwerfen könnte. Allerdings besteht die Gefahr einer Fehlentscheidung, denn in 5 % aller Fälle tritt das beobachtete Ereignis für $p = \frac{1}{6}$ doch ein.
Der zweite Wert 88 liegt im Intervall. Es spricht daher diesmal nichts gegen die Vermutung $p = \frac{1}{6}$.

4. Hypothese: Es wird regnen.

	Man nimmt Regenbekleidung mit	Man nimmt keine Regenbekleidung mit
Es regnet	Entscheidung richtig	Entscheidung falsch (Fehler 1. Art)
Es regnet nicht	Entscheidung falsch (Fehler 2. Art)	Entscheidung richtig

332

5. Hypothese: Die Ware ist in Ordnung.

Fehler 1. Art
Bei der Kontrolle fallen relativ viele Mängelexemplare auf, obwohl die Qualitätsbedingungen insgesamt erfüllt sind.
Die Ware wird nicht ausgeliefert bzw. nicht angenommen, obwohl sie in Ordnung ist.
(Produzentenrisiko)

Fehler 2. Art
Bei der Kontrolle fällt nicht auf, dass die Qualitätsbedingungen für das Warenkontingent insgesamt nicht erfüllt sind.
Die Ware wird ausgeliefert bzw. angenommen, obwohl sie nicht in Ordnung ist.
(Konsumentenrisiko)

6. (1) Hypothese: Die Eisdecke trägt nicht.

Fehler 1. Art
Die Eisdecke trägt nicht; man sinkt also ein. Man geht auf das Eis, weil die Steine die Eisfläche nicht zerbrachen.

Fehler 2. Art
Die Eisdecke würde tragen; aber man geht nicht auf das Eis, weil die Steine die Eisdecke zerbrachen.

(2) Hypothese: Der Angeklagte hat den Diebstahl nicht begangen.

Fehler 1. Art
Der Angeklagte wird verurteilt, weil die Indizien gegen ihn sprechen; in Wirklichkeit ist er aber unschuldig.

Fehler 2. Art
Der Angeklagte wird nicht verurteilt, weil die Indizien nicht ausreichen; in Wirklichkeit ist er jedoch schuldig.

(3) Hypothese: Die Glühbirnen sind von langer Lebensdauer.

Fehler 1. Art
Die Glühbirnen werden für kurzlebig gehalten, weil das Ergebnis einer Stichprobe zufällig ungünstig ist; tatsächlich sind sie von langer Lebensdauer.

Fehler 2. Art
Die Glühbirnen sind von kurzer Lebensdauer; man merkt es jedoch bei einer Stichprobe nicht.

(4) Hypothese: Die Äpfel sind 1. Wahl.

Fehler 1. Art
Die Äpfel sind von 1. Wahl
Bei der Kontrolle treten so viele schlechte Äpfel auf, dass die Hypothese fälschlicherweise abgelehnt wird.

Fehler 2. Art
Die Äpfel sind von 2. Wahl
Bei der Kontrolle treten so viele gute Äpfel auf, dass die Hypothese fälschlicherweise akzeptiert wird.

333

7. (1) $\mu - 1{,}96\sigma = 30{,}40$; $\mu + 1{,}96\sigma = 49{,}60$, d. h. der Annahmebereich lautet $A = \{30, \ldots, 50\}$
(2) Exakte Rechnung mit Binomialverteilung bestätigt:
$P(30 \leq X \leq 50) = 0{,}968$. $P(31 \leq X \leq 49) = 0{,}948$ ist zu klein.

8. **a)** $p = 0{,}3$; $n = 180$; $\mu = 54$ — Annahmebereich: $42 \leq X \leq 66$
$p = 0{,}7$; $n = 345$; $\mu = 241{,}5$ — Annahmebereich: $225 \leq X \leq 259$
b) $p = 0{,}3$; $n = 180$; $\mu = 54$ — Annahmebereich: $40 \leq X \leq 68$
$p = 0{,}7$; $n = 345$; $\mu = 241{,}5$ — Annahmebereich: $222 \leq X \leq 262$
c) $p = 0{,}3$; $n = 180$; $\mu = 54$ — Annahmebereich: $38 \leq X \leq 70$
$p = 0{,}7$; $n = 345$; $\mu = 241{,}5$ — Annahmebereich: $220 \leq X \leq 260$

9. Getestet wird die Hypothese „Die Form des Schuhs spielt keine Rolle", d. h. linke oder rechte Schuhe werden mit gleicher Wahrscheinlichkeit am Strand gefunden.
Wir betrachten die Zufallsgröße X: *Anzahl der linken Schuhe in der Stichprobe* und testen die Hypothese $p = 0{,}5$.
Holland: $n = 107$; $\mu = 53{,}5$; $\sigma = 10{,}14$. Bei einer Sicherheitswahrscheinlichkeit von 95 % ergibt sich der Annahmebereich $44 \leq X \leq 64$. Damit wird die Hypothese verworfen.
Schottland: $n = 156$; $\mu = 78$; $\sigma = 12{,}24$. Bei einer Sicherheitswahrscheinlichkeit von 95 % ergibt sich der Annahmebereich $66 \leq X \leq 90$. Damit wird die Hypothese verworfen.

10. Teste die Hypothese H: $p = \frac{1}{6}$ mit einer Irrtumswahrscheinlichkeit $\alpha \leq 5\,\%$

a) $\mu = 247{,}5$; A: $219 \leq X \leq 276$
b) $\mu = 502{,}5$; A: $462 \leq X \leq 543$
c) $\mu = 828{,}67$; A: $778 \leq X \leq 880$
d) $\mu = 1131{,}83$; A: $1072 \leq X \leq 1192$
e) $\mu = 1691{,}67$; A: $1618 \leq X \leq 1765$
f) $\mu = 2605{,}17$; A: $2514 \leq X \leq 2696$

Nur in d) liegt das Ergebnis nicht im Annahmebereich; hier wird man die Hypothese verwerfen.

11. $n = 449$; $p = \frac{1\,774}{5\,239}$; $\mu = 152{,}04$; $\sigma = 10{,}03$

Annahmebereich für $p = \frac{1\,774}{5\,239}$: $133 \leq X \leq 171$

Falls weniger als 133 oder mehr als 171 Fahrzeuge des betreffenden Herstellers angemeldet werden, wird man $p = \frac{1\,774}{5\,239}$ (d. h. der Anteil bleibt gleich) verwerfen. Dann geht man also davon aus, dass sich der Anteil geändert hat.

12. Wir betrachten die Zufallsgröße X: *Anzahl der verwandelten Elfmeter*. Wenn es keine Rolle spielt, ob der Elfmeterschütze derjenige war, der gefoult worden ist, dann würde also auch $p = 0{,}75$ gelten – wir testen also die Hypothese $p = 0{,}75$.
Für $n = 102$ ist $\mu = 76{,}5$ und $\sigma \approx 8{,}57$ und es ergibt sich ein Annahmebereich von $68 \leq X \leq 85$ für $\alpha \leq 0{,}05$.

334

13. $n = 1000$

Bild	Hypothese H: p =	95 %-Umgebung
1 Paar	0,463	[432; 494]
2 Paare	0,2315	[205; 258]
Dreier	0,1543	[132; 177]
anderes Bild	0,1512	[129; 173]

Verwirf die Hypothese, falls bei 1000facher Durchführung die jeweiligen Erfolge im Annahmebereich liegen.

14. **a)** $p = 0{,}2$; $n = 400$; $\mu = 80$; $\sigma = 8$
Annahmebereich: $65 \leq X \leq 95$
Falls weniger als 65 oder mehr als 95 Körner der einen Substanz in der Stichprobe von 400 Körnern gefunden werden, verwirf die Hypothese $p = 0{,}2$.
b) $p = 0{,}2$; $n = 158$; $\mu = 31{,}6$; $\sigma = 5{,}03$
A: $22 \leq X \leq 41$. Die Hypothese $p = 0{,}2$ wird verworfen.
[$p = 0{,}2$; $n = 127$; $\mu = 25{,}4$; $\sigma = 4{,}51$
A: $17 \leq X \leq 34$. Die Hypothese $p = 0{,}2$ kann nicht verworfen werden.]

15. X zähle die Geburten in einem Monat. X ist binomialverteilt mit n = „Anzahl der Geburten des jeweiligen Jahres“ und angenommenem p = „Anteil der Tage im Monat vom ganzen Jahr“.
Berechne das 95%-Intervall für X für jeden Monat und prüfe, ob die beobachtete Zahl in diesem Intervall liegt.

Jahrgang: 2004

Monat	Geburten-zahl	Annahmebereich	Ergebnis
Jan.	59 633	[59 308; 60 224]	im Annahmebereich
Feb.	54 918	[55 465; 56 355]	unterhalb des Annahmebereichs
März	56 717	[59 308; 60 224]	unterhalb des Annahmebereichs
April	55 671	[57 386; 58 290]	unterhalb des Annahmebereichs
Mai	56 581	[59 308; 60 224]	unterhalb des Annahmebereichs
Juni	60 129	[57 386; 58 290]	oberhalb des Annahmebereichs
Juli	65 185	[59 308; 60 224]	oberhalb des Annahmebereichs
Aug.	64 141	[59 308; 60 224]	oberhalb des Annahmebereichs
Sep.	62 707	[57 386; 58 290]	oberhalb des Annahmebereichs
Okt.	58 374	[59 308; 60 224]	unterhalb des Annahmebereichs
Nov.	54 569	[57 386; 58 290]	unterhalb des Annahmebereichs
Dez.	56 997	[59 308; 60 224]	unterhalb des Annahmebereichs

334

15. Jahrgang: 2005

Monat	Geburten-zahl	Annahmebereich	Ergebnis
Jan.	57 338	[57 794; 58 698]	unterhalb des Annahmebereichs
Feb.	53 165	[52 177; 53 040]	oberhalb des Annahmebereichs
März	57 071	[57 794; 58 698]	unterhalb des Annahmebereichs
April	55 684	[55 921; 56 812]	unterhalb des Annahmebereichs
Mai	56 866	[57 794; 58 698]	unterhalb des Annahmebereichs
Juni	58 146	[55 921; 56 812]	oberhalb des Annahmebereichs
Juli	61 471	[57 794; 58 698]	oberhalb des Annahmebereichs
Aug.	61 476	[57 794; 58 698]	oberhalb des Annahmebereichs
Sep.	60 670	[55 921; 56 812]	oberhalb des Annahmebereichs
Okt.	56 419	[57 794; 58 698]	unterhalb des Annahmebereichs
Nov.	52 765	[55 921; 56 812]	unterhalb des Annahmebereichs
Dez.	54 724	[57 794; 58 698]	unterhalb des Annahmebereichs

Jahrgang: 2006

Monat	Geburten-zahl	Annahmebereich	Ergebnis
Jan.	55 299	[56 687; 57 584]	unterhalb des Annahmebereichs
Feb.	51 340	[51 179; 52 034]	im Annahmebereich
März	55 647	[56 687; 57 584]	unterhalb des Annahmebereichs
April	52 150	[54 851; 55 733]	unterhalb des Annahmebereichs
Mai	58 243	[56 687; 57 584]	oberhalb des Annahmebereichs
Juni	56 481	[54 851; 55 733]	oberhalb des Annahmebereichs
Juli	61 012	[56 687; 57 584]	oberhalb des Annahmebereichs
Aug.	60 526	[56 687; 57 584]	oberhalb des Annahmebereichs
Sep.	60 150	[54 851; 55 733]	oberhalb des Annahmebereichs
Okt.	57 517	[56 687; 57 584]	im Annahmebereich
Nov.	52 504	[54 851; 55 733]	unterhalb des Annahmebereichs
Dez.	51 855	[56 687; 57 584]	unterhalb des Annahmebereichs

Jahrgang: 2007

Monat	Geburten-zahl	Annahmebereich	Ergebnis
Jan.	57 278	[57 714; 58 619]	unterhalb des Annahmebereichs
Feb.	51 140	[52 106; 52 969]	unterhalb des Annahmebereichs
März	56 265	[57 714; 58 619]	unterhalb des Annahmebereichs
April	51 195	[55 845; 56 735]	unterhalb des Annahmebereichs
Mai	56 342	[57 714; 58 619]	unterhalb des Annahmebereichs
Juni	57 498	[55 845; 56 735]	oberhalb des Annahmebereichs
Juli	61 771	[57 714; 58 619]	oberhalb des Annahmebereichs
Aug.	62 565	[57 714; 58 619]	oberhalb des Annahmebereichs
Sep.	61 888	[55 845; 56 735]	oberhalb des Annahmebereichs
Okt.	59 480	[57 714; 58 619]	oberhalb des Annahmebereichs
Nov.	54 377	[55 845; 56 735]	unterhalb des Annahmebereichs
Dez.	55 063	[57 714; 58 619]	unterhalb des Annahmebereichs

334

15. Jahrgang: 2008

Monat	Geburtenzahl	Annahmebereich	Ergebnis
Jan.	58 519	[57 358; 58 259]	oberhalb des Annahmebereichs
Feb.	53 370	[53 642; 54 516]	unterhalb des Annahmebereichs
März	52 852	[57 358; 58 259]	unterhalb des Annahmebereichs
April	55 048	[55 499; 56 388]	unterhalb des Annahmebereichs
Mai	57 398	[57 358; 58 259]	im Annahmebereich
Juni	58 313	[57 358; 58 259]	oberhalb des Annahmebereichs
Juli	63 315	[57 794; 58 698]	oberhalb des Annahmebereichs
Aug.	60 924	[57 358; 58 259]	oberhalb des Annahmebereichs
Sep.	61 263	[55 499; 56 388]	oberhalb des Annahmebereichs
Okt.	56 857	[57 358; 58 259]	unterhalb des Annahmebereichs
Nov.	51 703	[55 499; 56 388]	unterhalb des Annahmebereichs
Dez.	52 952	[57 358; 58 259]	unterhalb des Annahmebereichs

6.2.2 Wahrscheinlichkeit für einen Fehler 2. Art beim Testen von Hypothesen

336

2. (1) 0,0004 (3) 0,5187 (5) 0,5058
(2) 0,0913 (4) 0,8069 (6) 0,0206

3. Die Anzahl der Wappen liegt mit $P_{0,5}(45 \le X \le 55) \approx 72{,}9\,\%$ im Annahmebereich [45; 55]. Ein Fehler 1. Art liegt vor, wenn eine wahre Hypothese verworfen wird. Die Hypothese wird fälschlicherweise verworfen, wenn X einen Wert außerhalb des Intervalls annimmt. Dies passiert mit Wahrscheinlichkeit 27,1 %.
Ein Fehler 2. Art liegt vor, wenn eine falsche Hypothese nicht als solche erkannt wird. Das passiert, wenn der beobachtete Wert von X zufällig im Annahmebereich der Hypothese liegt. Die Wahrscheinlichkeit für einen Fehler 2. Art ist nicht ohne weiteres angebbar, da hierzu der wahre Wert von p bekannt sein muss.

337

4. Entscheidungsregel: Verwirf die Hypothese, falls weniger als 22 oder mehr als 38 Erfolge eintreten.
$\beta = P_{0,2}(22 \le X \le 38) = 34{,}60\,\%$

5. **a)** Entscheidungsregel: Verwirf die Hypothese, falls weniger als 10 oder mehr als 23 Erfolge eintreten.
b) $\beta = P_{\frac{1}{5}}(10 \le X \le 23) = 80{,}86\,\%$
c) Entscheidungsregel: Verwirf die Hypothese, falls weniger als 85 oder mehr als 115 Erfolge eintreten.
$\beta = P_{\frac{1}{5}}(85 \le X \le 115) = 32{,}59\,\%$

337

5. d) (1)

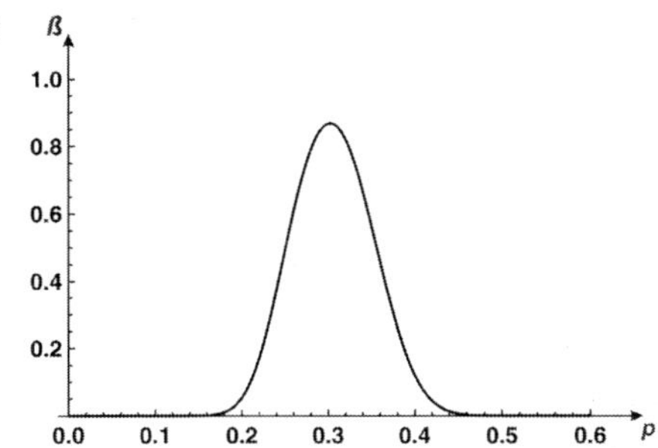

(2)

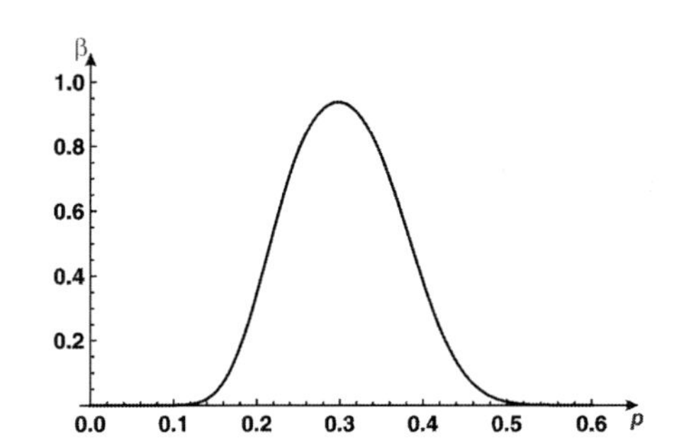

6. Die Operationscharakteristik OC(p) liefert die Wahrscheinlichkeit für die Annahme einer falschen Hypothese in Abhängigkeit von p. Da p = 0,75 der wahre Wert für p ist, liegt hier kein Fehler 2. Art vor.
Der GTR liefert die Wahrscheinlichkeit, dass X für das wahre p im Annahmebereich liegt.

7. a) $\alpha = 0{,}05$; $p_0 = 0{,}75$
(ablesbar am Maximum der Operationscharakteristik)
Wahrscheinlichkeiten für Fehler 2. Art (exakte Werte):
$p_1 = 0{,}66$; $\beta = 0{,}231$ [$p_1 = 0{,}72$; $\beta = 0{,}843$ $p_1 = 0{,}8$; $\beta = 0{,}674$]

b) $\alpha = 0{,}10$; $p_0 = 0{,}4$
Wahrscheinlichkeiten für Fehler 2. Art (exakte Werte):
$p_1 = 0{,}36$; $\beta = 0{,}748$ [$p_1 = 0{,}42$; $\beta = 0{,}857$ $p_1 = 0{,}5$; $\beta = 0{,}223$]

337

8. Wenn der Stichprobenumfang n verdoppelt wird, wird der Annahmebereich nicht doppelt so groß, sondern wächst nur mit dem Faktor $\sqrt{2}$, da bei der Bestimmung der zugehörigen Umgebung um den Erwartungswert die Standardabweichung eine Rolle spielt, welche sich nach der Formel $\sigma = \sqrt{n \cdot p \cdot (1-p)}$ berechnet.
Andererseits verändert sich der Erwartungswert bei Verdoppelung des Stichprobenumfangs mit dem Faktor 2, d. h. der Abstand zwischen dem Erwartungswert des hypothetischen p und dem des tatsächlichen p wird größer, sodass die Wahrscheinlichkeit für den Annahmebereich mit größer werdendem n wegen der größeren Entfernung des Annahmebereichs vom tatsächlichen Erwartungswert kleiner wird.
Konkret ergibt sich für $n = 100$; $p = 0{,}5$ und $\alpha \leq 0{,}05$ der Annahmebereich $A = \{40, 41, \ldots, 60\}$ und für $n = 200$ entsprechend $A = \{86, 87, \ldots, 114\}$.

p	OC(p) für n = 100	OC(p) für n = 200
0,2	$3{,}608 \cdot 10^{-6}$	$1{,}313 \cdot 10^{-13}$
0,3	0,021	$6{,}705 \cdot 10^{-5}$
0,4	0,538	0,213
0,6	0,538	0,213
0,7	0,021	$6{,}705 \cdot 10^{-5}$
0,8	$3{,}608 \cdot 10^{-6}$	$1{,}313 \cdot 10^{-13}$

6.2.3 Testen einer einseitigen Hypothese

338

2. a) X: Anzahl der Wappen; $n = 200$; getestet wird die Hypothese $p \leq 0{,}5$. Falls diese Hypothese verworfen werden kann, gilt: $p > 0{,}5$ – was vermutet wird!
Für $p = 0{,}5$ ist $\mu = 100$; $\sigma = 7{,}07$; also $\mu + 1{,}64\sigma = 111{,}60$
Für $p < 0{,}5$ ist $\mu + 1{,}64\sigma < 111{,}60$
Entscheidungsregel: Verwirf die Hypothese $p \leq 0{,}5$, falls mehr als 111-mal Wappen fällt.

b) Beim zweiseitigen Hypothesentest ($p = 0{,}5$) setzt sich der Verwerfungsbereich aus 2 Teilbereichen zusammen ($X < \mu - 1{,}96\sigma$ bzw. $X > \mu + 1{,}96\sigma$). Der Annahmebereich zum selben Signifikanzniveau ragt weiter nach „oben" als der der einseitigen Hypothese $p \leq 0{,}5$.

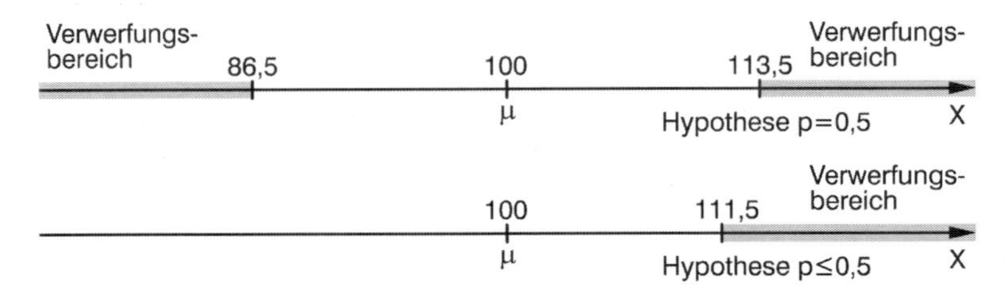

340

3. X zähle die Jugendlichen, die die Marke kennen.
Es gilt: $P_{0,3}(X \geq 67) = 0{,}1579$, d. h. die Wahrscheinlichkeit, dass bei einem Bekanntheitsgrad von 30 % mindestens 67 Jugendliche die Marke kennen, liegt bei ca. 16 %. Wenn der wahre Bekanntheitsgrad kleiner als 30 % ist, verringert sich diese Wahrscheinlichkeit noch weiter. Bei einem geringen Bekanntheitsgrad ist das beobachtete Ereignis also vergleichsweise unwahrscheinlich.
Damit kann man der Aussage des Herstellers Glauben schenken. Bewiesen ist sie damit nicht.

4. Lässt sich die Hypothese $p > 0{,}5$ aufgrund des Stichprobenergebnisses verwerfen?
Für $p = 0{,}5$; $n = 800$ wäre $\mu = 400$; $\sigma = 14{,}14$ und $\mu - 1{,}64\sigma = 376{,}81$.
Für $p > 0{,}5$ ist $\mu - 1{,}64\sigma > 376{,}81$.
Entscheidungsregel: Verwirf die Hypothese $p > 0{,}5$, falls weniger als 377 Personen in der Stichprobe die Regierung unterstützen würden.
Da in der Stichprobe 382 Personen wieder die Regierungspartei wählen würden, kann man nichts über die Hypothese entscheiden.

341

5. a)

Partei	$1{,}96\frac{\sigma}{n}$-Umgebung des Wahlergebnisses
CDU	$0{,}440 \leq \frac{X}{n} \leq 0{,}480$
SPD	$0{,}423 \leq \frac{X}{n} \leq 0{,}463$
FDP	$0{,}056 \leq \frac{X}{n} \leq 0{,}076$

Die Befragungsergebnisse liegen alle in den $1{,}96\frac{\sigma}{n}$-Umgebungen der Wahlergebnisse.

b) Einseitiger Hypothesentest: $H_0 : p \leq 0{,}53$
Für $p = 0{,}53$ gilt $\mu + 1{,}96\sigma = 560{,}93$;
für alle $p < 0{,}53$ gilt $\mu + 1{,}96\sigma < 560{,}93$.
$X = 565$ liegt im Verwerfungsbereich von H_0. Die Hypothese H_0 „Personen sind bereit zuzugeben, die Verliererpartei gewählt zu haben“, kann mit einer Irrtumswahrscheinlichkeit von 2,5% verworfen werden.

6. Die Behauptung lautet, dass gefoulte Spieler schlechtere Elfmeterschützen sind, also $p < 0{,}75$.
Zu testende Hypothese H_0: $p \geq 0{,}75$.
Verwerfungsbereich für $\alpha \leq 5$ %:
$$X < \mu_0 - 1{,}64\sigma_0 = 102 \cdot 0{,}75 - 1{,}64 \cdot \sqrt{102 \cdot 0{,}75 \cdot 0{,}25}$$
$$\approx 76{,}5 - 1{,}64 \cdot 4{,}37321 \approx 69{,}33$$
D. h., wenn weniger als 69 Elfmeter verwandelt wurden, wird die Hypothese „Gefoulte Spieler sind mindestens so gute Schützen wie alle anderen Spieler“ verworfen werden.

341

7. p sei der unbekannte Anteil der Jugendlichen mit mobilem Internetzugang.
Erster Standpunkt: Der Anteil hat sich gegenüber 2007 erhöht.
Hypothese: H_0: $p \leq 0{,}2$;
Verwerfungsbereich für $\alpha \leq 0{,}05$: $X > \mu_0 + 1{,}64 \cdot \sigma_0$
Zweiter Standpunkt: Der Anteil hat sich gegenüber 2007 verringert.
Hypothese: H_0: $p \geq 0{,}2$;
Verwerfungsbereich für $\alpha \leq 0{,}05$: $X < \mu_0 - 1{,}64 \cdot \sigma_0$

6.2.4 Auswahl der Hypothese bei einseitigen Tests

343

2. I. Behauptung des Herstellers: $p \leq 0{,}1$ (Wahrscheinlichkeit für allergische Reaktion); diese kann nur bei signifikanter Abweichung nach oben verworfen werden.
   II. Skeptischer Standpunkt: $p > 0{,}1$; dieser wird bei signifikanter Abweichung nach unten aufgegeben.

   Die Wahrscheinlichkeit für einen Fehler 1. Art sollte klein gehalten werden, z. B. $\alpha = 0{,}01$

   I. Für $p = 0{,}1$ ist $\mu = 17{,}2$; $\sigma = 3{,}93$; also $\mu + 2{,}33\sigma = 26{,}37$.
   Für $p < 0{,}1$ ist $\mu + 2{,}33\sigma < 26{,}37$.
   Entscheidungsregel: Verwirf die Hypothese $p \leq 0{,}1$, falls mehr als 26 Patienten allergische Reaktionen zeigen.
   II. Für $p > 0{,}1$ ist $\mu - 2{,}33\sigma > 8{,}03$.
   Entscheidungsregel: Verwirf die Hypothese $p > 0{,}1$, falls weniger als 9 Patienten allergische Reaktionen zeigen.
   I. *Fehler 1. Art:* Ein besseres Medikament wird irrtümlich nicht eingesetzt.
   Fehler 2. Art: Ein schlechteres Medikament wird irrtümlich als besser eingestuft.
   II. Auswirkungen des Fehlers 1. und 2. Art von I sind vertauscht.

3. (1) Die Werbeagentur behauptet, dass der Bekanntheitsgrad mindestens 70 % ist. Sie wird diese Behauptung nur dann fallen lassen, wenn der Anteil unter den Befragten deutlich nach unten abweicht.
   Hypothese: H_0: $p \leq 0{,}7$;
   Verwerfungsbereich: $X < 350 - 1{,}64 \cdot 10{,}247 \approx 333{,}2$
   Korrekturrechnung: $P(X \leq 333) \approx 0{,}054$; $P(X \leq 332) \approx 0{,}045$
   Fehler 1. Art: Die Hypothese ist wahr, wird aber verworfen.
   $\alpha = P(X \leq 332) \approx 0{,}045$
   Fehler 2. Art: Die Hypothese ist falsch. Der Anteil der Befragten fällt aber in den Annahmebereich.

343

3. (2) Der Auftraggeber behauptet, dass der Bekanntheitsgrad weniger als 70 % ist. Er wird diese Behauptung nur dann fallen lassen, wenn der Anteil unter den Befragten deutlich nach oben abweicht.
Hypothese: H_0: $p < 0{,}7$;
Verwerfungsbereich: $X > 350 + 1{,}64 \cdot 10{,}247 \approx 366{,}8$
Korrekturrechnung: $P(X > 366) \approx 0{,}052$; $P(X > 367) \approx 0{,}0425931$
Fehler 1. Art: Die Hypothese ist wahr, wird aber verworfen.
$\alpha = P(X > 367) \approx 0{,}04259$
Fehler 2. Art: Die Hypothese ist falsch. Der Anteil der Befragten fällt aber in den Annahmebereich.

344

4. Der Hersteller wird i. Allg. nur von seinen Angaben zurücktreten, wenn bei einer Stichprobe signifikant weniger als 90% der Fälle behandelbar sind.

5. a) Der Händler wird einen skeptischen Standpunkt einnehmen, d. h. die Hypothese $p \leq 0{,}7$ (Anteil der brauchbaren Glühbirnen) testen.
Diese Hypothese wird verworfen bei signifikanter Abweichung nach oben.
Für $p \leq 0{,}7$ und $n = 60$ ist $\mu = 42$; $\sigma = 3{,}55$; also $\mu + 1{,}28\sigma \leq 46{,}54$. Der Händler wird erst bei mehr als 46 brauchbaren (d. h. weniger als 14 unbrauchbaren) Glühbirnen kaufen.

b) Alle Anteile $0{,}685 \leq p < 0{,}7$ sind mit $X = 47$ verträglich, aber für den Händler ungünstig.

c) Alle Anteile $0{,}7 < p \leq 0{,}728$ sind mit $X = 38$ verträglich, aber für den Händler günstig.

6. a) Standpunkt des Kunden: Der Anteil ist geringer als 20% ($p < 0{,}2$)
Für $p = 0{,}2$ ist $\mu = 14{,}4$; $\sigma = 3{,}39$; also $\mu + 1{,}28\sigma = 18{,}74$
Entscheidungsregel: Verwirf die Hypothese $p < 0{,}2$, falls unter den 72 sichtbaren Briefmarken mehr als 18 einen Katalogwert von mindestens 0,30 € haben.

b) Bei nur 10 Briefmarken mit Mindest-Katalogwert 0,30 € kauft der Kunde nicht (vgl. a). Es ist aber dennoch möglich, dass $p \geq 0{,}2$ ist.
Selbst ein Stichprobenergebnis von $X = 10$ ist mit Anteilen $0{,}2 \leq p \leq 0{,}219$ verträglich!

c) Der Anbieter wird die Hypothese $p \geq 0{,}2$ vorschlagen, die nur bei signifikanter Abweichung nach unten ($X < 11$) verworfen wird.
Fehler 1. Art: Die Briefmarken haben tatsächlich einen höheren Wert, aber die Stichprobe führt zum Verwerfen der Hypothese.
Fehler 2. Art: Die Briefmarken sind nicht so wertvoll, aber dies wird nicht erkannt.

7. a) Da im Großmarkt untersucht wird, wird die Hypothese $H_0 : p \leq 0{,}1$ getestet.
Für $p = 0{,}1$ gilt: $\mu = 10$; $\sigma = 3$; $1{,}64\sigma = 4{,}92$
Entscheidungsregel: Falls mehr als 14 Packungen weniger als 400 g wiegen, verwirf die Hypothese H_0.

344

7. **b)** Da der Test beim Abnehmer stattfindet, wird folgende Hypothese untersucht: $H_1 : p > 0{,}1$ (Rechnung wie in a)) $1{,}64\sigma = 5{,}39$
Entscheidungsregel: Falls weniger als 7 Packungen Mindergewicht haben, verwirf die Hypothese H_1.

c) Für H_0 gilt: Ein Fehler 1. Art tritt auf, wenn mehr als 14 Packungen Mindergewicht haben, obwohl $p \leq 0{,}1$ ist.
Ein Fehler 2. Art tritt auf, wenn weniger als 15 Packungen Mindergewicht haben, obwohl $p > 0{,}1$ ist.
Für H_1 gilt: Ein Fehler 1. Art tritt auf, wenn weniger als 7 Packungen Mindergewicht haben, obwohl $p > 0{,}1$ ist.
Ein Fehler 2. Art tritt auf, wenn mehr als 6 Packungen Mindergewicht haben, obwohl $p \leq 0{,}1$ ist.

8. **a)** Hypothese H_1: $p < 0{,}05$
Von seiner Meinung lässt sich der Wahlkampfmanager nur abbringen, wenn in der Stichprobe ein extrem hohes Ergebnis für die Partei herauskommt – extrem hoch heißt: Werte oberhalb von $\mu + 1{,}64\sigma$ für $p = 0{,}05$ – diese führen dann zum Verwerfen der Hypothese $p < 0{,}05$, denn solche Werte treten zufällig nur mit einer Wahrscheinlichkeit von höchstens 5 % auf.
$n = 400$; $p = 0{,}05$; $\mu = 400 \cdot 0{,}05 = 20$; $\sigma \approx 4{,}87$; $\mu + 1{,}64\sigma \approx 28{,}0$
Kontrollrechnung: $P(X \leq 28) \approx 0{,}969$, aber $P(X \leq 27) \approx 0{,}952$
Entscheidungsregel: Verwirf die Hypothese H_1: $p < 0{,}05$, falls in der Stichprobe vom Umfang 400 mehr als 27 Personen angeben, die Partei wählen zu wollen.

b) Hypothese H_2: $p \geq 0{,}05$
Von dieser Meinung lässt sich der Finanzbeauftragte nur abbringen, wenn in der Stichprobe ein extrem niedriges Ergebnis für die Partei herauskommt – extrem niedrig heißt: Werte unterhalb von $\mu - 1{,}64\sigma$ für $p = 0{,}05$ – diese führen dann zum Verwerfen der Hypothese $p \geq 0{,}05$; denn solche Werte treten zufällig nur mit einer Wahrscheinlichkeit von höchstens 5 % auf.
$n = 400$; $p = 0{,}05$; $\mu = 400 \cdot 0{,}05 = 20$; $\sigma \approx 4{,}87$; $\mu - 1{,}64\sigma \approx 12{,}0$
Kontrollrechnung: $P(X \leq 12) \approx 0{,}036$, aber $P(X \leq 13) \approx 0{,}061$
Entscheidungsregel: Verwirf die Hypothese H_2: $p > 0{,}05$, falls in der Stichprobe vom Umfang 400 weniger als 13 Personen angeben, die Partei wählen zu wollen.

345

9. $X \leq 64$ ist der Annahmebereich der Hypothese $p < 0{,}8$ des Ladenbesitzers aus Aufgabe 1b). Wenn der Ladenbesitzer seine Hypothese als richtig ansieht, obwohl tatsächlich $p = 0{,}85$ gilt, handelt es sich um einen Fehler zweiter Art. Für die Wahrscheinlichkeit eines Fehlers zweiter Art gilt also: $\beta = P_{0,85}\,(X \leq 64) \approx 0{,}582$ (Berechnung mithilfe eines Rechners).
Ohne wissenschaftlichen Taschenrechner kann die Lösung mithilfe der integralen Näherungsformel von MOIVRE-LAPLACE bestimmt werden, mit $\mu = 63{,}75$, $\sigma \approx 3{,}09$

$$P(X \leq 64) \approx \Phi\left(\frac{64{,}5 - 63{,}75}{3{,}09}\right) \approx 0{,}596$$

10. Es soll untersucht werden, wie groß der Anteil der weiblichen Autofahrer ist.
1. Standpunkt: Der Anteil liegt bei mindestens 37,1 %. Dann wäre der Anteil der weiblichen Autofahrer unter den Unfallverursachern geringer als erwartet, was den Schluss zuließe, dass weibliche Autofahrer die besseren sind.
Hypothese H_0: $p \geq 0{,}371$; $P(X < K) \leq 5\ \%$ gilt für $K \leq 80$
Entscheidungsregel: Verwirf die Hypothese $p \geq 0{,}371$, falls weniger als 80 weibliche Fahrer gezählt werden.
Fehler 1. Art: Der Anteil liegt tatsächlich bei mindestens 37,1 %. In der Stichprobe befinden sich aber weniger als 80 Frauen, sodass die wahre Hypothese verworfen wird.
Fehler 2. Art: Der Anteil liegt tatsächlich unter 37,1 %. In der Stichprobe befinden sich aber mindestens 80 Frauen, sodass die falsche Hypothese nicht verworfen wird.

2. Standpunkt: Der Anteil liegt unter 37,1 %. Dann wäre der Anteil der weiblichen Autofahrer unter den Unfallverursachern höher als erwartet, was den Schluss zuließe, dass weibliche Autofahrer nicht die besseren sind.
Hypothese H_0: $p < 0{,}371$; $P(X > K) \leq 5\ \%$ gilt für $K \geq 105$
Entscheidungsregel: Verwirf die Hypothese $p < 0{,}371$, falls mehr als 105 weibliche Fahrer gezählt werden.
Fehler 1. Art: Der Anteil liegt tatsächlich unter 37,1 %. In der Stichprobe befinden sich aber mindestens 105 Frauen, sodass die wahre Hypothese verworfen wird.
Fehler 2. Art: Der Anteil liegt tatsächlich bei mindestens 37,1 %. In der Stichprobe befinden sich aber weniger als 105 Frauen, sodass die falsche Hypothese nicht verworfen wird.

11. (1) 1. Standpunkt: „Ich glaube dem Angebot. Wenn ich daran teilnehme, verbessert sich meine Diagnose-Quote“.
2. Standpunkt: „Ich glaube die Behauptung nicht. Wenn ich daran teilnehme, verbessert sich meine Diagnose-Quote nicht“.

(2) 1. Standpunkt: Hypothese H_0: $p > 0{,}85$;
Fehler 1. Art: Der Anteil liegt tatsächlich bei mehr als 85 %. Das Stichprobenereignis spricht aber dagegen, sodass die wahre Hypothese verworfen wird. Eine sinnvolle Fortbildung wird nicht als solche erkannt.
Fehler 2. Art: Der Anteil liegt tatsächlich bei höchstens 85 %. Das Stichprobenereignis spricht aber dagegen, sodass die falsche Hypothese nicht verworfen wird. Eine sinnlose Fortbildung wird nicht als solche erkannt.
2. Standpunkt: Hypothese H_0: $p \leq 0{,}85$;
Fehler 1. Art: Der Anteil liegt tatsächlich bei höchstens 85 %. Das Stichprobenereignis spricht aber dagegen, sodass die falsche Hypothese nicht verworfen wird. Eine sinnvolle Fortbildung wird nicht als solche erkannt.
Fehler 2. Art: Der Anteil liegt tatsächlich bei mehr als 85 %. Das Stichprobenereignis spricht aber dagegen, sodass die wahre Hypothese verworfen wird. Eine sinnvolle Fortbildung wird nicht als solche erkannt.

345

11. (3) 1. Standpunkt:
Entscheidungsregel: Verwirf die Hypothese $p > 0{,}85$, falls weniger als 203 richtige Diagnosen gestellt werden.
2. Standpunkt:
Entscheidungsregel: Verwirf die Hypothese $p \leq 0{,}85$, falls mehr als 222 richtige Diagnosen gestellt werden.

12. **a)** Erwartungswert: $\mu = 320 \cdot 0{,}623 \approx 199$; 95 %-Intervall: [182; 216]

b) Es soll die Frage untersucht werden, ob es immer noch eine Tendenz zu nicht wahrheitsgemäßen Aussagen zum Wählerverhalten gibt.
1. Standpunkt: „Nichtwähler machen tendenziell nach wie vor falsche Angaben“.
Hypothese H_0: $p > 0{,}623$
Entscheidungsregel: Verwirf die Hypothese $p > 0{,}623$, falls weniger als 179 Personen angeben, gewählt zu haben.
Fehler 1. Art: Der Anteil liegt tatsächlich bei mehr als 62,3 %. Das Stichprobenereignis spricht aber dagegen, sodass die wahre Hypothese verworfen wird.
Fehler 2. Art: Der Anteil liegt tatsächlich bei höchstens 62,3 %. Das Stichprobenereignis spricht aber dagegen, sodass die falsche Hypothese nicht verworfen wird.
2. Standpunkt: „Wähler geben neuerdings häufiger an, nicht gewählt zu haben“.
Hypothese H_0: $p \leq 0{,}623$
Entscheidungsregel: Verwirf die Hypothese $p \leq 0{,}623$, falls mehr als 201 Personen angeben, gewählt zu haben.
Fehler 1. Art: Der Anteil liegt tatsächlich bei höchstens 62,3 %. Das Stichprobenereignis spricht aber dagegen, sodass die falsche Hypothese nicht verworfen wird.
Fehler 2. Art: Der Anteil liegt tatsächlich bei mehr als 62,3 %. Das Stichprobenereignis spricht aber dagegen, sodass die wahre Hypothese verworfen wird.

Blickpunkt: Alternativtest

346

1. **a)** *Fehler 1. Art:* Es sind tatsächlich nur 4 Gewinnfelder auf dem Glücksrad, aber in der Stichprobe zufällig eine besonders große Zahl roter Felder. Daher wird $p = 0{,}2$ verworfen, obwohl der Betreiber des Spielautomaten ein Betrüger ist.
Fehler 2. Art: Es sind tatsächlich 6 Gewinnfelder auf dem Glücksrad. Aber zufällig erscheint nur eine kleine Zahl von roten Feldern in der Stichprobe, sodass wir keinen Anlass haben, die Hypothese $p = 0{,}2$ zu verwerfen.

b) $\alpha = P_{0,2}(X > 4) = 0{,}370$
$\beta = P_{0,3}(X \leq 4) = 0{,}238$

c) $\alpha = P_{0,2}(X > 5) = 0{,}196$
$\beta = P_{0,3}(X \leq 5) = 0{,}416$

346

2. Gemäß Aufgabenstellung geht es hier um die Frage, ob das Feld ohne Augen mit einer Wahrscheinlichkeit von $p_1 = 0{,}3$ oder $p_2 = 0{,}4$ auftritt. Die Zufallsgröße X zählt also die Anzahl der Würfe, bei denen ein Feld ohne Augen oben liegen bleibt.
Der Spieler nimmt einen skeptischen Standpunkt ein, d. h. vermutet, dass $p = 0{,}4$ ist. Von diesem Standpunkt lässt er sich nur abbringen, falls ein Feld ohne Augen ungewöhnlich selten auftritt.
Bei $n = 80$ Würfen kann man $\mu = 80 \cdot 0{,}4 = 32$ Würfe mit 0 Augen erwarten. Außerdem gilt:
$P(X \leq 27) = 0{,}152$ $P(X \leq 26) = 0{,}104$ $P(X \leq 25) = 0{,}067$
Entscheidungsregel: Verwirf die Hypothese H: $p = 0{,}4$, falls weniger als 26-mal ein Feld ohne Augen oben liegt, d. h. der Annahmebereich ist $A = \{26, 27, 28, \ldots, 80\}$, der Verwerfungsbereich ist $V = \{0, 1, \ldots, 25\}$.
[Die Wahrscheinlichkeit für einen Fehler 2. Art ist dann $P_{p=0,3}(X \geq 26) = 0{,}352$.]

347

3. **a)** 1. Hypothese: H_1: $p = 0{,}6$
Fehler 1. Art: Wahre Hypothese wird verworfen. In Wirklichkeit werden nur 60 % der fehlerhaften Werkstücke erkannt, d. h. das neue Verfahren ist nicht besser.
Fehler 2. Art: Falsche Hypothese wird nicht verworfen. In Wirklichkeit werden 80 % der fehlerhaften Werkstücke erkannt. Das neue Verfahren ist besser, wird aber nicht als solches erkannt.
2. Hypothese: H_2: $p = 0{,}8$
Fehler 1. Art: Wahre Hypothese wird verworfen. In Wirklichkeit werden 80 % der fehlerhaften Werkstücke erkannt. Das neue Verfahren ist besser, wird aber nicht als solches erkannt.
Fehler 2. Art: Falsche Hypothese wird nicht verworfen. In Wirklichkeit werden nur 60 % der fehlerhaften Werkstücke erkannt, d. h. das neue verfahren ist nicht besser.
b) Entscheidungsregel: Wenn mindestens 15 Werkstücke richtig erkannt wurden, akzeptiere die Hypothese H_2: $p = 0{,}8$. Anderenfalls akzeptiere H_1: $p = 0{,}6$.

4. In einer Stichprobe vom Umfang $n = 40$ soll über die Hypothesen H_1: $p = 0{,}08$ oder H_2: $p = 0{,}15$ entschieden werden.
Die Erwartungswerte sind $\mu_1 = 40 \cdot 0{,}08 = 3{,}2$ und $\mu_2 = 40 \cdot 0{,}15 = 6$.
Man könnte also einen kritischen Wert zwischen diesen beiden Erwartungswerten festlegen. Hierfür gilt (vgl. Tabelle unten):
$P_{p=0,08}(X \geq 5) = 1 - 0{,}787 = 0{,}213$ und $P_{p=0,15}(X \leq 4) = 0{,}263$
d. h. mit einer Wahrscheinlichkeit von 21,3 % würde die Anzahl der Dachziegel mit Mängeln oberhalb des kritischen Werts liegen, obwohl es sich um Dachziegel 1. Wahl handelt, und mit einer Wahrscheinlichkeit von 26,3 % würde die Anzahl der Dachziegel mit Mängeln unterhalb des kritischen Werts liegen, obwohl es sich um Dachziegel 2. Wahl handelt.
Hier geht es aber nicht um die Entscheidung eines Außenstehenden, der daher den kritischen Wert zwischen den beiden Erwartungswerten wählt, sondern um die Entscheidung aufgrund eines Standpunkts.

347

4. Fortsetzung
Der Bauunternehmer (Kunde) nimmt einen skeptischen Standpunkt ein, d. h. vermutet also, dass es sich um Dachziegel 2. Wahl handelt , d. h. $p = 0{,}15$ der Stichprobe zugrunde liegt. Von diesem Standpunkt lässt er sich nur abbringen, wenn die Anzahl von Dachziegeln mit Mängeln deutlich unterhalb des Erwartungswerts μ_2 liegt.
An der Tabelle der Wahrscheinlichkeitsverteilung lesen wir ab:

k	$P(X \leq k)$ für $p = 0{,}08$	$P(X \leq k)$ für $p = 0{,}15$
0	0,036	0,002
1	0,159	0,012
2	0,369	0,049
3	0,601	0,130
4	0,787	0,263
5	0,903	0,433
6	0,962	0,607
7	0,987	0,756

Wenn der Bauunternehmer (Kunde) als Entscheidungsregel festlegt, die Hypothese $p = 0{,}15$ zu verwerfen, falls weniger als 3 mangelhafte Dachziegel gefunden werden, dann ist die Wahrscheinlichkeit für einen Fehler 1. Art gleich $P_{p=0,15}(X \leq 2) = 0{,}049$.
Dagegen wird ein Vertreter der Firma anders argumentieren: Es handelt sich um Dachziegel 1. Wahl, d. h. es gilt: $p = 0{,}08$. Von diesem Standpunkt lasse ich mich nur abbringen, wenn in der Stichprobe ungewöhnlich viele defekte Dachziegel gefunden werden. Er wird daher beispielsweise formulieren:
Verwirf die Hypothese $p = 0{,}08$, falls mehr als 6 defekte Dachziegel in der Stichprobe gefunden werden; hierfür gilt:
$P_{p=0,08}(X > 6) = 1 - 0{,}962 = 0{,}038$

5. $P_{0,9}\,(X \leq 84) = 0{,}040 < \alpha$
Entscheidungsregel: Verwirf die Hypothese $p = 0{,}9$, falls weniger als 85 Pflanzen keimen.
Wahrscheinlichkeit für Fehler 2. Art:
$\beta = P_{0,75}\,(X > 84) = 1 - P_{0,75}\,(X \leq 84) = 0{,}011$
$P_{0,75}\,(X \geq 83) = 0{,}038 < \alpha$
Entscheidungsregel: Verwirf die Hypothese $p = 0{,}75$, falls mehr als 82 Pflanzen keimen.
Wahrscheinlichkeit für Fehler 2. Art:
$\beta = P_{0,9}\,(X \leq 82) = 0{,}010$

6.3 Schätzen von Parametern für binomialverteilte Zufallsgrößen

6.3.1 Schluss von der Stichprobe auf die Gesamtheit – Konfidenzintervalle

350

2. Im 95%-Konfidenzintervall liegen alle diejenigen Erfolgswahrscheinlichkeiten p, für die gilt:
Das gegebene Stichprobenergebnis X liegt in der 95%-Umgebung des Erwartungswerts $\mu = n \cdot p$; die Hypothese bzgl. p würde also nicht verworfen.
Liegt ein p nicht im 95%-Konfidenzintervall, dann liegt auch das Stichprobenergebnis X nicht in der 95%-Umgebung von μ; die Hypothese bzgl. p würde also verworfen.

351

3. a) Berechne zu verschiedenen Werten für p das 95%-Intervall:

p	Intervall	p	Intervall
0,35	[26; 44]	0,56	[46; 66]
0,36	[27; 45]	0,57	[47; 67]
0,37	[28; 46]	0,58	[48; 68]
0,38	[29; 47]	0,59	[49; 49]

b) Damit kleinster Wert: 38 %, größter Wert 57 %.

4. für ein Verbot: [0,641; 0,698]
gegen ein Verbot: [0,177; 0,225]
„weiß nicht, was Scientology ist“: [0,065; 0,098]
„weiß nicht“/keine Angabe: [0,039; 0,065]

5. 2008
- war für mich persönlich gut: [0,660; 0,717]; weiß nicht: [0,030; 0,054]; schlecht: [0,244; 0,298]
- war für Deutschland gut: [0,410; 0,470]; weiß nicht: [0,038; 0,065]; schlecht: [0,480; 0,540]
- war für die Welt gut: [0,263; 0,318]; weiß nicht: [0,039; 0,065]; schlecht: [0,631; 0,688]

2009
- war für mich persönlich gut: [0,754; 0,804]; weiß nicht: [0,047; 0,076]; schlecht: [0,139; 0,184]
- war für Deutschland gut: [0,302; 0,359]; weiß nicht: [0,039; 0,065]; schlecht: [0,590; 0,649]
- war für die Welt gut: [0,322; 0,380]; weiß nicht: [0,056; 0,087]; schlecht: [0,550; 0,610]

6. -

352

7. a) 95 %-Konfidenzintervall für die unbekannte Wahrscheinlichkeit p: [0,526; 0,660]
Es lohnt sich also, zu wetten.

b) 95 %-Konfidenzintervall für die unbekannte Wahrscheinlichkeit p: [0,482; 0,672]
Es lohnt sich also nicht, zu wetten.

8. (1) [0,859; 0,875] (2) [0,260; 0,280] (3) [0,630; 0,652]

9. a) Wie man am Graphen der Funktion f erkennt, verläuft diese im Intervall [0,3; 0,7] besonders flach, d. h. der Fehler ist nicht allzu groß, wenn p durch $\frac{X}{n}$ ersetzt wird.

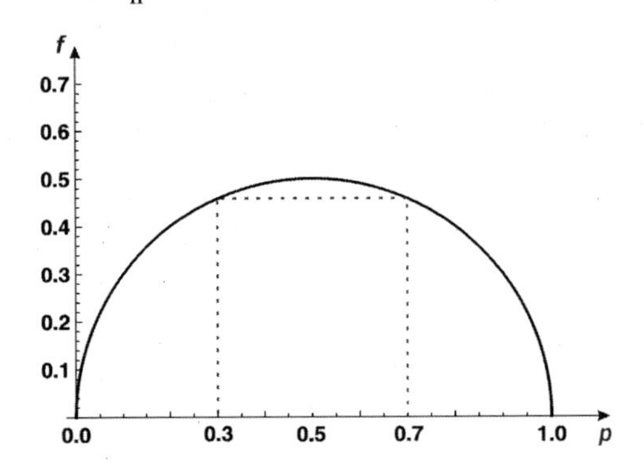

b) Betrachtet man die Funktion f mit $f(p) = \frac{\sigma}{n}$, dann wird der Graph im Vergleich zu Teilaufgabe a) noch mit dem Faktor $\frac{1}{\sqrt{n}}$ gestaucht, beispielsweise im Falle n = 100 (vgl. Abbildung) mit dem Faktor $\frac{1}{10}$, d. h. der Graph verläuft im angegebenen Intervall noch flacher, d. h. der Fehler wird mit zunehmendem n immer kleiner.

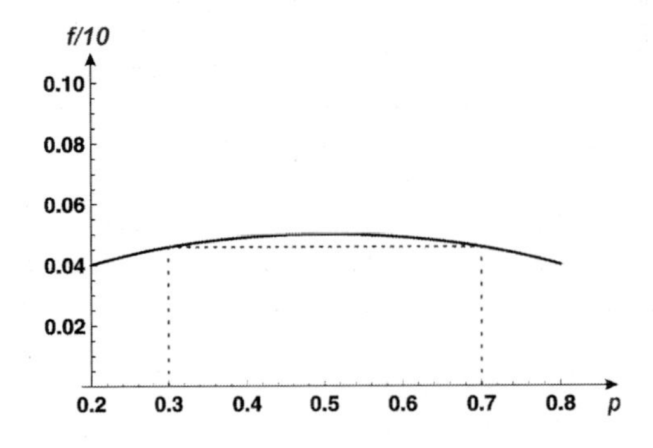

c) (1) exakt: [0,176377; 0,225919] Näherung: [0,175208; 0,224792]
(2) exakt: [0,026041; 0,060974] Näherung: [0,0228234; 0,0571766]
(3) exakt: [0,0679422; 0,11831] Näherung: [0,0649151; 0,115085]

352

10. (1) [0,136; 0,205]
Die Anzahl der Rentiere liegt zwischen ca. 972 und 1481.
(2) [0,151; 0,289]
Die Anzahl der Fische liegt zwischen ca. 414 und 795.

6.3.2 Wahl eines genügend großen Stichprobenumfangs

353

2. Für den Mindeststichprobenumfang n in Aufgabe 1 gilt

$$n \geq \left(\frac{1{,}96}{0{,}01}\right)^2 \cdot p \cdot (1-p)$$

p	n
5 %	1825
10 %	3458
30 %	8068
90 %	3458

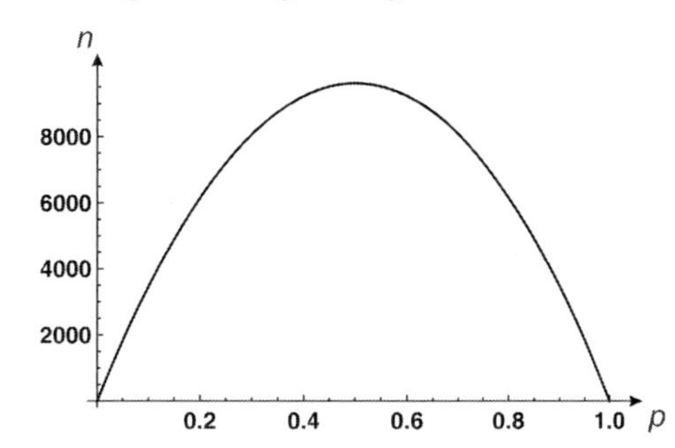

Die Parabel besitzt ein Maximum bei p = 0,5 und nimmt dort den Wert 9604 an.

354

3. Die Mehrheit entspricht z. B. 50,1 %. Der angegebene Wert 53,4 % darf also um höchstens 3,3 Prozentpunkte abweichen.
Wie in der Lösung zu Aufgabe 1 im Schülerband ergibt sich die Ungleichung

$$n \geq \left(\frac{1{,}96}{0{,}033}\right)^2 \cdot 0{,}534 \cdot (1-0{,}534) \approx 878$$

355

4.

Sicherheit	Genauigkeit (Prozentpunkte)	p	Stichprobenumfang n
90 %	3	unbekannt	748
90 %	3	0,2	479
99 %	3	unbekannt	1 849
99 %	3	0,2	1 184
90 %	2	unbekannt	1 681
90 %	2	0,2	1 076
99 %	2	unbekannt	4 161
99 %	2	0,2	2 663

5. (1) $n \geq \frac{2{,}58^2 \cdot 0{,}5 \cdot 0{,}5}{0{,}005^2} = 66\,564$ (2) $n \geq \frac{2{,}58^2 \cdot 0{,}06 \cdot 0{,}94}{0{,}002^2} = 93\,855$

355

6. a) Durch $x^2 + y^2 = 1$ wird ein Kreis um den Koordinatenursprung mit Radius 1 beschrieben. Ein Viertel seiner Fläche enthält Punkte mit nicht negativen Koordinaten, daher gilt: $p = \frac{1}{4} \cdot 1^2 \cdot \pi = \frac{\pi}{4}$.

b) 95 %-Umgebung von $\frac{\pi}{4} = \left[\frac{\pi}{4} - 0,25;\ \frac{\pi}{4} + 0,25\right] = [0,760; 0,811]$

Daraus ergibt sich für π die Schätzung [3,040; 3,243]

c) $2,58\sqrt{\frac{\frac{\pi}{4}\left(1-\frac{\pi}{4}\right)}{n}} \leq 0,001 \quad \Leftrightarrow \quad n \geq 1,12 \cdot 10^6$

7. a) [0,203; 0,264]

b) $n \geq \left(\frac{1,64}{0,01}\right)^2 \cdot \frac{116}{500} \cdot \left(1 - \frac{116}{500}\right) = 4121,31$, also $n = 4122$

8. Nein. Bei einer Sicherheit von 90 % kann wegen

$\left|\frac{X}{n} - p\right| \leq 1,64\frac{\sigma}{n} \leq 1,64\sqrt{\frac{0,25}{3500}} = 0,0138605$

nur eine Breite von 0,014 erreicht werden.
Eine Genauigkeit von drei Stellen erfordert eine Intervallbreite von 0,001.
Bei einem Konfidenzniveau von 90 % gilt

$\left(\frac{1,64}{0,001}\right)^2 \cdot 0,25 \leq n$

also $n \geq 672\,400$.

356

9. a) Nein. Bei einem Konfidenzniveau von 90 % kann wegen

$\left|\frac{X}{n} - p\right| \leq 1,64\frac{\sigma}{1049} \leq 1,64\sqrt{\frac{0,25}{1049}} = 0,0253178$

nur eine Breite von 0,025 erreicht werden. Damit ist nicht mal eine Angabe auf einen Prozentpunkt angemessen.

b)

p	Stichprobenumfang n
70,3 %	5 616
57,5 %	6 573
54,6 %	6 668
47,1 %	6 702
45,9 %	6 679
42,6 %	6 577
40,4 %	6 477
11,3 %	2 696
5,7 %	1 446

10. a) [0,042; 0,059]

b) Nein, das 95%-Intervall für den Anteil der Grünen ist [0,185; 0,216]. Der Anteil liegt damit über dem der FDP.

356

10. c) Bei unbekanntem p muss vom schlechtesten Fall p = 0,5 ausgegangen werden. Damit folgt $n \geq \left(\frac{1{,}96}{0{,}01}\right)^2 \cdot 0{,}55 \cdot (1 - 0{,}5) = 9604$.

d) Es fehlt die Angabe der Sicherheitswahrscheinlichkeit – vergleiche die Aussage in Teilaufgabe c): Dort bestimmen wir mit 95 %-iger Sicherheit auf 1 Prozentpunkt genau.
Wir kennen also nicht die Sicherheitswahrscheinlichkeit und den zugehörigen Faktor vor Sigma. Bezeichnen wir ihn mit K, so gilt:
$K \cdot \sigma < 0{,}025$, im ungünstigsten Fall p = 0,5 also

$$K \cdot \frac{\sqrt{2507 \cdot 0{,}5 \cdot 0{,}5}}{2507} < 0{,}025$$

$K = 2{,}503\ldots$
Beim Vorfaktor 2,58 erhält man 99 %-ige Sicherheit, also stimmt die Aussage zur Fehlertoleranz in fast 99 % aller Fälle.

6.4 Normalverteilung

6.4.1 Approximation von Binomialverteilungen durch Normalverteilungen

364

3. Ersetze die Binomialverteilung mit n = 200 und p = 0,5 durch die Normalverteilung mit $\mu = 200 \cdot 0{,}5 = 100$ und $\sigma = \sqrt{200 \cdot 0{,}5 \cdot (1 - 0{,}5)} = 7{,}071$
invNorm(0,90; 100; 7,071) = 109,062
Damit: $k = 1{,}28$; $\mu - k\sigma = 90{,}949$; $\mu + k\sigma = 109{,}051$.
Kontrollrechnung: $P(91 \leq X \leq 109) = 0{,}821$

4. Die Höhen der Rechtecke ergeben sich aus dem Logarithmus der Wahrscheinlichkeiten aus der linken Grafik.
Z. B. ist $\ln(P(X = 40)) = \ln(0{,}0108439) = -4{,}52416$

Es gilt $\ln\left(\frac{1}{5\sqrt{2\pi}} e^{-\frac{(x-50)^2}{2 \cdot 5^2}}\right) = \ln\left(\frac{1}{5\sqrt{2\pi}}\right) + \ln\left(e^{-\frac{(x-50)^2}{2 \cdot 5^2}}\right)$

$$= -2{,}52838 - \frac{(k-50)^2}{50} = -0{,}02x^2 + 2x - 52{,}5284 = y(x)$$

Wegen $\ln\big(P(X = k)\big) \approx \ln\big(\varphi_{50;5}(k)\big) = y(k)$ liegen die logarithmierten Wahrscheinlichkeiten in der rechten Grafik etwa auf der Parabel y.

364

4. a) $\ln(f(x)) = -0{,}02x^2 + 2x - 52{,}53 \Leftrightarrow f(x) = e^{-0{,}02x^2 + 2x - 52{,}53}$

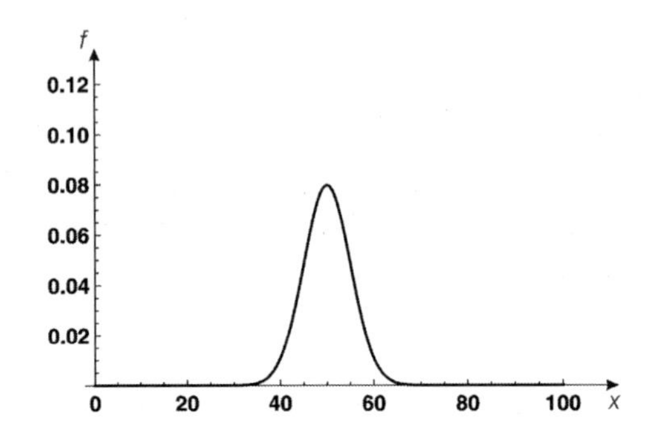

b) (1)

k	P(X = k)	ln(P(X = k))
18	0,0160348	–4,133
19	0,0270059	–3,6117
20	0,0418591	–3,17344
21	0,0597988	–2,81677
22	0,0788257	–2,54052
23	0,0959617	–2,34381
24	0,107957	–2,22602
25	0,112275	–2,1868
26	0,107957	–2,22602
27	0,0959617	–2,34381
28	0,0788257	–2,54052
29	0,0597988	–2,81677
30	0,0418591	–3,17344
31	0,0270059	–3,6117
32	0,0160348	–4,133

Quadratische Regression der logarithmierten Werte:

$y(x) = -0{,}03970x^2 + 1{,}98497x - 26{,}9963$

Näherungsfunktion für die Ausgangswerte:

$f(x) = e^{-0{,}03970x^2 + 1{,}98497x - 26{,}9963}$

364

4. b) (2)

k	P(X = k)	ln(P(X = k))
31	0,0150651	−4,19538
32	0,021656	−3,83247
33	0,0297497	−3,51494
34	0,0390829	−3,24207
35	0,0491328	−3,01323
36	0,0591414	−2,82782
37	0,068199	−2,68532
38	0,0753779	−2,58524
39	0,0798877	−2,52713
40	0,0812191	−2,5106
41	0,0792382	−2,5353
42	0,0742072	−2,60089
43	0,0667289	−2,70712
44	0,0576295	−2,85372
45	0,0478112	−3,0405
46	0,0381104	−3,26727
47	0,0291909	−3,5339
48	0,0214878	−3,84027
49	0,0152022	−4,18631

Quadratische Regression der logarithmierten Werte:

$y(x) = -0{,}020736x^2 + 1{,}65781x - 35{,}6442$

Näherungsfunktion für die Ausgangswerte:

$f(x) = e^{-0{,}020736x^2 + 1{,}65781x - 35{,}6442}$

5. a) $n = 75;\ p = \frac{1}{6};\ \mu = 12{,}5;\ \sigma \approx 3{,}227$

$$P(X = 10) \approx \frac{1}{3{,}227} \cdot \varphi\left(\frac{10 - 12{,}5}{3{,}227}\right) \approx \frac{1}{3{,}227} \cdot \varphi(-0{,}775)$$

$\approx 0{,}092$ [exakt: 0,09777]

b) $n = 144;\ p = \frac{1}{6};\ \mu = 24;\ \sigma = 4{,}472$

$P(X = 24) \approx \frac{1}{4{,}472} \cdot \varphi(0) \approx 0{,}089$ [exakt: 0,08889]

c) $n = 240;\ p = \frac{1}{6};\ \mu = 40;\ \sigma = 5{,}774$

$P(X = 60) \approx \frac{1}{5{,}774} \cdot \varphi(3{,}464) \approx 0{,}0001$ [exakt: $2{,}8 \cdot 10^{-4}$]

d) $n = 594;\ p = \frac{1}{6};\ \mu = 99;\ \sigma = 9{,}083$

$P(X = 100) \approx \frac{1}{9{,}083} \cdot \varphi\left(\frac{1}{9{,}083}\right) \approx \frac{1}{9{,}083} \cdot \varphi(0{,}110) \approx 0{,}044$ [exakt: 0,04345]

365

6. a) 0,0340 **b)** $3{,}1 \cdot 10^{-4}$ **c)** 0,0545 **d)** 0,0281

365

7. $P(X \le k) \approx \phi\left(\frac{k+0,5-\mu}{\sigma}\right)$

a) $n = 60;\ p = \frac{1}{6};\ \mu = 10;\ \sigma = 2,887$

$P(X \le 9) \approx \phi\left(\frac{-0,5}{2,887}\right) \approx \phi(-0,173) \approx 0,431$ [exakt: 0,4464]

b) $n = 72;\ p = \frac{1}{6};\ \mu = 12;\ \sigma = 3,162$

$P(X \le 15) \approx \phi\left(\frac{3,5}{3,162}\right) \approx \phi(1,107) \approx 0,866$ [exakt: 0,8647]

c) $n = 80;\ p = \frac{1}{6};\ \mu = 13,\overline{3};\ \sigma = 3,\overline{3}$

$P(X \le 25) \approx \phi\left(\frac{25,5-13,\overline{3}}{3,\overline{3}}\right) \approx \phi(3,65) \approx 1$ [exakt: 0,9996]

d) $n = 100;\ p = \frac{1}{6};\ \mu = 16,\overline{6};\ \sigma = 3,727$

$P(X \le 10) \approx \phi\left(\frac{-6,\overline{6}}{3,727}\right) \approx \phi(-1,789) \approx 0,037$ [exakt: 0,0427]

8. **a)** 0,6243
b) 0,3034
c) 0,5863
d) 0,0889

9. **a)** $n = 100;\ p = 0,5;\ \mu = 50;\ \sigma = 5$
(1) $P(X = 48) = 0,073$
(2) $P(X = 48) \approx \frac{1}{5} \cdot \varphi(-0,4) = 0,074$
(3) $P(X = 48) \approx \phi(-0,3) - \phi(-0,5) = 0,074$

b) $n = 100;\ p = 0,4;\ \mu = 40;\ \sigma = 4,90$
(1) $P(X = 50) = 0,010$
(2) $P(X = 50) \approx \frac{1}{4,9} \cdot \varphi(2,04) = 0,010$
(3) $P(X = 50) \approx \phi(2,134) - \phi(1,939) = 0,010$

c) $n = 100;\ p = 0,3;\ \mu = 30;\ \sigma = 4,58$
(1) $P(X = 28) = 0,081$
(2) $P(X = 28) \approx \frac{1}{4,58} \cdot \varphi(-0,436) = 0,079$
(3) $P(X = 28) \approx \phi(-0,327) - \phi(-0,546) = 0,079$

d) $n = 100;\ p = 0,25;\ \mu = 25;\ \sigma = 4,33$
(1) $P(X = 24) = 0,091$
(2) $P(X = 24) \approx \frac{1}{4,33} \cdot \varphi(-0,231) = 0,090$
(3) $P(X = 24) \approx \phi(-0,115) - \phi(-0,346) = 0,090$

e) $n = 100;\ p = 0,2;\ \mu = 20;\ \sigma = 4$
(1) $P(X = 22) = 0,085$
(2) $P(X = 22) \approx \frac{1}{4} \cdot \varphi(0,5) = 0,088$
(3) $P(X = 22) \approx \phi(0,625) - \phi(0,375) = 0,088$

365

9. **f)** $n = 100; p = 0{,}1; \mu = 10; \sigma = 3$
(1) $P(X = 10) = 0{,}132$
(2) $P(X = 10) \approx \frac{1}{3} \cdot \varphi(0) = 0{,}133$
(3) $P(X = 10) \approx \phi(0{,}167) - \phi(-0{,}167) = 0{,}133$

10. $n = 1\,200; p = 0{,}8$
a) $P(X > 900) = 1 - P(X \leq 900) = 0{,}999986$
b) $P(X \geq 900) = 1 - P(X \leq 899) = 0{,}999989$
c) $P(X \leq 950) = 0{,}245$
d) $P(970 \leq X \leq 1\,000) = 0{,}246$

11. σ-Regel für 75 %: $P(\mu - k\sigma \leq X \leq \mu + k\sigma) = 0{,}75$ % gilt für $k = 1{,}15$
Damit $\mu - k\sigma = 9346{,}93$; $\mu + k\sigma = 9553{,}07$, also nach Kontrollrechnung Intervall: [9347; 9553]

12. **a)** Näherung: $\phi_{50;\,6{,}455}(50) = 0{,}06180$;
exakter Wert: $P(X = 50) = 0{,}06170$
b) Näherung: $\phi_{50;\,6{,}455}(53 + 0{,}5) - \phi_{50;\,6{,}455}(40 - 0{,}5) = 0{,}65426$;
exakter Wert: $P(40 \leq X \leq 53) = 0{,}66173$
c) Näherung: $\phi_{50;\,6{,}455}(70 - 0{,}5) = 0{,}00126$;
exakter Wert: $P(X \geq 70) = 0{,}00185$
d) Näherung: $\phi_{50;\,6{,}455}(39 + 0{,}5) = 0{,}05191$;
exakter Wert: $P(X < 40) = 0{,}048571$

6.4.2 Wahrscheinlichkeiten bei normalverteilten Zufallsgrößen

368

1. **a)** 0,3218 **b)** 0,9773 **c)** 0,1587 **d)** 0

2. **a)** (1) 0,9044 (2) 0,0004 (3) 0,0004 (4) 0
b) (1) zwischen 39,51 mm und 40,49 mm
(2) mindestens 39,51 mm

3. **a)** (1) 0,7791 (2) 0,6813
b) $P_{10} = 1{,}5967$; $P_{25} = 1{,}6362$; $P_{75} = 1{,}7238$; $P_{90} = 1{,}7633$

369

4. Für eine Normalverteilung gilt wegen der Symmetrie stets $P_{50} = \mu$ und $P_{90} - P_{50} = P_{50} - P_{10}$. Beide Beziehungen sind nicht erfüllt.

5. Bis auf Rundungsungenauigkeiten passen beide Artikel zusammen:
Für die Normalverteilung aus Artikel 1 mit $\mu = 100$ und $\sigma = 15$ gilt:
$P(85 \leq X \leq 115) = 0{,}6827$; $P(X \geq 100) = 0{,}5$; $P(X \geq 130) = 0{,}0228$

369

6. a) X beschreibe die Länge der Bolzen. X ist normalverteilt mit $\mu = 5$ und $\sigma = 0{,}2$. Dann gilt $P(1.\ \text{Wahl}) = P(|X - 5| \leq 0{,}15) = P(4{,}85 \leq X \leq 5{,}15) = 0{,}5467$.

b) $P(2.\ \text{Wahl}) = P(0{,}15 < |X - 5| < 0{,}3)$
$= P(4{,}7 < X < 4{,}85) + P(5{,}15 < X < 5{,}3)$
$= 0{,}1598 + 0{,}15982 = 0{,}3196$

$P(\text{Ausschuss}) = 1 - P(1.\ \text{Wahl}) - P(2.\ \text{Wahl}) = 0{,}1336$

Prognose:

1. Wahl: $P(1.\ \text{Wahl}) \cdot 50\,000 \approx 27\,337$
2. Wahl: $P(2.\ \text{Wahl}) \cdot 50\,000 \approx 15\,982$

Ausschuss: $P(\text{Ausschuss}) \cdot 50\,000 \approx 6\,681$

7. a) 0,7887

b) Eine Vergrößerung von σ führt zu einer Verkleinerung der Wahrscheinlichkeit. Umgekehrt führt eine Verkleinerung von σ zu einer Vergrößerung der Wahrscheinlichkeit.

c) Eine Veränderung von μ führt zu einer Verkleinerung der Wahrscheinlichkeit.

6.4.3 Bestimmen der Kenngrößen bei normalverteilten Zufallsgrößen

372

2. a)

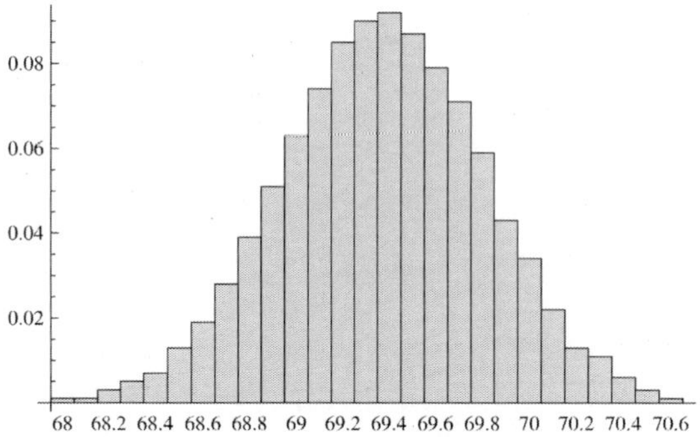

b) Mittelwert: 69,37 mm; Stichprobenstreuung: 0,4316 mm

c) Normalverteilung mit $\mu = 69{,}37$; $\sigma = 0{,}4316$

d) $P(68{,}85 \leq X \leq 70{,}05) = 0{,}8283$

Ein genauer Vergleich ist nicht möglich, da die Klassierung der Daten zu grob ist. Allerdings liefert die Summe der Klassen 68,8 bis 70,1 den Wert 0,889. Summiert man die Klassen 68,9 bis 70,0 erhält man den Wert 0,828.

373

3. a) Mittelwert: 23,71 g; Stichprobenstreuung: 4,0861 g

Normalverteilung mit $\mu = 23{,}71$; $\sigma = 4{,}0861$

b) (1) 0,1819 (2) 0,0619 (3) 0,7562

373

4. **a)** (1) $\mu \approx 66{,}5$ cm; $1{,}88\,\sigma \approx 70{,}5$ cm $-$ $62{,}0$ cm $= 8{,}5$ cm, also $\sigma \approx 4{,}52$ cm
(2) $\mu \approx 75{,}0$ cm; $1{,}88\,\sigma \approx 79{,}5$ cm $-$ $70{,}5$ cm $= 9$ cm, also $\sigma \approx 4{,}79$ cm
b) (1) $\mu \approx 60{,}0$ cm; $1{,}88\,\sigma \approx 64{,}0$ cm $-$ $57{,}5$ cm $= 6{,}5$ cm, also $\sigma \approx 3{,}46$ cm
(2) Bei Körpergewicht 8 kg:
$\mu = 67{,}5$ cm; $1{,}88\,\sigma \approx 72{,}5$ cm $-$ $63{,}5$ cm $= 9$ cm, also $\sigma \approx 4{,}79$ cm

5. Das Gewicht X der Eier ist normalverteilt mit $\mu = 68$ g und $\sigma = 2{,}3$ g.
$P(X \le 65) = \text{normalcdf}(-100; 65; 68; 2{,}3) \approx 0{,}0961$.
Die Lieferbedingung wird eingehalten.

6. Körpergröße Jungen: Mittelwert: 53,49 cm;
Stichprobenstreuung: 2,3516 cm
Normalverteilung mit $\mu = 53{,}49$; $\sigma = 2{,}3516$
Körpergröße Mädchen: Mittelwert: 52,66 cm;
Stichprobenstreuung: 2,2101 cm
Normalverteilung mit $\mu = 52{,}66$; $\sigma = 2{,}2101$

374

7. **a)** Height-for-age GIRLS stellt die Körpergröße in Abhängigkeit des Alters von Mädchen dar. Die 5 Linien markieren die prozentualen Anteile aller Mädchen, die eine gewisse Körpergröße nicht überschreiten.
Head circumference-for-age BOYS stellt den Kopfumfang in Anhängigkeit des Alters von Jungen dar. Die Linien markieren die verschiedenen Abweichungen vom Erwartungswert, gemessen in σ-Radien.
Weight-for-age GIRLS stellt das Gewicht in Abhängigkeit des Alters von Mädchen dar. Die 5 Linien markieren die prozentualen Anteile aller Mädchen, die ein gewisses Gewicht nicht überschreiten.
b) $\mu \approx 139$ cm; Radius der 94%-Umgebung von μ: ≈ 12 cm.
Der Rechner gibt an: invnorm(0.97) = 1,88,
d. h. $P(\mu - 1{,}88\sigma \le X \le \mu + 1{,}88\sigma) \approx 94\,\%$,
also $\sigma \approx \frac{12\text{ cm}}{1{,}88} \approx 6{,}4$ cm
c) $\mu \approx 151$ cm; Radius der 94%-Umgebung von μ: ≈ 13 cm.
also $\sigma \approx \frac{13\text{ cm}}{1{,}88} \approx 6{,}9$ cm oder 1 cm $\approx 0{,}144\sigma$.
$P(X < 150\text{ cm}) \approx P(X < \mu - 0{,}144\sigma) \approx 44\,\%$,
$[P(X < 149{,}5\text{ cm}) \approx P(X < \mu - 0{,}216\sigma) \approx 41\,\%]$
d) $\mu \approx 49{,}5$ cm; $3\sigma \approx 3{,}5$ cm, d. h. 1 cm $\approx 0{,}86\sigma$.
$P(X > 50\text{ cm}) \approx P(X > \mu + 0{,}43\sigma) \approx 67\,\%$,
$[P(X \ge 50{,}5\text{ cm}) = 1 - P(X < 50{,}5\text{ cm}) \approx P(X < 0{,}86\sigma) \approx 80\,\%]$
e) Die Verteilungen sind nicht symmetrisch zu μ.

374

8. Benutze die Beziehung $\Phi(z) - \Phi(-z) = \Phi(z) - (1 - \Phi(z)) = 2\Phi(z) - 1$.
Damit gilt $\Phi(z) - \Phi(-z) = a \Leftrightarrow 2\Phi(z) - 1 = a \Leftrightarrow \Phi(z) = \frac{a+1}{2}$

Bsp.: $\Phi(z) - \Phi(-z) = 0{,}5$, dann suche in der Tabelle auf S. 441 Schülerband den nächsten Wert bei $\Phi(z) = \frac{1+0{,}5}{2} = 0{,}75$. Das ist 0,7486. Damit gilt $z = 0{,}67$.

$\Phi(z) - \Phi(-z)$	z	$\Phi(z) - \Phi(-z)$	z
0,5	0,67	0,85	1,44
0,6	0,84	0,9	1,64
0,7	1,04	0,92	1,75
0,75	1,15	0,96	2,05
0,8	1,28	0,98	2,33

9. Gesamtzahl der Teilnehmer: 356
Schätzwert für μ ist der Mittelwert der Datenliste.
Multipliziere dazu die Klassenmittelpunkte mit der relativen Klassenhäufigkeit. Als Höchstpunktzahl wird 800 angenommen.
Damit ergibt sich als Schätzwert $\mu \approx 501{,}906$. Als Schätzwert für σ wird die Stichprobenstandardabweichung berechnet: $\sigma \approx 103{,}759$.
Kann es sich um eine Normalverteilung handeln?
Betrachte das Histogramm der Verteilung und die Dichtefunktion der Normalverteilung mit $\mu = 501{,}906$ und $\sigma = 103{,}759$.

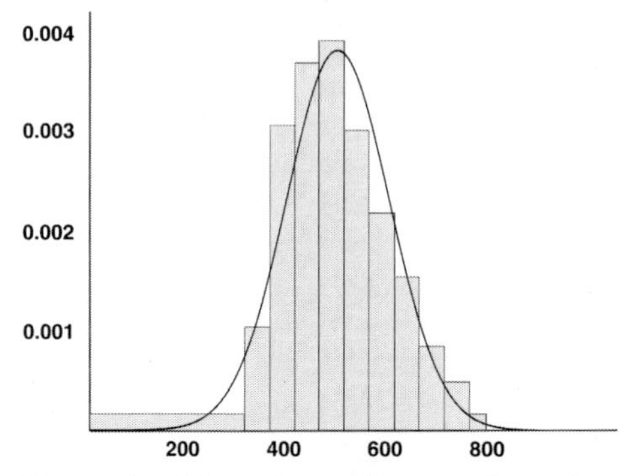

Wenn eine Normalverteilung vorliegt, dann müssen die gemessenen relativen Häufigkeiten der Klassen sich „in der Nähe" der theoretischen Wahrscheinlichkeiten bewegen.
Also: Vergleich von beobachteten mit erwarteten Häufigkeiten.
Angenommen wird eine Normalverteilung mit $\mu = 501{,}906$ und $\sigma = 103{,}759$.

374

9. Fortsetzung

Klasse	Wahrscheinlichkeit	relative Klassenhäufigkeit	relative Abweichung
0 - 313	0,034331	0,005618	0,836358
314 - 364	0,056836	0,053371	0,060965
365 - 414	0,104931	0,154494	0,472346
415 - 464	0,156300	0,182584	0,168169
465 - 515	0,189176	0,196629	0,039398
516 - 565	0,174410	0,148876	0,146402
566 - 616	0,132628	0,109551	0,174002
617 - 666	0,076779	0,075843	0,012200
667 - 716	0,036251	0,042135	0,162295
717 - 767	0,013774	0,025281	0,835377
768 - 800	0,003132	0,005618	0,793603

Die Frage, ob es sich um eine Normalverteilung handelt, kann mit den Methoden des Buches nicht beantwortet werden. Zwar erscheinen die relativen Abweichungen sehr klein. Es ist aber unklar, wie klein sie sein müssen, damit auf eine Normalverteilung geschlossen werden kann. (Bem.: Dieses Problem wird in der statistischen Testtheorie behandelt. Ein einfacher χ^2-Anpassungstest ergibt, dass mit 95 % Wahrscheinlichkeit keine Normalverteilung vorliegt.)

7 VORBEREITUNG AUF DAS ABITUR

7.1 Aufgaben zur Analytischen Geometrie

377

1 Holzkeil

1.1 a) A(0 | 6 | 0); B(0 | 0 | 9); C(12 | 6 | 0); D(12 | 0 | 9); E(12 | 0 | 0)

b) Flächeninhalt: $A = \frac{1}{2} \cdot 6\text{ cm} \cdot 9\text{ cm} = 27\text{ cm}^2$

Volumen: $V = A \cdot h = 27\text{ cm}^2 \cdot 12\text{ cm} = 324\text{ cm}^3$

1.2 a) $\cos\varphi = \frac{\overrightarrow{AB} * \overrightarrow{AO}}{|\overrightarrow{AB}| \cdot |\overrightarrow{AO}|} = \frac{\begin{pmatrix} 0 \\ -6 \\ 9 \end{pmatrix} * \begin{pmatrix} 0 \\ -6 \\ 0 \end{pmatrix}}{\left|\begin{pmatrix} 0 \\ -6 \\ 9 \end{pmatrix}\right| \cdot \left|\begin{pmatrix} 0 \\ -6 \\ 0 \end{pmatrix}\right|} = \frac{36}{\sqrt{117} \cdot 6} \Rightarrow \varphi \approx 56,3°$

b) Abstand Gerade CD und Punkt E:

$$g = \begin{pmatrix} 12 \\ 6 \\ 0 \end{pmatrix} + t\begin{pmatrix} 0 \\ -6 \\ 9 \end{pmatrix} \qquad E = \begin{pmatrix} 12 \\ 0 \\ 0 \end{pmatrix}$$

$$d = \left| \frac{1}{\left|\begin{pmatrix} 0 \\ -6 \\ 9 \end{pmatrix}\right|} \begin{pmatrix} 0 \\ -6 \\ 9 \end{pmatrix} \times \left(\begin{pmatrix} 12 \\ 6 \\ 0 \end{pmatrix} - \begin{pmatrix} 12 \\ 0 \\ 0 \end{pmatrix} \right) \right| = \left| \frac{1}{\sqrt{117}} \begin{pmatrix} 0 \\ -6 \\ 9 \end{pmatrix} \times \begin{pmatrix} 0 \\ 6 \\ 0 \end{pmatrix} \right| \approx 4{,}99\text{ cm}$$

1.3 a) Schwerpunkt berechnen:

$$\vec{S} = \frac{1}{3}\left(\overrightarrow{OE} + \overrightarrow{OC} + \overrightarrow{OD}\right) = \begin{pmatrix} 12 \\ 2 \\ 3 \end{pmatrix}$$

Der kleinste Abstand vom Schwerpunkt S zum Rand ist der Abstand S zur Kante CD.

Berechne den Abstand von S zu $g = \begin{pmatrix} 12 \\ 6 \\ 0 \end{pmatrix} + t\begin{pmatrix} 0 \\ -6 \\ 9 \end{pmatrix}$ wie in 1.1 b):

$$d = \left| \frac{1}{\left|\begin{pmatrix} 0 \\ -6 \\ 9 \end{pmatrix}\right|} \begin{pmatrix} 0 \\ -6 \\ 9 \end{pmatrix} \times \left(\begin{pmatrix} 12 \\ 6 \\ 0 \end{pmatrix} - \begin{pmatrix} 12 \\ 2 \\ 3 \end{pmatrix} \right) \right| \approx 1{,}66$$

Damit ein Rand von 1 cm bestehen bleibt, darf der Durchmesser des Bohrers maximal 1,32 cm betragen.

377

1.3 b) Volumen des Prismas:

$$V = A_{ECD} \cdot |\overrightarrow{CA}| = \left(\frac{1}{2}|\overrightarrow{EC}| \cdot |\overrightarrow{ED}|\right) \cdot |\overrightarrow{CA}| = 324 \text{ cm}^3$$

Volumen des Bohrzylinders:

$$V = \pi r^2 \cdot h = \pi \; (0{,}66 \text{ cm})^2 \cdot 12 \text{ cm} \approx 16{,}42 \text{ cm}^3$$

$$\text{Abfall} = 16{,}42 \text{ cm}^3 \approx 5{,}1\ \%$$

2 Werkstück

2.1 a) G(5 | 9 |8)

b) $$\cos\varphi = \frac{\overrightarrow{EH} * \overrightarrow{EA}}{|\overrightarrow{EH}| \cdot |\overrightarrow{EA}|} = \frac{\begin{pmatrix}-6\\6\\3\end{pmatrix} * \begin{pmatrix}0\\0\\-10\end{pmatrix}}{\left|\begin{pmatrix}-6\\6\\3\end{pmatrix}\right| \cdot \left|\begin{pmatrix}0\\0\\-10\end{pmatrix}\right|} = -\frac{1}{3} \Rightarrow \varphi \approx 109{,}5°$$

2.2 a) F′(9 | 5 | 6), E′(6 | 0 | 6), G′(5 | 9 | 6), H′(0 | 6 | 6)

b) $\overrightarrow{BC} \parallel \overrightarrow{AD}$: $\begin{pmatrix}-4\\4\\0\end{pmatrix} \times \begin{pmatrix}-6\\6\\0\end{pmatrix} = 0$ $\qquad |\overrightarrow{AB}| = |\overrightarrow{DC}|$ $\quad \left|\begin{pmatrix}-3\\-5\\0\end{pmatrix}\right| = \left|\begin{pmatrix}5\\3\\0\end{pmatrix}\right| = \sqrt{34}$

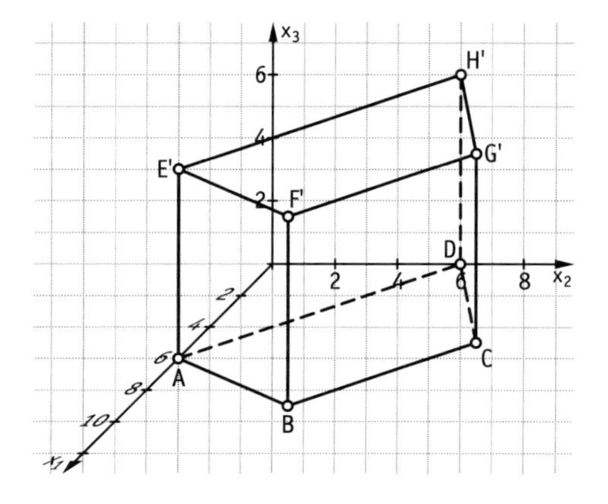

377

2.3 Abstand M und $F'G'$:

$$d_1 = \left| \begin{pmatrix} 4 \\ -4 \\ 0 \end{pmatrix} \cdot \frac{1}{\sqrt{32}} \times \left(\begin{pmatrix} 5 \\ 5 \\ 6 \end{pmatrix} - \begin{pmatrix} 9 \\ 5 \\ 6 \end{pmatrix} \right) \right| \approx 2{,}828$$

Abstand M und $F'E'$:

$$d_2 = \left| \begin{pmatrix} 3 \\ 5 \\ 0 \end{pmatrix} \cdot \frac{1}{\sqrt{34}} \times \left(\begin{pmatrix} 5 \\ 5 \\ 6 \end{pmatrix} - \begin{pmatrix} 9 \\ 5 \\ 6 \end{pmatrix} \right) \right| \approx 3{,}43$$

Abstand M und $G'H'$:

$$d_3 = \left| \begin{pmatrix} -5 \\ -3 \\ 0 \end{pmatrix} \cdot \frac{1}{\sqrt{34}} \times \left(\begin{pmatrix} 5 \\ 5 \\ 6 \end{pmatrix} - \begin{pmatrix} 5 \\ 9 \\ 6 \end{pmatrix} \right) \right| \approx 3{,}43$$

Abstand M und $E'H'$:

$$d_4 = \left| \begin{pmatrix} -6 \\ 6 \\ 0 \end{pmatrix} \cdot \frac{1}{\sqrt{72}} \times \left(\begin{pmatrix} 5 \\ 5 \\ 6 \end{pmatrix} - \begin{pmatrix} 6 \\ 0 \\ 6 \end{pmatrix} \right) \right| \approx 2{,}828$$

Die Wandstärke zwischen Bohrloch und den Seitenflächen beträgt also
für $F'G' \approx 1{,}828$ cm,
für $E'H' \approx 1{,}828$ cm,
für $F'E' \approx 2{,}43$ cm,
für $G'H' \approx 2{,}43$ cm.

3 Schiefes Prisma

3.1 $\overrightarrow{OE} = \overrightarrow{OA} + \overrightarrow{BF} = \begin{pmatrix} 2 \\ 1 \\ -1 \end{pmatrix} + \begin{pmatrix} -2 \\ 2 \\ 6 \end{pmatrix} = \begin{pmatrix} 0 \\ 3 \\ 5 \end{pmatrix}$, also E (0 | 3 | 5)

$\overrightarrow{OG} = \overrightarrow{OC} + \overrightarrow{BF} = \begin{pmatrix} 5 \\ 6 \\ 0 \end{pmatrix} + \begin{pmatrix} -2 \\ 2 \\ 6 \end{pmatrix} = \begin{pmatrix} 3 \\ 8 \\ 6 \end{pmatrix}$, also G (3 | 8 | 6)

378

3.2 $\overrightarrow{AD} = \begin{pmatrix} -1 \\ 2 \\ 2 \end{pmatrix}$; $\overrightarrow{BC} = \begin{pmatrix} -1 \\ 2 \\ 2 \end{pmatrix}$; $\overrightarrow{AB} = \begin{pmatrix} 4 \\ 3 \\ -1 \end{pmatrix}$; $\overrightarrow{DC} = \begin{pmatrix} 4 \\ 3 \\ -1 \end{pmatrix}$

Damit sind die gegenüberliegenden Seiten parallel und gleich lang, das Viereck ABCD ist ein Parallelogramm.

$\overrightarrow{AB} \cdot \overrightarrow{AD} = -4 + 6 - 2 = 0$, d. h. der Winkel bei A ist ein rechter Winkel.

Ein Parallelogramm mit einem rechten Winkel ist ein Rechteck.

Seitenfläche ABFE: $A_1 = |AB| \cdot h$

Seitenfläche BCGF: $A_2 = |BC| \cdot h$

$|AB| = \sqrt{16+9+1} = \sqrt{26}$; $|BC| = \sqrt{1+4+4} = 3$

Damit haben die beiden Seitenflächen ABFE bzw. DCGH den größten Flächeninhalt.

3.3 AG: $\vec{x} = \begin{pmatrix} 2 \\ 1 \\ -1 \end{pmatrix} + r \cdot \begin{pmatrix} 1 \\ 7 \\ 7 \end{pmatrix}$ BH: $\vec{x} = \begin{pmatrix} 6 \\ 4 \\ -2 \end{pmatrix} + s \cdot \begin{pmatrix} -7 \\ 1 \\ 9 \end{pmatrix}$

Untersuchung, ob sich AG und BH schneiden:

$$\begin{pmatrix} 2 \\ 1 \\ -1 \end{pmatrix} + r \cdot \begin{pmatrix} 1 \\ 7 \\ 7 \end{pmatrix} = \begin{pmatrix} 6 \\ 4 \\ -2 \end{pmatrix} + s \cdot \begin{pmatrix} -7 \\ 1 \\ 9 \end{pmatrix}$$

also:
$$\begin{aligned} r + 7s &= 4 \quad &(1)\\ 7r - s &= 3 \quad &(2)\\ 7r - 9s &= -1 \quad &(3) \end{aligned}$$

Lösungen: $r = \frac{1}{2}$; $s = \frac{1}{2}$

Also schneiden sich AG und BH im Punkt $S\left(\frac{5}{2} \mid \frac{9}{2} \mid \frac{5}{2}\right)$.

Weitere Raumdiagonalen:

EC: $\vec{x} = \begin{pmatrix} 0 \\ 3 \\ 5 \end{pmatrix} + k \cdot \begin{pmatrix} 5 \\ 3 \\ -5 \end{pmatrix}$; DF: $\vec{x} = \begin{pmatrix} 1 \\ 3 \\ 1 \end{pmatrix} + l \cdot \begin{pmatrix} 3 \\ 3 \\ 3 \end{pmatrix}$

Überprüfen, ob S auf EC bzw. DF liegt:

$\begin{pmatrix} \frac{5}{2} \\ \frac{9}{2} \\ \frac{5}{2} \end{pmatrix} = \begin{pmatrix} 0 \\ 3 \\ 5 \end{pmatrix} + k \cdot \begin{pmatrix} 5 \\ 3 \\ -5 \end{pmatrix}$, erfüllt für $k = \frac{1}{2}$; $\begin{pmatrix} \frac{5}{2} \\ \frac{9}{2} \\ \frac{5}{2} \end{pmatrix} = \begin{pmatrix} 1 \\ 3 \\ 1 \end{pmatrix} + l \cdot \begin{pmatrix} 3 \\ 3 \\ 3 \end{pmatrix}$, erfüllt für $l = \frac{1}{2}$

Alle Raumdiagonalen schneiden sich im Punkt $S\left(\frac{5}{2} \mid \frac{9}{2} \mid \frac{5}{2}\right)$.

378

3.4 Die gesuchte Ebene E ist parallel zur Grundflächenebene und geht durch die Seitenmitten der Seitenkanten $\overline{AE}$, $\overline{BF}$, $\overline{CG}$ bzw. $\overline{DH}$

(1) $\vec{n} \cdot \begin{pmatrix} 4 \\ 3 \\ -1 \end{pmatrix} = 0$, also $4n_1 + 3n_2 - n_3 = 0$

(2) $\vec{n} \cdot \begin{pmatrix} -1 \\ 2 \\ 2 \end{pmatrix} = 0$, also $-n_1 + 2n_2 + 2n_3 = 0$

Hieraus ergibt sich z. B. $\vec{n} = \begin{pmatrix} 8 \\ -7 \\ 11 \end{pmatrix}$.

Seitenmitte M_1 von $\overline{AE}$: $M_1(1 \mid 2 \mid 2)$

E: $\begin{pmatrix} 8 \\ -7 \\ 11 \end{pmatrix} \cdot \left(\vec{x} - \begin{pmatrix} 1 \\ 2 \\ 2 \end{pmatrix} \right) = 0$ bzw. $8x_1 - 7x_2 + 11x_3 - 16 = 0$

3.5 Grundfläche ABCD: $\vec{x} = \begin{pmatrix} 2 \\ 1 \\ -1 \end{pmatrix} + k \cdot \begin{pmatrix} 4 \\ 3 \\ -1 \end{pmatrix} + l \cdot \begin{pmatrix} -1 \\ 2 \\ 2 \end{pmatrix}$, $0 \le k,\ l \le 1$

Projektion von P in Richtung der Seitenkante in die Grundflächenebene

Projektionsgerade p: $\vec{x} = \begin{pmatrix} 3 \\ 4 \\ 1 \end{pmatrix} + r \cdot \begin{pmatrix} -2 \\ 2 \\ 6 \end{pmatrix}$

$\begin{pmatrix} 3 \\ 4 \\ 1 \end{pmatrix} + r \cdot \begin{pmatrix} -2 \\ 2 \\ 6 \end{pmatrix} = \begin{pmatrix} 2 \\ 1 \\ -1 \end{pmatrix} + k \cdot \begin{pmatrix} 4 \\ 3 \\ -1 \end{pmatrix} + l \cdot \begin{pmatrix} -1 \\ 2 \\ 2 \end{pmatrix}$

Lösungen: $r = \frac{1}{4}$; $k = \frac{1}{2}$; $l = \frac{1}{2}$

Damit liegt die Projektion $\overline{P}\left(\frac{7}{2} \mid \frac{7}{2} \mid -\frac{1}{2}\right)$ innerhalb der Grundfläche ABCD:

Grundflächenebene E_{ABCD}: $\begin{pmatrix} 8 \\ -7 \\ 11 \end{pmatrix} \left(\vec{x} - \begin{pmatrix} 2 \\ 1 \\ -1 \end{pmatrix} \right) = 0$

bzw. $8x_1 - 7x_2 + 11x_3 + 2 = 0$

Höhe des Prismas = Abstand von F zu E_{ABCD}

$h = \frac{1}{\sqrt{234}} \left| 8 \cdot 4 - 7 \cdot 6 + 11 \cdot 4 + 2 \right| = \frac{36}{\sqrt{234}}$

Abstand von P zu E_{ABCD}

$d = \frac{9}{\sqrt{234}} < h$, also liegt P innerhalb des Prismas.

378 **4 Turm mit Wetterfahne**

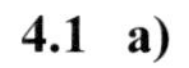

4.1 a)

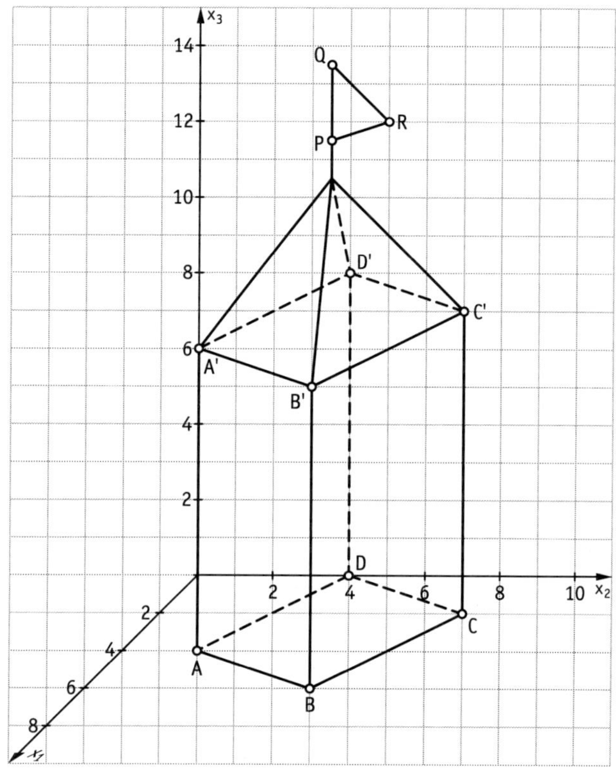

b) Winkel zwischen $\overrightarrow{AD}$ und $\overrightarrow{AD_1}$:

$$\cos\varphi = \frac{\begin{pmatrix}-4\\2\\0\end{pmatrix} * \begin{pmatrix}-4\\2\\2\end{pmatrix}}{\left|\begin{pmatrix}-4\\2\\0\end{pmatrix}\right| \cdot \left|\begin{pmatrix}-4\\2\\2\end{pmatrix}\right|} = \frac{20}{\sqrt{20}\cdot\sqrt{24}} \approx 0{,}91 \Rightarrow \varphi = 24{,}09°$$

378

4.2 Augen des Beobachters bei (6 | 10 | 1,8)

Gerade durch Q und Augen: g: $\vec{x} = \begin{pmatrix} 6 \\ 10 \\ 1{,}8 \end{pmatrix} + t\begin{pmatrix} -3 \\ -5 \\ 13{,}2 \end{pmatrix}$

Gerade durch B′ und C′: h: $\vec{x} = \begin{pmatrix} 6 \\ 6 \\ 8 \end{pmatrix} + s\begin{pmatrix} -4 \\ 2 \\ 0 \end{pmatrix}$

Abstandsvektor $\vec{d}$ der beiden Geraden g und h:

$$\vec{d} = \begin{pmatrix} 6 \\ 10 \\ 1{,}8 \end{pmatrix} + t\begin{pmatrix} -3 \\ -5 \\ 13{,}2 \end{pmatrix} - \begin{pmatrix} 6 \\ 6 \\ 8 \end{pmatrix} - s\begin{pmatrix} -4 \\ 2 \\ 0 \end{pmatrix}$$

$$\vec{d} * \begin{pmatrix} 3 \\ 5 \\ -13{,}2 \end{pmatrix} \overset{!}{=} 0, \quad \vec{d} * \begin{pmatrix} 4 \\ -2 \\ 0 \end{pmatrix} \overset{!}{=} 0$$

$\Rightarrow t \approx -0{,}489, \; s \approx -0{,}00869$

$$\Rightarrow \vec{d} = \begin{pmatrix} -1{,}43264 \\ 1{,}5369 \\ 0{,}2566 \end{pmatrix}$$

$\vec{d}$ zeigt vom Turm weg, also kann der Beobachter die Wetterfahne sehen.

4.3 Mittelpunkt der Strecke $\overline{PQ}$:

$$\overrightarrow{OM} = \overrightarrow{OP} + \tfrac{1}{2}\left(\overrightarrow{OQ} - \overrightarrow{OP}\right) = \overrightarrow{OP} + \tfrac{1}{2}\begin{pmatrix} 0 \\ 0 \\ 2 \end{pmatrix} = \overrightarrow{OP} + \begin{pmatrix} 0 \\ 0 \\ 1 \end{pmatrix} = \begin{pmatrix} 3 \\ 5 \\ 14 \end{pmatrix}$$

Abstand von R zur Strecke $\overline{PQ}$:

$$\left| \begin{pmatrix} 3 \\ 5 \\ 14 \end{pmatrix} - \overrightarrow{OR} \right| = \sqrt{5}$$

Gerade durch M in Windrichtung:

$$g\colon \vec{x} = \begin{pmatrix} 3 \\ 5 \\ 14 \end{pmatrix} + \begin{pmatrix} -1 \\ -2 \\ 0 \end{pmatrix} s$$

R′ liegt auf der Geraden g, der Abstand zu M beträgt $\sqrt{5}$:

$$\left| \begin{pmatrix} 3 \\ 5 \\ 14 \end{pmatrix} + \begin{pmatrix} -1 \\ -2 \\ 0 \end{pmatrix} s - \begin{pmatrix} 3 \\ 5 \\ 14 \end{pmatrix} \right| \overset{!}{=} \sqrt{5}$$

$\Rightarrow s = 1$

$$\Rightarrow \overrightarrow{OR'} = \begin{pmatrix} 3 \\ 5 \\ 14 \end{pmatrix} + \begin{pmatrix} -1 \\ -2 \\ 0 \end{pmatrix} = \begin{pmatrix} 2 \\ 3 \\ 14 \end{pmatrix}, \text{ also } R'(2 \mid 3 \mid 14).$$

378 **5 Oktaeder**

5.1 a) Bestimmen von $\overrightarrow{OM}$:

$$\overrightarrow{OM} = \overrightarrow{OF} + \frac{1}{2}\overrightarrow{FG} = \overrightarrow{OF} + \frac{1}{2}\left(\overrightarrow{OG} - \overrightarrow{OF}\right) = \frac{1}{2}\begin{pmatrix}-4\\8\\8\end{pmatrix} + \begin{pmatrix}8\\-2\\1\end{pmatrix} = \begin{pmatrix}6\\2\\5\end{pmatrix}$$

$$\overrightarrow{OC} = \overrightarrow{OA} + 2\overrightarrow{AM} = \begin{pmatrix}10\\0\\9\end{pmatrix} \Rightarrow C(10 \mid 0 \mid 9)$$

$$\overrightarrow{OD} = \overrightarrow{OB} + 2\overrightarrow{BM} = \begin{pmatrix}10\\6\\3\end{pmatrix} \Rightarrow D(10 \mid 6 \mid 3)$$

Volumen: $V = \frac{2}{3} \cdot 2 \cdot \frac{1}{2} \cdot \left|\overrightarrow{DB}\right| \cdot \left|\overrightarrow{MA}\right| \cdot \left|\overrightarrow{GM}\right| = \frac{2}{3} \cdot 72 \cdot 6 = 288$ [VE]

b)

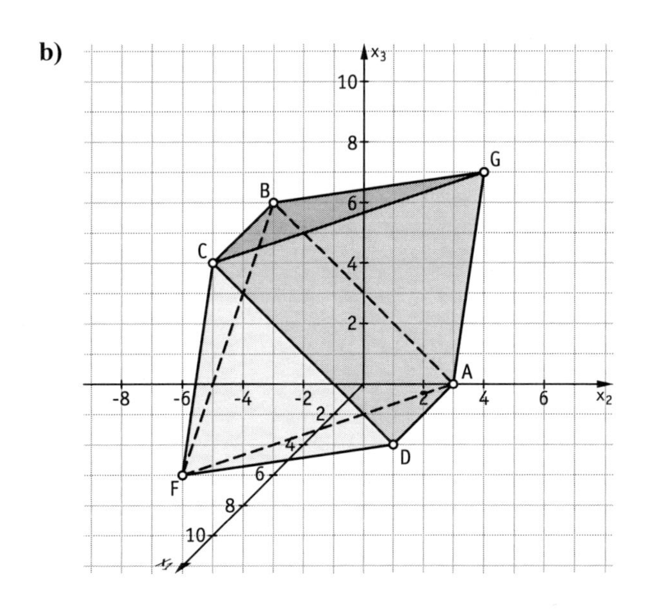

378

5.1 c) Winkel zwischen Normalenvektoren der Flächen:

möglicher Normalenvektor $\overrightarrow{n_1}$ von ABG:

$$\overrightarrow{n_1} = \overrightarrow{AG} \times \overrightarrow{AB} = \begin{pmatrix} 2 \\ 2 \\ 8 \end{pmatrix} \times \begin{pmatrix} 0 \\ -6 \\ 6 \end{pmatrix} = \begin{pmatrix} 60 \\ -12 \\ -12 \end{pmatrix}$$

möglicher Normalenvektor $\overrightarrow{n_2}$ von BCG:

$$\overrightarrow{n_2} = \overrightarrow{BC} \times \overrightarrow{BG} = \begin{pmatrix} 8 \\ 2 \\ 2 \end{pmatrix} \times \begin{pmatrix} 2 \\ 8 \\ 2 \end{pmatrix} = \begin{pmatrix} -12 \\ -12 \\ 60 \end{pmatrix}$$

Winkel zwischen $\overrightarrow{n_1}$ und $\overrightarrow{n_2}$:

$$\cos\varphi = \frac{\overrightarrow{n_1} * \overrightarrow{n_2}}{|\overrightarrow{n_1}| \cdot |\overrightarrow{n_2}|} = -\frac{1}{3} \Rightarrow \varphi = 109{,}47°$$

$\Rightarrow$ Winkel zwischen den Seitenflächen: $180° - 109{,}47° = 70{,}53°$

5.2 Nach Pythagoras gilt:

$$r^2 + \frac{|\overrightarrow{AB}|^2}{12} = \frac{|\overrightarrow{AB}|^2}{4}$$

$$\Rightarrow r = \frac{|\overrightarrow{AB}|}{\sqrt{6}} = \frac{\sqrt{72}}{\sqrt{6}} \approx 3{,}46$$

5.3 a) Normalenvektor zur Ebene durch ABCD:

$$\overrightarrow{AB} \times \overrightarrow{AD} = \begin{pmatrix} 0 \\ -6 \\ 6 \end{pmatrix} \times \begin{pmatrix} 8 \\ 2 \\ 2 \end{pmatrix} = \begin{pmatrix} -24 \\ 48 \\ 48 \end{pmatrix} \Rightarrow \vec{n} = \begin{pmatrix} 1 \\ -2 \\ -2 \end{pmatrix}$$

Normalenvektor der Ebenenschar: $\vec{n} = \begin{pmatrix} 1 \\ -2 \\ -2 \end{pmatrix}$

Also ist die Ebenenschar parallel zu ABCD.
Für die Ebene, die F berührt, ergibt sich $t = -10$.
Für die Ebene, die G berührt, ergibt sich $t = 26$.
Also schneidet die Ebenenschar für $-10 \le t \le 26$ das Oktaeder.

b) Flächeninhalt von ABCD: A = 72 [FE]

$\frac{A}{2} = 36$ [FE] $\Rightarrow$ Kantenlänge des gesuchten Quadrats = 6

Gerade durch AG:

$$g\colon \vec{x} = \begin{pmatrix} 2 \\ 4 \\ 1 \end{pmatrix} + s \begin{pmatrix} 2 \\ 2 \\ 8 \end{pmatrix}$$

378 **5.3 b)** Fortsetzung

Schnitt von der Geraden durch AG mit E_t :

$$2 + 2s - 2 \cdot (4 + 2s) - 2(1 + 8s) + t = 0 \Rightarrow s = \frac{8-t}{-18}$$

Der Schnittpunkt ist also $\overrightarrow{OS_1} = \begin{pmatrix} 2 \\ 4 \\ 1 \end{pmatrix} - \frac{8-t}{18}\begin{pmatrix} 2 \\ 2 \\ 8 \end{pmatrix}$.

Gerade durch BG:

$$h: \vec{x} = \begin{pmatrix} 2 \\ -2 \\ 7 \end{pmatrix} + v\begin{pmatrix} 2 \\ 8 \\ 2 \end{pmatrix}$$

Schnitt von der Geraden durch BG mit E_t :

$$2 + 2v - 2 \cdot (-2 + 8v) - 2(7 + 2v) + t = 0 \Rightarrow v = \frac{8-t}{-18}$$

Der Schnittpunkt ist also $\overrightarrow{OS_2} = \begin{pmatrix} 2 \\ -2 \\ 7 \end{pmatrix} - \frac{8-t}{18}\begin{pmatrix} 2 \\ 8 \\ 2 \end{pmatrix}$.

Abstand der Schnittpunkte:

$$\left|\begin{pmatrix} 2 \\ 4 \\ 1 \end{pmatrix} - \frac{8-t}{18}\begin{pmatrix} 2 \\ 2 \\ 8 \end{pmatrix} - \begin{pmatrix} 2 \\ -2 \\ 7 \end{pmatrix} + \frac{8-t}{18}\begin{pmatrix} 2 \\ 8 \\ 2 \end{pmatrix}\right| \overset{!}{=} 6$$

$\Rightarrow t = 26 - 9 \cdot \sqrt{2} \approx 13{,}27$ oder $t = 26 + 9\sqrt{2} \approx 38{,}73$

Der zweite Wert ist zu verwerfen, weil t nicht im Bereich aus a) liegt.
Aus Symmetriegründen gilt auch $t \approx 2{,}73$.
Also schneiden die Ebenen mit $t = 2{,}73$ und $t = 13{,}27$ ein Quadrat mit der Fläche $\frac{A}{2} = 36$ [FE] aus dem Oktaeder.

379 **6 Radarstation**

6.1 a) $v = \frac{s}{t}$

$$s = \left|\begin{pmatrix} -9 \\ -54 \\ 7 \end{pmatrix} - \begin{pmatrix} -4 \\ -99 \\ 7 \end{pmatrix}\right| = \sqrt{2050}, \quad t = 5 \text{ min}$$

$$v = \frac{\sqrt{2050}}{5} \frac{\text{km}}{\text{min}} = \frac{\sqrt{2050}}{5} \cdot 60 \frac{\text{km}}{\text{h}} \approx 543{,}32 \frac{\text{km}}{\text{h}}$$

379

6.1 **b)** Gerade durch F_1 und F_2: $g: \vec{x} = \begin{pmatrix} -9 \\ -54 \\ 7 \end{pmatrix} + \begin{pmatrix} 5 \\ -45 \\ 0 \end{pmatrix} s$

$s = 1$ entspricht 5 Minuten (d. h. nach 5 Minuten erreicht man F_2).

$\Rightarrow s = \frac{14}{5} = 2{,}8$ entspricht 14 Minuten Flugzeit.

Berechnung des erreichten Punktes nach 14 Minuten:

$$\begin{pmatrix} -9 \\ -54 \\ 7 \end{pmatrix} + \begin{pmatrix} 5 \\ -45 \\ 0 \end{pmatrix} \cdot 2{,}8 = \begin{pmatrix} 5 \\ -180 \\ 7 \end{pmatrix}$$

Abstand zur Radarstation:

$$\left| \begin{pmatrix} 61 \\ -110 \\ 1 \end{pmatrix} - \begin{pmatrix} 5 \\ -180 \\ 7 \end{pmatrix} \right| = \left| \begin{pmatrix} 56 \\ 70 \\ -6 \end{pmatrix} \right| = \sqrt{8072} \approx 89{,}84 \text{ km}$$

6.2 Die Flugbahn kann durch die Gerade g beschrieben werden.

$$g: \vec{x} = \begin{pmatrix} -9 \\ -54 \\ 7 \end{pmatrix} + s \cdot \begin{pmatrix} 5 \\ -45 \\ 0 \end{pmatrix}$$

Abstand des Punktes $P(61 \mid -110 \mid 1)$ von g bestimmen:

$$\overrightarrow{PF} = \begin{pmatrix} -70 \\ 56 \\ 6 \end{pmatrix} + s \cdot \begin{pmatrix} 5 \\ -45 \\ 0 \end{pmatrix}$$

$$0 = \overrightarrow{PF} * \begin{pmatrix} 5 \\ -45 \\ 0 \end{pmatrix}$$

$0 = (-70 + 5s) \cdot 5 + (56 - 45s) \cdot (-45)$

$0 = -2585 + 2050s$

$s \approx 1{,}26$

$$\left|\overrightarrow{PF}\right| \approx \left| \begin{pmatrix} -63{,}7 \\ -0{,}7 \\ 6 \end{pmatrix} \right| \approx 63{,}98$$

$s \cdot 5 \text{ min} = 6{,}3 \text{ min} = 6 \text{ min } 18 \text{ s}$

Um 18:43 Uhr und 18 s entfernt sich das Flugzeug von der Radarstation. Es hat zu diesem Zeitpunkt eine Entfernung von etwa 64 km von der Station.

379

6.3 Gerade durch G_1 und G_2: $g: \vec{x} = \begin{pmatrix} 14 \\ -276 \\ 6 \end{pmatrix} + t \cdot \begin{pmatrix} 0 \\ -70 \\ -2 \end{pmatrix}$

Bei t = 2,5 wird die Höhe von 1000 m erreicht.
t = 1 entspricht 10 Minuten.
t = 2,5 entspricht 25 Minuten.
Wenn das Flugzeug mit der Geschwindigkeit von 19.05 Uhr weiter fliegt, kann es den Flugplatz frühestens um 19.30 Uhr erreichen.

7 Position von Flugzeugen

7.1 Flugbahn von F_1 $\quad g: \vec{x} = \begin{pmatrix} 0 \\ 15 \\ 8 \end{pmatrix} + r \cdot \begin{pmatrix} 1 \\ -1 \\ 0 \end{pmatrix}$

Flugbahn von F_2 $\quad h_k: \vec{x} = \begin{pmatrix} 15 \\ -2,5 \\ \frac{k}{2} \end{pmatrix} + s \cdot \begin{pmatrix} 15 \\ -7,5 \\ \frac{k}{2} \end{pmatrix}$

$h_{12}: \vec{x} = \begin{pmatrix} 15 \\ -2,5 \\ 6 \end{pmatrix} + s \cdot \begin{pmatrix} 15 \\ -7,5 \\ 6 \end{pmatrix}$

Schnitt von g und h_{12}: $\begin{pmatrix} 0 \\ 15 \\ 8 \end{pmatrix} + r \cdot \begin{pmatrix} 2 \\ -2 \\ 0 \end{pmatrix} = \begin{pmatrix} 15 \\ -2,5 \\ 6 \end{pmatrix} + s \cdot \begin{pmatrix} 15 \\ -7,5 \\ 6 \end{pmatrix}$

Das ergibt das LGS
(1) $2r - 15s = 15$
(2) $-2r + 7,5s = -17,5$
(3) $-6s = -2$
mit den Lösungen $r = 10$; $s = \frac{1}{3}$.
Die beiden Flugzeuge könnten auf diesen Flugbahnen im Punkt P (20 | −5 | 8) kollidieren.

7.2 Das Flugzeug F_2 kann im Punkt S_k gesehen werden, wenn

$\left|\overrightarrow{OS_k}\right| \le 18$; $0 \le k \le 20$; d. h. $\sqrt{225 + 6,25 + \frac{k^2}{4}} \le 18$ bzw. $k^2 \le 371$

Also kann F_2 in allen möglichen Punkten S_k außer in S_{20} gesehen werden.

379

7.3 E_k ist diejenige Ebene, die die Flugbahn g von F_1 enthält und die parallel zur Flugbahn h_k und F_2 ist.

Für den Normalenvektor $\overrightarrow{n_k}$ von E_k gilt:

(1) $\overrightarrow{n_k} \cdot \begin{pmatrix} 1 \\ -1 \\ 0 \end{pmatrix} = 0$, also $n_1 - n_2 = 0$

(2) $\overrightarrow{n_k} \cdot \begin{pmatrix} 15 \\ -7{,}5 \\ \frac{k}{2} \end{pmatrix} = 0$, also $15n_1 - 7{,}5n_2 + \frac{k}{2}n_3 = 0$.

Hieraus folgt: $\overrightarrow{n_k} = \begin{pmatrix} k \\ k \\ -15 \end{pmatrix}$

$E_k: \begin{pmatrix} k \\ k \\ -15 \end{pmatrix}\left(\vec{x} - \begin{pmatrix} 0 \\ 15 \\ 8 \end{pmatrix}\right) = 0$, bzw. $kx_1 + kx_2 - 15x_3 - 15k + 120 = 0$

Abstand von h_k zu E_k:

$d_k = \frac{1}{\sqrt{2k^2+225}} \cdot \left|15k - 2{,}5k - \frac{15}{2}k - 15k + 120\right| = \frac{1}{\sqrt{2k^2+225}} \cdot \left|120 - 10k\right|$

„Beinahezusammenstoß“, falls $d_k < 1$, also $|120 - 10k| < 2k^2 + 225$

bzw. $98k^2 - 2400k + 14175 < 0$

Die quadratische Gleichung $98k^2 - 2400k + 14175 = 0$ hat die Lösungen $k_1 \approx 9{,}94$ und $k_2 \approx 14{,}55$, d. h. es kann für $10 \le k \le 14$ zu „Beinahezusammenstößen“ kommen.

7.4 F ist die Ebene, die zur Erdoberfläche senkrecht ist und die die Landesgrenze enthält.

F: $\vec{x} = \begin{pmatrix} 0 \\ -33 \\ 0 \end{pmatrix} + k \cdot \begin{pmatrix} 100 \\ -50 \\ 0 \end{pmatrix} + l \cdot \begin{pmatrix} 0 \\ 0 \\ 1 \end{pmatrix}$ bzw. $x_1 + 2x_3 + 66 = 0$

Flugbahn von F_1 g: $\vec{x} = \begin{pmatrix} 0 \\ 15 \\ 8 \end{pmatrix} + r \cdot \begin{pmatrix} 2 \\ -2 \\ 0 \end{pmatrix}$

G (2r | 15 – 2r | 8) ist ein Punkt der Flugbahn.
Abstand von G zur Ebene F:

$d = \frac{1}{\sqrt{5}} |2r + 2(15 - 2r) + 66| = \frac{1}{\sqrt{5}} |96 - 2r|$

Das Flugzeug muss sich spätestens für d = 10 anmelden, d. h.
$|96 - 2r| = 10\sqrt{5}$ mit den Lösungen $r_{1,2} = 48 \pm 5\sqrt{5}$

$r_1 = 48 - 5\sqrt{5} \approx 36{,}8$ $G_1\,(73{,}6 \mid -58{,}6 \mid 8)$

$r_2 = 48 + 5\sqrt{5} \approx 59{,}2$ $G_2\,(118 \mid -103{,}4 \mid 8)$

379

7.4 Fortsetzung

Da der Richtungsvektor $\begin{pmatrix} 2 \\ -2 \\ 0 \end{pmatrix}$ zur Ebene F zeigt, liegt G_1 vor, G_2 hinter der Landesgrenze auf der Flugbahn. Das Flugzeug muss sich also spätestens im Punkt $G_1\,(73{,}6 \mid -58{,}6 \mid 8)$ anmelden.

380

7.5 Position von F_1 zum Zeitpunkt t: $g_1\colon\ \vec{x} = \begin{pmatrix} 0 \\ 15 \\ 8 \end{pmatrix} + t\begin{pmatrix} 2 \\ -2 \\ 0 \end{pmatrix}$

Position von F_2 zum Zeitpunkt t: $g_2\colon\ \vec{x} = \begin{pmatrix} 15 \\ -2{,}5 \\ 6 \end{pmatrix} + t\begin{pmatrix} 15 \\ -7{,}5 \\ 6 \end{pmatrix}$

Abstand zum Zeitpunkt t:

$$A(t) = \left|\begin{pmatrix} 0 \\ 15 \\ 8 \end{pmatrix} + t\begin{pmatrix} 2 \\ -2 \\ 0 \end{pmatrix} - \begin{pmatrix} 15 \\ -2{,}5 \\ 6 \end{pmatrix} - t\begin{pmatrix} 15 \\ -7{,}5 \\ 6 \end{pmatrix}\right| = \left|\begin{pmatrix} -15 \\ 17{,}5 \\ 2 \end{pmatrix} + t\begin{pmatrix} -13 \\ 5{,}5 \\ -6 \end{pmatrix}\right|$$

$$= \sqrt{(-15-13t)^2 + (17{,}5+5{,}5t)^2 + (2-6t)^2}$$

$$= \sqrt{235{,}25t^2 + 558{,}5t + 535{,}25}$$

8 Berechnungen im Raum

8.1 Verfahren bei der Spiegelung des Punktes B an der Geraden g:

- Man bestimmt eine Hilfsebene H, die orthogonal zur Geraden g ist und die den Punkt B enthält.
- L ist der Schnittpunkt von g und H.
- Bildpunkt D von B

$\overrightarrow{OD} = \overrightarrow{OB} + 2\cdot\overrightarrow{BL}$

$g\colon\ \vec{x} = \begin{pmatrix} -4 \\ 4 \\ 2 \end{pmatrix} + k\cdot\begin{pmatrix} 3 \\ -1 \\ 0 \end{pmatrix}$

Hilfsebene H: $\begin{pmatrix} 3 \\ -1 \\ 0 \end{pmatrix}\left(\vec{x} - \begin{pmatrix} 1 \\ -1 \\ 0 \end{pmatrix}\right) = 0 \qquad 3x_1 - x_2 - 4 = 0$

Schnitt von g und H:
$3\,(-4+3k) - (4-k) - 4 = 0$, also $k = 2$ $L\,(2 \mid 2 \mid 2)$
Koordinaten des Bildpunktes D

$\overrightarrow{OD} = \begin{pmatrix} 1 \\ -1 \\ 0 \end{pmatrix} + 2\begin{pmatrix} 1 \\ 3 \\ 2 \end{pmatrix} = \begin{pmatrix} 3 \\ 5 \\ 4 \end{pmatrix}$, also $D\,(3 \mid 5 \mid 4)$

380 **8.1** Fortsetzung

Da D der Bildpunkt von B bei der Spiegelung an der Geraden durch die Punkte A und C ist, ist das Viereck ABCD auf jeden Fall ein Drachen.

Wir untersuchen die Vektoren $\overrightarrow{AB}$ und $\overrightarrow{BC}$.

$$\overrightarrow{AB} = \begin{pmatrix} 5 \\ -5 \\ -2 \end{pmatrix}; \quad \overrightarrow{BC} = \begin{pmatrix} 4 \\ 2 \\ 2 \end{pmatrix}$$

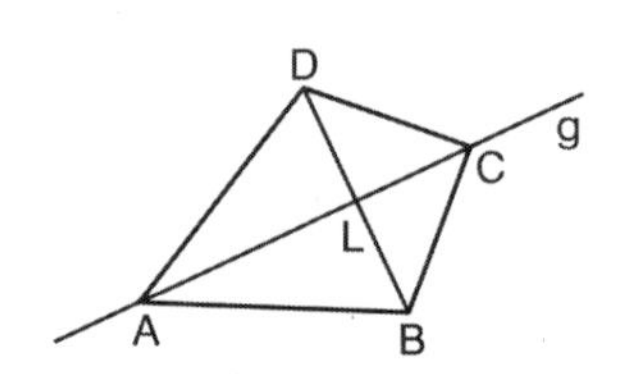

$\left|\overrightarrow{AB}\right| \neq \left|\overrightarrow{BC}\right|$ und $\overrightarrow{AB} \cdot \overrightarrow{BC} \neq 0$

Es liegt damit keine besondere Form eines Drachens vor.

Flächeninhalt des Drachens

$$A = A_{ADB} + A_{DCB} = \tfrac{1}{2}|BD| \cdot |AL| + \tfrac{1}{2}|DB| \cdot |LC|$$
$$= \tfrac{1}{2}|DB| \cdot (|AL| + |LC|) = \tfrac{1}{2}|BD| \cdot |AC|$$
$$= \tfrac{1}{2}\left|\begin{pmatrix} 2 \\ 6 \\ 4 \end{pmatrix}\right| \cdot \left|\begin{pmatrix} 9 \\ -3 \\ 0 \end{pmatrix}\right| = \tfrac{1}{2} \cdot \sqrt{56} \cdot \sqrt{90} = 6\sqrt{35} \approx 35{,}5$$

8.2 h: $\vec{x} = \begin{pmatrix} 5 \\ 1 \\ 2 \end{pmatrix} + s \cdot \begin{pmatrix} -2 \\ 3 \\ 6 \end{pmatrix}$

gemeinsame Punkte von h und E_a:

$$a\,(5 - 2\,s) - 14\,(1 + 3s) + 8\,(2 + 6s) = 6a - 1$$
$$2\,(3 - a)\,s = a - 3$$

unendlich viele Lösungen für a = 3, d. h. für a = 3 liegt h in E_a.

h ist orthogonal zu E_a, falls die Vektoren $\begin{pmatrix} -2 \\ 3 \\ 6 \end{pmatrix}$ und $\begin{pmatrix} a \\ -14 \\ 8 \end{pmatrix}$ linear abhängig sind, d. h. falls es einen Wert für r gibt, sodass $r \cdot \begin{pmatrix} -2 \\ 3 \\ 6 \end{pmatrix} = \begin{pmatrix} a \\ -14 \\ 8 \end{pmatrix}$.

Dies ist für keinen Wert von r der Fall, d. h. die Gerade h ist zu keiner Ebene E_a orthogonal.

380

8.3 Grundflächenebene E_{ABCD}: $\vec{x} = \begin{pmatrix} -4 \\ 4 \\ 2 \end{pmatrix} + k \cdot \begin{pmatrix} 5 \\ -5 \\ -2 \end{pmatrix} + l \cdot \begin{pmatrix} 4 \\ 2 \\ 2 \end{pmatrix}$

bzw. E_{ABCD}: $x_1 + 3x_2 - 5x_3 + 2 = 0$

Schnittwinkel zwischen h und E_{ABCD}:

$$\cos(\alpha) = \left| \frac{\begin{pmatrix} -2 \\ 3 \\ 6 \end{pmatrix} \cdot \begin{pmatrix} 1 \\ 3 \\ -5 \end{pmatrix}}{\left|\begin{pmatrix} -2 \\ 3 \\ 6 \end{pmatrix}\right| \cdot \left|\begin{pmatrix} 1 \\ 3 \\ -5 \end{pmatrix}\right|} \right| = \frac{23}{7 \cdot \sqrt{35}}, \text{ also } \alpha \approx 56{,}3°$$

Deckflächenebene E_{EFGH}: $\begin{pmatrix} 1 \\ 3 \\ -5 \end{pmatrix} \left(\vec{x} - \begin{pmatrix} 1 \\ 7 \\ 14 \end{pmatrix} \right) = 0$

bzw. E_{EFGH}: $x_1 + 3x_2 - 5x_3 + 48 = 0$

Höhe des Prismas = Abst$(G; E_{ABCD})$; $h = \frac{1}{\sqrt{35}} |1 + 21 - 70 + 2| = \frac{46}{\sqrt{35}} \approx 7{,}8$

Volumen des Prismas: $V = A \cdot h = 6\sqrt{35} \cdot \frac{46}{\sqrt{35}} = 276$

8.4 Diagonalenschnittpunkt der Grundfläche: L (2 | 2 | 2)
Fehlende Eckpunkte der Deckfläche:

$\overrightarrow{OE} = \overrightarrow{OA} + \overrightarrow{CG} = \begin{pmatrix} -4 \\ 4 \\ 2 \end{pmatrix} + \begin{pmatrix} -4 \\ 6 \\ 12 \end{pmatrix} = \begin{pmatrix} -8 \\ 10 \\ 14 \end{pmatrix}$, d. h. E(−8 | 10 | 14)

Entsprechend: $\overrightarrow{OF} = \overrightarrow{OB} + \overrightarrow{CG} = \begin{pmatrix} -3 \\ 5 \\ 12 \end{pmatrix}$, d. h. F (−3 | 5 | 12)

$\overrightarrow{OH} = \overrightarrow{OD} + \overrightarrow{CG} = \begin{pmatrix} -1 \\ 11 \\ 16 \end{pmatrix}$, d. h. H (−1 | 11 | 16)

Abstand des Diagonalenschnittpunktes L von den Eckpunkten der Deckfläche:

$|LE| = \left|\begin{pmatrix} -10 \\ 8 \\ 10 \end{pmatrix}\right| = \sqrt{264}$; $|LG| = \left|\begin{pmatrix} -1 \\ 5 \\ 12 \end{pmatrix}\right| = \sqrt{170}$;

$|LF| = |LH| = \left|\begin{pmatrix} -5 \\ 3 \\ 10 \end{pmatrix}\right| = \sqrt{134}$

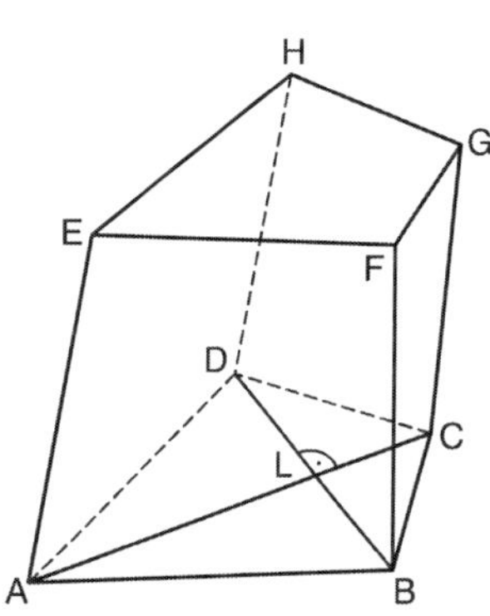

Also hat L von E den größten Abstand.
Die gesuchte Gerade ist die Gerade

LE: $\vec{x} = \begin{pmatrix} 2 \\ 2 \\ 2 \end{pmatrix} + k \cdot \begin{pmatrix} -5 \\ 4 \\ 5 \end{pmatrix}$

380

8.5 Die Punkte auf der Seitenkante $\overline{CG}$ werden beschrieben durch

$$\vec{x} = \begin{pmatrix} 5 \\ 1 \\ 2 \end{pmatrix} + s \cdot \begin{pmatrix} -2 \\ 3 \\ 6 \end{pmatrix}; \quad 0 \le s \le 2$$

Also: P (5 – 2s | 1 + 3s | 2 + 6s); $0 \le s \le 2$

Abstand von P zur Ebene E_{ABCD}

$$d = \frac{1}{\sqrt{35}} \left| 5 - 2s + 3(1+3s) - 5(2+6s) - 2 \right| = \frac{1}{\sqrt{35}} \left| -23s \right|$$

Gesucht ist P, sodass $d = \frac{23}{\sqrt{35}}$, also gilt s = 1.

Gesuchter Punkt: P (3 | 4 | 8)

9 Berechnungen am Sternenhimmel

9.1 E: $\overrightarrow{OX} = \overrightarrow{OA} + \lambda \cdot \overrightarrow{AB} + \mu \cdot \overrightarrow{AC}$

$$\overrightarrow{OX} = \lambda \cdot \begin{pmatrix} -53 \\ 8 \\ 29 \end{pmatrix} + \mu \begin{pmatrix} -81 \\ 10 \\ 38 \end{pmatrix}$$

$$\vec{n} = \overrightarrow{AB} \times \overrightarrow{AC} = \begin{pmatrix} 14 \\ -335 \\ 118 \end{pmatrix}$$

$$\overrightarrow{OX} * \vec{n} = \overrightarrow{OA} * \vec{n} = d \;\Rightarrow\; d = 0$$

$$E:\; \overrightarrow{OX} * \begin{pmatrix} 14 \\ 335 \\ 118 \end{pmatrix} = 0$$

$$\overrightarrow{AC} * \overrightarrow{BC} = \begin{pmatrix} -81 \\ 10 \\ 38 \end{pmatrix} * \begin{pmatrix} -28 \\ 2 \\ 9 \end{pmatrix} \ne 0$$

$$\overrightarrow{AC} * \overrightarrow{BC} = \begin{pmatrix} -53 \\ 8 \\ 29 \end{pmatrix} * \begin{pmatrix} -28 \\ 2 \\ 9 \end{pmatrix} \ne 0$$

$$\overrightarrow{AC} * \overrightarrow{BC} = \begin{pmatrix} -53 \\ 8 \\ 29 \end{pmatrix} * \begin{pmatrix} -81 \\ 10 \\ 38 \end{pmatrix} \ne 0$$

Δ ABC ist nicht rechtwinklig.

$\overline{AB} = \sqrt{2809 + 64 + 841} = \sqrt{3714} \approx 60{,}94$

$\overline{BC} = \sqrt{869} \approx 29{,}48$

$\overline{AC} = \sqrt{8105} \approx 90{,}03$

380

9.2 Die gesuchte Punktmenge liegt auf der Geraden $g_1\colon \overrightarrow{OX} = \overrightarrow{OM} + \lambda \cdot \vec{n}$, $\lambda \in \mathbb{R}$, wobei $\overrightarrow{OM}$ Vektor zum Schwerpunkt des Dreiecks ABC ist.
Mit A (0 | 0 | 0) folgt $\overrightarrow{OM} = \overrightarrow{AM}$. L halbiert die Strecke $\overline{BC}$, damit ist

$$\overrightarrow{AM} = \tfrac{2}{3}\overrightarrow{AL} = \tfrac{2}{3}\left(\overrightarrow{AB} + \overrightarrow{BL}\right) = \tfrac{2}{3}\left(\overrightarrow{AB} + \tfrac{1}{2}\overrightarrow{BC}\right) = \tfrac{2}{3}\overrightarrow{AB} + \tfrac{1}{3}\overrightarrow{BC} = \begin{pmatrix} -\frac{134}{3} \\ 6 \\ \frac{67}{3} \end{pmatrix}$$

$$g_1\colon \overrightarrow{OX} = \tfrac{1}{3}\begin{pmatrix} -134 \\ 18 \\ 67 \end{pmatrix} + \lambda \begin{pmatrix} 14 \\ -335 \\ 118 \end{pmatrix}$$

9.3 A′ (0 | 0 | 0)

Gerade WB: $\overrightarrow{OX} = \overrightarrow{OW} + \lambda\overrightarrow{WB}$ $\qquad \overrightarrow{OX} = \begin{pmatrix} 64 \\ 0 \\ 0 \end{pmatrix} + \lambda \begin{pmatrix} -117 \\ 8 \\ 29 \end{pmatrix}$

B′ ∈ WB und B′ liegt in der 2, 3-Ebene.

$$\overrightarrow{OB'} = \begin{pmatrix} 64 \\ 0 \\ 0 \end{pmatrix} + \tfrac{64}{117}\begin{pmatrix} -117 \\ 8 \\ 29 \end{pmatrix} = \tfrac{64}{117}\begin{pmatrix} 0 \\ 8 \\ 29 \end{pmatrix}$$

Entsprechend $\overrightarrow{OC'}$ $\qquad \overrightarrow{OC'} = \begin{pmatrix} 64 \\ 0 \\ 0 \end{pmatrix} + \tfrac{64}{145}\begin{pmatrix} -145 \\ 10 \\ 38 \end{pmatrix} = \tfrac{64}{145}\begin{pmatrix} 0 \\ 10 \\ 38 \end{pmatrix}$

A′ (0 | 0 | 0); B′(0 | 4,4 | 15,9); C′ (0 | 4,4 | 16,7)

381

10 Bauwerk über einer Ausgrabungsstelle

10.1 O(0 | 0 | 0); O liegt auf $\overline{CD}$ und $\overline{CO} = \overline{OD}$
A(2 | 4 | 0); E(2 | 4 | 2)
B(−2 | 4 | 0); F(−2 | 4 | 2)
C(−2 | 0 | 0); G(−2 | 0 | 2)
D(2 | 0 | 0); H(2 | 0 | 2)
S(0 | 2 | 7)

10.2 $F_{FES} = \frac{1}{2} \cdot \sqrt{29} \cdot 4 = 2\sqrt{29}$

$F_{BFGC} = 8$

$F = \left(2\sqrt{29} + 8\right) \cdot 4 = 75{,}08 \Rightarrow$ Glasbedarf $> 75{,}08\,\text{m}^2$

381

10.3 $\sphericalangle(\text{SFE; ABEF}) = \arctan\frac{5}{2} + \frac{\pi}{2} = 2{,}76$

$\sphericalangle(\text{SFE; ABEF}) = 158{,}2°$

Ebene Gleichung: $\overrightarrow{OX} = \overrightarrow{OP} + \lambda\vec{v} + \mu\vec{w}$

$\vec{n} = \vec{v} \times \vec{w}$

$\cos\theta = \cos\sphericalangle(\text{FGS; FES}) = \frac{\overrightarrow{n_1} * \overrightarrow{n_2}}{|\overrightarrow{n_1}| \cdot |\overrightarrow{n_2}|}$

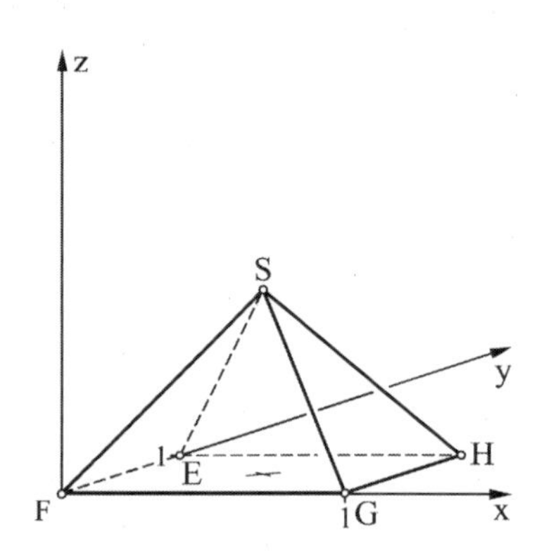

1. FSG: $\frac{1}{4}\overrightarrow{FE} = \overrightarrow{v_1} = \begin{pmatrix} 1 \\ 0 \\ 0 \end{pmatrix}$; $\overrightarrow{GS} = \overrightarrow{w_1} = \begin{pmatrix} 2 \\ 2 \\ 5 \end{pmatrix}$; $\overrightarrow{n_1} = \begin{pmatrix} 0 \\ -5 \\ 2 \end{pmatrix}$

2. FES: $\frac{1}{4}\overrightarrow{GF} = \overrightarrow{v_2} = \begin{pmatrix} 0 \\ 1 \\ 0 \end{pmatrix}$; $\overrightarrow{GS} = \overrightarrow{w_2} = \begin{pmatrix} 2 \\ 2 \\ 5 \end{pmatrix}$; $\overrightarrow{n_2} = \begin{pmatrix} 5 \\ 0 \\ -2 \end{pmatrix} \Rightarrow \cos\theta = \frac{-4}{29}$

$\theta = 1{,}71 = 97{,}93°$

10.4 Der Sonnenstrahl, der durch S geht, wird durch die Gleichung $\overrightarrow{OX} = \overrightarrow{OS} + \lambda \cdot \vec{v}$ beschrieben. Die daneben liegende Hauswand (x_1x_3-Ebene) hat die Gleichung: $x_2 = 0$. Für die Schattenpunkte auf der Hauswand gilt

$s_2' = 0.$

$S'(s_1' | s_2' | s_3')$ von $S(s_1 | s_2 | s_3)$

$\overrightarrow{OS}' = \overrightarrow{OS} + \lambda_S \cdot \vec{v}$

Daraus folgt $s_2' = s_2 + \lambda_s \cdot v_2 = 0 \Rightarrow \lambda_s = -\frac{s_2}{v_2}$ und $\overrightarrow{OS}' = \overrightarrow{OS} - \frac{s_2}{v_2} \cdot \vec{v}$.

381

10.4 Fortsetzung

$$\overrightarrow{OS}' = \begin{pmatrix} 0 \\ 2 \\ 7 \end{pmatrix} - \frac{2}{-2} \cdot \begin{pmatrix} 1 \\ -2 \\ -0,5 \end{pmatrix} = \begin{pmatrix} 1 \\ 0 \\ 6,5 \end{pmatrix}$$

$$\overrightarrow{OE}' = \overrightarrow{OE} - \frac{e_2}{v_2} \cdot \vec{v}$$

$$\overrightarrow{OE}' = \begin{pmatrix} 2 \\ 4 \\ 2 \end{pmatrix} - \frac{4}{-2} \cdot \begin{pmatrix} 1 \\ -2 \\ -0,5 \end{pmatrix} = \begin{pmatrix} 4 \\ 0 \\ 1 \end{pmatrix}$$

$$\overrightarrow{OF}' = \begin{pmatrix} -2 \\ 4 \\ 2 \end{pmatrix} - \frac{4}{-2} \cdot \begin{pmatrix} 1 \\ -2 \\ -0,5 \end{pmatrix} = \begin{pmatrix} 0 \\ 0 \\ 1 \end{pmatrix}$$

$$\overrightarrow{OA}' = \begin{pmatrix} 2 \\ 4 \\ 0 \end{pmatrix} - \frac{4}{-2} \cdot \begin{pmatrix} 1 \\ -2 \\ -0,5 \end{pmatrix} = \begin{pmatrix} 4 \\ 0 \\ -1 \end{pmatrix}$$

$$\overrightarrow{OG}' = \begin{pmatrix} -2 \\ 0 \\ 2 \end{pmatrix}$$

$$\overrightarrow{OC}' = \overrightarrow{OC};\ \overrightarrow{OH}' = \overrightarrow{OH};\ \overrightarrow{OD}' = \overrightarrow{OD}$$

$$\overrightarrow{OB}' = \begin{pmatrix} 0 \\ 0 \\ -1 \end{pmatrix}$$

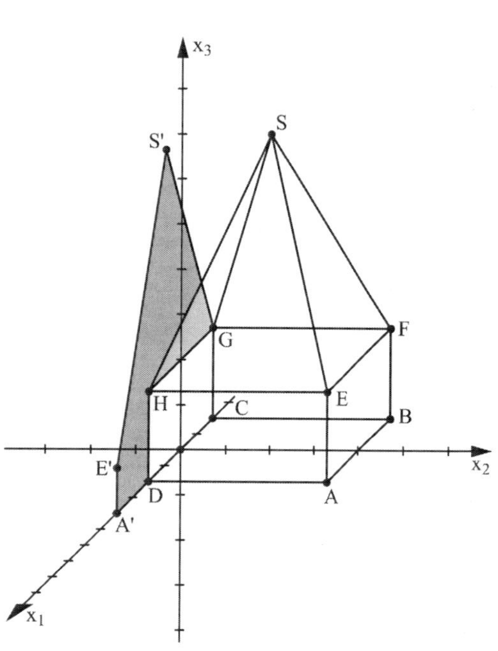

11 Vogelvoliere

11.1 Druckstab 1: g_1: $\vec{x} = \begin{pmatrix} -1 \\ 1 \\ 7 \end{pmatrix} + r \begin{pmatrix} 8 \\ 0 \\ 1 \end{pmatrix}$, Druckstab 2: g_2: $\vec{x} = \begin{pmatrix} 0 \\ 0 \\ 7 \end{pmatrix} + r \begin{pmatrix} 0 \\ 8 \\ 0 \end{pmatrix}$

Schnitt der Geraden führt auf ein LGS mit der erweiterten Koeffizienten-

matrix $\begin{bmatrix} 8 & 0 & 1 \\ 0 & -8 & -1 \\ 1 & 0 & 0 \end{bmatrix}$. Das System besitzt keine Lösung.

11.2 Berechne den Abstand der Geraden.

Setze $\vec{u} = \begin{pmatrix} 8 \\ 0 \\ 1 \end{pmatrix}$, $\vec{v} = \begin{pmatrix} 0 \\ 8 \\ 0 \end{pmatrix}$ und $\vec{w} = \begin{pmatrix} -1 \\ 1 \\ 0 \end{pmatrix}$

in die Formel $d = \frac{|(u \times v) \cdot w|}{|u \times v|}$ ein.

Damit ergibt sich $d = \frac{8}{8\sqrt{65}} = 12,4$ cm.

381

11.3 Die Punkte C und D liegen in der x_2x_3-Ebene. Damit liegt auch der Stab in der x_2x_3-Ebene.

11.4 Druckstab 3: $g_3\colon \vec{x} = \begin{pmatrix}-1\\1\\7\end{pmatrix} + r\begin{pmatrix}8\\0\\1\end{pmatrix}$

Die Abspannungen des Netzes verlaufen zwar nicht parallel zu den zwei senkrechten Druckstäben, aber man kann das Volumen etwa als Volumen eines Würfels mit einer Kantenlänge von 7m abschätzen, also ungefähr 343 m^3.
Eine andere Möglichkeit ist die Schätzung als Volumen eines Spats mit den drei Vektoren $\overrightarrow{CD}$, $\overrightarrow{CB}$, $\overrightarrow{CP}$, also ungefähr 400 m^3.
Die Abschätzung durch den Würfel liegt offensichtlich unterhalb des tatsächlichen Volumens. Die Abschätzung durch den Spat oberhalb. Das tatsächliche Volumen der Vogelvoliere liegt also etwa zwischen 343 m^3 und 400 m^3.

11.5 Ein Stab verläuft mit einem Abstand von 1m parallel zur x_2x_3-Ebene und orthogonal zur x_1x_2-Ebene.
Ein Stab verläuft parallel zur x_2x_3-Ebene und parallel zur x_1x_2-Ebene, in gleicher Höhe wie AD.
Ein Stab verläuft parallel zu AB und somit parallel zur x_1x_3-Ebene, seine Endpunkte liegen in derselben Höhe wie die Endpunkte von AB.
Alle 6 Stäbe sind zueinander windschief.

382

12 Flugsimulation

12.1 a) Fehler in der 1. Auflage:
Die Koordinaten von C müssen (–2 | 13 | –2) sein.

$$g_1\colon \vec{x} = \begin{pmatrix}-1\\11\\0\end{pmatrix} + t\cdot\begin{pmatrix}\frac{1}{3}\\-\frac{2}{3}\\\frac{2}{3}\end{pmatrix} \qquad \begin{pmatrix}-1\\11\\0\end{pmatrix} + 30\cdot\begin{pmatrix}\frac{1}{3}\\-\frac{2}{3}\\\frac{2}{3}\end{pmatrix} = \begin{pmatrix}9\\-9\\20\end{pmatrix}$$

Nach 30 Zeiteinheiten hat F_1 den Punkt (9 | –9 | 20) erreicht.
Der Punkt P(3 | 3 | 6) liegt nicht auf der Geraden g_1, daher fliegt F_1 nicht durch diesen Punkt.

Die Gleichung $\begin{pmatrix}-2\\13\\-2\end{pmatrix} = \begin{pmatrix}-1\\11\\0\end{pmatrix} + t\cdot\begin{pmatrix}\frac{1}{3}\\-\frac{2}{3}\\\frac{2}{3}\end{pmatrix}$ hat die Lösung $t = -3$.

F_1 startet zum Zeitpunkt $t = 0$, es fliegt nur durch Punkte auf g_1 mit positivem Parameter.

382

12.1 b) $\left(-1+\frac{1}{3}t\right)-2\cdot\left(11-\frac{2}{3}t\right)+2\cdot\left(\frac{2}{3}t\right)=4 \Leftrightarrow t=9$

$\Rightarrow g_1$ schneidet E, g_1 geht nach 9 Zeiteinheiten durch E.
Berechnung des Schnittwinkels:

$$\sin\varphi=\frac{\left|\begin{pmatrix}\frac{1}{3}\\-\frac{2}{3}\\\frac{2}{3}\end{pmatrix}*\begin{pmatrix}1\\-2\\2\end{pmatrix}\right|}{\left|\begin{pmatrix}\frac{1}{3}\\-\frac{2}{3}\\\frac{2}{3}\end{pmatrix}\right|\cdot\left|\begin{pmatrix}1\\-2\\2\end{pmatrix}\right|} \Leftrightarrow \sin\varphi=1 \Leftrightarrow \varphi=90°$$

12.2 a)

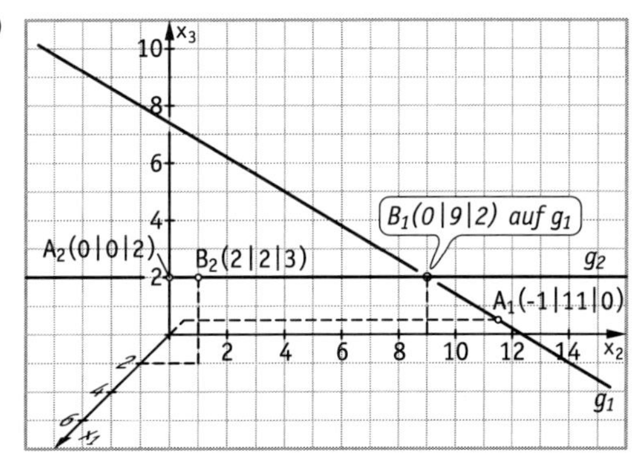

$$g_2\colon \vec{x}=\begin{pmatrix}0\\0\\2\end{pmatrix}+s\cdot\begin{pmatrix}\frac{1}{3}\\\frac{1}{3}\\\frac{1}{6}\end{pmatrix}$$

$\begin{pmatrix}-1\\11\\0\end{pmatrix}+t\cdot\begin{pmatrix}\frac{1}{3}\\-\frac{2}{3}\\\frac{2}{3}\end{pmatrix}=\begin{pmatrix}0\\0\\2\end{pmatrix}+s\cdot\begin{pmatrix}\frac{1}{3}\\\frac{1}{3}\\\frac{1}{6}\end{pmatrix}$ hat keine Lösung, g_1 und g_2 haben also keinen gemeinsamen Punkt.

b) Abstand der Geraden g_1 und g_2:
Hilfslinie E_1, die g_2 enthält und parallel zu g_1 ist:

$$E_1\colon \vec{x}=\begin{pmatrix}0\\0\\2\end{pmatrix}+t_1\cdot\begin{pmatrix}\frac{1}{3}\\-\frac{2}{3}\\\frac{2}{3}\end{pmatrix}+t_2\cdot\begin{pmatrix}\frac{1}{3}\\\frac{1}{3}\\\frac{1}{6}\end{pmatrix}$$

Normalenvektor von E_1: $\vec{n}=\begin{pmatrix}-2\\1\\2\end{pmatrix}$

382

12.2 b) Fortsetzung

Lotgerade g durch A_1 zu E_1: $g: \vec{x} = \begin{pmatrix} -1 \\ 11 \\ 0 \end{pmatrix} + s_1 \cdot \begin{pmatrix} -2 \\ 1 \\ 2 \end{pmatrix}$

Lotfußpunkt: F(1 | 10 | −2)

$\text{Abst}(g_1;\ g_2) = \text{Abst}(g_2;\ E_1) = \text{Abst}(A_2;\ E_1)$

$= |\overrightarrow{A_2F}| = \sqrt{2^2 + (-1)^2 + (-2)^2} = 3$

Der Abstand zwischen g_1 und g_2 beträgt also 3 Längeneinheiten.

Bestimmen des Punktes auf g_2, dem F_1 bei seiner Bewegung am nächsten kommt:

$$\begin{pmatrix} -1 + \frac{1}{3}t \\ 11 - \frac{2}{3}t \\ \frac{2}{3}t \end{pmatrix} + r \cdot \begin{pmatrix} -2 \\ 1 \\ 2 \end{pmatrix} = \begin{pmatrix} 0 \\ 0 \\ 2 \end{pmatrix} + s \cdot \begin{pmatrix} \frac{1}{3} \\ \frac{1}{3} \\ \frac{1}{6} \end{pmatrix}$$

Lösen des zugehörigen Gleichungssystems ergibt t = 9, r = −1 und s = 12.

$$\begin{pmatrix} 0 \\ 0 \\ 2 \end{pmatrix} + 12 \cdot \begin{pmatrix} \frac{1}{3} \\ \frac{1}{3} \\ \frac{1}{6} \end{pmatrix} = \begin{pmatrix} 4 \\ 4 \\ 4 \end{pmatrix}$$

Der Punkt auf g_2, dem F_1 bei seiner Bewegung am nächsten kommt, hat also die Koordinaten (4 | 4 | 4). F_1 kommt g_2 nach 9 Zeiteinheiten am nächsten.

12.3 a) $\text{Abst}(A_1;\ A_2) = |\overrightarrow{A_1A_2}| = \left|\begin{pmatrix} 1 \\ -11 \\ 2 \end{pmatrix}\right| = \sqrt{126} \approx 11{,}22$

Nach 6 Zeiteinheiten befinden sich F_1 und F_2 in den Punkten $C_1(1 \mid 7 \mid 4)$ und $C_2(2 \mid 2 \mid 3)$.

$\text{Abst}(C_1;\ C_2) = |\overrightarrow{C_1C_2}| = \left|\begin{pmatrix} 1 \\ -5 \\ -1 \end{pmatrix}\right| = \sqrt{27} \approx 5{,}20$

Bestimmen des Zeitpunktes, zu dem sich F_1 und F_2 am nächsten kommen:

$$d(t) = \left|\begin{pmatrix} \frac{1}{3}t \\ \frac{1}{3}t \\ 2 + \frac{1}{6}t \end{pmatrix} - \begin{pmatrix} -1 + \frac{1}{3}t \\ 11 - \frac{2}{3}t \\ \frac{2}{3}t \end{pmatrix}\right| = \left|\begin{pmatrix} 1 \\ t - 11 \\ -\frac{1}{2}t + 2 \end{pmatrix}\right|$$

$$= \sqrt{1{,}25t^2 - 24t + 126}$$

382 **12.3 a)** Fortsetzung

$$d'(t) = \frac{1{,}25t - 12}{\sqrt{1{,}25t^2 - 24t + 126}}$$

$$d'(t) = 0 \Leftrightarrow t = 9{,}6$$

b) Nach 9,6 Zeiteinheiten ist der Abstand der beiden Flugobjekte am kleinsten. Danach nimmt der Abstand stetig zu und ist daher zu einem Zeitpunkt t^* wieder so groß wie zu Beginn.

13.1 a)

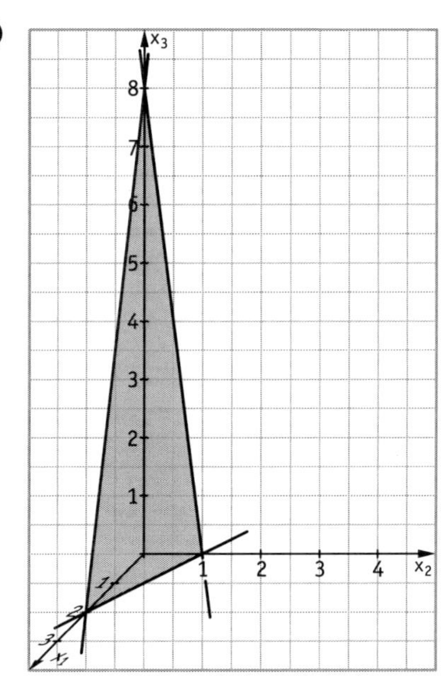

b) g: $\vec{x} = t \cdot \begin{pmatrix} 4 \\ 8 \\ 1 \end{pmatrix}$

$$4 \cdot 4t + 8 \cdot 8t + t = 8 \Leftrightarrow t = \frac{8}{81}$$

Lotfußpunkt: $F\left(\frac{32}{81} \middle| \frac{64}{81} \middle| \frac{8}{81}\right)$

Abst (O; E) = Abst (O; F) = $|\overrightarrow{OF}| = \frac{8}{9}$

h: $\vec{x} = \begin{pmatrix} 11 \\ 15 \\ 6 \end{pmatrix} + s \cdot \begin{pmatrix} 4 \\ 8 \\ 1 \end{pmatrix}$

$$4 \cdot (11 + 4s) + 8 \cdot (15 + 8s) + 6 + s = 8 \Leftrightarrow s = -2$$

$(3 \mid -1 \mid 4)$

c) $\begin{pmatrix} 11 \\ 15 \\ 6 \end{pmatrix} - 4 \cdot \begin{pmatrix} 4 \\ 8 \\ 1 \end{pmatrix} = \begin{pmatrix} -5 \\ -17 \\ 2 \end{pmatrix} \Rightarrow P^*(-5 \mid -17 \mid 2)$

382

13.2 a) $g_a: \vec{x} = \begin{pmatrix} -2a \\ 1 \\ 8a \end{pmatrix} + t \cdot \begin{pmatrix} 1 \\ -1 \\ 4 \end{pmatrix} = \begin{pmatrix} 0 \\ 1 \\ 0 \end{pmatrix} + a \cdot \begin{pmatrix} -2 \\ 0 \\ 8 \end{pmatrix} + t \cdot \begin{pmatrix} 1 \\ -1 \\ 4 \end{pmatrix}$

Umformen in die Koordinatenform liefert $g_a: 4x_1 + 8x_2 + x_3 = 8$

b) h: $\vec{x} = \begin{pmatrix} 0 \\ 1 \\ 0 \end{pmatrix} + s \cdot \begin{pmatrix} -2 \\ 0 \\ 8 \end{pmatrix}$

Der Schnittwinkel hängt nur von den Richtungsvektoren der beiden Geraden ab. Diese sind konstant.

$$\cos\alpha = \frac{\left|\begin{pmatrix} 1 \\ -1 \\ 4 \end{pmatrix} * \begin{pmatrix} -2 \\ 0 \\ 8 \end{pmatrix}\right|}{\left|\begin{pmatrix} 1 \\ -1 \\ 4 \end{pmatrix}\right| \cdot \left|\begin{pmatrix} -2 \\ 0 \\ 8 \end{pmatrix}\right|} \Leftrightarrow \alpha = 31°$$

13.3 a)

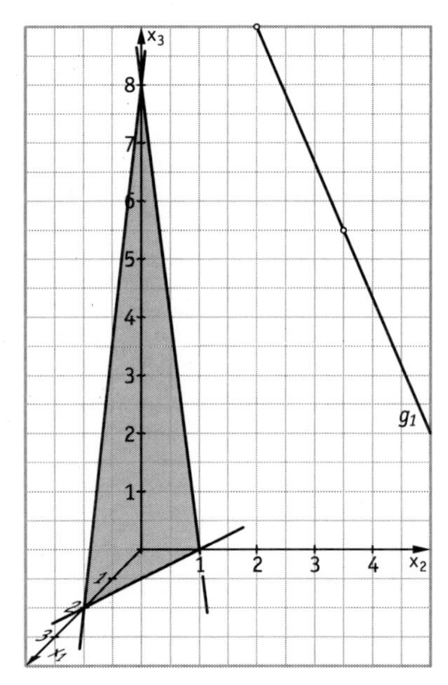

Gleichung einer Ebene, die P enthält und orthogonal zu g_1 ist:

$E': \vec{x} = \begin{pmatrix} 11 \\ 15 \\ 6 \end{pmatrix} + r \cdot \begin{pmatrix} 1 \\ 1 \\ 0 \end{pmatrix} + s \cdot \begin{pmatrix} 0 \\ 4 \\ 1 \end{pmatrix}$

gleichsetzen mit g_1 liefert r = –13,5, s = 0, t = –0,5.

$\Rightarrow \overrightarrow{OP'} = \begin{pmatrix} 11 \\ 15 \\ 6 \end{pmatrix} - 27 \cdot \begin{pmatrix} 1 \\ 1 \\ 0 \end{pmatrix} = \begin{pmatrix} -16 \\ -12 \\ 6 \end{pmatrix}$, d. h. P'(–16 | –12 | 6)

382

13.3 b) $\begin{pmatrix} 3 \\ -1 \\ 4 \end{pmatrix} = \begin{pmatrix} -2a \\ 1 \\ 8a \end{pmatrix} + t \cdot \begin{pmatrix} 1 \\ -1 \\ 4 \end{pmatrix} \Leftrightarrow t = 2$ und $a = -0{,}5$

c) Bestimmen des Abstands von g_1 und $g_{-0,5}$ mit einer Hilfsebene:

$$E'': \vec{x} = \begin{pmatrix} 1 \\ 1 \\ -4 \end{pmatrix} + r \cdot \begin{pmatrix} 1 \\ 1 \\ 0 \end{pmatrix} + s \cdot \begin{pmatrix} 0 \\ 4 \\ 1 \end{pmatrix}$$

Schnittpunkt von g_1 und E'': $(-4{,}5 \mid 3{,}5 \mid -2)$

$$\text{Abst}(g_1;\, g_{-0,5}) = \left| \begin{pmatrix} 1 \\ 1 \\ -4 \end{pmatrix} - \begin{pmatrix} -4{,}5 \\ 3{,}5 \\ -2 \end{pmatrix} \right| = \left| \begin{pmatrix} 5{,}5 \\ -2{,}5 \\ -2 \end{pmatrix} \right| = \sqrt{40{,}5} \approx 6{,}36$$

d) $\overrightarrow{PP^*} = \begin{pmatrix} -16 \\ -32 \\ -4 \end{pmatrix}$, $\overrightarrow{P^*P'} = \begin{pmatrix} -11 \\ 5 \\ 4 \end{pmatrix}$, $\overrightarrow{P'P} = \begin{pmatrix} -27 \\ -27 \\ 0 \end{pmatrix}$

$\overrightarrow{PP^*} * \overrightarrow{P^*P'} = (-16) \cdot (-11) + (-32) \cdot 5 + (-4) \cdot 4 = 0$

Ja, das Dreieck hat einen rechten Winkel im Punkt P*.

383

14 Planung eines Hausdachs

14.1 $E_1: \vec{x} = \begin{pmatrix} 0 \\ 8 \\ 4 \end{pmatrix} + r \begin{pmatrix} 0 \\ -4 \\ 3 \end{pmatrix} + s \begin{pmatrix} -1 \\ 0 \\ 0 \end{pmatrix}$; $E_2: \vec{x} = \begin{pmatrix} -3 \\ 11 \\ 4 \end{pmatrix} + r \begin{pmatrix} 0 \\ -1 \\ 0 \end{pmatrix} + s \begin{pmatrix} -3 \\ 0 \\ 2 \end{pmatrix}$

14.2 Berechne den Winkel zwischen den Normalenvektoren

$\overrightarrow{n_1} = \begin{pmatrix} 0 \\ 3 \\ 4 \end{pmatrix}$ und $\overrightarrow{n_2} = \begin{pmatrix} 2 \\ 0 \\ 3 \end{pmatrix}$. Der Winkel beträgt 48,3°.

14.3 Schornsteingerade: g: $\vec{x} = \begin{pmatrix} -2 \\ 6 \\ 0 \end{pmatrix} + r \begin{pmatrix} 0 \\ 0 \\ 1 \end{pmatrix}$

- Schnittpunkt mit E_1: $S(-2 \mid 6 \mid 5{,}5)$
- Schnittwinkel 53,1°
- 1 m

383 **15 Beschreiben von Körpern mithilfe von Vektoren**

15.1 $\overrightarrow{EO} = \overrightarrow{EB} + \overrightarrow{BO} = -\vec{c} - \vec{b}$

$\overrightarrow{DB} = \overrightarrow{DA} + \overrightarrow{AB} = -\vec{c} + \overrightarrow{AO} + \overrightarrow{OB} = -\vec{c} - \vec{a} + \vec{b}$

$\overrightarrow{AB} = \vec{b} - \vec{a}$

$\overrightarrow{OM} = \overrightarrow{OA} + \overrightarrow{AM} = \vec{a} + \overrightarrow{AM}$

$\overrightarrow{AM} = \frac{1}{2}\vec{c} + \frac{1}{2}\left(\vec{b} - \vec{a}\right)$

$\overrightarrow{OM} = \frac{1}{2}\left(\vec{a} + \vec{b} + \vec{c}\right)$

$\overline{KN} = \frac{1}{2}\overline{AB}$

Δ KSN und Δ ASB sind ähnlich $\Rightarrow$

$\frac{\overline{KS}}{\overline{KN}} = \frac{\overline{BS}}{\overline{AB}};\quad 2\overline{KS} = \overline{BS} = \overline{BK} - \overline{KS}$

$3\overline{KS} = \overline{BK}$

$\overrightarrow{BS} = \frac{2}{3}\overrightarrow{BK} = \frac{2}{3}\left(\overrightarrow{BO} + \overrightarrow{OK}\right) = \frac{2}{3}\left(-b + \frac{\vec{a}}{2}\right)$

$\overrightarrow{BM} = \overrightarrow{BO} + \overrightarrow{OM} = -\vec{b} + \frac{1}{2}\left(\vec{a} + \vec{b} + \vec{c}\right) = \frac{1}{2}\left(\vec{a} - \vec{b} + \vec{c}\right)$

$\overrightarrow{SM} = \overrightarrow{SB} + \overrightarrow{BM} = \frac{2}{3}\left(\vec{b} - \frac{\vec{a}}{2}\right) + \frac{1}{2}\left(\vec{a} - \vec{b} + \vec{c}\right) = \frac{1}{6}\vec{a} + \frac{1}{6}\vec{b} + \frac{1}{2}\vec{c}$

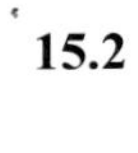

15.2

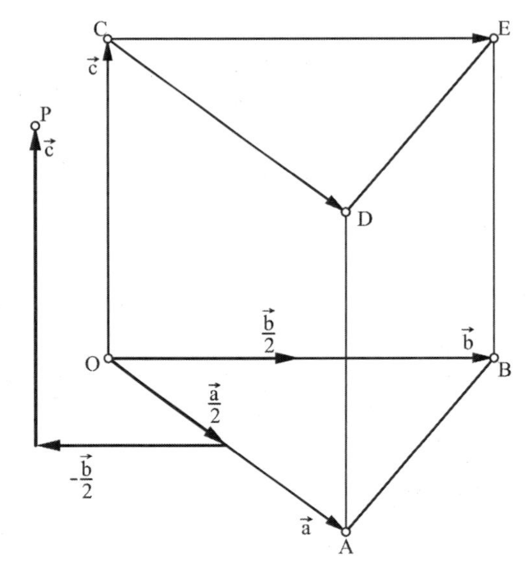

383

15.3 $\overrightarrow{OD} = \vec{a} + \vec{c}$; $\overrightarrow{OB} = \vec{b}$; $\overrightarrow{OE} = \vec{b} + \vec{c}$; $\overrightarrow{DE} = \vec{b} - \vec{a}$

$\overrightarrow{DE} = \vec{b} - \vec{a}$

g_{DE}: $\overrightarrow{OX} = \overrightarrow{OD} + \lambda \cdot \overrightarrow{DE} = \vec{a} + \vec{c} + \lambda(b - a)$

für $\lambda = 0$: $\overrightarrow{OX} = \overrightarrow{OD}$

$$\overrightarrow{OX} = \overrightarrow{OE} = \vec{b} + \vec{c} = \vec{a} + \vec{c} + \lambda_E\left(\vec{b} - \vec{a}\right)$$

$$\vec{b} - \vec{a} = \lambda_E\left(\vec{b} - \vec{a}\right)$$

$$\lambda_E = 1 \Rightarrow \; 0 \le \lambda \le 1$$

$\overrightarrow{BQ} = \overrightarrow{OQ} - \overrightarrow{OB} = \left(\vec{a} + \vec{c}\right) + \lambda\left(\vec{b} - \vec{a}\right) - \vec{b} = \vec{a}(\lambda - 1) + \vec{b}(\lambda - 1) + c \;\; \Rightarrow$

$r = -s$ und $0 \le r \le 1$, $t = 1$

15.4 $\overrightarrow{BR} = \overrightarrow{BC} + \overrightarrow{CR}$

$\overrightarrow{BC} = \vec{c} - \vec{b}$

$\overrightarrow{CR} = \lambda\vec{a} + \mu\vec{b}$

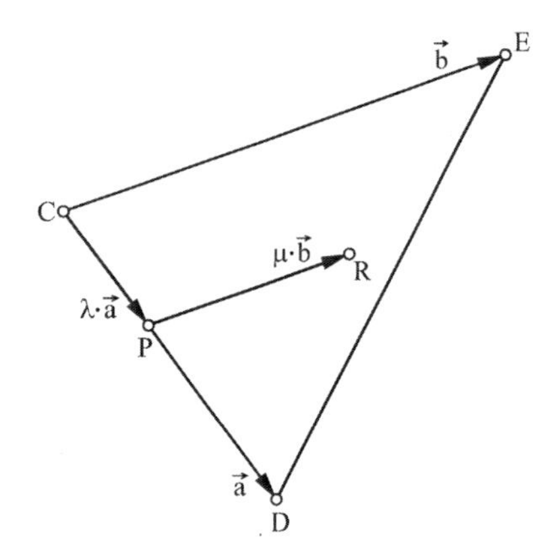

Wenn P auf CD liegt, dann

$\overrightarrow{CP} = \lambda\vec{a}$.

$\overrightarrow{PD} = (1 - \lambda)\vec{a}$

$\overrightarrow{PR} = \mu_{max} \cdot \vec{b}$

Δ PDR und Δ CDE sind ähnlich,

daraus folgt $\frac{\overline{PB}}{\overline{CD}} = \frac{\overline{PR}}{\overline{CE}} \Rightarrow$

$\mu_{max} = 1 - \lambda \;\Rightarrow\; 0 \le \lambda \le 1$ und

$0 \le \mu \le 1 - \lambda$;

$\overrightarrow{BR} = r\vec{a} + s\vec{b} + t\vec{c} = \vec{c} - \vec{b} + \lambda\vec{a} + \mu\vec{b}$

$\quad = \lambda\vec{a} + (\mu - 1)\vec{b} + \vec{c} \;\; \Rightarrow$

$0 \le r \le 1$, $-1 \le s \le -r$, $t = 1$

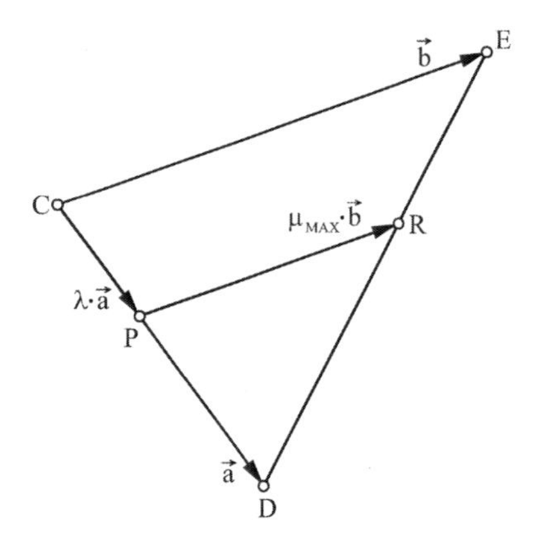

383 16 Ebenen und Kugeln

16.1 $E_1 \perp E_2 \Rightarrow \overrightarrow{n_1} * \overrightarrow{n_2} = 0$ $\qquad \begin{pmatrix}-1\\2\\-2\end{pmatrix} * \begin{pmatrix}2\\-1\\-2\end{pmatrix} = -2-2+4=0$

$$\left.\begin{array}{l} E_1\colon -x_1+2x_2-2x_3=3 \\ E_2\colon 2x_1-x_2-2x_3 = -3 \end{array}\right\} \Rightarrow \begin{array}{l} -3x_1+3x_2=6 \\ x_2=2+x_1 \end{array}$$

$$-x_1+4+2x_1-2x_3=3$$

$$2x_3 = x_1+1$$

$$x_3 = \tfrac{1}{2}x_1+\tfrac{1}{2}$$

$$\overrightarrow{OX} = \begin{pmatrix}\lambda\\2+\lambda\\\frac{1}{2}\lambda+\frac{1}{2}\end{pmatrix} = \begin{pmatrix}0\\2\\\frac{1}{2}\end{pmatrix} + \lambda\begin{pmatrix}1\\1\\\frac{1}{2}\end{pmatrix},\ \lambda \in \mathbb{R}$$

16.2 $\begin{pmatrix}1\\1\\-4\end{pmatrix} * \begin{pmatrix}\lambda\\2+\lambda\\\frac{1}{2}\lambda+\frac{1}{2}\end{pmatrix} = 0$

$\lambda+2+\lambda-2\lambda-2=0 \quad \Rightarrow$ g liegt in $\widetilde{E}$.

$$\cos\sphericalangle\left(E_1;\ \widetilde{E}\right) = \frac{\overrightarrow{n_1}*\vec{\tilde{n}}}{\left|\overrightarrow{n_1}\right|\cdot\left|\vec{\tilde{n}}\right|} = \cos\left(E_2;\ \widetilde{E}\right) = \frac{\overrightarrow{n_2}*\vec{\tilde{n}}}{\left|\overrightarrow{n_2}\right|\cdot\left|\vec{\tilde{n}}\right|}$$

$$\frac{\overrightarrow{n_1}*\vec{\tilde{n}}}{\left|\overrightarrow{n_1}\right|\cdot\left|\vec{\tilde{n}}\right|} = \frac{9}{3\cdot\left|\vec{\tilde{n}}\right|} = \frac{3}{\left|\vec{\tilde{n}}\right|} \qquad \frac{\overrightarrow{n_2}*\vec{\tilde{n}}}{\left|\overrightarrow{n_2}\right|\cdot\left|\vec{\tilde{n}}\right|} = \frac{9}{3\cdot\left|\vec{\tilde{n}}\right|} = \frac{3}{\left|\vec{\tilde{n}}\right|} \Rightarrow$$

$$\cos\sphericalangle\left(E_1;\ \widetilde{E}\right) = \sphericalangle\left(E_2;\ \widetilde{E}\right) = 45°$$

16.3 Sei M Mittelpunkt von K_t.

$$h_1^2 = \left[\text{Abst}\left(M;\ E_1\right)\right]^2 = \frac{\left(d-\vec{n}*\overrightarrow{OM}\right)^2}{\vec{n}^2} = \frac{\left[3-\begin{pmatrix}-1\\2\\-2\end{pmatrix}*\begin{pmatrix}46\\0\\t\end{pmatrix}\right]^2}{9} = \frac{(3+4t+2t)^2}{9} = (1+2t)^2$$

$h_1 = 1+2t \ \Rightarrow\ h_1 = r \ \Rightarrow\ E_1$ berührt K_t

$$h_2^2 = \left[\text{Abst}\left(M;\ E_2\right)\right]^2 = \frac{\left[-3-\begin{pmatrix}2\\-1\\-2\end{pmatrix}*\begin{pmatrix}46\\0\\t\end{pmatrix}\right]^2}{9} = \frac{(-3-8t+2t)^2}{9} = (1+2t)^2$$

$h_2 = 1+2t \ \Rightarrow\ h_2 = r \ \Rightarrow$ die Ebene E_2 berührt die Kugel K_t

383

16.4 $E_3 \perp E_1$ und $E_3 \perp E_2$

$\overrightarrow{n_3} = \overrightarrow{n_2} \times \overrightarrow{n_1}$

$$\overrightarrow{n_3} = \begin{pmatrix} -1 \\ 2 \\ -2 \end{pmatrix} \times \begin{pmatrix} 2 \\ -1 \\ -2 \end{pmatrix} = \begin{pmatrix} -4-2 \\ -4-2 \\ 1-4 \end{pmatrix} = -3\begin{pmatrix} 2 \\ 2 \\ 1 \end{pmatrix}$$

$$E_3\colon \overrightarrow{OX} * \begin{pmatrix} 2 \\ 2 \\ 1 \end{pmatrix} = 0$$

$$h_3^{\,2} = \left(\text{Abst}\left(K_t;\ E_3\right)\right) = \frac{\left(-\begin{pmatrix} 2 \\ 2 \\ 1 \end{pmatrix} * \begin{pmatrix} 4t \\ 0 \\ t \end{pmatrix}\right)^2}{9} = \tfrac{81t^2}{9} \qquad h_3 = |3t|$$

Damit die Ebene E_3 die Kugel K_3 berührt, muss gelten $h_3 = r$.

$2t + 1 = \pm 3t$

$t_1 = 1$

$t_2 = -\frac{1}{5}$

Für $t_1 = 1$ und $t_2 = -\frac{1}{5}$ berührt die Ebene E_3 die Kugel K_t.

384

17 Kosten und Fördermengen eines Bergwerks

17.1 $\begin{cases} 0{,}1x + 0{,}2y + 0{,}3z = 100 \\ 0{,}4x + 0{,}3y + 0{,}2z = 200 \end{cases} \Rightarrow \begin{cases} x + 2y + 3z = 1000 \\ 4x + 3y + 2z = 2000 \end{cases}$

Sei z = t, dann y = 400 – 2t, x = 200 + t

$$\begin{pmatrix} 200+t \\ 400-2t \\ t \end{pmatrix}, \text{ für } 0 \le z \le 200 \text{ oder } 0 \le t \le 200$$

17.2 40z + 45(400 –2z) + 60(200 + z) = G

10z + 30 000 = G

für z = 0 sind die Gesamtkosten minimal. x = 200 und y = 400

17.3 Es sind 2 Ebenen E_1: x + 2y + 3z = 1 000 und E_2: 4x + 3y + 2z = 2 000.

Die Lösungsmenge ist eine Schnittgerade g: $\overrightarrow{OX} = \begin{pmatrix} 200 \\ 400 \\ 0 \end{pmatrix} + \mu \begin{pmatrix} 1 \\ -2 \\ 1 \end{pmatrix}$

384

17.4 Für $a = 2$ sind E_1 und E_3 die gleichen Ebenen; die Lösungsmenge ist eine Schnittgerade (aus 14.3).

Für $a \neq 2$ schneiden sich E_1 und E_2 in einer Geraden und E_3 ist parallel zu g, daher gibt es keine Lösung.

$E_3 \parallel g \Rightarrow \vec{v} * \overrightarrow{n_3} = 0$

$$\begin{pmatrix} 1 \\ -2 \\ 1 \end{pmatrix} * \begin{pmatrix} 1 \\ a \\ 2a-1 \end{pmatrix} = 1 - 2a + 2a - 1 = 0$$

18 Lösen linearer Gleichungssysteme und Schnittverhalten von Ebenen

18.1 $\cos\varphi = \frac{\overrightarrow{n_0} * \overrightarrow{n_1}}{|\overrightarrow{n_0} \times \overrightarrow{n_1}|} = \frac{\begin{pmatrix} 2 \\ 6 \\ 9 \end{pmatrix} * \begin{pmatrix} 6 \\ 7 \\ -6 \end{pmatrix}}{(121)^2} = 0 \Rightarrow E_0 \perp E_1$

g: $\overrightarrow{OX} = \overrightarrow{OA} + \lambda\vec{v}$ ist die Schnittgerade mit

$$\vec{v} = \overrightarrow{n_0} \times \overrightarrow{n_1} = \begin{pmatrix} 2 \\ 6 \\ 9 \end{pmatrix} \times \begin{pmatrix} 6 \\ 7 \\ -6 \end{pmatrix} = 11\begin{pmatrix} -9 \\ 6 \\ -2 \end{pmatrix}.$$

$$\left| \begin{matrix} 2x_1 + 6x_2 + 9x_3 = 121 \\ 6x_1 + 7x_2 - 6x_3 = -121 \end{matrix} \right| \Rightarrow \text{mit } x_3 = 0;\ x_2 = 44;\ x_1 = -\tfrac{143}{2}$$

$$g:\ \overrightarrow{OX} = \begin{pmatrix} -\frac{143}{2} \\ 44 \\ 0 \end{pmatrix} + \lambda\begin{pmatrix} -9 \\ 6 \\ -2 \end{pmatrix}$$

18.2 $E^* \perp E_0 \Rightarrow \vec{n}^* \perp \overrightarrow{n_0} \Rightarrow \vec{n}^* * \overrightarrow{n_0} = 0$

$E^* \perp E_1 \Rightarrow \vec{n}^* \perp \overrightarrow{n_1} \Rightarrow \vec{n}^* * \overrightarrow{n_1} = 0$

$$\Rightarrow \begin{cases} 2n_1 + 6n_2 + 9n_3 = 0 \\ 6n_1 + 7n_2 - 6n_3 = 0 \end{cases} \Rightarrow \begin{cases} n_2 = -3n_3 \\ n_1 = \frac{9}{2}n_3 \end{cases}$$

$$\vec{n} = \begin{pmatrix} 9t \\ -6t \\ 2t \end{pmatrix} = t\begin{pmatrix} 9 \\ -6 \\ 2 \end{pmatrix},\quad t \in \mathbb{R}$$

$$\begin{pmatrix} 0 \\ 0 \\ 0 \end{pmatrix} * \begin{pmatrix} 9 \\ -6 \\ 2 \end{pmatrix} \cdot t = d \quad \Rightarrow d = 0$$

$$E^*:\ \overrightarrow{OX} * \begin{pmatrix} 9 \\ -6 \\ 2 \end{pmatrix} = 0$$

384

18.3 $E_t': \overrightarrow{OX} = \overrightarrow{OA} + \lambda\vec{v} + \mu\vec{w}, \quad \lambda, \mu \in \mathbb{R}$

Wenn $\vec{v} = \vec{0}$ oder $\vec{w} = \vec{0}$ und $\vec{v} \neq \vec{w} \cdot k,\ k \in \mathbb{R}$, dann wird eine Gerade beschrieben.

$\vec{v} \neq \vec{0}$. Untersuchen $\vec{w} = \vec{0}$

$$\begin{cases} 6-4t=0 \\ 7-t=0 \\ -6+15t=0 \end{cases} \Rightarrow \begin{cases} t=\frac{3}{2} \\ t=7 \\ t=\frac{2}{5} \end{cases} \Rightarrow \vec{w} \neq \vec{0} \Rightarrow$$

$$\begin{cases} 3+4t=0 \\ -13+t=0 \\ 8-15t=0 \end{cases} \Rightarrow \begin{cases} t=-\frac{3}{4} \\ t=13 \\ t=\frac{8}{15} \end{cases} \Rightarrow \vec{v} \neq \vec{w} \cdot k$$

E_t' ist eine Ebene für alle $t \in \mathbb{R}$.

$$E_1': \overrightarrow{OX} = \begin{pmatrix} 5 \\ -7 \\ 17 \end{pmatrix} + \lambda \begin{pmatrix} 9 \\ -6 \\ 2 \end{pmatrix} + \mu \begin{pmatrix} 2 \\ 6 \\ 9 \end{pmatrix}$$

$$\vec{n} = \vec{v} \times \vec{w} = \begin{pmatrix} -66 \\ -77 \\ 66 \end{pmatrix} = 11 \begin{pmatrix} -6 \\ -7 \\ 6 \end{pmatrix}$$

$$\overrightarrow{OX} * \vec{n} = d = \begin{pmatrix} 5 \\ -7 \\ 17 \end{pmatrix} \begin{pmatrix} -66 \\ -77 \\ 66 \end{pmatrix} = 11 \cdot 121$$

$$E_1': \overrightarrow{OX} * \begin{pmatrix} -6 \\ -7 \\ 6 \end{pmatrix} = 121 \Rightarrow$$

$E_1': \ -6x_1 - 7x_2 + 6x_3 = 121$ oder $E_1': \ 6x_1 + 7x_2 - 6x_3 = 121$

18.4 (1) $$\left| \begin{array}{l} 2x_1 + 6x_2 + 9x_3 = 121 \\ 6x_1 + 7x_2 - 6x_3 = -121 \\ ax_1 + 13x_2 + 3x_3 = a - 8 \end{array} \right|$$

$8x_1 + 13x_2 + 3x_2 = 0 \Rightarrow$ für $a = 8$ sind die 3. Gleichung und die Summe aus 1. und 2. Gleichung identisch. Daraus folgt: Das Gleichungssystem hat unendlich viele Lösungen.
Geometrisch:
3 Ebenen schneiden sich in einer Geraden oder sind identisch.

(2) Die Lösung aus a) lässt sich umschreiben: $(8-a) \cdot x_1 = 8 - a$.

Für $a \neq 8$ folgt die eindeutige Lösung $\begin{pmatrix} x_1 \\ x_2 \\ x_3 \end{pmatrix} = \begin{pmatrix} 1 \\ -\frac{13}{3} \\ \frac{145}{9} \end{pmatrix}$.

Das Gleichungssystem ist für alle $a \in \mathbb{R}$ lösbar.

19 Lage von Geraden und Ebene zueinander – Spiegeln an einer Geraden

19.1 g_{AB}: $\overrightarrow{OX} = \overrightarrow{OA} + \lambda \cdot \overrightarrow{AB}$ $\qquad$ $\overrightarrow{OX} = \begin{pmatrix} 2 \\ 3 \\ 2 \end{pmatrix} + \lambda \begin{pmatrix} 1 \\ -2 \\ 2 \end{pmatrix}$

19.2 E: $\overrightarrow{OX} = \overrightarrow{OP_1} + \lambda \overrightarrow{P_1P_2} + \mu \cdot \overrightarrow{P_1P_3}$

$$\overrightarrow{OX} = \begin{pmatrix} 0 \\ 2 \\ 11 \end{pmatrix} + \lambda \begin{pmatrix} -1 \\ 3 \\ -4 \end{pmatrix} + \mu \begin{pmatrix} 6 \\ -3 \\ -6 \end{pmatrix}$$

$$\vec{n} = \overrightarrow{P_1P_2} \times \overrightarrow{P_1P_3} = \begin{pmatrix} -1 \\ 3 \\ -4 \end{pmatrix} \times \begin{pmatrix} 6 \\ -3 \\ -6 \end{pmatrix} = \begin{pmatrix} -18-12 \\ -24-6 \\ 3-18 \end{pmatrix} = \begin{pmatrix} -30 \\ -30 \\ -15 \end{pmatrix}$$

$$\overrightarrow{OX} * \vec{n} = \overrightarrow{OP_1} * \vec{n} = d$$

$$-15 \cdot \begin{pmatrix} 0 \\ 2 \\ 11 \end{pmatrix} * \begin{pmatrix} 2 \\ 2 \\ 1 \end{pmatrix} = -15 \cdot (4+11) = -15 \cdot 15$$

$$E: \ \overrightarrow{OX} \cdot \begin{pmatrix} 2 \\ 2 \\ 1 \end{pmatrix} = 15$$

19.3 $E \parallel g \Rightarrow \overrightarrow{AB} * \vec{n} = 0$

$$\begin{pmatrix} 1 \\ -2 \\ 2 \end{pmatrix} * \begin{pmatrix} 2 \\ 2 \\ 1 \end{pmatrix} = 2-4+2=0$$

Da $E \parallel g$, Abst(E; g) = Abst(E; A)

$$\text{Abst}(E;\,A) = \sqrt{\frac{\left(\vec{n} * \overrightarrow{AP_1}\right)^2}{\vec{n}^2}} = \frac{\sqrt{\left[\begin{pmatrix} 2 \\ 2 \\ 1 \end{pmatrix}\begin{pmatrix} -2 \\ -1 \\ 9 \end{pmatrix}\right]^2}}{3} = \frac{3}{3} = 1$$

385

19.4 E: $\overrightarrow{OX} * \vec{n} = d;\quad \overrightarrow{OX} * \begin{pmatrix} 2 \\ 2 \\ 1 \end{pmatrix} = 15$

g: $\overrightarrow{OX} = \overrightarrow{OA} + \lambda\vec{v};\quad \overrightarrow{OX} = \begin{pmatrix} 2 \\ 3 \\ 2 \end{pmatrix} + \lambda \begin{pmatrix} 1 \\ -2 \\ 2 \end{pmatrix}$

$\vec{n} * \vec{v} = \begin{pmatrix} 2 \\ 2 \\ 1 \end{pmatrix} * \begin{pmatrix} 1 \\ -2 \\ 2 \end{pmatrix} = 0 \Rightarrow \vec{n} \perp \vec{v} \Rightarrow$ g verläuft parallel zu E.

E*: $\overrightarrow{OX} \times \vec{n} = d*$

Sei P_1^* der Spiegelpunkt von P_1, dann gilt $\overrightarrow{AP_1} + \overrightarrow{AP_1}^* = 2 \cdot \frac{\vec{v}}{v^2}\left(\vec{v} * \overrightarrow{AP_1}\right) \Rightarrow$

$\overrightarrow{OP_1} + \overrightarrow{OP_1}^* = 2\overrightarrow{OA} + \frac{\vec{v}}{v^2}\left(\vec{v} * \overrightarrow{AP_1}\right) \Rightarrow$

$d* = \overrightarrow{OP_1} \cdot \vec{n} = 2\overrightarrow{OA} \cdot \vec{n} - \overrightarrow{OP_1} \cdot \vec{n} = 24 - 15 = 9$

19.5 $\overrightarrow{OP_1} = 2\overrightarrow{OA} - \overrightarrow{OP_1} + 2 \cdot \frac{\vec{v}}{v^2}\left(\vec{v} * \overrightarrow{AP_1}\right) = \begin{pmatrix} 4 \\ 6 \\ 4 \end{pmatrix} - \begin{pmatrix} 0 \\ 2 \\ 11 \end{pmatrix} + \frac{2}{9} \begin{pmatrix} 1 \\ -2 \\ 2 \end{pmatrix} \cdot 18$

$= \begin{pmatrix} 4 \\ 4 \\ -7 \end{pmatrix} + \begin{pmatrix} 4 \\ -8 \\ 8 \end{pmatrix} = \begin{pmatrix} 8 \\ -4 \\ 1 \end{pmatrix}$

20 Lage von Ebenen zueinander

20.1 E_1: $\overrightarrow{OX} = \overrightarrow{OP_1} + \lambda\overrightarrow{P_1P_2} + \mu\overrightarrow{P_1P_3}$;

E_1: $\overrightarrow{OX} = \begin{pmatrix} 2 \\ 2 \\ 1 \end{pmatrix} + \lambda \begin{pmatrix} 8 \\ 4 \\ -3 \end{pmatrix} + \mu \begin{pmatrix} -4 \\ -5 \\ 3 \end{pmatrix};\quad \vec{n} = \overrightarrow{P_1P_2} \times \overrightarrow{P_1P_3}$

$\vec{n} = \begin{pmatrix} 8 \\ 4 \\ -3 \end{pmatrix} \times \begin{pmatrix} -4 \\ -5 \\ 3 \end{pmatrix} = \begin{pmatrix} 12-15 \\ 12-24 \\ -40+16 \end{pmatrix} = \begin{pmatrix} -3 \\ -12 \\ -24 \end{pmatrix} = -3 \begin{pmatrix} 1 \\ 4 \\ 8 \end{pmatrix}$

$\overrightarrow{OX} * \vec{n} = \overrightarrow{OP_1} * \vec{n} = d;\quad \begin{pmatrix} 2 \\ 2 \\ 1 \end{pmatrix} * \begin{pmatrix} 1 \\ 4 \\ 8 \end{pmatrix} \cdot (-3) = -18 \cdot 3$

$\overrightarrow{OX} * \begin{pmatrix} 1 \\ 4 \\ 8 \end{pmatrix} = 18$

385

20.2 $g_1\colon\ \overrightarrow{OX} = \overrightarrow{OA} + \lambda \cdot \overrightarrow{v_1}$

$g_2\colon\ \overrightarrow{OX} = \overrightarrow{OB} + \mu \cdot \overrightarrow{v_2}\quad \left(g_1 \parallel g_2,\ \text{da } \overrightarrow{v_1} = \overrightarrow{v_2} = \vec{v}\right)$

$E_2\colon\ \overrightarrow{OX} = \overrightarrow{OA} + \lambda \cdot \vec{v} + \mu \cdot \overrightarrow{AB}$

$$\overrightarrow{OX} = \begin{pmatrix} -1 \\ 2 \\ -2 \end{pmatrix} + \lambda \begin{pmatrix} 1 \\ 3 \\ 4 \end{pmatrix} + \mu \begin{pmatrix} 1 \\ 2 \\ 0 \end{pmatrix};\quad \overrightarrow{n_2} = \vec{u} \times \vec{v}$$

$$\overrightarrow{n_2} = \begin{pmatrix} 1 \\ 2 \\ 0 \end{pmatrix} \times \begin{pmatrix} 1 \\ 3 \\ 4 \end{pmatrix} = \begin{pmatrix} 8 \\ -4 \\ 3-2 \end{pmatrix} = \begin{pmatrix} 8 \\ -4 \\ 1 \end{pmatrix}$$

$$\overrightarrow{OX} * \overrightarrow{n_2} = \overrightarrow{OX} * \overrightarrow{OA} = d$$

$$d = \begin{pmatrix} -1 \\ 2 \\ -2 \end{pmatrix} * \begin{pmatrix} 8 \\ -4 \\ 1 \end{pmatrix} = -8 - 8 - 2 = -18$$

$$E_2\colon\ \overrightarrow{OX} * \begin{pmatrix} -8 \\ 4 \\ -1 \end{pmatrix} = 18$$

$$E_1 \perp E_2 \rightarrow \overrightarrow{n_1} * \overrightarrow{n_2} = 0$$

$$\begin{pmatrix} 1 \\ 4 \\ 8 \end{pmatrix} * \begin{pmatrix} -8 \\ 4 \\ -1 \end{pmatrix} = -8 + 16 - 8 = 0$$

20.3 $E_3 \perp E_1$ und $E_3 \perp E_2 \ \Rightarrow\ \overrightarrow{n_3} * \overrightarrow{n_2} = 0$ und $\overrightarrow{n_3} * \overrightarrow{n_1} = 0$.

$$\begin{pmatrix} n_x \\ n_y \\ n_z \end{pmatrix} * \begin{pmatrix} -8 \\ 4 \\ -1 \end{pmatrix} = -8n_x + 4n_y - n_z = 0 \ \text{ und } \ n_x + 4n_y + 8n_z = 0$$

$$-9n_x - 9n_z = 0 \ \Rightarrow\ n_x = -n_z$$

$$36n_y + 63n_z = 0 \ \Rightarrow\ n_y = -\tfrac{63}{36} n_z = -\tfrac{7}{4} n_z$$

$$E_3\colon\ \overrightarrow{OX} * \begin{pmatrix} -1 \\ -\frac{7}{4} \\ 1 \end{pmatrix} \cdot n_z = d$$

$$d = \begin{pmatrix} -2 \\ 1 \\ 2 \end{pmatrix} * \begin{pmatrix} -1 \\ -\frac{7}{4} \\ 1 \end{pmatrix} \cdot n_z = n_z \left(2 - \tfrac{7}{4} + 2\right) = \tfrac{9}{4} \cdot n_z$$

$$E_3\colon\ \overrightarrow{OX} * \begin{pmatrix} -1 \\ -\frac{7}{4} \\ 1 \end{pmatrix} \cdot n_z = \tfrac{9}{4} \cdot n_z \qquad\qquad E_3\colon\ \overrightarrow{OX} \begin{pmatrix} -4 \\ -7 \\ 4 \end{pmatrix} = 9$$

385

21 Konstruktion einer Grillhütte

21.1 E: $\vec{x} = \begin{pmatrix} 0 \\ 0 \\ 1,25 \end{pmatrix} + r \cdot \begin{pmatrix} 4 \\ 7,2 \\ -0,5 \end{pmatrix} + s \cdot \begin{pmatrix} 0 \\ 8 \\ 5 \end{pmatrix}$

bzw. $10x_1 - 5x_2 + 8x_3 - 10 = 0$

Winkel zwischen $\overline{AB}$ und $\overline{AC}$: $\cos\alpha = \frac{\overrightarrow{AB} \cdot \overrightarrow{AC}}{|\overrightarrow{AB}| \cdot |\overrightarrow{AC}|} \approx 0,7078$, also $\alpha \approx 44,9°$

Abstand von D(0 | 8 | 0) von E: $d = \frac{|-40-10|}{\sqrt{189}} \approx 3,64$

Der Abstand des Fußpunktes vom Dach beträgt ca. 3,64 m.

21.2 Gerade g durch die Punkte B und C: $\vec{x} = \begin{pmatrix} 4 \\ 7,2 \\ 0,75 \end{pmatrix} + k \cdot \begin{pmatrix} -4 \\ 0,8 \\ 5,5 \end{pmatrix}$

$P(p_1 \mid p_2 \mid 4,6)$ liegt auf g, d. h. $x_3 = 0,75 + 5,5 \cdot k = 4,6$, also k = 0,7 und P(1,2 | 7,76 | 4,6).

Für $Q(q_1 \mid q_2 \mid 4,6)$ gilt:

- Q liegt in E, also $10q_1 - 5q_2 + 8 \cdot 4,6 - 10 = 0$ (1)
- $|\overrightarrow{QP}| = 1$, also $\sqrt{q_1^2 - 2,4q_1 + q_2^2 - 15,52q_2 + 61,6576} = 1$ (2)

Aus (1) und (2) erhält man die Lösungen $q_1 \approx 0,75$; $q_2 \approx 6,87$ oder $q_1 \approx 1,65$; $q_2 \approx 8,65$. Da der x_2-Wert von Q kleiner sein muss als der x_2-Wert von P, ist Q(0,75 | 6,87 | 4,6) der gesuchte Punkt.

21.3 S ist ein Punkt der Geraden h durch A und C: $\vec{x} = \begin{pmatrix} 0 \\ 0 \\ 1,25 \end{pmatrix} + t \cdot \begin{pmatrix} 0 \\ 8 \\ 5 \end{pmatrix}$.

Somit S(0 | 8t | 1,25 + 5t).

Bedingung: $\overrightarrow{AB} \cdot \overrightarrow{BS} = 0$, also $\begin{pmatrix} 4 \\ 7,2 \\ -0,5 \end{pmatrix} \cdot \begin{pmatrix} -4 \\ 8t - 7,2 \\ 5t + 0,5 \end{pmatrix} = 0$

bzw. $55,1 \cdot t - 68,09 = 0$, somit $t \approx 1,24$ und S(0 | 9,89 | 7,43)

21.4 Das Volumen der Grillhütte ist größer als das Volumen der dreiseitigen Pyramide, deren Grundfläche die Eckpunkte B, $B'(-4 \mid 7,2 \mid 0,75)$ und C hat und deren Spitze in A liegt.

Grundfläche dieser Pyramide: $G = \frac{1}{2} \cdot \sqrt{|\overrightarrow{BC}|^2 \cdot |\overrightarrow{BB'}|^2 - (\overrightarrow{BC} \cdot \overrightarrow{BB'})} \approx 22,2$

Die Pyramidenhöhe entspricht dem Abstand von A zu der Grundflächenebene, also h = 8.

Volumen der Pyramide: $V = \frac{1}{3} \cdot G \cdot h \approx 59,2$

Das Volumen der Grillhütte ist also größer als 59 m³ und somit auf jeden Fall genehmigungspflichtig.

7.2 Aufgaben zu Matrizen

386

1 Management mit Matrizen

1.1 $M_1 + M_2 = \begin{pmatrix} 5 & 4,6 & 4,8 & 2,6 \\ 6,9 & 10,2 & 6 & 4,4 \\ 5,4 & 6,8 & 7,8 & 6,3 \end{pmatrix}$

Das Element in der i-ten Zeile und j-ten Spalte beschreibt die Summe der Verkaufszahlen des i-ten Produktes im j-ten Bundesland für die ersten 2 Jahre. Die zweite Spalte gibt die Verkaufszahlen für Bayern an.

1.2 $M_2 - M_1 = \begin{pmatrix} 0 & 1 & 2 & 1 \\ 0,9 & 2 & 1,4 & 1,2 \\ 1 & 0 & 2 & 1,3 \end{pmatrix}$

Das Element in der i-ten Zeile und j-ten Spalte beschreibt die Veränderung der Verkaufszahlen des i-ten Bundesland vom 1. Jahr zum 2. Jahr. Die zweite Zeile gibt die Veränderung für Produkt B an.

1.3 $M_2 - 1,2 \cdot M_1 = \begin{pmatrix} -0,5 & 0,64 & 1,72 & 0,84 \\ 0,3 & 1,18 & 0,94 & 0,88 \\ 0,56 & -0,68 & 1,42 & 0,8 \end{pmatrix}$

1.4 Produkt A in Hessen: Steigerung: 0 %
Produkt C in Bayern: Steigerung: 0 %

1.5 $(2760;\ 3190;\ 2100) \cdot M_2 - (2650;\ 3240;\ 1890) \cdot M_1$
$= (5558;\ 9847;\ 14834;\ 9851)$

2 Populationsentwicklung

2.1 Übergangsmatrix $T = \begin{pmatrix} 0 & 1,25 & 0 \\ 0,8 & 0 & 0 \\ 0 & 0,95 & 0 \end{pmatrix}$

Population $\vec{p}_0 = \begin{pmatrix} J_0 \\ M_0 \\ A_0 \end{pmatrix} \Rightarrow \vec{p}_1 = T \cdot \vec{p}_0$

2.2 Korrektur an der Aufgabenstellung (1. Auflage): „… alle **zwei** Jahre zyklisch wiederholen." Wegen $T^3 = T$ folgt die Behauptung, d.h. es gilt $T^3 \cdot \vec{p}_0 = T \cdot \vec{p}_0 = \vec{p}_1$

3 Spiegelung und Drehung im Raum

3.1 Mittelpunkt von $\overrightarrow{PQ}$:

$$\overrightarrow{OM} = \tfrac{1}{2}\left(\overrightarrow{OP} + \overrightarrow{OQ}\right) = \begin{pmatrix} 6 \\ 3 \\ 0 \end{pmatrix} \Rightarrow M(6 \mid 3 \mid 0)$$

Ebene durch M mit Normalenvektor $\vec{n} = \overrightarrow{PQ}$:

$$E: \begin{pmatrix} 1 \\ -2 \\ 2 \end{pmatrix} * \vec{x} = 0$$

3.2 $s\begin{pmatrix} 2 \\ 2 \\ 1 \end{pmatrix} * \begin{pmatrix} 1 \\ -2 \\ 2 \end{pmatrix} = 0 \Leftrightarrow s(2-4+2) = 0 \Leftrightarrow s \cdot 0 = 0$

gilt für alle $s \in \mathbb{R} \Rightarrow$ g liegt in E.

g schneidet E^* orthogonal $\Rightarrow \begin{pmatrix} 2 \\ 2 \\ 1 \end{pmatrix}$ ist Normalenvektor von E^*.

P liegt auf $E^* \Rightarrow \begin{pmatrix} 2 \\ 2 \\ 1 \end{pmatrix} * \vec{x} - \begin{pmatrix} 2 \\ 2 \\ 1 \end{pmatrix} * \begin{pmatrix} 7 \\ 1 \\ 2 \end{pmatrix} = 0$

also $E^*: \begin{pmatrix} 2 \\ 2 \\ 1 \end{pmatrix} * \vec{x} - 18 = 0$

3.3 $\overrightarrow{OS} = t_S \cdot \vec{v} \Rightarrow t_s^{\,2} \cdot \vec{v}^2 = 18 \Rightarrow t_s = 2$ $\qquad \overrightarrow{OS} = \begin{pmatrix} 4 \\ 4 \\ 2 \end{pmatrix}$

$$\cos \sphericalangle PSQ = \frac{\overrightarrow{SP} * \overrightarrow{SQ}}{\left|\overrightarrow{SP}\right| \cdot \left|\overrightarrow{SQ}\right|} = \frac{\begin{pmatrix} 3 \\ -3 \\ 0 \end{pmatrix} * \begin{pmatrix} 1 \\ 1 \\ -4 \end{pmatrix}}{\left|\overrightarrow{SP}\right| \cdot \left|\overrightarrow{SQ}\right|} = 0 \Rightarrow \sphericalangle PSQ = 90°$$

$$\overrightarrow{OP}' = \frac{1}{v_1^2 + v_2^2 + v_3^2} \begin{pmatrix} v_1^2 - v_2^2 - v_3^2 & 2v_1v_2 & 2v_1v_2 \\ 2v_1v_2 & -v_1^2 + v_2^2 - v_3^2 & 2v_2v_3 \\ 2v_1v_3 & 2v_2v_3 & -v_1^2 - v_2^2 + v_3^2 \end{pmatrix} \cdot \overrightarrow{OP}$$

$$\overrightarrow{OP}' = \tfrac{1}{9} \begin{pmatrix} -1 & 8 & 4 \\ 8 & -1 & 4 \\ 4 & 4 & -7 \end{pmatrix} \cdot \begin{pmatrix} 7 \\ 1 \\ 2 \end{pmatrix} = \tfrac{1}{9} \begin{pmatrix} 9 \\ 63 \\ 18 \end{pmatrix} = \begin{pmatrix} 1 \\ 7 \\ 2 \end{pmatrix}$$

386

3.4 $U = \frac{1}{u^2+v^2+w^2}\begin{pmatrix} u^2-v^2-w^2 & 2uv & 2uw \\ 2uv & -u^2+v^2-w^2 & 2vw \\ 2uw & 2vw & -u^2-v^2+w^2 \end{pmatrix}$

$g\colon \overrightarrow{OX} = s\begin{pmatrix} u \\ v \\ w \end{pmatrix}; \quad U = \frac{1}{9}\begin{pmatrix} -1 & 8 & 4 \\ 8 & -1 & 4 \\ 4 & 4 & -7 \end{pmatrix}; \quad T = \frac{1}{9}\begin{pmatrix} 4 & 1 & 8 \\ 7 & 4 & -4 \\ 4 & 8 & 1 \end{pmatrix}$

387

4 Fertighäuser

4.1 $\begin{pmatrix} 5 & 8 & 12 \\ 25 & 18 & 13 \\ 15 & 16 & 24 \\ 11 & 12 & 14 \\ 8 & 12 & 11 \\ 19 & 24 & 15 \end{pmatrix} \cdot \begin{pmatrix} 6 \\ 9 \\ 14 \end{pmatrix} = \begin{pmatrix} 270 \\ 494 \\ 570 \\ 370 \\ 310 \\ 540 \end{pmatrix}$

4.2 $(17;\, 11;\, 7;\, 12;\, 5;\, 24) \cdot \begin{pmatrix} 5 & 8 & 12 \\ 25 & 18 & 13 \\ 15 & 16 & 24 \\ 11 & 12 & 14 \\ 8 & 12 & 11 \\ 19 & 24 & 15 \end{pmatrix} = (1093;\, 1226;\, 1098)$

Gesamtpreis der Bestellung:

$(17;\, 11;\, 7;\, 12;\, 5;\, 24) \cdot \begin{pmatrix} 5 & 8 & 12 \\ 25 & 18 & 13 \\ 15 & 16 & 24 \\ 11 & 12 & 14 \\ 8 & 12 & 11 \\ 19 & 24 & 15 \end{pmatrix} \cdot \begin{pmatrix} 6 \\ 9 \\ 14 \end{pmatrix} = (1093;\, 1226;\, 1098) \cdot \begin{pmatrix} 6 \\ 9 \\ 14 \end{pmatrix}$

$= 32\,964$

4.3 $1{,}085 \cdot (1093;\, 1226;\, 1098) = (1185{,}91;\, 1330;\, 1191{,}33)$

$(1185{,}91;\, 1330;\, 1191{,}33) \cdot \begin{pmatrix} 10 \\ 6 \\ 9 \end{pmatrix} = 29\,232{,}1$

Anstelle des Matrix-Produktes kann auch das Skalarprodukt verwendet werden.

387

5 Trendwechsel

5.1

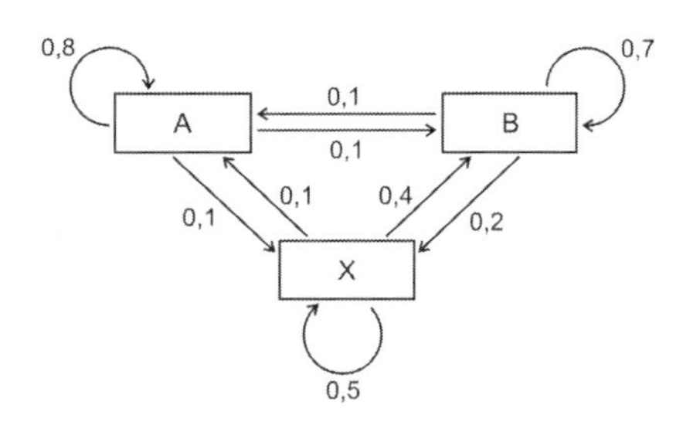

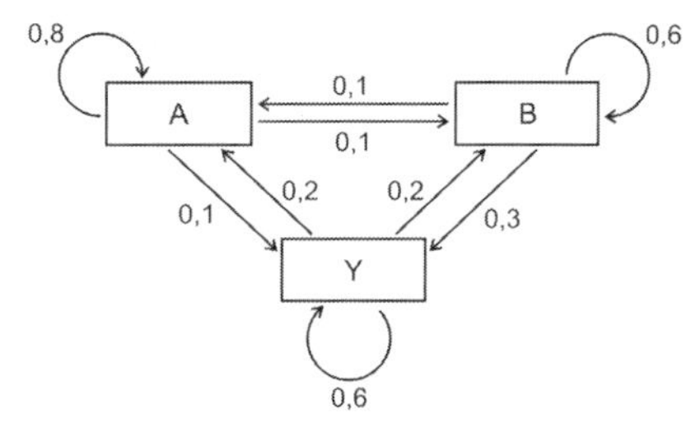

5.2 a) M_1^k konvergiert gegen $M_1^\infty = \begin{pmatrix} 0,6 & 0,6 \\ 0,4 & 0,4 \end{pmatrix}$.

Damit ergibt sich langfristig für jeden Anfangsvektor der Fixvektor

$\vec{p} = \begin{pmatrix} 0,6 \\ 0,4 \end{pmatrix}$.

M_2^k konvergiert gegen $M_2^\infty = \begin{pmatrix} 0,333333 & 0,333333 & 0,333333 \\ 0,428571 & 0,428571 & 0,428571 \\ 0,238095 & 0,238095 & 0,238095 \end{pmatrix}$.

Damit ergibt sich langfristig für jeden Anfangsvektor der Fixvektor

$\vec{p} = \begin{pmatrix} 0,333333 \\ 0,428571 \\ 0,238095 \end{pmatrix}$.

M_3^k konvergiert gegen $M_3^\infty = \begin{pmatrix} 0,434783 & 0,434783 & 0,434783 \\ 0,26087 & 0,26087 & 0,26087 \\ 0,304348 & 0,304348 & 0,304348 \end{pmatrix}$.

Damit ergibt sich langfristig für jeden Anfangsvektor der Fixvektor

$\vec{p} = \begin{pmatrix} 0,434783 \\ 0,26087 \\ 0,304348 \end{pmatrix}$.

387

5.2 **b)** (1) Marktanteil ohne neues Produkt: 60 %;
Marktanteil mit Produkt X: 57,1 %;
Marktanteil mit Produkt Y: 73,9 %

(2) Mit Produkt X fällt der Marktanteil von 60 % auf 57,1 %. Mit Produkt Y kann der Marktanteil von 60 % auf 73,9 % gesteigert werden.

6 Dreieck, Tetraeder, Abbildung

6.1 $\overrightarrow{OX} = \overrightarrow{OA} + \overrightarrow{AB}\,s + \overrightarrow{AC}\,t$

$$\overrightarrow{OX} = \begin{pmatrix} -2 \\ -5 \\ -5 \end{pmatrix} + s\begin{pmatrix} 3 \\ 3 \\ 12 \end{pmatrix} + t\begin{pmatrix} 3 \\ 12 \\ 3 \end{pmatrix} \quad \text{oder} \quad \overrightarrow{OX} = \begin{pmatrix} -2 \\ -5 \\ -5 \end{pmatrix} + s'\begin{pmatrix} 1 \\ 1 \\ 4 \end{pmatrix} + t'\begin{pmatrix} 1 \\ 4 \\ 1 \end{pmatrix}$$

$$\vec{n} = \overrightarrow{AB} \times \overrightarrow{AC} = \begin{pmatrix} 1-16 \\ 4-1 \\ 4-1 \end{pmatrix} = \begin{pmatrix} -15 \\ 3 \\ 3 \end{pmatrix} = 3\begin{pmatrix} -5 \\ 1 \\ 1 \end{pmatrix}$$

$$\overrightarrow{OX} * \vec{n} = \overrightarrow{OB} * \vec{n} = d; \quad d = \begin{pmatrix} 1 \\ -2 \\ 7 \end{pmatrix} * \begin{pmatrix} -5 \\ 1 \\ 1 \end{pmatrix} \cdot 3 = 0$$

$$\overrightarrow{OX} * \begin{pmatrix} -5 \\ 1 \\ 1 \end{pmatrix} = 0$$

6.2 $\overline{AB} = \sqrt{9(1+1+16)} = 9\sqrt{2}$

$\overline{AC} = \sqrt{9(1+1+16)} = 9\sqrt{2}$

$\overline{BC} = \sqrt{81+81} = 9\sqrt{2}$

$\overrightarrow{AS} = \frac{1}{3}\left(\overrightarrow{AB} + \overrightarrow{AC}\right)$

$\overrightarrow{OS} = \overrightarrow{OA} + \frac{1}{3}\left(\overrightarrow{OB} + \overrightarrow{OC} - 2 \cdot \overrightarrow{AC}\right) = \frac{1}{3}\left(\overrightarrow{OA} + \overrightarrow{OB} + \overrightarrow{OC}\right)$

$$\overrightarrow{OS} = \frac{1}{3}\left(\begin{pmatrix} -2 \\ -5 \\ -5 \end{pmatrix} + \begin{pmatrix} 1 \\ -2 \\ 7 \end{pmatrix} + \begin{pmatrix} 1 \\ 7 \\ -2 \end{pmatrix}\right) = \frac{1}{3}\begin{pmatrix} 0 \\ 0 \\ 0 \end{pmatrix} = \begin{pmatrix} 0 \\ 0 \\ 0 \end{pmatrix}$$

387

6.3 $\overrightarrow{OD} = \overrightarrow{OS} + s\vec{n}$

$$\overrightarrow{AD}^2 = \left(\overrightarrow{OD} - \overrightarrow{OA}\right)^2 = \overrightarrow{AB}^2$$

$$s^2 \cdot \vec{n}^2 + \overrightarrow{OA}^2 - 2 \cdot s\vec{n} * \overrightarrow{OA} = \overrightarrow{AB}^2$$

$$s^2 \cdot 27 + 54 = 162$$

$$27 \cdot s^2 = 108 \Rightarrow s^2 = 4$$

$$s = \pm 2$$

$$\overrightarrow{OD} = \pm 2\begin{pmatrix} 5 \\ -1 \\ -1 \end{pmatrix}$$

6.4 $T \cdot \overrightarrow{OP} = \overrightarrow{OP}$

$$\tfrac{1}{9}\begin{pmatrix} 8-4-1 \\ -1-4+8 \\ -4-7-4 \end{pmatrix} \cdot \begin{pmatrix} x \\ y \\ z \end{pmatrix} = \begin{pmatrix} 8x+4y+z \\ -x-4y+8z \\ -4x-7y-4z \end{pmatrix} \cdot \tfrac{1}{9}$$

$$\tfrac{1}{9}\begin{pmatrix} 8x+4y+z \\ -x-4y+8z \\ -4x-7y-4z \end{pmatrix} = \begin{pmatrix} x \\ y \\ z \end{pmatrix}$$

$$\begin{cases} 8x-4y-z-9x=0 \\ -x-4y+8z-9y=0 \\ -4x-7y-4z-9z=0 \end{cases}$$

$$\begin{cases} -x-4y-z=0 \\ -10x-13y+8z=0 \\ -4x-7y-13z=0 \end{cases} \Rightarrow \quad \begin{matrix} x=-5y \\ z=y \\ \text{sei } y=t \end{matrix}$$

Lösung: $t \cdot \begin{pmatrix} -5 \\ 1 \\ 1 \end{pmatrix}$ $\Rightarrow$ die durch die Matrix T vermittelte Abbildung bildet jeden Punkt der Gerade g auf sich selbst ab.

$$\overrightarrow{OA}' = T \cdot \overrightarrow{OA} = \begin{pmatrix} 1 \\ -2 \\ 7 \end{pmatrix} = \overrightarrow{OB}$$

$$\overrightarrow{OB}' = T \cdot \overrightarrow{OB} = \begin{pmatrix} 1 \\ 7 \\ -2 \end{pmatrix} = \overrightarrow{OC}$$

$$\overrightarrow{OC}' = T \cdot \overrightarrow{OC} = \begin{pmatrix} -2 \\ -5 \\ -5 \end{pmatrix} = \overrightarrow{OA}$$

Die zu T gehörige Abbildung bildet das Dreieck ABC auf $A'B'C'$ ab, wobei $A' = B$, $B' = C$ und $C' = A$.

7 Telefonkosten

7.1 Reihenfolge: KR, WR, GR, OA

Übergangsmatrix: $M = \begin{pmatrix} 0,8 & 0,7 & 0,6 & 0,1 \\ 0,2 & 0,2 & 0 & 0 \\ 0 & 0,1 & 0,3 & 0 \\ 0 & 0 & 0,1 & 0,9 \end{pmatrix}$;

Anfangsvektor $\vec{a} = \begin{pmatrix} 30000 \\ 8000 \\ 2000 \\ 1000 \end{pmatrix}$

Nach 1. Quartal:

$M \cdot \vec{a} = \begin{pmatrix} 30900 \\ 7600 \\ 1400 \\ 1100 \end{pmatrix}$;

nach 2. Quartal:

$M^2 \cdot \vec{a} = \begin{pmatrix} 30990 \\ 7700 \\ 1180 \\ 1130 \end{pmatrix}$;

nach 3. Quartal:

$M^3 \cdot \vec{a} = \begin{pmatrix} 31003 \\ 7738 \\ 1124 \\ 1135 \end{pmatrix}$;

nach 4. Quartal:

$M^4 \cdot \vec{a} = \begin{pmatrix} 31006,9 \\ 7748,2 \\ 1111 \\ 1133,9 \end{pmatrix}$

Die Prognose über 4 Quartale zeigt, dass sich das Zahlungsverhalten positiv verändert: Während die Anzahl der Kunden mit wenig und großen Zahlungsrückstand zurück gehen, nimmt die Zahl der Kunden, die immer pünktlich zahlen, um etwa 1000 zu. Die Anzahl der Haushalte ohne Telefonanschluss nimmt dazu im Verhältnis nur leicht zu. Bei der Prognose geht man jedoch davon aus, dass sich das Zahlungsverhalten für jedes Quartal gleich verändert, was natürlich nicht realistisch ist.

7.2

$$\left.\begin{array}{ll} \text{KR} & 0,7 \cdot 40\,000 = 28\,000 \\ \text{WR} & 0,05 \cdot 40\,000 = 2\,000 \\ \text{GR} & 0,25 \cdot 40\,000 = 10\,000 \end{array}\right\} \text{Summe: } 40\,000$$

OA 1 000

Startvektor $\vec{b} = \begin{pmatrix} 28000 \\ 2000 \\ 10000 \\ 1000 \end{pmatrix}$

7.2 Fortsetzung

Nach 1. Quartal

$$M \cdot \vec{b} = \begin{pmatrix} 29900 \\ 6000 \\ 3200 \\ 1900 \end{pmatrix};$$

Nach 2. Quartal

$$M^2 \cdot \vec{b} = \begin{pmatrix} 30230 \\ 7180 \\ 1560 \\ 2030 \end{pmatrix};$$

Nach 3. Quartal

$$M^3 \cdot \vec{b} = \begin{pmatrix} 30349 \\ 7482 \\ 1186 \\ 1983 \end{pmatrix};$$

Nach 4. Quartal

$$M^4 \cdot \vec{b} = \begin{pmatrix} 30427 \\ 7566 \\ 1104 \\ 1903 \end{pmatrix}$$

Die Zahl der Kunden mit großem Zahlungsrückstand geht dadurch schnell zurück.
Vergleicht man diese Prognose mit der unter 3.1, so ist der Stand im 4. Quartal eher schlechter. Hinzu kommen noch die Verluste für den Erlass der Schulden.
Es dürfte also besser sein, die alte Strategie beizubehalten.

8. Permutationsmatrix

8.1 Multiplikation von links bewirkt eine Zeilenvertauschung:

$$\begin{pmatrix} 0 & 1 & 0 \\ 0 & 0 & 1 \\ 1 & 0 & 0 \end{pmatrix} \cdot \begin{pmatrix} 4 & 6 & -10 \\ -14 & 30 & 14 \\ 10 & -6 & -4 \end{pmatrix} = \begin{pmatrix} -14 & 30 & 14 \\ 10 & -6 & -4 \\ 4 & 6 & -10 \end{pmatrix}$$

Multiplikation von rechts bewirkt eine Spaltenvertauschung:

$$\begin{pmatrix} 4 & 6 & -10 \\ -14 & 30 & 14 \\ 10 & -6 & -4 \end{pmatrix} \cdot \begin{pmatrix} 0 & 1 & 0 \\ 0 & 0 & 1 \\ 1 & 0 & 0 \end{pmatrix} = \begin{pmatrix} -10 & 4 & 6 \\ 14 & -14 & 30 \\ -4 & 10 & -6 \end{pmatrix}$$

8.2

$$\begin{pmatrix} 1 & 0 & 0 \\ 0 & 1 & 0 \\ 0 & 0 & 1 \end{pmatrix}; \quad \begin{pmatrix} 1 & 0 & 0 \\ 0 & 0 & 1 \\ 0 & 1 & 0 \end{pmatrix}; \quad \begin{pmatrix} 0 & 1 & 0 \\ 1 & 0 & 0 \\ 0 & 0 & 1 \end{pmatrix};$$

$$\begin{pmatrix} 0 & 1 & 0 \\ 0 & 0 & 1 \\ 1 & 0 & 0 \end{pmatrix}; \quad \begin{pmatrix} 0 & 0 & 1 \\ 1 & 0 & 0 \\ 0 & 1 & 0 \end{pmatrix}; \quad \begin{pmatrix} 0 & 0 & 1 \\ 0 & 1 & 0 \\ 1 & 0 & 0 \end{pmatrix}$$

388

8.3
$$\begin{pmatrix} a_{11} & a_{12} & a_{13} \\ a_{21} & a_{22} & a_{23} \\ a_{31} & a_{32} & a_{33} \end{pmatrix} \cdot \begin{pmatrix} 1 & 0 & 0 \\ 0 & 1 & 0 \\ 0 & 0 & 1 \end{pmatrix} = \begin{pmatrix} a_{11} & a_{12} & a_{13} \\ a_{21} & a_{22} & a_{23} \\ a_{31} & a_{32} & a_{33} \end{pmatrix}$$
$$\begin{pmatrix} a_{11} & a_{12} & a_{13} \\ a_{21} & a_{22} & a_{23} \\ a_{31} & a_{32} & a_{33} \end{pmatrix} \cdot \begin{pmatrix} 1 & 0 & 0 \\ 0 & 0 & 1 \\ 0 & 1 & 0 \end{pmatrix} = \begin{pmatrix} a_{11} & a_{13} & a_{12} \\ a_{21} & a_{23} & a_{22} \\ a_{31} & a_{33} & a_{32} \end{pmatrix}$$
$$\begin{pmatrix} a_{11} & a_{12} & a_{13} \\ a_{21} & a_{22} & a_{23} \\ a_{31} & a_{32} & a_{33} \end{pmatrix} \cdot \begin{pmatrix} 0 & 1 & 0 \\ 1 & 0 & 0 \\ 0 & 0 & 1 \end{pmatrix} = \begin{pmatrix} a_{12} & a_{11} & a_{13} \\ a_{22} & a_{21} & a_{23} \\ a_{32} & a_{31} & a_{33} \end{pmatrix}$$
$$\begin{pmatrix} a_{11} & a_{12} & a_{13} \\ a_{21} & a_{22} & a_{23} \\ a_{31} & a_{32} & a_{33} \end{pmatrix} \cdot \begin{pmatrix} 0 & 1 & 0 \\ 0 & 0 & 1 \\ 1 & 0 & 0 \end{pmatrix} = \begin{pmatrix} a_{13} & a_{11} & a_{12} \\ a_{23} & a_{21} & a_{22} \\ a_{33} & a_{31} & a_{32} \end{pmatrix}$$
$$\begin{pmatrix} a_{11} & a_{12} & a_{13} \\ a_{21} & a_{22} & a_{23} \\ a_{31} & a_{32} & a_{33} \end{pmatrix} \cdot \begin{pmatrix} 0 & 0 & 1 \\ 1 & 0 & 0 \\ 0 & 1 & 0 \end{pmatrix} = \begin{pmatrix} a_{12} & a_{13} & a_{11} \\ a_{22} & a_{23} & a_{21} \\ a_{32} & a_{33} & a_{31} \end{pmatrix}$$
$$\begin{pmatrix} a_{11} & a_{12} & a_{13} \\ a_{21} & a_{22} & a_{23} \\ a_{31} & a_{32} & a_{33} \end{pmatrix} \cdot \begin{pmatrix} 0 & 0 & 1 \\ 0 & 1 & 0 \\ 1 & 0 & 0 \end{pmatrix} = \begin{pmatrix} a_{13} & a_{12} & a_{11} \\ a_{23} & a_{22} & a_{21} \\ a_{33} & a_{32} & a_{31} \end{pmatrix}$$

8.4 Eine Permutationsmatrix P entsteht durch Vertauschung der Spalten

$$e_1 = \begin{pmatrix} 1 \\ 0 \\ \vdots \\ 0 \end{pmatrix},\ e_2 = \begin{pmatrix} 0 \\ 1 \\ \vdots \\ 0 \end{pmatrix},\ \dots,\ e_n = \begin{pmatrix} 0 \\ 0 \\ \vdots \\ 1 \end{pmatrix}$$ der Einheitsmatrix.

Multipliziert man eine beliebige Matrix A von rechts mit P, überträgt sich die Vertauschung auf die Spalten von A.

8.5 Eine Permutationsmatrix P entsteht durch Vertauschung der Zeilen (1; 0; …; 0); (0; 1; …; 0); …; (0; 0; …; 1) der Einheitsmatrix. Multipliziert man eine beliebige Matrix A von links mit P, überträgt sich die Vertauschung auf die Zeilen von A.

7.3 Aufgaben zur Stochastik

389

1 Blutgruppen

1.1 a) $p_1 = \frac{1}{3}$; $n = 100$; $p_2 = \frac{2}{3}$

$P(X_2 < 60) = P(X_2 \leq 59) = P(X_1 \geq 41) = 1 - P(X_1 \leq 40)$
$= 1 - 0{,}934 = 0{,}066$

389

1.1 **b)** n muss so bestimmt werden, dass $\mu - 1{,}28\sigma \geq 100$

$n \cdot \frac{1}{3} - 1{,}28\sqrt{n} \cdot \sqrt{\frac{1}{3} \cdot \frac{2}{3}} \geq 100$

Ersetze $\sqrt{n} = x$, also $n = x^2$

$\frac{1}{3}x^2 - 0{,}6034x \geq 100$

$x^2 - 1{,}8102x + 0{,}905^2 \geq 300 + 0{,}905^2$

$|x - 0{,}905| \geq 17{,}344$

$X \geq 18{,}249$, also $n \geq 333$

n muss mindestens 333 sein.

1.2 Mit einer Wahrscheinlichkeit von 90% gilt

$|X - \mu| \leq 1{,}64\sigma$ bzw.. $\left|\frac{X}{n} - p\right| \leq 1{,}64\frac{\sigma}{n}$

Die Abweichung soll höchstens 0,5% betragen, d. h. in 90% der Fälle soll gelten:

$1{,}64\sqrt{\frac{p(1-p)}{n}} \leq 0{,}005$

Für $p \approx 0{,}2$, also $1 - p \approx 0{,}8$ würde gelten (ungünstiger Fall)

$1{,}64\sqrt{\frac{0{,}2 \cdot 0{,}8}{n}} \leq 0{,}005$, also $n \geq 17\,214$

1.3 **a)** $n = 24\,343$; $p = 0{,}377$; $\mu - 1{,}96\sigma = 9029{,}11$; $\mu + 1{,}96\sigma = 9325{,}51$ liefert das Intervall [9029; 9326].
relative Häufigkeit: [0,371; 0,383]

b) Löse $\left|\frac{X}{n} - p\right| \leq 1{,}96\frac{\sqrt{np(1-p)}}{n}$ mit $X = 9271$ und $n = 24\,343$.
[0,3748; 0,3870]

c) In beiden Aufgaben soll ein Intervall angegeben werden, in dem der unbekannte Anteil p mit einer Wahrscheinlichkeit von 95 % liegt. In a) wird von der Grundgesamtheit auf den Anteil der Stichprobe geschlossen. In b) wird von der Stichprobe auf die Grundgesamtheit geschlossen.

2 Freikarten

2.1 $n = 5$; $p = 0{,}4$ (X: Anzahl der Freikarten für Jungen)

$P(X \geq 3) = P(X = 3) + P(X = 4) + P(X = 5)$

$= \binom{5}{3}0{,}4^3 \cdot 0{,}6^2 + \binom{5}{4}0{,}4^4 \cdot 0{,}6^1 + \binom{5}{5}0{,}4^5 \cdot 0{,}6^0$

$= 0{,}2304 + 0{,}0768 + 0{,}01024 = 0{,}31744$

2.2 $P(\text{lauter Misserfolge}) = \left(\frac{19}{20}\right)^n$

$P(\text{mindestens ein Erfolg}) = 1 - \left(\frac{19}{20}\right)^n \geq 0{,}9 \Leftrightarrow n \geq 45$

389

2.3 Kugel-Fächer-Modell: 50 Kugeln werden zufällig auf 20 Fächer verteilt ($n = 50$; $p = \frac{1}{20}$)

$P(X = 0) = 0{,}95^{50} = 0{,}077$

$P(X = 1) = \binom{50}{1} 0{,}05^1 \cdot 0{,}95^{49} = 0{,}202$

$P(X = 2) = \binom{50}{2} 0{,}05^2 \cdot 0{,}95^{48} = 0{,}261$

$P(X = 3) = \binom{50}{3} 0{,}05^3 \cdot 0{,}95^{47} = 0{,}220$

$P(X > 3) = 1 - P(X \leq 3) = 0{,}240$

2.4 Bestimmen einer 90%-Umgebung um $\mu = n \cdot p = 60 \cdot 0{,}6 = 36$:

$\sigma = \sqrt{60 \cdot 0{,}6 \cdot 0{,}4} = \sqrt{14{,}4} \approx 3{,}795$; $1{,}64\sigma \approx 6{,}22$.

Mit einer Wahrscheinlichkeit von ca. 90 % wird das Ergebnis der Stichprobe im Intervall [30; 42] liegen. Da das Stichprobenergebnis $X = 40$ verträglich ist mit $p = 0{,}6$, haben die Jungen keinen Grund, an der korrekten Handlungsweise des Lehrers zu zweifeln.

2.5 Aus der Ungleichung $|40 - 60 \cdot p| \leq 1{,}64\sigma$ oder $\left|\frac{40}{60} - p\right| \leq \frac{1{,}64\sigma}{60}$ ergibt sich das 90%-Konfidenzintervall: $0{,}562 \leq p \leq 0{,}757$. Es enthält alle Anteile p, für die gilt, dass das Stichprobenergebnis $X = 40$ in der 90%-Umgebung dieser p liegt.

390

3 Glücksrad

3.1 a) Geburtstagsproblem!

$P = 1 - \frac{10 \cdot 9 \cdot 8 \cdot 7 \cdot 6 \cdot 5 \cdot 4 \cdot 3 \cdot 2 \cdot 1}{10^{10}} = 1 - \frac{10!}{10^{10}} = 0{,}9996$

b) $P(X = 0) = 0{,}349$

$P(X = 1) = 0{,}387$

$P(X \geq 2) = 0{,}264$

3.2 a) 1 – normalcdf(30; 27,5; 6,42) + normalcdf(15; 27,5; 6,42) = 0,374252 ≈ 37,4 %

390

3.2 **b)** Unter der Annahme, dass das Glücksrad fair ist, muss die Durchschnittszufallsgröße $\overline{X}_{25} = \frac{1}{25}\sum_{k=1}^{25} X_k$ betrachtet werden, wobei X_k der Zufallsvariablen der k-ten Durchführung entspricht.
Für alle X_k gilt: $\mu = 27{,}5$ und $\sigma = 6{,}42$.

$\overline{X}_{25}$ ist normalverteilt mit $\mu_{\overline{X}} = 27{,}5$ und $\sigma_{\overline{X}} = \frac{6{,}42}{5} = 1{,}28$.

Die Realisierung von $\overline{X}_{25}$ liegt mit 95 % in

$\left[\mu_{\overline{X}} - 1{,}96\sigma_{\overline{X}};\ \mu_{\overline{X}} + 1{,}96\sigma_{\overline{X}}\right] \approx [24{,}982;\ 30{,}018]$.

Falls die beobachtete Durchschnittspunktzahl nicht in diesem Intervall liegt, sollte man Verdacht schöpfen.

3.3 **a)** $n = 250;\ p = 0{,}6;\ \mu = 150;\ \sigma = 7{,}75;\ 1{,}64\sigma = 12{,}70$
Mit einer Wahrscheinlichkeit von 90% wird das Glücksrad mindestens 138-mal und höchstens 162-mal auf einem schwarzen Sektor stehen bleiben.

b) $n = 10$: $P(X \leq 4) = 0{,}166$
$n = 50$: $P(X \leq 24) = 0{,}057$
$n = 200$: $P(X \leq 99) = 0{,}0017$

3.4 Die Zufallsgröße G beschreibe den Gewinn. G kann nur die Werte 0, 1 und –1 annehmen. Am Baumdiagramm sieht man ein:
$P(G = 0) = 0{,}52$;
$P(G = 1) = 0{,}192$;
$P(G = -1) = 0{,}288$
Erwartungswert: $E(G) = -0{,}096$, damit verliert man auf Dauer 9,6 Cent pro Spiel.

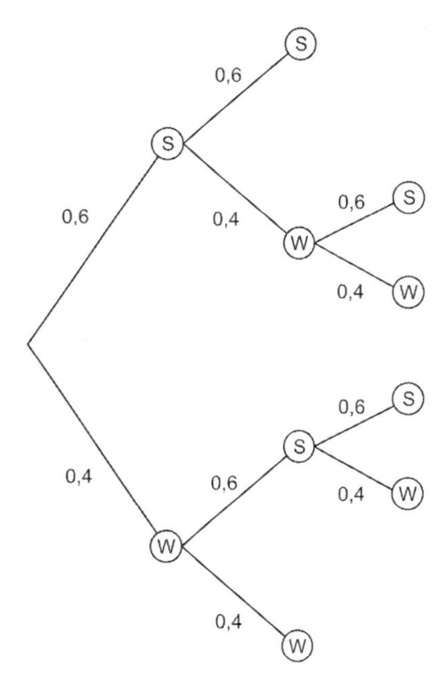

4 Körpergewicht

4.1 **a)** $\mu = \frac{192+169}{2}$ cm = 180,5 cm $\qquad \sigma = \frac{192{,}5-168{,}5}{1{,}88 \cdot 2} = 6{,}38$ cm

b) $P(X > 180{,}5 \text{ cm}) = P(X < 180{,}5 \text{ cm}) = 50\%$
$P(\mu - 0{,}674\sigma \leq X \leq \mu + 0{,}674\sigma)$
$= P(176{,}2 \text{ cm} \leq X \leq 184{,}8 \text{ cm}) = 50\%$

c) $\sigma_{\bar{X}} = \frac{6{,}38 \text{ cm}}{\sqrt{100}} = 0{,}638$ cm

$P(X > 184 \text{ cm}) = P(X \geq 184{,}5 \text{ cm})$
$= P(X \geq 180{,}5 \text{ cm} + 6{,}3 \cdot \sigma_{\bar{X}}) = 0\%$

4.2 $p = 0{,}25$; $n = 138$; $\mu = 34{,}5$; $\sigma = 5{,}087$; $1{,}64\sigma = 8{,}34$
90%-Umgebung von μ: $27 \leq X \leq 42$
Mit einer Wahrscheinlichkeit von 90% liegt die Anzahl der 18jährigen in der Stichprobe im Intervall [27; 42].

4.3 Ernährungswissenschaftler gehen davon aus, dass der Anteil seit dem letzten Mikrozensus gestiegen ist, d. h. sie vertreten den Standpunkt: $p > 0{,}25$. Von ihrer Meinung lassen sie sich nur abbringen durch signifikante Abweichungen nach unten.
Für $p = 0{,}25$ und $n = 500$ wäre $\mu = 500 \cdot 0{,}25 = 125$ und
$\sigma = \sqrt{500 \cdot 0{,}25 \cdot 0{,}75} \approx 9{,}68$, also $\mu - 1{,}64\sigma \approx 109{,}12$. Wenn $p = 0{,}25$ ist, dann gilt: $P(X < \mu - 1{,}64\sigma) = P(X < 109) \approx 0{,}95$.
Für $p > 0{,}25$ ist auch $\mu - 1{,}64\sigma > 109$.
Entscheidungsregel: Verwirf die Hypothese $p > 0{,}25$, falls in der Stichprobe weniger als 109 18-jährige Männer angetroffen werden, die mehr als 70 kg wiegen.
Befürworter von Fast-Food gehen davon aus, dass der Anteil seit dem letzten Mikrozensus höchstens kleiner geworden ist, d. h. sie vertreten den Standpunkt: $p \leq 0{,}25$. Von ihrer Meinung lassen sie sich nur abbringen durch signifikante Abweichungen nach oben.
Für $p = 0{,}25$ und $n = 500$ wäre $\mu = 500 \cdot 0{,}25 = 125$ und
$\sigma = \sqrt{500 \cdot 0{,}25 \cdot 0{,}75} \approx 9{,}68$, also $\mu - 1{,}64\sigma \approx 140{,}88$. Wenn $p = 0{,}25$ ist, dann gilt: $P(X < \mu - 1{,}64\sigma) = P(X > 140) \approx 0{,}95$.
Für $p < 0{,}25$ ist auch $\mu + 1{,}64\sigma < 140$.
Entscheidungsregel: Verwirf die Hypothese $p \leq 0{,}25$, falls in der Stichprobe mehr als 140 18-jährige Männer angetroffen werden, die mehr als 70 kg wiegen.

4.4 Das Stichprobenergebnis $X = 130$ ist sowohl verträglich mit der Hypothese $p > 0{,}25$ als auch $p \leq 0{,}25$, d. h. keine der beiden Hypothesen kann gemäß Entscheidungsregel verworfen werden.

390

4.5 Mit einer Wahrscheinlichkeit von ca. 95 % unterscheidet sich die relative Häufigkeit $\frac{X}{n}$ in der Stichprobe von der zugrunde liegenden Erfolgswahrscheinlichkeit p um höchsten $\frac{1{,}96\sigma}{n}$. Wenn also $\left|\frac{X}{n} - p\right| \le \frac{1{,}96\sigma}{n} \le 0{,}01$, dann ist die Bedingung in 95 % der Stichproben erfüllt.
Aus der Ungleichung $\frac{1{,}96\sigma}{n} \le 0{,}01$ ergibt sich für $p \approx 0{,}25$ die Bedingung: $n \ge \left(\frac{1{,}96}{0{,}01}\right)^2 \cdot 0{,}25 \cdot 0{,}75 \approx 7200$. Mindestens 7200 Männer müssen also für die Stichprobe ausgewählt werden, um den Anteil auf 1 Prozentpunkt zu schätzen.

5 Medien heute

391

5.1 Schluss von der Gesamtheit auf die Stichprobe
$n = 500$; $p = 0{,}69$
90%-Umgebung von μ: $329 \le X \le 361$

5.2 **a)** $P_{SP}(m) \approx 63\%$
b) $P_{MU}(w) \approx 61\%$
c)

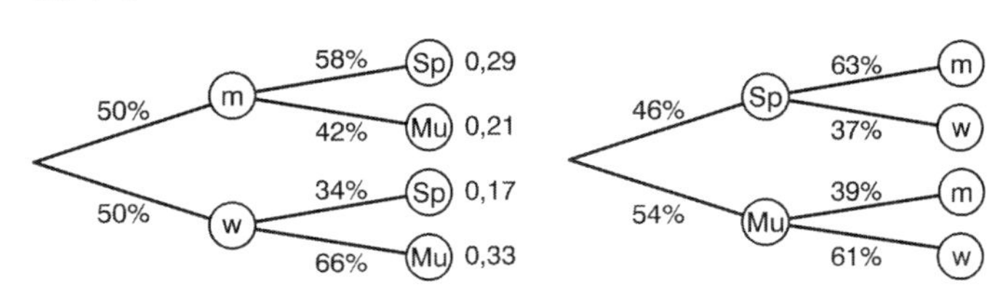

5.3 $n \ge \left(\frac{1{,}64}{0{,}03}\right)^2 \cdot 0{,}25 = 747{,}111$, also mindestens 748.

5.4 Man benötigt Informationen über die Altersverteilung.

6 Nur alle vier Jahre Geburtstag

6.1 Die Wahrscheinlichkeit, am 29. 2. Geburtstag zu haben, wird mit $p = \frac{1}{1461}$ angenommen. Daher kann man mit $121\,500 \cdot p \approx 83$ Personen rechnen.

6.2 $p = \frac{1}{1461}$; $n = 121\,500$; $\mu = 83{,}162$; $\sigma = 9{,}11621$
Intervall: [65; 101]

392

6.3 $n = 800$; $p = \frac{1}{1461}$; $P(X = 0) = 0{,}5782$; $P(X = 1) = 0{,}3168$;
$P(X > 1) = 0{,}1049$

392

6.4 Merkmalsgruppen:

b 40	Personen bis unter 40 Jahre
ü 40	Personen über 40 Jahre
N	Personen feiern nach
H	Personen feiern in 01. 03. hinein

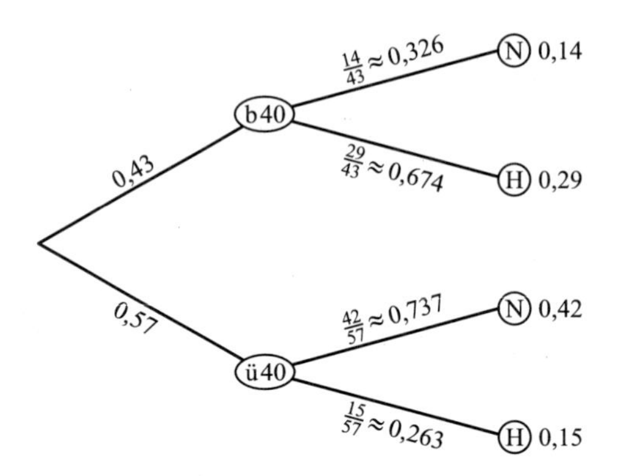

43 % der Bevölkerung sind höchstens 40 Jahre alt, also auch 43 % der Peronen, die am 29. Februar Geburtstag haben. Von diesen bevorzugen es ca. 67 %, ihren Geburtstag vom 28. Februar in den 01. März hineinzufeiern. Unter den Personen über 40 Jahren beträgt dieser Anteil nur etwa 26 %.

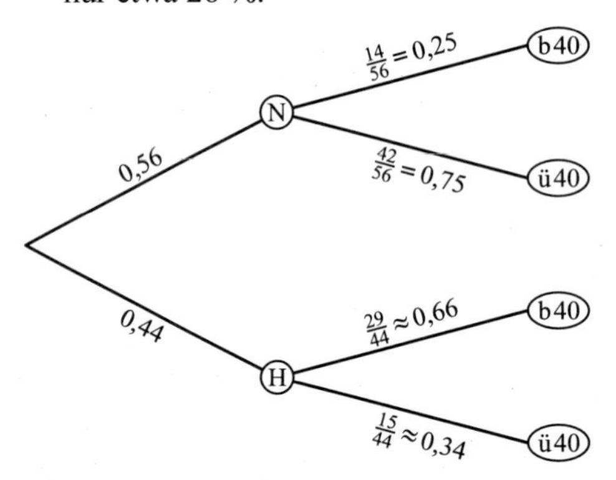

56 % der Personen, die am 29. Februar geboren sind, feiern ihren Geburtstag nach; von diesen Personen sind 75 % über 40 Jahre alt. Unter den Personen, die lieber vom 28. Februar in den 01. März hineinfeiern, haben die jüngeren (höchstens 40 Jahre) mit 66 % eine deutliche Mehrheit.

392

6.5 Die Wahrscheinlichkeit, am 29. Februar Geburtstag zu haben, beträgt $p = \frac{1}{1461}$, wenn die Geburten zufällig über das Jahr verteilt sind. Eine Prognose auf dem 90%-Niveau wäre demnach: $\mu = 10000 \cdot \frac{1}{1461} \approx 6,84$; $\sigma \approx 2,615$ (LAPLACE-Bedingung ist nicht erfüllt); $1,64\sigma \approx 4,29$.
Bei einem einseitigen Test von $p \leq \frac{1}{1461}$ würde die Entscheidungsregel lauten: Verwirf $p \leq \frac{1}{1461}$, falls mehr als 11 Kinder am 29. 02. Geburtstag hätten ($\alpha \leq 5$ %), d. h. der Journalist kann die (gegenteilige) Hypothese nicht verwerfen.
Wenn es mehr als 11 Kinder gewesen wären, hätte er das dann als „statistischen Beweis" für seine Vermutung ansehen können.

6.6 Wie groß ist die Wahrscheinlichkeit, dass an einem (beliebigen) Tag des Jahres keiner der 2100 Personen Geburtstag hat?
$\left(\frac{364}{365}\right)^{2100}$ = binompdf (2100, 1/365, 0) = 0,31%
Das Modell setzt voraus, dass die Wahrscheinlichkeit für einen Geburtstag an jedem Tag gleich ist.

7 Würfeln mit einem schiefen Prisma

7.1

Kombination	Anzahl	Wahrschein-lichkeit	Kombination	Anzahl	Wahrschein-lichkeit
1; 6; 6	3	0,001	4; 4; 6	3	0,00484
2; 5; 6	6	0,00324	4; 5; 5	3	0,007128
2; 6; 6	3	0,0018	4; 5; 6	6	0,00396
3; 4; 6	6	0,00484	4; 6; 6	3	0,0022
3; 5; 5	3	0,007128	5; 5; 5	1	0,005832
3; 5; 6	6	0,00396	5; 5; 6	3	0,00324
3; 6; 6	3	0,0022	5; 6; 6	3	0,0018
4; 4; 5	3	0,008712	6; 6; 6	1	0,001

P(Augenzahl > 12) = 0,2230

7.2 Die Zufallsgröße X zähle die Augensumme nach einem Wurf.
Erwartungswert $E(X) = 1 \cdot 0,1 + 2 \cdot 0,18 + 3 \cdot 0,22 + 4 \cdot 0,22 + 5 \cdot 0,18 + 6 \cdot 0,1 = 3,5$.
Man kann Augensumme 350 erwarten.

7.3 Die Zufallsgröße X zähle die Einsen und Sechsen in 250 Würfen.
$n = 250$; $p = 0,2$; $P(45 < X < 55) = 0,5232$

7.4 $n = 500$; $p = 0,18$; $\mu - 1,96\sigma = 73,162$; $\mu + 1,96\sigma = 106,838$;
Intervall: [73; 107]

392

7.5 Löse die Gleichung $|X - n \cdot p| \leq 1{,}96\sqrt{np(1-p)}$ mit n = 1000 und X = 180
$\Rightarrow p \in [0{,}157; 0{,}205]$

7.6 $n \geq \left(\frac{1{,}64}{0{,}02}\right)^2 \cdot 0{,}25 = 1681$

393

8 Sehbeteiligung bei einer Fernsehserie

8.1 24,31 Mio. von 78 Mio. ist ein Anteil von ca. 31,2%.
31,2% von 12 000 ist 3 744, gerundet 3 740.

8.2 90%-Konfidenzintervall für p: $0{,}305 \leq p \leq 0{,}318$
Eine Sehbeteiligung von 30% ist möglich, jedoch würde die Hypothese p = 0,3 aufgrund des Stichprobenergebnisses verworfen.

8.3 X: Anzahl der Zuschauer von „Wetten, dass"

a) $P(X \leq 15) = \text{binomcdf}(50, 0.312, 15) \approx 0{,}496$

b) $P(X = 30) = \text{binompdf}(50, 0.312, 14) \approx 0{,}1105$
$P(X = 31) = \text{binompdf}(50, 0.312, 15) \approx 0{,}1203$ $\leftarrow$ max.
$P(X = 32) = \text{binompdf}(50, 0.312, 16) \approx 0{,}1193$
$P(X = 33) = \text{binompdf}(50, 0.312, 17) \approx 0{,}1082$

c) Gegenereignis $\overline{E}$: Man findet keine Person unter n zufällig ausgewählten Personen, die „Wetten, dass" gesehen hat.

$P(E) = 0{,}688^n$

E: Man findet mindestens einen Zuschauer …

$P(E) = 1 - 0{,}688^n \geq 0{,}90$

Lösung der Ungleichung durch Umformung oder systematisches Probieren

$1 - 0{,}688^n \geq 0{,}90 \Leftrightarrow 0{,}1 \geq 0{,}688^n \Leftrightarrow n \geq \frac{\lg 0{,}1}{\lg 0{,}688} \approx 6{,}2$

Man muss mindestens 7 Personen auswählen, um mit einer Wahrscheinlichkeit von mindestens 90% mindestens einen Zuschauer von „Wetten, dass" zu finden.

8.4 **a)** $\text{binomcdf}(5, 0.4, 2) \approx 0{,}683$

b) $\text{binomcdf}(10, 0.4, 4) \approx 0{,}251$

c) $1 - \text{binomcdf}(50, 0.4, 20) \approx 0{,}439$

393

8.5 In der 1. und 2. Auflage sind die Daten in der ersten Zeile der Tabelle vertauscht: positive Bewertung: 113, negative Bewertung: 135. In der letzten Zeile (gesamt) muss es heißen: positive Bewertung: 330, negative Bewertung: 339.

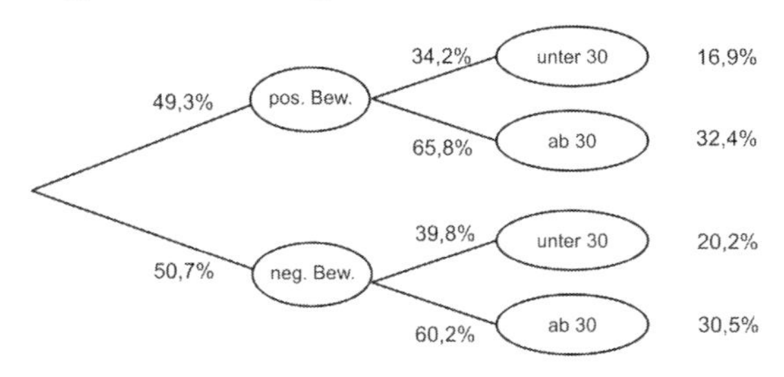

Insgesamt gaben etwa die Hälfte (50,7 %) der Zuschauer eine positive Bewertung ab. Darunter befanden sich die ab 30-Jährigen mit ca. $\frac{2}{3}$ (65,8 %) in der Mehrheit. Bei den negativen Bewertungen lag dieser Anteil mit ca. 60 % etwas niedriger.

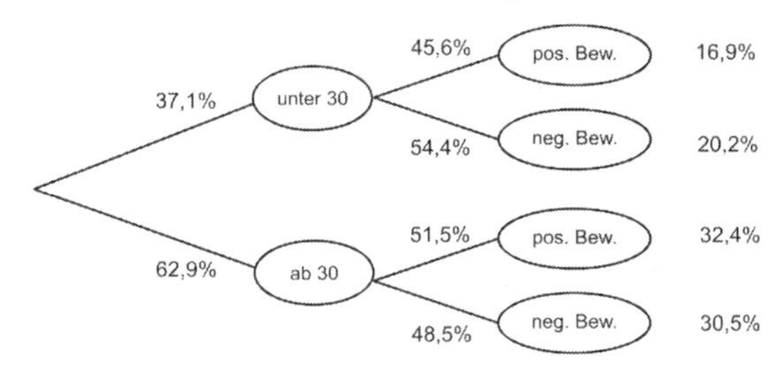

37,1 % der Befragten waren jünger als 30 Jahre. Unter diesen bewerteten 45,6 % die Sendung positiv. In der Altersklasse der ab 30-Jährigen ist der Anteil der positiven Bewertungen mit 51,5 % etwas höher. Die Bewertung fällt insgesamt bei den unter 30-Jährigen etwas schlechter aus. Ein großer Unterschied kann aber nicht bestätigt werden.

394

9 Jugendliche mit eigenem Fernseher

9.1 $n = 100; p = 0{,}7$

$P(X > 60) = 1 - P(X \leq 60) = 0{,}979$

$P(55 \leq X \leq 70) = 0{,}537$

9.2 $P(X \geq 1) = 1 - P(X = 0) = 1 - (0{,}3)^n \geq 0{,}9 \Rightarrow n \geq 2$

394

9.3 (1) *Hypothese 1:* Der Anteil der Jugendlichen, die ein Fernsehgerät besitzen, ist in bestimmten Schichten größer als 70%: $p > 0{,}7$
Von diesem Standpunkt lassen sich die Vertreter des Standpunkts nur abbringen, wenn in der Stichprobe signifikant wenige Jugendlichc mit Fernsehgerät angetroffen werden.
Für $p = 0{,}7$ ist $\mu = 140$ und $\sigma = 6{,}48$, also $\mu - 1{,}28\sigma = 131{,}7$.
Für $p > 0{,}7$ ist $\mu - 1{,}28\sigma > 131{,}7$.
Entscheidungsregel:
Verwirf die Hypothese $p > 0{,}7$, falls in der Stichprobe weniger als 132 Haushalte von Jugendlichen mit eigenem Fernsehgerät vorgefunden werden.
Fehler 1. Art:
Tatsächlich ist der Anteil in bestimmten Schichten größer als 70 %. Zufällig werden in der Stichprobe weniger als 132 Haushalte vorgefunden. Man erhält eine richtige Hypothese nicht länger aufrecht.
Fehler 2. Art:
Tatsächlich gibt es keine besonderen Unterschiede in verschiedenen gesellschaftlichen Schichten. Wegen des nicht signifikanten Stichprobenergebnisses geht man nicht von der falschen Hypothese ab.
Hypothese 2:
Der Anteil der Jugendlichen, die ein eigenes Fernsehgerät besitzen, ist in einer bestimmten Schicht genau so hoch wie sonst: $p \leq 0{,}7$.
Von dieser Meinung gehen die Vertreter des Standpunktes nur bei signifikanten Abweichungen nach oben ab.
Für $p = 0{,}7$ ist $\mu = 140$ und $\sigma = 6{,}48$, also $\mu + 1{,}28\sigma = 148{,}3$.
Für $p < 0{,}7$ ist $\mu + 1{,}28\sigma < 148{,}3$.
Entscheidungsregel:
Verwirf die Hypothese $p \leq 0{,}7$, falls in der Stichprobe mehr als 148 Haushalte von Jugendlichen mit eigenem Fernsehgerät gefunden werden.
Fehler 1. Art:
Tatsächlich gibt es keine Unterschiede zwischen den gesellschaftlichen Schichten. Zufällig werden aber in der Stichprobe mehr als 148 Haushalte gefunden, sodass man von gesellschaftlichen Unterschieden ausgeht.
Fehler 2. Art:
Es gibt zwar Unterschiede zwischen unterschiedlichen gesellschaftlichen Schichten. Wegen des unauffälligen Stichprobenergebnisses wird dies jedoch nicht erkannt.

(2) *Hypothese 1:* $p > 0{,}7$; Annahmebereich: $X \geq 132$;
$P_{p=0,65}(X \geq 132) = 0{,}415 = 41{,}5\ \%$
Hypothese 2: $p \leq 0{,}7$; Annahmebereich: $X \leq 148$;
$P_{p=0,75}(X \leq 148) = 0{,}398 = 39{,}8\ \%$

(3) Ein solches Ergebnis kann zufällig auftreten, auch wenn der Anteil der Jugendlichen mit eigenem Fernsehgerät auch dort 70 % beträgt. Die Wahrscheinlichkeit hierfür beträgt allerdings nur
$P_{p=0,7}(X \geq 152) = 1 - \text{binomcdf}(200, 0.7, 151) \approx 0{,}036 = 3{,}6\ \%$

394

10 Schätzungen zum Flugverkehr

10.1 Kugel-Fächer-Modell: 50 Unglücke werden zufällig auf 365 Tage verteilt ($n = 50$; $p = \frac{1}{365}$)

binompdf (50, 1/365, 0) ≈ 0,872
binompdf (50, 1/365, 1) ≈ 0,120
binompdf (50, 1/365, 2) ≈ <u>0,008</u>
0,9996

Wahrscheinlichkeit für mehr als 2 Abstürze: 0,04%

10.2 1 – binomcdf (50, 1/52, 3) ≈ 1,6%

10.3 Die in (1), (2) berechneten Wahrscheinlichkeiten gelten für alle Tage bzw. Wochen des Jahres

87,2% von 365 Tagen ≈ 318 Tage ohne Absturz
12,0% von 365 Tagen ≈ 44 Tage mit 1 Absturz
0,8% von 365 Tagen ≈ 3 Tage mit 2 Abstürzen
1,6% von 52 Wochen ≈ 1 Woche mit mehr als 3 Abstürzen.

10.4 Wahrscheinlichkeit für mindestens 2 Abstürze an einem beliebig ausgewählten Tag: 0,84%

Wahrscheinlichkeit, dass es während eines Jahres keinen Tag mit mindestens 2 Abstürzen gibt:

$0{,}9916^{365} \approx 4{,}6\%$

Wahrscheinlichkeit, dass es während eines Jahres mindestens einen Tag mit mindestens 2 Abstürzen gibt:

$1 - 0{,}9916^{365} \approx 95{,}4\%$

395

10.5 a) Angenommen, auch weiterhin sind 12% der Flugzeuge nicht sicher; dann ist die Wahrscheinlichkeit, dass 18 oder weniger für die Kontrolle ausgewählt werden: binomcdf (200, 0.12, 18) ≈ 11,3%.
Die Wahrscheinlichkeit, dass ein solches Ergebnis sich zufällig ergibt, beträgt immerhin 11,3%.

b) Angenommen, auch weiterhin sind 12% der Flugzeuge nicht sicher; dann ist die Wahrscheinlichkeit, dass 18 oder weniger für die Kontrolle ausgewählt werden: binomcdf (200, 0.12, 18) ≈ 11,3%.
Die Wahrscheinlichkeit, dass ein solches Ergebnis sich zufällig ergibt, beträgt immerhin 11,3%.

Löse $|18 - 200p| \le 1{,}96\sqrt{200p(1-p)}$, dann folgt $p \in [0{,}058; 0{,}138]$.

Aus den Daten kann weder eine Verbesserung noch eine Verschlechterung abgeleitet werden.

395 11 Reiseunternehmen

11.1 $50 \cdot 49 \cdot 48 \cdot ... \cdot 6 = \frac{50!}{5!} \approx 2{,}5 \cdot 10^{62}$; $\binom{50}{5} = 2\ 118\ 760$

11.2 n = 50; p = 0,9; X: Anzahl der belegten Plätze $P(X \leq 46) = 0{,}750$

11.3 n = 100; p = 0,9 $P(X \leq 92) \approx 0{,}794$

11.4 P(mindestens 20 Absagen) = P(höchstens 180 Teilnehmer)
= binomcdf (200, 0.95, 180) ≈ 0,27%

11.5 a) Löse $|59 - 150p| \leq 1{,}64\sqrt{150p(1-p)}$, dann folgt $p \in [0{,}330; 0{,}460]$.
45 % liegt im Intervall, damit keine Abweichung zu erkennen.

b) Eine Abweichung wird als signifikant betrachtet, wenn das Ergebnis der Stichprobe außerhalb der $1{,}96\sigma$-Umgebung von μ liegt.
Bei unveränderter Wahrscheinlichkeit von p = 0,45 ergibt sich mit $\mu = 67{,}5$ und $\sigma = 6{,}093$ das Intervall [55,56; 79,44]. Das Ergebnis unterscheidet sich nicht signifikant.

396 12 Beliebtheit von Unterrichtsfächern

12.1 (1) binompdf (100, 0.7, 70) ≈ 8,7%
(2) binomcdf (100, 0.7, 75) ≈ 88,6%
(3) binomcdf (100, 0.7, 71) – binomcdf (100, 0.7, 59)
≈ 0,623 – 0,012 ≈ 61,1%

12.2

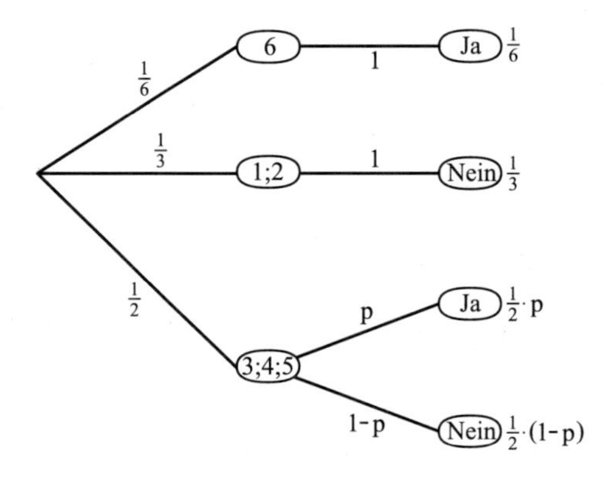

(1) P („Ja“) $= \frac{1}{6} + \frac{1}{2} \cdot 0{,}21 \approx 27{,}2\%$

(2) $\frac{1}{6} + \frac{1}{2} \cdot p = 0{,}35 \Rightarrow p \approx 36{,}7\%$

12.3 Da keine weiteren Informationen vorliegen, wird die Hypothese: „Für ein Drittel der Mädchen ist Geschichte das Lieblingsfach" getestet.

$n = 100;\quad p = \frac{1}{3};\quad \mu = 33{,}33;\quad \sigma = 4{,}71;$

$\mu - 1{,}64\sigma = 14{,}49;\quad \mu + 1{,}64\sigma = 29{,}95$

Entscheidungsregel: Verwirf die Hypothese, falls weniger als 15 oder mehr als 29 Mädchen in der Stichprobe Geschichte als ihr Lieblingsfach nennen.

Fehler 1. Art: Für ein Drittel der Mädchen ist tatsächlich Geschichte das Lieblingsfach; nur zufällig lag das Ergebnis der Stichprobe außerhalb des o. a. Intervalls; daher wurde die Hypothese irrtümlich verworfen.

Fehler 2. Art: Der Anteil der Mädchen, die Geschichte als ihr Lieblingsfach bezeichnen, ist tatsächlich kleiner oder größer als ein Drittel; da in der Stichprobe die Anzahl zwischen 15 und 29 lag, wurde dies nicht bemerkt. Die falsche Hypothese wurde irrtümlich nicht verworfen.

12.4 90 % Sicherheit: $n \geq \left(\frac{1{,}64}{0{,}05}\right)^2 \cdot 0{,}25 = 268{,}96$

95 % Sicherheit: $n \geq \left(\frac{1{,}96}{0{,}05}\right)^2 \cdot 0{,}25 = 384{,}16$

13 Daten zur Gesundheit

13.1 Hypothese $p \leq 0{,}305$

- $\alpha = 5\,\%$:
  $\mu + 1{,}64\sigma \approx 326$
  Bei mehr als 326 Rauchern wird die Hypothese verworfen.
- $\alpha = 10\,\%$:
  $\mu + 1{,}28\sigma \approx 288$
  Bei mehr als 288 Rauchern wird die Hypothese verworfen.

13.2 Eingeben der Funktion normalcdf (0, 25, 22.7, x) in den GTR und Ablesen aus der Wertetabelle oder am Graphen liefert $\sigma \approx 2{,}5$.

13.3 $P(\mu - 1{,}64\sigma \leq X \leq \mu + 1{,}64\sigma) = 0{,}90$ [16,844; 26,356]